자동차
진동소음의 이해

사종성 · 김한길 · 양철호 지음

청문각

| 머리말 |

네 발로 질주하는 맹수나 초식포유동물에 비해서 인간의 이동속도는 매우 느린 것이 사실이다. 하지만 생존을 위한 인간의 이동이 시작되면서 두 발로 걷거나 뛰는 수준을 벗어나서, 말이나 증기기관, 자동차 및 비행기에 이르기까지 교통수단은 빠르게 발전하였다.

진통이 시작된 임산부가 급하게 산부인과에 갈 때에도, 갓난아이를 품에 안고서 따뜻한 집으로 돌아올 때에도 자동차를 타게 된다. 더불어 저 세상으로 가는 마지막 길에도 자동차를 이용하는 것처럼, 우리들은 자동차와 평생을 함께 한다고 해도 과언이 아닐 것이다.

이렇게 매일같이 이용하는 자동차는 이제 단순한 이동수단을 벗어나서 좀 더 편안하고 안락한 승차감을 요구하는 시대가 되었다. 조용하고 편안한 승차감은 자동차의 진동소음현상과 직결되는데, 이는 자동차의 기본적인 성능이 확보된 이후에 발생되는 자연적인 현상이라 말할 수 있다.

엔진 내부에서 연료가 폭발되는 힘으로 구동되는 내연기관의 기본적인 흔들림과 함께, 항상 지면과 접촉하면서 회전하는 타이어로 주행하는 자동차 본래의 특성으로 말미암아 자동차에서는 진동소음현상이 끊임없이 발생하게 된다. '조용한 아침의 나라'였던 대한민국도 이제는 자동차의 신규 구입보다는 대체구입이 주로 이루고, 첨단기술과 디자인으로 무장한 수입차량의 판매가 계속 증대됨에 따라서, 자동차에서 발생하는 진동소음현상은 차량 선택에 있어서 매우 중요한 항목이 되어가고 있다.

하지만 자동차를 매일같이 운전하는 사람뿐만 아니라 기계공학이나 자동차를 전공하는 학생이나 심지어 자동차 회사의 엔지니어에 이르기까지, 자동차에서 발생하는 다양한 진동소음현상에 대한 이해도가 낮은 경우를 수시로 경험하게 되었다. 그 이유는 자동차의 구조나 작동원리에 대한 지식이나 서적은 쉽게 접할 수 있는 반면에, 정작 자동차의 진동소음현상을 집중적으로 설명하는 지식을 찾거나 서적을 구하기가 여의치 않았기 때문이라 생각하였다.

따라서 자동차의 진동소음현상을 좀 더 쉽게 이해할 수 있는 서적이 필요하다고 판단하여 집필을 결심하게 되었다. 특히, 5년여 전에 출간한 《알기 쉬운 자동차 진동소음의 이해》를 바탕으로 전면적인 보완과 함께 신기술의 내용을 추가하고, 세부적인 그림과 다양한 사진을 추가하였다. 하지만 집필의 출발단계부터 본인의 부족한 능력과 함께 지식의 한계를 쉽게 발견하게 되었고, 이를 부단한 노력으로 극복하기에는 아직도 많은 노력과 시간이 필요하다는 것을 다시 한번 절감하게 되었다.

개정원고를 완성하기까지 많은 고민과 갈등이 있었지만, 그래도 자동차에 집중한 진동소음현상과 해석기술을 쉽게 설명한 책이 필요하지 않겠는가 하는 스스로의 위안을 바탕으로 부끄럽기만 한 책을 세상에 내놓으려고 한다. 아무쪼록 이 책을 통해 자동차에서 발생하는 다양한 진동소음현상과 개선대책을 대략적으로 이해한 후, 더 전문적인 내용은 깊이 있는 이론서적을 참조하는 방식으로 독자들의 능력을 향상시킬 수 있는 가교역할이 될 수 있다면 더없는 기쁨으로 여길 것이다.

무한한 사랑과 은혜를 주시는 하나님께 영광을 돌리며, 짧지 않은 학교와 회사생활과정에서 묵묵히 나를 도와준 많은 분께 깊은 감사를 드린다. 특히 자동차 해석분야를 비롯하여 전체 내용에 대해서 아낌없는 조언과 협조를 주신 공동저자께 이 자리를 빌어서 심심(甚深)한 감사를 드리며, 책의 출간을 위해 애써주신 청문각의 임직원께도 깊은 감사를 전한다.

위중(危重)한 순간에도 이 못난 자식을 위해서 하나님께 간절히 기도하시던 선친을 기리면서, 부끄럽고 부족한 이 책을 나의 가족(黃智暎, 재은, 진우)에게 바친다.

2016년 1월

대표 저자 史宗誠

| 이 책을 읽는 분께 |

이 책을 집필한 의도는 머리말에서 밝혔듯이, 자동차에서 발생하는 다양한 진동소음현상에 대한 기초적인 원인과 개선방안 등을 쉽게 이해할 수 있는 최소한의 입문서나 가교역할을 목적으로 완성하였다.

따라서 기계진동이나 소음공학 등의 이론서적에서 흔하게 발견할 수 있는 수식들은 과감하게 생략하고, 가능한 범위에서 그림이나 사진, 도표 등의 방법을 이용해서 독자들의 이해를 돕고자 노력하였다. 이러한 방법을 시도한 이유는, 대부분의 사람들은 진동이나 소음공학이라고 하면 복잡한 수식과 난해한 방정식의 이해가 우선적으로 필요하다고 미리 생각하여 접근하기가 힘들다고 판단하거나 쉽게 포기하기 때문이다. 더불어서 자동차에서 발생되는 진동소음현상의 대략적인 윤곽을 먼저 파악한 후에, 이론적인 개념과 수식적인 접근을 하는 것이 훨씬 효율적이라고 생각되었기 때문이다.

이 책을 읽는 독자들의 수준은 자동차 정비업무나 제작회사 등에 종사하고 있는 분들과 기계공학이나 자동차 분야를 전공하고자 하는 대학생을 비롯하여, 자동차에 관심이 많은 사람들을 대상으로 하였다. 최소한의 자동차 작동원리를 알고 있는 사람들은 더욱 쉽게 이해가 될 것이며, 공학적인 기초가 없는 사람일지라도 큰 부담 없이 여러 종류의 자동차 진동소음현상을 쉽게 이해할 수 있도록 노력하였다.

이 책은 제1편부터 제4편까지 기초이론, 자동차 진동소음의 개론, 발생현상, 주요 부품별 진동소음으로 크게 분류하여 구성하였다.

제1편은 진동과 소음의 기초이론으로, 일반적인 진동 및 소음공학의 기초적인 적용이론과 개념파악만을 목적으로 구성하였다. 대학에서 이미 기계진동이나 소음공학을 수강한 분들은 바로 다음 항목으로 넘어가기 바란다. 여기서는 중요 항목만을 간단하게 소개하는 수준이므로 더 세부적인 사항을 깊이 있게 이해하고 싶은 경우에는 대학교재로 많이 출간된 전문서적을 참고하기 바란다.

제2편은 자동차 진동소음의 개론으로, 자동차에서 발생하는 진동소음현상에 대한 포괄적인 내용을 간단히 소개하였다. 자동차의 진동소음현상과 관련된 기본적인 차량구조와 주요 명칭들을 알아보고, 진동소음현상의 발생경로, 엔진 회전수와 관련된 진동수 계산 및 대략적인 진동소음현상의 개선대책 등은 자동차 제작회사나 정비업체와 같은 산업현장에서 일하는

분들께 참고가 되리라 믿는다.

제3편은 자동차 진동소음의 발생현상을 언급하였다. 진동 및 소음항목으로 구분하여 자동차에서 발생하는 여러 가지 현상들을 집중적으로 설명하였다. 막연하게 느껴지던 자동차의 진동이나 소음현상들도 다양한 종류와 원인들로 분류된다는 것을 파악할 수 있기 바란다.

제4편은 자동차의 주요 부품별 진동소음현상을 동력기관, 현가장치, 차체, 컴퓨터를 이용한 해석, 기타 부품 및 정비사례 등을 중심으로 설명하였다. 광범위한 범위를 다루었기 때문에 기초적인 내용을 소개하는 수준으로 설명할 수밖에 없었다. 더 세부적인 내용을 알고자 하는 분들은 해당분야의 전문서적을 참고하기 바란다.

5년여 전에 출간한 《알기 쉬운 자동차 진동소음의 이해》를 토대로 내용의 보완뿐만 아니라 세부적인 그림과 다양한 사진의 추가에도 많은 노력을 기울였지만, 아직까지도 부족한 내용과 엔지니어 특유의 거친 문장표현으로 인하여 책을 출간하는 데 있어서 부끄러움과 불안감이 생겨난다. 아무쪼록 이 책을 통해서 자동차의 진동소음현상을 쉽게 이해하고, 더욱 발전하는 밑거름이 될 수만 있다면 다시없는 기쁨으로 여길 것이다.

2016년 1월

史宗誠, 金漢吉, 梁哲豪

| 차례 |

제 1 편

진동소음의 기초이론

1장 | 진동의 기초이론

2장 | 소음의 기초이론

제 2 편 자동차 진동소음 개론

제 3 편 자동차 진동소음의 발생현상

제 4 편

자동차의 주요 부품별 진동소음

7장 | 동력기관

8장 | 현가장치

9장 | 차체의 진동소음

10장 | 자동차 진동소음의 해석

제 1 편

진동소음의 기초이론

자동차에서 발생하는 여러 가지의 진동소음현상을 이해하기 위해서는
기초적인 적용이론 및 개념파악이 우선적으로 필요하다.
여기서는 진동 및 소음현상에 대한 최소한의 기초이론만을 소개한다.
수식적인 표현보다는 설명과 그림 위주로 내용을 구성하였고,
중요 항목만을 소개하는 수준이므로 좀 더 세부적인 사항을 이해하고 싶은 경우에는
기계진동 및 소음공학의 전문서적을 참고하기 바란다.

NOISE VIBRATION

진동의 기초이론 1장

1-1 진동의 정의

우리들은 일상생활에서 일반 가전제품이나 자동차와 같은 기계장치들이 흔들리는 현상을 '진동(振動)한다'라고 표현하면서도, 흔히 '냄새가 진동한다'거나 땅이 흔들리는 지진현상을 표현할 경우에도 '진동'이라는 단어를 수시로 사용한다. 사전적인 의미의 진동(振動)은 '흔들려서 움직임', 지진현상을 표현하는 진동(震動)은 '물체가 몹시 울리어 흔들림'을 뜻한다. 즉 진동(振動)은 인위적인 흔들림을 의미하며, 기계공학이나 환경공학에서 언급하는 진동현상을 뜻한다. 반면에 진동(震動)은 땅이나 지각의 자연적인 흔들림을 의미하므로, 자동차를 비롯한 기계장치나 가전제품, 건물이나 교량의 흔들림을 나타내는 진동현상과 다르다는 것을 파악해야 한다.

학문적인 의미의 진동(振動, vibration)이란 평형위치에 대한 물체의 반복적인 흔들림을 뜻한다. 물체가 진동하는 형태는 시계추와 같은 주기적인 운동이거나, 바람에 흔들리는 깃발이나 지진과 같은 불규칙한 운동(비주기운동)으로 나타나게 된다. 이러한 물체의 다양한 진동현상 중에서 일정한 시간 간격마다 물체의 흔들림이 똑같이 반복되는 경우를 주기운동(periodic motion)이라 한다. 여기서 말하는 일정한 시간 간격을 진동의 '주기(period)'라고 부르며, 초(sec) 단위로 표현된다. 가장 간단한 주기운동은 그림 1.1과 같이 하나의 질량과 스프링으로 구성된 진동계(vibration system)로 설명할 수 있다.

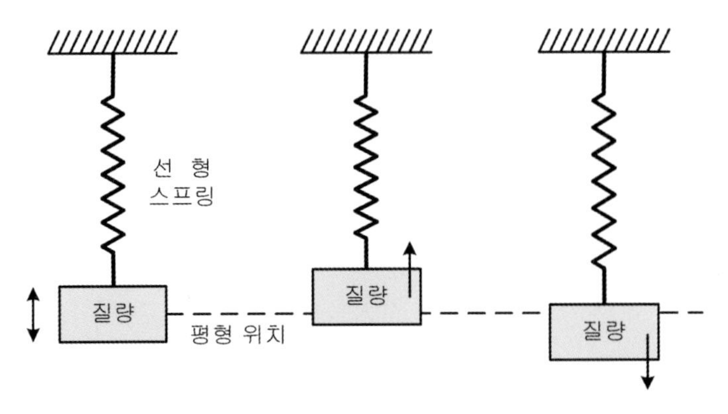

그림 1.1 **질량-스프링 진동계**

진동계의 질량을 정지위치(이를 평형위치라 한다)에서 아랫방향으로 이동시킨 후 자유롭게 놓을 경우, 늘어난 스프링의 복원력으로 인하여 질량은 상하방향으로 움직임을 반복하는 진동현상이 발생한다. 질량의 상하방향 운동과정 중에서 최하단 위치에서는 순간적으로 속도가 영(zero)이 되었다가 속도의 방향(위로 향하는 방향)이 바뀌면서 증대되다가, 평형위치를 통과하는 순간에는 최대속도를 가지면서 점차 속도가 줄어들어 다시 순간적으로 영이 되는 지점이 최상단 위치이다.

이와 같이 진동현상이 발생하는 경우에는 질량의 변위(여기서는 상하방향의 변위)뿐만 아니라 급격한 속도의 변화가 발생하는데, 이를 가속도라 말한다. 따라서 상하방향으로 진동하는 질량과 가속도의 존재는 뉴턴의 제2법칙($F = ma$, 여기서 F는 힘, m은 질량, a는 가속도를 나타낸다)에 따라 힘(진동력)이 발생한다는 것을 의미하고 있다. 결국, 물체의 반복적인 흔들림(진동현상)이 발생하게 되면, 진동력(振動力, vibration force)이 작용하게 되어 주변 물체나 지지부위로 전달되면서 원하지 않은 나쁜 영향을 줄 수 있다.

자동차 엔진의 작동과정에서도 그림 1.2처럼 엔진 내부에서 피스톤이 상하방향으로 빠르

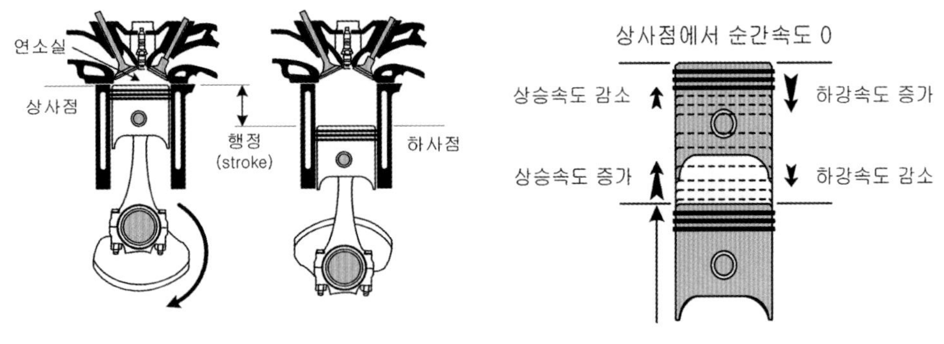

그림 1.2 **엔진 내부의 피스톤 상하운동**

게 왕복운동을 하게 된다. 그림 1.1과 같이 상하방향으로 진동하는 질량과 마찬가지로, 피스톤의 운동과정에서도 최상단 위치[이를 상사점(top dead center)이라 한다]와 최하단 위치[이를 하사점(bottom dead center)이라 한다]에서 순간적으로 속도가 영(zero)이 된다. 이러한 속도의 극심한 변화는 피스톤의 운동과정에서 대단히 큰 가속도를 가지고 있음을 내포하며, 피스톤 상하방향의 왕복운동 자체만으로도 상당한 진동력이 발생함을 알 수 있다. 이렇게 피스톤 상하방향의 빠른 왕복운동에 의한 진동력[이를 관성력(inertia force)이라고도 한다]은 엔진 몸체를 흔들리게 하는 주요 원인 중의 하나로서, 자동차의 진동소음현상에 큰 영향을 줄 수 있다는 점을 시사한다.

더불어 그림 1.1과 같이 상하방향으로 진동하는 질량의 움직임은 운동에너지와 위치에너지의 반복적인 에너지 교환으로 인하여 진동현상이 발생한다고도 설명할 수 있으며, 진동의 주기(period)는 에너지 변환주기의 2배에 해당한다. 질량과 스프링으로 구성된 진동계에서 질량이 최상단이나 최하단 위치에서는 순간적으로 운동에너지가 영(zero)이 되고 위치에너지(여기서는 스프링에 내재된 탄성에너지)가 최대로 된다. 질량이 중간 위치를 통과하는 순간에는 운동에너지가 최대, 위치에너지가 최소임을 알 수 있다.

이러한 진동현상의 반복적인 에너지 교환개념은 그림 1.3과 같은 경사면에서 회전운동을 하는 구의 움직임에서 더욱 쉽게 이해할 수 있다. 구의 이동(좌우방향의 진동)은 운동에너지와 위치에너지의 반복적인 교환으로 말미암아 주기적으로 이루어지며, 공기저항과 마찰로 인한 열손실 등에 의해서 주기적으로 이동(진동)하던 구의 운동은 점차 이동거리(진폭)가 줄어든 후에 결국은 멈추게 된다.

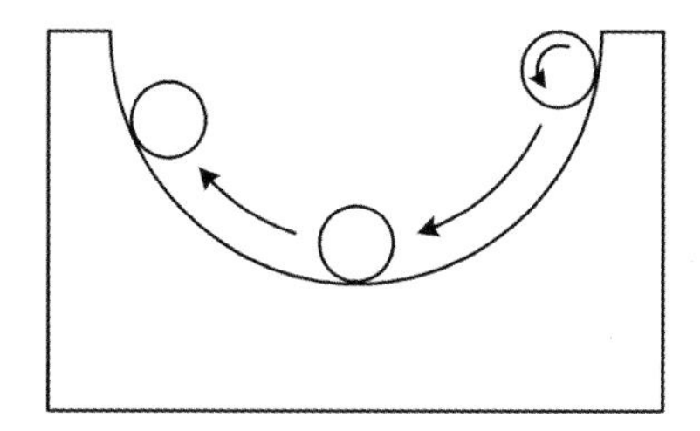
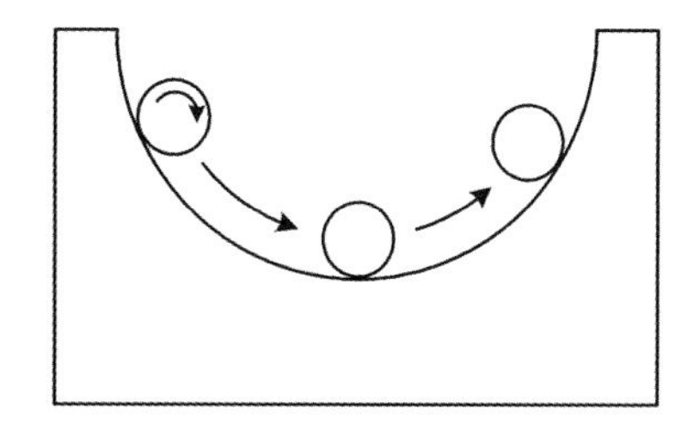

그림 1.3 **진동현상의 에너지 교환**

다시 질량과 스프링으로 구성된 진동계를 그림 1.4와 같이 상하방향으로 진동하는 질량에 펜을 부착한 후 두루마리 종이를 일정한 속도로 이동시킨다면, 질량의 상하방향 진동현상은 두루마리 종이에 마치 파도가 물결치는 것과 유사한 모양의 파형(wave form)으로 그려질 것이다. 두루마리 종이에 그려진 파형은 다음 식 (1.1)로 표현할 수 있다.

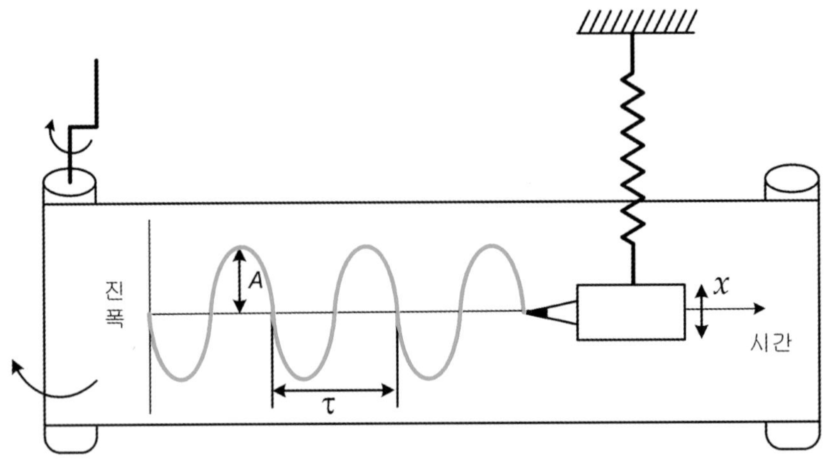

그림 1.4 **진동현상의 조화운동**

$$x = A \sin 2\pi \frac{t}{\tau} \tag{1.1}$$

여기서 x는 질량이 상하방향으로 이동한 변위를, A와 τ는 각각 진동하는 질량의 진폭 및 주기를, t는 시간을 나타낸다. 주기(period)는 진동하는 질량의 운동이 1회 반복될 때까지 소요되는 시간(초)을 의미하며, τ(그리스 문자로 tau로 읽는다)로 표현된다. 주기는 진동수(frequency)와 역수관계를 가진다. 주기가 길다는 것은 진동현상이 1회 반복할 때까지 시간이 많이 소요된다는 사실을 내포한다. 주기가 길어질수록 진동수는 적어지고, 주기가 짧아질수록 진동수는 커지게 된다. 그림 1.4에서 두루마리 종이를 일정한 속도로 회전시켜서 이동시키는 개념은 진동현상에 시간개념을 포함하여 설명하기 위함이다.

질량과 스프링으로 이루어진 진동계의 상하운동도 위와 같이 시간이 고려될 경우, sine 함수나 cosine 함수와 같은 삼각함수로 표현할 수 있다. 이렇게 진동현상을 삼각함수로 표현할 수 있는 운동현상을 조화운동(harmonic motion)이라 한다.

가장 간단한 형태의 주기운동은 원(회전)운동이며, 원운동의 운동현상도 sine이나 cosine 함수로 표현할 수 있으므로 조화운동에 속한다. 일반적인 진동현상의 수식적인 표현과 해석과정은 바로 조화운동이라는 가정이 근간이 되었다는 것을 파악하고 있어야 하며, 진동 및 소음현상의 측정이나 해석과정에서도 이러한 삼각함수로 표현되는 급수(級數, series)의 분해 및 합성특성을 이용하게 된다.

조화운동은 그림 1.5(a)와 같이 회전운동하는 점 P의 투영(그림자)이라고 볼 수 있는데, 점 P의 회전에 따라서 P_1, P_2 및 P_3에 해당하는 각각의 그림자는 벽면에서 상하 방향으로 오르내리게 된다. 선분 OP의 각속도를 ω(그리스 문자로 omega라 읽는다)라 하면, ω값이 커질수록 점 P의 그림자는 빠르게 상하방향으로 움직이며, ω값이 적어지면 천천히 움직이게 된다. 그림 1.4와 같이 점 P의 투영(그림자)에 해당하는 운동을 시간함수 t를 적용하여 표현한다면 그림 1.5(b)와 같이 나타나며, 식 (1.1)은 다음과 같이 수정된다.

$$x = A \sin \omega t \tag{1.2}$$

식 (1.2)의 ω는 파형이 반복되는 특성을 나타내며, 점 P의 회전속도(각속도)에 따라서 파형의 움직임을 결정하게 된다. 따라서 ω는 원 진동수(circular frequency 또는 angular frequency)라고 하며, 단위는 rad/sec를 사용한다. 질량과 스프링으로 이루어진 진동계의 진동수 f[단위는 Hz(=cycle/sec)]와 조화운동에서 표현되는 원 진동수 ω는 다음과 같은 관계를 갖는다.

$$\omega = \frac{2\pi}{\tau} = 2\pi f \tag{1.3}$$

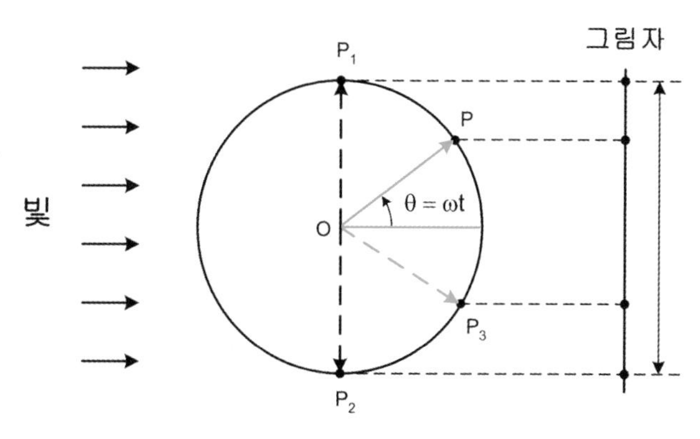

(a) 회전하는 점 P의 투영(그림자)

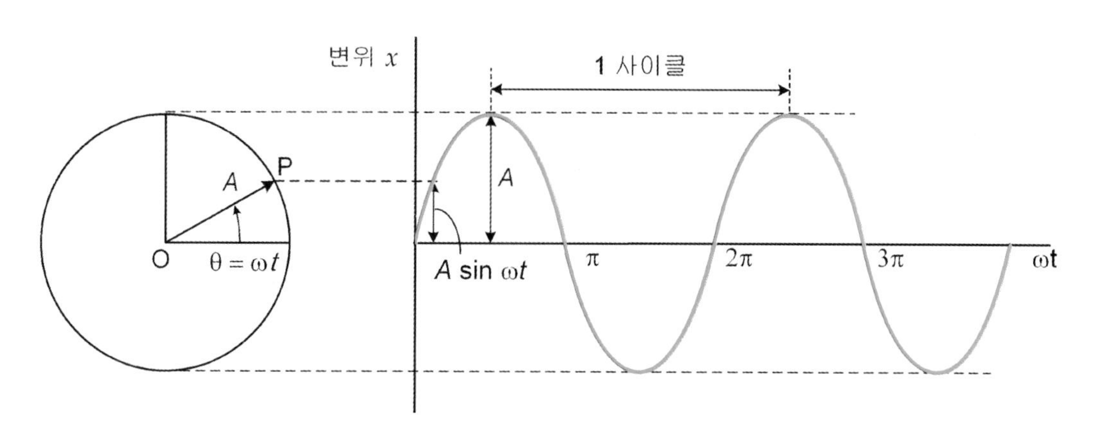

(b) 회전하는 점 P의 조화운동

그림 1.5 **조화운동**

식 (1.2)를 기초로 조화운동의 속도와 가속도는 다음과 같이 구해진다.

$$\dot{x} = \omega A \cos \omega t = \omega A \sin\left(\omega t + \frac{\pi}{2}\right) \tag{1.4}$$

$$\ddot{x} = -\,\omega^2 A \sin \omega t = \omega^2 A \sin(\omega t + \pi) \tag{1.5}$$

식 (1.4), (1.5)로부터 진동하는 질량의 속도 및 가속도는 그림 1.6과 같이 변위에 비해서 각각 $\pi/2$ 와 π [rad]만큼 위상이 앞선다는 것을 알 수 있으며,

$$\ddot{x} = -\,\omega^2 x \tag{1.6}$$

인 관계가 성립된다. 즉, 조화운동에서 가속도는 변위에 비례하고 중심을 향한다는 것을 알 수 있다.

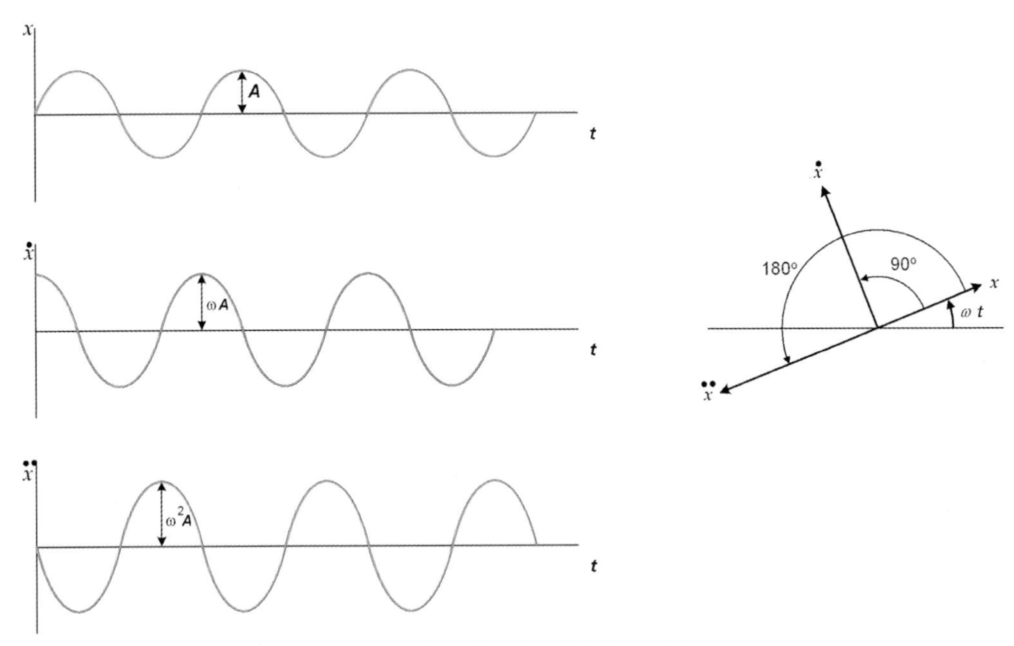

그림 1.6 **진동의 변위, 속도 및 가속도 관계**

앞에서 설명한 그림 1.5의 조화운동은 그림 1.7과 같이 Scotch Yoke 기구의 경우를 고려하면 더욱 쉽게 이해할 수 있다. 점 P의 회전운동으로 인하여 슬롯(slot)이 상하방향으로 오르내리면서 왕복운동을 하며, 시간개념이 추가되면 점 Q의 궤적이 물결모양의 파형을 그리는 조화운동을 하게 됨을 알 수 있다. 여기서도 점 P의 회전속도(각속도) ω가 커진다면 파형의 오르내림(진동) 현상 또한 빈번해지는 것을 쉽게 예측할 수 있다. 따라서 점 P의 회전속도 ω는 원진동수임을 다시 한번 확인할 수 있다.

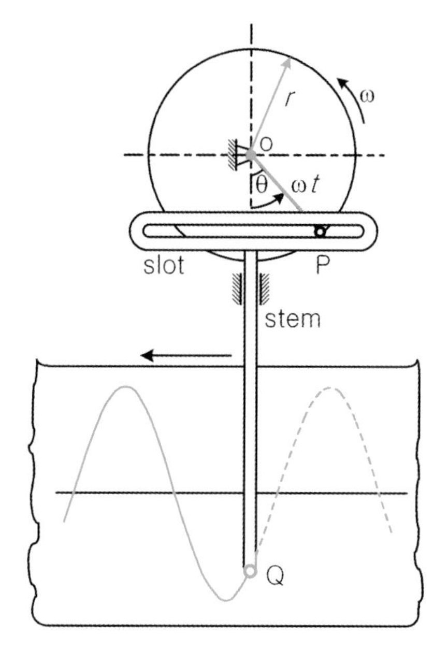

그림 1.7 Scotch Yoke 사례

1-2 고유 진동수

조화운동을 하는 진동계는 고유한 진동수(natural frequency)로 질량이 진동하게 된다. 다시 한 번 한 개의 질량과 스프링으로 구성된 진동계의 상하방향 움직임과 힘(작용력)을 고려하면 그림 1.8과 같다.

자유상태로 천장에 걸려 있는 스프링에 그림 1.8(a)처럼 질량을 추가하여 안정된 상태에서 살펴보면, 질량의 작용으로 인하여 스프링은 원래의 자체 길이에서 Δx 만큼 늘어나게 된다. 이때 그림 1.8(b)에서 스프링 상수인 k 와 Δx의 관계는 식 (1.7)과 같다.

$$k\ \Delta x = W \text{ 에서}$$
$$W = mg \text{ 이므로}$$
$$k\Delta x = mg \tag{1.7}$$

동일한 질량을 스프링에 추가하는 과정에서 스프링이 매우 딱딱할 경우(k 값이 크다)에는 스프링이 늘어나는 Δx 의 값이 작을 것이며, 만약 스프링이 매우 부드러울 경우(k 값이 작다)에는 Δx 의 값이 커질 것이다. 또한 동일한 스프링(k값이 일정)에 대해서도 질량이 큰 경우(m

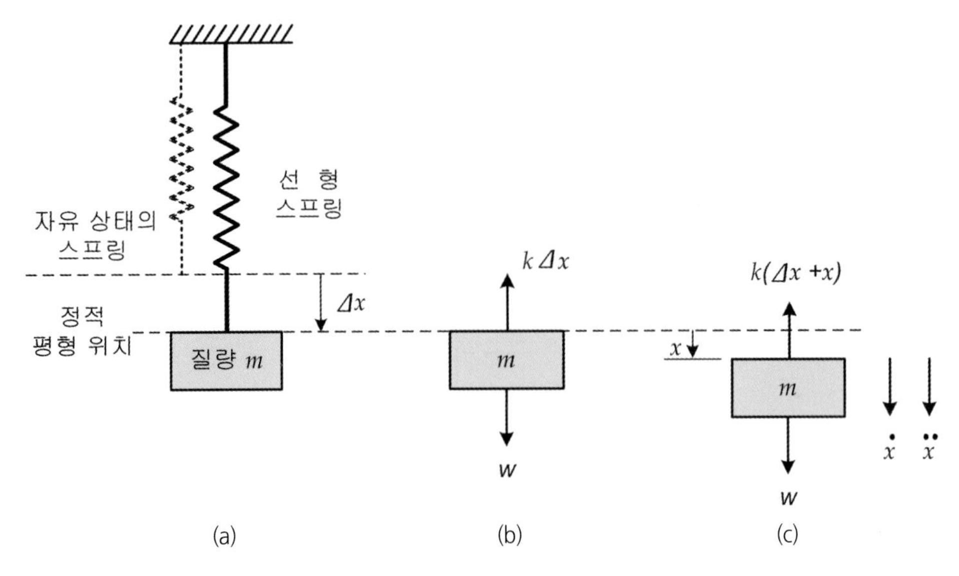

그림 1.8 **질량-스프링 진동계**

값이 크다)에는 Δx 의 값이 커지고, 질량이 작은 경우(m값이 작다)에는 Δx 의 값이 작아지게 된다. 이와 같이 스프링의 딱딱하거나 부드러운 특성뿐만 아니라, 스프링에 적용되는 질량의 크기에 따라서 진동특성이 변화될 수 있음을 짐작할 수 있다.

이제 인위적으로 질량을 아랫방향으로 이동시켰다가 자연스럽게 놓을 경우, 질량은 상하 방향으로 반복적인 움직임(진동)을 하게 된다. 이때의 질량에 작용하는 힘을 표현하는 자유물체도(free body diagram)는 그림 1.8(c)와 같고, 뉴턴의 제2법칙을 적용시키면 식 (1.8)이 성립된다.

$$\Sigma F = m\ddot{x}$$
$$-k(x + \Delta x) + mg = m\ddot{x}$$
$$-kx - k\Delta x + mg = m\ddot{x}$$
$$k\Delta x = mg \text{ 이므로}$$
$$-kx = m\ddot{x}$$
$$m\ddot{x} + kx = 0$$
$$\ddot{x} + \frac{k}{m}x = 0 \tag{1.8}$$

식 (1.8)은 질량과 스프링으로 구성된 진동계의 운동방정식(equation of motion)이라 한다. 여기서 고유 원 진동수(natural circular frequency) ω_n은 다음과 같이 정의된다.

$$\omega_n^2 = \frac{k}{m} \tag{1.9}$$

식 (1.9)를 식 (1.8)에 대입하면,

$$\ddot{x} + \omega_n^2 x = 0 \tag{1.10}$$

으로 정리된다.

질량과 스프링으로 이루어진 진동계의 고유 원 진동수는 바로 ω_n이며, 단위는 rad/sec이다. 여기서 rad은 각도를 나타내는 radian이므로, 고유 원 진동수는 회전의 개념이 내포되어 있다. 앞에서 잠깐 언급한 바와 같이 질량(m)과 스프링의 특성(k)에 따라 고유 원 진동수값이 변화됨을 알 수 있다. 이 진동계의 고유 진동수(natural frequency) f_n은 식 (1.11)과 같이 정리된다.

$$\omega_n = \sqrt{\frac{k}{m}} \ [\text{rad/sec}]$$
$$f_n = \frac{\omega_n}{2\pi} = \frac{1}{2\pi}\sqrt{\frac{k}{m}} \ [\text{Hz(=cycle/sec)}] \tag{1.11}$$

우리들이 평소 언급하는 진동수(주파수)는 식 (1.11)의 Hz(Hertz, cycle/sec) 단위를 가지며, 1초 동안에 반복된 진동횟수를 의미한다. 예를 들어서 고유진동수 f_n의 값이 2인 경우에는 그림 1.9의 질량이 1초에 2번씩 오르내린다는 것을 의미한다. 식 (1.11)을 살펴보면, 동일한 스프링(k값이 일정하다)에서 진동계의 질량이 늘어나면(m값이 커지면) 고유 진동수는 작아지고, 반면에 질량이 줄어들면(m값이 작아지면) 고유 진동수가 커지게 됨을 알 수 있다. 마찬가지로 동일한 크기의 질량에서 스프링의 특성에 따라서 진동계의 고유 진동수도 변화된다. 스프링이 딱딱해지면(k값이 커지면) 고유 진동수는 커지고, 부드러워지면(k값이 줄어든다) 고유 진동수는 작아지게 된다.

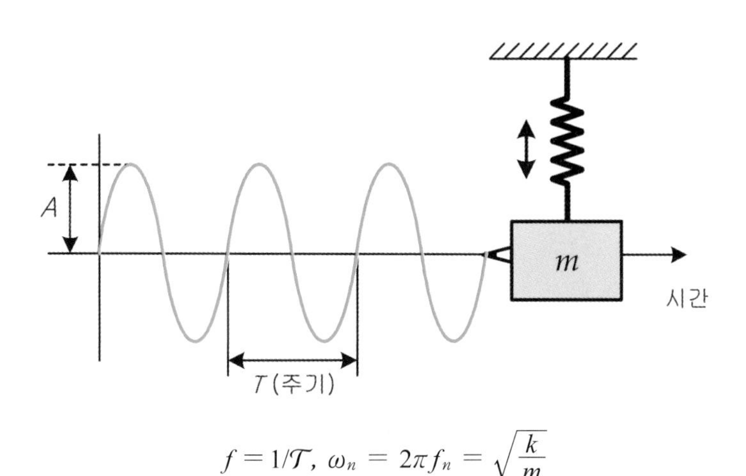

$$f = 1/T,\ \omega_n = 2\pi f_n = \sqrt{\frac{k}{m}}$$

그림 1.9 **진동계의 고유 진동수**

옛 속담에서 "빈 수레가 요란하다."라는 것도 동일한 조건(동일한 스프링으로 k 값이 일정하다)에서 수레의 짐(질량)만 줄어들 경우, 고유 진동수가 높아져서 요란하게 떤다는 사실을 옛 선조들은 경험적으로 간파하고 있었던 것이다.

또한 스프링이 부드럽거나 딱딱한 정도에 따른 고유 진동수의 변화현상도 가전제품의 고무받침 적용사례와 자전거나 자동차에서 타이어 내부의 압력변화(바람이 가득 차거나, 펑크가 나는 등의)에 따른 승차감의 차이에서도 쉽게 이해할 수 있다. 그림 1.10은 이러한 질량증가에 따른 고유 진동수의 변화개념을 표현한 것이다.

그림 1.9의 질량 m에 m_1 의 질량이 추가된다면 그림 1.10의 실선과 같이 주기가 길어지면서 진동계의 고유 진동수가 동일 시간의 기간 동안 이전보다 줄어들게 된다. 즉 물체가 상하방향으로 흔들리는 횟수가 적어지게 된다.

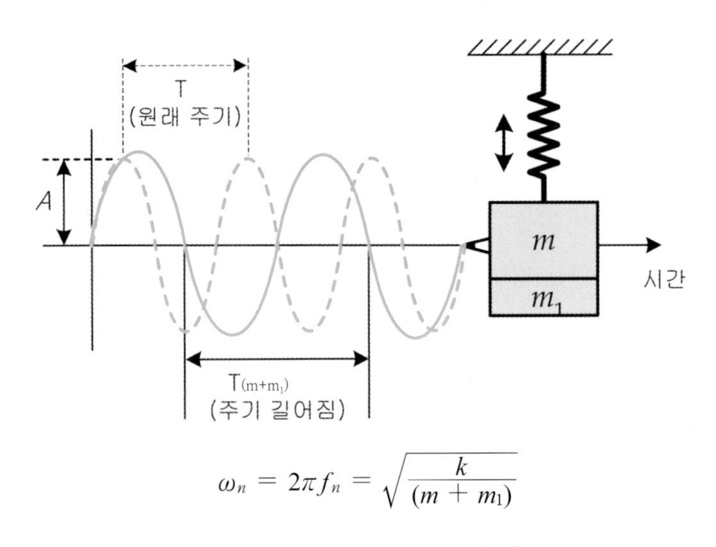

$$\omega_n = 2\pi f_n = \sqrt{\frac{k}{(m + m_1)}}$$

그림 1.10 **질량 증가 시의 고유 진동수**

국내에서도 인기가 높은 승합차량이나 대형 SUV(sports utility vehicle)와 같은 자동차는 대략 7~12명의 승차인원이 탑승할 수 있다. 이러한 자동차를 운전자 한 사람만 탑승한 경우에 느껴지는 승차감에 비해서, 많은 적재물과 다수의 탑승인원이 승차한 경우에 느껴지는 승차감(우리는 이를 흔히 '쿠션'이라고도 말한다)이 그림 1.11과 같이 확연하게 바뀌는 것을 경험할 수 있다. 그 이유는 현가장치(suspension system)의 동일한 스프링 특성에서 탑승인원과 적재물이 증가함으로 인하여(질량의 증가를 의미) 자동차의 고유 진동수가 낮아지게 되므로, 운전자 혼자 운전하면서 경험하는 튀는 듯한 느낌을 덜 받게 되어서 승차감이 좋아졌다고 느끼게

그림 1.11 **승차인원에 따른 승차감(고유 진동수) 변화사례**

되는 셈이다. 이때의 질량 추가요인은 탑승인원 및 적재물이며, 스프링 요소들은 현가장치의 스프링과 댐퍼(damper, 흔히 '쇼바'라고 하는 shock absorber) 등으로 생각할 수 있다. 승차감에 대한 세부내용은 제4장 제1절을 참고하기 바란다.

이 세상에 존재하는 대부분의 물체들은 각자 고유한 진동수(고유 진동수)를 가지고 있다. 외부에서 순간적인 힘이나 충격이 물체에 가해질 경우, 물체는 고유한 진동수로 진동하게 된다. 이러한 물체의 고유 진동수를 경험할 수 있는 대표적인 사례가 북이나 트라이앵글, 실로폰(xylophone) 등과 같은 타악기이다. 외부에서 타격을 가하면 타악기는 자신의 고유 진동수로 진동하면서 소리를 내는 것이다. 악기 중에서 줄(string)이 있는 피아노, 기타, 바이올린 등과 같은 현악기에서도 줄에 가해지는 힘(인장력)을 조절해서 소리의 높낮이를 조절할 수 있으며, 그림 1.12와 같이 손가락으로 진동하는 줄의 길이를 조절(코드를 조절)해서 소리의 높낮이를 별도로 조절할 수도 있다. 이러한 것이 바로 물체가 가지고 있는 고유 진동수와 연관된 대표적인 사례들이다.

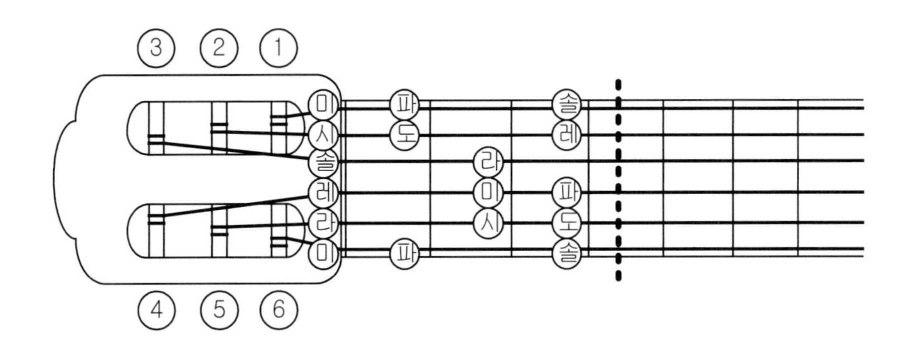

그림 1.12 **기타의 음계코드 사례**

1-3 자유진동과 강제진동

진동하고 있는 물체(진동계)에 영향을 미치는 외력(外力)의 존재 유무로 인하여 진동형태는 자유진동과 강제진동현상으로 구분할 수 있다. 이러한 진동현상은 진동계(vibration system) 자체의 고유 진동수뿐만 아니라 외력의 진동수(가진(加振) 진동수를 의미)와 서로 연관되어 악기의 소리 발생이나 기계부품의 공진(resonance)현상과 같은 심각한 결과를 유발할 수 있다.

자유진동(free vibration)이라 함은 외부에서 진동계에 작용하는 힘(또는 회전력)이 순간적으로 가해지거나 또는 제거될 때 진동계에 발생하는 진동현상이다. 즉 초기변위나 순간적인 충격 등에 의해서 발생되는 진동현상을 말하며, 진동하는 동안에는 추가적인 외부 힘의 작용이 없는 경우를 뜻한다.

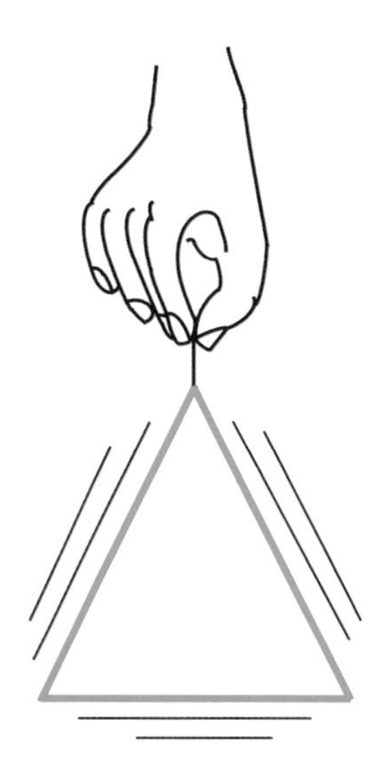

그림 1.13 **트라이앵글의 자유진동**

이러한 자유진동은 진동계 자체에 내재하는 힘(탄성력)으로 말미암아 진동현상이 발생하게 되며, 하나 또는 그 이상의 고유 진동수(natural frequency)를 가지고 진동하게 된다. 이러한 고유 진동수는 질량과 스프링 특성[이를 강성(剛性), stiffness라고도 한다]에 의해 결정되는 진동계의 고유특성이라고 할 수 있다. 예를 들어 사찰의 종소리, 피아노 건반들의 타격에 따른 현(絃, string)의 진동에 따른 피아노 소리, 실로폰이나 북소리 및 트라이앵글의 일정한 소리 등이 모두 고유 진동수와 연관되는데, 각각의 물체들이 가지고 있는 고유 진동수에 해당하는 진동현상으로 나타나는 사례들이다.

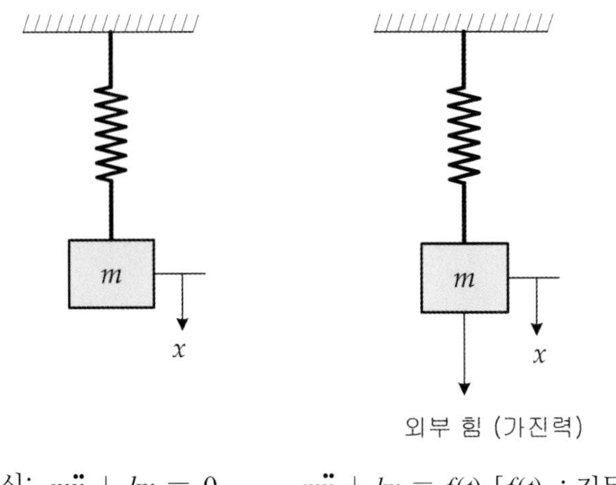

(a) 자유진동 (b) 강제진동

그림 1.14 **자유진동과 강제진동의 비교**

강제진동(forced vibration)은 그림 1.14(b)와 같이 진동수를 갖고 있는 외력[외부 가진력, $f(t)$]이나 외부 토크가 진동계에 연속적으로 작용하여 발생하는 진동현상이다. 때로는 진동하는 물체뿐만 아니라, 진동계를 지지하는 기초(base)나 지반에 외력이나 외부 토크가 작용하여 발생할 수도 있다. 즉 질량과 스프링으로 이루어진 진동계에서 질량부위에 외부 가진력이 직접 작용할 수도 있으며, 외부 가진력에 의해서 스프링이 매달린 천장이 움직이거나 물체를 지지하고 있는 기초 면이 연속적으로 흔들려서 강제진동이 발생할 수도 있다.

이러한 강제진동의 경우, 물체는 외력의 진동수와 같은 응답(진동현상)을 나타내지만, 외력 자체가 가지고 있는 진동수[가진(加振) 진동수, exciting frequency]가 진동계 자체의 여러 고유 진동수 중 하나와 일치하는 경우에는 진폭이 갑자기 증폭되는 공진(resonance)현상이 발생하게 된다.

진동계에서 공진현상이 발생하게 된다면 이론적으로는 진폭의 크기가 무한대로 되면서 기계부품의 파손과 같은 심각한 손상을 가져오게 된다. 하지만 실제 기계부품이나 구조물의 경우에는 감쇠(damping)의 영향과 각종 에너지의 손실 등으로 인하여 무한대의 진폭 크기가 아닌 매우 심각한 수준의 진폭 증대현상이 나타난다. 각종 기계장치나 자동차를 비롯하여 세탁기와 같은 가전제품에 이르기까지 심각한 진동현상이나 소음문제들은 주로 공진현상이거나 또는 외력의 가진 진동수가 기계장치나 내부 부품들의 고유 진동수에 접근하는 경우에 주로 발생하게 된다.

자유진동과 강제진동의 기본적인 개념은 그림 1.15와 같이 스프링에 질량을 매달아서 손으로 잡고서 상하방향으로 흔들어 보면 쉽게 이해할 수 있다. 스프링 한쪽을 손으로 잡고 나머지 한쪽에 질량을 매단 다음, 스프링을 잡은 손은 고정한 상태에서 다른 손으로 질량을 일정한 거리만큼 내렸다가 놓으면 스프링에 내재된 탄성력에 의해서 질량은 상하방향의 진동을 하게 된다. 이때의 진동형태를 자유진동이라 한다. 즉 질량이 상하방향으로 진동하는 도중에는 스프링을 잡은 손이 움직이지 않으므로, 외부로부터 어떠한 힘(외력)도 작용하지 않았기 때문에 스프링의 특성(스프링 강성)과 질량으로 이루어진 고유 진동수로 질량은 상하방향의 진동을 계속하다가 진동에너지의 소멸(감쇠)로 인하여 결국은 멈추게 된다.

반면에 스프링을 잡은 손을 천천히 상하방향으로 움직여보면, 질량의 진동하는 진폭이 점점 커지거나 줄어드는 현상이 발생하게 된다. 이러한 진동형태를 강제진동이라 한다. 즉, 스프링 잡은 손을 움직여서 발생하는 외부에서 작용하는 힘(외력)이 스프링과 질량으로 이루어진 진동계에 작용하기 때문이다. 우리들은 손의 상하방향 움직임(외부 가진력의 진동수를 의미한다)을 적절하게 조절하여 진동하는 질량의 진폭을 매우 크게 만들 수 있을 것이다. 이때가 바로 공진현상이 발생하는 시점으로, 스프링 특성과 질량으로 이루어진 진동계의 고유 진동수와 손에서 상하방향으로 움직이는 진동수(외부 가진 진동수)가 서로 접근하면서 거의 같아지게 될 경우에는 진폭이 무한대로 커지는 현상이 바로 공진(resonance)현상이다.

이번에는 스프링 잡은 손을 공진현상이 발생하는 경우보다도 더욱 빠르게 상하방향으로 움

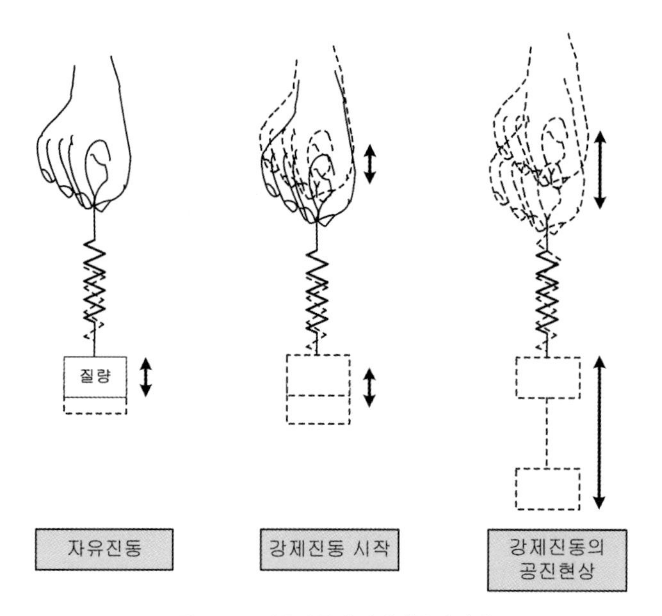

그림 1.15 **자유진동과 강제진동의 사례**

직여 본다면, 의외로 질량의 진동현상에 별로 영향을 주지 않는다는 새로운 사실을 확인할 수 있을 것이다. 이것은 외부에서 가해지는 진동수와 스프링과 질량으로 결정되는 진동계의 고유 진동수가 서로 멀리 떨어져 있기 때문이다. 즉, 외부 가진 진동수가 공진현상이 발생하는 영역(물체의 고유 진동수)을 이미 크게 넘어섰기 때문에 진동계의 진동현상은 외력이 가지고 있는 진동수의 영향을 거의 받지 않는 구간임을 쉽게 이해할 수 있다. 이렇게 외부에서 가해지는 가진 진동수와 진동계 자체의 고유 진동수를 멀리 격리시키는 개념(진동절연, vibration isolation)은 자동차뿐만 아니라, 모든 기계부품들의 진동소음현상을 저감시키는 데 있어서 매우 중요한 사항이다.

세탁기의 탈수과정에서도 탈수통(세탁조)의 회전이 점점 빨라지면서 세탁기 전체의 진동현상이 점진적으로 커지다가 어느 순간을 지나면서 조금씩 줄어드는 것을 확인할 수 있다. 이는 세탁조의 회전수(외부 가진 진동수)와 세탁기 자체의 고유 진동수가 서로 접근할 경우에는 진동현상이 커지고, 탈수통의 회전이 점점 빨라져서(외부 가진 진동수가 세탁기의 고유 진동수보다 훨씬 커져서) 세탁기 자체의 고유 진동수들과 서로 멀리 떨어지게 되면서 세탁기의 진동현상이 줄어들기 때문이다.

우리가 흔히 느낄 수 있는 자동차의 진동소음현상도 거의 대부분은 강제진동현상으로 유발되며, 특별하게 문제될 때는 공진현상에 접근하는 경우라고 말할 수 있다. 자동차 강제진동의 원인이 되는 외력이나 외부 토크는 그림 1.16과 같이 동력기관(powertrain)인 엔진의 흔들림이나 크랭크샤프트로부터 발생하는 회전력의 변화, 또는 차량주행 시 도로로부터 타이어를 통해서 차체로 유입되는 가진력 등이라 볼 수 있다. 이러한 가진력의 진동수는 자동차 현가장치(suspension)의 스프링과 감쇠특성, 차체(body)의 고유 진동특성들과의 연관관계에 의해서 제반 진동소음현상이 유발되기 마련이다. 특히 자동차는 일반 생산기계와는 달리 다양한 운전

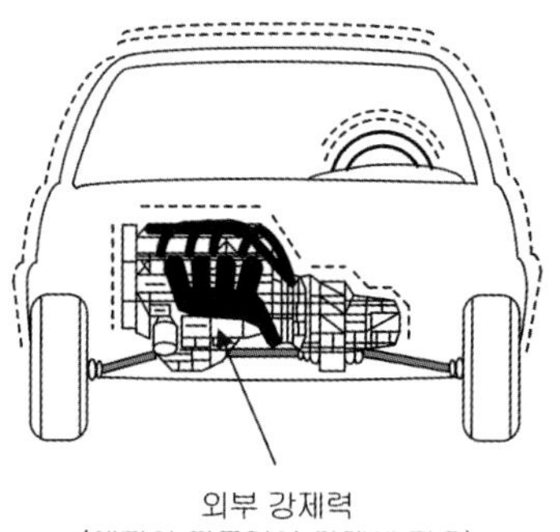

그림 1.16 **자유진동과 강제진동의 사례**

조건에 따라서 엔진의 회전수가 빈번하게 변화되는 특성을 갖는다. 이는 엔진으로부터 발생되는 가진 진동수가 수시로 변화됨을 의미하며, 자동차를 구성하고 있는 차체 및 주요 부품들의 고유 진동수에, 엔진에 의한 가진 진동수가 서로 접근하거나 일치될 경우에는 진동현상이 심각해지면서 공진을 일으키게 되면서 탑승객이 불쾌한 진동과 소음현상을 인식할 수 있다.

1-4 감쇠에 의한 영향

대부분의 자유진동현상은 시간의 경과에 따라서 진폭이나 진동형태의 크기가 점차적으로 줄어들기 마련이다. 이러한 현상은 진동계에 작용하는 마찰현상과 저항력에 의한 것으로, 이를 감쇠(damping)효과라고 한다. 즉, 감쇠는 진동하는 물체의 반대 방향으로 저항력을 발생시켜서 진동계의 에너지(운동 또는 위치에너지를 포함)를 점차적으로 소멸시키는 역할을 한다.

실제적으로 감쇠는 진동계의 고유 진동수에도 영향을 미친다. 하지만 질량과 스프링만으로 이루어진 진동계의 경우에는 감쇠효과에 의한 고유 진동수의 변화가 매우 적기 때문에, 감쇠가 없다는 가정 하에 고유 진동수를 계산해도 무방하다. 하지만 진동계에 별도의 장치를 통해서 감쇠특성이 조금씩 커진다면 진동특성의 변화를 유발하기 때문에 고유 진동수에 영향을 끼치게 된다. 반면에, 진폭이 무한대로 커지는 공진현상에서는 진폭을 최소한의 크기로 제어하기 위해서 적극적으로 감쇠현상을 이용하기도 한다. 이러한 감쇠의 종류로는 점성감쇠(viscous damping), 건성감쇠(dry friction damping), 고체감쇠(solid damping) 및 히스테릭 감쇠(hysteretic damping) 등으로 구분될 수 있으며, 실제 기계부품의 진동현상에서는 점성감쇠 특성이 가장 뚜렷한 효과를 발휘한다.

점성감쇠가 고려된 진동계는 그림 1.17과 같이 표현되며, 이를 수식으로 나타내면 식 (1.12)와 같다. 유체의 점성(粘性)을 이용하는 점성감쇠에서는 진동하는 물체(질량)의 변위보다는 속도에 지배적인 영향을 받기 마련이다. 질량과 스프링으로 이루어진 진동계의 운동방정식인 식 (1.8)에서 속도($\dot{x}$)에 의한 감쇠력이 추가되면서 다음과 같이 표현된다.

$$m\ddot{x} + c\dot{x} + kx = 0 \tag{1.12}$$

식 (1.12)에서 c는 점성감쇠에 관련된 비례상수(감쇠계수)를 뜻하며, 감쇠비(damping ratio) ζ(그리스 문자로 zeta로 읽는다)는 식 (1.13)과 같이 정의된다.

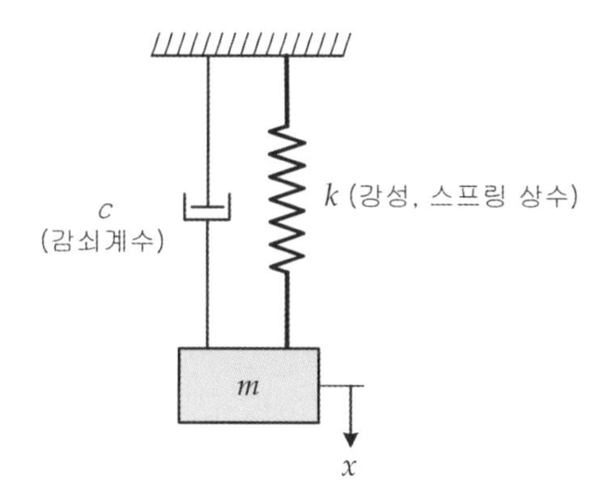

그림 1.17 **점성감쇠가 고려된 진동계**

$$\zeta = \frac{\text{일반 감쇠계수, } C}{\text{임계 감쇠계수, } C_{Cr}} \tag{1.13}$$

여기서, 임계(critical) 감쇠계수는 진동계가 진동하면서 감쇠되는 상태와 진동 없이 감쇠되는 상태 사이의 경계를 임계감쇠라 하고 이때의 감쇠계수를 뜻하며, $C_{Cr} = 2m\sqrt{\frac{k}{m}} = 2m\omega_n = 2\sqrt{km}$ 으로 정의된다.

감쇠의 작용으로 인하여 진동계의 고유 진동수(ω_n)는 약간 줄어들게 된다. 즉, 감쇠비 ζ값이 커질수록 고유 진동수(감쇠 고유 진동수)는 질량과 스프링만으로 이루어진 진동계의 고유 진동수(비감쇠 고유 진동수, undamped natural frequency)보다 작아지기 마련이다. 이때의 고유 진동수를 감쇠 고유 진동수(damped natural frequency)라고 하며, ω_d로 표현한다. 감쇠가 없는 비감쇠 고유 진동수(ω_n)와 감쇠가 고려된 고유 진동수(ω_d)는 식 (1.14)와 같은 관계를 갖는다.

$$\omega_d = \sqrt{1 - \zeta^2}\,\omega_n \tag{1.14}$$

감쇠비 ζ값이 1을 기준으로 하여 어떠한 값을 갖느냐에 따라 진동형태가 다양하게 변화된다. 즉, 감쇠비가 $0 < \zeta < 1$인 경우에는 정상감쇠 또는 부족감쇠(under damping)가 발생하게 되며, $\zeta = 1$인 경우를 임계감쇠(critical damping), $\zeta > 1$인 경우를 과 감쇠(over damping)라 한다. 그림 1.18은 감쇠비 ζ값에 따른 부족감쇠, 임계감쇠 및 과 감쇠에 대한 진동변위를 나타낸 것이다. 여기서 임계감쇠는 진동계가 진동하면서 감쇠되는 정상감쇠와 진동하지 않으면서 감쇠되는 과 감쇠의 경계에 해당되는 감쇠특성을 의미한다.

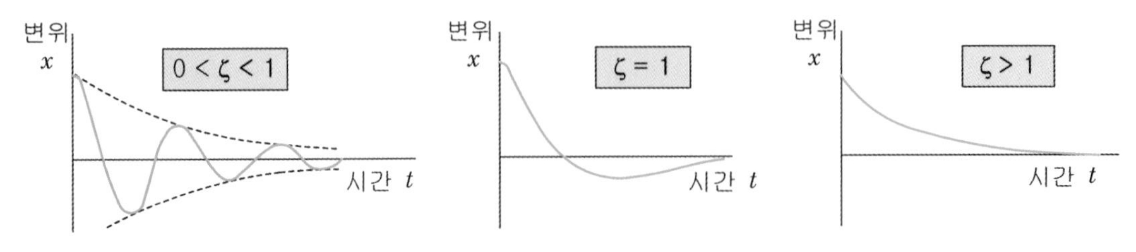

그림 1.18 **감쇠비에 따른 진동 변위의 비교**

자동차와 같은 수송기계나 각종 기계부품들의 원치 않는 진동현상을 완화시키기 위해 사용되는 감쇠장치들의 감쇠비 ζ값은 주로 $0 < \zeta < 1$ 인 정상감쇠나 부족감쇠영역이라 할 수 있다. 자동차의 주행과정에서 도로의 요철부위 통과 시 타이어를 통해 차체로 입력되는 충격적인 외력의 전달을 억제시키고 동시에 차체로 전달될 수 있는 진동에너지의 빠른 소멸을 위해서 현가장치에 장착되는 충격흡수기(shock absorber) 등이 대표적인 감쇠역할을 하는 부품이라 할 수 있다. 그림 1.19와 같은 모양의 자동차용 충격흡수기의 감쇠비 ζ는 대략 0.3~0.5의 값을 갖는다. 충격흡수기에 대한 세부사항은 제8장 제4절을 참고하기 바란다.

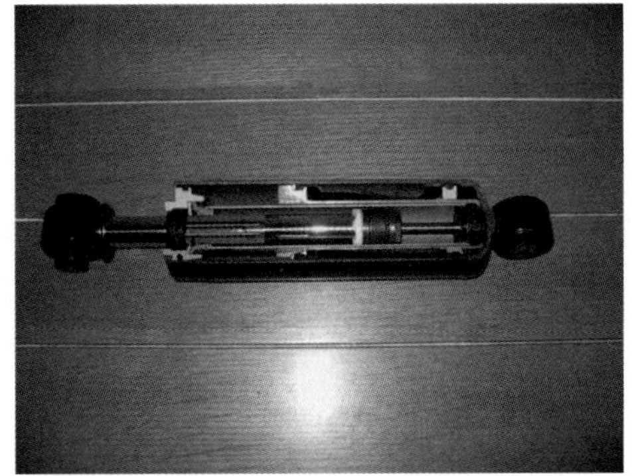

그림 1.19 **자동차의 주요 감쇠 장치인 충격흡수기**

한편, 임계감쇠(critical damping)나 과 감쇠(over damping)의 특성은 진동변위의 급격한 변화로 말미암아 기계부품에 과도한 응력집중이나 충격 등과 같은 악영향을 미치게 된다. 반면에 저울이나 도어로커 등과 같은 부품에서는 외부 가진에 의한 즉각적인 변위(움직임)의 소멸을 위해서 인위적인 임계감쇠나 과 감쇠의 특성을 사용하는 경우도 있다.

1-5 진동전달력과 진동절연

회전운동이나 왕복운동을 하는 기계에서는 여러 가지의 원인(편심에 의한 회전 불평형, 관성력이나 토크변동 등)들로 인하여 다양한 진동현상이 발생할 수 있기 때문에, 이러한 기계들을 직접 건물의 기초나 차체구조물에 설치하게 되면 진동력(에너지)이 그대로 주변 물체나 부품들로 전달되기 마련이다. 이렇게 주변 물체들로 전달된 진동 에너지는 예기치 않은 현상을 발생시켜서 기계의 운전효율이나 상품성(제품 생산성)을 크게 저하시킬 수 있다. 도로의 노면 조건에 따라서 타이어의 흔들림(진동)이 발생하기 쉬운 자동차뿐만 아니라, 가전제품이나 건물 내부에 설치되는 펌프, 보일러 등에서 발생하는 진동현상으로 인한 악영향을 개선시키기 위해서는 진동력이 주변 부품들로 전달되는 현상을 최소화시키는 방법이 강구되어야만 한다.

따라서 진동문제를 발생시킬 수 있는 기계가 장착되는 기초나 지지구조물 사이에는 반드시 진동절연(vibration isolation) 장치를 고려하게 된다. 자동차나 철도차량과 같은 수송기계들의 경우에는 엔진과 차체를 연결시켜주는 엔진 마운트(engine mount, 자동차 정비현장에서는 흔히 '미미'라고 부르기도 한다), 현가장치의 스프링이나 그림 1.20과 같이 방진고무(bush류 포함) 및 배기계 지지고무(hanger rubber) 등이 대표적인 진동 절연장치들이다. 그림 1.21은 질량에 외력(진동수를 가진 외부 가진력)이 작용할 때, 천장에 전달되는 힘(전달력)을 나타내고 있다.

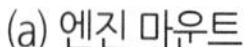

(a) 엔진 마운트

(b) 배기계 지지고무

그림 1.20 **자동차의 대표적인 진동절연장치**

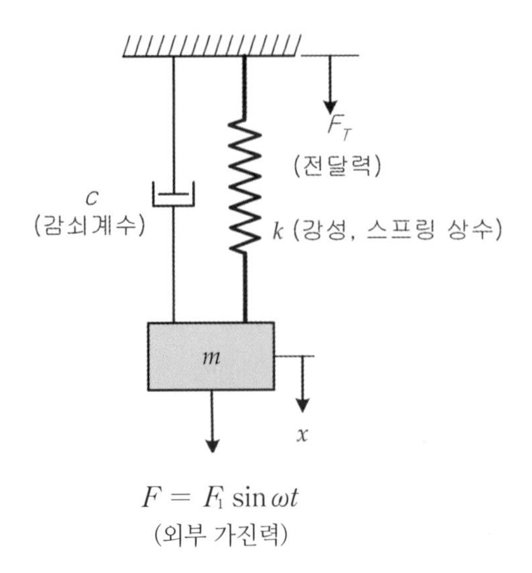

그림 1.21 **진동계의 진동전달력**

그림 1.21과 같이 질량, 스프링과 감쇠장치로 구성된 진동계에 있어서 외부 가진력 $F\ (=F_1 \sin \omega t)$가 질량에 작용할 경우, 기초(여기서는 천장이라 할 수 있다)로 전달되는 진동 전달력을 F_T라 가정한다. 외부에서 가해지는 힘(F_1)과 전달력(F_T) 간의 비를 전달률(transmissibility) T_R로 표현하면 식 (1.15)와 같이 정리된다.

$$\text{전달률},\ T_R = \frac{\text{전달되는 힘},\ F_T}{\text{가해지는 힘},\ F_1} \tag{1.15}$$

이 책에서는 식 (1.15)의 세부적인 내용은 생략하지만, 외부에서 가해지는 가진 진동수 ω와 진동계 자체의 고유 진동수 ω_n 간의 비율(ω/ω_n, 이를 진동수비라 한다)을 기준으로 하여 전달률 T_R을 표현하면 그림 1.22와 같다.

그림 1.22에서 감쇠비 ζ의 값에 상관없이 $\omega/\omega_n < \sqrt{2}$인 경우에는 전달률이 1보다 크고, $\omega/\omega_n \geq \sqrt{2}$ 이상인 경우에는 전달률이 1보다 작아진다. 여기서 공진현상이 발생하는 지점인 $\omega/\omega_n = 1$이 될 때의 전달률을 살펴보면, 감쇠비 ζ값이 커질수록 전달률이 급격히 줄어들고 있음을 확인하게 된다. 이처럼 공진에 의한 과도한 힘의 전달을 억제하기 위해서는 높은 감쇠비를 갖는 감쇠장치를 채택하는 것이 유리하다. 하지만 공진이 발생하는 구간을 넘어서는 진동수비 영역에서는 오히려 감쇠비가 높을수록 전달률이 커지는 경향을 갖는다는 점을 유의해야 한다.

자동차뿐만 아니라 일반 가전제품에 있어서도 구동부품의 소형화와 더불어서 고출력의 특성이 요구되고 있으므로 대부분의 운전조건은 $\omega/\omega_n > \sqrt{2}$인 영역이라 할 수 있다. 다시 말

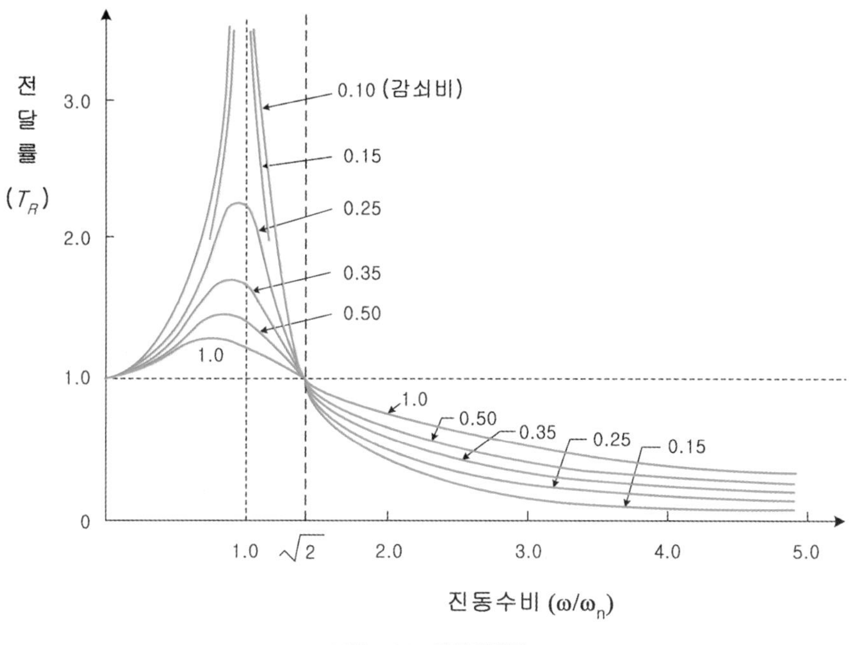

그림 1.22 **진동전달률**

해서, 어떠한 감쇠비 ζ에 대해서도 $\omega/\omega_n = \sqrt{2}$ 인 지점에서 전달률은 모두 1이 되며, 이 지점을 기준으로 왼쪽 영역($\omega/\omega_n < \sqrt{2}$)에서는 감쇠비가 커질수록 전달률을 저하시키는 역할을 하지만, 오른쪽 영역($\omega/\omega_n \geq \sqrt{2}$)에서는 감쇠비가 커지게 되면 오히려 전달률을 증대시키게 된다.

일상생활 속에서 접하게 되는 여러 종류의 가전제품이나 자동차, 철도차량과 같은 수송기계들에서 발생하는 진동소음현상도 대부분 진동수비가 $\omega/\omega_n \geq \sqrt{2}$ 인 조건에서 이루어지도록 설계되고 있으나, 다양한 부품 및 복잡한 결합형태 등으로 인하여 여러 개의 고유 진동수들이 존재하기 때문에 예상치 못한 공진현상이 자주 발생할 수 있다. 따라서 기계장치를 비롯한 자동차의 설계과정뿐만 아니라 장시간의 사용기간에 따른 여러 환경변화(고무부품의 경화, 체결부위의 특성변화 등)에 대한 유효적절한 감쇠특성의 고려가 필수적이라 할 수 있다.

1-6 선형 진동과 비선형 진동

진동현상은 또한 선형 진동과 비선형 진동으로 구분할 수 있다. 선형 진동(線形, linear vibration)은 스프링과 같은 탄성체의 복원력(탄성력)이 Hook의 법칙을 만족하거나($F = kx$), 감쇠되는 힘(감쇠력)이 속도에 비례하고($F = c\dot{x} = cv$), 관성력이 가속도에 비례($F = m\ddot{x} = ma$)하는 경우를 모두 만족시키는 조건에서 발생되는 진동현상을 뜻한다. 이러한 선형 진동은 수학적으로도 선형 미분방정식으로 정확하게 표현되고, 중첩(superposition)의 원리를 적용할 수 있으므로, 다양한 해석기법을 통해서 해(解, solution)를 얻을 수 있다. 진동공학의 교과서에서 흔히 접하게 되는 수식들은 거의 대부분 선형 진동이라 할 수 있다.

비선형 진동(nonlinear vibration)은 위에서 언급한 복원력, 감쇠력 및 관성력의 세 가지 항목들 중에서 단 하나의 항목이라도 선형특성들을 만족시키지 못하는 경우의 진동현상을 뜻한다. 비선형 진동현상은 주기의 불규칙성, 진폭의 비약(jump)현상 및 중첩 원리의 적용불가 등과 같은 복잡한 문제들로 인하여 정확한 현상파악조차 여의치 않은 경우가 많다.

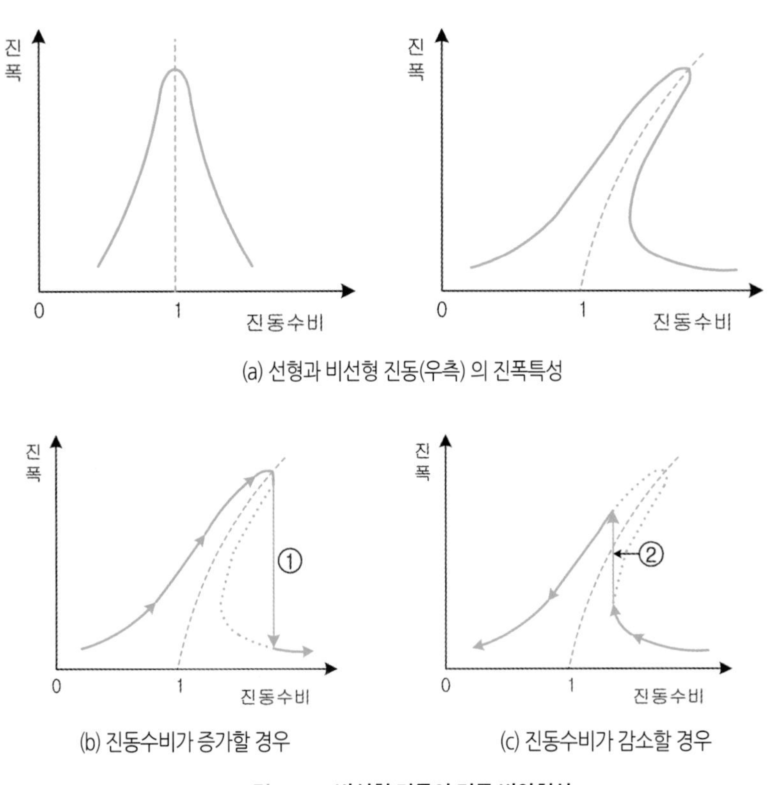

그림 1.23 **비선형 진동의 진폭 비약현상**

그림 1.23은 선형과 비선형 진동의 진폭변화를 진동수비로 나타낸 것이다. 선형 진동[그림 1.23(a)의 좌측]에서는 진동수비(ω/ω_n)가 증가하거나 감소하는 경우, 진폭의 변화가 곡선에 따라서 점차적으로 증감하게 된다. 하지만 비선형 진동에서는 진동수비가 증가할 경우, 그림 1.23(b)의 ①구간과 같이 증대되던 진폭이 갑자기 줄어드는 현상이 나타난다. 반면에, 진동수비가 높은 영역에서 낮은 쪽으로 줄어들 경우에는 그림 1.23(c)의 ②구간에서 진폭이 급격하게 증대된다. 이러한 현상을 비선형 진동의 진폭 비약현상이라 한다.

일반적으로 진동계는 진폭이 증가됨에 따라 비선형화되는 경향을 갖는다. 일례로 가장 간단한 진자(pendulum)운동에서도 움직이는 각도(회전각)가 조금만 커져도 선형으로 해석되지 않는 진동현상을 유발할 수 있다. 실제로, 자동차를 비롯한 일반 기계부품들에서 발생하는 진동현상 중에는 비선형 진동의 특성을 갖는 경우가 많다. 주로 스프링과 고무 등과 같은 감쇠부품에서 비선형 특성이 나타나는 경우가 대부분이라 할 수 있다.

최근의 기계부품들에서는 고속, 고정밀, 경량화 설계 등으로 인하여 많은 공학문제들이 선형 이론으로는 설명할 수 없는 비선형 특성을 갖게 되었다. 비선형 진동의 응답은 외부 가진력의 크기에 비례하지 않으며, 응답 진동수도 가진 진동수와 일치하지 않는다. 더불어 규칙적인 가진임에도 불구하고, 불규칙적인 응답인 혼돈진동(chaotic vibration)이 발생하는 경우도 있다. 세부적인 항목은 본 교재의 수준을 넘어가는 내용이므로 진동공학의 전문서적을 참고하기 바란다.

자동차의 경우에서도 현가장치의 스프링 특성과 함께 진동절연에 많이 사용되는 고무부품들에도 이러한 비선형 특성들이 많이 내포되어 있다. 그림 1.24는 스프링의 선형 및 비선형 특성을 나타낸다.

그림 1.24와 같이 힘과 변위의 비례관계에서 직선성분은 스프링의 선형 특성을 뜻하며, 일

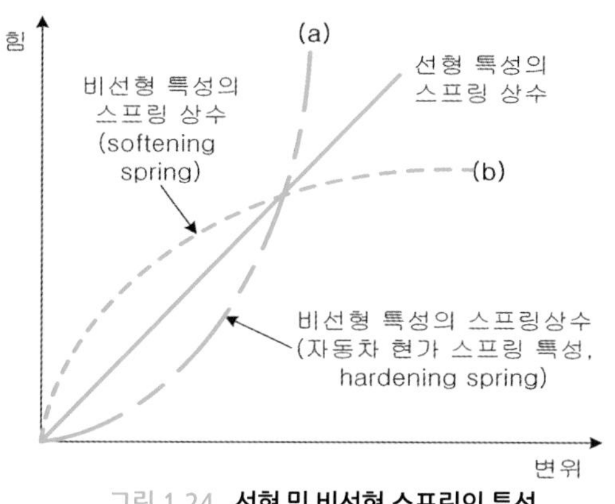

그림 1.24 **선형 및 비선형 스프링의 특성**

정한 기울기(이를 스프링 상수 k로 표현한다)를 가지고 있다. 반면에, 스프링에 가해지는 힘이 증가될수록 변위가 점점 줄어드는 곡선[그림 1.24의 (a)곡선]을 하드닝 스프링(hardening spring)의 특성이라 한다. 스프링에 가해지는 힘이 증가할수록 변위가 더욱 커지는 곡선[그림 1.24의 (b)곡선]을 소프트닝 스프링(softening spring)의 특성이라 한다. 이러한 스프링들은 비선형 특성을 가지고 있는 대표적인 사례라 할 수 있다.

무거운 짐을 싣고 내리는 트럭과 같은 상용차량뿐만 아니라, 일반 승용자동차에서도 탑승인원이나 적재물의 증가에 따라서 차체를 지지하고 있는 현가장치의 스프링이 선형적으로 작용하게 된다면, 그림 1.25와 같이 자동차의 최저 지상고는 적재물의 증가에 따라 계속 낮아져서 차체와 타이어가 서로 접촉하는 것과 같은 비현실적인 결과를 초래할 것이다. 따라서 자동차를 비롯한 수송기계에 사용되는 현가장치의 스프링은 적정 수준 이상의 중량 증대에 대해서는 스프링 변위의 증가현상이 최소한으로 줄어드는 하드닝 스프링의 특성을 채택할 수밖에 없다.

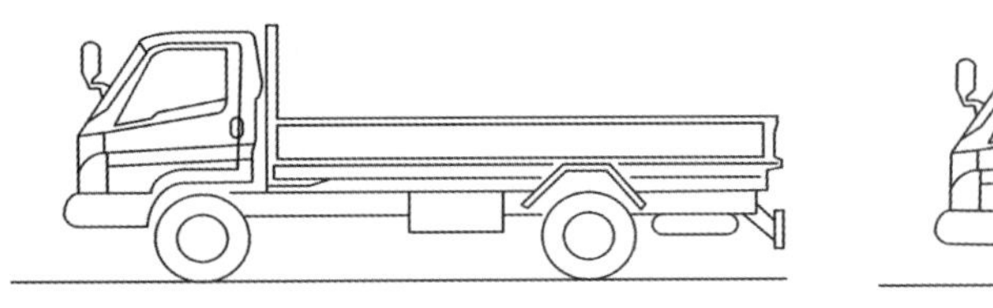

적재물이 없는 경우

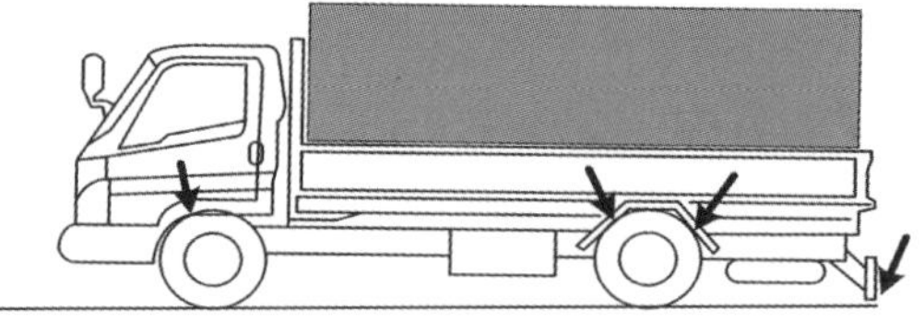

적재물이 있는 경우

현가장치의 스프링 특성이 선형(linear) 특성을 가질 경우, 적재물이 과도하게 적용될 경우에는 스프링의 변위 증대로 말미암아 타이어가 차체와 간섭하는 비현실적인 경우도 발생할 수 있다.

그림 1.25 **현가장치의 선형 스프링 적용사례**

트럭과 같은 대형 상용차량에서는 적재물의 증대로 인해 스프링의 변위가 커져서 차체가 계속해서 낮아질 경우, 별도의 스프링이 작용하게 되면서 현가장치 스프링의 강성을 증대시킨다. 그림 1.26은 트럭에 적용되는 엽판 스프링(leaf spring)의 적용사례를 보여준다. 그림 1.26(a)는 과도한 적재물 탑재로 인하여 차체가 낮아질 경우, 추가의 스프링(진하게 그려진 부위)이 기존 스프링과 접촉하면서 하드닝 스프링의 특성을 갖게 된다. 또 그림 1.26(b)의 경우는 적재물 증가로 차체가 낮아지면서 스프링이 스토퍼(stopper, 원형부분)에 접촉하면서 하드닝 스프링의 특성으로 변화되는 사례를 나타낸다.

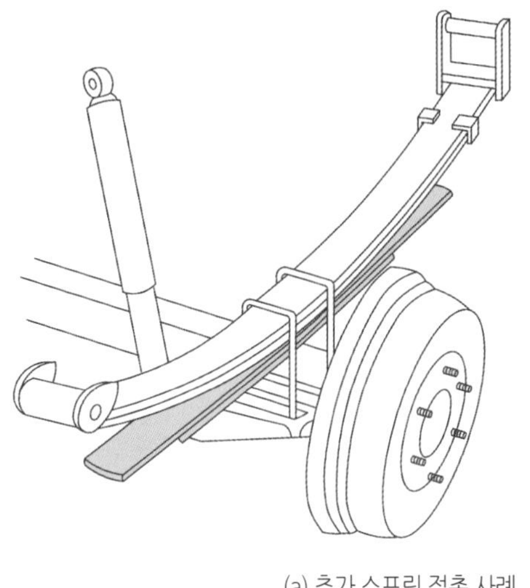

(a) 추가 스프링 접촉 사례

(b) 스토퍼(stopper) 적용사례

그림 1.26 **엽판 스프링의 비선형 응용사례**

1-7 진동의 자유도

진동하는 물체는 상하나 좌우, 또는 회전과 같은 공간적인 방향성을 갖기 마련이다. 이러한 진동계의 운동현상을 수식으로 표현하려면, 각각의 방향에 따른 기준좌표가 필요하게 된다. 이와 같이 진동계의 운동을 표현하는 최소한의 독립좌표수를 그 진동계의 자유도(degree of freedom)라고 한다. 진동하는 물체의 이동변위, 속도 및 가속도 등을 표현하는 변수(x, y 등과 같은)를 독립좌표라 한다. 여기서 독립좌표는 직선 방향과 회전 방향이 모두 포함될 수 있다.

예를 들어 그림 1.27(a)와 같이 하나의 질량과 스프링으로 이루어진 진동계에서 질량 m이 수직 상하 방향으로만 운동한다면, 상하 방향의 운동특성을 표현하는 한 개의 좌표 x만으로 운동형태(변위, 속도 및 가속도)를 완전하게 표시할 수 있다. 또 그림 1.27(b)와 같이 늘어나지 않는 실이나 줄에 질량이 매달려서 시계추처럼 좌우방향으로 진자운동을 한다면, 수직방향에 대한 회전각 θ의 좌표를 이용해서 운동형태(각변위, 각속도 및 각 가속도)를 완전하게 표시할 수 있다. 따라서 그림 1.27과 같은 진동계들의 운동형태는 단 1개의 좌표만으로 운동현상을 표현할 수 있으므로 자유도는 1이며, 이러한 진동계를 1자유도계(system with one degree of freedom)라고 한다.

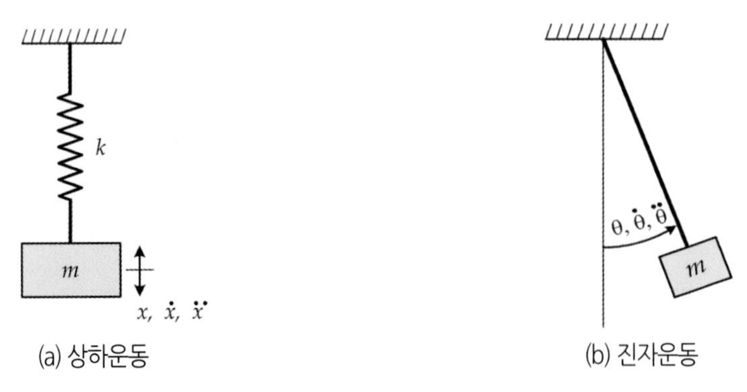

(a) 상하운동 (b) 진자운동

그림 1.27 **진동계의 자유도(1자유도)**

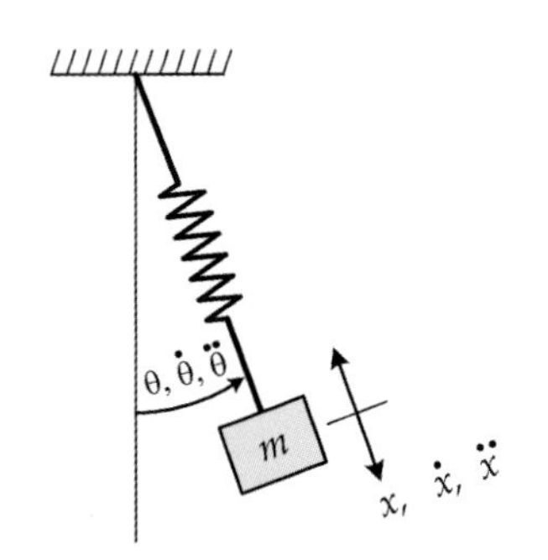

그림 1.28 **진동계의 자유도(2자유도)**

만약 그림 1.28과 같이 시계추처럼 진자운동을 하면서 질량 m이 스프링의 상하 방향으로도 동시에 진동한다면, 좌표 x뿐만 아니라 회전각 θ를 모두 포함시켜서 운동형태를 표현해야 하므로, 이 진동계는 더 이상 1자유도가 아니며 x와 θ의 좌표로 표현되는 2자유도 운동을 하게 된다. 그림 1.28에 나타난 진동계의 운동방정식에서는 상하 방향의 좌표 x와 회전 방향의 좌표 θ가 모두 필요하기 때문이다.

진동모드(vibration mode)는 진동계가 고유 진동수에서 진동하는 형태(모양)를 뜻하는 것으로, 1자유도 운동에서는 1개의 진동형태만 존재한다. 그러나 그림 1.29와 같이 두 개의 질량과 스프링이 적용되는 2자유도계에서는 2개의 고유 진동수와 진동형태를 각각 가지게 된다. 여기서, 첫 번째 고유 진동수에서 나타나는 진동모드(이를 편의상 '1차'로 표현한다)는 두 개의 질량이 각각 진폭의 크기는 다르겠지만 서로 같은 방향으로 이동하는 진동형태를 뜻한다. 두 번째 고유 진동수에서 나타나는 진동모드(2차)는 서로 다른 방향으로 이동하는 진동형태를 보여준다. 따라서 2차 진동모드에서는 질량 m_1, m_2가 서로 가까워졌다가 멀어지는 진동현상을 반복하게 된다. 만약 그림 1.29의 천장에 외부 가진력이 작용한다면, 외부 가진력의 진동수가 높아지면서 1차 고유 진동수와 일치하게 되면 1차 고유진동 모드형태로 공진하게 된다.

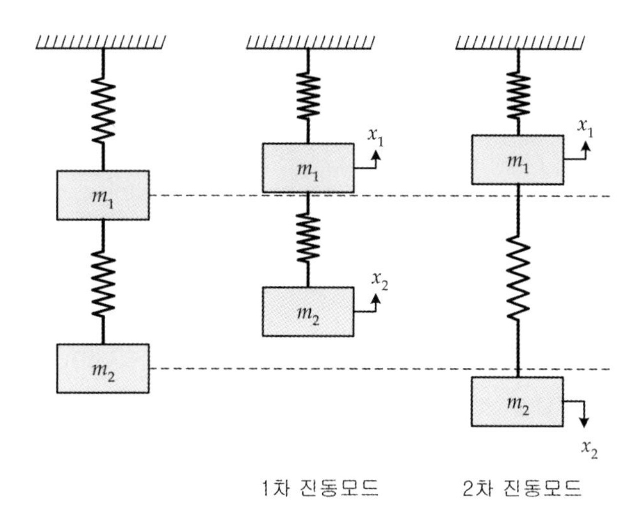

그림 1.29 **2자유도 진동계의 진동모드**

외부 가진력의 진동수를 더 높여서 2차 고유진동수와 일치하게 되면 2차 고유진동 모드형태로 공진하게 된다.

다양한 질량이나 스프링으로 구성된 진동계의 자유도와 진동모드를 표현하기 위해서 n개의 독립좌표가 필요한 경우, 그 진동계는 n개의 자유도 및 진동모드를 갖는다고 말할 수 있다. 예를 들어 공간에 자유롭게 위치한 강체(rigid body)는 3개의 좌표축에 대한 직선운동(병진운동)과 각 좌표축 주위의 회전운동이 모두 가능하기 때문에 그림 1.30과 같이 자유도는 6이 된다. 즉, x, y, z축 각 방향의 직선운동 3자유도와 x, y, z축을 중심으로 각각 회전하는 회전운동의 3자유도가 합쳐져서 6자유도 운동을 하게 된다.

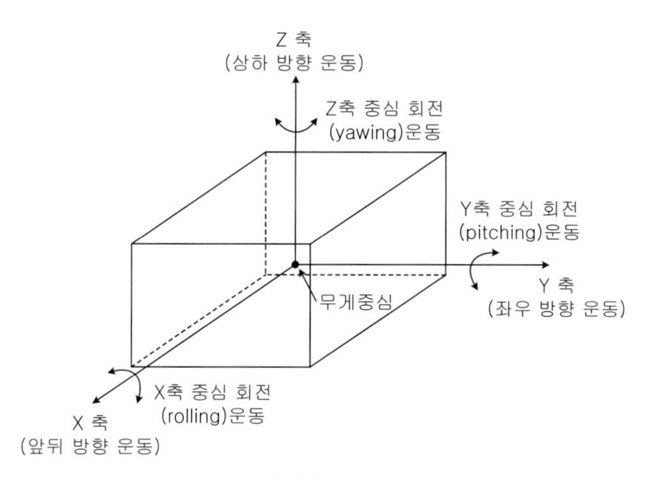

그림 1.30 **강체의 6자유도 운동**

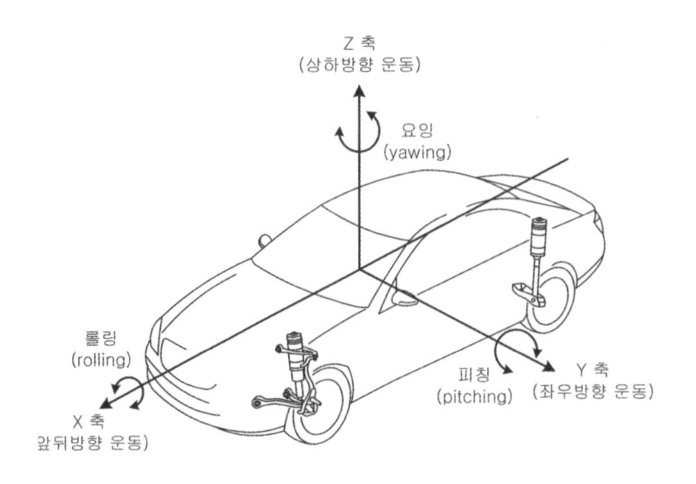

그림 1.31 **차체의 6자유도 운동**

자동차에 있어서도 낮은 진동수 영역에서는 차체나 엔진이 마치 하나의 강체(剛體, rigid body)처럼 움직이기 때문에, 그림 1.31과 같이 6자유도 운동이 승차감을 악화시키는 주요 원인이 될 수 있다. 여기서 x축을 중심으로 차체가 좌우방향으로 흔들리는 현상을 롤링(rolling) 운동이라 하며, y축을 중심으로 차체가 상하방향으로 흔들림을 반복하는 현상을 피칭(pitching)운동이라 한다. 또한 z축을 중심으로 차체가 회전하는 듯 한 움직임을 반복하는 현상을 요잉(yawing)운동이라 한다.

여기서, 롤링운동은 차량의 주행과정에서 연이은 커브 길과 같은 회전구간에서 발생하며, 피칭운동은 과속방지턱을 넘어갈 때 주로 느끼게 되고, 요잉은 차체 뒤쪽이 좌우로 회전하는 듯한 느낌을 갖는다. 자동차 사고로 인해 아스팔트 도로 위에 시꺼멓게 휘어진 타이어 자국을 일명 Yaw mark 또는 Skid mark라고 하는데, 충돌사고로 인해 차량 뒷부분이 좌우방향으로 미끄러지는 경우에 주로 발생한다. 또한 그림 1.32와 같이 차량의 횡(yawing)방향 움직임을 측정하는 센서(yaw rate sensor)는 최근 ESP(electronic stability program) 또는 VDC(vehicle dynamic control)와 같은 차량 자세제어장치의 기초정보로 활용되고 있다. 이 센서는 주로 앞좌석 중앙의 기어 변속레버가 위치하는 부위에 장착된다. 세부적인 내용은 제4장 제1절, 제7장 제6절을 참고하기 바란다.

한편, 막대나 자동차의 차체 등과 같은 탄성체(flexible body)는 무한한 수의 미소 질량과 스프링들이 서로 탄성결합에 의해서 이루어진 것으로 생각할 수 있으므로, 무한개의 자유도와 진동모드를 갖는다고 말한다. 따라서 무한한 수의 고유 진동수와 진동형태를 가지게 되겠으나, 다행스럽게도 일반적인 탄성체는 한정된 개수의 고유 진동수들에서만 특징적인(대표

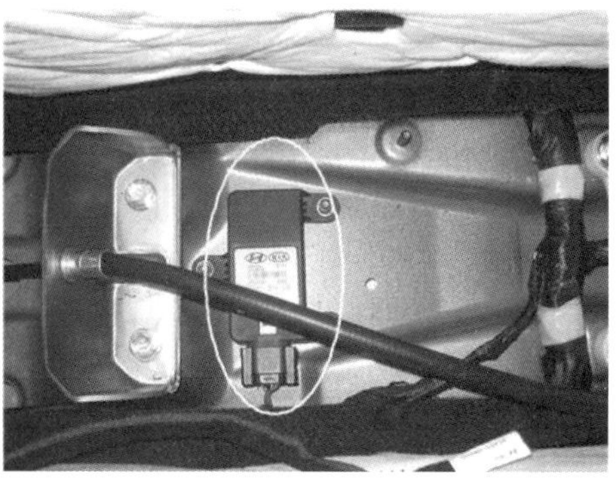

그림 1.32 **횡방향 움직임(yawing) 측정 센서**

적인) 진폭과 진동모드로 진동하기 때문에 문제되는 고유 진동수와 진동모드에 대한 대책만을 강구해도 충분하다고 할 수 있다.

그림 1.33은 한쪽이 고정된(clamped) 가늘고 긴 막대모양을 가진 철판의 진동모드를 보여준다. 이 경우에도 1~3차의 진동모드가 가장 대표적인 영향을 주게 되며, 그 이상의 고유 진동수에서는 미소변위로 인하여 진동에 의한 영향은 미미한 수준으로 취급될 수 있다.

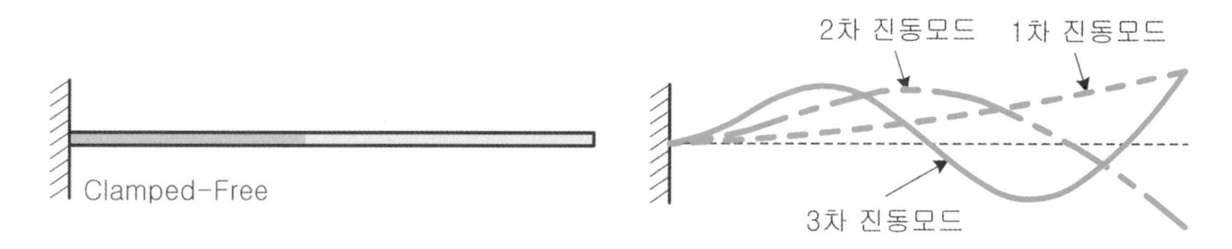

그림 1.33 **가늘고 긴 막대의 진동모드 사례**

1-8 진동의 단위

진동현상을 나타내는 단위로는 진동수와 진폭, 진동레벨 등이 있다. 먼저 진동수(frequecy, 주로 f로 표현한다)를 나타내는 단위로는 Hz(Hertz, cycle/sec)가 사용되며, 이는 단위시간당 진동현상이 반복되는 사이클의 수로 정의된다. 회전운동의 개념이 내포된 조화운동의 진동모델에서는 진동수를 나타낼 때 고유 원(회전) 진동수(natural circular frequency)인 ω가 사용되며, 단위는 rad/sec이다. 일반적으로 진동수나 주파수 단위로 표현되는 f[Hz]와 회전 진동수 ω[rad/sec]의 관계는 2π radian이 고려된 식 (1.16)과 같이 정리된다.

$$f[\text{Hz}] = \frac{\omega}{2\pi}, \quad \omega[\text{rad/sec}] = 2\pi f \tag{1.16}$$

우리가 시간단위로 사용하는 1초(second)는 세슘원자가 91억 9236만 1770번 진동하는 데 걸리는 시간을 기준으로 정의되었다. 시간단위도 결국은 진동개념에서 출발하고 있음을 알 수 있다.

진동현상의 진폭을 나타내는 경우에는 변위, 속도 및 가속도로 표현되며, 조화함수인 경우에는 다음과 같이 표현할 수 있다.

변위: $x = A \sin \omega t$

속도: $v = \dot{x} = A\omega \cos \omega t$

가속도: $a = \ddot{x} = -A\omega^2 \sin \omega t = -\omega^2 x$

이러한 진동현상에 있어서 가속도는 변위에 비해서 고유 원 진동수(ω)의 제곱값에 비례함을 알 수 있다. 일반 기계나 자동차의 진동현상을 측정할 때, 가속도를 기준으로 측정한 결과는 높은 진동수 성분을 강조하는 경향이 많다고 볼 수 있다. 반면에, 변위를 기준으로 진동현상을 측정하는 경우에는 낮은 진동수 성분이 강조된다고 볼 수 있다. 실제로 대부분의 기계부품들은 비교적 균일한 속도 스펙트럼 특성을 갖기 때문에, 기계진동의 분석(주로 주파수 분석)에서는 속도나 가속도를 기준으로 진동현상을 측정한다.

자동차를 비롯한 일반 기계부품들에서 발생되는 진동현상을 측정하는 경우에는 일반적으로 가속도계(accelerometer)라는 센서를 이용해서 가속도 및 가속도에 의한 진동레벨(vibration level, dB)을 측정하여 분석하는 방식이 주로 사용된다. 그림 1.34는 가속도계의 외관 및 압축형(compression type)과 전단형(shear type) 가속도계의 내부구조를 각각 나타낸다. 여기서, 압전재료(piezo electric material)는 외부 힘(진동력)의 작용으로 인하여 미세한 전기[주로 전하(charge)량을 의미]를 발생하는 재료를 의미한다. 가속도계와 같이 압전재료를 이용한 센서는 엔진의 노크(knock)현상을 감지하는 노크센서에도 사용되며, 또한 차량의 현가장치(특히 전자제어 현가장치인 ECS, electronic controlled suspension)에서 차량의 거동을 측정하는 센서 등에도 사용되고 있다. 그림 1.34(d)의 노크센서는 V6 방식 엔진 실린더 블록의 각 뱅크(bank)에 장착된 모습으로, 엔진의 연소실에서 조기점화(pre-ignition)와 같은 이상연소로 인하여 노크현상이 발생하게 되면 실린더 벽면의 진동(3~4 kHz의 진동수를 갖는다)이 발생하는 특성을 감지하게 된다. 감지된 신호는 엔진제어장치인 ECU(electronic control unit)로 전달되어 분사되는 연료량의 조절과 함께 스파크플러그 점화시기의 변경[대략 1.25~2° 정도 지각(遲刻, retard) 시키게 됨] 등을 통해서 노크현상을 억제시킨다.

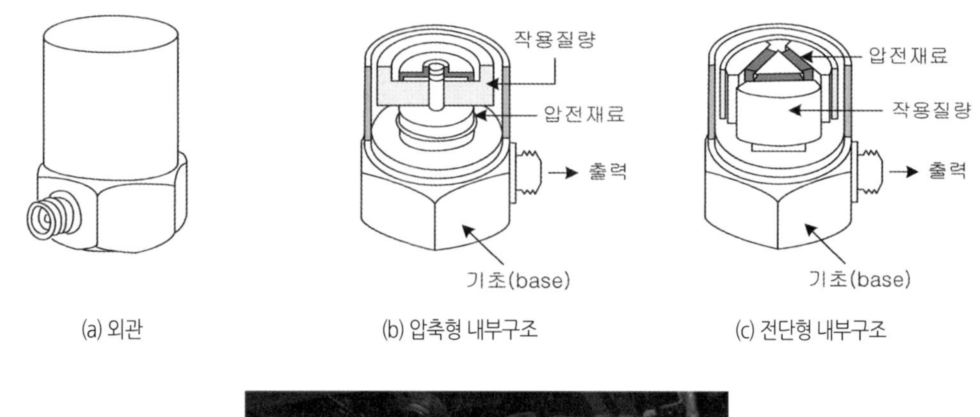

(a) 외관 (b) 압축형 내부구조 (c) 전단형 내부구조

(d) 노코센서의 적용사례

그림 1.34 **가속도계(accelerometer)의 종류**

진동레벨(vibration level)은 진동현상의 진폭을 나타내는 단위로 dB(decibel)을 사용하며 가속도, 속도, 변위를 기준으로 각각 다음과 같이 정의된다.

$$
\begin{aligned}
\text{진동레벨(dB)} &= 20\log\frac{a}{a_{ref}}, \quad a_{ref} = 1\times10^{-6}\,\mathrm{m/s^2} \quad \text{(가속도 기준)}\\
&= 20\log\frac{v}{v_{ref}}, \quad v_{ref} = 1\times10^{-9}\,\mathrm{m/s} \quad \text{(속도 기준)}\\
&= 20\log\frac{d}{d_{ref}}, \quad d_{ref} = 1\times10^{-12}\,\mathrm{m} \quad \text{(변위 기준)}
\end{aligned}
$$

일반적으로 소음레벨(sound pressure level)을 나타내는 dB과 구별하기 위해서 건축 및 토목 분야에서는 진동레벨을 나타낼 때 dB(V)로 표현하는 경우도 있다. 또한 진동현상을 포함한 충격특성 등을 표현할 때에도 산업현장에서는 종종 중력가속도 단위인 G를 사용하게 된다. 이러한 경우, 1 G는 중력가속도 9.8 m/s²인 가속도를 지닌 진동현상임을 파악할 수 있어야 하며, 이를 진동레벨인 dB 단위로 표현하면 다음과 같다.

$$\text{진동가속도가 1G인 경우:}\ 20\log\frac{9.8}{1\times10^{-6}} = 139.825 \fallingdotseq 140\ \text{dB}$$

$$\text{진동가속도가 10G인 경우:}\ 20\log\frac{98}{1\times10^{-6}} = 159.825 \fallingdotseq 160\ \text{dB}$$

일반적으로 자동차 부품들은 대략 1 G 정도의 진동이나 충격현상에 대해서도 충분한 내구성을 갖도록 설계되고 있다. 이러한 경우, 자동차 부품들에서 발생되는 진동레벨은 140 dB 내외이며, 10 G의 가속도가 작용할 경우에는 160 dB의 진동레벨을 갖게 된다. 참고로 승용 디젤차량의 엔진이 3,000 rpm 내외로 가동될 경우, 엔진 본체에서 측정되는 진동레벨은 대략 140~150 dB의 영역에 속하며, 이때 운전자가 가장 민감하게 느낄 수 있는 스티어링 휠(steering wheel, 흔히 '핸들'이라 부른다)의 진동현상은 대략 100~110 dB 수준에 속한다고 볼 수 있다.

그림 1.35는 가속도계와 진동측정기(vibration meter)를 이용하여 엔진의 진동가속도 및 진동레벨을 측정하는 사례를 보여준다.

그림 1.35 **엔진의 진동특성 측정사례**

1-9 진동현상이 인체에 미치는 영향

인류가 지구상에 탄생하여 생존하기 시작한 이후로 진동현상에 대한 인체의 반응과 그 영향에 관한 연구는 극히 최근에 와서야 시작되었다고 해도 과언이 아닐 것이다. 그것은 수송기계의 탄생 이전에는 진동현상에 의한 인체의 영향이란 그저 들판을 뛰어다니거나, 말이나 마차를 타면서 인체가 흔들리는 상황을 당연하게 여겼기 때문이라고 유추할 수 있겠다.

하지만 산업화된 근래에 이르러서는 진동현상이 생산능률의 저하, 피로누적 및 직업병 등과 연관되기 때문에 상당한 비중을 두고 연구되고 있는 실정이다. 반면에 안마기와 같은 특정 부위의 반복적인 흔들림(진동)은 오히려 피로를 회복시켜 주며, 놀이기구의 인위적인 흔들림처럼 탑승객을 즐겁게 해줄 수도 있는 것 또한 바로 진동현상이라 할 수 있다.

진동현상이 인체에 미치는 영향을 본격적으로 연구하게 된 시기는 제1차 세계대전부터라고 할 수 있다. 이 시기에 첫 선을 보인 탱크(전차)의 승무원들이 탱크 자체의 진동현상으로 말미암아 부상을 당하고, 전투기 조종사들이 기체의 진동현상으로 인하여 효과적인 공중전을 수행하기가 곤란하게 되자, 이를 해결하기 위한 군사적인 목적으로 본격적인 연구가 시작되었다. 인체에 작용하는 진동특성이나 영향은 진폭, 진동수, 지속시간, 진동형태 및 진동축에 따라서 다양하게 구분될 수 있는데, 대표적인 사항은 진폭, 진동수, 지속시간, 진동축이라 할 수 있다.

① 진폭 : 진동의 가속도, 속도 및 변위로 표현되며, 진동에너지를 결정한다. 주로 진동레벨인 dB로 표현된다.

② 진동수 : 진동수는 진동하는 물체가 1초 동안에 이루어진 반복횟수를 뜻한다. 인간이 느끼는 진동수 영역은 0.1~500 Hz 내외이며, 진동수의 높고 낮음에 따라서 인체의 반응이 달라진다.

③ 지속시간 :진동에 노출된 작업자를 기준으로 상하, 수평진동의 진동축에 따라 인체의 피로누적과 작업능률 감퇴를 고려하게 된다. 국제표준화기구(ISO)에서는 진동수, 진동축 및 진동 가속도를 기준으로 노출(지속)시간에 따른 허용기준을 마련하고 있다.

④ 진동축 : 다양한 인체의 자세와 진동의 운동 방향에 의해서 결정된다. 사람이 서 있는 경우, 앉아 있는 경우 및 누워 있는 경우 등과 같이 각각의 자세에 따라서 진동현상에 의한 인체의 반응이 달라지게 된다.

인간이 진동현상을 느낄 수 있는 진동수 범위는 약 0.1~500 Hz 영역이며, 이 중에서 인체에 악영향을 주는 진동수 범위는 1~90 Hz 영역이라 할 수 있다. 즉, 진동수가 1~90 Hz 범위에서 진동레벨이 60 dB 이상일 때 인체는 민감하게 진동현상을 감지하게 되며, 65~70 dB 범위에서는 수면에 지장을 받을 수도 있다. 진동현상이 인체에 미치는 악영향은 복부장기의 압력 증가, 척추에 대한 이상압력, 자율신경계와 내분비계의 영향, 시력의 저하 및 불안감을 초래하는 등의 정신적, 신경적인 해악을 끼치게 된다. 한편, 인간이 감내할 수 있는 최대 진동레벨은 약 145 dB 내외이며, 노출(지속)시간에 따라 허용되는 진동레벨이 규정되어 있다.

진동현상에 따른 인체의 영향은 주로 인체의 자세, 진동이 가해지는 부위, 작용시간 및 진동축 등과 연관된다. 대부분의 경우, 진동수가 높은 경우에는 손이나 다리와 같이 주로 인체의 일부에서 문제가 되지만, 진동수가 낮은 경우에는 인체 전부가 진동현상에 영향을 받는다고 할 수 있다. 예를 들어, 1 Hz 이하의 낮은 진동수를 가진 차체나 선박의 진동현상은 주로 멀미(motion sickness)를 유발시킬 수 있으며, 눈동자의 떨림현상으로 인해서 시야가 흔들리는 경우에 해당되는 진동수는 30~80 Hz 영역이다. 그림 1.36은 인체의 주요 기관들에 대한 고유 진동수를 나타낸다.

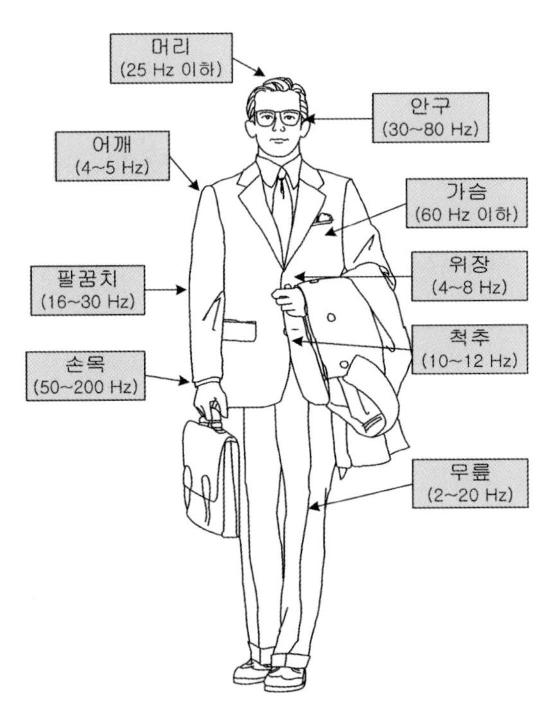

그림 1.36 **인체 주요 기관의 고유 진동수**

그림 1.37 **인체진동의 작용 방향**

진동축에 대해서는 그림 1.37과 같이 상하 방향으로는 4~8 Hz의 진동이 인체에 가장 민감한 영향을 주며, 전후 및 좌우 방향으로는 2 Hz 내외의 진동이 인체에 가장 큰 영향을 끼친다. 회전진동에 있어서는 롤(roll)과 요잉(yawing)운동보다는 피치(pitch)운동 방향에 더 강한 특성을 가지는 것으로 보고되고 있다. 우리가 놀이동산에서 즐겨 타는 '곤돌라'라는 기구나 파도에 따라 앞뒤로 흔들리는 어선들의 움직임이 낮은 진동수를 가진 대표적인 피치운동이다.

인체가 진동에 노출될 경우, 우리들은 무의식적으로 진동현상에 적응하기 위해서 스스로 노력하게 된다. 즉, 심장의 박동이 빨라지고 산소의 사용량이 증대되며, 체온이 올라가는 반응 등을 나타낸다. 또한 기계부품을 조작하거나 수송기계에 탑승한 경우에도 우리는 무의식적으로 진동현상의 인체전달을 최소화시키기 위해서 주변의 물체를 잡거나 기대는 방식으로 순간순간의 휴식을 취하는 행동을 하기 마련이다. 이러한 현상이 일정 시간 동안 반복되면서 누적될수록 인체에는 진동현상에 의한 피로도가 증대되는 것이다. 따라서 자동차를 비롯한 수송기계에서 발생하는 여러 종류의 진동현상은 좀 더 쾌적하고 안락한 탑승조건을 위해서 필수적으로 개선시켜야 할 항목이라 할 수 있다.

1.9.1 전신진동

전신진동은 인체와 진동부품이 서로 접촉하게 되는 발(발바닥), 엉덩이, 등(척추) 부위 등을 통해서 전신으로 전달되는 진동현상을 의미한다. 일반적으로 그림 1.38과 같이 발의 세 방향 병진운동, 엉덩이의 세 방향 병진운동 및 회전운동, 등(척추)의 세 방향 병진운동 등을 포함하여 모두 12자유도의 진동특성을 갖는다.

전신진동에 장시간 노출될 경우에는 허리의 통증과 같은 신체적인 지장뿐만 아니라 불면증과 같은 신경계통의 불안정을 유발시키게 된다. 수년에 걸쳐서 지속적인 전신진동에 노출된 경우에는 디스크와 같은 심각한 요통증상을 나타내기도 한다. 전신진동은 척추 아래 영역에 많은 영향을 미치게 되며, 순환계 및 비뇨기관에도 나쁜 영향을 줄 수 있다.

전신진동은 중앙신경계(central nervous system)의 불안을 유발시켜서 피로감, 두통, 불면(insomnia)이나 울렁거림(shakiness) 현상을 나타내게 된다. 장시간에 걸친 자동차 운전이나 여객선을 탑승한 경우에는 이와 같은 증세를 쉽게 경험할 수 있다. 다행스럽게도 이러한 증세는 충분한 휴식을 취하면 대부분 완전히 회복된다.

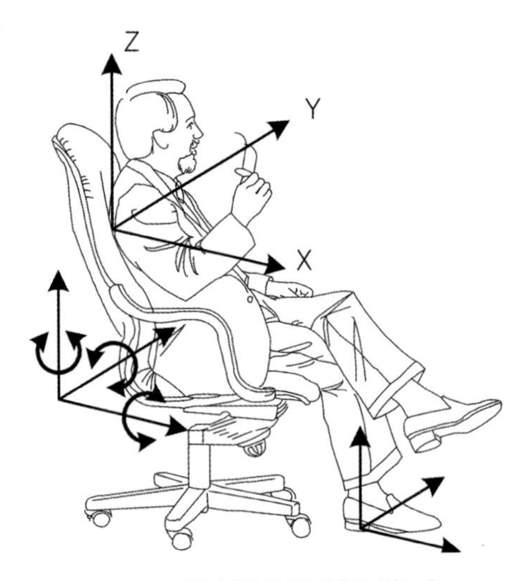

그림 1.38 **전신진동의 12자유도 좌표축**

그림 1.39 **전신진동에 의한 요통증상**

1.9.2 국소진동

국소진동은 진동공구(vibrating hand-held tools) 사용 시 작업자의 손과 팔에 전달되는 진동현상을 뜻하며, 1차 및 2차 산업에 종사하는 근로자에게서 적지 않게 장애가 발생하고 있다. 국소진동으로 인한 주요 증세는 혈관계통과 신경계통의 증상이 대표적이라 할 수 있다.

① 혈관계통의 증상: 추운 장소에서 진동이 심한 공구나 수작업을 오랫동안 지속할 경우에 주로 발생한다. 손가락 끝이 따끔거리면서 저리거나 감각이 무디어지고, 심할 경우에는 손가락이 하얗게 변하는 백지(白指, white finger)증세가 나타난다.

② 신경계통의 증상: 진동에 장시간 노출되어 손과 팔의 감각이나 촉감이 점차 둔해지는 현상을 뜻한다. 이는 지속적인 진동공구 사용이나 수작업의 누적으로 인하여 신경경로가 압박되거나 눌리게 될 경우에 주로 발생한다.

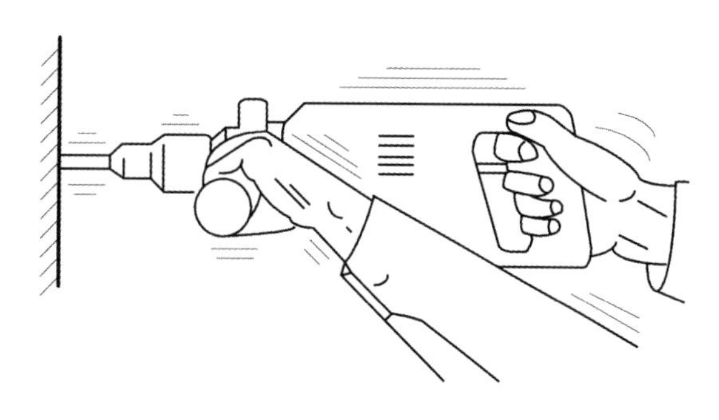

그림 1.40 **국소진동의 대표적인 사례**

수년간에 걸쳐서 진동이 심한 공구를 지속적으로 사용한 작업자는 손과 팔의 혈관과 신경조직의 점진적인 퇴보현상이 진행되어 소위 백지증세(수완진동증후군이라고도 한다)가 나타나게 된다. 이러한 증세는 체인 톱을 사용하는 작업자들에게서 주로 발생하며, 손을 다루는 능력과 감각이 현저히 떨어지는 결과를 유발시킨다.

백지증세는 손가락의 동맥과 신경의 손상을 유발시키게 되고, 점차 다른 손가락으로 진행되어서 양손 모두 심각한 증세를 낳을 수 있다. 초기 증세는 손가락이 얼얼하거나(tingling), 감각이 둔해지는(numbness) 현상과 함께 촉감이 어색해지는 현상을 나타내면서 손가락 기능을 저하시킨다. 이러한 증세는 진동공구를 이용한 작업활동뿐만 아니라 과격한 레저활동에서도 발생하는 사례가 있다.

그림 1.41 **대표적인 진동공구 사용자 및 백지증(white finger)의 발생부위**

짧은 시간이라 하더라도 진동이 심한 공구를 사용한 직후에는 정밀한 수작업이 힘들다거나 글씨체가 안정되지 않는 것을 쉽게 경험할 수 있을 것이다. 이것은 진동현상으로 인하여 인체(특히 손가락에서)의 감각이나 조종능력이 크게 감소되었다는 것을 증명하는 셈이다. 일반적으로 충분한 휴식을 취하면 손가락의 감각이나 조종능력을 정상상태로 완전히 회복할 수 있다.

1.9.3 수송기계에서의 인체진동

우리들은 주거 및 사무용 건물뿐만 아니라 수송기계, 학교나 사무실, 생산현장의 작업환경 등에서 거의 대부분의 시간을 보내고 있다고 말할 수 있다. 이 중에서 자동차뿐만 아니라 버스나 지하철과 같은 수송기계의 탑승환경은 일반인이 매일같이 접하기 때문에 수송기계에서 발생하는 진동현상에 따른 인체의 영향은 매우 중요한 평가요소로 인식될 수 있다. 차량 탑승상태에서 발생하는 제반 진동현상이 인체에 미치는 영향은 진동수, 진폭 및 탑승자의 자세와 진동전달부위 등의 여러 가지 요인들에 의해 크게 좌우되기 마련이다.

(1) 전신진동

수송기계에서 경험하게 되는 인간의 전신진동은 착석자세가 가장 기본적인 고려대상이 된다. 기립자세는 버스나 지하철과 같은 대중 교통수단에서, 누운 자세는 장거리 열차나 여객선과 같은 교통수단에서 주요 관심사항이 된다.

인체 전체가 진동에 영향을 받는 전신진동은 주로 낮은 진동수 영역이며, 착석자세인 경우에는 50 Hz 미만의 진동수 영역을 주요 고려대상으로 삼는다. 수송기계의 전신진동으로 인한 대표적인 증세는 멀미현상(motion sickness)이다. 이는 1 Hz 내외의 낮은 진동수 영역에 인체가 장시간 노출될 경우 서서히 발생하는 신체반응으로 물리적, 심리적인 측면에서 불쾌감을 심화시키고, 회복시간도 매우 긴 특징을 갖는다. 이러한 멀미현상은 버스나 여객선에서 주로 발생한다.

한편, 1 Hz 이상의 진동은 인체에 즉각적인 불쾌감을 유발시키는 특징을 갖는다. 이때 착석상태에서는 수직 상하 방향의 진동(5 Hz 내외)과 좌우 방향의 횡진동(1~3 Hz)이 인체의 전신진동에 심각한 불쾌감을 느끼게 한다. 따라서 승차감의 향상, 안락한 시트의 개발 등이 수송기계에서 받게 되는 전신진동의 개선대책에 주로 채택된다고 볼 수 있다. 더불어 순간순간 휴식을 취할 수 있는 보조기구(팔걸이, 발판, 등받이, 머리받이 등)의 역할 개선도 좋은 효과를 볼 수 있다.

(2) 국소진동

수송기계에서 경험할 수 있는 국소진동은 스티어링 휠(steering wheel, 주로 '핸들'로 부른다)이나 기어레버(transmission gear shift lever)를 잡은 손으로 전달되는 진동을 비롯하여, 가속 또는 브레이크 페달에 의해 발바닥으로 전달되는 진동 등이다. 국소진동은 100 Hz 내외의 영역까지 고려대상이 되며, 부분적으로 머리부위의 진동이 문제되는 경우도 있다. 특히 머리부분의 진동은 인간에게 느껴지는 단순한 불쾌감 차원을 넘어서서 시야를 흐리게 하고, 운전의 집중력을 저하시키는 문제로까지 발전될 수도 있다. 자동차에 탑승한 사람이 느낄 수 있는 머리의 진동은 착석자세에서 엉덩이로 전달된 진동이 머리까지 전달되어서 발생할 수 있다고 생각할 수 있겠지만, 실제로는 신체 내부에서 많은 감쇠가 일어나기 때문에 심각한 영향을 미치지는 않는 것으로 파악되고 있다.

최근 국내외 고급차량에서는 차선이탈경보나 사각지대 감지장치 및 지능형 정속주행장치(smart cruise control) 등의 첨단 편의장치들이 적극적으로 채택되고 있다. 이러한 안전장치들은 차량이 차선을 이탈하거나, 차선변경을 시도하는 경우 및 차간 거리가 설정된 값 이내로 줄어들 경우에는 핸들(steering wheel)을 포함하여 안전벨트나 시트 등을 진동시켜서 운전자에게 경고를 주는 방법(haptic warning)을 사용한다. 운전자에게 인위적인 국소진동을 주어서 차량의 안전운행을 추구하는 활용사례라 할 수 있다.

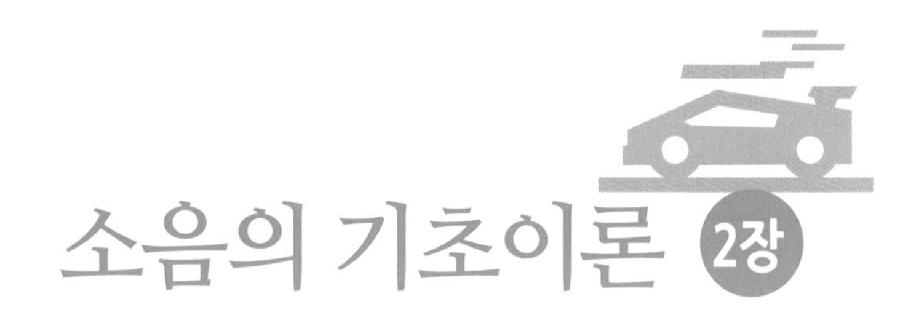

소음의 기초이론 2장

2-1 소리와 소음

소리는 공기 중의 작은 압력 변화에 의해 발생되는 현상이다. 즉, 대기압이 작용하는 평형 상태의 공기입자가 물체 간의 부딪침이나 인간의 성대떨림 등과 같이 주위로부터 영향(에너지)을 받게 되면 공기입자가 진동하게 되면서 압력이 미세하게 변화된다. 이러한 공기압력의 미세한 변화로 말미암아 소리가 주위로 전파되고, 인체의 청각기관인 귀를 통해서 공기압력의 변화를 감지하여 소리로 인식하게 된다. 소리(음)는 물리학적으로는 음의 파동인 음파(音波)라고 하며, 탄성체(기체, 액체 및 탄성이 있는 고체를 뜻한다)를 통해서 전달되는 밀도 변화에 의해서 발생한다.

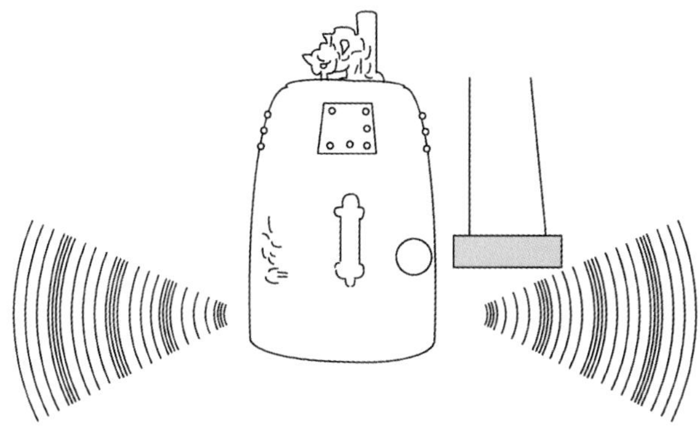

그림 2.1 **소리의 전파현상**

소리에 의한 공기입자의 미세한 진동현상이 발생하게 되면 공기 중의 어떤 부분은 공기입자가 촘촘해지고, 다른 부분은 공기입자가 엉성해지는 영역이 발생하게 된다. 공기입자가 촘촘하게 압축된 부분에서는 주변 대기압보다 압력이 조금 높아지며, 공기입자가 엉성한 부분은 주변 대기압보다 압력이 조금 낮아지게 된다. 이러한 미세한 압력 차이가 바로 음압(sound pressure)을 나타내며, 마치 잔잔한 호숫가에 돌멩이를 던져서 파문이 물결치면서 주위로 퍼져나가는 것과 유사하게 음파가 공기입자에 따른 압력차이를 가지고서 주변으로 전파된다. 그림 2.2는 소리굽쇠에 의한 음압의 변화사례를 보여준다.

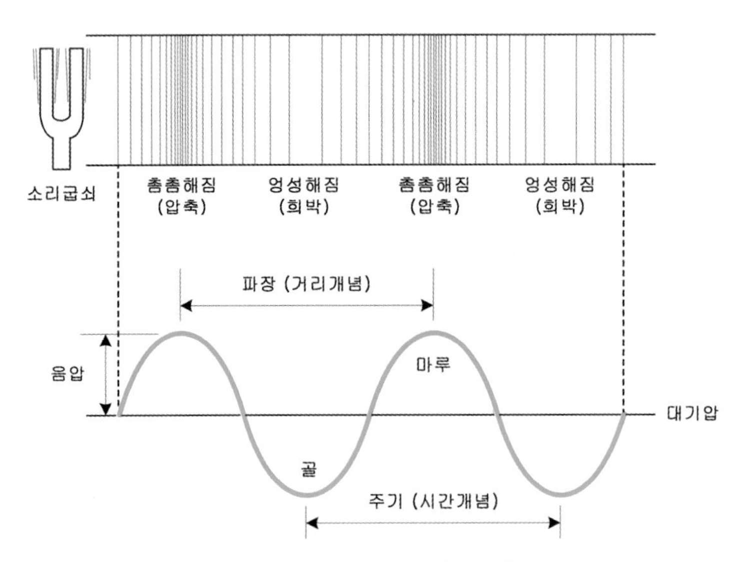

그림 2.2 **소리굽쇠에 의한 음압 변화사례**

소리는 대화, 전화, 사이렌과 같은 인간의 의사전달에 있어서 매우 중요한 역할을 하며, 청진기를 이용해서 환자의 심장박동이나 호흡상태를 진단할 때에도 유용하게 사용된다. 또 음악과 같이 편안한 분위기를 제공하는 소리가 있는 반면에, 인간에게 성가시고 마음(정서)을 불쾌하게 만드는 소리 또한 존재하기 마련이다. 이러한 불쾌한 소리를 소음(騷音)이라고 하며, 학문적으로도 소음은 원하지 않는 소리(unwanted sound)라고 정의되므로 인간 개개인의 주관적인 판단과 인간의 심리적인 면이 내포되어 있다고 볼 수 있다.

소음은 물리적인 특성으로는 소리와 동일하지만, 인간에게 있어서 듣기 싫거나, 성가심, 짜증 및 고통 등을 유발시켜서 편안한 일상생활을 방해하고 청력을 저하시키는 신체 · 생리적인 저해요소라고 할 수 있다. 이러한 소음은 공업기술의 발전과 급격한 산업화로 말미암아 기계장치, 공장, 건설 현장이나 교통기관 등으로부터 끊임없이 발생되고 있으므로, 인간이 수용(감

소음(noise)은 인간이 원하지 않는
소리(unwanted sound)이다.

그림 2.3 **생활환경의 소음**

내)할 수 있는 수준 이하로 저하시키는 것이 중요하다고 볼 수 있다.

과거 우리나라 사람들이 해외에서 '어글리 코리안(ugly korean)'으로 욕먹는 경우가 종종 생겼던 이유 중에는, 아마도 우리들이 시끄럽기 때문이 아니었을까 생각된다. 공항이나 비행기 안에서, 호텔 로비나 엘리베이터 안에서도 들뜬 마음으로 주변 사람들을 의식하지 않고서 심하게 떠들지나 않았는지 걱정될 따름이다. 최근 공공장소에서 담배연기를 싫어하는 '혐연권(嫌煙權)'이 존중되듯이 조용한 환경을 추구하는 '정적권(靜寂權)' 또한 엄격히 지켜주어야 하지 않겠는가? 선진국은 '조용해서' 선진국이 아닌가 생각해본다.

2-2 음파의 종류

음파는 소리(음)의 물리적인 표현이며, 탄성체를 통해서 전달되는 밀도 변화에 의해서 발생한다. 물질을 구성하고 있는 입자(매질)들이 어느 한 지점에서 발생한 진동현상으로 인하여 주위로 전파되는 현상을 파(wave)라고 한다. 소리의 전달은 입자의 운동에너지와 위치에너지의 반복적인 교환작용으로 이루어진다. 이때는 입자 자체가 이동하는 것이 아니라 입자의 변형운동으로 이루어지는 에너지의 전달이 이루어지며, 이를 파동이라고 한다. 마치 해안가에서 연속적으로 파도가 들어오는 현상과 매우 유사하다고 볼 수 있다.

우리는 통상적으로 공기를 통해서만 소리가 전달된다고 생각할 수 있지만, 실제로는 기체, 액체 및 탄성을 가진 고체의 모든 물질을 통해서도 소리가 전달될 수 있다. 단지 탄성체 자체의 밀도 차이에 의해서 소리가 전달되는 속도와 파형이 차이 날 따름이다.

소리가 전달되는 진행 방향으로 압력변동이 일어나는 음파를 종파(從波, longitudinal wave)라고 한다. 반면에 소리가 전달되는 진행 방향에 수직으로 압력변동이 일어나는 음파를 횡파(橫波, transverse wave)라고 한다. 즉, 종파와 횡파의 구분은 소리를 전달하는 매질의 진동 방향과 파동이 전파되는 방향이 서로 같은 경우이거나, 또는 직각 방향으로 직교하느냐의 특성에 따라 구분된다. 횡파는 마치 뱀이 앞으로 전진하기 위해서 몸을 좌우로 움직이는 모습과 유사하며, 로프나 줄을 아래위로 흔들 경우 로프나 줄의 진동 방향은 파의 진행 방향과 직각을 이루고 있는 것을 알 수 있다. 우리들이 도로를 건널 경우에도 자동차의 진행 방향과 직각되는 방향으로 이동하므로, 이를 횡단(橫斷)한다고 말한다. 횡파의 운동개념이 도로를 횡단하는 개념과 매우 유사하다.

고체에서는 소리의 종파나 횡파가 모두 전달되지만, 기체와 액체에서는 음파의 진행 방향에 수직한 방향의 탄성은 무시할 수 있기 때문에 횡파는 존재하지 않으며, 소리의 진행과 동일한 방향의 종파만 존재한다.

2-3 소리의 단위

소리의 특성 중에서 크고 작음을 표현하는 방법으로는 음의 압력을 기준으로 하는 음압레벨(sound pressure level), 음의 세기(intensity)를 기준으로 하는 세기레벨(sound intensity level), 음의 출력을 기준으로 하는 출력레벨(sound power level) 등이 있다.

2.3.1 음압

정상적인 청력을 가진 젊고 건강한 사람이 들을 수 있는 가장 작은 소리의 압력 변화는 $20\,\mu$Pa(20×10^{-6} Pa)이다. 이러한 압력 변화는 대기압에 비해서 약 50억 분의 1에 해당하는 극히 작은 값이지만, 인간의 고막은 이를 인식하는 뛰어난 능력을 가지고 있다. 이를 인간이 들을 수 있는 최소 가청압력이라 하며, 소리의 크기를 나타내는 dB(decibel) 단위의 기준값이 된다. 인간이 들을 수 있는 가장 큰 소리의 압력은 약 60 Pa의 값이므로, 최소 가청압력에 비해서 무려 삼백만 배 이상의 크기를 가진다. 인간의 고막은 이렇게 몇 백만 배 이상에 해당하는 압력의 차이에도 충분히 견딜 수 있는 놀라운 능력을 가지고 있다.

이와 같은 소리의 크기 측정에 있어서 압력단위인 Pa(pascal, N/m^2)을 그대로 사용할 경우에는 백만 배 이상의 압력 차이를 표현할 수밖에 없다. 계측장비에서도 매우 넓은 영역의 압력 변화를 취급해야 하기 때문에 많은 불편이 야기될 수 있다. 이러한 불편을 해소하기 위해서 dB(decibel)이라는 단위를 사용하게 된다. dB은 1/10을 뜻하는 배수기호인 d와 전화발명가인 알렉산더 그레이엄 벨(Alexander Graham Bell)을 추모해서 Bel을 합성해서 이루어진 단위이다. dB 단위는 음의 압력을 나타내는 절대단위가 아닌 상대적인 비교값이며, 기준값과 측정 대상값과의 대수비교를 의미한다. 음압레벨(sound pressure level, Lp)을 나타내는 dB은 식 (2.1)과 같이 정의된다.

$$\text{음압레벨}\ (L_P) = 10\log_{10}\left(\frac{P^2}{P^2_{ref}}\right) = 20\log_{10}\left(\frac{P}{P_{ref}}\right) \tag{2.1}$$

여기서, P_{ref}: 20×10^{-6} Pa (최소 가청압력)

P : 측정하고자 하는 음의 압력

우리가 흔히 뉴스에서 시끄러운 환경을 표현할 때 사용하는 '데시벨' 단위가 바로 식 (2.1)에 의해서 산출되는 값이다. 다음 예제를 통해서 음압레벨의 계산사례를 살펴본다.

예제 1 20×10^{-6}, 20×10^{-2}, 20, 60 Pa 의 음압을 갖는 음원들의 음압레벨을 각각 구하라.

풀이 ① 20×10^{-6} Pa: $10\log_{10}\left\{\frac{(20 \times 10^{-6})^2}{(20 \times 10^{-6})^2}\right\} = 20\log_{10}\frac{20 \times 10^{-6}}{20 \times 10^{-6}} = 0$ dB

② 20×10^{-2} Pa: $10\log_{10}\left\{\frac{(20 \times 10^{-2})^2}{(20 \times 10^{-6})^2}\right\} = 20\log_{10}\frac{20 \times 10^{-2}}{20 \times 10^{-6}} = 80$ dB

③ 20Pa: $10\log_{10}\left\{\frac{(20)^2}{(20 \times 10^{-6})^2}\right\} = 20\log_{10}\frac{20}{20 \times 10^{-6}} = 120$ dB

④ 60 Pa: $10\log_{10}\left\{\frac{(60)^2}{(20 \times 10^{-6})^2}\right\} = 20\log_{10}\frac{60}{20 \times 10^{-6}} \approx 130$ dB

예제 2 2.5, 5, 10 Pa의 음압을 갖는 음원들의 음압레벨을 각각 구하라.

풀이 ① 2.5 Pa: $10\log_{10}\left\{\frac{(2.5)^2}{(20 \times 10^{-6})^2}\right\} = 20\log_{10}\frac{2.5}{20 \times 10^{-6}} \approx 102$ dB

② 5 Pa: $10\log_{10}\left\{\frac{(5)^2}{(20\times10^{-6})^2}\right\} = 20\log_{10}\frac{5}{20\times10^{-6}} \approx 108$ dB

③ 10 Pa: $10\log_{10}\left\{\frac{(10)^2}{(20\times10^{-6})^2}\right\} = 20\log_{10}\frac{10}{20\times10^{-6}} \approx 114$ dB

상기 예제들을 살펴보면, 최소 가청압력(20×10^{-6} Pa)과 최대 가청압력(60 Pa)에 해당하는 음압레벨은 각각 0 dB과 130 dB의 값임을 알 수 있다. 삼백만 배에 해당하는 음압 차이에도 불구하고 dB 단위에서는 단지 130 dB 이내의 범위로 압축이 가능하다는 이점을 발견할 수 있다.

더불어, 인간의 청감특성도 압력단위인 Pa보다는 dB 단위에 훨씬 더 가까운 특성을 갖는데, 이는 인간의 귀가 소리(음압)에 대해서 대수적인 반응을 보이기 때문이다. 표 2.1과 표 2.2는 음압과 음압레벨(dB값)의 관계 및 음압레벨의 변화량에 따른 소리의 느낌 정도를 보여준다. 음압의 급격한 증가에 대해서도 음압레벨의 변화는 그리 크지 않음을 알 수 있다. 이러한 특성은 큰 소리뿐만 아니라 매우 작은 소리의 크기도 효과적으로 표현할 수 있게 한다.

표 2.1 **음압의 변화에 따른 음압레벨(dB값)의 변화**

음압의 변화	음압레벨(dB값)의 변화
2배 증가	6 dB 증가
3배 증가	10 dB 증가
4배 증가	12 dB 증가
10배 증가	20 dB 증가
100배 증가	40 dB 증가
1,000배 증가	60 dB 증가
10,000배 증가	80 dB 증가
100,000배 증가	100 dB 증가
1,000,000배 증가	120 dB 증가

표 2.2 **음압레벨의 변화량에 따른 느낌 정도**

음압레벨(dB)의 변화량	크기의 변화 느낌 정도
3	소리(소음) 변화의 인식 가능
5	뚜렷한 차이점을 인식
10	2배(또는 1/2)의 차이점을 인식
15	매우 큰 차이점을 인식
20	4배(또는 1/4)의 차이점을 인식

그림 2.4는 소리의 압력(음압)과 음압레벨(dB)을 서로 비교한 것이다. 음압과 음압레벨과의 관계는 그림 2.4와 같이 선형적인 음압 간의 큰 차이를 갖지만, 대수단위인 음압레벨의 dB

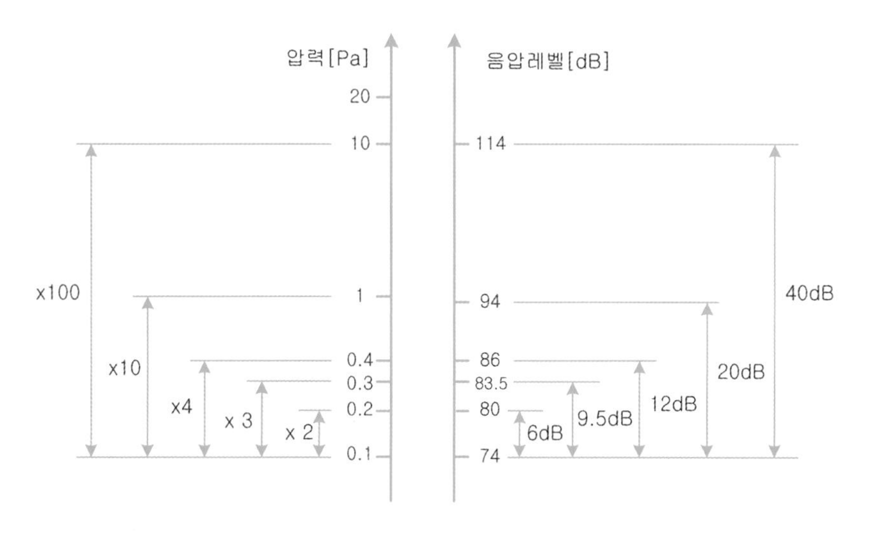

그림 2.4 **음압과 음압레벨의 비교**

단위에서는 매우 축약시키는 특성을 가지므로 우리들이 이해하기 쉽게 표현할 수 있다는 장점을 갖는다.

겨울철 도로에 덮인 눈을 밟을 때 '뽀드득' 하면서 들리는 소리는 약 25 dB에 해당되고, 발 밑의 얼음 아래로 흐르는 자연 하천의 물소리도 25 dB 내외에 해당한다. 이러한 자연의 고요한 소리는 우리들의 마음을 편안하게 해준다고 생각된다.

동일한 소음이 발생하더라도 측정 위치(듣는 위치)에 따라서 음압레벨은 크게 변화될 수 있다. 우리들은 똑같은 소음이라도 가까이서 들으면 크게, 멀리서는 작게 들린다는 것을 경험적으로 알고 있다. 이는 소음을 포함한 소리는 발생지점으로부터 거리가 멀어질수록 급격하게 감쇠되기 때문이다. 따라서 특정 소음을 측정할 때는 소음원부터의 거리나 측정 위치를 명확하게 구분하는 것이 필요하다. 조용한 사무실이나 집안 거실과 같은 환경에서 사람들이 1 m의 거리를 두고 서로 대화를 나눌 때의 음압레벨은 약 60 dB 수준이라 할 수 있다. 0.5 m 떨어진 곳에서 울리는 전화벨 소리는 약 70 dB 정도이며, 자동차 전방 2 m 앞에서 듣는 경적음은 무려 110 dB에 육박하는 수준이다.

최근에는 고막에 엄청난 고통을 유발시키는 소위 음파총탄(sonic bullet, 또는 long range acoustic device, LRAD라고도 함)이 선진국에서 개발되었다고 한다. 이 음파총탄은 140~150 dB에 육박하는 엄청난 소음을 유발시켜서 인간이 견딜 수 없는 두통과 함께 고막에 심한 압박감을 주어서 일시적으로 사람을 무력화시킨다고 한다. 원래는 해군의 전투함 보호를 위해서 개발되었으며, 초호화 여객선에서 해적선의 공격을 효과적으로 방어한 사례도 있다. 난동

군중, 비행기 납치범, 테러리스트들에게는 이러한 장비가 매우 효과적일지 모르지만, 주변에 있는 무고한 어린이나 노약자 및 병약자에게는 큰 피해를 줄 우려도 있다.

예제 3 음압레벨이 90 dB, 100 dB, 110 dB일 때의 음압을 각각 구하라.

풀이 식 (2.1) $L_p = 10\log\frac{P^2}{P^2_{ref}} = 20\log\frac{P}{P_{ref}}$ 인 관계에서 $P = P_{ref}10^{\frac{L_P}{20}}$ 를 유추할 수 있다.

① 90 dB: $P = 20\times10^{-6}\times10^{\frac{90}{20}} = 20\times10^{-6}\times10^{4.5} = 20\times10^{-1.5} \approx 0.63\,\text{Pa}$

② 100 dB: $P = 20\times10^{-6}\times10^{\frac{100}{20}} = 20\times10^{-6}\times10^{5} = 20\times10^{-1} \approx 2\,\text{Pa}$

③ 110 dB: $P = 20\times10^{-6}\times10^{\frac{110}{20}} = 20\times10^{-6}\times10^{5.5} = 20\times10^{-0.5} \approx 6.32\,\text{Pa}$

일반적으로 소음은 다양한 원인들로 인하여 발생하게 되며, 기존의 공장이나 작업장에서 새로운 기계가 추가로 장치될 경우에는 음압레벨이 기존보다 더욱 높아지게 된다. 이와 같이 여러 개의 소음들이 더해지는 경우의 음압계산은 수식계산에 의하거나 또는 환산도표로도 파악할 수 있다. 예를 들어서 p_1과 p_2의 음압을 가진 2개의 소음이 별도로 존재하는 경우, 각각의 음압레벨은 식 (2.2)와 같다.

$$L_{P_1} = 10\log_{10}\left(\frac{p_1^2}{p^2_{ref}}\right),\quad \frac{p_1^2}{p^2_{ref}} = 10^{\frac{L_{P_1}}{10}}$$
$$L_{P_2} = 10\log_{10}\left(\frac{p_2^2}{p^2_{ref}}\right),\quad \frac{p_2^2}{p^2_{ref}} = 10^{\frac{L_{P_2}}{10}} \tag{2.2}$$

2개의 소음이 함께 합쳐질 경우의 음압레벨($L_{P_{1+2}}$)은 식 (2.3)과 같이 계산된다.

$$L_{P_{1+2}} = 10\log_{10}\left\{\left(\frac{p_1^2}{p^2_{ref}}\right)+\left(\frac{p_2^2}{p^2_{ref}}\right)\right\} = 10\log_{10}\left\{10^{\frac{L_{P_1}}{10}} + 10^{\frac{L_{P_2}}{10}}\right\} \tag{2.3}$$

만약 70 dB의 음압레벨을 가지는 동일한 크기의 두 소음이 서로 합쳐진다면, 총 음압레벨은 식 (2.3)을 적용하면 다음과 같이 계산된다.

$$L_P = 10\log_{10}\left\{10^{\frac{70}{10}} + 10^{\frac{70}{10}}\right\} = 73.0103\text{ dB}$$

동일한 음압레벨을 가지는 소음원이 두 개가 서로 합쳐진다고 하더라도, 전체적인 음압레벨의 상승은 3 dB에 불과하다는 사실을 확인할 수 있다. N개의 음압레벨을 가지는 여러 소음이 합쳐질 경우의 계산수식은 식 (2.4)와 같다.

$$L_{P_{1+2+\cdots+N}} = 10\log_{10}\left\{10^{\frac{L_{P_1}}{10}} + 10^{\frac{L_{P_2}}{10}} + \cdots + 10^{\frac{L_{P_N}}{10}}\right\} \tag{2.4}$$

예제 4 80 dB의 소음과 72 dB의 소음이 합쳐질 경우의 음압레벨을 구하라.

풀이 $L_P = 10\log_{10}\{10^{\frac{80}{10}} + 10^{\frac{72}{10}}\} = 80.64\,\text{dB}$

예제 5 80dB, 70dB, 60dB의 소음들이 합쳐질 경우의 음압레벨을 구하라.

풀이 $L_P = 10\log_{10}\{10^{\frac{80}{10}} + 10^{\frac{72}{10}} + 10^{\frac{60}{10}}\} = 80.45\,\text{dB}$

위의 예제와 같은 수식계산과는 별도로, 여러 소음들의 추가될 경우의 합성 음압레벨을 환산도표를 이용해서 구할 수 있다. 소음의 합산방법은 먼저 두 소음 간의 음압레벨 차이를 구한 후, 그림 2.5의 음압레벨 차이에 해당하는 가로축의 수직선과 그래프가 만나는 지점의 세로축 값을 확인하여 이를 큰 음압레벨에 더해주면 된다.

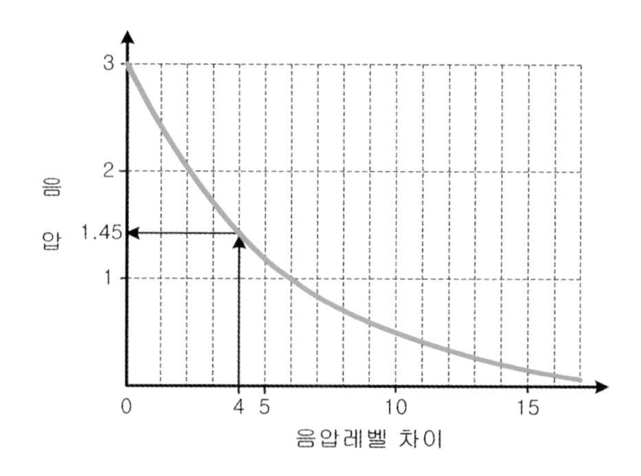

그림 2.5 **음압레벨 합산의 환산도표**

앞에서 예를 든 70 dB의 두 소음원은 상호간의 음압레벨 간의 차이가 없으므로, 그림 2.5에서 가로축 0의 위치에 해당하는 세로축의 값 3 dB을 70 dB에 더하여 73 dB의 값을 얻게 되는 셈이다. 만약 75 dB과 71 dB의 두 소음원이 합쳐질 경우에는, 두 음압레벨 간의 차이(75 - 74 = 4)인 가로축 좌표 4의 위치에서 세로축 좌표 1.45를 얻어서 큰 음압레벨값인 75 dB에 더하여 76.45 dB의 값을 얻는다. 만약 여러 개의 소음이 있을 경우에는 먼저 두 개의 소음부터 계산한 후, 합산된 음압레벨에 세 번째의 경우를 비교하는 방법을 차례대로 반복하면 된다.

이러한 수식계산에 의한 예제 5의 결과를 환산도표에 의해 구해보자. 먼저 80 dB과 70 dB의 차이값 10에 해당되는 세로축 값 0.45 dB을 80 dB에 더하면 80.45 dB이 된다. 이 값(80.45

dB)과 나머지 60 dB의 차이를 살펴보면 20 dB 이상의 차이가 나므로, 이 값에 해당하는 그림 2.4의 세로축 값은 0에 가깝다. 따라서 세 음압의 합성결과는 80.45 dB로 나오게 된다.

상기 예제에서 알 수 있듯이, 여러 개의 소음원이 함께 존재하는 경우의 소음특성은 가장 큰 음압레벨에 의해서 지배되고 있음을 확인할 수 있다. 예제 4에서 80 dB의 소음에 72 dB의 소음이 추가된다 하더라도 전체 음압레벨은 80.64 dB이 되므로, 변화량은 0.64 dB에 불과하다. 마찬가지로 예제 5의 경우처럼 80 dB의 소음에 70, 60 dB의 두 소음이 모두 추가된다 하더라도 결과는 80.45 dB일 따름이다. 이와 같이 80, 70, 60 dB의 소음원 3개가 존재하는 기계부품에서 70 dB과 60 dB에 해당하는 두 개의 소음원을 천신만고의 노력 끝에 완전히 소거시켰다 하더라도, 전체 음압레벨은 여전히 80 dB인 셈이다.

이러한 특성은 산업현장에서 특별하게 문제되는 소음현상을 개선시키기 위해서는 작은 음압레벨을 가지는 부품들의 소음개선이 성공적으로 이루어졌다고 하더라도, 전체적인 소음레벨에는 거의 영향을 미치지 못한다는 점을 시사한다. 자동차와 같은 수송기계뿐만 아니라 가전제품 등에서 발생되는 소음현상에서도 가장 큰 영향을 주고 있는 소음의 원인을 우선적으로 저감시키는 것이, 사소한 소음 몇몇을 저감시키는 것보다 훨씬 더 효과적임을 이해해야 한다.

2.3.2 음의 세기

소리의 물리적인 특성은 겨울철 실내의 온도를 높여주는 전열기나 난로와 같은 난방기의 예로 쉽게 설명할 수 있다. 난방기는 단위시간에 대한 에너지 양(Joule/sec)으로 열을 방출한다. 즉, 난방기의 성능은 동력단위인 W(Watt = Joule/sec)로 표시될 수 있으며, 이는 얼마나 많은 열이 발생되어 실내 주변에 전파되는가를 측정할 수 있는 기본적인 양이 된다. 따라서 난방기에 의한 실내온도의 변화는 온도계를 이용하여 쉽게 측정할 수 있다. 난방기에 의해서 실내온도가 전반적으로 상승되지만, 난방기에 가까워질수록 온도계의 눈금이 올라가고, 멀어질수록 낮아지기 마련이다. 또 실내의 창문이나 벽에 의한 열의 흡수량 및 난방기로부터 떨어진 거리 등에 의해서 여러 측정지점에서의 실내온도는 달라질 수 있다.

소리의 경우에서도 이와 매우 유사하다. 음원(sound source)에서 발생되는 에너지 역시 단위시간에 따른 에너지 양(Joule/sec)인 W(와트로 읽는다)로 표현된다. 이 값을 음의 출력 또는 음향파워(sound power)라 한다. 음향기기나 오디오장치의 스피커 성능을 언급할 때에도 W의 단위가 사용되는 것을 쉽게 발견할 수 있다. 음향파워는 얼마나 많은 음향 에너지가 발생되어서 주변에 퍼져 있는가를 나타내는 척도가 된다. 음원으로 인하여 실내의 음압은 증가될 것이며, 음원에서의 거리, 창문 및 벽의 흡음량 등에 따라서 음압은 측정위치마다 달라질 수 있다.

음원에서 방출된 에너지가 특정지역을 통과하여 일정한 방향으로 퍼져 나가는 비율을 음의 세기 또는 음향 인텐시티(intensity)라고 하며, 단위면적에 대한 음향파워의 양(W/m^2)으로 표현된다. 이는 단위면적을 통과하는 에너지의 유동률을 뜻한다. 즉, 음의 세기(이하 음향 인텐시티라 한다)는 음압레벨이나 음향파워와는 달리, 크기뿐만 아니라 방향까지 고려된 벡터량이다.

음향 인텐시티와 음향파워 및 음압은 다음 식 (2.5)와 같은 관계를 갖는다.

$$I = \frac{\text{Power}}{4\pi r^2} = \frac{p^2}{\rho c} \tag{2.5}$$

여기서 I : 인텐시티(W/m^2), Power: 음향파워(WJoule/sec), p : 음압($Pa = N/m^2$),
ρ : 공기의 밀도(kg/m^3), c : 소리의 속도(음속)(m/sec),
r : 음원으로부터의 거리(m)

식 (2.5)에서 음압과 음향 인텐시티는 음원으로부터의 거리가 증가할수록 거리의 2제곱에 비례해서 감소된다는 것을 알 수 있다. 이를 역제곱법칙(inverse square law)이라 한다.

한편 음압과 음향 인텐시티는 마이크로폰(microphone)이라는 측정장비를 이용해서 직접적으로 측정할 수 있으며, 음향파워는 측정된 음압이나 음향 인텐시티값을 이용하여 계산할 수 있다.

음향파워를 직접적으로 측정하기 위해서는 뒤에서 설명할 무향실이나 잔향실과 같이 특수하게 설계 · 시공된 공간에서만 가능하다. 이는 음원이 존재하는 음장(音場, sound field)의 조건 때문인데, 음장의 특성에 따라서 음향파워의 측정값이 민감하게 변화하기 때문이다. 한편 음향 인텐시티는 크기뿐만 아니라 방향을 측정하는 척도가 되므로, 문제되는 소음이 발생하는 기계장치들의 음원위치를 찾는 경우에 매우 유용하게 이용된다.

2.3.3 음의 출력

음의 출력은 음향파워(sound power)라고도 하며, 단위시간당 음원에서 발생하는 에너지(Joule/sec=W)량을 뜻한다. 음향기구의 스피커 성능을 나타낼 때에도 출력을 사용하기 마련이다. 음압레벨과 같이 대수(log) 비교를 이용하여 음향파워를 나타낸 것을 파워레벨(power level)이라 하며, 보통 *PWL*로 표시한다.

$$\text{파워레벨, } PWL = 10\log_{10}\frac{W}{W_{ref}} \tag{2.6}$$

여기서 W_{ref} 는 기준출력을 나타내며, 1×10^{-12} W 값을 갖는다.

예제 6 소형 사이렌의 출력이 0.1 W일 때, 이 사이렌의 파워레벨을 구하라.

풀이 $PWL = 10\log\frac{0.1}{1\times10^{-12}} = 10\log 1\times10^{11} = 110\ \text{dB}$

상기 예제에서 미소한 출력(0.1 W)에 대한 소음이라 하더라도 인체가 느끼는 청감에 있어서는 매우 큰 소리라는 것을 알 수 있다.

한편, 파워레벨값을 이용해서 음의 출력을 계산할 경우에는 다음 수식과 같이 얻어진다.

$$W = W_{ref}10^{\frac{PWL}{10}}$$

예제 7 어떤 음원의 파워레벨이 130 dB인 경우, 이 음원의 출력을 구하라.

풀이 $W = 1\times10^{-12}\times10^{\frac{130}{10}} = 1\times10^{-12}\times10^{13} = 1\times10^{1} = 10W$

표 2.3은 대표적인 음원의 출력과 파워레벨을 나타낸 것이다.

표 2.3 **각종 음원에 대한 출력과 파워레벨**

음 원	출 력	출력(파워)레벨
속삭이는 목소리	$1\times10^{-7}W$	50 dB
일반적인 대화	$1\times10^{-5}W$	70 dB
고함소리	$1\times10^{-3}W$	90 dB
트럭의 경적소리	$1\times10^{-1}W$	110 dB
트럼펫	$3\times10^{-1}W$	115 dB
큰 북	$2.5\times10^{1}W$	134 dB
비행기 엔진소리	$1\times10^{2}W$	140 dB
로켓 엔진소리	$30\times10^{6}W$	195 dB

2-4 소리와 주파수의 관계

인간의 귀는 모든 주파수에 해당하는 소리를 전부 들을 수 있는 것은 아니다. 일례로 컴컴한 동굴 속을 자유자재로 날아다니는 박쥐는 우리 귀에 들리지 않는 소리(초음파)의 반사를 감지하여 암흑 속의 장애물을 피해서 비행한다. 또 아무 소리가 들리지 않았는데도 집을 지키던 개가 벌떡 일어나서 낯선 사람의 접근 사실을 알고서 으르렁거리던 것을 본 경험이 있을 것이다. 이러한 현상들은 특정 동물들과 달리 우리 인체의 귀가 일정한 범위의 주파수 외에는 소리를 들을 수 없기 때문이며, 음의 세기도 마찬가지로 진폭이 작아지면 듣는 것이 불가능해진다.

소리의 주파수는 매 시간(초)당 공기압력의 변동횟수를 뜻하며, Hz(Hertz)의 단위를 사용한다. 주파수는 소리의 높고 낮은 특성을 나타내며, 멀리서 울리는 뱃고동소리나 기적소리는 낮은 주파수를 가지는 반면에 휘파람 소리나 호각소리는 높은 주파수를 갖는다. 인간의 귀로 들을 수 있는 소리의 주파수 범위는 20~20,000 Hz 영역이며, 이를 가청주파수 범위라고 한다. 그러나 주파수별로 느끼는 귀의 감도는 물리적인 음의 크기와는 비례하지 않아서 4,000 Hz 내외에서 가장 민감하게 반응하며, 그 이하 및 이상의 영역에서는 둔감해지는 것으로 파악되고 있다. 특히 인간이 느끼는 소리의 감도는 낮은 주파수 영역에서 매우 둔감해지는 특징을 갖는다.

그림 2.6은 인간이 들을 수 있는 가청주파수 영역을 나타낸 것으로, 음압과 주파수와의 상관관계를 보여주고 있다. 그림 2.6(a)의 그래프를 살펴보면 20 Hz 내외의 주파수 영역에서는 최

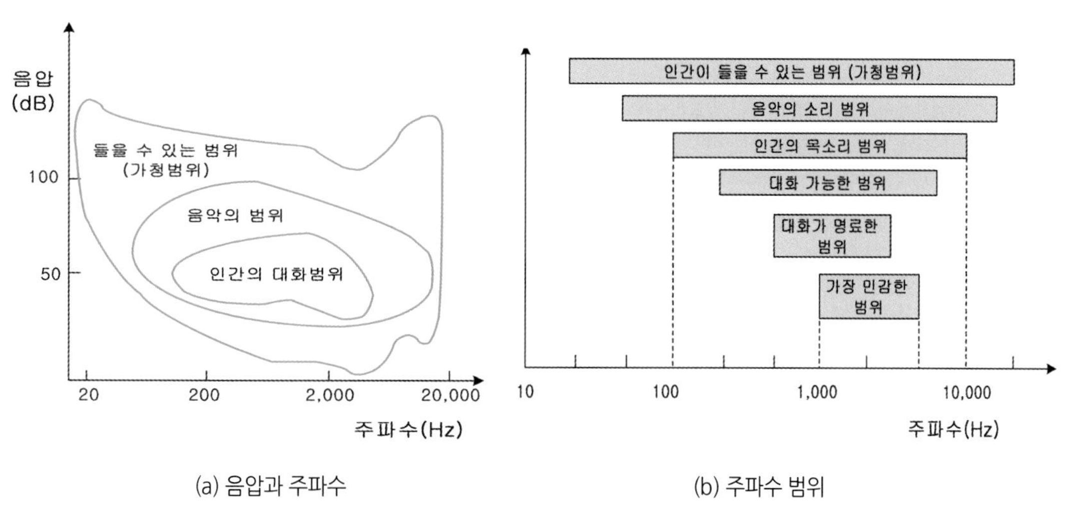

(a) 음압과 주파수 (b) 주파수 범위

그림 2.6 **인간의 가청범위**

소한 100 dB에 해당하는 소리만이 인간에게 청취될 뿐, 그 이하의 음압레벨을 갖는 소리가 발생하더라도 우리는 전혀 소리를 듣지 못하여 아무 소리도 나지 않는다고 판단하게 된다. 반면에, 2,000~4,000 Hz 영역에 해당하는 주파수에서는 10～20 dB에 해당하는 매우 낮은 음압레벨의 소리도 예민하게 들을 수 있다는 것을 유추할 수 있다.

온몸에 소름이 돋는 듯한 날카로운 금속음이나 여자들의 비명소리 등은 인간의 귀가 매우 예민한 주파수 영역에 해당하며, 귀가 잘 들리지 않는 난청현상도 바로 이 영역(4,000 Hz 내외)부터 시작한다는 사실은 많은 것을 시사한다. 일반적으로 사람은 100~10,000 Hz의 주파수 범위를 갖는 목소리를 낼 수 있으며, 회화가 가능한 범위는 200~6,000 Hz 영역, 대화가 명료한 범위는 500～2,500 Hz 영역이라고 할 수 있다. 전화기를 통해서 듣게 되는 소리는 대략 3,000 Hz 이하의 주파수 영역에 해당된다. 3,000 Hz 이상의 높은 주파수에 해당하는 소리는 우리 귀에는 잘 들리지만, 전화기를 통해서는 전달되지 않아서 들을 수가 없게 된다. 전화의 수화기를 통해서 듣게 되는 음악소리가 평소 직접 듣던 것과 다르게 느껴지는 이유도 바로 전화기의 주파수 한계 때문이다.

우리가 듣게 되는 소리는 한 가지의 주파수가 아닌 여러 주파수가 섞여 있는 합성음(또는 복합음)이라 할 수 있다. 소리굽쇠와 같이 하나의 주파수로만 진동하면서 발생하는 소리를 순음(pure tone)이라 하며, 합성음은 기본 주파수[fundamental frequency 또는 기음(基音)이라고도 한다]인 순음에 고조파 성분(harmonics)이 더해진 소리이다. 여기서 고조파는 기본이 되는 가장 낮은 소리(기음)에 해당하는 주파수의 정수배로 된 주파수를 가지는 음으로, 이러한 부분음들을 배음(倍音)이라고 한다. 예를 들어서 악기의 현을 튕겼을 때 가장 크게 들리는 소리가 순음에 해당되고, 순음보다 주파수가 정수배(예를 들어 2배, 3배, 4배,…)만큼 높은 소리가 고조파에 해당된다.

우리가 사람의 얼굴을 보지 않고 목소리만 들어도 누구인지 쉽게 알 수 있으며, 눈을 감고도 악기소리를 구분할 수 있는 이유는 바로 소리의 음색을 구별하기 때문이다. 소리의 음색이 바로 고조파의 특성에 따라 결정되므로, 고조파 성분이 많을수록 소리가 더욱 부드럽고 풍성하게 느껴진다. 하지만 고조파 성분이 너무 많을 경우에는 날카로운 금속음처럼 들릴 수도 있다.

기음(基音, 기본 주파수)을 기준으로 할 때, 일반적인 성인 남자의 목소리는 100～150 Hz, 여자는 200～250 Hz 주파수 영역에 위치하는데, 이는 남성의 성대 길이가 여성보다 약 1.5～2배 정도 더 길기 때문이다. 사람들의 음성에 대한 음색은 성대(vocal cords)의 진동현상이 머리나 가슴(신체의 상반신)의 공동(空洞, cavity)을 함께 공명시킴으로 말미암아 구별된다. 음악가들이 흔하게 표현하는 두성(頭聲, head tone)과 흉성(胸聲, chest tone)들이 바로 머리와 가슴의 공명현상을 뜻하는 것이다. 우리가 감기에 걸리면 목소리가 변하는 이유도 바로 머리나 가슴 속에 있는 공동들의 공명현상이 평상시와 달라지기 때문이다.

그림 2.7은 피아노 건반의 주파수 영역과 옥타브(octave)에 대한 주파수 분포를 보여준다. 여기서, 옥타브란 주파수가 두 배로 증가하는 데 필요한 음정을 나타낸다. 즉 옥타브는 주파수의 배수관계를 가지는 음정을 뜻한다. 현악기에서 현의 길이 정중앙을 누르고서 활을 켜거나 튕겨보면 한 옥타브 높은 소리가 나게 된다.

그림 2.7의 피아노 건반과 주파수 특성을 유심히 살펴보면 낮은 음에서 높은 음으로 이동할수록 한 옥타브 간의 주파수 간격(220∼440∼880 Hz)이 점점 커지고 있음을 알 수 있다. 이는 앞에서 설명한 log 함수를 이용한 대수비교의 대표적인 사례라고 볼 수 있다. 참고로 피아노의 가장 낮은 A음은 27.5 Hz, 가장 높은 C음은 4,224 Hz의 주파수를 갖는다. 자동차를 비롯한 기계부품들에서 발생하는 소음을 측정하여 분석하는 경우에도 1옥타브 간격이나 또는 1/3옥타브 간격으로 주파수 영역을 구분하여 분석하는 기법이 널리 사용되고 있다.

한편 음계의 '도'에 비해서 '레'의 주파수는 '도'의 9/8배이고, '미'는 '도'의 10/8배이다. 즉 '레'의 주파수는 '도'의 1.125배인 데 반해서, '미'의 주파수는 '레'의 1.11배에 해당하는 것처럼, 으뜸화음에 해당하는 도－미－솔의 주파수 비율은 다음과 같은 비례관계를 갖는다.

$$1 : \frac{10}{8} : \frac{12}{8} = 4 : 5 : 6$$

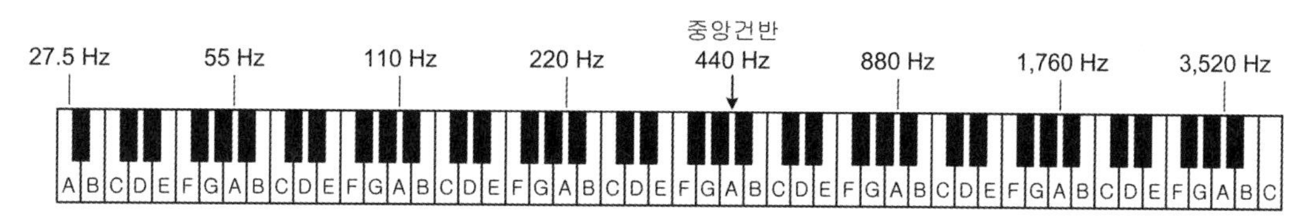

(a) 피아노 건반의 주파수 영역

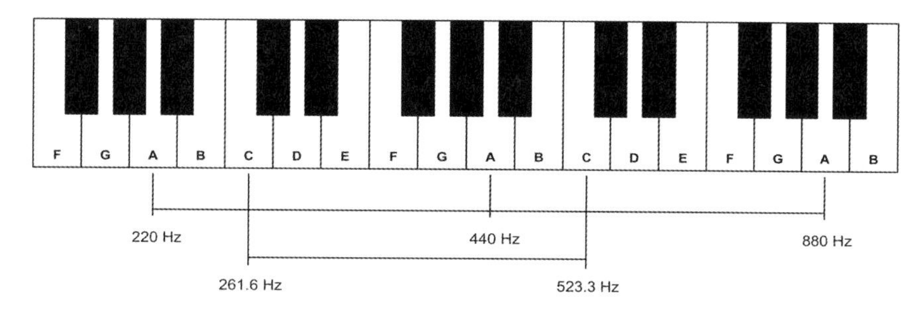

(b) 옥타브별 주파수

그림 2.7 **피아노 건반의 주파수 영역과 옥타브별 주파수**

딸림화음인 솔-시-레와 버금딸림화음 파-라-도 역시 모두 4 : 5 : 6의 주파수 비례관계를 갖는다는 사실을 알 수 있다. 이와 같이 음계가 정수비가 되도록 구성된 경우를 '순정률(just intonation)'이라 한다.

또 음의 높고 낮음을 나타내는 용어로 음고(pitch)가 사용된다. 동일한 주파수의 음이라도 크기에 따라서 사람에게 느껴지는 주파수는 달라지게 된다. 통상적으로 300 Hz 이하 영역에서 음의 크기가 커지면 사람은 더 낮은 음으로 인식하게 되고, 4,000 Hz 이상에서는 음의 크기가 커질수록 높은 주파수로 인식하게 된다. 음고를 나타내는 단위로는 멜(mel)이 사용된다. 1 kHz, 40 dB의 음은 1,000 mel로 정의되며, 일반 성인의 가청범위(20~20,000 Hz)에서는 0~5,400 mel로 구분된다.

앞에서 언급한 바와 같이 인간이 들을 수 있는 가청주파수는 20~20,000 Hz 영역이다. 여기서, 인간이 듣지 못하는 20 Hz 이하의 음을 초저주파음 또는 청외 저주파음(infra sound)이라 하며, 20,000 Hz 이상의 음을 초음파(ultra sound)라 한다. 그림 2.8은 주파수 영역에 따른 소리의 구분을 나타낸다. 초저주파 음은 귀에 직접적으로 들리지 않는다고 하더라도, 초저주파음의 음압레벨이 높은 환경에 인체가 장시간 노출될 때에는 청각손상과 함께 인체의 호르몬 분비 이상과 같은 피해를 받을 수 있다. 코끼리를 비롯한 동물 중에도 인간의 귀에 들리지 않는 초저주파음으로 동료를 부르는 경우도 있으며, 큰 북소리나 영화관, 공연장에서 심금을 울리는 것처럼 감동을 자아내는 소리 중에는 초저주파음이 큰 영향을 주는 것으로 파악되고 있다. 실제로 인간의 귀에는 들리지 않지만, 가슴이 울리거나 뭔가 표현하기는 힘들지만 몸이 전율하거나 진동하는 듯한 느낌을 갖게 하는 영향도 바로 초저주파음의 효과라고 볼 수 있다.

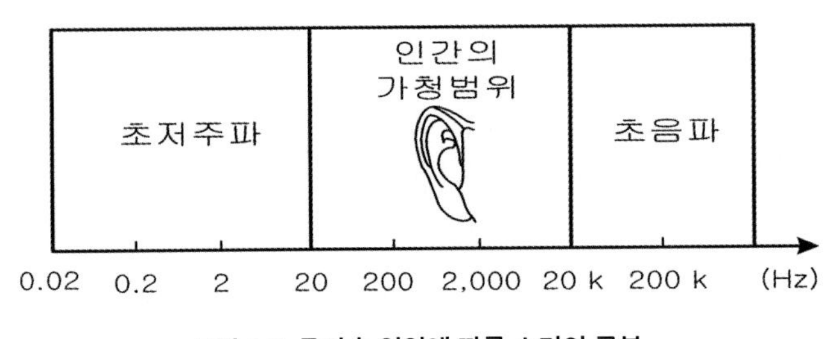

그림 2.8 **주파수 영역에 따른 소리의 구분**

한편 초음파는 자동차의 후방 경보장치, 어군탐지, 초음파 탐상 및 의료용 진단기 등에 이용된다. 그림 2.9는 인간 및 동물들의 가청주파수 영역을 보여준다. 인간이 들을 수 있는 소리의 영역이 동물들에 비해서 넓지 않음을 확인할 수 있다.

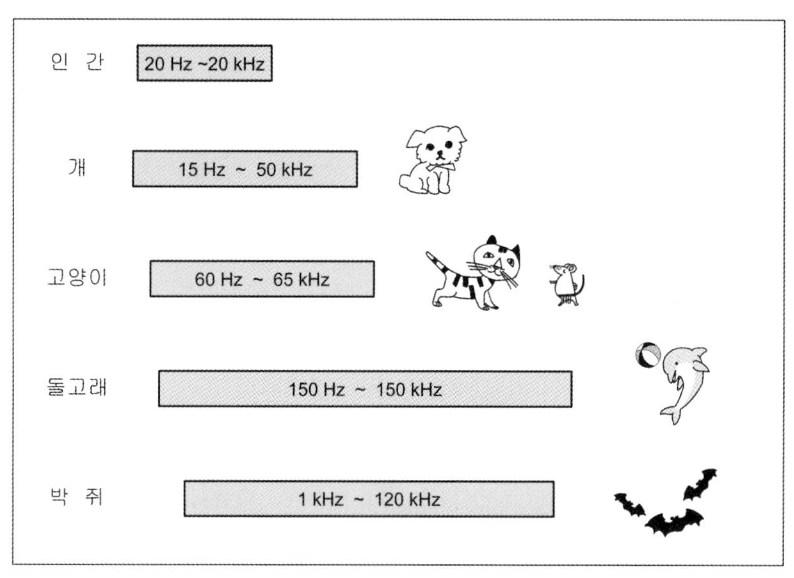

그림 2.9 **인간 및 동물들의 가청주파수 범위**

2.4.1 음속

공기입자의 미세한 압력변동으로 인하여 소리가 음원으로부터 청취자의 귀까지 공기와 같은 탄성체를 통해서 전달되는 속도를 음속(sound velocity)이라 하며, 보통 기호 c로 표현한다. 즉 음속은 음파가 각종 매질을 통해서 전파되는 속도를 뜻한다.

우리는 천둥이 얼마나 멀리 떨어져 있는가를 알기 위해서 번개가 목격된 이후 몇 초만에 천둥소리가 들리는지를 확인하곤 한다. 이것은 우리들의 실생활에서도 음속의 개념을 상식적으로 이미 알고 있다는 것을 의미한다. 음속은 온도, 습도 등과 같이 전달되는 매질의 조건과 종류에 따라서 변화하게 되며, 식 (2.7)과 같이 정의된다.

그림 2.10 **우리들의 생활 속에서 번개와 천둥소리도 음속과 관련되어 있다.**

$$c = \sqrt{\frac{\gamma P_0}{\rho}} \ \ [\mathrm{m/sec}] \tag{2.7}$$

여기서, $\gamma = \frac{C_P}{C_v}\left(\frac{\text{일정압력의 특정 열}}{\text{일정체적의 특정 열}}\right)$

P_0 : 대기압 또는 평형(equilibrium) 압력

ρ : 대기밀도 또는 평형(equilibrium) 밀도

공기인 경우에는 $\gamma=1.4$인 관계를 가지고, $\frac{P_0}{\rho}$는 기체(공기)의 온도에 비례하므로 이상기체(理想氣體, ideal gas)라는 가정에서 다음과 같이 정리된다.

$$c = 20.05\sqrt{T} \ [\mathrm{m/sec}]$$

여기서, T는 절대온도(absolute temperature)이다. 상기 수식만 보더라도, 음속은 공기의 온도가 높아질수록 빨라진다는 사실을 알 수 있다. 이는 공기의 온도가 높아지면 공기입자의 운동이 빨라져서 인접한 입자들 간의 충돌이 가속화되어 소리의 전파가 빨라지기 때문이다. 일반적으로 공기의 온도가 섭씨 1도 증가될 때마다 음속은 대략 초속 0.6 m씩 빨라지게 된다.

온도특성에 따른 음속의 변화현상은 우리들의 실생활에서 밤중에 도로변의 승용차나 트럭의 주행소음이 더 크게 들린다는 사실에서도 경험할 수 있다. 소리는 기온이 높고 공기의 밀도가 낮은 곳에서는 빠르게 진행하고, 기온이 낮고 공기밀도가 높은 곳에서는 느리게 진행하는 특성이 있다. 특히 소리가 사방팔방으로 퍼지는 도중에 공기의 온도나 밀도가 다른 경계면에서는 온도가 낮고 밀도가 큰 곳으로 꺾이는 현상이 발생한다. 그림 2.11과 같이 태양이 비추는 낮에 비해서 밤이 되면 지표면은 빠르게 식지만, 대기의 온도는 천천히 내려가므로 지표면

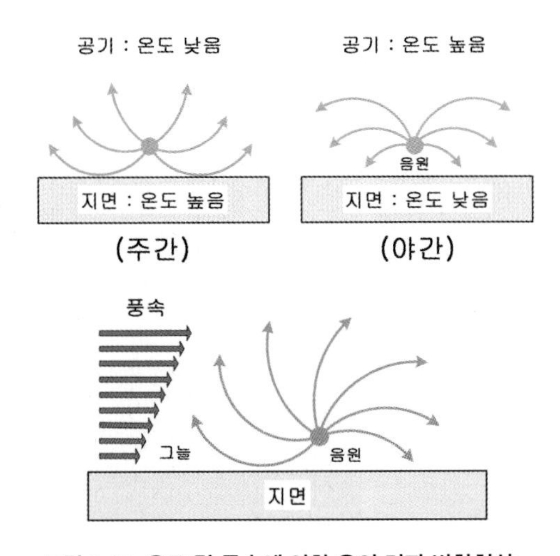

그림 2.11 **온도 및 풍속에 의한 음의 전파 변화현상**

근처의 공기는 상층부위보다 낮아지게 된다. 반면에 공기의 밀도는 지표면 근처가 상층 부위보다 높으므로, 심야의 도로 주변을 질주하는 자동차의 소음은 지표면 방향으로 꺾이게 되면서 더 크게 들리는 것이다.

공기를 통한 소리의 전파속도인 음속은 섭씨 20도의 상온에서 약 343 m/s이다. 이러한 음속은 시속 1,200 km에 해당하는 매우 빠른 속도이므로, 전투기의 비행속도를 음속(Mach)으로 비교하기도 한다. 공기에 비해서 액체나 고체에서의 소리 전파속도는 더욱 빨라지게 되어서, 물속에서의 음속은 약 1,500 m/s, 강철에서는 약 5,300 m/s의 값을 갖는다. 음속이 액체나 고체에서 더욱 빨리 전파되는 이유는 기체에 비해서 탄성(elasticity)이 강하기 때문이다. 물론 밀도(density)특성도 음속에 영향을 주어서 밀도가 낮아질수록 음속은 증가하는 경향을 가진다. 하지만 밀도보다는 탄성의 특성이 소리의 전달에 지배적인 영향을 주기 때문에 기체보다 밀도가 높은 액체나 고체에서의 음속이 훨씬 증가되는 것이다. 표 2.4는 기체, 액체 및 고체에서의 음속을 보여준다.

표 2.4 **각 매질에서의 음속비교**

구분	매 질	소리의 전파속도(음속, m/sec)
기체	공기(0℃)	331.5
	질소(0℃)	337
	수소(0℃)	1,270
액체	물	1,500
고체	고무(경도 30)	35
	코르크	500
	석고보드	1,500
	콘크리트	3,100
	목재(합판)	3,200~4,200
	유리	4,100
	철	5,300

한편, 건물이나 교량, 배관 등과 같은 구조물을 통한 음의 속도는 공기 중의 경우와 비교해서 많은 차이점을 갖는다. 이는 전달매질의 차이 때문이며, 파장 또한 공기 중의 경우와 큰 차이점을 갖는다. 이러한 특성은 낮은 주파수의 영역에 해당되는 소음 저감에서는 매우 중요한 점검사항이 된다.

2.4.2 파장

소리가 전달될 때에는 공기압력의 미세한 변화가 생긴다. 그림 2.12와 같이 압력의 최댓값과 다음 최댓값 사이의 거리를 파장(wavelength)이라고 하며, 길이단위인 m로 표현한다. 즉, 파장은 파동이 한 주기 동안에 진행한 음파 방향의 거리를 뜻하며, 보통 λ(그리스문자로 lambda로 발음한다)로 표현한다. 따라서 소리가 가지는 주파수 f와 음속 c 및 파장 λ와의 관계는 식 (2.8)과 같다.

$$\text{파장, } \lambda[\text{m}] = \frac{\text{음의 속도, } c[\text{m/sec}]}{\text{주파수, } f[\text{Hz}]} \tag{2.8}$$

식 (2.8)에서 파장은 주파수와 음속의 특성에 따라서 변화됨을 알 수 있으며, 특히 주파수와 파장은 서로 반비례 관계임을 알 수 있다. 이것은 동일한 온도로 음속의 변화가 없는 일반적인 상태에서 낮은 주파수의 소리는 파장이 길고, 높은 주파수의 소리는 파장이 짧다는 것을 의미한다.

일례로 음속이 340 m/sec의 값을 가진다고 할 때, 20 Hz의 주파수를 가지는 소리의 파장은 약 17 m 정도이지만, 20,000 Hz에서는 1.7 cm에 불과하다. 기차의 기적소리나 뱃고동 소리가 멀리까지 들리는 이유는 낮은 주파수로 말미암아 파장이 길기 때문이다. 과거 휴대폰 선전에서 '전파의 힘이 강하다.'라는 광고문구가 있었는데, 이 역시 주파수 특성에 따른 파장 차이에서 아이디어를 얻었다고 볼 수 있다.

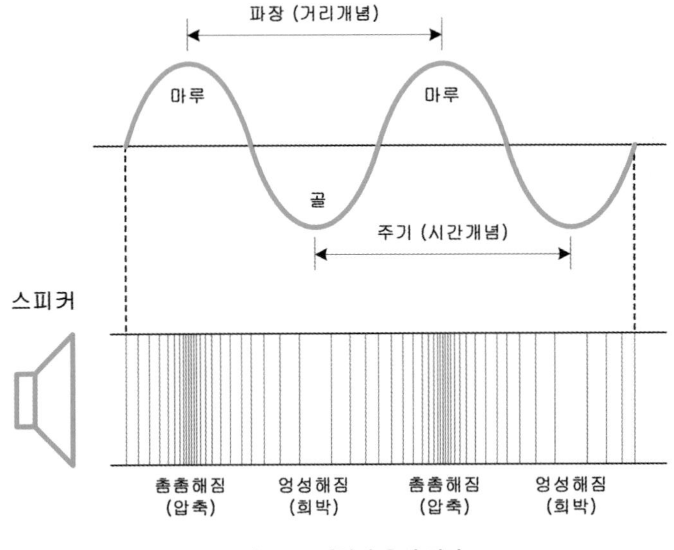

그림 2.12 **파장과 음의 전파**

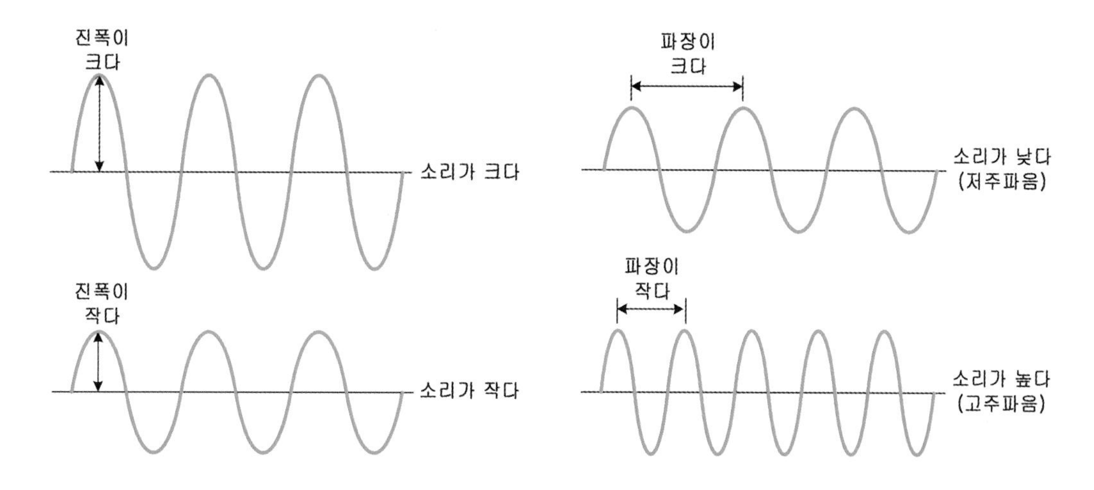

그림 2.13 **소리의 진폭과 파장의 크기에 따른 특성**

건물 내부에서 커튼이나 내부장식을 통한 흡음이나 차음 효과는 문제되는 소음에 대한 파장이 길거나 짧은 특성에 크게 좌우되기 마련이다. 일반적으로 500 Hz 이상의 소음에 대해서는 흡 · 차음재료가 효과적인데, 그 이유는 소음의 파장이 짧기 때문이다. 하지만 500 Hz 이하의 비교적 낮은 주파수 영역에 해당되는 소음에 대해서는 흡 · 차음재료의 소음저감 효과를 거의 보지 못하는데, 이러한 이유도 파장이 길기 때문에 흡 · 차음재료의 효과를 얻을 수 없기 때문이다. 그림 2.13은 소리의 진폭과 파장의 크기에 따른 특성을 보여준다.

예제 8 다음 표는 각 재료별 소리의 전달특성인 음속을 나타낸 것이다. 강(steel)의 재료에서 1,000 Hz의 주파수를 가지는 소리의 파장을 공기 중의 파장과 비교하라.

재료	음속 (m/sec)
공기	343
물	1,500
콘크리트	3,100
유리	4,100
철(iron)	5,300
납	1,220
강(steel)	5,300
목재	3,200~4,200

풀이 강의 음속 $c = 5{,}300\ \text{m/sec},\ \lambda_{steel} = \dfrac{c}{f} = \dfrac{5{,}300}{1{,}000} = 5.300\ \text{m}$

공기의 음속 $c = 343\ \text{m/sec},\ \lambda_{air} = \dfrac{c}{f} = \dfrac{343}{1{,}000} = 0.343\ \text{m}$

$$\frac{\lambda_{steel}}{\lambda_{air}} = \frac{5.300}{0.343} = 15.452$$ (강에서의 파장이 공기에 비해서 약 15배 이상 큼을 알 수 있다.)

예제 9 4,000 Hz의 소리가 공기, 유리 및 콘크리트 재료를 통해서 전파될 때, 각각의 파장을 계산하라.

풀이 공기의 음속 $c = 343\ \text{m/sec},\ \lambda_{air} = \frac{c}{f} = \frac{343}{4,000} = 0.086\ \text{m}$

유리의 음속 $c = 4,100\ \text{m/sec},\ \lambda_{air} = \frac{c}{f} = \frac{4,100}{4,000} = 1.025\ \text{m}$

콘크리트의 음속 $c = 3,100\ \text{m/sec},\ \lambda_{concrete} = \frac{c}{f} = \frac{3,100}{4,000} = 0.775\ \text{m}$

2-5 인체의 청각기관

청감은 흔히 오감(五感)이라고 하는 인체의 다섯 가지 감각 중의 하나이다. 청감을 통해서 사람들은 언어를 익히고, 말을 알아들어서 의사소통이 가능하다는 사실에서 청감은 시각에 못지 않은 중요한 감각기관이라고 말할 수 있다.

예로부터 인물이 잘난 생김새를 표현할 때 '이목구비(耳目口鼻)가 반듯하다'라고 말하게 된다. 여기서 눈, 코, 입보다 귀(耳)가 최우선 순위를 차지하고 있으며, 우리가 태어난 생일을 표현할 때에도 '귀 빠진 날'이라고 말하는 것만 보더라도 그만큼 귀의 중요성을 인식할 수 있다. 또한, '총명(聰明)하다'라는 뜻은 '귀가 밝고 눈도 밝다'라는 의미이며, 60세 나이를 나타내는 '이순(耳順)'은 '귀가 부드러워진다'는 의미만 살펴보더라도, 인체의 청각기관인 귀의 중요성을 재확인하게 된다. 또 우리들의 생활 속에서 남들이 수군덕거리는 느낌이 들 때에는 '귀가 간지럽다'고 표현하지만, 서양에서는 이를 '귀가 뜨거워진다'라고 표현한다. 신체 중에서 귓바퀴가 가장 낮은 체온을 가진다는 점에서 시사하는 바가 크다고 하겠다.

인체의 청각기관은 20 Hz부터 약 20,000 Hz에 이르는 주파수의 소리를 들을 수 있으며, 100 dB 정도의 압력 변화(dynamic range)를 감지하고, 15 dB 이상의 소리를 들을 수 있는 능력을 가지고 있다. 더불어 10^{-12} m의 공기입자가 진동하는 것까지 감지할 수 있으며, 8×10^{-17} W의 미약한 음의 파워까지 소리로 느낄 수 있다. 여기서 10^{-12} m에 해당하는 공기입자 진폭은 수소분자의 크기보다도 작다는 점에서 다시 한번 인체의 신비로움을 느끼지 않을 수 없다. 또한 대뇌의 분석에 의해서 40여만 가지의 다양한 소리를 듣는 순간 즉각적으로 소리의 특성을 판별할 수 있는 뛰어난 분석능력을 가지고 있다.

인체의 청각기관은 외이(外耳, outer ear), 중이(中耳, middle ear) 및 내이(內耳, inner ear)로 분류된다. 사람은 두 개의 귀로 소리를 듣기 때문에 양이청(兩耳聽)이라 하며, 소리가 들려온 위치를 알 수 있는 이유도 바로 귀가 두 개이기 때문이다. 즉, 소리가 귀에 도착하기까지 소요되는 시간은 양쪽 귀에 따라 10 μsec(1 μ =10^{-6}, 백만분의 1)에 해당할 정도로 극히 미세하게 차이가 나는데, 이러한 시간 차이만으로도 우리들은 소리의 발생 위치 및 방향을 알아내는 것이다.

외이는 귓바퀴(pinna), 귓구멍(auditory canal) 및 고막(eardrum)으로 구성되어 있으며, 음파를 모아서 중이와 접촉된 고막을 진동시키게 된다. 귓바퀴는 특히 5,000~6,000 Hz 영역의 소리를 증폭시켜주며, 우리들은 소리가 잘 들리지 않을 때 무심코 손을 귓바퀴에 대고서 작은 소리라도 모아서 들으려는 행동을 하게 된다. 초식동물 중에는 포식자의 위험으로부터 자신을 보호하기 위해서 귀가 상당히 큰 경우를 우리는 쉽게 확인할 수 있다.

그림 2.14와 같이 외이는 한쪽이 개방되어 있고, 고막에 의해서 다른 한쪽 끝이 막혀 있는 기주관(氣柱管, air column)으로 생각할 수 있다. 이러한 기주관의 1차 고유 진동수는 1/4 파장과 연관되므로 귓구멍의 길이를 기초로 파장을 구한 후, 이를 근거로 외이의 고유 진동수를 계산할 수 있다. 일반 성인의 귓구멍 길이는 대략 2.5 cm이므로, 이에 해당하는 파장은 10 cm이며, 상온에서의 음속 343 m/s를 적용시키면 다음과 같이 외이의 고유 진동수가 계산된다.

$$\text{고유 진동수}\ (f) = \frac{\text{음속}(c)}{\text{파장}(\lambda)} \rightarrow \frac{343\ \text{m/s}}{0.1\ \text{m}} = 3,430\ \text{Hz}$$

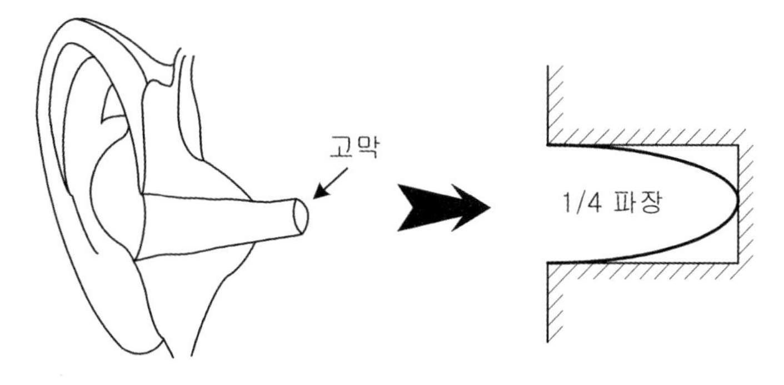

그림 2.14 **외이의 기주관 개념**

인체의 귀가 대략 3,000~4,000 Hz의 주파수 영역에서 가장 민감하게 소리를 들을 수 있는 이유가 바로 외이의 고유 진동수와 관련된다는 것을 알 수 있다.

중이는 망치뼈(hammer), 모루뼈(anvil) 및 등자뼈(stirrup)인 세 개의 조그마한 뼈들로 구성되어 있으며, 고막의 진동을 내이로 전달하는 역할을 한다. 고막을 경계로 외이와 중이는 모두 공기로 채워져 있어서 고막의 진동을 액체로 채워진 내이로 직접적으로 전달할 경우에 발생하는 매질 간의 임피던스(impedance) 차이를 중이가 최소화시켜주는 역할을 수행한다. 우리가 흔히 알고 있는 중이염(中耳炎, tympanitis)은 바로 중이의 공간에 염증이 생겨서 액체로 채워진 상태를 뜻하며, 이러할 경우에는 소리의 전달이 곤란해져서 난청이 발생하게 된다.

내이는 세반고리관(semicircular canals)과 달팽이관(cochlea), 전정기관(vestibule) 및 신경섬유다발(nerve fibers)로 구성되어서 내이로 전달된 진동에 따라 반응하게 된다. 세반고리관은 신체의 균형에 관계되어서 몸의 평형을 잡아주는 역할을 한다. 우리가 흔히 멀미를 대비하기 위해서 몸에 붙이는 약이 바로 귀 부위(귀밑)에 위치하는 것도 이러한 이유 때문이다. 인류학자들은 인간이 다른 포유동물들과 달리 직립보행을 하게 되면서 세반고리관이 진화 · 발달되었을 것이라고도 설명한다.

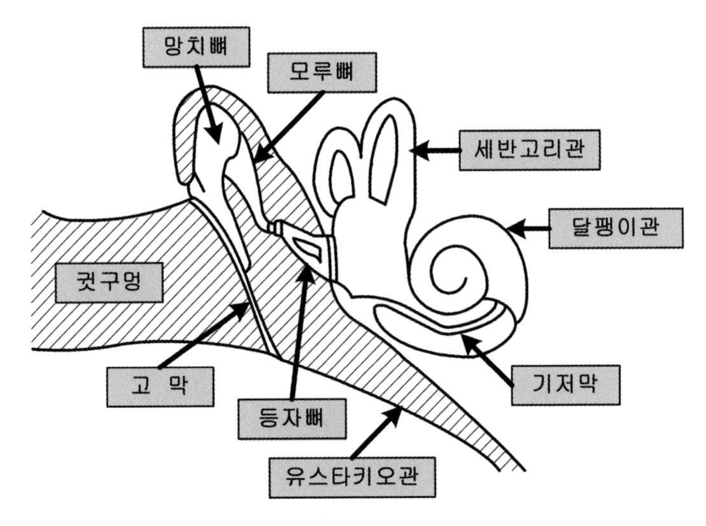

그림 2.15 **귀의 내부 구조(외이, 중이, 내이로 구성되어 있음)**

달팽이관은 액체(림프액)가 채워져 있는 기저막(basilar membrane)에 의해서 두 부분의 길이방향으로 구분된다. 달팽이관은 완두콩만한 크기로 두 바퀴 반이 꼬여 있는데, 이것을 펼치면 그림 2.16과 같이 약 30 mm 정도의 길이를 갖는다. 달팽이관의 지름은 1 mm 정도이며, 기저막을 중심으로 림프액이 채워져 있다. 내이로 전달된 진동(음향자극)에 의해서 달팽이관 내부의 액체가 진동하게 되면, 수많은 섬모세포(hair cell)가 이를 감지하여 3만여 개의 세포로 구성된 신경계통을 통해서 뇌로 소리를 전달하게 된다. 기저막의 입구에서 내부 쪽으로 진행하

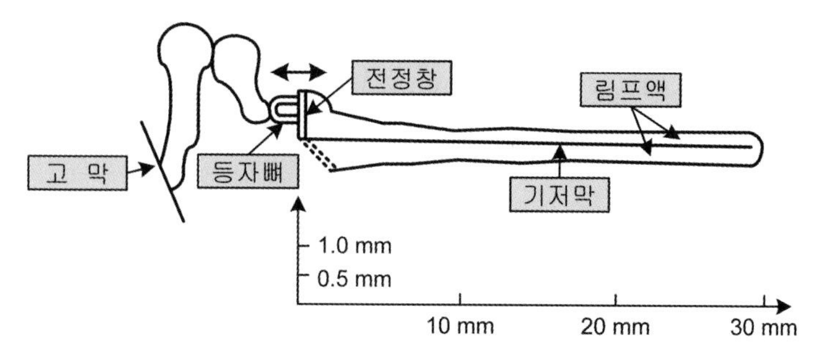

그림 2.16 **달팽이관 내부 기저막을 펼친 모습**

면서 감지하는 주파수 대역을 살펴보면, 약 1.3 mm 길이마다 1/3 옥타브 밴드로 신호를 분리한다고 한다. 즉 달팽이관의 기능은 매우 뛰어난 성능의 주파수 분석기 역할을 한다고 볼 수 있으며, 우리가 소음을 측정하거나 분석할 경우에 흔히 1/3 옥타브 분석을 하는 이유도 이러한 인체의 청감특성과 밀접한 관련이 있다고 볼 수 있다. 그림 2.17은 지금까지 설명한 인체가 소리를 인식하는 단계를 나타낸 것이다.

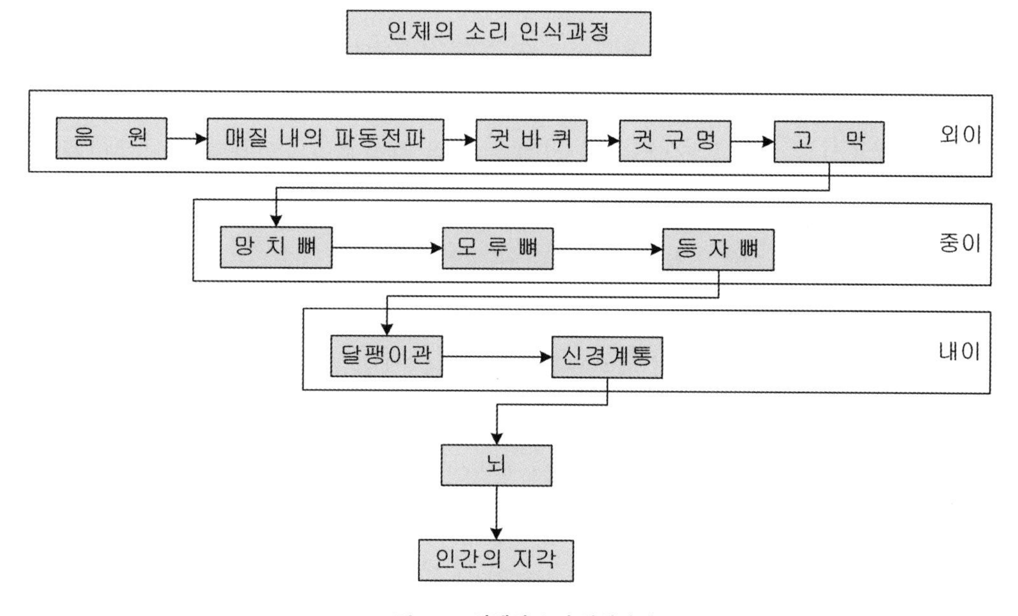

그림 2.17 **인체의 소리 인식과정**

인체가 큰 소음에 장기간 노출될 경우에는 달팽이관 내부의 섬모세포가 손상되어서 소리를 듣는 능력인 청력이 점차 저하되기 마련이다. 다행스럽게도 섬모세포는 재생능력이 있어서 일시적인 손상에 대해서 부분적으로는 24시간 이내에, 전체적으로는 72시간 내에 완전히 회복할 수 있다. 이러한 일시적인 청력손실을 일시적 난청(noise-induced temporary threshold shift)이라 한다. 그러나 일시적 난청이 자주 반복되면서 섬모세포의 재생능력이 현저히 저하되는 현상을 영구적 난청(noise-induced permanent threshold shift)이라고 한다. 이러한 난청의 뚜렷한 징후가 바로 귀울림(이명, 耳鳴) 현상이다. 즉 귀울림 현상은 과도한 소음 때문에 주로 발생하며, 서서히 난청으로 진행되고 있다고 경고하는 인체의 사이렌이라고 말할 수 있겠다. 이는 귀에서 신경계통으로 음파를 전달시켜주는 달팽이관에 이상이 발생해서 나타나는 현상이다.

이러한 난청현상이 점차 나이가 들면서 더욱 심화될 경우, 정상적인 소리조차도 제대로 듣지 못하는 노인성 난청(presbycusis) 현상까지 발전하게 된다. 소음에 의한 난청현상은 청감이 가장 예민한 4,000 Hz 영역에서 가장 먼저 시작된다. 그림 2.18은 인간의 청력손실 진행과정을 보여준다.

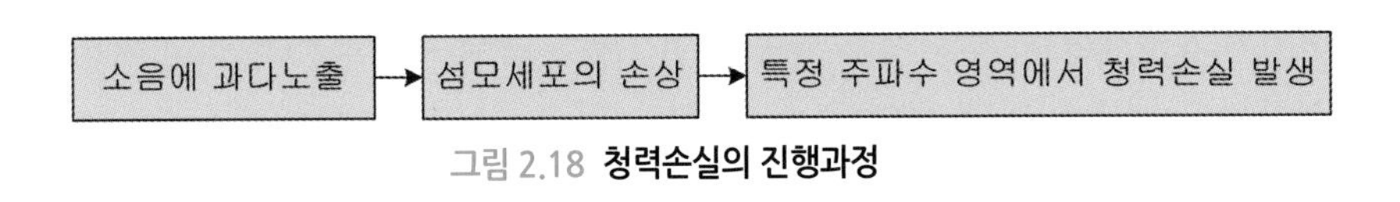

그림 2.18 **청력손실의 진행과정**

우리가 흔히 할아버지나 할머니들께서 소리를 잘 알아듣지 못하는 증세를 가리켜서 '가는 귀가 먹었다'라고 표현하는 경우가 바로 이러한 경우이고, 4,000 Hz 내외의 주파수 영역부터 시작되는 청력손상은 여성이나 어린이들이 말하는 높은 주파수의 소리를 잘 듣지 못하게 된다. 특히 비슷하게 발음되는 단어들을 제대로 구분하지 못하게 되는데, ㅅ, ㅆ, ㅍ, ㅊ, ㅎ, ㅋ, ㅌ 등과 같은 자음을 가진 단어들은 다른 자음이나 모음의 경우보다 발음되는 주파수가 높아서 제대로 알아듣지 못하는 경우가 많다. 보청기는 나이드신 분들이 제대로 듣지 못하는 주파수의 소리를 특별히 전기적으로 증폭시켜서 속귀에 보내주는 역할을 하는 장치이다.

한편, 몇 년 전부터 국내 통신회사에서도 15,000 Hz를 상회하는 높은 주파수 영역의 휴대전화 벨소리를 서비스한다고 전해진다. 이는 청력이 서서히 떨어지기 시작하는 20대 후반이나 30대 초반 이후의 성인에게는 휴대전화의 벨소리를 제대로 듣지 못할 수도 있다는 것을 의미한다. 기존의 휴대전화 벨소리는 200~8,000 Hz의 주파수 영역이어서 누구나 들을 수 있었던 반면에, 15,000 Hz 이상과 같은 높은 주파수에 해당하는 벨소리는 청각능력이 왕성한 20대 초반 이전의 젊은이들만 들을 수 있어서 그들만의 즐거움을 만끽할 것 같다. 역설적으로 본다면, 수업시간에 선생님이나 교수님들이 알아차리지 못하게 휴대전화를 몰래 사용하는 수단으로 활용될까 걱정된다.

2-6 청감보정

인간이 소리를 감지하는 능력은 주파수 특성에 따라서 감도가 달라진다. 특히 높은 주파수보다는 낮은 주파수 영역에서 더욱 감도가 떨어지게 된다. 이러한 인간의 소리(주파수)에 대한 청감 특성을 파악하기 위해서 1 kHz의 특정 음압을 기준으로 하여, 이와 동일한 느낌을 가지는 여러 주파수에서의 음압을 실험적으로 구한 곡선을 등청감곡선(equal loudness contours)이라 한다. 즉 여러 가지 주파수 영역에서 인체의 귀가 같은 크기로 감각(인식)되는 음압레벨을 연결한 곡선을 등청감곡선이라 하며, 각 곡선의 명칭은 1 kHz의 주파수에 해당되는 측정값에 폰(phon) 단위를 붙여서 사용한다.

등청감곡선은 인간의 청각능력을 표현하는 곡선으로, 단일 주파수를 가진 소리인 순음(pure tone)의 정상청력을 표준화한 것이다. 이는 물리적인 음압레벨의 순음에 대해서 인간이 감지하는 주관적인 크기가 주파수 특성에 따라서 어떻게 변화하는가를 보여준다. 다시 말해서 등청감곡선은 소리의 크기와 주파수 특성에 따라서 인간이 느끼는 변화량을 조사한 것으로, 같은 크기의 소리처럼 인간이 듣기 위해서는 주파수에 따라서 음압레벨이 어떻게 변해야 하는가를 보여준다. 여기서 1 kHz는 청감측정의 기준이 되며, 1 kHz에서 80 dB을 통과하는 곡선은 80 phon 곡선이라 한다. 0 phon 곡선은 최소 가청영역을 뜻한다.

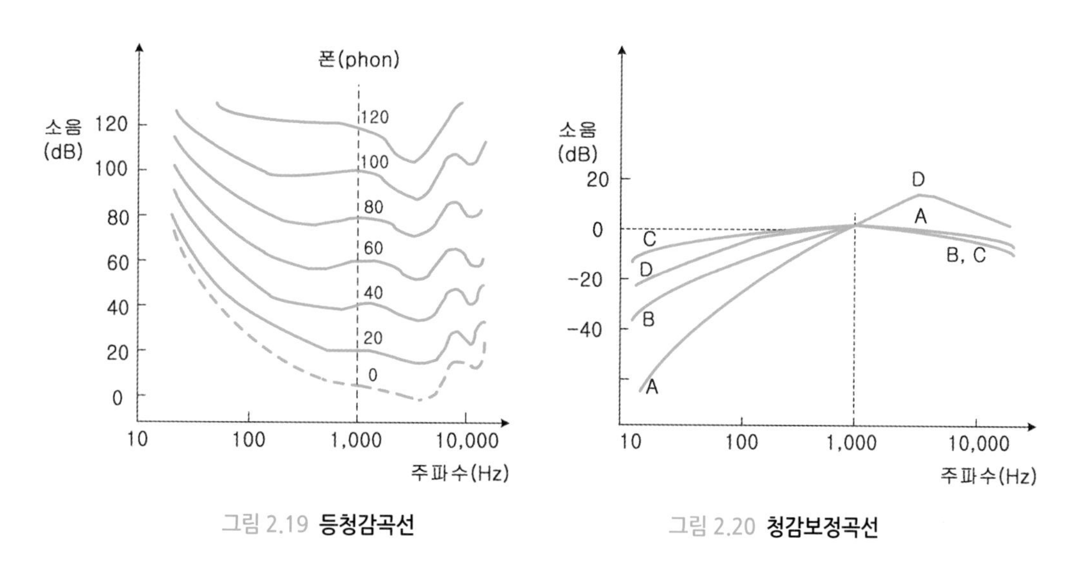

그림 2.19 **등청감곡선**

그림 2.20 **청감보정곡선**

소음을 측정하기 위해서 사용되는 대표적인 센서는 마이크로폰(microphone)이며, 공기 중의 미세한 압력 변화를 감지하여 전기적인 신호로 변환시켜주는 역할을 수행한다. 마이크로폰은 공기압력의 변동을 기계적으로만 감지할 뿐, 실제 인간이 감지하는 청감특성과는 큰 차이점을 갖게 된다. 그 이유는 인체의 청감특성은 소리의 주파수특성에 따라서 느끼는 감도가 다르기 때문이다. 이러한 차이점을 해소하기 위해서 그림 2.20과 같은 청감보정곡선(frequency weighting curves)이 사용된다. 즉 소리에 대한 귀의 반응특성이 주파수별로 차이가 있음을 감안하여 센서에 의해서 물리적(기계적)으로 측정된 음압레벨에 일정한 보정(수정)을 취해서 인체의 청감특성과 유사하게 표현할 목적으로 사용하는 곡선을 의미한다. 그림 2.21의 소음계(sound level meter)와 같은 장비들은 기본 음압레벨을 측정하는 것뿐만 아니라, 몇 가지의 청감보정회로를 포함하고 있다.

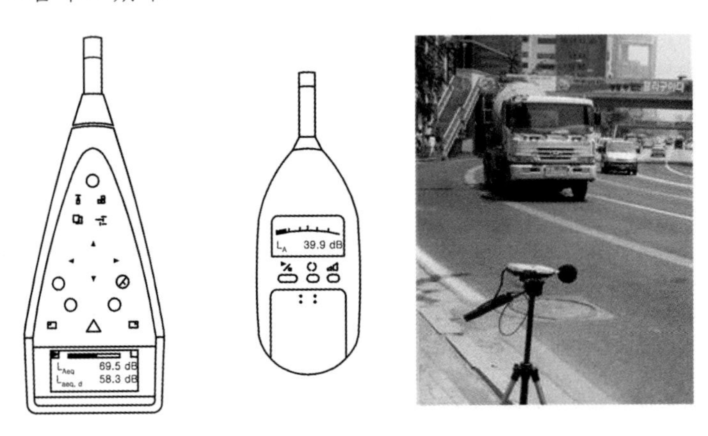

그림 2.21 **소음계**

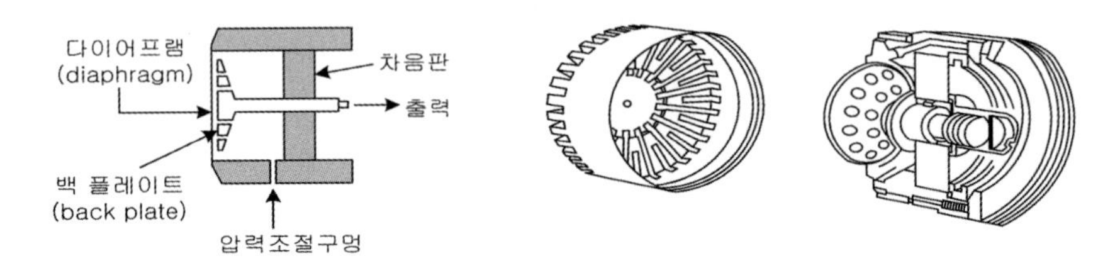

그림 2.22 **마이크로폰의 내부 구조**

가장 흔하게 사용되는 청감보정곡선은 인간이 느끼는 청감에 가장 가까운 A보정(A-weighting)이며, dB(A) 또는 dBA로 표시한다. A보정은 40 phon 곡선($L_P < 55$ dB)을, B보정(B-weighting)은 70 phon 곡선($55 < L_P < 85$ dB)을, C보정(C-weighting)은 100 phon 곡선 85 dB $< L_P$)을 기준으로 한다. 한편, D보정(D-weighting)은 1 kHz와 10 kHz 범위에서 보정 특성을 가지며, 감각소음레벨(PNL, perceived noise level)에 관련되기 때문에 주로 항공기 소음측정에 사용되고, C보정은 자동차의 경적소음 측정에 자주 사용된다.

이러한 등청감곡선은 1 kHz의 순음을 기준으로 작성된 실험적인 결과이다. 하지만 대부분의 소리는 많은 주파수의 조합으로 이루어진 복잡한 신호들이기 때문에, 각 보정 간에는 실제 측정값들의 차이점이 존재할 수밖에 없다. 표 2.5는 A, B, C, D보정에 관련된 각 주파수별 가감값을 보여준다.

표 2.5 **주파수 특성에 따른 각 청감보정의 특성값**

주파수 (Hz)	A보정 (dB)	B보정 (dB)	C보정 (dB)	D보정 (dB)	주파수 (Hz)	A보정 (dB)	B보정 (dB)	C보정 (dB)	D보정 (dB)
10	−70.4	−38.2	−14.3		500	−3.2	−0.3	0	−0.3
12.5	−63.4	−33.2	−11.2		630	−1.9	−0.1	0	−0.5
16	−56.7	−28.5	−8.5		800	−0.8	0	0	−0.6
20	−50.5	−24.2	−6.2		1,000	0	0	0	0
25	−44.7	−20.4	−4.4		1,250	+0.6	0	0	+2.0
31.5	−39.4	−17.1	−3.0		1,600	+1.0	0	−0.1	+4.9
40	−34.6	−14.2	−2.0		2,000	+1.2	−0.1	−0.2	+7.9
50	−30.2	−11.6	−1.3	−12.8	2,500	+1.3	−0.2	−0.3	+10.6
63	−26.2	−9.3	−0.8	−10.9	3,150	+1.2	−0.4	−0.5	+11.5
80	−22.5	−7.4	−0.5	−9.0	4,000	+1.0	−0.7	−0.8	+11.1
100	−19.1	−5.6	−0.3	−7.2	5,000	+0.5	−1.2	−1.3	+9.6
125	−16.1	−4.2	−0.2	−5.5	6,300	−0.1	−1.9	−2.0	+7.6
160	−13.4	−3.0	−0.1	−4.0	8,000	−1.1	−2.9	−3.0	+5.5
200	−10.9	−2.0	0	−2.6	10,000	−2.5	−4.3	−4.4	+3.4
250	−8.6	−1.3	0	−1.6	12,500	−4.3	−6.1	−6.2	−1.4
315	−6.6	−0.8	0	−0.3	16,000	−6.6	−8.4	−8.5	
400	−4.8	−0.5	0	−0.4	20,000	−9.3	−11.1	−11.2	

2-7 소음의 인체 영향

소음이나 진동현상이 공해 개념으로 취급되기 시작한 것은 비교적 최근이라 할 수 있다. 하지만 그리스 · 로마 시대부터 대리석이나 벽돌공장 등의 소음을 규제한 기록이 있으며, 귀족들이 거주하는 지역에서는 마차나 말의 이동을 제한했던 역사적 사실들이 있다. 이와 같이 소음은 인류 역사와 함께 오래 전부터 생활환경을 파괴하는 공해요소로 취급되었으나, 그에 대한 대책이나 피해 저감방안은 크게 발전되거나 개발되지 못했던 것이 사실이다.

그 원인으로는 소음과 진동현상으로 인한 공해요소는 수질오염이나 대기오염과 같이 장기간에 걸쳐서 축적되지 않고 발생과 동시에 소멸해 버리는 특성이 있으며, 다른 공해요소에 비해서 극히 국부적이고 발생원인이 매우 다양할 뿐만 아니라 방지대책에도 많은 투자비용을 필요로 했기 때문일 것이다.

인간의 청각기관은 의사소통에 중요한 기능을 담당하고, 외부의 위협으로부터 항상 도주와 방어 준비를 시킬 수 있는 경고장치로서 중요한 정보를 제공한다고 볼 수 있다. 따라서 시각기관인 눈은 수면 중에는 감을 수가 있어서 완전히 쉴 수가 있는 반면에, 이러한 인간의 경고장치 역할을 수행하는 귀는 수면 중에도 닫을 수 없도록 창조되지 않았을까 생각된다.

과거 원시시대에 살았던 인류의 조상들은 기껏해야 야생동물의 울음소리나 천둥소리가 전부였던 원시 밀림의 환경에 적응했으리라 생각된다. 하지만 근래의 급격한 공업화와 도시화로 인하여 우리들의 주변에서 발생되는 소음은 원시인들의 입장에서는 상상을 초월할 정도로 커졌으리라 믿어진다. 우리들은 이러한 환경에 맞추어서 알맞게 유전자가 형성되어 적응되었을 것으로 생각되지만, 만약 수만 년 전에 살았던 원시인들이 오늘날 환생한다고 하더라도, 엄청나게 커진 소음환경으로 인하여 도저히 생존하지 못할 것이라고 생각할 수 있겠다.

신생아나 태아에게 있어서도 시각보다는 청각이 먼저 기능을 발휘한다는 사실도 시사하는 바가 크다고 할 수 있다. 이는 임산부가 태교를 하면서 고전음악과 같이 편안한 소리를 듣는 것에 주력하는 것만 보더라도 알게 모르게 소리에 의한 인체 영향을 짐작할 수 있겠다. 과거 우리의 조상들은 태교에 있어서 나쁜 말은 듣지 말고, 나쁜 일을 보지 말고, 나쁜 생각은 품지도 말라는 삼불(三不)이 있었으며, 아름다운 말만 듣고(美言), 선현의 명구를 외우고(講書), 시나 붓글씨를 쓰고(讀書), 품위 있는 음악을 듣는(禮樂) 것과 같은 7태도(七胎道)가 있었다. 그만큼 태교가 중요하다는 사실을 정확하게 간파하고 있었던 것이다.

인간의 지능은 유전적인 요소보다는 태아가 자라는 자궁 내의 환경에 의해서 크게 좌우된다는 점을 상기할 필요가 있다. 심한 소음에 노출된 태아는 양수를 삼키게 되고, 임신중독증, 유산 등의 위험이 높아지며 태어나서도 잘 자라지 못한다고 한다. 태중의 양수가 줄어들게 되면 저체중아의 출산확률이 높아지고, 저체중아는 지능이 떨어지며 심장병에도 걸리기 쉽다고 한다. 우리나라에서 1990년대 중반부터 40대의 사망률이 급격하게 높아진 원인도 당시 40대가 6·25 전쟁이 한창이던 1950년대 초반에 태어났다는 사실과 무관하지 않다는 주장이 있다. 결과적으로 편안하고 조용한 환경은 임산부에게 안정을 주게 되므로, 한 나라의 국가 경쟁력은 조용한 환경에서 태교에 힘쓰는 어머니의 태중에서 이미 결정된다고 해도 과언이 아닐 것이다.

소리는 큰 소리, 높은 소리, 갑작스러운 소리, 낯선 소리일수록 그 경고의 강도가 높으며, 인체에서는 이에 따른 긴장과 불안 및 흥분을 유발시키게 된다. 따라서 소음은 혈당의 상승, 동공의 확대, 근육의 긴장, 타액의 감소, 소화기능의 이상, 땀흘림 등을 불러일으키게 된다. 우리들이 공포영화를 볼 때 무서운 장면뿐만 아니라 배경음악에 의해서도 큰 공포와 긴장감을 갖게 된다. 만약 음향을 차단(mute 상태)시키고 공포영화를 보게 된다면 긴장감과 공포심은 현저히 줄어들 것이다.

또 소음에 의한 인체의 영향은 습관성에 크게 좌우된다고 볼 수 있다. 즉 공장이나 사업장에 설치된 기계들에서 발생되는 소음은 지속적이고 시간에 따라서도 거의 변화가 없기 때문에, 마치 당연히 있어야 할 소음처럼 간주되는 경향이 있다. 이러한 습관성 소음의 피해는 단기적으로는 대화불능, 독서방해 등이 있으며, 장기적으로는 심리적, 생리적인 안정에 악영향을 주게 된다. 표 2.6은 소음이 인체에 미치는 영향을 음압레벨과 비교한 내용이다.

표 2.6 **소음의 인체 영향**

소음도 dB(A)	인체의 영향
50	장기간 소음에 노출될 경우 호흡과 맥박이 증가한다.
60	수면장해를 받기 시작한다.
70	말초혈관의 수축 반응이 시작된다.
80	청력손실이 시작된다.
90	소변량이 증대된다.
100	혈당이 증가하고 성호르몬이 감소한다.
110	일시적으로 청력이 손실된다.
120	장기간 폭로 시에는 심각한 청각장애를 유발한다.
130	고막이 파열된다.

그 밖의 소음에 대한 인체 영향으로는 생리적, 심리적인 측면과 작업 능률적인 측면들로 분류할 수 있다. 이러한 분류는 절대적인 것이 아니며, 많은 경우 상당히 복잡한 상관관계를 가지게 된다. 결국 소음에 대한 반응이 사람마다 다르고, 더불어 동일한 사람에 대해서도 같은 소음에 대한 반응이 때와 장소에 따라서 달라질 수 있다는 어려움이 존재한다. 하지만 소음 그 자체는 자연현상에 의해서 발생되며, 이를 수식적인 물리법칙으로도 정확히 표현할 수 있어서 과학적인 측정과 분석이 가능하다. 결국 소음에 대한 인체 영향은 통계적인 가능성을 바탕으로 정의되었음을 알 수 있다.

2-8 무향실과 잔향실

소음을 발생시키는 장치나 부품들을 개선시켜서 정숙성을 확보하기 위해서는 음향 특성을 정밀하게 측정하고 분석하여 효과적인 대책방안을 세우는 것이 매우 중요하다. 하지만 일반적인 실험실에서는 주변 소음이나 반사물질 등으로 인하여 적절한 소음의 측정·분석이 곤란한 경우가 대부분이다. 따라서 문제되는 소음의 정확한 측정을 위해서 특별한 목적으로 제작된 실험실로는 무향실, 반무향실과 잔향실 등이 있다.

2.8.1 무향실

무향실(anechoic chamber)은 그림 2.23과 같이 실내 표면의 6면(천장, 바닥, 4면의 벽)에서 소리의 반사가 전혀 이루어지지 않도록 흡음력이 뛰어난 재질로 구성된 실내를 뜻한다. 실내에 위치한 음원에서 방사된 에너지는 벽면에서 모두 흡수되고 벽에 의한 소리의 반사가 전혀 없는 실내공간을 구성하며 측정 대상물이나 음원이 있는 경우에는 망사구조의 바닥이 사용되어야 한다. 따라서 실내의 소음원으로부터 어떠한 방향에서도 반사가 없으므로, 자유음장(free-field)에 위치한 것과 동일하게 정확한 소음특성을 측정할 수 있다. 즉 음원과 수음점의 설정이 간편하고, 음의 지향성(directivity) 측정이 용이한 특성을 갖는다.

대표적인 측정사례는 소음원의 음향특성 규명, 소음의 발생위치 파악 및 음향파워의 측정 등을 들 수 있으며, 연구기관, 소형 정밀기기, 자동차 부품, 전기기기 회사 등과 같이 정밀한 소음측정을 요구하는 경우에 많이 사용된다.

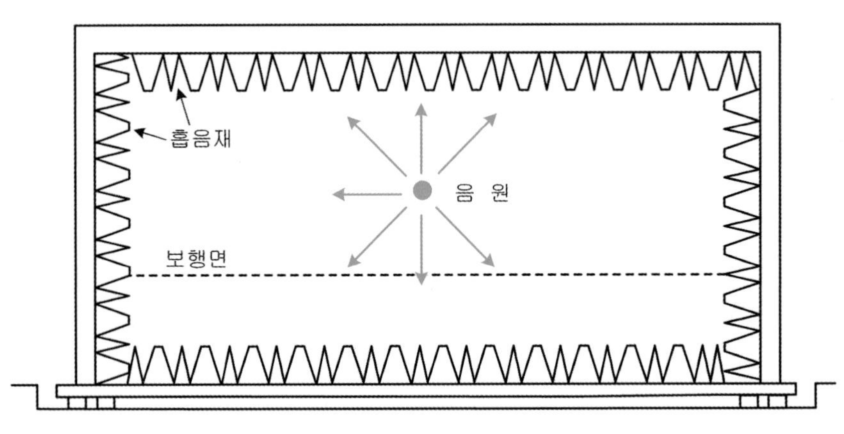

그림 2.23 **무향실의 구조**

2.8.2 반무향실

반무향실(semi-anechoic chamber)은 바닥면만 소리가 반사되는 특성을 갖고, 바닥면을 제외한 나머지(벽과 천장)는 무향실과 동일한 조건을 갖는다. 측정 정도가 무향실에 비해서 다소 낮은 편이고, 음원 및 수음점의 위치를 정확히 설정해야 하며, 음의 지향성 측정이 곤란하다는 단점이 있다. 하지만 자동차나 무거운 기계장치들과 같이 사용 환경이 지면 위에서 방사되는 음원에 대해서는 굳이 바닥까지 흡음처리장치를 하지 않아도 양호한 실제 상황의 측정이 가능하다. 또한 바닥면이 견고하기 때문에 중량물의 반입이나 피측정물의 위치고정을 손쉽게 할 수 있다는 장점도 있다. 따라서 자동차나 산업기기 등에 대한 소음의 측정이나 해석 및 대책방안의 도출을 위해서 반무향실이 많이 사용되는 추세이다. 그림 2.24는 자동차의 주행상태를 재현하는 동력계(chassis dynamometer)가 설치된 반무향실의 구조와 시험사례를 보여준다.

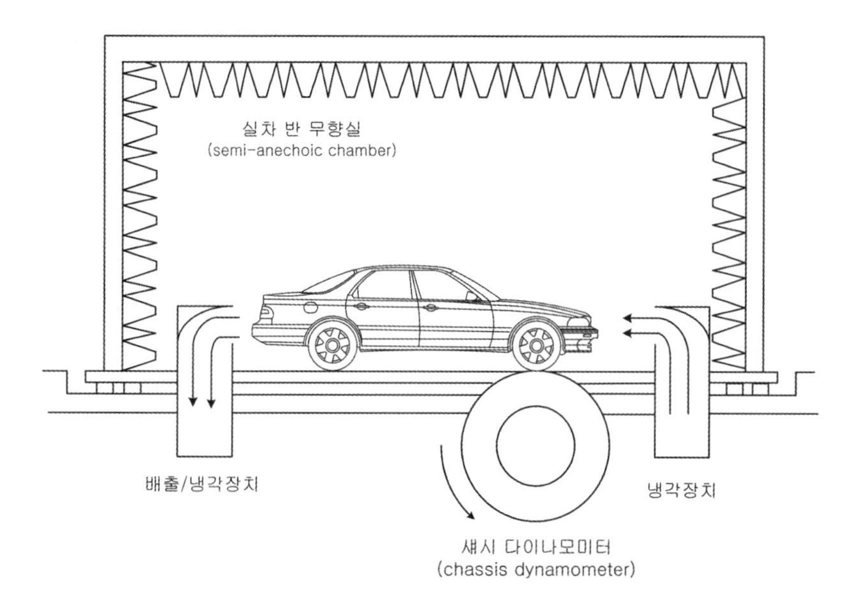

그림 2.24 **반무향실의 구조 및 자동차 시험사례**

2.8.3 잔향실

잔향실(reverberation chamber)은 무향실과 상반되는 개념으로, 천장, 바닥, 모든 벽들이 딱딱하고 가능한 한 모든 소리가 쉽게 반사되도록 설계 · 제작된 실내를 뜻한다. 즉 벽의 흡음률이 0%에 가깝게 이루어지며, 실내 구조도 그림 2.25와 같이 평행한 벽면이 존재하지 않도록 설계된다. 잔향실은 실내 전체에서 소리 에너지가 균일하게 분포되는 확산음장(diffuse field)을 만들어낸다. 따라서 소음원으로부터 방출되는 소리의 전체 음향파워를 측정할 수 있다. 일반적으로 무향실보다는 잔향실을 제작하는 것이 경비면에서 훨씬 유리하기 때문에 소음연구에 많이 사용되고 있는 실정이다.

우리는 좁고 밀폐된 목욕탕에서 노래를 부르면 더 멋있게 들리기도 하고, 훨씬 노래를 잘하는 것처럼 느껴질 때가 있다. 집 안의 목욕탕은 대부분 딱딱한 재질의 바닥과 벽(타일)을 사용하기 때문에, 소리가 거의 흡수되지 않고 반사되어서 마치 하모니(harmony)를 이루는 것처럼 느껴지게 된다. 목욕탕의 음향특성이나 노래방의 에코(echo)기능이 잔향실의 경우와 매우 흡사하다고 볼 수 있다. 지금까지 설명한 무향실과 잔향실에서 언급된 흡음과 반사에 대한 세부내용은 차체의 방음소재(제9장 제5절)를 참고하기 바란다.

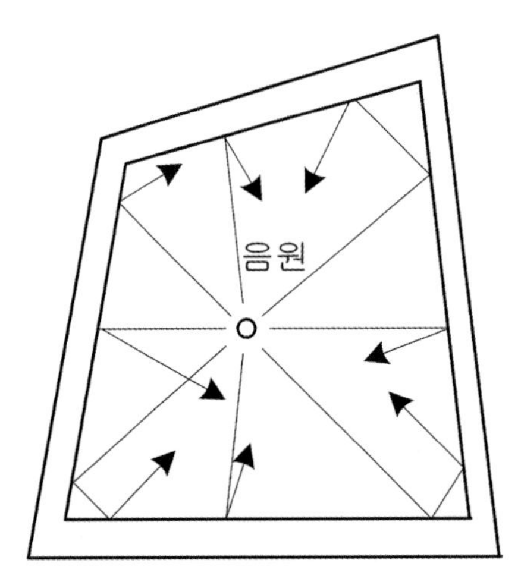

그림 2.25 **잔향실의 소리반사**

제 2 편

자동차 진동소음 개론

제2편에서는 자동차를 운전하거나 탑승한 상태에서 느낄 수 있는
진동소음현상에 대한 기본적인 개념을 알아본다.
우리들이 막연하게 느끼게 되는 진동소음현상은 자동차의 복잡한 구조
및 다양한 발생원인들로 인하여 유발된다.
여기서는 자동차 NVH에 대한 기본적인 내용과 함께
자동차의 진동과 소음현상을 구분하여 대략적인 개념을 설명하고자 한다.
세부적인 내용은 제3편 및 제4편을 참고하기 바란다.

N O I S E   V I B R A T I O N

자동차 진동소음의 이해 3장

3-1 자동차의 기본적인 구조

자동차에서 발생되는 진동소음현상을 제대로 이해하고, 효과적인 개선대책을 얻기 위해서는 먼저 자동차의 기본적인 구조와 부품들의 작동원리 등을 알아야 한다. 구체적인 자동차의 구조만 설명하더라도 상당한 분량을 차지하기 때문에, 여기서는 진동소음현상에 영향을 미칠 수 있는 최소한의 자동차 구조만을 간단한 설명과 그림으로 대체하고자 한다. 더 세부적인 내용을 알고자 할 경우에는 자동차 공학, 자동차 정비관련 전문서적을 참고하기 바란다.

3.1.1 차체 및 명칭

자동차의 차체(body)는 외관(스타일)의 특성을 결정짓는 중요한 요소로, 운전자와 탑승자가 거주하는 공간이며 동시에 엔진을 비롯한 각종 부품들이 탑재되는 공간이기도 하다. 자동차의 주행과정에서 엔진과 변속장치를 포함한 동력기관의 흔들림과 함께 도로의 노면특성에 따른 타이어의 상하 방향 움직임 등이 모두 차체로 전달되므로, 차체는 진동소음현상이 최종적으로 평가되는 공간이라 말할 수 있다. 차체에 대한 더 세부적인 내용은 제4편 제9장을 참고하기 바란다.

엔진을 비롯한 각종 주행장치들이 탑재된 공간[이를 엔진룸(engine room)이라 한다]을 감

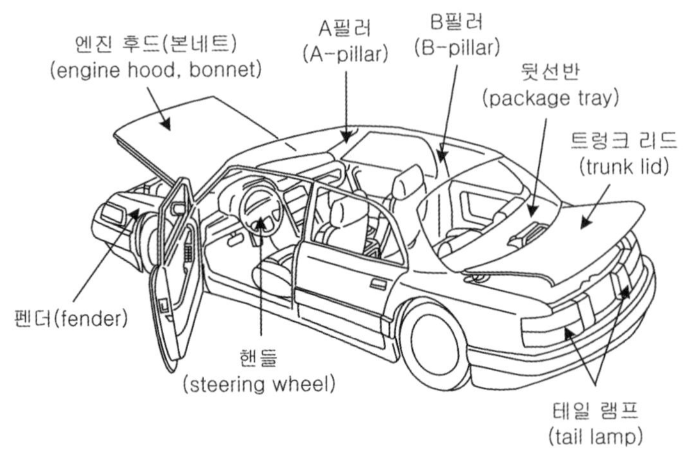

그림 3.1 **자동차 차체의 주요 명칭과 엔진 후드의 흡 · 차음재료 적용사례(아래쪽)**

싸고 있는 뚜껑을 흔히 본네트(bonnet)라고 부르지만, 정식 명칭은 엔진 후드(engine hood)이다. 엔진 후드를 열어서 안쪽 면(엔진 쪽을 향한 면)을 살펴보면 그림 3.1과 같이 검은색의 헝겊(직물)이나 비닐 피복처럼 보이는 재료가 부착된 것을 확인할 수 있는데, 이는 엔진에서 발생된 소음전파를 억제시키기 위한 흡 · 차음재료가 부착된 것이다. 앞 타이어가 있는 차체 양쪽의 측면부위를 펜더(fender)라 하며, 차량 간의 가벼운 접촉사고에서 가장 크게 손상될 수 있는 부분이다. 따라서 펜더는 쉽게 교환할 수 있도록 볼트와 접착제 등으로 차체와 결합되어 있다. 진동소음 관점에서 살펴본다면 펜더가 장착되는 부위는 엔진의 소음뿐만 아니라 타이어 소음의 방사를 막기 위한 대책이 적용되는 부위라 할 수 있다.

차체의 지붕을 루프(roof)라고 하며, 루프 안쪽 실내 부위에는 소음을 흡수하는 흡음처리(headliner)와 진동을 억제시키는 제진처리가 되어 있다. 차체 지붕인 루프를 받치고 있는 기둥을 필러(pillar)라고 하며, 차량 앞에서부터 순서대로 A, B, C의 명칭을 붙여서 부르게 된다. 차체와 필러, 필러와 루프가 만나는 각 지점을 조인트(joint) 부위라 하는데, 이곳에는 차량의 주행과정에서 발생하는 외부 작용력이나 차체의 흔들림으로 말미암아 응력(應力, stress)이 집중되면서 큰 변위가 발생되어 실내의 진동소음현상을 악화시킬 수 있다.

트렁크 뚜껑은 트렁크 리드(trunk lid)로, 깜빡이와 브레이크 등이 있는 곳은 테일램프(tail lamp)라 부르며, 트렁크의 빈 공간에서 발생되는 공동소음(空洞騷音, cavity noise)이 실내소음을 악화시킬 수도 있다. 따라서 탑승객이 거주하는 실내공간뿐만 아니라, 트렁크 내부의 바닥과 측면부위 및 트렁크 리드에도 소음제어를 위한 흡 · 차음재료가 적용된다.

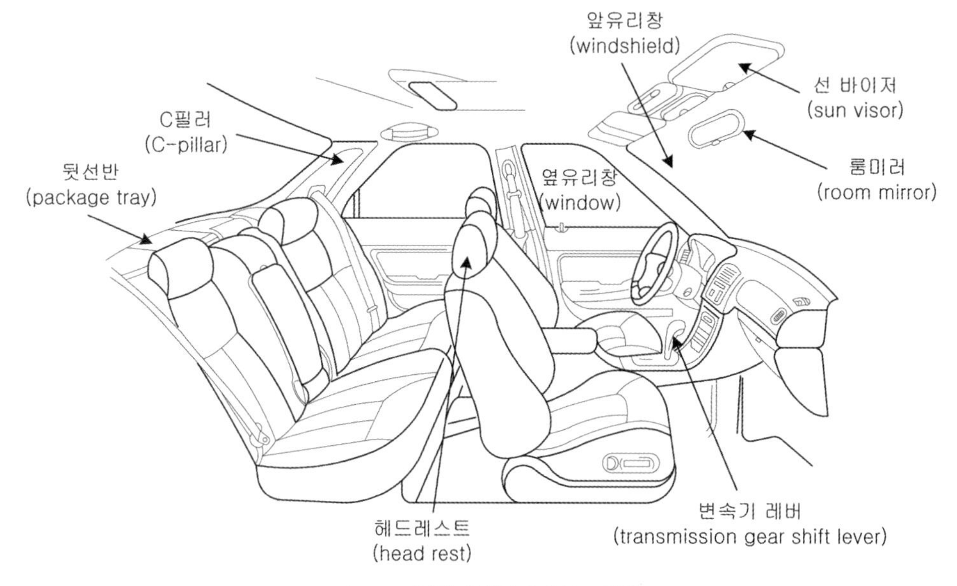

그림 3.2 **자동차 실내공간의 주요 명칭**

차량의 주행 방향을 조절하는 핸들(handle)의 정식명칭은 스티어링 휠(steering wheel)이며, 운전자의 손에 의해서 차량의 진동현상이 예민하게 감지될 수 있다. 스티어링 휠에서는 주로 셰이크(shake)나 시미(shimmy) 진동이 발생되며, 이러한 진동현상이 악화될 경우 운전자에게는 단순한 불쾌감을 넘어 상당한 불안감을 발생시킬 수도 있다. 차체진동과 연관되는 각종 부품들에 대한 세부적인 내용은 제4장을 참조하기 바란다.

유리창을 포함한 도어(door) 부위에서는 고속주행 시 바람소리(wind noise)가 실내 내부로 크게 유입될 수 있으므로, 도어와 차체 사이에는 밀폐를 위한 장치[웨더 스트립(weather strip), 그로밋(grommet) 등]가 중요한 역할을 한다. 실내 내부에는 다양한 진동소음원들로 인하여 유발된 소음을 흡수하기 위한 흡음재료[카펫, 직물, 레진펠트(resin felt), 스펀지 종류 등]가 곳곳에 처리되기 마련이다.

3.1.2 엔진의 장착 위치 및 구동방식

엔진은 동력을 발생시키는 내연기관(內燃機關, internal combustion engine)이며, 여기서 발생한 동력을 적절한 토크와 회전수로 변환시켜서 바퀴로 전달하여 자동차의 주행을 가능하게 해주는 장치를 통합하여 동력기관(powertrain)이라 한다. 자동차의 여러 모델에 따라서 엔진의 장착 위치와 구동방식이 구별되는데, 뒷바퀴 굴림(이하 후륜구동)과 앞바퀴 굴림(이하 전륜구동) 및 네 바퀴 굴림[이하 4WD(4 Wheel Drive) 또는 全輪驅動]방식으로 구분된다. 자동차의 개발순서에 따라서 후륜구동방식부터 알아본다.

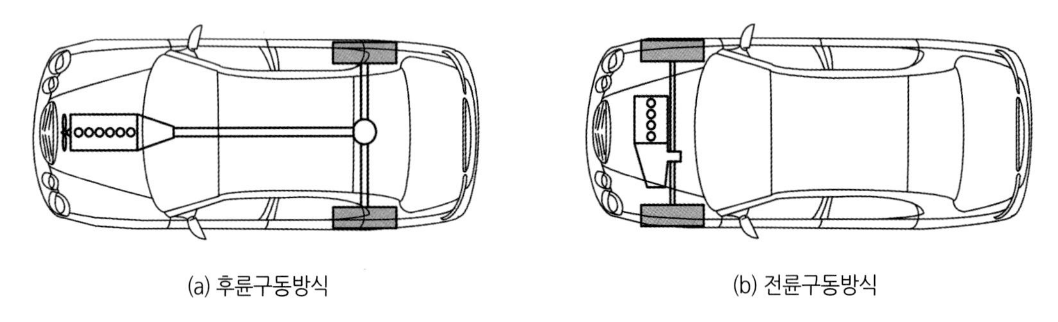

(a) 후륜구동방식　　(b) 전륜구동방식

그림 3.3 **후륜구동과 전륜구동 방식 및 엔진 장착위치**

후륜구동방식은 그림 3.3(a)와 같이 엔진과 변속장치 및 구동축(프로펠러 샤프트)이 차량의 진행 방향과 평행한 방향으로 장착되어 엔진의 동력을 뒷바퀴까지 전달시킨다. 이러한 엔진의 장착방식을 종치장착(longitudinally mounted)방식이라 한다. 후륜구동방식의 자동차에서 뒷바퀴는 차량의 구동만을 담당하고, 진행 방향의 조절은 앞바퀴가 담당하는 이상적인 역할분배로 앞 · 뒷바퀴의 적절한 하중분포가 이루어진다고 볼 수 있다. 차량 각 바퀴의 효과적인 무게분포와 독립적인 기능 분배로 인하여 차량의 정숙성 확보, 최소 회전반경이나 등판능력 등에서도 비교적 양호한 성능을 발휘하게 된다. 이러한 장점으로 인하여 국내 최고급 차량과 세계적으로 유명한 고급차종(BMW, Benz, Lexus 등)에서도 후륜구동방식을 고집하고 있다고 볼 수 있다. 최근에 개발되어 판매되는 국내 고급차량도 과거의 전륜구동방식에서 탈피하여 후륜구동방식을 채택하고 있는 추세이다. 반면에 엔진의 동력을 뒷바퀴까지 전달하기 위한 구동장치들로 인하여 실내공간(탑승공간)이 다소 좁아지고 연료소모 측면에서도 전륜구동방식보다 불리한 측면이 있다.

전륜구동방식은 그림 3.3(b)와 같이 엔진과 변속장치 및 구동축이 차량의 진행 방향과 직각으로 장착되는데, 이러한 엔진의 장착방식을 횡치장착(transversely mounted)방식이라 한다. 앞바퀴를 구동시키는 축이 변속장치에서 좌우 앞바퀴들로 직접 연결된다. 전륜구동방식은 넓은 실내공간의 확보와 연료절감 측면에서 유리한 이점으로 인하여 일부 대형 차량과 중형차량을 중심으로 대부분의 승용차량에 채택되고 있다. 진동소음의 관점에서는 후륜구동방식에 비해서 엔진룸이 복잡하고, 소음원이 차량 앞쪽에 집중되는 관계로 불리한 측면이 있다. 특히 엔진의 롤(roll)운동이 차체의 굽힘진동(bending vibration)에 큰 영향을 줄 수 있다는 단점이 있다.

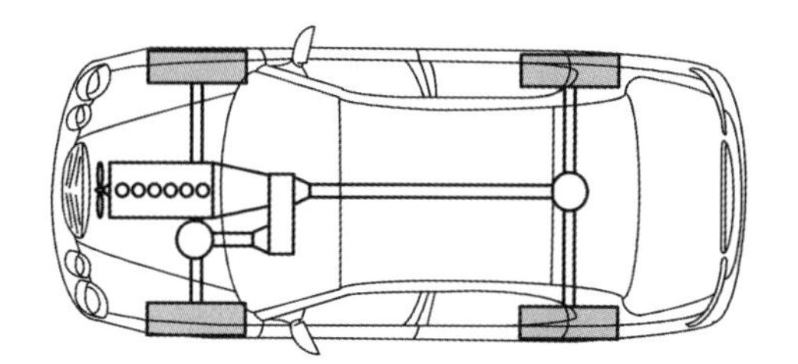
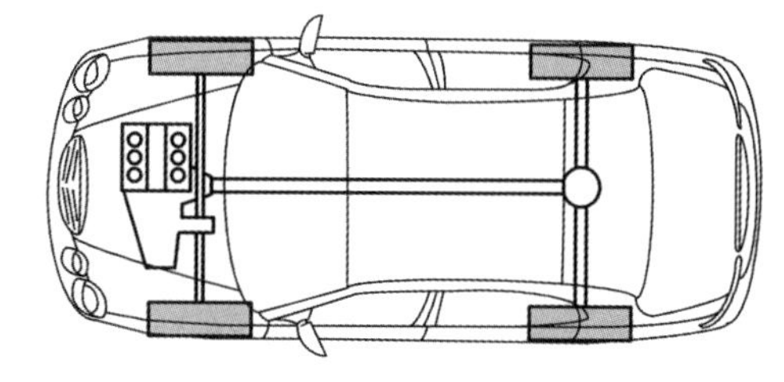

그림 3.4 **네 바퀴 굴림방식의 엔진 장착사례**

네 바퀴 굴림방식인 4WD는 그림 3.4와 같이 다양한 엔진장착방식을 가지며, 비포장도로나 험준한 산길 등을 주행하는 군용차량을 중심으로 지프(jeep)와 같은 SUV(sports utility vehicle) 차량에 주로 채택되고 있다. 험로주행이 가능하도록 차량의 무게중심이 높고 차체의 강성(剛性, stiffness)이 큰 특징을 가지지만, 주행특성상 승용차량에 비해서 진동소음 특성은 열등한 편이다. 특히 앞 · 뒷바퀴에 구동력을 배분시키는 동력분배장치(T/C, transfer case)가 그림 3.5와 같이 변속장치에 추가되고, 구동라인(driveline)이 복잡한 관계로 정숙성과 승차감에서 다소 불리한 측면을 갖는다. 하지만 자동차 진동소음 저감기술의 발달로 인하여 최근에는 동력성능과 주행안정성을 강조하는 독일의 아우디(Audi)와 같은 유럽차량들을 중심으로 4WD 구동방식이 승용차량에 적극적으로 채택되는 추세이다.

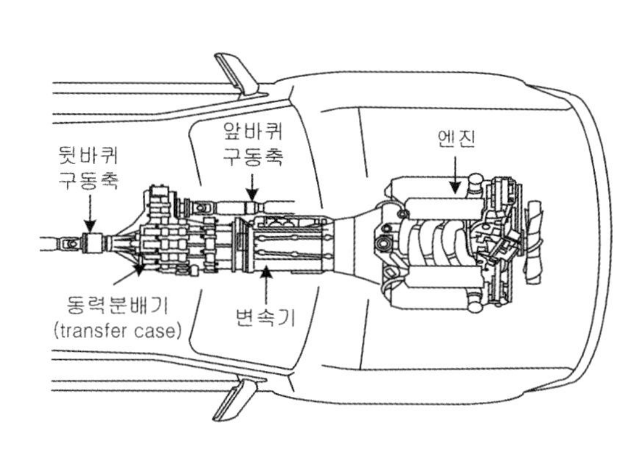

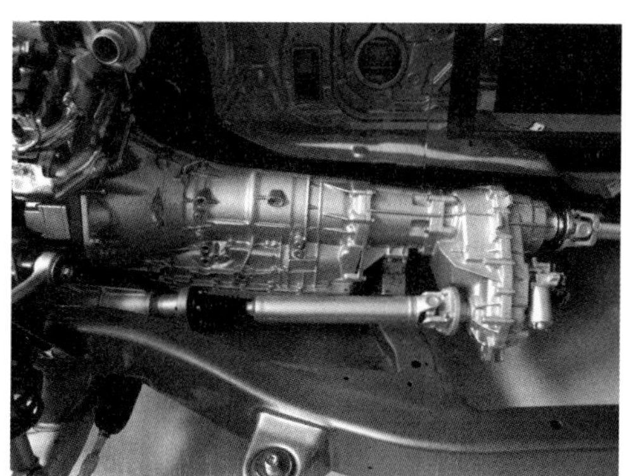

그림 3.5 **네 바퀴 굴림방식의 동력기관**

3.1.3 엔진의 작동개념

엔진은 자동차의 심장역할을 수행하는 가장 중요한 기계장치이며, 엔진의 몸체를 이루는 실린더(실린더 헤드와 실린더 블록으로 구성됨)와 주요 운동부품인 피스톤, 커넥팅 로드, 캠 축 및 크랭크샤프트(crankshaft) 등으로 구성된다.

그림 3.6(a)와 같이 실린더와 피스톤으로 이루어진 연소실에서 발생되는 가스(연료와 공기의 혼합가스를 의미한다) 폭발력으로 인하여 피스톤이 상하 방향의 운동을 빠르게 반복함으로써 크랭크샤프트를 회전시키게 된다.

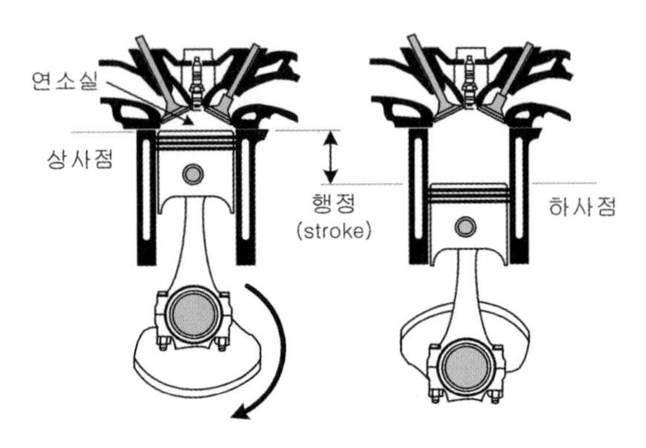

(a) 엔진의 연소실과 피스톤

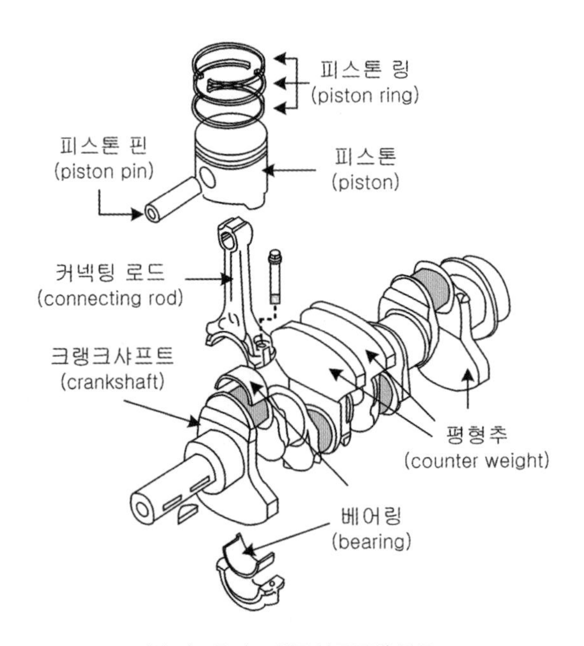

(b) 피스톤과 크랭크샤프트의 구조

그림 3.6 **엔진의 내부구조 및 주요 부품**

피스톤의 왕복운동에는 상사점과 하사점에서 순간적으로 피스톤의 속도가 영(zero)이 된 후 운동 방향이 바뀌게 되므로 속도의 큰 변화가 있게 된다. 이러한 피스톤의 급격한 속도 변화는 가속도의 존재를 의미하므로, 피스톤의 상하 방향 운동만으로도 진동력(관성력의 개념이다)이 발생함을 알 수 있다. 이러한 피스톤만의 운동에 의한 힘뿐만 아니라, 연소실 내부의 가스 폭발력이 추가되면서 결국 엔진 자체를 흔들리게 하는 가진원(加振源, vibration source)이 될 수 있다. 하지만 자동차용 엔진은 여러 개의 실린더로 구성된 다기통 엔진(multiple cylinder engine)이므로, 실린더 수에 따른 크랭크샤프트의 구조(크랭크의 배치 및 피스톤 장착)에 의해서 각 실린더에서 발생하는 관성력과 관성 모멘트들이 서로 상쇄되거나 감소될 수 있다.

소형 및 중형 승용차용 엔진은 대부분 4개의 실린더로 구성된 4기통 엔진이 장착되며, 이러한 4기통 엔진에서는 각 피스톤에서 발생되는 관성 모멘트들이 모두 상쇄된다. 하지만 크랭크샤프트 회전의 2배 성분인 2차 관성력이 단일 실린더 엔진에 비해서 4배로 커져서 엔진 몸체의 흔들림에 큰 영향을 준다. 반면에 직렬 6기통 엔진에서는 관성력과 관성 모멘트들이 모두 상쇄되기 때문에 훨씬 안정되고 정숙한 운전을 하게 된다. 엔진의 관성력에 대한 세부적인 내용은 제7장 제3절을 참고하기 바란다.

그림 3.7과 3.8은 각각 가솔린 엔진과 디젤 엔진의 작동개념을 보여준다. 일반적으로 가솔린 엔진에 비해서 압축비와 가스 폭발력이 더 높은 디젤 엔진이 진동소음 측면에서 불리하다고 볼 수 있다. 엔진의 회전수를 의미하는 rpm(revolution per minute)은 1분 동안의 총 회전수

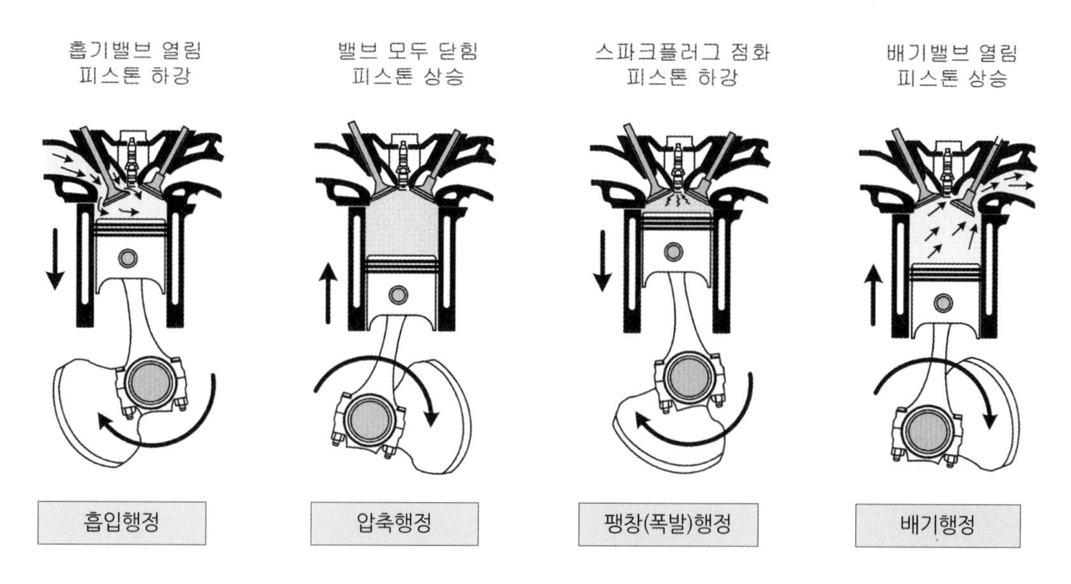

그림 3.7 **가솔린 엔진의 작동개념**

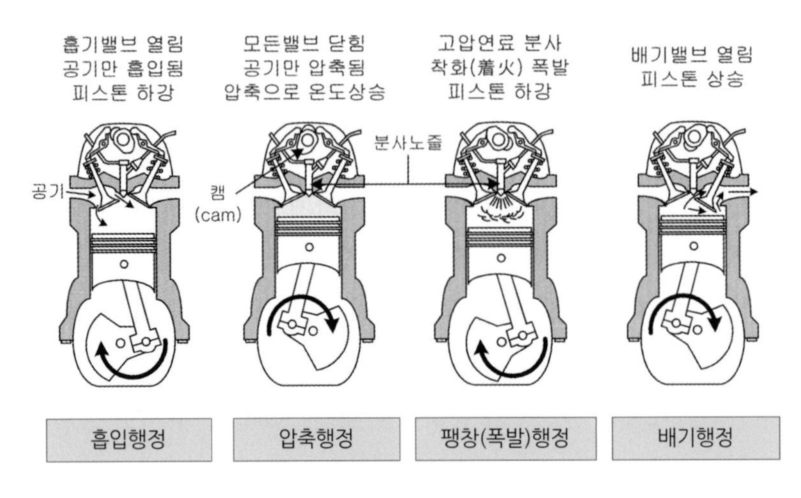

그림 3.8 **디젤 엔진의 작동개념**

를 의미한다. 일반적인 가솔린 엔진은 신호대기와 같은 정지상태에서 대략 750±50 rpm의 회전수로 공회전(idle)하는데, 이를 1초 단위로 계산하면 다음과 같이 12.5회의 회전이 있음을 확인할 수 있다.

$$\frac{750\text{회전}}{1\text{분}} \times \frac{1\text{분}}{60\text{초}} = \frac{12.5\text{회전}}{1\text{초}}$$

브레이크를 밟아서 자동차가 주행하지 않는 정지상태의 공회전에서도 엔진 내부의 피스톤은 1초에 무려 12번이 넘도록 오르내리고 있으며, 크랭크샤프트 역시 같은 회전수로 맹렬히 돌고 있는 셈이다. 자동차가 2,000 rpm의 엔진 회전수로 주행하는 경우에는 엔진이 1초당 33회전을 하며, 고속도로의 주행과 같은 조건인 3,000 rpm에서는 엔진 내부의 크랭크샤프트가 1초에 50회전을 하는 셈이다. 이와 같이 공회전뿐만 아니라 주행상태에서도 엔진 내부의 피스톤은 매초당 수십 번의 왕복운동을 끊임없이 반복하게 된다. 이러한 피스톤의 왕복운동과 엔진의 회전수 개념만 보더라도, 자동차의 진동소음현상에서 엔진이 기여하는(차지하는) 비중이 매우 지배적임을 예상할 수 있다. 동력기관에 대한 세부적인 내용은 제7장을 참고하기 바란다.

그림 3.9부터 그림 3.11은 자동차의 대표적인 구성부품들을 나타낸다. 진동소음현상과 관련된 세부적인 내용은 이후의 단원에서 설명할 예정이며, 각 부품들의 세부적인 구조나 작동원리는 전문서적을 참고하기 바란다.

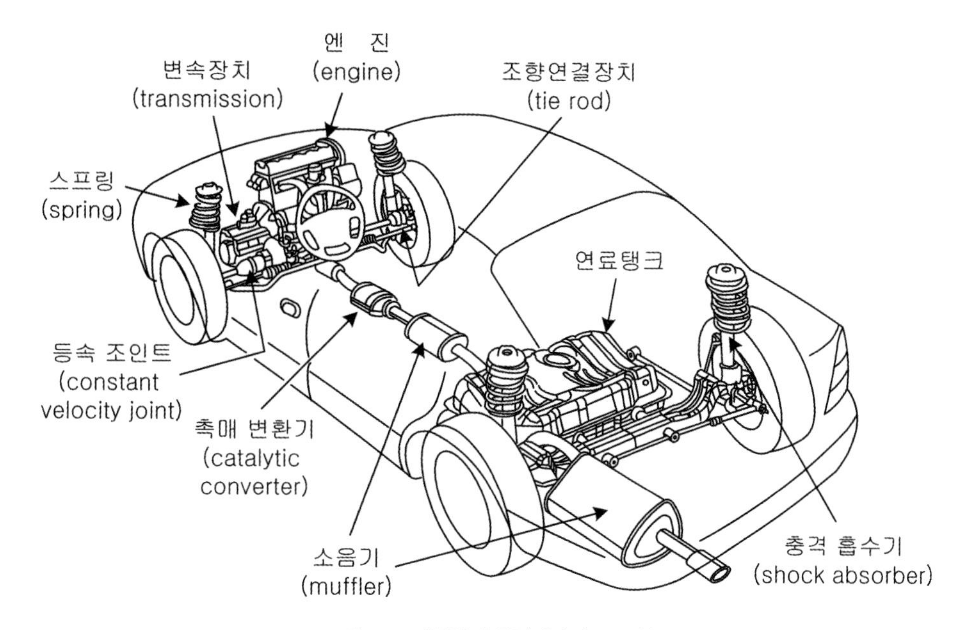

그림 3.9 **자동차의 동력기관과 주요 부품**

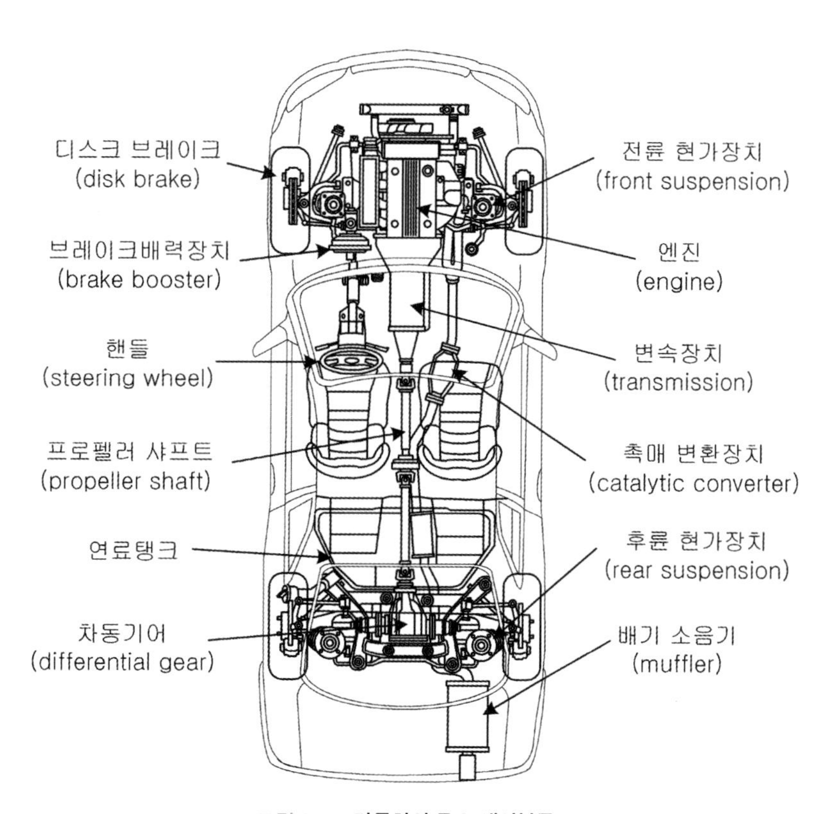

그림 3.10 **자동차의 주요 섀시부품**

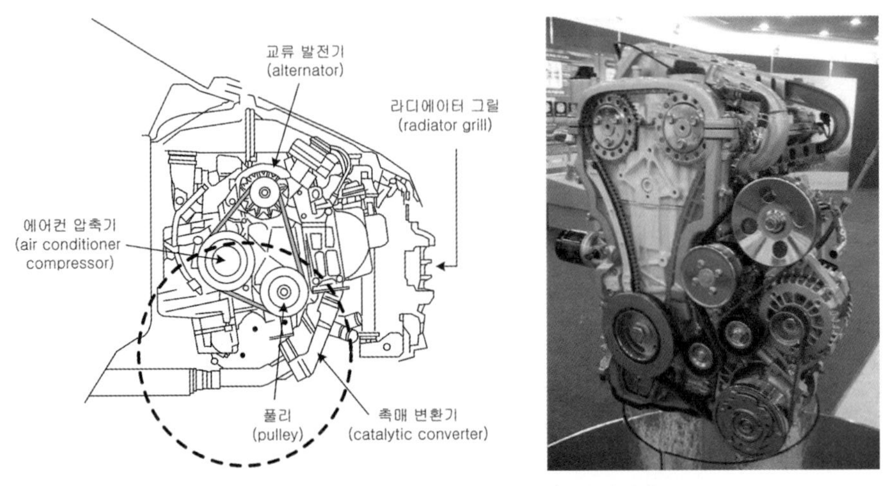

그림 3.11 **엔진룸의 구조와 보기(bogie)류의 연결벨트**

3-2 자동차 NVH

1886년 독일의 칼 벤츠(Karl Benz)와 고트리프 다임러(Gottlieb Daimler)가 내연기관(internal combustion engine)을 장착한 자동차를 개발한 이후 오늘에 이르기까지 자동차의 제작기술과 성능에서 수많은 발전이 진행되었다. 국내에서도 자동차는 이제 더 이상 부의 상징이 아닌 실생활에서 유용한 이동수단으로 이미 정착되었다고 볼 수 있다. 일반 대중의 수입증대와 자동차 기술의 눈부신 향상으로 인하여, 자동차 사용자들은 점점 더 안전하고 안락한 내부 환경을 제공해주는 자동차를 선호하게 되었다. 따라서 자동차는 화물이나 다수의 사람들을 수송하는 단순한 이동수단으로서의 개념을 넘어서서, 이제는 한 개인의 사생활 공간이나 여가 수단이 되었으며, 때로는 휴식을 취하는 목적으로 자동차(특히 승용차)의 개념이 변화되고 있는 실정이다.

이러한 자동차 사용자들의 다양한 욕구를 만족시키기 위해서 자동차 제작회사들은 차량의 초기 개발단계부터 판매시점에 이르기까지 설계, 연구 및 생산과정에서 자동차의 정숙성과 안락한 승차감 증대를 위해 부단한 노력을 경주하고 있다. 따라서 이제는 자동차 NVH라는 용어가 승용차의 판매전략 및 수많은 홍보매체 등을 통해서 어느새 일반 사용자에게도 많이 익숙해졌다고 판단된다. 자동차 NVH는 noise(소음), vibration(진동) harshness(충격적인 진동소음, 거칠기)의 약자를 뜻하며 자동차 진동소음의 제반 현상을 뜻하는 용어로 다음과 같이 구분된다.

3.2.1 소음

소음(noise)은 인간의 감정을 불쾌하게 만드는 시끄러운 소리를 뜻하며, 일반적으로 음압레벨을 나타내는 dB 단위로 표시된다. 자동차에서 발생하는 소음은 탑승자를 기준으로 크게 실내소음과 외부(실외)소음으로 구분할 수 있으며, 자동차의 각종 부품들에서 유발되는 여러 가지 복잡한 진동과 소음현상들이 다양한 전달경로를 거쳐서 발생하게 된다. 시내주행과 같은 저속주행과는 달리, 고속도로를 빠른 속도로 주행하게 되면 실내소음이 커져서 오디오의 음악소리가 제대로 들리지 않는 경우를 흔하게 경험할 것이다.

자동차의 실내소음이 커지게 되면 탑승자 간의 대화소리도 자연스럽게 커지기 마련이므로, 결국 소음은 또 다른 소음을 부르는 셈이다. 일반적으로 주변 소음이 10 dB 높아지게 되면 사람의 목소리도 3~4 dB 정도 높아지는 경향을 갖게 된다. 과거에는 자동차 개발과정에서 법규항목인 외부소음의 저감을 포함해서 차량 실내소음의 시끄러운 정도를 나타내는 음압레벨의 저감에만 주력하였으나, 최근에는 좀 더 친숙한(듣기 좋은) 소리나 사용자별로 선호하는 소리만을 부각시켜서 운전의 즐거움(fun to drive)을 주는 음질(sound quality) 관리까지 추구되고 있는 실정이다.

또한 엔진뿐만 아니라 전기모터로도 구동되는 하이브리드(hybrid) 자동차와 전기 자동차가 저속주행이나 후진하는 경우에는 모터만 가동되어 보행자가 차량의 접근을 인지하지 못할 우려가 있다. 이럴 경우에는 인위적으로 엔진소리(engine sound)를 발생하는 장치가 추가되기도 하는데, 이는 보행자에 대한 최소한의 자동차 경고기능을 갖추기 위함이다.

3.2.2 진동

진동(vibration)은 엔진의 시동이 걸린 이후부터 주행과정에서 발생하는 차량의 전반적인 흔들림과 같은 떨림을 뜻하며, 차체가 일정한 주기로 흔들리는 현상을 의미한다. 이러한 진동현상은 차체 및 엔진을 비롯한 각종 부품들의 운동과정에서 발생하는 운동에너지와 위치에너지의 반복적인 에너지 교환에 따른 결과로 유발된다. 자동차 핸들(steering wheel)의 흔들림이 운전자의 손에 의해서 감지되고, 탑승자의 엉덩이나 발바닥 등을 통해서 시트(seat)나 바닥(floor)의 진동이 감지되곤 한다. 때로는 차량의 흔들림으로 인하여 도어나 계기판 내부의 부품들이 떠는 듯한 잡음도 들리게 된다.

일반적으로 30 Hz 이하의 진동수 영역에서는 탑승자가 민감하게 진동현상을 인지하게 되지만, 진동수가 점차 높아질수록 진동현상에 대한 인체의 반응은 둔감해지는 특성이 있다. 동력기관의 기계적인 흔들림을 비롯하여 엔진에서 바퀴까지의 구동력 전달과정에서 피할 수 없는 회전운동(특히 불평형 회전운동)과 불균일한 노면이나 도로환경으로부터 발생되는 타이어의 흔들림 등에 의해서 유발되는 다양한 진동현상은 차량의 주행이 계속되는 한 끊임없이 발생하고 있다.

3.2.3 하시니스

하시니스(harshness)는 자동차가 도로의 단차나 요철 등을 통과할 때 자동차의 실내공간에서 주로 발생하는 충격적인 진동과 소음현상을 의미한다. 자동차의 주행과정에서 고가도로나 교량의 이음부를 통과하는 경우와 고속도로 톨게이트 근처의 과속방지용 요철로 등을 통과할 때마다 스티어링 휠(핸들), 시트 및 차체 바닥에서 주로 경험하게 되는 짧은 시간의 과도진동(transient vibration)현상으로 주행속도와 차종 간에 큰 편차를 가지게 된다. 하시니스는 타이어와 현가장치(suspension system)의 특성과도 밀접한 관계를 가지고 있어서 타이어의 교환이나 공기압의 변화, 또는 충격흡수기(shock absorber)의 조절(tuning) 등을 통해서 자동차 전문가뿐만 아니라 일반 운전자들도 하시니스현상을 수시로 경험하곤 한다. 하시니스에 대한 세부사항은 제5장 제4절을 참고하기 바란다.

3.2.4 자동차 NVH의 중요성 및 문제점

이러한 자동차 NVH의 특성은 자동차 제작회사뿐만 아니라 일반 운전자나 탑승자에게 있어서도 매우 민감한 사항이 되고 있다. 자동차 NVH와 관련된 주요 특성이나 요구조건들을 살펴보면 다음과 같다.

(1) 자동차 사용자들의 정숙성과 안락한 승차감에 대한 욕구는 계속 증대되기 마련이다.

이는 자동차 사용자뿐만 아니라 잠재 구매자(차량대체 수요자)들의 소득증대와 더불어서 자동차문화가 성숙될수록 차량의 정숙성과 안락한 승차감에 대한 추구욕구는 더욱 증대되기 마련이다. 과거에는 전혀 문제되지 않았던 진동현상이나 실내소음의 수준이 현재에 이르러서는 대단한 불만사항을 야기할 정도로 자동차 사용자들의 요구수준은 급격히 높아지고 있다. 최근에는 소형 승용차의 구매자도 대형 고급 승용차와 동일한 수준의 정숙성과 안락한 승차감을 요구하는 경향까지 보이고 있는 추세이다.

(2) 자동차의 NVH 특성이 차량구입에 결정적인 요소로 작용한다.

일반 소비자들이 차량을 구매할 당시에는 그 차의 디자인(외관)이나 차량가격이 가장 큰 역할을 하게 될 것이다. 또 경제적으로 어려운 시기에는 연비(연료 소비율)가 중요한 판단기준이 될 것이다. 하지만 이러한 구매 초기의 판단기준이 자동차를 구입한 이후까지 사용자의 관심이나 만족도를 계속해서 유지시킨다고 보기는 힘들어진다. 이미 구매한 차량의 디자인이나 연비에 대한 관심도는 시간이 지날수록 급격히 줄어들기 때문이다. 그러나 인간의 청각이나 진동현상과 관련된 감각은 자동차를 사용하면 할수록 더욱 예민해지는 경향을 갖기 마련이다. 또 자동차의 정숙성이나 승차감과 연관된 NVH 특성은 사용자나 잠재 구매자들이 직접 운전을 하거나 또는 다른 차종의 탑승과정에서 감각적으로 직접 느끼고 비교할 수 있기 때문에 차량의 선택 및 구입과정에 지대한 영향을 끼치게 된다.

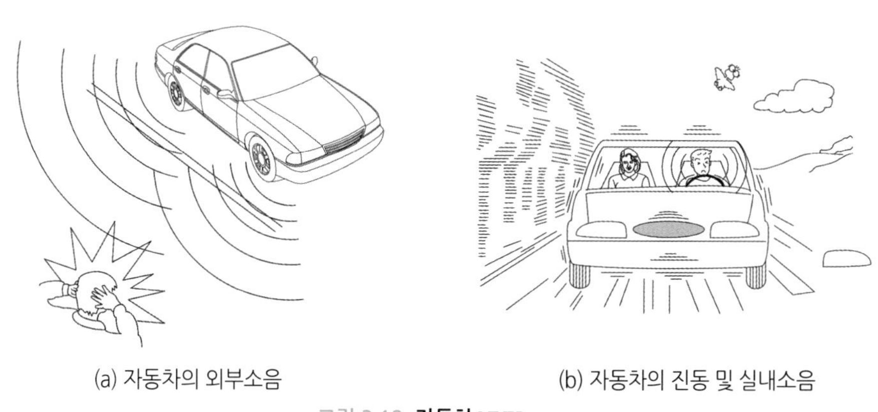

(a) 자동차의 외부소음 (b) 자동차의 진동 및 실내소음

그림 3.12 **자동차 NVH**

(3) 자동차의 실내소음과 진동현상은 운전자의 불안감을 증대시키고, 피로도와 직결된다.

일반 운전자와 탑승자들은 차량의 주행과정에서 발생되는 사소한 소음이나 진동현상에 대한 반응이 의외로 예민하고 때때로 큰 불만과 불안감을 유발시켜서 운전에 집중하지 못할 정도로 심리적인 악영향을 미치게 된다. 또 생활필수품으로서 자동차를 이용하는 시간이 길어지는 추세에 더하여 빈번한 레저활동의 증대로 인한 장거리 주행도 점점 늘어나면서 차량의 진동소음현상으로 인하여 운전자와 탑승자에게 누적되는 피로도는 각종 자동차의 NVH 특성에 따라서 대단한 차이점을 갖는다.

(4) 자동차의 NVH 특성은 자동차 제작회사의 종합적인 기술수준으로 평가될 수 있다.

여타 기계 및 전자제품들과 마찬가지로 자동차의 진동소음 저감기술은 자동차 제작회사의 종합적인 제품기술과 생산기술 수준의 최종적인 척도로 인정되기 마련이다. 이는 차량 구매자들에게 있어서도 제품의 신뢰감과 더불어 결정적인 선택요소로 작용하게 된다. 가전제품과 컴퓨터를 비롯하여 자동차에 있어서도 '소음을 잡아야 소비자를 잡는다.'라는 말이 정설로 자리잡은 지 오래이다. 따라서 신규 자동차의 개발과정에서 NVH의 효과적인 개선효과를 얻기 위해서는 설계 및 연구분야를 포함하여 전체 생산과정과 사후 AS(after service)까지를 망라한 전반적인 해결대책을 필요로 한다.

일반 사람들이 쉽게 생각하는 것과는 달리 자동차 제작회사의 관점에서 살펴본다면, 자동차의 NVH 특성을 개선시키기 위한 여러 가지 방안에도 다음과 같은 문제점을 갖게 된다.

(1) 자동차의 사용 환경 및 주행조건의 다양성

자동차는 포장 및 비포장도로를 가리지 않고 주행하게 되므로, 타이어와 현가장치 및 차체에는 도로조건에 따라서 다양한 외력(外力)이 끊임없이 작용한다. 또 자동차는 여러 가지 기상조건(눈, 비, 바람, 온도 등)에 항상 노출되어 있고, 다양한 운전조건(정지, 출발, 가감속, 정속주행 등)이 수시로 반복되기 마련이다. 따라서 한정된 공간에 고정되는 산업기계나 철로 위에서만 주행하는 궤도차량, 일정 속도로 순항하는 비행기나 선박 등과 비교할 때 자동차의 진동소음 발생현상과 특성은 상당한 차이점을 갖는다. 그만큼 자동차는 가혹한 사용 환경과 다양한 운전조건에 수시로 직면하기 때문에 구매자들이 요구하는 높은 수준의 NTH 특성을 항상 만족시키기에는 많은 어려움을 수반한다.

(2) 사용자의 다양성

일반 산업기계나 비행기, 선박과 같은 수송기계는 극히 제한적으로 숙련된 인원만이 조종할 수 있는 특성을 가진다. 그러나 자동차는 운전면허 소지자라면 누구든지 사용할 수 있으며, 기계부품들에 대한 기초적인 상식의 유무, 운전 숙련도, 성별 및 연령 등과 같이 매우 다양한 사용자가 분포한다. 따라서 천차만별인 사용자들을 모두 만족시킬 수 있는 자동차의 진동소음 특성을 구현한다는 것은 원천적으로 불가능할 수밖에 없다. 특히 유럽이나 북미인들과 비교할 때 일본을 비롯한 국내 자동차 구매자들은 진동소음현상에 매우 예민한 감각을 갖는 것으로 파악되고 있다.

(3) 배기가스의 감소 및 차량의 경량화 추세

환경적인 측면에서 유해한 배기가스의 감소를 위한 여러 가지 추가장치(촉매장치, 입자상물질의 필터장치 등)의 장착 및 기존의 부품들을 알루미늄이나 플라스틱 재료들로 대체시키는 차량의 경량화 추세는 매우 중요한 시대적인 요구사항이다. 하지만 이러한 기술개발 경향을 자동차 NVH 측면에서 본다면 차체의 강성(stiffness) 약화, 특정부위의 고유 진동수 변화, 진동소음현상의 전달특성 증대 등과 같은 악화요인으로 작용할 수 있다.

(4) 엔진의 출력 향상, 레저생활의 증대로 인하여 고속 주행여건이 증대되고 있다.

엔진의 출력 향상을 위한 DOHC(double over head camshaft)의 채택, 터보장치(turbo charger)의 장착, 연비 향상을 위한 희박연소(lean burn)나 가솔린 직접분사(GDI, gasoline direct injection)와 같은 연소방법의 변화 등으로 인하여 동력기관의 소음이 증대될 수 있다. 더불어 생활수준의 향상과 레저생활의 증대로 인한 자동차의 장거리 고속 주행여건이 늘어나면서 엔진소음, 타이어 소음과 함께 바람소리 등의 문제가 크게 부각될 수 있다.

(5) 차량 안전장치(air bag, ABS, ESP 등)와 같은 추가 장비의 부착이 증대되고 있다.

과거 자동차와 비교할 때, 차량 안전장치의 추가 장착은 연비 향상을 위한 차체의 경량화 추세에는 역행한다고 볼 수 있다. 하지만 좀 더 적극적인 주행안전 강화 및 불의의 충돌사고를 대비한 승객보호 측면에서 불가피한 장비들이다. 이러한 추가적인 장비들로 인하여 자동차에서는 예상 밖의 새로운 진동이나 소음원이 발생할 수 있다.

(6) 선진 외국업체의국내 진출로 인한 무한경쟁의 시장논리가 이루어지고 있다.

매년 새로운 모델과 다양한 신기술을 접목시킨 선진 외국 차량의 적극적인 국내 진출로 인하여, 국내 자동차 업계에서도 신규모델의 차량개발 기간을 대폭 축소시킬 수밖에 없는 실정이다. 이는 자동차 회사의 새로운 차량 개발과정에서 자동차의 진동소음 특성을 사전에 세밀하게 파악하고 이를 개선시킬 수 있는 시간적인 여유가 거의 없다는 것을 의미한다. 따라서 설계 초기단계부터 자동차의 진동소음현상을 최소화시키는 해석 및 설계기술을 함께 고려하는 동시공학(concurrent engineering)적인 개발이 반드시 수행되어야만 한다.

이제 자동차의 진동소음현상 파악 및 이를 개선시켜서 미연에 문제를 방지할 수 있는 종합적인 기술력은 자동차 제작회사의 판매실적에만 영향을 주는 것이 아니라, 회사 자체의 생존에도 즉각적인 영향을 줄 수 있는 사항이라고 판단해도 결코 과언이 아닐 것이다. 더불어서 자동차 제작회사의 NVH 기술은 사용자의 감성적인 만족감을 향상시키는 방향으로 발전되어야만 국내외 자동차 시장의 치열한 경쟁에서 생존할 수 있다고 판단된다.

3-3 자동차 진동소음의 발생 및 전달경로

자동차의 진동소음현상은 진동이나 소음이 시작되는 진동원 및 소음원으로부터 차체 구조물이나 공기 등을 통해서 자동차의 실내외 공간으로 전달되며, 최종적으로 운전자와 탑승자가 느끼게 된다.

그림 3.13은 자동차 진동소음현상의 발생 및 전달개념을 나타내며, 구체적인 내용은 다음과 같다.

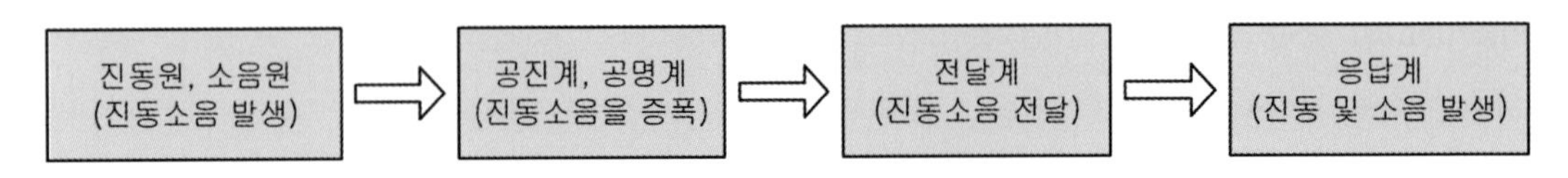

그림 3.13 **진동소음현상의 발생 및 전달개념**

① **진동원 및 소음원:** 자동차의 주행과정에서 발생하는 진동원과 소음원은 매우 다양하다. 몇 가지 예를 들자면, 엔진 내부의 가스 폭발력과 운동부품들의 관성력(inertia force), 흡기계(intake)와 배기계(exhaust)의 소음, 조향계와 타이어의 진동, 노면에 의한 현가장치의 흔들림, 고속주행 시의 풍절음과 흡출음, 기타 부대 장치들이 주요 진동원 및 소음원이라 할 수 있다.

② **공진계 및 공명계:** 진동원에서 발생된 진동현상은 엔진 회전수의 변화나 주행속도의 상승으로 인한 엔진이나 현가장치의 흔들림에 의한 가진(加振) 진동수들이 자동차 주요부품들의 고유 진동수에 접근하거나 일치하게 될 때에는 공진현상이 발생하여 대단히 큰 진폭의 진동특성을 나타내게 된다. 공진계는 진동원에서 발생된 에너지를 증폭시키는 일종의 앰프 역할을 하며, 차량 실내로 전달되면서 큰 진동과 소음현상을 유발시킨다. 소음원에 대해서도 주요 부품들이나 공동(空洞, cavity)에서 소음이 크게 확대되는 공명계 역할을 하여 차량 실내외로 방사될 수 있다.

③ **전달계:** 진동원이나 소음원에서 발생되거나 증폭된 에너지를 차체로 전달시켜주는 통로 역할을 하는 부분이다. 주요 부품들의 지지장치나 차체와 부품들 간의 연결장치 등이 전달경로가 된다. 공기를 통해서 소음이 전달되는 경우도 있다.

④ **응답계:** 여러 부품들에서 발생되어 증대된 진동소음현상은 다양한 경로를 통해서 결국은 차체로 전달된다. 차체의 응답특성에 따라 실내공간에서 발생하는 진동 및 소음현상으로 운전자와 탑승객에게 최종적으로 감지된다. 차체의 동특성과 실내음향 특성에 의

해서 진동소음의 발생양상이 크게 변화될 수 있다.

따라서 위에서 설명한 ① → ② → ③ → ④ 과정을 거치면서 발생된 자동차의 진동소음현상이 과도할 경우, 최종적으로 탑승자가 인지하게 되면서 불안감이 생기거나 불만이 누적될 수 있다. 일반적으로 공진 · 공명계와 전달계를 통합시켜서 진동소음원 → 전달계 → 응답계로 구분하기도 한다. 그림 3.14는 자동차의 차체진동과 실내소음의 발생원인들을 개략적으로 나타낸 것이다. 여기서 언급된, 구조전달 및 공기전달소음에 대해서는 제3장 제6절에서 설명한다.

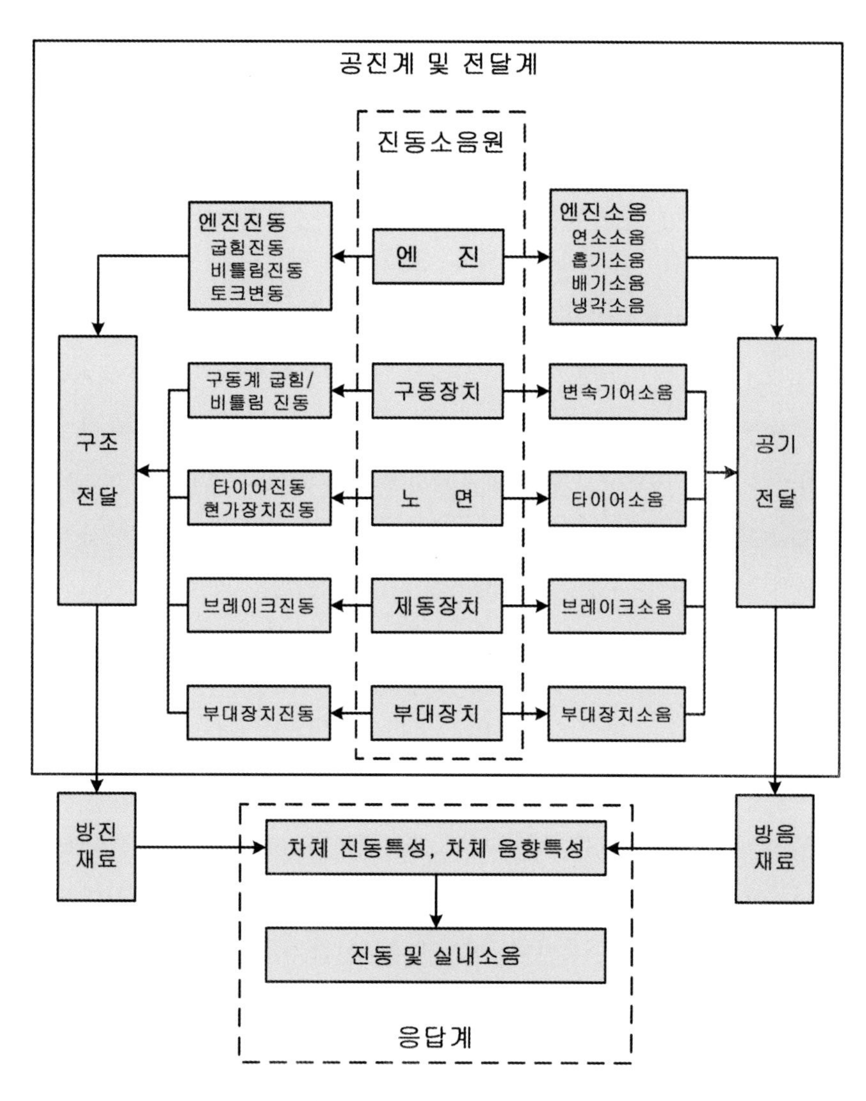

그림 3.14 **차체진동 및 실내소음 발생원인의 개략도**

3-4 엔진 회전수와 진동수의 관계

자동차 엔진의 정상적인 운전조건을 살펴보면, 신호대기와 같은 정차 시의 공회전(idle)부터 시작하여 주행과정에서 운전자의 가속페달(액셀러레이터) 조작에 따라서 엔진의 회전수가 빈번하게 변화되는 특성을 갖는다.

이는 일정한 회전수로 작동되는 일반적인 기계와 차별되는 수송기계만이 가지는 독특한 운전방식이라 할 수 있다. 따라서 자동차의 진동소음현상을 이해하기 위해서는 우선적으로 빈번한 회전수 변화에 따른 엔진의 가진(加振, exciting) 진동수 특성을 파악할 수 있어야 한다. 그 이유는 엔진의 가동에 의한 흔들림은 차체로 쉽게 전달되면서 다양한 진동소음현상을 발생시킬 수 있기 때문이다.

먼저 정상적으로 가동 중인 엔진의 회전 중에서 단 2회전만을 고려해 본다. 4사이클 방식의 내연기관인 경우에는 엔진의 크랭크샤프트(crankshaft)가 2회전하는 동안 각각의 실린더에서는 모두 한 번씩의 폭발과정이 있었음을 알 수 있다.

즉 각각의 실린더마다 폭발순서는 서로 조금씩 다르지만(크랭크샤프트 회전각도를 기준으로 4기통 엔진은 180°, 6기통 엔진은 120° 차이를 갖는다), 정상 가동 중인 엔진에서는 크랭크샤프트가 2회전할 때마다 엔진이 가지고 있는 전체 실린더에서 모두 폭발이 한 번씩 이루어지고 있다는 점이다. 엔진 내부에서 연료의 폭발이 발생할 때마다 크랭크샤프트의 회전토크 증대(변화)와 함께 엔진 자체에서도 강한 흔들림(진동) 현상이 발생하게 되면서 차체로 전달되어 영향을 끼칠 수 있다. 엔진의 회전수(폭발횟수)와 관련된 가진(加振) 진동수는 식 (3.1)과 같이 계산된다.

$$\text{엔진 진동수(Hz)} = \text{엔진 회전수(rpm)} \times \frac{1\text{분}}{60\text{초}} \times \frac{2}{\text{사이클 수}} \times \text{실린더 수} \qquad (3.1)$$

여기서 사이클 수는 엔진의 연소방식에 따라 2사이클(2 stroke)과 4사이클(4 stroke)방식으로 나누어지며 2사이클인 경우에는 2값을, 4사이클인 경우에는 4값을 적용시킨다. 자동차용 엔진은 거의 대부분 흡입 → 압축 → 폭발 → 배기로 이루어진 4사이클 연소방식을 가진다.

예를 들어, 엔진의 공회전 회전수가 750 rpm부터 최대 회전수가 6,000 rpm인 경우의 4사이클 엔진에 있어서 4기통 엔진과 6기통 엔진에서 특정한 회전수에 따른 엔진의 가진 진동수를 식 (3.1)에 의해 구해보면 다음과 같다.

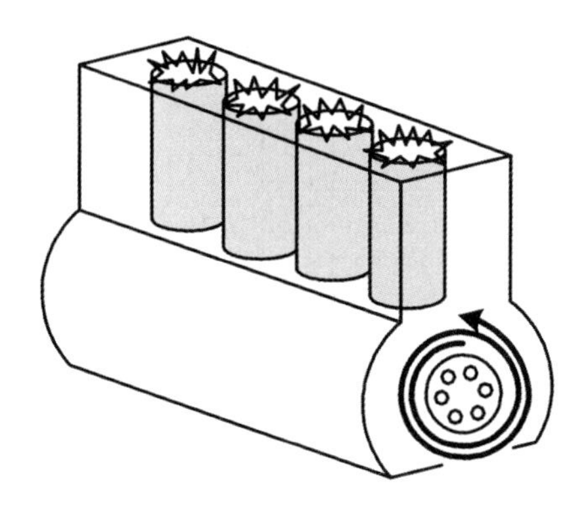

4사이클 기관에서는 크랭크샤프트 2회전 동안
모든 실린더에서 한 번씩의 폭발이 이루어진다.

그림 3.15 **엔진의 폭발과 크랭크샤프트 회전수의 관계**

<4기통 엔진>

$$750\ \text{rpm인 경우}:\ 750 \times \frac{1}{60} \times \frac{2}{4} \times 4 = 25\,\text{Hz}$$

$$3{,}000\ \text{rpm인 경우}:\ 3{,}000 \times \frac{1}{60} \times \frac{2}{4} \times 4 = 100\,\text{Hz}$$

$$6{,}000\ \text{rpm인 경우}:\ 6{,}000 \times \frac{1}{60} \times \frac{2}{4} \times 4 = 200\,\text{Hz}$$

<6기통 엔진>

$$750\ \text{rpm인 경우}:\ 750 \times \frac{1}{60} \times \frac{2}{4} \times 6 = 37.5\,\text{Hz}$$

$$3{,}000\ \text{rpm인 경우}:\ 3{,}000 \times \frac{1}{60} \times \frac{2}{4} \times 6 = 150\,\text{Hz}$$

$$6{,}000\ \text{rpm인 경우}:\ 6{,}000 \times \frac{1}{60} \times \frac{2}{4} \times 6 = 300\,\text{Hz}$$

동일한 엔진 회전수라 하더라도 엔진 내부의 실린더 수가 서로 다를 경우에는, 엔진의 실린더 내부의 폭발횟수 차이로 인한 엔진의 흔들림이 다르게 되어 차체로 전달되는 진동특성에도 많은 변화를 가져온다. 엔진 내부의 실린더 수가 증가할수록 엔진의 흔들림이 차체로 전달되는 가진 진동수 역시 높아지는 특성을 나타낸다. 이러한 실린더 수에 따른 엔진의 가진 진동수 차이는 차체의 고유한 진동특성과 함께 인간이 느끼는 진동 및 소음현상의 반응 정도에 있어서도 큰 영향을 끼치게 된다. 그림 3.16은 국내 시판차량들에 적용된 다양한 실린더(3기통부터 8기통까지)를 가지는 엔진의 회전수별 가진 진동수를 간략하게 비교한 것이다.

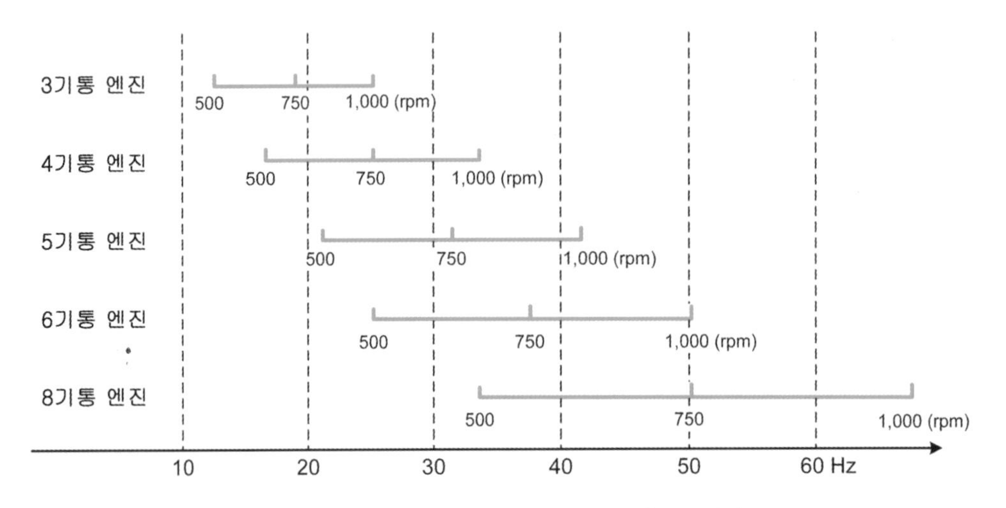

그림 3.16 **실린더 수에 따른 엔진의 가진 진동수 분포특성**

그림 3.16을 살펴보면 엔진 내부의 실린더 수가 많아질수록, 주요 가진 진동수의 분포가 높아지면서 동시에 진동수의 범위도 대폭 넓어지고 있는 것을 알 수 있다. 이는 승용 자동차 차체(body)의 대표적인 고유 진동형태(굽힘 및 비틀림 진동현상을 의미한다)들은 대략 20~30 Hz 영역에 위치해 있기 때문에, 엔진의 실린더 수가 증대될수록 엔진 내부의 폭발현상으로 인해 발생되는 가진(흔들림) 진동수가 높아지므로, 차체의 진동 악화현상이나 공진위험을 회피할 수 있는 기회가 그만큼 많아진다고 볼 수 있다. 그림 3.17은 국내에서 시판된 4기통과 5기통 엔진의 피스톤 장착사례를 보여준다.

그림 3.17 **4기통 및 5기통(우측) 엔진의 피스톤 장착사례**

고급 대형 자동차일수록 많은 수의 실린더를 가진 엔진이 채택되는 이유는 뛰어난 출력에 따른 우수한 가속성능뿐만 아니라, 이러한 엔진 회전과 관련된 가진 진동수와 차체 간의 진동특성 문제도 함께 고려되었기 때문이다. 더불어서 실린더 수가 많은 대형 엔진에서는 최근 연비 개선을 위해 공회전 수(idle rpm)를 낮추는 추세이다. 공회전을 100 rpm 낮추게 되면, 대략 1% 내외의 연비개선 효과를 얻는 것으로 알려져 있다. 다행히 실린더 수가 많은 엔진의 가진 진동수는 차체의 고유 진동수와 멀리 이격되어 있어서 차체진동과 공회전 소음에 큰 영향을 주지 않는 이점이 있다. 최근 국내 고급차량의 공회전은 600~650 rpm 내외의 회전수를 갖는다.

또 4기통 엔진에서는 엔진 회전의 2차(2nd order) 성분이, 6기통 엔진에서는 엔진 회전의 3차(3rd order) 성분이 주요 가진원이 된다. 여기서 2차 성분, 3차 성분과 같은 차수(order)는 엔진의 크랭크샤프트 회전수[이를 ω(omega) 기호로 나타낸다]를 기준으로, 2배(2ω) 또는 3배(3ω)의 회전속도로 진동 가진력을 발생시킨다는 것을 의미한다. 즉 차수는 엔진 내부의 크랭크샤프트와 같은 회전체가 한 회전할 때마다 자동차의 진동소음현상과 관련된 신호가 반복되는 횟수를 의미한다. 일반적으로 자동차 회사의 NVH 엔지니어들은 이를 성분(component) 개념으로 2차 성분을 C2, 3차 성분을 C3 등으로 칭하기도 한다. 즉 4기통 엔진인 경우에는 크랭크샤프트 1회전당 폭발력(토크 발생)이 2번씩 존재하고, 6기통 엔진에서는 크랭크샤프트 1회전당 3번의 폭발력이 존재하므로, 가진원의 진동수 성분을 엔진 회전수의 2배 또는 3배의 형태로 표현하기 마련이다.

이를 엔진에서 유발되는 가진 진동수(f)와 차수(order) 간의 관계로 표현하면 식 (3.2)와 같다.

$$\text{차수(order)} = \text{가진 진동수}(f)/N(\text{CPS}) \tag{3.2}$$

여기서, N은 기준이 되는 회전체(엔진에서는 크랭크샤프트)의 초당 회전수(CPS, cycle per second)를 나타낸다. 예를 들어 750 rpm의 공회전에서는 4기통 엔진의 2차 성분은 25 Hz, 4차 성분은 50 Hz의 진동수를 갖는다.

한편 직렬 6기통 엔진의 경우에는 엔진의 내부 운동부품들의 작동과정에서 유발되는 수직 방향의 힘(관성력)과 관성 모멘트들이 모두 상쇄되므로, 4기통 엔진보다 차체를 훨씬 덜 가진시키기 때문에 더욱 부드럽고 조용한 결과를 낳는다. 이에 비해서 3기통 엔진에서는 수직 방향 힘(관성력)의 불균형은 없으나, 1차 및 2차의 불평형 모멘트를 갖고 있어서 진동소음 측면에서 불리하다고 볼 수 있다. 4기통 엔진에서는 1차 작용력과 관성 모멘트들은 서로 상쇄되지만, 2차 관성력이 크게 발생하는 단점이 있다. 여기서 언급되는 1차 및 2차 역시 각각 크랭크샤프트 회전수의 1배, 2배를 나타낸다. 엔진 내부의 주요 운동부품에서 발생하는 관성력과 관성 모멘트에 대한 세부사항은 제7장 제3절을 참고하기 바란다.

3-5 자동차 진동의 종류

자동차에서 발생하는 진동현상은 크게 정지진동과 주행진동으로 구분할 수 있다.

1) 정지진동은 공회전(idle) 진동이라 불리며, 차량의 상품성과 판매실적에 직접적인 영향을 끼친다고 할 수 있다. 자동차의 주행과정에서는 운전자를 비롯한 일반 탑승자들이 엔진의 불완전한 연소과정이나 과도한 연료소비 및 배출가스 등과 같은 이상 현상들을 즉각적으로 파악하기란 거의 불가능하다고 볼 수 있다. 하지만 신호대기 중인 경우처럼 차량정지 시에 차체의 과도한 진동현상이 발생한다면 누구라도 불량 여부를 즉각적으로 판단할 수 있기 때문에 많은 불만사항을 일으킬 수 있다.

이때는 차량이 정지한 상태이므로 바퀴(타이어)의 회전이 없기 때문에 도로로부터의 외부 가진력(加振力)이 없으며, 오로지 엔진의 공회전(idling)에 의해서 발생된 진동 가진력이 차체특성을 통해서 스티어링 휠(핸들)이나 시트(seat) 등으로 전달되어 탑승자가 인식하게 된다. 최근의 국내 판매차량은 자동변속기의 장착이 주를 이루고 있으므로, 변속기 레버의 D 위치에서 브레이크를 밟고서 신호 대기하는 경우에 발생하는 차체 진동현상이 매우 중요해지고 있다. 특히 여름철에 에어컨 작동이 동반될 경우에는 더욱 악화될 수 있는 공회전 진동은 차량의 상품성과 직결된다고 할 수 있다.

그림 3.18 **정지진동(공회전 진동)의 형태**

2) 주행진동은 정지 상태가 아닌 차량의 주행과정에서 발생되는 제반 진동현상을 뜻하며, 엔진의 가진력뿐만 아니라 도로 노면으로부터 차체로 전달되는 힘(가진력)에 의해 차체에서 발생되는 여러 종류의 진동현상을 의미한다. 주행진동의 종류로는 셰이크(shake) 진동, 시미(shimmy)진동, 브레이크 진동(brake judder), 하시니스(harshness) 현상 등과 같이 다양한 형태의 진동현상을 유발한다. 표 3.1은 자동차의 주요 진동현상과 이때의 진동수 특성을 보여준다. 여기서 셰이크 및 시미진동 등과 같은 세부적인 진동현상은 제 4장을 참고하기 바란다.

표 3.1 **자동차의 주요 진동현상과 진동수 특성**

진동수(Hz)	진동현상	진동수(Hz)	진동현상
0.5~3	조종성(handling) 악화	20~40	실차 골격(굽힘, 비틀림)진동
4~10	차량의 전후 방향 진동	25~40	스티어링 휠(핸들)의 진동
10~16	시미(shimmy)진동	20~200	부밍소음(booming noise)
10~15	엔진진동(engine shake)	130~250	동력기관의 굽힘진동
10~15	바퀴의 흔들림(wheel hop)	100~600	흡기소음(intake noise)

3-6 자동차 소음의 종류

자동차에서 발생되는 소음현상은 크게 운전자와 탑승자가 직접 차량 내부에서 듣게 되는 실내소음(interior noise)과 법규(소음진동관리법 시행규칙)항목으로 규정되어 있는 외부소음(exterior noise, pass-by noise)으로 구분할 수 있다.

3.6.1 실내소음

엔진의 시동을 건 이후, 다양한 주행과정 중에 차량 실내에서 발생하는 소음은 운전자와 탑승객에게 적지 않은 불편함과 함께, 경우에 따라서는 상당한 불안감을 조성하기도 한다. 탑승객에게는 그저 성가신 소음으로 느껴지겠지만, 소음의 발생 및 전달경로에 따라서 실내소음은 구조전달소음(structure borne noise)과 공기전달소음(air borne noise)으로 구분될 수 있다.

그림 3.19는 일반적인 소음현상에서 구조전달소음과 공기전달소음의 차이점을 보여주며, 그림 3.20은 자동차에서 발생되는 소음을 구조전달소음과 공기전달소음으로 구분하여 보여준다.

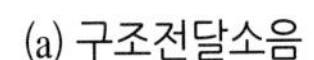

(a) 구조전달소음

(b) 공기전달소음

그림 3.19 **소음전달의 구분**

(a) 구조전달소음

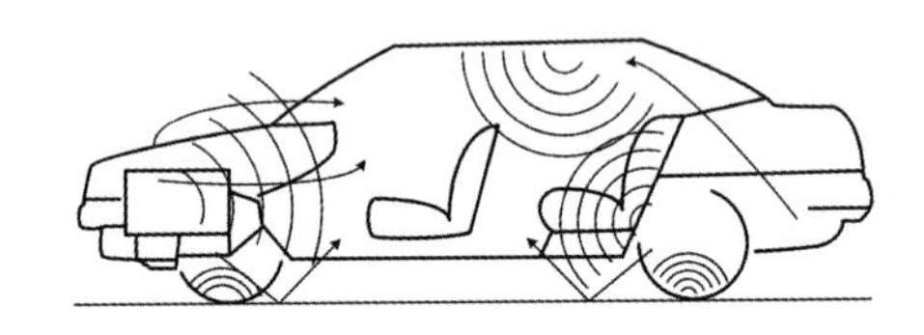

(b) 공기전달소음

그림 3.20 **자동차 소음전달의 구분**

구조전달소음은 고체전달소음 또는 구조기인소음으로도 불리며, 엔진의 흔들림이나 도로 요철에 의한 충격력 등이 차량을 구성하고 있는 주요 부품이나 차체를 비롯한 각종 구조물 등을 통해서 탑승객이 있는 실내 공간까지 전달된 진동현상으로 인하여 차량 내부에서 소음이 발생되는 현상이다. 공기전달소음에 비해서 전달되는 에너지가 크며, 기존 양산 및 출고 차량에 있어서도 차체의 설계변경을 통한 소음개선의 여지도 매우 적은 특성을 갖는다.

엔진을 예로 들면, 연소(폭발)과정에서 발생된 흔들림(진동에너지)이 엔진 마운트(engine mount), 동력전달장치, 현가장치 및 차체구조물 등을 통해서 실내 내부공간으로 전달된다. 그리하여 실내공간을 구성하고 있는 각종 패널(panel)을 진동시키거나 음향 방사특성에 따라서 소음의 형태로 탑승자에게 들리게 된다.

대표적인 구조전달소음으로는 배기계, 구동계, 차체 등의 진동현상으로 인한 부밍소음(booming noise), 도로소음(road noise), 하시니스(harshness) 등이 있다. 일반적으로 운전자와 탑승객에게 불쾌감을 주는 낮은 주파수의 소음 중에서 대략 80% 이상이 구조전달소음이라 할 수 있으며, 구조전달소음의 개선을 위해서 차량 개발단계부터 자동차회사의 설계 · 연구부서에서 많은 개선과 부단한 노력이 행해지고 있는 실정이다.

공기전달소음은 공기기인소음으로도 불리며, 엔진이나 타이어 및 외부 기류 등에서 발생된 소음이 공기를 매개체로 하여 차량 내부로 전달되어 운전자와 탑승자의 귀에 감지되는 소음을 뜻한다. 구조전달소음에 비해서 전달되는 에너지가 비교적 적은 편이며, 기존 차량에 있어서도 간단한 설계변경이나 방음처리 등으로도 차량의 실내소음을 쉽게 개선시킬 수 있는 특성을 갖는다.

엔진의 실린더 블록, 오일 팬, 배기 파이프 등의 표면에서 방사된 소음을 비롯하여 타이어와 노면 간의 접촉과정에서 발생된 소음이 차체 바닥면이나 대시 패널(dash panel)의 틈새를 통해서 차량 실내로 유입된 소음을 뜻한다. 대표적인 공기전달소음으로는 엔진 투과음, 흡기 및 배기소음에 의한 부밍소음, 바람소리(wind noise), 기어소음(gear noise), 타이어 소음 및 브레이크 소음(brake squeal noise), 기타 잡음 등이 있다.

운전자와 탑승객이 느끼게 되는 자동차의 실내소음은 이러한 구조전달소음과 공기전달소음이 모두 혼합된 소음을 뜻한다. 차량 탑승객에게는 그저 단순하게 유발된 성가신 소음으로만 취급될 수도 있겠지만, 소음 개선을 위한 NVH 엔지니어 입장에서는 문제되는 소음이 어떠한 전달경로로 발생되었는가에 따라서 소음방지대책과 개선방안의 출발점이 달라지게 된다. 그림 3.21은 자동차의 실내소음을 유발시키는 여러 가지의 소음원들을 나타낸다.

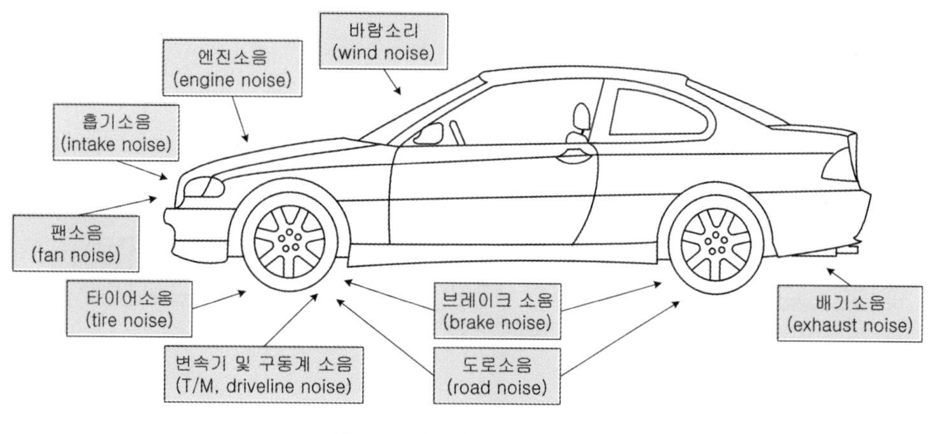

그림 3.21 **자동차의 주요 실내소음원**

3.6.2 외부소음

자동차에서 발생되는 여러 소음 중에서 차량 외부로 방사되는 소음은 환경공해 측면에서 각 국가마다 법규로 엄격한 제한을 하고 있다. 현재까지는 차량의 외부소음만을 규제하고 있지만, 생활수준의 향상과 함께 환경보전이라는 측면에서 규제수준이 더욱 강화되고 있는 추세이다. 국내의 내수시장뿐만 아니라 수출대상국의 외부소음규제를 만족시키지 못할 경우에는 자동차의 판매조차 허용되지 않기 때문에, 자동차 제작회사의 입장에서는 실내소음의 저감에 주력하는 만큼 외부소음의 법규만족도 매우 중요한 사항이 되고 있다. 법규로 규정된 외부소음은 가속주행소음과 배기소음 및 경적소음으로 구분된다.

가속주행소음(pass-by noise)은 자동차가 도로를 주행할 때 주로 사용하는 변속장치의 기어단수에서 속도를 급격하게 증가시키는 가속과정에서 차량 외부로 방사되는 소음을 뜻한다. 이는 도로변에 위치한 주택의 정숙성에 많은 영향을 줄 수 있는 자동차의 주요 소음이라 할 수 있다. 가속주행소음의 측정방법은 그림 3.22와 같은 조건에서 각각의 차종에 따라서 규정된 속도로 진입하여 탈출지점까지 급가속(wide open throttle, 가속페달을 끝까지 밟은 상태)하면서 주행하는 동안에 차량 외부로 방사된 소음을 측정한다. 시험노면 역시 ISO(international organization for standardization) 규정에 따른 규격도로로 엄격하게 관리한다. 자동차의 진입속도는 지정된 변속기어에서 엔진 최대 회전수에 해당되는 이론속도의 3/4에 해당되는 속도(수식계산에 의한 속도) 또는 시속 50 km 중에서 낮은 속도로 결정된다. 가속주행소음의 주요 원인들로는 동력기관(엔진 및 변속장치)의 방사소음, 배기소음 및 흡기소음 등이 지배적이라 할 수 있으며, 그 외 타이어, 현가장치 등에 의한 기타 소음들도 영향을 끼친다고 볼 수 있다. 현재 국내 승용차량의 가속주행소음은 74 dB(A)를 기준으로 하고 있으나, 향후 72 dB(A)로 강화될 예정이다.

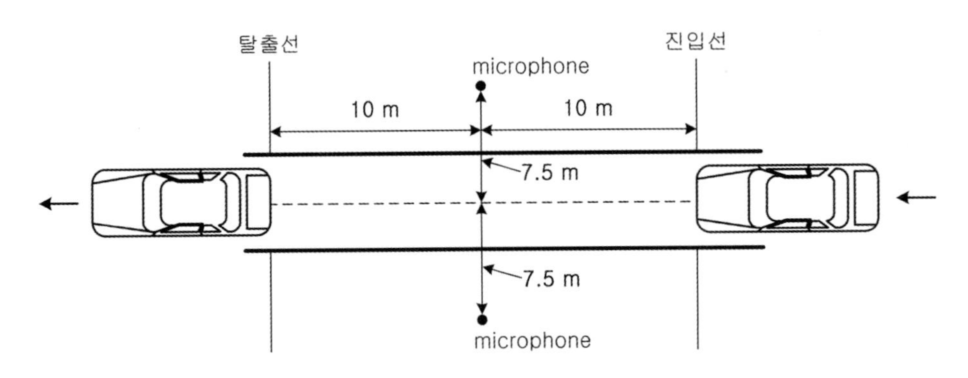

그림 3.22 **가속주행소음의 측정조건**

배기소음은 차량을 정차시킨 후, 변속기어의 중립상태에서 가속페달을 조작하여 엔진 최대 회전수의 3/4에 해당하는 회전수로 10초 이상 공회전시킬 때 배기구에서 발생되는 소음을 의미한다. 그림 3.23은 배기소음의 측정사례를 보여준다. 또 경적소음은 엔진을 정지시킨 상태에서 자동차의 경적을 5초 동안 작동시켜서 자동차 전면부위에서 측정된 최대소음을 뜻하며, dB(C)의 소음레벨을 사용한다. 이러한 자동차 외부소음에 대한 소음허용기준은 표 3.2와 같다. 소음허용기준은 법 개정으로 변경될 수 있으므로, 업무적용 시 반드시 확인해야 한다.

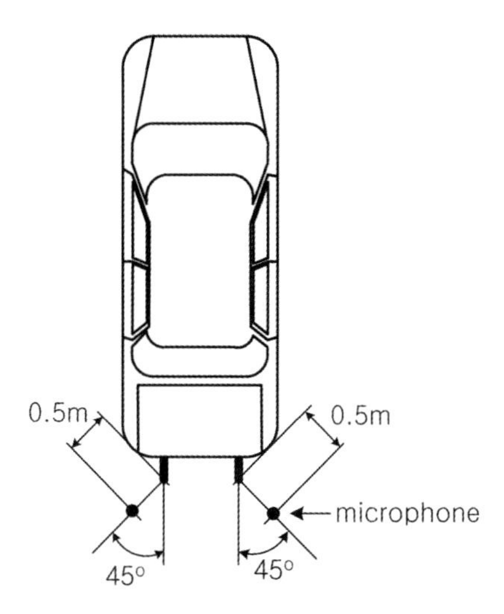

그림 3.23 **배기소음 측정방법**

표 3.2 **자동차 가속주행소음 및 배기소음 규제치**

차종		가속주행소음[dB(A)]		배기소음 [dB(A)]	경적소음 [dB(C)]
		직접분사 디젤 외	직접분사 디젤		
경자동차	사람 운송 전용	74	75	100	110
	상기 목적 외	76	77		
승용자동차	일반 승용자동차	74	75		
	9인승 자동차	76	77		
화물자동차	소형 화물자동차	76	77		
	출력 97.5마력 이하	77	77	103	112
	출력 97.5~195마력	78	78	103	
	출력 195마력 이상	80	80	105	

일반적으로 각종 자동차의 차체구조에 따라서 외부소음의 양상 및 소음전파특성이 달라지게 된다. 트럭과 같이 캡 타입(cab over engine)인 경우에는 엔진을 비롯한 구동장치와 타이어 등이 외부로 크게 노출된 셈이므로, 여기서 발생되는 여러 소음들을 차체에서 거의 차폐시키지 못한 상태로 차량 주변으로 방사되면서 매우 큰 외부소음을 유발하게 된다. 반면에 승용차, 버스 등과 같은 차체구조에서는 엔진과 구동장치 및 타이어 등이 차체 내부에 위치하게 되므로 트럭과 비교하여 상당히 큰 차폐 효과를 갖기 마련이다.

한편, 동일한 엔진 회전수라 하더라도 각 기어단수에 따라서 차량의 주행속도는 큰 차이가 나지만, 외부소음(가속주행소음)의 측정에서는 기어단수의 변화나 주행속도의 큰 차이에도 불구하고 전체적인 소음레벨에는 차이가 거의 나지 않는 경향을 갖는다. 이는 외부소음이 자동차의 주행속도보다는 엔진 회전수와 구동장치의 방사소음에 의해서 지배적인 영향을 받는다는 점을 시사한다고 볼 수 있다.

여기서 가속주행소음의 개선대책을 간단히 정리하면 다음과 같다.

1) 엔진소음의 대책 : 엔진소음을 저감시키는 방법으로는 엔진 자체의 재설계에 의한 압축비 감소, 연소실 내부의 형상 개선, 흡입공기의 유입특성(swirl, tumble 등) 개선, 점화시기 조정 등과 같이 엔진의 연소를 정밀하게 제어하고, 최대 출력이 나오는 엔진 회전수를 낮추는 방법 등을 강구할 수 있다. 하지만 이러한 엔진의 재설계는 신규 차종의 개발단계에서나 가능할 뿐 기존의 엔진을 그대로 사용(carry-over)하거나 조금씩 개선된 엔진을 적용하는 모델인 경우에는 획기적인 엔진소음의 개선이 거의 불가능하다고 볼 수 있다. 따라서 이미 개발된 기존 엔진에서는 소극적인 방법이기는 하지만 엔진 본체를 감싸서 동력기관의 소음이 차량 외부로 방사되지 않도록 막는 차폐(遮蔽)방안이 강구될 수 있다. 이러한 방안은 엔진의 측면이나 하부위치에 흡 · 차음재료를 부착한 방음 커버(cover)를 설치하여 엔진을 비롯한 동력기관의 소음이 차량 외부로 방사되지 않도록 차폐시키는 개념이다. 차폐방안은 엔진의 냉각성능 저하와 정비성 악화 등의 문제점이 있지만, 가속주행소음의 즉각적인 저감효과를 볼 수 있다는 장점이 있다. 트럭에 적용된 방음커버사례는 제6장의 그림 6.6을 참고하기 바란다.
2) 배기소음의 대책 : 배기소음은 엔진소음 다음으로 가속주행소음에 크게 기여하는 소음원이다. 엔진 내부의 개선방안에 비해서 배기계통만의 소음개선이 훨씬 더 저렴하고 효과적이라 할 수 있다. 따라서 배기계의 용량증대, 구조변경 및 보조 소음기의 추가 등과 같은 소음기의 개선을 통한 배기소음의 저감대책을 강구할 수 있다. 이러한 대책방안에서는 항상 배기계 내부에 작용하는 배압(back pressure)이나 온도 변화에 유의해야 한다. 특히 배기계통의 설계변경은 엔진 출력에 민감한 영향을 줄 수 있기 때문에 조심스럽게 접근해야 한다. 배압에 대한 세부내용은 제7장 제10절을 참고하기 바란다. 또한 플렉시블(flexible) 파이프나 벨로스(bellows) 등의 채택으로 인한 배기계의 진동저감으로 방사소음을 다소 감소시킬 수 있다.
3) 흡기소음의 대책 : 흡기소음은 가속주행소음의 시험조건이 급가속인 관계로 매우 크게 발생할 수 있다. 일반적으로 엔진소음, 배기소음 다음으로 흡기소음이 가속주행소음의 주요 요인으로 평가된다. 흡기소음의 감소를 위한 재설계(덕트의 구조 개선, 흡입구의 직경 변경) 및 공명기(resonator) 채택 등의 방안이 강구될 수 있다. 흡기소음과 배기소음에 대한 세부내용은 제7장 제9절과 제10절을 각각 참고하기 바란다.

4) 냉각소음의 대책 : 냉각팬(fan) 작동에 따른 소음현상을 감소시키는 대책으로 팬의 형상 개선, 유체 커플링 팬(viscous coupling fan)의 적용, 슈라우드(shroud) 개선 등의 대책을 강구할 수 있다. 냉각장치의 소음과 관련된 세부내용은 제7장 제8절을 참고하기 바란다.

5) 구동소음의 대책 : 가속주행소음에서 발생하는 구동계의 소음은 주로 기어의 맞물림에 의한 소음이 지배적이므로, 불평형 질량의 조정(balancing)을 비롯하여 흡음재료를 부착한 커버류 등을 구동계 외부에 적용시키는 방안을 강구할 수 있다.

6) 그 외 언더 커버(under cover) 등에 의한 차폐 및 저소음 타이어 등의 대책을 강구할 수 있다. 특히 자동차 제작회사의 입장에서는 엔진소음이나 흡 · 배기소음을 감소시키는 것보다는 저소음 타이어를 채택하는 것이 경제적으로 훨씬 효과적이므로, 타이어 제조업체에 저소음 대책을 강력하게 요구할 수도 있다. 하지만 타이어 자체만의 저소음 대책은

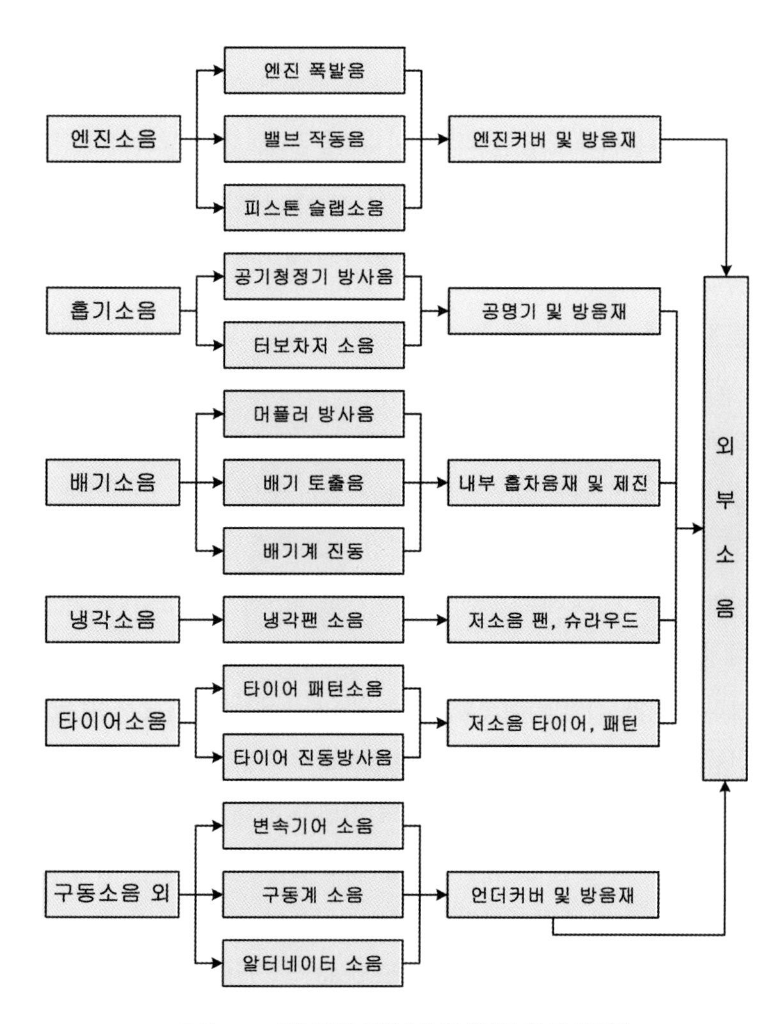

그림 3.24 **자동차의 외부소음 발생경로 및 개선대책**

타이어 제동성능의 약화를 유발할 수 있으므로, 전반적인 주행 안정성을 우선적으로 확보한 상태에서 타이어의 저소음 대책안이 강구되어야만 한다. 그림 3.24는 자동차의 외부소음 발생경로 및 대략적인 개선대책을 나타낸다.

3-7 자동차 진동소음의 개선대책

자동차의 진동소음현상에 대한 대략적인 개선대책만을 소개한다. 더 세부적인 내용은 제3편의 진동과 소음현상 및 제4편의 주요 부품별 진동소음을 참고하기 바란다.

3.7.1 진동소음현상의 경로별 개선대책

자동차에서 발생되는 진동과 소음현상뿐만 아니라, 우리들의 실생활이나 일반적인 생산현장 등에서 발생하는 제반 진동 및 소음문제의 해결을 위한 개선대책으로는 크게 1) 진동원/소음원 대책, 2) 전달경로 대책, 3) 응답계 대책의 세 가지 경우로 구분할 수 있다.

1) 진동원/소음원 대책 : 자동차에서는 엔진과 변속기를 포함한 동력기관(powertrain)이 가장 큰 진동 및 소음원이라 볼 수 있다. 따라서 정밀한 연소제어와 더불어서 엔진 실린더 블록(cylinder block)의 강성(stiffness) 보강, 밸런스 샤프트(balance shaft) 적용 등에 따른 엔진의 관성력(inertia force) 감소, 알루미늄 재질의 오일 팬(oil pan)이나 변속기 스테이(stay) 적용과 같은 동력기관의 결합강성 보강 등으로 동력기관에서 발생되는 진동원 및 소음원 자체의 진폭이나 문제되는 진동수 영역을 개선시키는 방법을 강구할 수 있다.
2) 전달경로 대책 : 공진계 및 전달계를 포함한 전달경로의 대책으로는 진동/소음원에서 발생된 에너지의 차체 전달을 최소화시키는 것이 중요하다. 따라서 엔진 마운트(engine mount)의 진동 절연율 증대, 현가장치 부시(bush)의 특성조절, 배기관 연결부위(hanger)의 진동절연 등을 통한 섀시(chassis)파트의 절연율 증대, 각종 보기류들을 고정시키는 연결 브래킷(bracket)의 강성 증대, 흡·차음재료의 적용 등과 같이 응답계(차체 내부)로 전달되는 에너지(진동 및 소음에너지)를 최소화시켜야 한다.
3) 응답계 대책 : 차체 구조물에 제진재나 비드(bead)의 적용 등을 통한 차체 패널(panel)의 강성보강이나 차량 실내에 흡·차음재료를 적용시켜서 수음자인 인간(운전자 및 탑승

자)이 느끼게 되는 소음과 진동현상의 저감대책을 마련해야 한다. 표 3.3은 자동차의 진동 및 소음현상의 대략적인 제어방법과 개선사례를 보여준다.

표 3.3 **자동차 진동소음현상의 제어방법과 개선사례**

제어단계		제어방법	개선사례
진동원/소음원		진동 강제력의 저감 소음발생을 억제	각 부품의 불평형(unbalance) 수정 각 부품의 흔들림 수정 타이어의 균일성(uniformity) 향상 엔진의 연소특성 개선
전달경로	공 진 계	부품과 연결부위의 공진방지	각 부품의 조임 각 부품의 헐거워지는 원인 제거 각 부품의 보강 동흡진기 및 질량댐퍼(mass damper)의 적용
	전 달 계	전달력의 저감, 진동절연	각 마운트의 개선 또는 변경 각 부시(bush)의 특성 개선
응 답 계		응답계의 진동소음 방지	바닥 패널의 보강 제진재 등의 적용 흡 · 차음재료의 적용

3.7.2 개선대책의 수립과정

자동차 진동소음현상의 개선대책을 수립하는 과정에서는 1) 현상확인 및 재현성 파악, 2) 문제 여부의 판정, 3) 진동소음현상의 특성 파악 및 규명, 4) 원인분석 및 개선대책안 수립, 5) 개선확인 및 대책안 적용 등의 순서로 진행시키는 것이 유리하다.

1) 현상확인 및 재현성 파악과정 : 자동차에서 문제되는 진동소음현상을 확인하는 첫 단계라 할 수 있다. 인간의 감성에 의한 느낌(전문가의 feeling 평가)과 함께 발생부위의 정확한 위치 확인과 원인파악이 필요하며, 반복적인 운전조건이나 도로환경 등에 따른 진동소음의 특성 변화나 재현성을 확인하는 과정이다.
2) 문제 여부의 판정과정 : 문제되는 진동소음현상이 자동차 본래의 피할 수 없는 근본적인 특성인가를 먼저 파악해야 한다. 이는 효과적인 대책안을 강구하기 위한 우선적인 점검항목이라 할 수 있다. 또 정비불량이나 특정 부품의 노후화에 따른 지엽적인 결과인지를 정확하게 판단해야만 효과적인 대책안의 수립이 가능해진다.

3) 진동소음현상의 특성 파악 및 규명과정 : 엔진의 회전수 변화시험, 다양한 운행조건에 따른 주행시험 등을 통해서 좀 더 세밀한 진동소음현상을 확인하고 차량의 주행조건(특정 주행속도나 엔진 회전수, 가속 또는 제동 등)에 따른 차량의 진동소음 발생현상을 파악하여 문제되는 발생조건과 특성을 규명하는 과정이다.

4) 원인분석 및 개선대책안의 수립과정 : 상기 과정을 거쳐서 문제되는 진동소음현상의 원인(진동원/소음원)을 색출하고, 이에 따른 전달경로과정에서의 공진 여부를 확인하며, 개선안을 도출하여 적용 효과를 예측하는 과정이다.

5) 개선확인 및 대책안의 적용과정 : 개선대책안의 적용 시 예상되는 목표의 만족 여부를 검증하고, 다른 설계요소나 기존 부품들의 기능에 미치는 파급효과 등을 확인하여 최적안을 적용시키는 과정이다.

그림 3.25는 지금까지 설명한 자동차 진동소음현상의 개선대책안 수립과정을 보여준다.

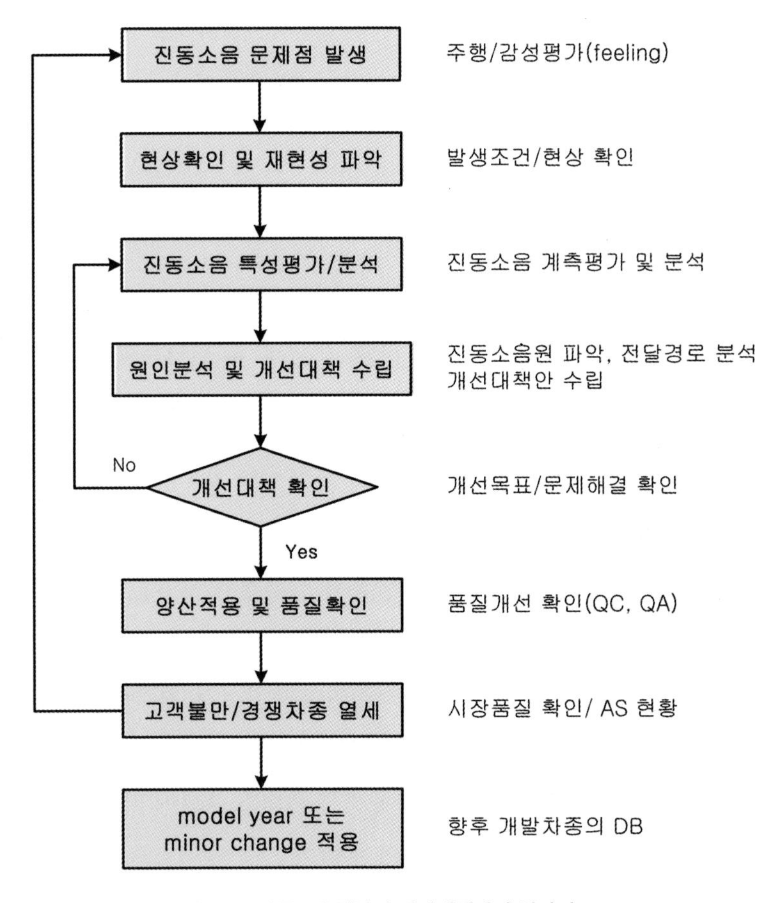

그림 3.25 **진동소음현상의 개선대책안 수립과정**

3-8 저소음도로

교통소음은 비행기를 비롯하여 철도 및 자동차 등에서 발생되는 제반소음을 뜻한다. 여기서는 자동차에서 발생되는 교통소음을 저감시키기 위한 저소음도로만을 간단히 설명한다. 자동차의 주행으로 발생되는 소음에는 자동차 자체에서 방사되는 소음(엔진소음이나 배기소음 등)뿐만 아니라, 타이어와 노면 간의 접촉에 의해서 발생되는 소음으로 구성된다. 특히 자동차의 주행속도가 높아질수록 타이어와 노면 간의 접촉에 의한 소음(타이어 소음)이 지배적인 경향을 갖는다. 타이어 소음에 대한 세부내용은 제5장 제6절을 참고하기 바란다. 그림 3.26은 자동차에 의한 교통소음의 분류를 보여준다.

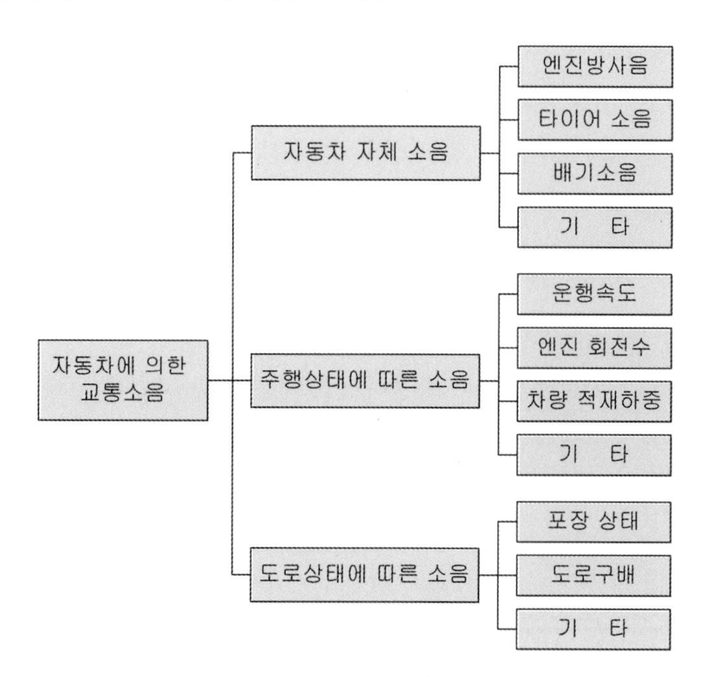

그림 3.26 **자동차의 교통소음 분류**

교통소음의 저감을 위해서는 자동차뿐만 아니라 주행도로 자체에서도 소음을 저감시킬 수 있는 방안을 강구할 수 있다. 이러한 소음대책이 적용된 도로를 저소음도로라고 하며, 배수 아스팔트(drainage asphalt), 배수 표면(drainage surface), 다공성 표면(porous surface), 침투성 표면(pervious surface) 등으로 다양하게 불린다. 결국 저소음도로란 기존의 고밀도 아스팔트 콘크리트(dense asphalt concrete) 도로와 비교할 때 최소 3 dB(A) 이상의 소음 감소효과를 갖는 도로를 총칭한다고 말할 수 있다.

3.8.1 저소음도로의 특성

저소음도로의 표면은 기존 도로에 비해서 다양한 공극(孔隙, porosity)이 존재하여 음향학적인 관점에서 소음의 감소 효과를 크게 얻을 수 있는 특징을 갖는다. 일반적인 아스팔트 콘크리트 도로의 표면은 공기 함유율(air void)이 3~5% 범위이지만, 저소음도로에서는 이를 대폭 증대시켜서 20% 내외(부피비교 시)의 공기 함유율을 갖는다. 따라서 자동차의 주행과정에서 발생하는 교통소음을 다음과 같은 원리에 의해서 저감시킬 수 있다.

1) 타이어와 노면 간의 접촉과정에서 발생할 수 있는 타이어의 트레드 패턴(tread pattern)에 의한 공기압축과 팽창과정을 현격하게 줄여준다. 즉 자동차의 주행과정에서 발생하는 타이어의 공기펌프(air pumping)현상을 감소시켜서 타이어와 노면 간의 접촉과정에서 발생되는 소음현상을 억제시킨다. 공기펌프현상을 비롯한 타이어 소음과 관련된 세부사항은 제5장 제6절을 참고하기 바란다.
2) 저소음도로 표면 내의 공극으로 인하여 도로의 내부 공간들이 교통소음에 대한 공명기(resonator) 역할을 하게 되어 양호한 흡음 효과를 얻을 수 있다.

그림 3.27은 저소음도로의 단면을 개략적으로 보여주며, 다양한 공극으로 인하여 교통소음을 저감시키게 된다. 저소음도로에 의한 소음저감 효과는 기존 아스팔트 콘크리트 도로에 비해서 약 3~5 dB(A)의 감소 효과를 본다고 알려져 있다. 이러한 저소음도로는 주택가나 학교주변과 같이 정숙성이 요구되는 지역에 적극적으로 활용할 수 있다. 한편 우천 시의 경우(1

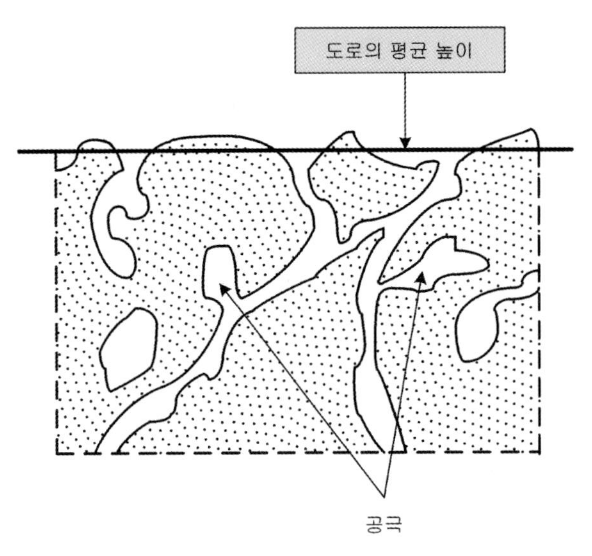

그림 3.27 **저소음도로의 단면도**

mm 이내의 수막)에도 도로의 빗물이 잘 빠져서 물보라뿐만 아니라 전조등에 의한 빛의 난반사가 적으면서도 소음감소 효과는 그대로 유지되는 것으로 파악되고 있다. 따라서 저소음도로는 자동차들이 비교적 고속으로 주행하는 터널이나 도심 내부를 관통하는 고가도로 및 도시외곽 순환도로 등에 적용시켜서 교통소음에 의한 민원 제기를 사전에 예방할 수 있다.

3.8.2 저소음도로의 문제점

공극을 갖는 저소음도로에 있어서 가장 큰 문제점은 대형 차량의 과도한 하중, 제설용 모래나 먼지 및 기타 여러 가지 이유 등으로 인하여 도로 표면의 공극이 막히는 막힘(clogging) 현상이라 할 수 있다. 따라서 공극을 가진 저소음도로의 소음감소 효과는 시간이 지남에 따라서 서서히 줄어들기 마련이다. 고속주행도로인 경우에는 차량의 빠른 주행속도나 강한 기류에 의해서 도로 자체의 자정능력이 어느 정도는 있겠지만, 저속 주행도로 및 대형 건설차량이 빈번하게 주행하는 도로에서는 공극의 막힘현상이 빠르게 진행되기 마련이다. 결국 저소음도로 내부의 공극이 막히게 되면 다공성 표면의 소음감소 효과는 없어지게 되어서 일반도로와 다름없게 된다. 일부 외국의 사례에서는 고압의 물을 분사하여 막힘현상을 개선시키고자 하는 시도가 있었으나, 한시적인 결과만 얻을 따름이었다.

일반적으로 저소음도로 표면의 소음감소 효과는 도로의 주행특성에 따라서 달라지게 되겠지만, 대략 1~3년 정도 지속되는 것으로 파악되고 있어서 소음감소 효과의 지속시간을 늘리기 위한 다양한 연구가 필요한 실정이다.

제 3 편

자동차 진동소음의 발생현상

자동차에서 발생되는 다양한 진동소음현상을 진동과 소음분야로 구분하여 기술한다.
여기서 주로 언급하는 차량은 승용차량이며, 일부 부품의 정비불량이나
차체의 결함으로 인하여 발생되는 현상이 아님을 밝혀 둔다.
지금부터 설명하는 자동차의 진동소음현상은 온전한 조립과정을 거쳐서 출고된
정상적인 자동차의 주행과정에서 발생할 수 있는 여러 현상을 뜻한다.
자동차 제작회사의 진동소음관련 엔지니어뿐만 아니라, 정비관련 종사자 및
일반 소비자들이 평상시 느낄 수 있는 진동소음현상들을 중심으로 언급하였다.

NOISE VIBRATION

진동 발생현상 4장

4-1 승차감

4.1.1 승차감의 정의

자동차의 승차감이라는 개념을 넓은 의미로 표현하면 "탑승객이 느낄 수 있는 진동과 소음, 시트에 앉은 느낌(착좌감), 실내공간의 넓이, 공조(냉/난방), 채광, 조명, 색채 등과 관련된 종합적인 쾌적함"이라고 말할 수 있다. 이 책에서는 승차감을 "주행 중에 탑승객이 느끼게 되는 진동현상과 관련된 안락함"으로 한정해서 정의한다.

즉 승차감은 차량의 주행과정에서 엔진이나 노면으로부터 전달되는 가진력(加振力)으로 인해 발생되는 차체진동의 만족 여부와 함께 탑승객이 느끼게 되는 안락함으로 정의되며, 구체적으로는 피칭(pitching, 앞뒤 방향의 종적 흔들림), 롤링(rolling, 좌우 방향의 횡적 흔들림), 바운싱(bouncing, 상하 방향의 흔들림)의 세 가지 요소를 승차감과 관련된 주요 진동현상으로 설정할 수 있다. 그림 4.1은 자동차의 승차감과 관련된 세 가지 주요 진동현상을 보여준다.

4.1.2 진동 발생현상 및 느낌

운전자와 탑승객은 자동차의 주행과정에서 차량 전체의 흔들림으로 승차감을 쉽게 감지할

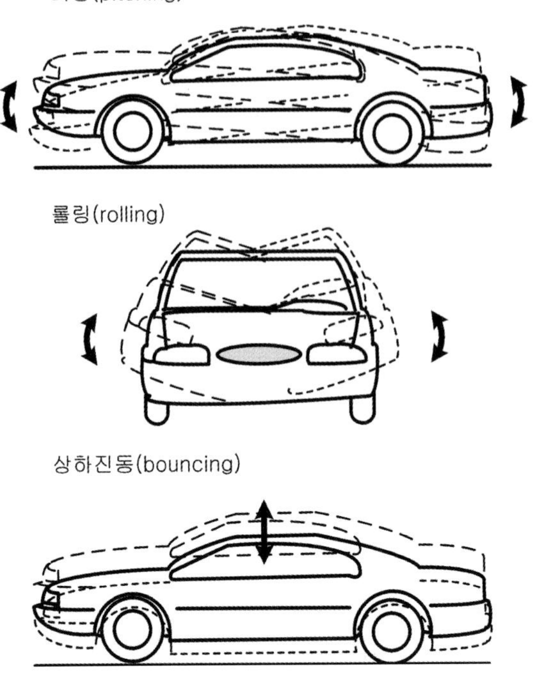

그림 4.1 **자동차 승차감의 주요 진동현상**

수 있다. 즉, 차량 전체가 마치 하나의 상자처럼 흔들리는 강체(剛體, rigid body) 진동현상을 느끼게 된다.

4.1.3 진동 발생과정

(1) 진동발생원

1) 타이어 및 노면의 요철: 도로의 요철이나 과속방지턱, 교량의 이음부분과 같이 파형이 거친 도로 등을 통과할 때에는 노면특성에 따른 타이어의 흔들림(충격력)이 전달되면서 차체가 주로 상하 방향으로 진동하게 된다.
2) 가감속 및 굴곡로 주행: 출발이나 정지와 같이 주행속도의 증가나 감속과정에서 앞뒤 방향으로 차체가 흔들리며, 커브길 주행 시에는 좌우방향으로 차체의 움직임(강체진동)이 발생한다.

(2) 전달계 · 공진계

1) 타이어: 주행과정에서 발생하는 노면으로부터의 충격력을 타이어 자체에서도 일부 흡수하지만, 대부분은 현가장치를 통해서 차체로 충격적인 진동현상이 전달된다. 타이어 내

부의 공기압력 변화에 따라서 승차감이 변동될 수 있다.

2) 현가장치: 스프링, 스태빌라이저(stabilizer), 충격흡수기(shock absorber) 등의 충격완화 및 감쇠부품들이 스프링 아래 질량(unsprung mass)의 진동현상을 상당부분 억제시키거나 흡수하지만, 충분히 감소되지 않은 진동이 차체로 전달된다.

3) 차체: 차량 보디(body), 엔진 등과 같은 스프링 위 질량(sprung mass)의 진폭이 커지면서 공진(resonance)현상을 일으킬 수 있다. 이때 현가장치의 충격흡수기 성능이 저하되면 불쾌한 진동현상이 오랫동안 지속될 수 있다.

(3) 진동부위

차량 전체가 마치 하나의 상자처럼 흔들린다. 이때 시트(seat) 내부의 스프링 특성에 따라 승차감의 느낌정도가 변화될 수 있으며, 승차인원의 증감이나 적재물의 적용 유무에 의해서도 승차감과 관련된 진동특성이 달라질 수 있다.

4.1.4 참고사항

(1) 스프링 위 질량과 스프링 아래 질량

자동차의 질량은 현가장치의 스프링에 의해서 차체부분(스프링 위 질량, sprung mass)과 차축, 타이어 등(스프링 아래 질량, unsprung mass)으로 분류된다. 그림 4.2는 현가장치의 스프링을 기준으로 구분된 자동차의 스프링 위 질량과 스프링 아래 질량을 나타낸다. 자동차가 노면의 요철을 타고 넘거나 과속방지턱과 같이 파형이 거친 도로를 주행하는 경우, 차량 전체가 현

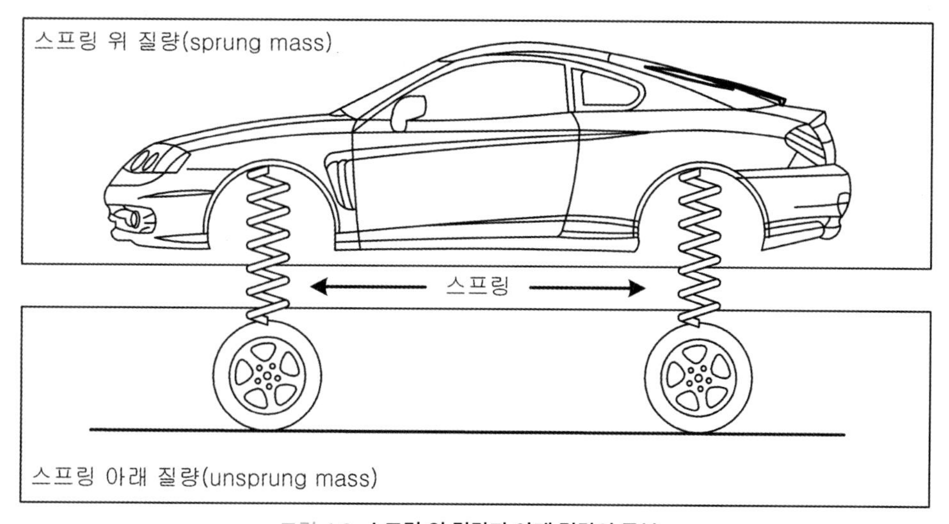

그림 4.2 **스프링 위 질량과 아래 질량의 구분**

가장치에 의해서 가라앉고 튀어오르는 현상을 반복하여 스프링 위 질량은 주로 상하 방향으로 흔들리는 강체운동(rigid body motion)을 시작한다.

물론 스프링 아래 질량도 노면조건에 따라서 흔들리는 진동현상을 갖는다. 하지만 운전자와 탑승객은 스프링 위 질량에 해당되기 때문에, 승차감 측면에서는 차체 부분의 진동특성이 더욱 중요하다고 볼 수 있다. 즉 스프링 아래 질량에 해당하는 타이어나 차축이 많이 흔들리더라도, 스프링 위 질량의 흔들림에 큰 영향을 주지 않는 것이 매우 중요하다. 이러한 개념은 전자제어 현가장치(ECS, electronic controlled suspension)의 주요 작동원리가 된다. 현가장치에 대한 세부내용은 제8장을 참고하기 바란다.

그림 4.3은 현가장치의 특성과 스프링 아래 질량이 동일한 상태에서 스프링 위 질량이 변화될 때 나타나는 승차감 특성을 보여준다. 제1장에서 설명한 바와 같이 질량과 스프링으로 구성된 진동계에서 질량(스프링 위 질량에 해당)이 커질수록 고유 진동수는 낮아지기 마련이다. 결국 스프링 위 질량이 커질수록 전반적인 승차감이 양호해지는데, 이는 "빈 수레가 요란하다." 라는 속담과 정확히 일치하게 된다. 자동차에 있어서도 수레와 마찬가지로 탑승인원이나 적재물의 변화(스프링 위 질량의 변화)로 말미암아 승차감(진동특성)이 바뀐다는 사실을 우리 조상들은 정확하게 간파하고 있었다고 판단된다.

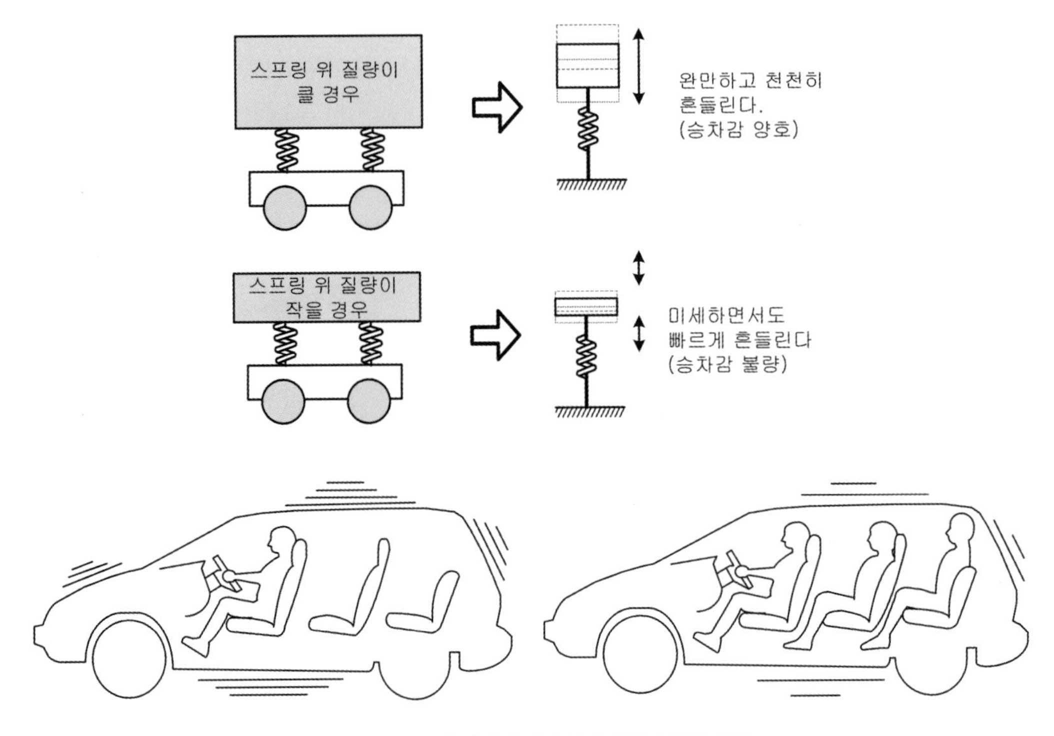

그림 4.3 **스프링 위 질량의 차이에 의한 승차감 변화**

(2) 바운싱

차체의 상하 방향 흔들림을 바운싱(bouncing)이라 하며, 차체의 상하 방향 고유 진동수와 차량주행 시 노면요철에 의해 흔들리는 타이어의 가진 진동수가 서로 비슷해질수록 크게 발생한다. 차체 바운싱의 진동수가 높아질수록 탑승자에게 불쾌감을 주게 되어 멀미를 유발시킬 수 있으므로, 자동차 설계과정에서 1.3~2.5 Hz 내외의 고유 진동수를 갖도록 차체의 질량과 현가장치의 스프링 특성(剛性, stiffness)을 설정하고 있다. 바운싱의 운동특성은 타이어의 종류와 공기압력, 스프링의 특성, 충격흡수기의 감쇠력, 승차인원 등에 영향을 받는다.

(3) 피칭

피칭(pitching)은 차체의 세로 방향 흔들림을 말하며, 마치 배가 파도를 넘는 것처럼 차체가 앞뒤로 오르내림을 반복하는 현상을 뜻한다. 그림 4.4와 같이 앞 타이어가 노면의 돌기부를 넘을 경우 차량의 뒤쪽은 앞쪽에 비해서 축거(wheel base, 앞바퀴 축과 뒷바퀴 축 사이의 거리)에 해당하는 길이만큼 지연되므로, 차량 앞부분이 올라가고 뒷부분이 내려가는 현상이 발생한다. 만약 차량 뒤쪽의 진동이 앞쪽보다 반(1/2) 주기 정도 지연되어서 진행된다면 전후진동이 반대로 되어 피칭현상이 최대로 된다. 피칭요인은 축거뿐만 아니라 타이어의 종류와 공기압력, 충격흡수기의 감쇠력 등에 영향을 받는다.

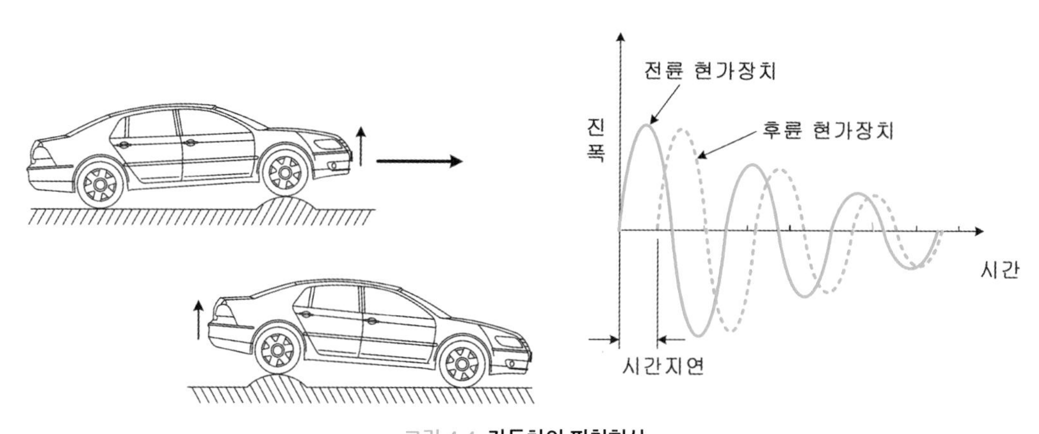

그림 4.4 **자동차의 피칭현상**

(4) 롤링

차체의 횡방향 흔들림으로 탑승객의 입장에서는 차체가 좌우 방향으로 흔들리는 현상을 느끼게 된다. 차량 주행과정에서 커브 길과 같은 굽은 도로를 반복적으로 주행할 때, 원심력의 작용으로 인하여 좌우 방향으로 몸이 쏠리는 것을 알 수 있다. 롤링(rolling)현상이 이와 아주

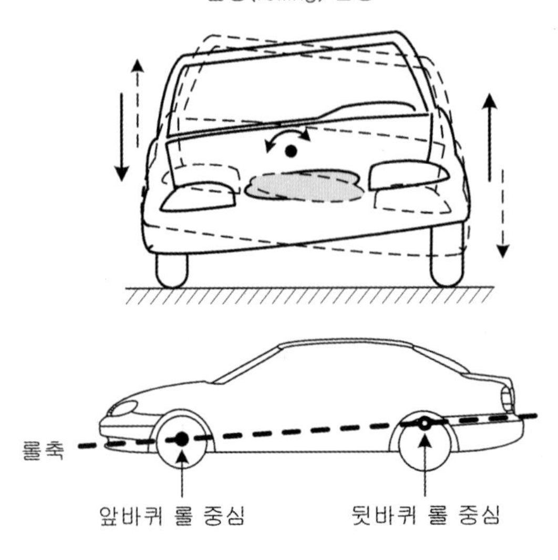

그림 4.5 **자동차의 롤링현상 및 롤 축**

유사하며, 노면특성뿐만 아니라 동력기관의 흔들림에 의해서도 유발될 수 있다. 이러한 좌우 방향의 흔들림은 차체 내의 한 점을 중심으로 회전한다고 볼 수 있는데, 이 점을 롤 중심(roll center)이라 한다. 그림 4.5에서 볼 수 있는 롤 중심의 위치는 현가장치의 종류와 주요 부품들의 특성에 의해 결정된다.

전륜과 후륜 각각의 롤 중심이 서로 다른 경우에는 전후륜의 롤 중심들을 연결한 직선(roll axis, 이를 롤 축이라 한다)을 중심으로 차체의 롤링이 발생하게 된다. 이러한 롤링은 차체의 승차감 및 조향특성에 지대한 영향을 준다. 롤링현상은 타이어의 종류와 공기압력, 충격흡수기의 감쇠력, 스프링의 특성, 차체 높이, 스태빌라이저의 특성 등에 의해서 좌우된다.

(5) 승차감과 진동수와의 관계

승차감과 관련된 차량의 주요 부품 및 진동수 영역을 정리하면 표 4.1과 같다. 여기서 승차감은 주로 현가장치의 스프링, 스프링 위/아래의 질량, 충격흡수기 및 타이어의 특성 등에 의

표 4.1 **승차감 관련부품 및 진동수 영역**

진동수	인체의 느낌	관련부품
1~2 Hz	침대에서 상하 방향으로 느끼는 듯한 푹신한 진동	sprung mass, 충격흡수기, 현가 스프링
2~4 Hz	작은 돌기 통과 시 순간적으로 느껴지는 상하 방향의 진동	sprung mass, 충격흡수기, 현가 스프링
4~8 Hz	시트를 거쳐서 복부에 전달되는 거친 진동의 느낌	sprung mass, 현가 스프링
10~15 Hz	앞바퀴가 덜컹거리면서 튀어 오르는 듯한 느낌	unsprung mass, 충격흡수기, 타이어

해서 크게 좌우된다는 것을 알 수 있다.

승차감을 향상시키기 위해서는 차량의 스프링 위 질량이 커지는 것이 유리하지만, 이는 기존의 생산 · 출고된 차량에서 추가의 개선작업을 진행하기란 거의 불가능에 가깝다고 볼 수 있다. 고급차량(luxury car)의 무게가 일반 승용차량에 비해서 많이 나가는 것도 안전성 확보 및 웅장한 외관뿐만 아니라, 이러한 승차감 향상의 목적이 내포되어 있다는 점을 시사한다. 이에 대한 세부내용은 현가장치를 설명한 제8장 제2절을 참고하기 바란다.

반면에 스프링 아래 질량이 작아질수록 자동차의 승차감을 향상시키므로, 타이어의 스틸 휠(steel wheel)을 알루미늄 휠(Al wheel)로 대체하면서 조절(감소)시키는 것이 가능하다. 이는 승차감의 개선뿐만 아니라, 자동차의 동력성능에 있어서도 매우 큰 영향을 주게 된다. 하지만 스프링 아래 질량의 감소방안에도 차량의 주행 안정성을 우선적으로 확보해야 하므로, 승차감 향상만을 위한 개선 여지가 매우 적음을 인지해야 한다.

최근에는 그림 4.6과 같이 차량출고 시 장착되는 타이어보다 훨씬 큰 타이어를 장착시켜 차체 바깥까지 돌출된 자동차를 종종 발견할 수 있다. 이러한 사례는 타이어의 견인력, 접지면적, 제동능력 향상과 험로주행 등에서는 효과를 볼 수도 있겠지만, 승차감 측면에서는 스프링 아래 질량의 증가로 말미암아 매우 불리하다는 사실을 쉽게 짐작할 수 있다. 이는 마치 무거운 등산화를 신고서 산이 아닌 일반 도로에서 마라톤을 뛰는 것과 다를 바 없기 때문이다. 과도한 크기의 타이어 장착은 차량의 승차감 악화뿐만 아니라 연료소모 측면에서도 크게 불리한데, 그 이유는 타이어를 비롯한 구동축 등의 회전부품들은 무게와 회전관성이 적어질수록 쉽게 회전시킬 수 있고, 또한 쉽게 멈추게 할 수도 있기 때문이다.

그림 4.6 **광폭 타이어의 장착사례**

4-2 셰이크 진동

4.2.1 셰이크 진동의 정의

자동차가 평탄한 도로를 주행할 경우, 특정한 속도에 도달할 때마다 차량 전체가 연속적으로 진동하는 현상을 셰이크(shake) 진동이라고 한다. 즉 차량의 실내바닥(floor), 핸들(steering wheel), 계기판(instrument panel), 시트 등이 상하 방향 또는 좌우 방향으로 진동하는 현상을 뜻한다. 셰이크 진동이 평탄한 도로에서 낮은 속도로 주행할 때 발생한다면 승객에게 주는 불쾌감은 그리 크지 않으나, 고속주행에서 발생할 때에는 상당한 불안감을 주는 요인이 될 수 있다.

셰이크 진동은 비교적 고속(승용차 70 km/h 이상, 트럭 40 km/h 이상)에서 발생하는 낮은 진동수의 차체 진동현상으로 타이어의 회전속도와 매우 밀접한 관계를 갖는다. 즉 셰이크 진동의 주요 원인은 차륜(타이어와 휠을 통칭한다)의 중량 불평형(unbalance)과 타이어의 반경방향으로 작용하는 힘의 변동[RFV(radial force variation)으로, 타이어의 편심 및 타이어 내부

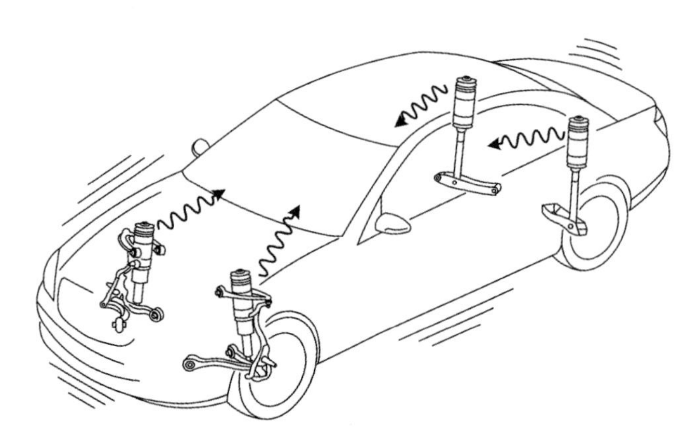

그림 4.7 **차체의 셰이크 진동현상**

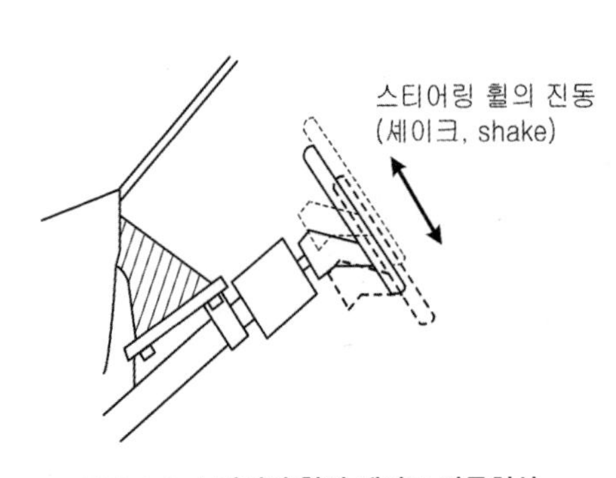

그림 4.8 **스티어링 휠의 셰이크 진동현상**

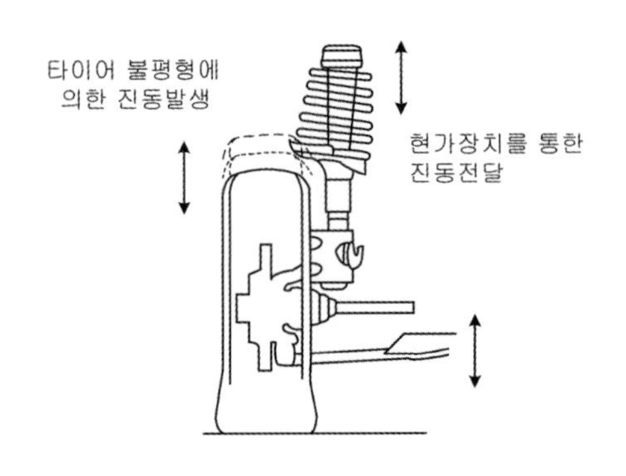

그림 4.9 **타이어 불평형에 의한 셰이크 진동의 발생현상**

구조의 불균일한 특성 등으로 인하여 발생한다] 등이다. RFV에 대한 세부내용은 제11장 제2절을 참고하기 바란다.

타이어의 회전에 의한 진동수가 스프링 아래 질량의 고유 진동수에 접근하게 될 경우, 증대된 진폭이 차체(스프링 위 질량)로 전달되면서 셰이크 진동현상이 더욱 악화될 수 있다.

4.2.2 셰이크 진동의 발생현상 및 느낌

1) 상하진동(front shake)은 차체, 시트 및 핸들(steering wheel)이 상하 방향으로 '부들부들' 떠는 듯한 느낌으로 감지되는 진동현상을 의미한다.
2) 좌우진동(lateral shake, 횡진동)은 차체나 시트가 좌우 방향으로 '부들부들', '드르르' 하는 느낌으로 감지되는 진동현상을 의미한다.
3) 셰이크 진동현상의 진동수는 그림 4.10과 같이 10~50 Hz 영역에 위치한다.

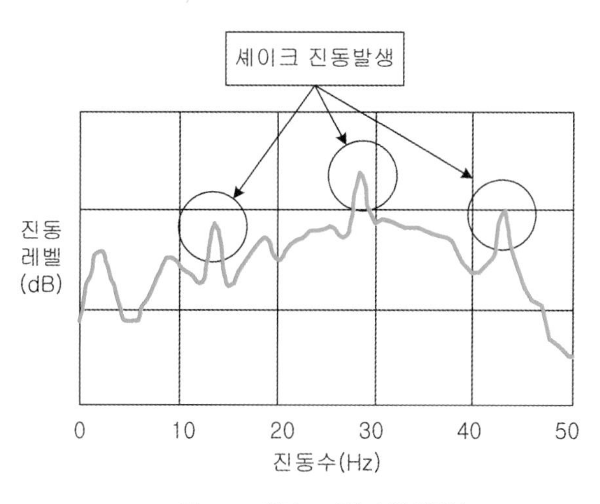

그림 4.10 **셰이크 진동의 발생현상**

4.2.3 셰이크 진동의 발생과정

셰이크 진동은 타이어의 회전과정에서 불평형에 의해 발생되는 원심력 등으로 가진되어 타이어를 포함한 브레이크 드럼이나 디스크, 액슬(axle) 등을 진동시키게 되고, 이러한 진동현상들이 현가장치의 스프링이나 연결링크 등을 통하여 차체로 전달된다. 차체에 전달된 진동으로 말미암아 스티어링 휠과 엔진후드(흔히 '본네트'라고 부른다), 룸 밀러(room mirror), 대시보드(dash-board) 등이 주기적으로 흔들리는 현상이 발생한다.

(1) 진동발생원

1) 타이어와 휠: 특정한 주행속도에 이를 때마다 타이어와 휠(wheel)의 불평형(unbalance)에 의해서 셰이크 진동이 발생한다. 타이어와 휠의 런아웃(runout)이 있을 경우에도 진동이 발생할 수 있다. 여기서 런아웃이란 타이어나 휠의 일부가 진원(眞圓)에서 벗어난 정도를 의미한다. 세부내용은 제11장 제2절을 참고하기 바란다.

2) 구동축: 도로의 노면특성이나 운전조건에 따라서 구동축(drive shaft)의 조인트(joint) 각이 커지면 구동력 전달과정에서 가진력(주로 구동축방향으로 작용하며, 이를 shudder 현상이라고도 한다)이 발생하고, 회전 불평형에 의해서도 셰이크 진동이 발생한다. 구동축에 대한 세부사항은 제4장 제7절, 제5장 제1절을 참고하기 바란다.

3) 브레이크 드럼, 디스크 로터: 타이어와 함께 회전하는 부품(브레이크의 드럼, 디스크 등)들의 불평형에 의해서도 셰이크 진동이 발생할 수 있다.

(2) 전달계 · 공진계

1) 현가장치: 현가장치에서 모두 흡수되지 않은 진동이 차체로 전달되고, 현가장치의 일부 부품들이 공진을 일으킬 경우에는 셰이크 진동현상이 더욱 크게 확대된다.

2) 엔진 마운트: 엔진 마운트가 노후되어 있으면 동력기관의 흔들림이나 노면의 요철로 인한 진동전달이 크게 확대될 수 있다.

(3) 진동부위

1) 차체: 차량 전체가 진동한다.

2) 조향계: 스티어링 휠이 상하/좌우 방향으로 진동한다.

3) 시트: 시트(seat)의 진동이 감지된다.

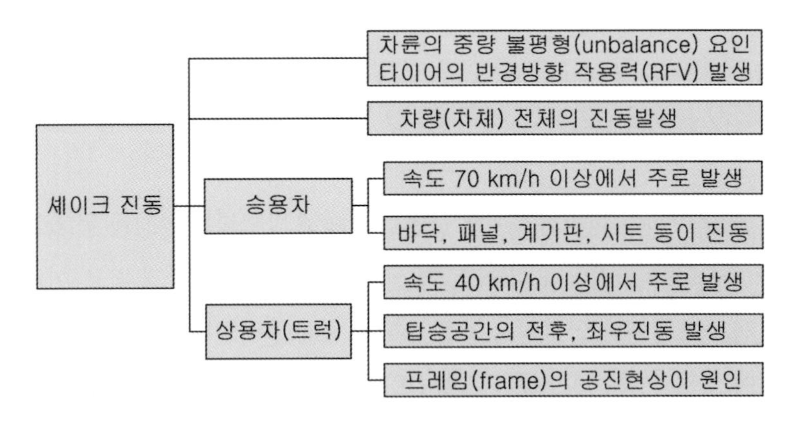

그림 4.11 **셰이크 진동현상의 분류**

4.2.4 참고사항

차량 주행과정에서 전후 방향의 흔들림(front shake)과 좌우 방향의 흔들림(lateral shake)이 일정한 시간간격으로 교차하면서 반복되는 경우가 발생할 수 있다. 이것은 각각의 타이어마다 회전반경이 조금씩 차이가 나면서, 좌우 방향의 불평형을 유발시키는 상대위치가 타이어의 회전에 의하여 조금씩 벗어나기 때문이다. 이러한 좌우 타이어의 위상이 벗어남으로 인해서 셰이크 진동현상이 크게 되기도 하고, 작게 되기도 한다. 따라서 이를 확인하기 위해서는 다양한 속도로 수십 초 이상 일정 속도의 주행시험을 각각 실시해야만 한다. 그만큼 차체의 진동 및 소음현상은 타이어의 특성에 매우 민감하다는 사실을 알 수 있다. 실제 정비사례에서도 오로지 타이어만 교환해도 승차감의 만족도를 크게 향상시키는 경우를 수시로 경험하게 된다. 타이어에 대한 세부사항은 제11장 제2절을 참고하기 바란다.

4-3 시미 진동

4.3.1 시미 진동의 정의

시미(shimmy) 진동이란 차량이 평탄한 도로를 주행하다가 어떠한 특정 속도에 도달할 때마다 스티어링 휠(steering wheel, 우리가 흔히 '핸들'이라고 한다)의 회전 방향으로 진동이 발생하는 현상을 뜻한다. 스티어링 휠의 진동현상은 운전자에게 상당한 불안감을 주게 되므로, 차량의 주행 신뢰감을 크게 저하시킬 수 있는 항목이다. 이러한 시미 진동현상은 대형 할인마트에서 많이 사용하는 카트(cart)나 유모차 등의 앞바퀴에서도 쉽게 관찰할 수 있다. 이러한 이동수단은 대부분 앞의 두 바퀴는 자유롭게 방향을 바꿀 수 있고, 뒤의 두 바퀴는 방향을 바꿀 수 없도록 고정되어 있다. 카트나 유모차를 밀면서 앞바퀴를 자세히 관찰해보면, 특정한 진행 속도나 노면 바닥의 마찰조건 등에 따라서 앞바퀴가 좌우로 심하게 떨면서(진동하면서) 직진 방향으로 주행하는 것을 경험하게 될 것이다. 이러한 앞바퀴의 떨림현상이 바로 자동차에서 발생하는 시미 진동현상과 매우 유사하다. 자동차의 주행과정에서 특정 속도에 도달할 때마다 앞바퀴가 좌우로 미세하게 떨면서 회전하게 된다면, 이는 그림 4.12와 같이 조향계(steering system)의 연결장치[타이로드, 랙(rack)과 피니언(pinion), 스티어링 회전축]들을 통해서 전달되고, 결국은 그림 4.13처럼 스티어링 휠을 회전 방향으로 빠르게 진동시키면서 운전자에게 감지된다.

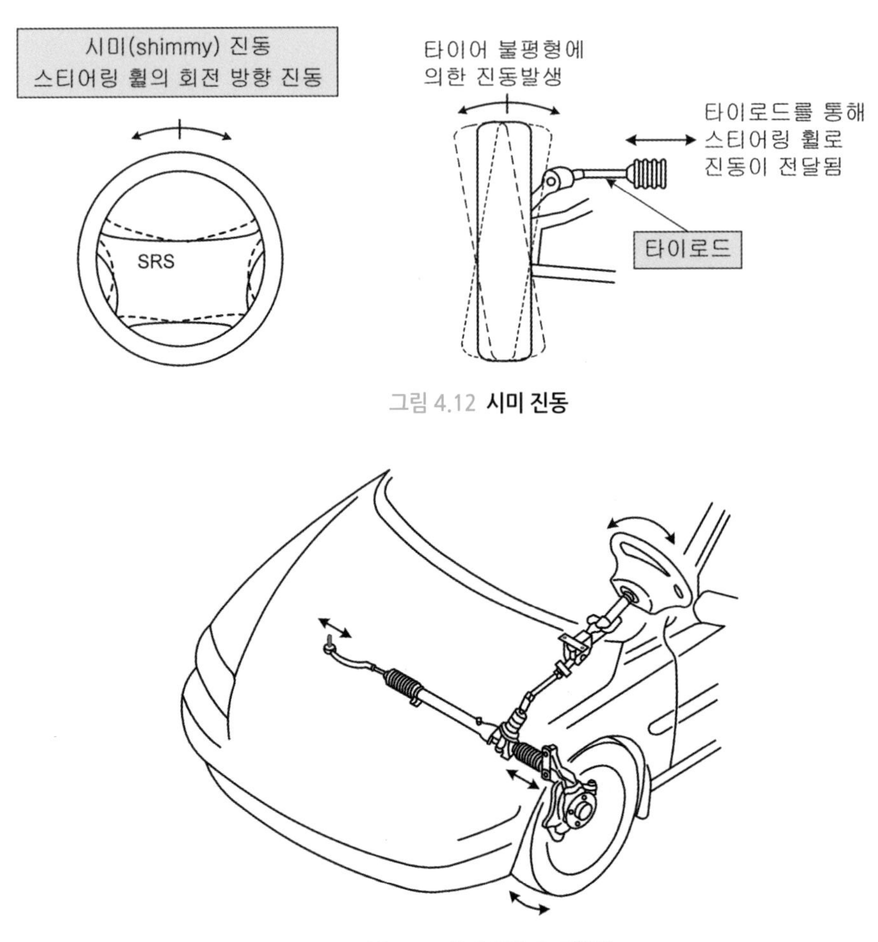

그림 4.12 **시미 진동**

그림 4.13 **시미 진동과 조향계**

시미 진동은 저속과 고속주행에서 각각 발생할 수 있는데, 운전자의 주요 불만사항은 주로 고속주행에서 발생하는 시미 진동현상이라 할 수 있다.

1) 저속 시미: 타이어의 고유한 특성으로 발생하는 조향계의 진동현상으로, 앞바퀴의 차륜(타이어와 휠을 의미한다)은 킹핀(kingpin)축만을 중심으로 진동한다. 50~60 km/h의 주행속도에서 주로 발생하고 진폭이 비교적 크다. 여기서 킹핀축은 앞바퀴의 조향축을 의미하며, 세부사항은 제8장 제6절을 참고하기 바란다.
2) 고속 시미: 차륜의 중량 불평형과 타이어의 반경 방향으로 작용하는 힘의 변화(RFV, radial force variation)로 인한 흔들림이 발생하여 조향계의 차륜은 킹핀축을 중심으로 진동할 뿐만 아니라, 전후 방향의 진동을 수반하기도 한다. 고속 시미는 70~130 km/h의 주행속도에서 주로 발생한다.

4.3.2 시미 진동의 발생현상 및 느낌

1) 양호한 포장도로를 80 km/h 이상의 높은 속도로 주행할 경우, 특정한 속도에 이르게 되면 스티어링 휠의 회전 방향으로 진동현상이 발생한다(고속 시미).
2) 20~60 km/h의 비교적 낮은 속도로 주행하면서 노면의 요철통과나 브레이크 작동 시 시미 진동이 갑자기 발생한다(저속 시미).
3) 때때로 차체가 좌우 방향으로 진동하는 경우도 있다.

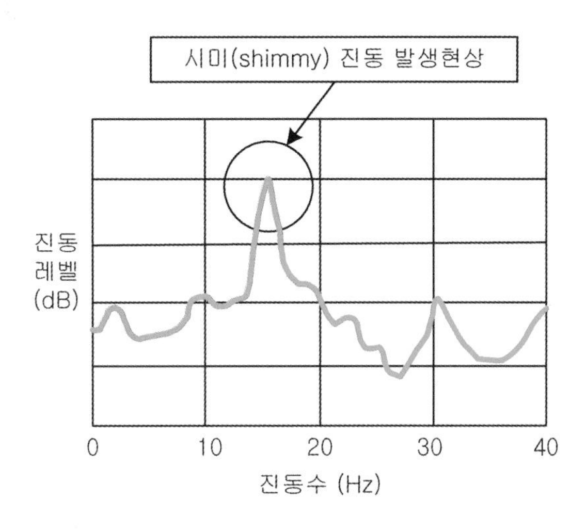

그림 4.14 **시미 진동의 발생현상**

4.3.3 시미 진동의 발생과정

타이어와 휠의 회전과정에서 발생한 진동현상이 조향장치의 연결 링크들에 전달되어 스티어링 휠에서 회전 방향의 진동이 발생한다.

① 차륜의 중량 불평형(unbalance)에 의해서 조향계를 진동시키는 가진력이 발생한다.
② 타이어 자체의 고유특성으로 인하여 진동현상이 확대된다.
③ 그 외의 진동현상이 조향계의 고유 진동수에 접근하게 될 경우에는 시미 진동현상이 더욱 악화될 수 있다.

상기 ①항의 진동현상은 그다지 큰 문제가 되는 진동현상은 아니지만, ②~③항은 운전자에게 매우 민감한 항목으로 불안감을 야기시킬 수 있다.

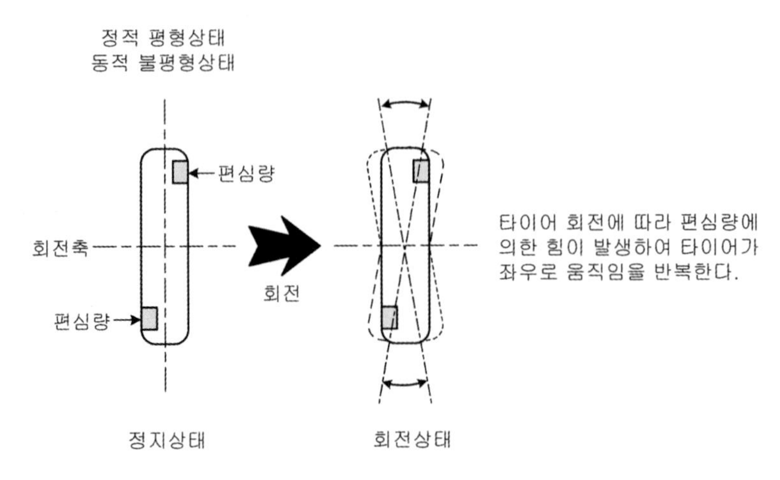

그림 4.15 **타이어의 불평형**

(1) 진동발생원

1) 타이어와 휠: 주행과정에서 앞바퀴의 불평형, 타이어의 불균일한 특성에 의한 흔들림이 발생한다.
2) 노면: 노면의 요철통과 시 타이어가 좌우 방향으로 진동한다.
3) 브레이크 디스크 등: 전륜과 함께 회전하는 브레이크 부품인 디스크(disk)나 기타 회전부품들의 불평형에 의해서도 시미 진동현상이 발생할 수 있다.

(2) 전달계 · 공진계

1) 조향계: 조향링크의 흔들림이 크거나, 조향계 자체의 강성(剛性, stiffness)이 약할 경우에

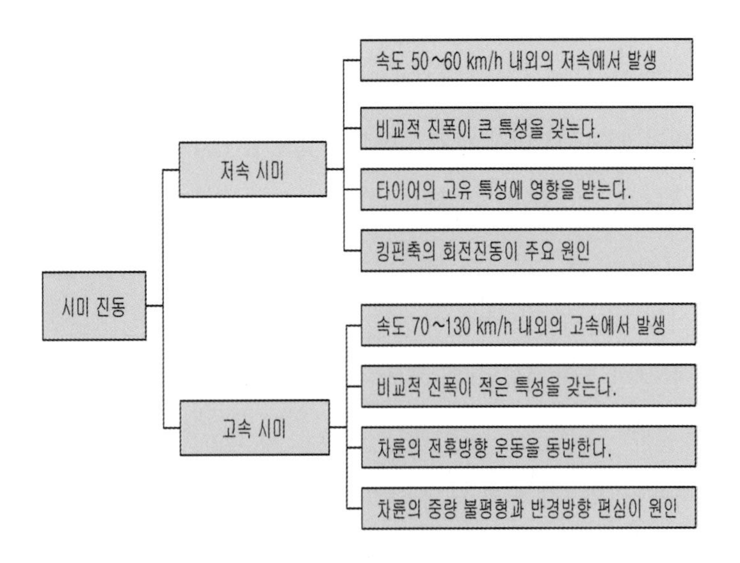

그림 4.16 **시미 진동현상의 분류**

는 시미 진동현상이 크게 확대될 수 있다.

2) 현가장치: 현가장치의 부품들이 차량의 전후 방향으로 진동하게 되면서 조향계나 차체로의 진동전달이 확대될 수 있다.

(3) 진동부위

1) 차체: 차체 전체가 진동한다.

2) 조향계: 스티어링 휠이 회전 방향으로 빠르게 진동한다.

4.3.4 참고사항

kickback flutter의 발생: flutter는 시미(shimmy)와 동의어이며, kickback이란 노면의 요철이나 도로의 표면특성에 의해 스티어링 휠을 갑자기 회전시키는 현상을 의미한다.

4-4 브레이크 진동

4.4.1 브레이크 진동의 정의

자동차가 중속 또는 고속으로 주행하다가 도로환경의 변화나 위험을 감지하게 되면 운전자는 속도를 줄이거나 정지하기 위해 브레이크를 작동시키게 된다. 브레이크는 오일의 압력(유압)을 받아서 라이닝(lining)과 패드(pad)와 같은 마찰재를 회전하는 통(brake drum)이나 판(brake disk)에 매우 강하게 접촉시킴으로써 주행속도가 줄어들면서 멈추게 된다. 이러한 제동과정에서 브레이크 드럼(drum)이 편심되어 있거나 액슬 샤프트 플랜지(flange), 디스크 휠(disk wheel) 등에서 진동현상이 발생하게 된다면, 브레이크 라이닝과 드럼, 패드와 디스크 사이의 마찰력이 변화하게 된다. 이러한 브레이크 부품들에서 발생한 마찰력의 변화가 유압회로를 통하여 브레이크 페달의 맥동(간헐적인 진동현상)을 일으킬 수 있다. 또 그림 4.17과 같이 브레이크 드럼이나 디스크에 가해지는 마찰력의 변동이 발생하게 되면 타이어가 회전 방향으로 진동하여 스티어링 너클(knuckle)이나 후륜축이 상하 방향으로 흔들리면서 현가장치를 통해서 차체를 진동시킨다. 이러한 브레이크 작동과정에서 발생되는 제반 진동현상을 브레이크 진동 또는 저더(judder)현상이라 부른다.

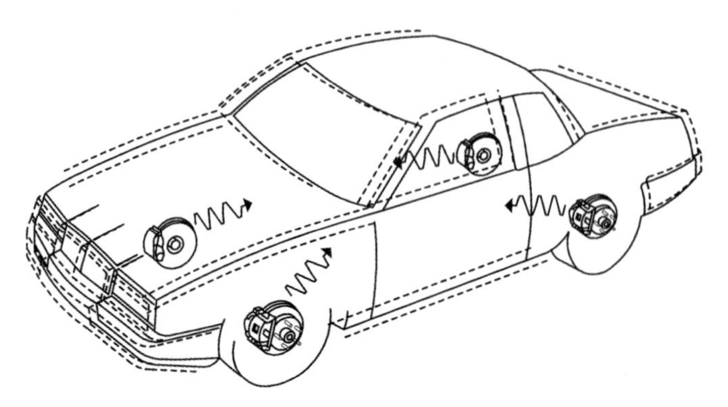

그림 4.17 **브레이크 진동현상**

4.4.2 브레이크 진동의 발생현상 및 느낌

1) 브레이크를 작동시키면 대시 패널(dash panel), 스티어링 휠 등이 상하 방향으로 부들부들 떠는 듯한 느낌으로 진동한다.
2) 스티어링 휠이 좌우 방향으로도 진동할 수 있다.
3) 그림 4.18과 같이 브레이크 페달로부터 '트드득' 하고 떠는 듯한 느낌의 진동이 발바닥에 전달되는 경우도 있다[차륜잠금방지장치인 ABS(anti-lock brake system)의 작동과는 다름].
4) 브레이크 진동이 발생할 경우의 진동수는 셰이크 진동현상과 유사한 진동수 영역(5~30 Hz)을 가지지만, 진동레벨의 크기는 셰이크 진동현상보다 심한 경우가 대부분이다.

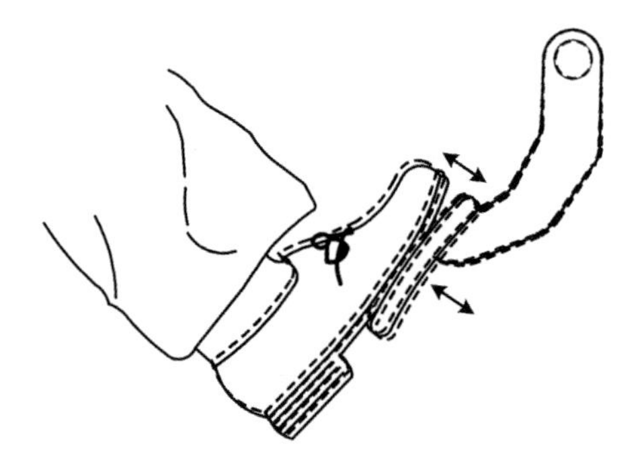

그림 4.18 **브레이크 페달의 진동현상**

4.4.3 브레이크 진동의 발생과정

발생원인: 브레이크 작동 시 회전체(드럼, 디스크)와 마찰재(라이닝, 패드) 사이의 마찰력 변화 현상으로 인한 강제진동이 주요 발생원인이다.

(1) 진동발생원

1) 브레이크 드럼: 브레이크 드럼의 진원불량, 부분적인 일그러짐 등에 의해 브레이크 작동 시 마찰면에서 진동현상이 발생한다. 그림 4.19는 드럼 브레이크의 구조 및 주요부품을 보여주며, 일부 승용차의 뒷바퀴와 대부분의 대형차량에 적용된다.

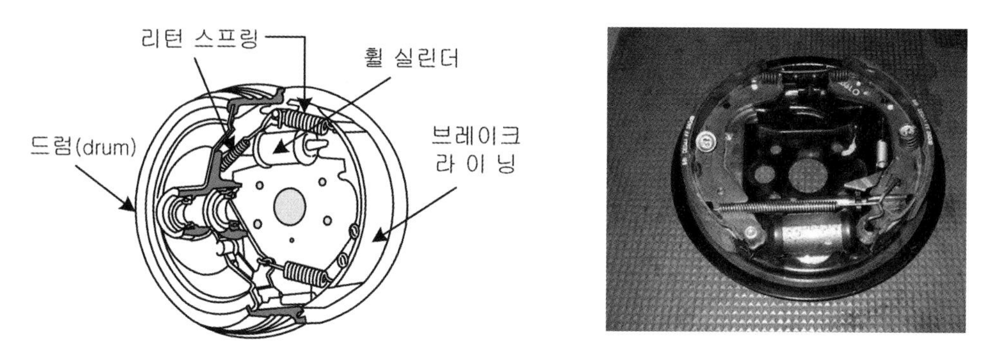

그림 4.19 **드럼 브레이크의 구조 및 주요 부품**

2) 브레이크 디스크: 디스크 로터의 손상, 흔들림, 부식, 두께 변동 등에 의해 마찰면에서 진동현상이 발생할 수 있다. 마찰재 작용면의 뒤틀림도 진동발생의 원인이 된다. 특히, 그림 4.20과 같이 앞바퀴에 적용되는 냉각용 2겹 디스크(ventilated disk)의 열 발산이 균일

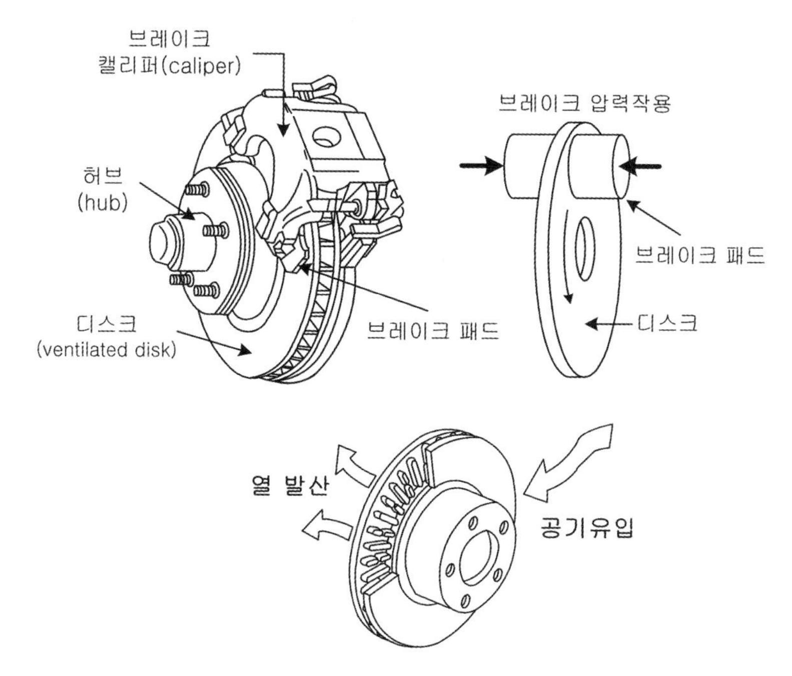

그림 4.20 **드럼 브레이크의 구조 및 주요 부품**

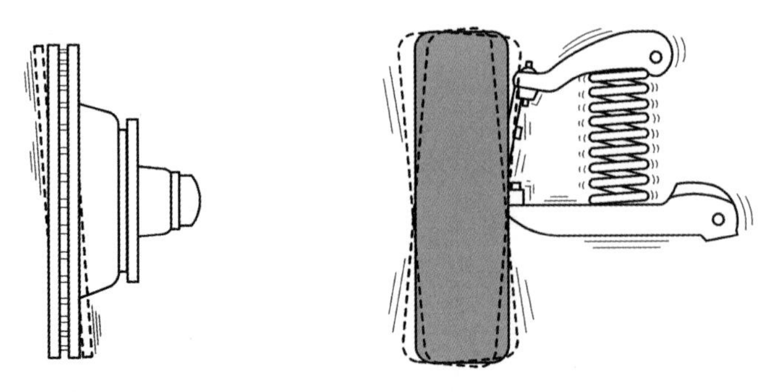

그림 4.21 **브레이크 진동현상**

하지 않아서 야기되는 디스크의 두께 변화와 런아웃 현상도 주요 원인이 될 수 있다. 그림 4.21과 같이 디스크 자체의 런아웃 현상이 발생하게 된다면, 타이어의 좌우 방향 흔들림까지 함께 유발되면서 시미 진동과 동반된 복합적인 진동현상을 나타낼 수 있다.

(2) 전달계 · 공진계

1) 현가장치: 브레이크의 진동현상이 조향링크나 현가장치로 전달되면서 크게 확대될 수 있다. 현가장치를 통해서 진동에너지가 차체로 전달된다.
2) 차체: 차체로 전달된 진동이 스티어링 휠로 전달된다. 브레이크 작동압력의 변동에 의해 브레이크 페달에 간헐적인 맥동현상이 발생한다.

(3) 진동부위

1) 조향장치: 스티어링 휠이 상하 방향으로 진동한다.
2) 차체: 차체 바닥(floor)이 진동한다.
3) 브레이크: 브레이크 페달이 간헐적으로 진동하는 맥동현상이 발생된다(ABS 장치의 작동과는 무관). 그림 4.22는 브레이크 진동현상의 발생원인 및 전달경로를 나타낸다.

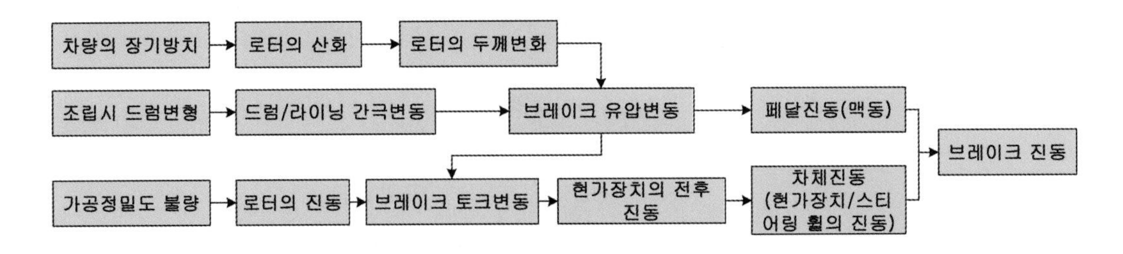

그림 4.22 **브레이크 진동현상의 발생원인 및 전달경로**

4.4.4 참고사항

(1) 브레이크의 특성

자동차의 브레이크는 차량의 감속 및 정지를 위한 필수 안전장치로, 회전하는 타이어를 비롯한 구동계의 운동에너지를 회전체와 마찰재 간의 강력한 접촉과정을 통해서 열에너지로 변환시키는 역할을 수행한다. 그림 4.23은 브레이크 진동의 개념 및 운동특성을 모형화(modeling)한 사례를 보여준다. 브레이크 작동과정에서 발생한 열은 주변 부품으로 전도되거나 대기로 방사되며, 또한 화학적인 작용을 통한 브레이크 부품의 특성 변화와 마모현상으로 인하여 부품의 형상과 물리적인 특성이 변화하기 마련이다. 이에 따라 브레이크 작동 시 마찰재의 수직 방향 작용력과 마찰재 자체의 마찰계수가 변화할 수 있다. 이러한 현상은 제동력의 변화를 발생시키고 결과적으로 브레이크 진동현상의 원인이 된다.

디스크 브레이크에서는 수직 작용력의 변화가 브레이크 피스톤의 움직임을 유발시킬 수 있다. 이는 브레이크의 유압 시스템에 압력변동을 가져오고, 연이어 다른 바퀴의 브레이크에서도 수직 방향의 작용력에 영향을 끼치게 된다. 이러한 브레이크 장치 내부의 유압 변화는 결국 브레이크 페달을 통해서 운전자에게 전해지는데, 이것을 브레이크 페달진동(pedal pulsation)이라고 한다. 페달진동의 수준은 유압 댐핑(hydraulic damping)의 양과 브레이크 유압라인의 길이, 브레이크 실린더의 직경 등에 영향을 받는다. 때때로 브레이크가 아닌 다른 가진원으로 인하여 차체 바닥(floor)이나 페달 고정(장착)부위를 통해서 전달되는 진동현상이 브레이크 페달진동으로 보고되는 경우도 있다.

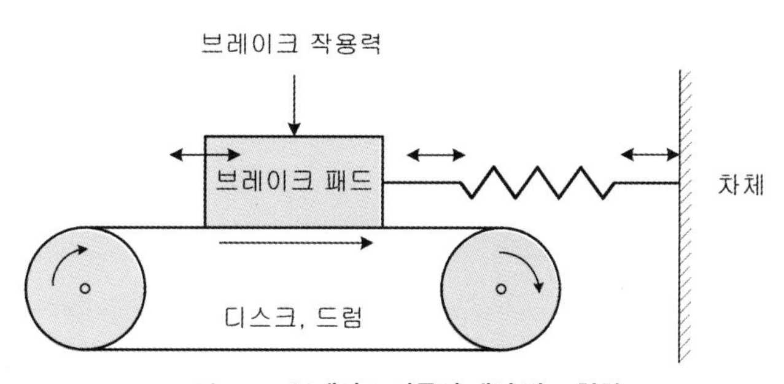

그림 4.23 **브레이크 진동의 개념 및 모형화**

(2) 브레이크 패드

브레이크 패드는 그림 4.24와 같이 캘리퍼(caliper)와 디스크 사이의 매개체로, 기본적인 혼합물과 여러 성분들로 구성되어 있다. 패드의 내마모성을 향상시키기 위해서 섬유질이 첨가되고, 마찰, 내열, 감쇠(damping) 등에 영향을 미치는 필러(filler)가 첨가된다. 이러한 브레이크

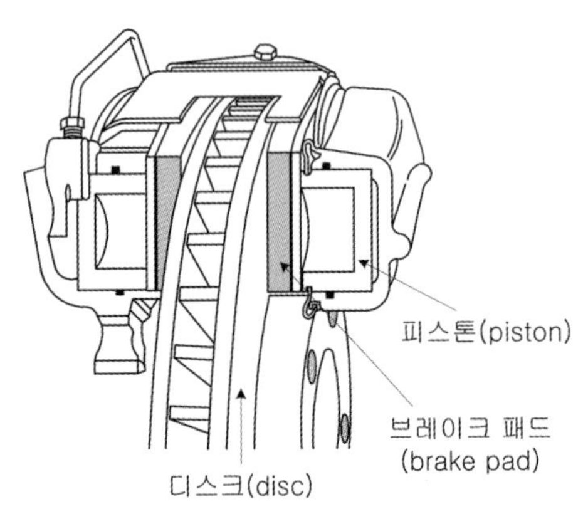

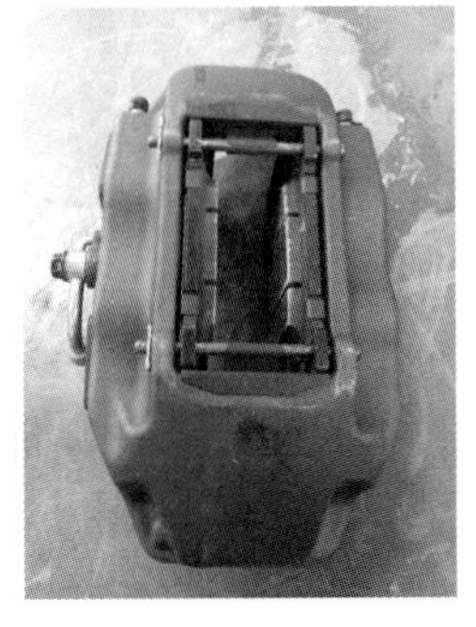

그림 4.24 **디스크 브레이크의 패드 장착사례**

패드의 필요조건은 브레이크가 작동하지 않을 때는 디스크와 패드의 마모를 최소화하고, 브레이크가 작동할 때에는 어느 정도 디스크와 패드를 마모시키는 것이 일반 디스크 브레이크 장치의 기본적인 설계 개념이라 할 수 있다. 이러한 특성은 과거 석면(石綿, asbestos) 재질의 브레이크 패드에서는 쉽게 얻을 수 있었으나, 최근의 비석면 패드는 이러한 특성이 잘 나타나지 않아서 브레이크가 작동하지 않을 경우에도 예상치 못한 마모가 발생하고, 브레이크가 작동될 때에는 오히려 마모량이 더 적어지는 경우도 있을 수 있다. 따라서 브레이크 진동(brake judder)현상이 문제되는 차량들은 대부분 과거 석면 패드가 사용되던 시절에 개발되었던 차량들이며, 비석면 패드의 출현으로 말미암아 많은 차량에서 브레이크의 진동문제가 악화되었던 것이다. 이러한 브레이크 진동현상의 개선을 위해서 패드의 내부 감쇠특성을 증가시키면 브레이크 진동현상이 감소되는 경향을 갖는다. 브레이크 패드의 감쇠특성은 마찰특성과 점탄성(visco-elastic) 성질에 좌우되며, 마찰특성은 재질의 다공성에 민감하고, 점탄성은 패드성분의 기계적인 특성에 의존한다.

(3) 시미 진동과 브레이크 진동의 연관성

스티어링 휠에 나타나는 시미 진동과 브레이크 진동은 진동형태(vibration mode)가 스티어링 휠의 원주 방향(회전 방향)으로 동일하게 나타나며, 진동수도 거의 같거나 약간 차이나는 정도이다. 시미 진동은 차륜의 회전수에 해당되는 기본 진동수에서 공진하여 발생하지만, 브레이크 진동에 의한 스티어링 휠의 진동은 차륜의 진동수이거나 또는 그 배수의 조화(harmonic) 성분을 갖는 진동수에서 공진하여 나타난다. 이때 가진원으로 작용하는 차륜의 불평형이나 브레이크의 토크 변동(brake torque variation)에 의한 진동수가 현가장치의 고유 진동수에 근접하거나 또는 조향장치 쪽으로 진동 전달력이 크게 작용될 경우, 스티어링 휠에 나타나는 시미 진동과 브레이크 진동현상은 더욱 크게 나타난다. 이 경우 시미 진동이나 브레이크 진동의 가진원 및 진동현상이 매우 유사하고, 또한 현가장치의 구성 및 진동형태와 진동수 및 가진력의 전달특성 등에 영향을 받는 것도 거의 동일하다.

(4) 브레이크의 열탄성

브레이크의 진동현상인 저더(judder)는 크게 냉간 저더(cold judder)와 열간 저더(hot judder)로 구분할 수 있다. 냉간 저더현상은 비교적 낮은 진동수에서 발생하며, 브레이크 디스크의 치수불량, 반복되는 마찰열에 의한 브레이크 라이닝이나 패드 마찰면의 영구변형으로 발생하는 디스크의 런아웃(runout) 및 디스크의 두께 변화 등에 의해서 브레이크 진동현상이 나타나게 된다. 따라서 브레이크 단품 제조과정에서 품질관리 및 조립공정을 철저히 관리하면 어느 정도 방지될 수 있다.

열간 저더현상은 조립과정에서는 잘 발견되지 않으나, 냉간 저더에 비해서 비교적 높은 진동수의 특성을 가지며, 주로 고속주행에서의 브레이크 작동 시 나타나게 된다. 열간 저더의 원인은 디스크와 브레이크 패드 간의 마찰로 인한 열탄성(thermo-elastic) 불안정 때문이다. 브레이크 작동으로 디스크와 패드 간의 마찰열이 발생하고, 이는 디스크의 열변형을 유발하게 된다. 따라서 브레이크 패드의 접촉압력이 불안정해지면서 브레이크 패드와 디스크 간의 마찰력이 변화되고, 열변형에 의한 국부적인 접촉이 반복되면서 디스크 표면이 변형(이를 열점, hot spots라고 한다)되어 결국은 진동현상으로 발전하게 된다. 브레이크 진동문제는 열발생과 마찰계수, 브레이크 패드 및 디스크의 형상, 기계적인 특성 등이 복합적으로 연관되어 발생된다고 볼 수 있다.

4-5 공회전 진동

4.5.1 공회전 진동의 정의

공회전 진동(idle vibration)은 차량이 정지한 상태에서 발생하는 차체의 진동현상을 뜻한다. 차량의 운행과정에서 교통신호대기나 정차와 같이 공회전 상태로 차량이 정지하고 있을 경우에는 타이어가 멈춰 있으므로 노면특성에 의한 흔들림이나 차축의 회전과 같은 구동계통의 운동이 없기 마련이다. 따라서 차량이 정지한 상태에서 발생하는 차체의 진동현상은 오로지 엔

그림 4.25 **자동차의 공회전 진동현상**

진과 변속장치를 포함한 동력기관(powertrain)에 의한 가진력이 주요 원인이다.

그림 4.25와 같이 동력기관에 의한 차체의 공회전 진동현상은 스티어링 휠을 통해 운전자의 손에서 직접적으로 감지되거나, 시트나 바닥(floor) 등을 통해서도 승객에게 전달된다. 공회전 상태에서의 실내소음은 오디오 장치의 음악소리에 의해서 어느 정도 차폐(masking)될 수도 있겠지만, 차량 정지 시의 공회전 진동은 운전자뿐만 아니라 탑승자 누구라도 쉽게 파악할 수 있기 때문에 차량의 상품성과 경쟁력에 있어서 매우 중요한 요소라 할 수 있다.

공회전 진동은 엔진 자체의 진동특성과 함께 엔진 마운트(engine mount)의 진동절연성능과 차체의 진동전달특성에 따라 크게 달라질 수 있다. 차체의 진동전달특성은 엔진의 공회전 진동수(가진 진동수)가 차체의 구조, 크로스 멤버(cross member), 스티어링 휠이나 소음기(muffler) 등의 고유 진동수들에 접근하거나 일치하게 된다면 진폭이 크게 증대되거나 공진현상으로 말미암아 공회전 진동레벨을 높이는 결과를 유발한다. 이러한 공진현상을 방지하기 위해서는 관련 부품들의 고유 진동수를 엔진의 공회전에 해당되는 진동수와 멀리 떨어뜨리는 설계방안이 우선적이며, 이와 더불어서 진동현상의 전달경로를 적극적으로 차단시키거나 개선하는 방법이 강구될 수 있다. 그림 4.26은 공회전 진동현상에 큰 영향을 끼치는 차체의 진동특성을 보여준다.

4.5.2 공회전 진동의 발생현상 및 느낌

1) 엔진 공회전 상태의 정차 시에 차체 전체 또는 스티어링 휠이나 시트, 바닥 등이 진동한다.
2) 엔진 공회전 시 단속적이거나 또는 연속적으로 진동현상이 발생하며, 엔진의 가속(주행)

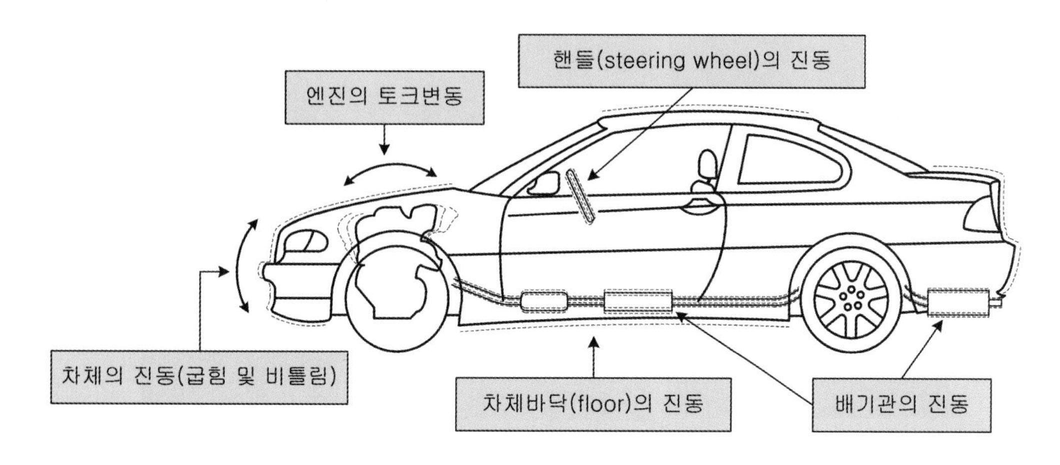

그림 4.26 **공회전 진동현상**

이 이루어지면 사라진다. 때때로 엔진의 회전수가 큰 폭으로 오르내리는 것처럼 휘청거리는 듯한 진동현상이 발생할 수 있는데, 이를 러플 아이들(ruffle idle) 현상이라고 한다.

3) 정차 시의 에어컨 가동이나 전기장치의 작동으로 인하여 엔진의 부하가 변동되거나 엔진의 회전수 변화에 의해서도 공회전 진동 양상이 변화되며, 정차 중이라도 액셀러레이터(가속페달)를 밟아서 엔진의 회전수를 인위적으로 올리게 되면 진동현상이 줄어들거나 또는 커지는 경향을 나타내기도 한다.
4) 자동변속기 장착 차량의 경우, 브레이크를 밟은 상태에서 기어변속레버를 'D' 또는 'R'로 위치시키면 시트와 차체 바닥이 진동하는 경우도 있다. 이때 에어컨을 작동시킬 경우에는 공회전 진동현상이 더욱 악화될 수 있다.

4.5.3 공회전 진동의 발생과정

발생원인: 동력기관, 배기계 등의 흔들림이 차량의 각 부위를 진동시킨다.

(1) 진동발생원

1) 엔진: 동력생성과정에서 엔진을 비롯한 동력기관이나 배기관 등의 흔들림에 의해서 진동현상이 발생한다. 엔진의 공회전상태에서 에어컨 작동과 같이 엔진의 부하가 추가되거나, 연소불량 등의 엔진부조가 있으면 엔진의 롤링(rolling)운동은 더욱 증대될 수 있다.

(2) 전달계 · 공진계

1) 배기계: 엔진의 흔들림으로 인하여 배기계가 진동하면서 차체로 전달된다.

그림 4.27 **라디에이터의 장착부위 및 확대사진(우측)**

2) 라디에이터: 라디에이터를 차체에 연결시키는 마운트 고무(그림 4.27 참조)의 비틀림이나 장착불량으로 인하여 라디에이터가 직접 차체와 접촉하고 있으면 진동현상이 쉽게 전달될 수 있다.
3) 엔진 마운트: 엔진 마운트의 노화나 조정불량이 있으면 동력기관의 진동현상이 차체로 쉽게 전달된다.
4) 현가장치: 엔진의 롤링운동에 의한 가진 진동수가 전륜 현가장치의 고유 진동수나 차체의 굽힘 진동수에 접근하게 되면 진동현상이 증대된다.

(3) 진동부위

스티어링 휠이 상하 방향으로 진동한다. 또한 차체 바닥(floor)이 진동하고, 부밍소음(booming noise)이 함께 발행할 수 있으며, 기어변속레버가 크게 진동하는 경우도 발생한다. 그림 4.28은 공회전 진동현상의 전달경로를 보여준다.

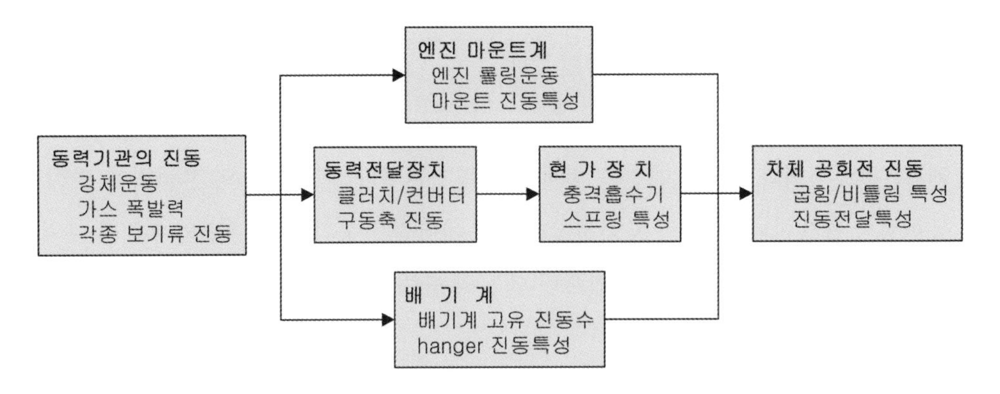

그림 4.28 **공회전 진동현상의 전달경로**

4.5.4 참고사항

(1) 공회전 진동의 변위

공회전 진동은 대략 1~2 mm의 진폭에 해당되는 비교적 적은 변위에 의한 진동현상이다. 차량의 주행과정에서 노면에 의한 충격현상(shock나 jerk 등)에 의한 흔들림은 10~15 mm 내외의 대변위 진동에 해당된다. 공회전 진동제어를 위해 횡치장착 엔진에서는 관성주축의 지지방식이 유리하다. 전륜 및 후륜 구동방식에 따른 각각의 엔진 지지방식에 대한 세부사항은 제7장 제7절을 참고하기 바란다.

(2) 공회전 서지 차체 진동

엔진 공회전 상태에서 브레이크를 밟아서 정지하고 있는 중이라도 간헐적으로 차체 전체나 앞부분을 전후 방향으로 '툭툭'치는 듯한 느낌이 발생되는 진동현상을 공회전 서지(idle surge) 진동이라고 한다. 이러한 공회전 서지 진동은 엔진 각 실린더의 연소특성(주로 폭발압력)이 균일하지 않을 경우에 자주 발생되며, 엔진 회전수의 0.5차(half order) 성분이 주요 가진력이 된다. 여기서 0.5차 성분은 각 실린더 간의 폭발(연소특성) 압력의 불균일한 현상으로 발생하며, 엔진의 회전수가 600 rpm일 경우에는 5 Hz에 해당된다.

(3) 자동변속기의 공회전 진동

변속레버(TGS lever, transmission gear shift lever)의 D 위치에서 신호대기와 같이 차량이 정지한 경우, 엔진의 동력은 토크 컨버터(torque converter)를 통해서 변속기로 전달된다. 자동변속기 내부에서는 이미 변속(1단 기어 체결)이 이루어져서 구동축을 통해 엔진의 구동력이 바퀴에 작용하고 있다. 단지 운전자가 브레이크를 밟고 있어서 구동바퀴가 회전하지 못하고 있을 따름이다. 이때에는 엔진의 동력이 구동라인(driveline)을 통해서 전달(직결)된 상태이므로 엔진과 변속장치를 비롯한 동력기관의 흔들림이 그대로 차체로 전달되어 공회전 진동이 쉽게 발생할 수 있다. 여기에 에어컨 가동까지 가세할 경우, 차체의 공회전 진동은 더욱 악화될 수 있다.

엔진의 제어장치(ECU, electronic control unit)는 차량 정지 시의 변속레버 D 위치나 에어컨 가동과 같은 외부 부하(load) 변동에 따른 엔진의 회전수 변화를 최소화시키기 위해서 연료 분사량을 조절하면서 동력기관의 가진 진동수 변화를 최소화시켜야 한다. 최근의 자동변속기는 변속레버 D 위치의 정차 시에는 엔진의 회전수와 브레이크 답력 등의 조건에 따라서 변속기 내부를 중립(neutral) 상태로 변환시켜서 공회전 진동악화를 억제하고, 동시에 연비향상을 얻는 효과를 강구하고 있다. 이를 자동변속기의 중립제어(neutral control)라고 한다. 자동변속기에 대한 세부내용은 제7장 제11절을 참고하기 바란다.

4-6 엔진시동 시 진동

4.6.1 엔진시동 시 진동의 정의

엔진시동 시 진동(cranking vibration)은 주차된 차량에 탑승하여 엔진을 시동시키기 위해서 스타트 모터(start motor)가 작동하는 과정에서 진동이 시작하면서, 엔진시동이 완전하게 걸리기까지 차체에서 발생되는 진동현상을 뜻한다. 진동현상의 발생원인은 스타트 모터의 작동으로 인하여 엔진 내부의 운동부품(피스톤, 크랭크샤프트 등)이 움직이면서 엔진 몸체가 롤 축(roll axis)을 중심으로 회전하게 되고, 그 반력으로 인하여 반대 방향으로 회전하려는 힘이 차체로 작용한다. 이러한 반작용 힘으로 말미암아 차체의 롤 방향으로 진동현상이 발생한다. 엔진의 회전에 따른 반력은 엔진 마운트를 통하여 차체로 전달되기 때문에 차체의 롤링 공진점을 낮추기 위하여 엔진 마운트의 스프링 상수를 낮추고 감쇠특성을 높이는 것이 요구된다.

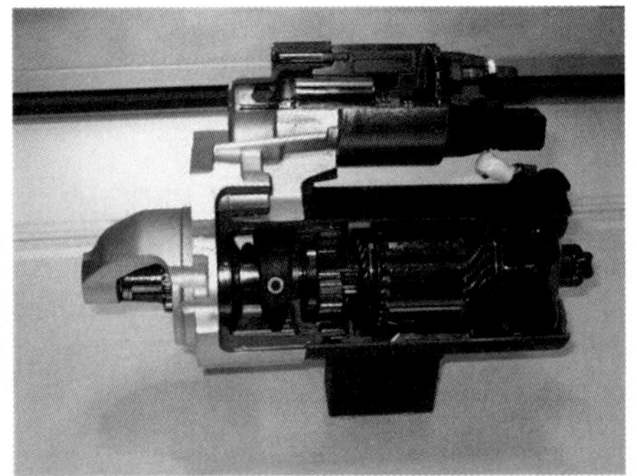

(a) 스타트 모터의 장착 및 내부구조(우측)

(b) 엔진시동 시의 차체 진동현상

그림 4.29 **스타트 모터 및 엔진시동 시의 차체 진동현상**

4.6.2 엔진시동 시 진동의 발생현상 및 느낌

엔진을 크랭킹(cranking, 스타트 모터로 크랭크샤프트를 회전시키는 과정을 의미함)시키면 시트와 엔진후드(engine hood)가 부들부들 떠는 듯한 느낌으로 진동한다. 스타트 모터 작동과정에서 차체가 크게 진동한다(시동이 걸리면 진동현상이 사라진다).

4.6.3 엔진시동 시 진동의 발생과정

발생원인: 스타트 모터의 구동으로 인한 크랭크샤프트의 회전반력이 엔진 마운트를 통해서 차체로 전달되기 때문이다.

(1) 진동발생원

1) 엔진: 크랭크샤프트의 회전반력으로 그림 4.30과 같이 엔진이 롤 축을 중심으로 롤링(rolling)운동을 한다. 이때 각 실린더 간의 압축압력이 일정하지 않을 경우에는 롤링운동이 더욱 증폭될 수 있다.

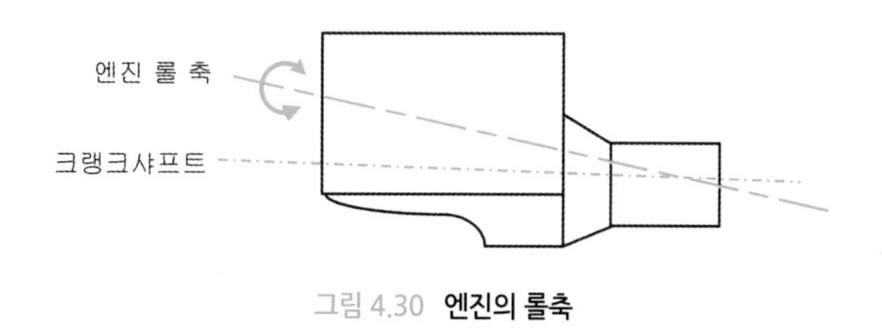

그림 4.30 **엔진의 롤축**

(2) 전달계 · 공진계

1) 엔진 마운트: 스타트 모터 작동과정에서 엔진의 롤 진동현상이 엔진 마운트를 통해서 차체로 전달된다.

(3) 진동부위

차체에 전달된 진동은 차체, 스티어링 휠, 시트 등을 진동시킨다.

4.6.4 참고사항

1) 엔진의 시동상태가 나쁘지 않은 경우에는 크게 불편을 느낄 만한 진동현상은 아니다.
2) 엔진 마운트의 노후화가 원인이 될 수 있으며, 스타트 모터 작동 시 엔진 마운트의 스토

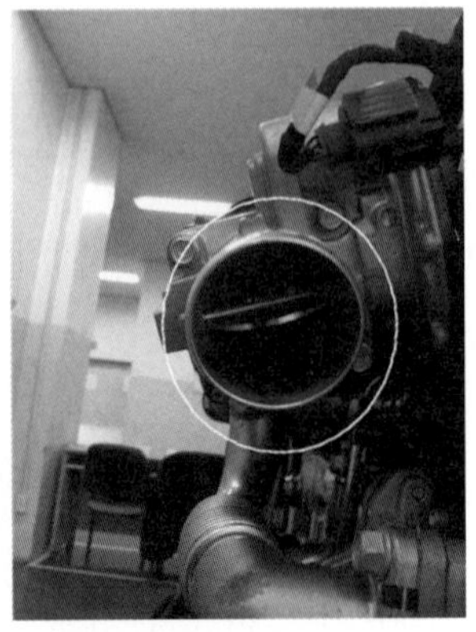

그림 4.31 **디젤 엔진 흡기관의 밸브적용 사례**

퍼(stopper)가 서로 간섭해서 차체가 진동하는 경우도 있다.

3) 최근에는 SUV뿐만 아니라 승용차량에도 디젤 엔진의 장착사례가 증가하므로, 엔진시동 시 진동뿐만 아니라 엔진정지 시의 진동현상도 크게 문제될 수 있다. 이를 해결하는 방안으로 그림 4.31과 같이 디젤 엔진의 흡기 다기관(intake manifold)에 별도의 밸브(throttle valve)를 고려한 경우도 있다.
이러한 디젤 엔진 흡기계에 적용된 밸브를 흡기제어밸브(air control valve)라 하며, 엔진의 특정 회전영역에서 밸브를 닫아 흡기 다기관 내부의 압력을 낮추는 기능을 수행한다. 동시에 엔진 정지과정에서는 피스톤 운동에 의한 저항을 증대시켜서 엔진의 진동을 억제시킨다. 또 디젤 엔진에서 배출되는 유해 배기가스 중의 하나인 입자상물질(PM, particulate matter)을 저감시키는 DPF(diesel particulate matter filter)의 재생과정에서는 흡기제어밸브로 흡입공기량을 조절함으로써 배기가스의 온도를 상승시키는 역할을 한다.

4-7 기타 진동현상

4.7.1 저크 현상

차량주행 시 가속페달(accelerator)의 급격한 조작(tip-in 또는 tip-out)으로 인한 급가속이나 변속단계에서 발생하는 차량 전후 방향의 진동현상을 저크(jerk) 또는 셔플(shuffle)이라고 한다. 저크 현상이 발생하면 차량이 전후 방향으로 울렁거리는 듯한 느낌으로 낮은 진동수의 종진동(longitudinal vibration)현상이 발생하므로, 운전자와 탑승자는 주행이 원활하지 못하다고 인식하게 되면서 상당한 불쾌감을 느끼게 된다.

저크의 원인은 급가속 및 변속 시 엔진에서 발생되는 토크 변화의 과도(transient)현상이 원인이라 할 수 있다. 즉, 가속페달의 급격한 조작으로 엔진의 토크가 크게 변동하면서 동력전달장치를 통해서 타이어까지 전달된다. 이때 타이어는 동력전달계통으로 역토크를 발생시키게 되므로, 차체의 전후 방향으로 진동현상을 유발시킨다. 여기서, 팁인(tip-in)이란 승용차를 저속으로 운전하다가 갑자기 가속페달을 깊게 밟는 경우를 뜻하며, 팁아웃(tip-out)은 반대로 고속주행상태로 가속페달을 깊숙이 밟고 있는 상태에서 갑자기 페달을 놓는 경우를 뜻한다.

4.7.2 와인드업 진동

와인드업(windup) 진동은 수동변속기 차량에서 낮은 속도로 주행하다가 갑자기 높은 단수로 기어변속을 한 상태에서 무리하게 가속할 때 차체가 심하게 진동하는 현상을 뜻하며, 실내에서도 심각한 소음이 발생한다. 특히 브레이크 작동으로 차량의 주행속도가 크게 줄어든 이후에 교통 흐름이 좋아져서 속도를 높이는 과정에서 기어변속을 하지 않고, 가속페달만을 급하게 밟는 경우에 자주 경험할 수 있다. 이러한 현상은 엔진에서 발생되는 회전력(공급 토크)과 차량의 주행과정에서 요구되는 회전력(필요 토크) 간의 차이가 크게 발생하면서 구동력 전달계통에서 심각한 토크변동이 유발되기 때문이다. 와인드업 진동현상의 전달경로는 구동축, 차축 및 현가장치 등이므로, 이들의 고유 진동수를 와인드업 고유 진동수와 충분히 격리(isolation)시키거나, 구동계통에 동흡진기(dynamic vibration absorber, 세부내용은 제11장 제1절 참조) 등을 장착함으로써 진동저감 효과를 얻을 수 있다.

4.7.3 클러치 저더

수동변속기 차량에서 급격하게 출발하는 경우나, 저속주행에서 변속에 따른 클러치 조작(동력차단과 연결)과 동시에 가속하는 경우에 차체에서 느껴지는 차량 전후 방향의 격렬한 진동현상을 클러치 저더(clutch judder)현상이라고 한다. 이는 구동력 전달과정에서 발생하는 비틀림 진동현상과 클러치의 전달특성 간에 발생하는 복합적인 진동현상이 원인이며, 클러치 마찰면의 고착-미끄럼(stick-slip) 진동현상 때문에 발생할 수 있다. 고착-미끄럼 진동은 클러치 내부의 마찰력과 속도관계의 비선형성에 의해서 주로 발생된다. 클러치 저더현상은 대략 10~30 Hz 내외의 진동수 특성을 가지며, 낮은 엔진 회전영역에서의 토크 변동에 의해서 발생한다. 클러치 저더현상은 클러치 디스크의 비틀림 강성과 감쇠 스프링 등을 개선시키면 효과

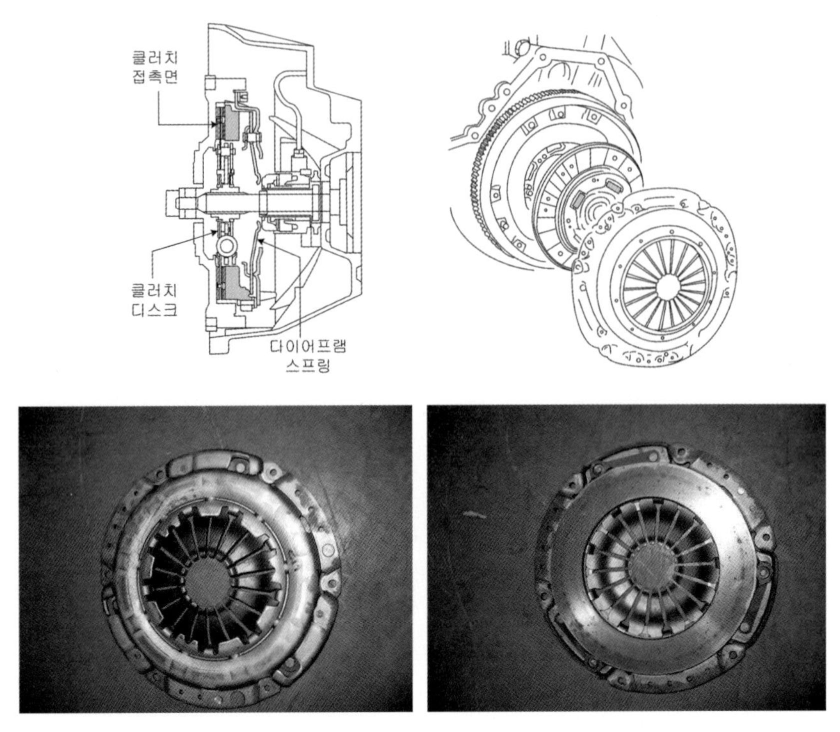

그림 4.32 **클러치의 단면도 및 구조**

를 볼 수 있다. 또한 2중 질량 플라이휠(dual mass flywheel, 세부내용은 제7장 제7절 참조)의 채택으로 현저한 진동저감 효과를 강구할 수 있다.

한편, 클러치 연결상태에서 발생할 수 있는 크리핑(creeping) 현상도 차량의 전후 방향 진동을 유발하게 된다. 여기서, 크리핑 현상이란 수동변속기 장착차량이 매우 정체된 도로에서 공회전에 가까운 엔진 회전수로 클러치가 연결된 상태에서 가속페달의 조작 없이 저속으로 주행하는 경우 차체에 발생되는 진동현상을 뜻한다. 이때에는 클러치와 구동축에 큰 비틀림 변위가 발생하게 되어 차체의 진동현상을 확대시키게 된다.

4.7.4 셔더 진동

차량의 정지상태에서 비교적 급격하게 출발하거나, 저속에서 가속페달을 급하게 조작하여 차량속도를 올리는 과정에서 발생하는 차량의 횡방향(차량 좌우 방향)의 진동현상을 셔더(shudder) 진동이라 한다. 셔더 진동은 앞바퀴 굴림차량의 구동축(drive shaft)에서 유발된 축방향의 진동현상이 동력기관과 현가장치 등을 통해서 차체로 전달되면서 나타나는 현상이다.

일반적으로 차량이 급하게 출발하는 경우에는 차량 앞부분은 윗방향으로 올라가고, 차량 뒷

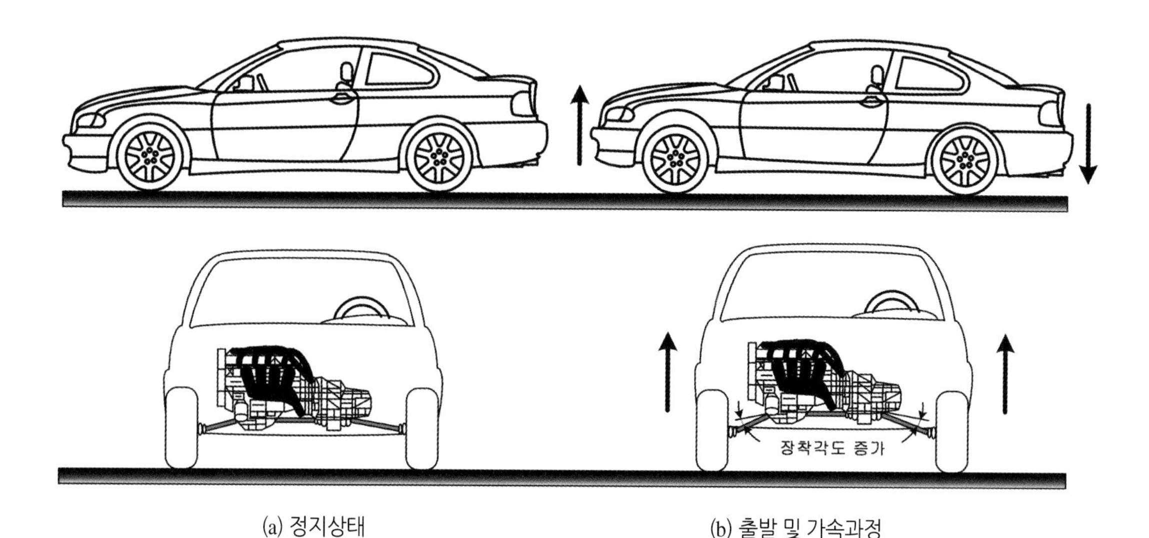

(a) 정지상태

(b) 출발 및 가속과정

그림 4.33 **출발과정의 스쿼트현상과 구동축의 장착각도 변화사례**

부분은 지면방향으로 내려가게 된다. 이를 스쿼트(squat)현상이라 하며, 차량 진행방향의 피치(pitch)운동을 뜻한다. 차량의 과도한 출발이나 속도 상승과정에서는 그림 4.33과 같은 스쿼트(squat)현상으로 인하여 차량 앞부분이 들어 올려지면서 구동축의 조인트 각도(joint angle) 또한 커지게 된다. 이럴 경우, 등속 조인트(CVJ, constant velocity joint)의 회전력 전달과정에서 축 방향(차량의 좌우 방향)으로 움직임과 작용력이 커지게 된다.

등속조인트의 핵심 부품으로는 그림 4.34와 같은 더블 오프셋 조인트(double offset joint, 이하 DOJ)와 트라이 포드(tripod, 이하 TJ) 조인트가 주로 사용되는데, 구동축의 장착각도(조인트 각도)가 커질수록 조인트 중심의 축방향 이동 및 이에 따른 작용력이 증대되어 원활한 동력 전달에 악영향을 끼치게 된다.

그림 4.34는 등속 조인트에 대표적으로 사용되는 DOJ와 TJ의 내부 부품을 비교한 것이다. 최근에는 구동축에 의한 공회전 진동현상과 함께 셔더진동의 개선을 위해서 TJ 방식의 핵심부품(spider)에 자유 링(free ring)을 적용시킨 SFJ(shudderless free ring joint)방식의 등속조인트를 채택하는 추세이다. 그림 4.35는 TJ가 적용된 구동축의 내부구조를 보여주며, 그림 4.36은 TJ와 SFJ의 핵심부품을 서로 비교한 사례이다. TJ에 비해서 세 개의 스파이더(spider)에 부착되는 롤러(roller) 부위의 링 크기 및 외관의 차이점을 확인할 수 있다.

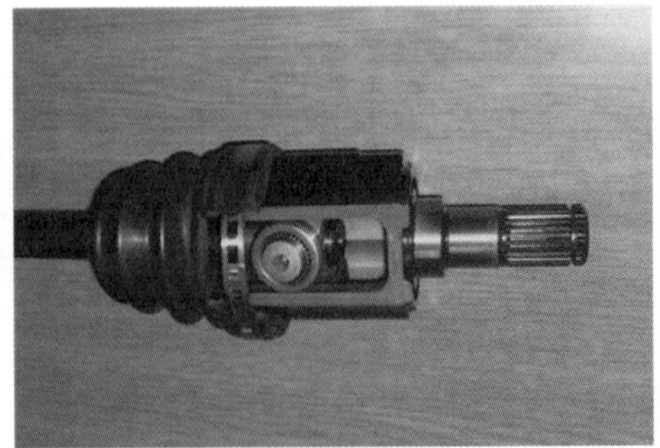

그림 4.34 DOJ와 TJ(우측)의 내부 구조 비교

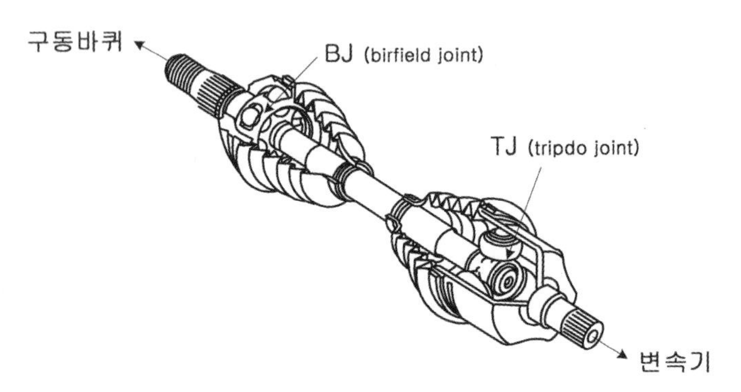

그림 4.35 TJ가 적용된 구동축의 내부구조

그림 4.36 TJ(좌측)와 SFJ의 핵심부품 비교

소음 발생현상 5장

5-1 부밍소음

빈번한 가속과 감속이 이루어지는 차량의 주행과정에서 특정한 주행속도나 엔진의 회전수 영역에 도달할 때마다 운전자와 탑승자의 귀를 압박하는 듯한 큰 소음이 차량 실내에서 발생할 경우, 이를 부밍소음(booming noise)이라고 한다. 일반적으로 차량이 정지한 공회전상태에서 출발하기 시작하여 주행속도가 증가될수록 실내소음도 비례해서 증가하기 마련이다. 이는 엔진과 구동장치들의 회전수 증대에 따른 소음 증가뿐만 아니라 각종 부품들의 진동증대와 더불어 타이어와 노면 간의 접촉에 따른 주행소음 등이 함께 커지기 때문이다. 자동차 제작회사에서는 차량의 주행속도가 커질수록 실내소음도 함께 증가되는 경향(기울기)을 그림 5.1의 화살

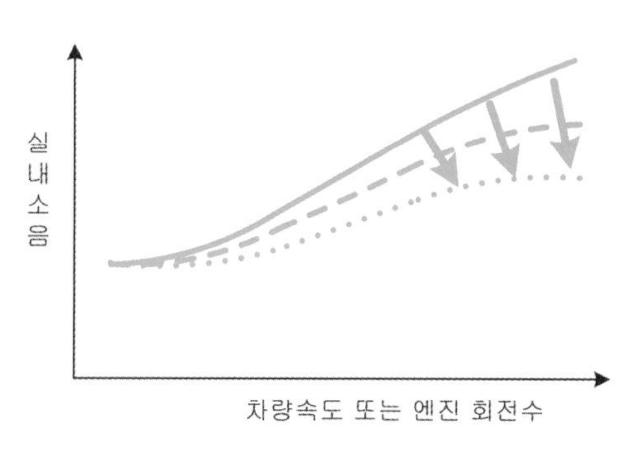

그림 5.1 속도 증가에 따른 실내소음 변화양상

표와 같이 최소화시키기 위해서 부단한 노력을 기울이기 마련이다. 부밍소음은 이러한 주행속도 증가에 따른 실내소음의 완만한 증가범위(추세)를 넘어서서 어느 특정한 주행속도나 엔진의 회전수 영역에서 실내공간의 소음이 급격하게 증대되는 현상을 의미한다.

부밍소음은 엔진의 회전수나 차량속도의 미세한 변화로 인하여 그림 5.2와 같이 차량 실내의 소음레벨이 일반적인 증가 수준보다 3 dB(A) 이상 크게 변화하는 현상을 뜻하며, 주로 200 Hz 이하의 순음(pure tone)에 가까운 소음이다. 다시 말해서 저속에서 고속까지 차량을 천천히

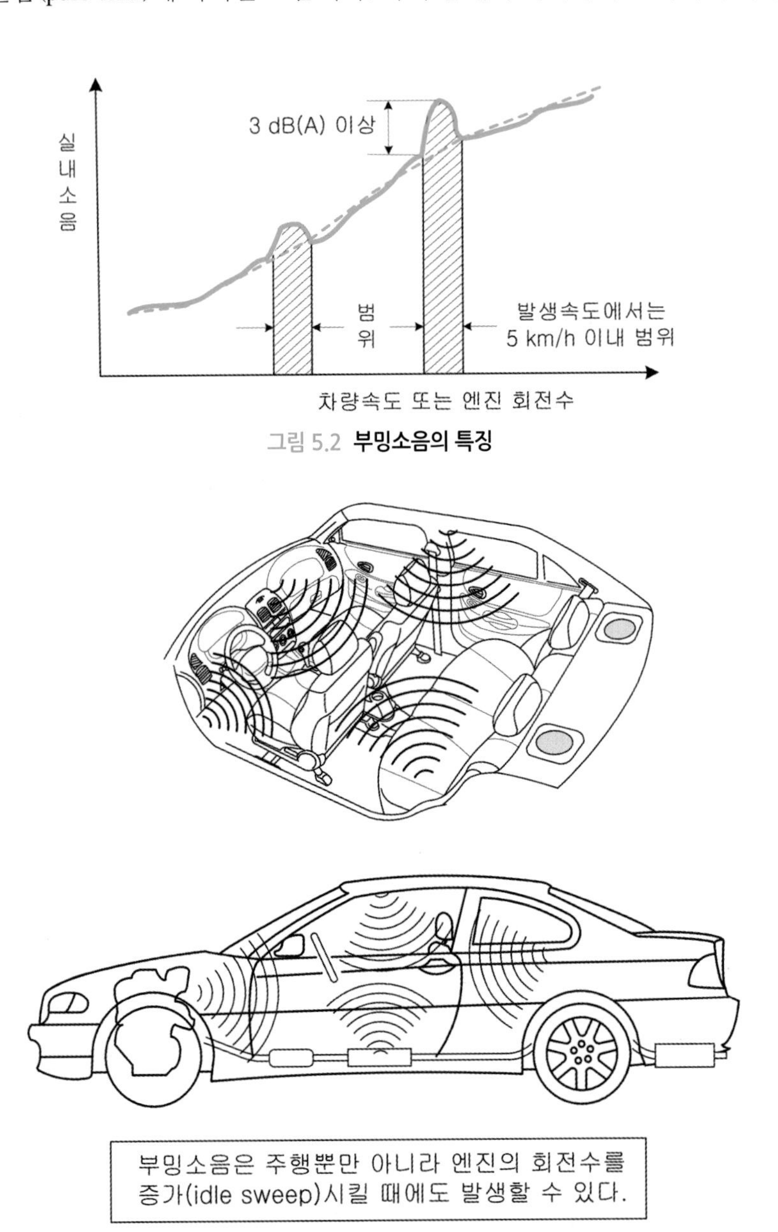

그림 5.2 **부밍소음의 특징**

그림 5.3 **자동차의 부밍소음**

가속하거나 감속하는 경우에, 특정한 차량속도나 엔진의 회전수에 이르게 되면서 실내소음이 급격하게 커지게 된다면, 이때의 소음을 부밍소음이라 부른다.

일반적으로 자동차 주행 시 빠른 속도로 터널 속에 진입하는 경우나, 높은 언덕길을 빠르게 주행해서 올라갈 경우에는 차량 실내의 대기압력이 크게 변화하여 탑승자의 고막이 밖으로 압축되거나 압입되어서 귀가 먹먹해지는 느낌을 받게 된다. 이와 같은 상태로 귀의 고막이 압박되면 인간은 불쾌한 느낌을 받게 되는데, 부밍소음이 발생할 때 느껴지는 귀의 압박감이 이와 아주 흡사하다. 즉, 부밍소음이 발생할 때에는 차량 내부의 공기압력 변동이 상당히 커져서 운전자나 탑승자의 고막을 압박시키기 때문이다.

부밍소음을 유발시키는 원인은 주로 엔진가동에 의한 가진력이지만 때로는 구동장치나 배기계 또는 차체가 엔진의 가진력에 의해서 공진함으로써 부밍소음이 더욱 크게 발생되기도 한다. 부밍소음은 차량의 주행속도에 따라서 저속, 중속, 고속 부밍소음으로 세분될 수 있다.

일반적인 부밍소음의 발생조건을 정리하면 다음과 같다.

1) 가속, 감속, 정속 등과 같은 다양한 주행상태에서 발생할 수 있지만, 일반적으로 가속하는 경우에 더욱 크게 발생한다.
2) 특정한 엔진의 회전수나 차량속도에 도달할 때마다 반복적으로 발생하고, 그 이외의 영역에서는 거의 발생하지 않는다.
3) 변속기어의 변속조건(변속단수)과 관계없이 발생할 수 있다. 이러한 경우, 부밍소음의 발생 여부는 엔진의 회전수 변화에 직접적으로 관련된다.
4) 부밍소음이 발생하는 주파수 범위는 비교적 좁은 주파수 영역이며, 특정한 차량속도에서 발생할 경우에도 속도편차가 5 km/h 내외의 좁은 범위를 갖는다.
5) 부밍소음이 엔진의 회전수와 연관될 경우에는 회전수를 서서히 변화시키지 않으면 발생 여부를 정확하게 확인하기 힘든 경우도 있다.

그림 5.4는 엔진의 진동과 소음현상에 의한 실내 부밍소음의 발생경로를 구분하여 나타낸 것이다. 차량 내부의 운전자와 탑승자가 느낄 수 있는 부밍소음을 주행속도 및 주요 부품(흡 · 배기계 및 구동축 등)별로 알아본다.

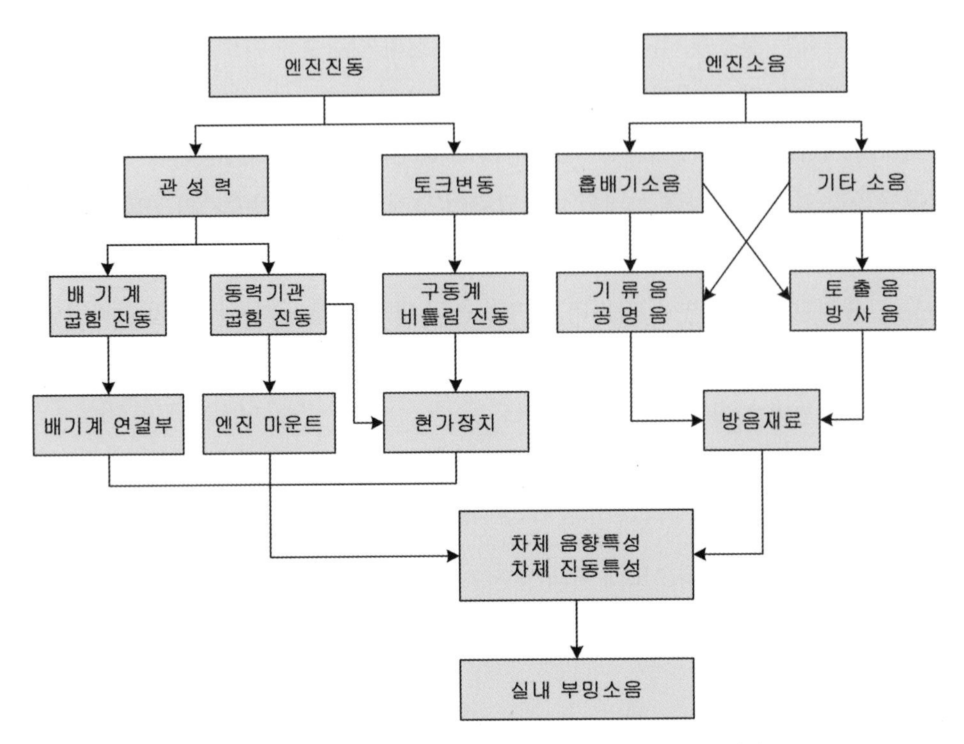

그림 5.4 **엔진의 진동과 소음현상에 의한 실내 부밍소음의 발생경로**

5.1.1 저속 부밍소음

(1) 저속 부밍소음의 정의

저속 부밍소음은 45 km/h 이하의 주행속도에서 차량을 가속하는 경우에 주로 발생하며, 차량의 주행속도가 높아지면서 부밍소음은 줄어든다. 간혹 공회전 상태에서도 부밍소음이 발생하는 경우도 있지만, 차체진동이 그리 심한 편은 아니다. 또 30~40 km/h의 주행속도에서 고속기어를 넣고서 가속페달로 무리하게 가속할 경우에도 부밍소음이 많이 발생할 수 있는데, 이는 와인드업(windup) 진동현상과 함께 발생되는 부밍소음으로 주요 원인은 엔진과 구동계(driveline)에서 발생되는 회전토크의 큰 변동이다. 여기서, 구동계는 변속장치와 구동축(drive shaft 또는 propeller shaft)을 포함하며, 엔진에서 생성된 동력을 차량의 주행조건에 맞도록 변환시켜주는 부품들을 뜻한다.

한편, 엔진의 구동토크는 실린더 내부의 연소실에서 이루어지는 가스 폭발력에 의해 발생하므로 회전력을 구동계에 보내주는 크랭크샤프트의 운동과정에도 회전 불균형이 포함되기 마련이다. 즉, 엔진으로부터 타이어까지 전달되는 구동 토크도 실제로는 회전 토크의 변화(torque fluctuation)를 포함하고 있다. 이렇게 토크의 변동을 내포하고 있는 구동력이 타이어

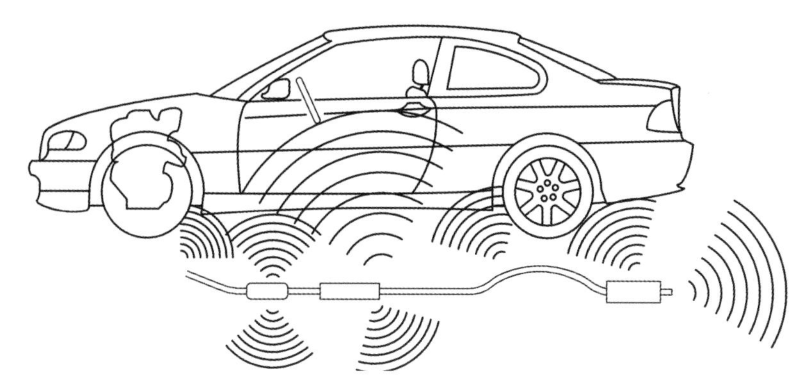

그림 5.5 **앞바퀴 굴림차량의 저속 부밍소음 사례**

에 전달되면, 이에 따른 반력 변화와 함께 현가장치의 스프링에서도 변형이 일어나면서 진동이 발생한다. 이때, 현가장치의 스프링이 크게 진동하거나 공진할 경우, 진동현상은 더욱 증대되면서 차체로 직접 전달되어 저속 부밍소음이 발생된다.

(2) 소음 발생현상 및 느낌

1) 저속에서 높은 기어로 무리하게 가속할 때 '부웅–' 하는 듯한 소음으로 귀에 압박감을 느낀다. 어디서 나는지는 몰라도 차량 실내에서 탑승객의 귀에 주파수가 낮은 저음의 소리가 느껴지게 된다.
2) 굳이 소음이라 말하기는 어렵지만, 탑승자의 귀에 압박감을 주면서 머리를 양쪽에서 약하게 누르는 듯한 느낌을 받는다.
3) 동시에 미세한 차체 진동현상을 느끼기도 한다.
4) 저속 부밍소음의 주파수는 일반적으로 30~100 Hz 영역이다.

(3) 소음 발생과정

발생원인: 엔진의 토크변동이 구동계에 비틀림 진동을 발생시키고, 현가장치의 공진으로 차체 패널(body panel)들이 떨게 되어 차량실내에서 소음을 발생시킨다(앞바퀴 굴림차량의 경우, 배기계 공진에 의해서 차체를 진동시킬 수도 있다). 그림 5.5와 같이 배기소음으로 인해 차체 바닥(floor panel)을 투과한 소음뿐만 아니라 진동현상으로 인하여 부밍소음이 발생할 수 있다.

1) 진동 및 소음발생원

① 엔진: 엔진의 토크변동으로 인하여 구동계에서 회전 방향의 비틀림 진동이 발생한다.

② 배기소음: 소음기(muffler)에서 완전히 소멸되지 않은 매우 큰 저음이 차체 패널을 진

동시킨다.

2) 전달계 · 공진계

① 구동장치: 구동계에서 비틀림 진동이 발생하고, 이에 따라 현가장치의 흔들림이 커지게 된다.

② 현가장치: 현가장치, 배기계 등의 진동현상에 의해서 차체 바닥이 진동한다.

3) 소음 발생부위

차체 패널이 진동하면서 실내 부밍소음이 크게 발생한다.

5.1.2 중속 부밍소음

(1) 중속 부밍소음의 정의

중속 부밍소음은 50~80 km/h 내외의 주행속도에서 가감속할 때나 또는 특정 속도로 정속 주행하는 경우에 많이 발생한다. 따라서 일반 소비자들의 시내 주행이나 자동차 전용도로의 운행조건과 매우 밀접하게 관련되어 있는 속도구간이라 할 수 있다. 주로 구동축의 비틀림 진동, 배기계의 진동 및 엔진의 진동전달에 의한 구조전달소음과 흡 · 배기계에 의한 공기전달소음의 영향 등으로 인하여 차량 실내에서 부밍소음이 발생한다.

(2) 소음 발생현상 및 느낌

1) 50~80 km/h 내외의 특정한 주행속도에서 귀를 압박하는 듯한 소음이 발생한다.

2)주행속도에 관계없이 특정한 엔진 회전수에 도달할 때마다 부밍소음이 발생할 수도 있다.

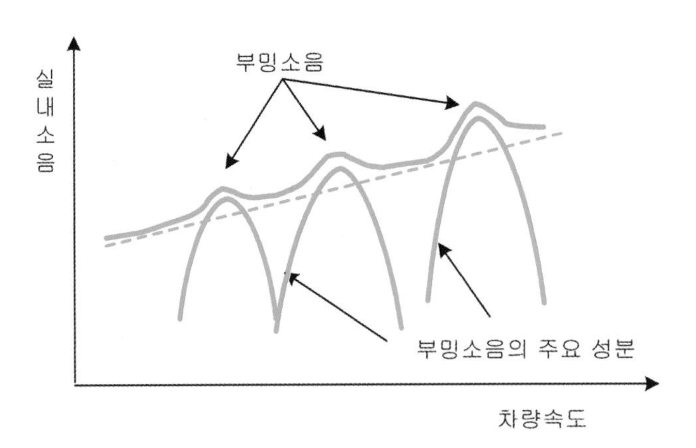

그림 5.6 **부밍소음의 측정 데이터**

(3) 소음 발생과정

중속 부밍소음의 발생원인을 주요 부품별로 고려하면 다음과 같다.

① 배기계의 공진에 의한 경우, ② 구동축의 불평형(unbalance)에 의한 경우, ③ 구동축의 비틀림 진동에 의한 경우, ④ 배기소음의 실내투과에 의한 경우, ⑤ 엔진의 진동이 엔진마운트를 통해서 차체로 전달되어 발생(특히 앞바퀴 굴림차량에서)하는 경우, ⑥ 흡기계의 공명음이 실내로 들어오는 경우(저부하에서는 잘 발생하지 않음), ⑦ 프로펠러 샤프트(propeller shaft)나 구동축의 조인트(joint) 각도에 의한 가진력이 현가장치에서 진동(windup 또는 shudder vibration)을 발생시켜서 차체로 전달되는 등과 같이 다양한 원인들에 의해서 발생한다.

1) 진동 및 소음발생원

① 엔진: 엔진의 토크 변동으로 인하여 크랭크샤프트의 회전방향으로 비틀림 진동이 발생된다.

② 흡기계: 흡기과정에서 발생되는 저음이 공기청정기(air cleaner)에서 공명되어 외부로 소음이 방출된다.

③ 배기계: 배기소음이 주위의 공기를 흔들어 공진시킨다. 배기소음 중에서 소음기(muffler)를 통해서도 소멸되지 않는 큰 저음이 차체 패널을 진동시킨다.

④ 구동축과 프로펠러 샤프트: 조인트 각도(장착각도)에 의해 프로펠러 샤프트나 구동축이 회전할 때마다 축방향의 진동을 발생시킨다.

2) 전달계 · 공진계

① 배기계: 엔진진동으로 배기계가 진동하면서 배기계의 지지장치(hanger bracket)를 통해 차체로 진동이 전달된다.

② 센터 베어링(center bearing) 및 후륜 현가장치: 프로펠러 샤프트의 진동이 센터 베어링을 통해서 차체로 전달된다. 프로펠러 샤프트의 비틀림 진동으로 인하여 현가장치에서는 상하방향의 진동이 발생한다.

3) 소음 발생부위

차체로 전달된 진동현상에 의한 구조전달소음과 외부에서 차량 내부로 유입된 공기전달소음이 혼합되어 실내 부밍소음을 발생시킨다.

5.1.3 고속 부밍소음

(1) 고속 부밍소음의 정의

고속 부밍소음은 80 km/h 이상의 빠른 주행속도에서 가감속할 때나 또는 정속주행하는 경우에 주로 발생하며 특정한 엔진 회전수나 주행속도에 도달할 때마다 반복적으로 발생하고, 그 외의 속도에서는 거의 발생하지 않는다. 부밍소음이 발생하는 주행속도의 범위는 발생하는 속도의 ±5 km/h 내외 범위이며, 특히 엔진의 회전수와 관련될 경우에는 회전수를 천천히 변화시키는 경우가 아니라면 부밍소음이 발생하는 범위(회전수 영역)를 빠르게 통과하기 때문에 운전자나 탑승자가 제대로 느끼지 못하는 경우도 있다.

고속 부밍소음의 발생원인은 엔진에서 발생되는 진동현상이 엔진 마운트를 통해서 차체로 전달되거나, 배기관(exhaust pipe)의 공진현상이 지지장치를 통하여 차체로 전달되어 발생하는 구조전달소음이라 할 수 있다. 또 엔진의 방사소음이나 배기소음이 대시 패널(dash panel, 엔진룸과 실내 탑승공간을 구분하는 운전석 앞쪽의 패널을 의미한다)이나 차체 바닥 등을 투과하여 실내로 직접 전달되기도 하며, 공기청정기에서 발생하는 낮은 주파수의 공명음이 실내로 유입되는 공기전달소음도 포함된다.

(2) 소음 발생현상 및 느낌

1) 80 km/h 이상의 고속주행에서 탑승자의 귀를 압박하는 듯한 소음이 발생한다.
2) 정지상태에서 가속페달을 이용하여 엔진의 회전수를 인위적으로 높일 경우에도 발생할 수 있다.

(3) 소음 발생과정

고속 부밍소음의 발생원인은 중속 부밍소음과 매우 유사하며, 엔진에서 발생된 진동으로 동력기관과 보조 주변장치가 공진하게 되면서 현가장치, 엔진 마운트 등을 통해 차체로 전달되어 부밍소음을 발생시킨다.

1) 진동 및 소음발생원

① 엔진: 엔진의 토크 변동으로 인하여 크랭크샤프트의 회전방향으로 비틀림 진동이 발생한다.

2) 전달계 · 공진계

① 각종 보조기구: 엔진의 진동에 의해 동력기관의 보기(bogie, 동력조향펌프, 에어컨 컴프레서, 발전기 등을 의미한다)류가 공진하면서 현가장치와 엔진 마운트 등을 통

해서 차체로 진동이 전달된다.

3) 소음 발생부위

동력기관이나 보기류 등의 공진에 의한 진동 전달로 인하여 차체 패널이 진동하면서 실내 부밍소음이 발생하고, 배기소음이나 흡기소음 등이 공기를 통하여 실내로 투과되어 부밍소음을 유발시키기도 한다.

(4) 참고사항

1) 대부분의 부밍소음은 여러 개의 원인들이 복합적으로 발생하기 때문에, 하나의 원인분석 및 해결만으로는 부밍소음이 저감되지 않는 경우가 많다.
2) 고속 부밍소음은 차량의 주행속도나 엔진 회전수가 높아질수록 소음의 주파수 영역도 높아진다.
3) 고속 부밍소음은 각 부품들의 회전이 빠르기 때문에 약간의 불평형(unbalance)이라도 큰 레벨의 소음을 발생시킬 수 있다.

5.1.4 배기계 진동에 의한 부밍소음

(1) 배기계 진동

배기계(exhaust system)가 실내소음에 영향을 미치는 주요 요소로는 엔진의 배기가스가 통과하면서 배기계 표면에서 방사되어 전달되는 소음(공기전달소음) 이외에도 배기계 자체의 진동현상이 차체로 전달되어 실내에서 발생된 부밍소음(구조전달소음)이 있다. 중형 승용차에 장착되는 배기계의 총 중량은 대략 30 kg 내외이며, 차량의 전면부위인 엔진부터 시작하여 차량 뒷부분까지 길게 장착되어 있다. 거의 차체길이에 육박하는 배기계는 그만큼 쉽게 흔들릴 수 있으며, 엔진의 가진으로 인한 배기계의 진동이 차량의 실내소음을 크게 악화시킬 수 있다. 즉, 엔진에 직접 연결되어 있는 배기계는 엔진의 흔들림으로 인하여 수직이나 수평방향의 굽힘(bending)형태와 같은 진동현상이 쉽게 발생할 수 있다.

그림 5.7은 배기계의 수직방향 진동형태(진동모드)를 보여준다. 엔진진동으로 인해 배기계의 진폭이 커지거나 특정한 주행속도나 엔진 회전수에서 공진하게 될 경우에는 배기계의 진동현상이 더욱 확대될 수 있다. 이러한 진동이 배기계와 차체 간의 연결부위(지지고무와 브래킷)를 통해 차체로 전달되면서 실내의 각종 패널들을 진동시켜서 부밍소음을 유발하게 된다. 이때 소음기 및 배기관을 차체와 연결하는 부위를 인위적으로 제거할 경우(브래킷과 지지고무의 일시적인 단절)에는 진동 전달통로를 일시적으로 차단하게 되므로 배기계의 진동

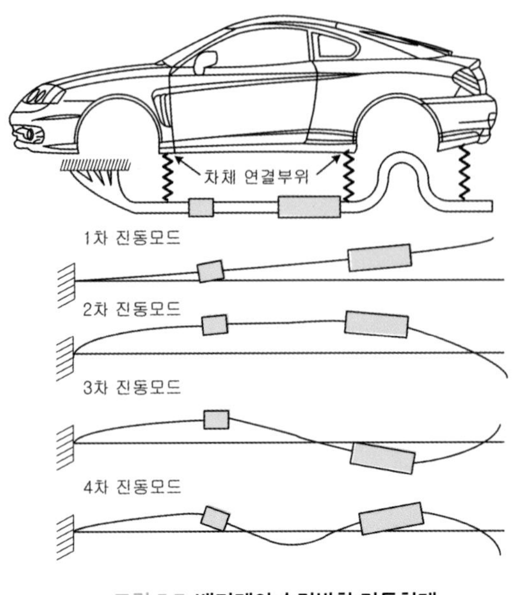

그림 5.7 **배기계의 수직방향 진동형태**

현상에 의한 실내 부밍소음은 사라지게 된다. 이렇게 구조전달소음의 전달요소를 일시적이나마 인위적으로 제거시키는 방법은 배기계의 진동현상에 따른 부밍소음원 파악에 쉽게 응용될 수 있다.

(2) 소음 발생현상 및 느낌

1) 공회전이나 차량주행 시 실내에서 낮은 주파수의 압박음을 느끼게 된다.
2) 정차 중에서도 발생할 수 있으며, 가속페달로 엔진의 회전수를 변화시키면 배기계 진동에 의한 부밍소음의 특성도 함께 변화된다.

(3) 소음 발생과정

발생원인: 엔진진동과 배기계의 공진현상으로 진폭이 크게 확대되고, 배기계와 차체 간의 연결부위를 통해서 차체로 진동현상이 전달된다. 이는 차체 패널의 진동을 유발하여 실내의 공기를 가진시켜서 부밍소음이 발생한다.

1) 진동 및 소음발생원

엔진구동 시의 가스폭발력, 토크 변동, 피스톤을 비롯한 운동부품들의 관성력 등이 작용하면서 엔진의 진동현상이 발생한다.

2) 전달계 · 공진계

엔진의 진동현상(가진 진동수)이 배기계의 고유 진동수에 접근하거나 일치할 경우에는 진동현상이 크게 증대된다. 이때 배기계와 차체를 연결하는 지지고무와 브래킷을 통해서 충분히 흡수되지 못한 배기계의 진동에너지가 차체로 전달될 수 있다.

3) 소음 발생부위

배기계의 진동현상이 차체 패널(body panel)에 전달되어 가진되면서 실내공명에 의한 부밍소음이 발생한다.

(4) 참고사항

배기계의 진동을 저감시키기 위해서는 배기계 자체의 진동절연장치(벨로즈, 스프링 조인트 등) 채택, 연결부위(hanger)의 위치 변경이나 배기계의 적절한 위치에 동흡진기(dynamic absorber)를 추가시키기도 한다(그림 7.98 참조). 또한 해석적인 방법인 유한요소법(세부내용은 제10장 참조)에 따른 개선방안을 강구할 수 있으나, 대부분 차체 바닥부위의 한정된 공간과 여타 부품들과의 간섭문제로 말미암아 배기계의 구조적인 변경에 많은 제한을 받게 되므로 적절한 대책이 되지 못하는 경우가 많다. 이때에는 배기계와 차체를 연결하는 고무의 재설계를 통한 진동절연방안이 효과적인 방법(대책)이라 할 수 있다.

그림 5.8은 승용차와 상용차량에 사용되는 배기계의 지지고무(hanger rubber) 및 장착사례를 보여준다. 이와는 별도로 배기계를 지지하는 브래킷(bracket)의 진동현상이 문제되는 경우에는 브래킷의 강성보강을 통해서 소음발생현상을 억제시킬 수 있다. 배기계의 진동현상에 대한 세부사항은 제7장 제10절을 참고하기 바란다.

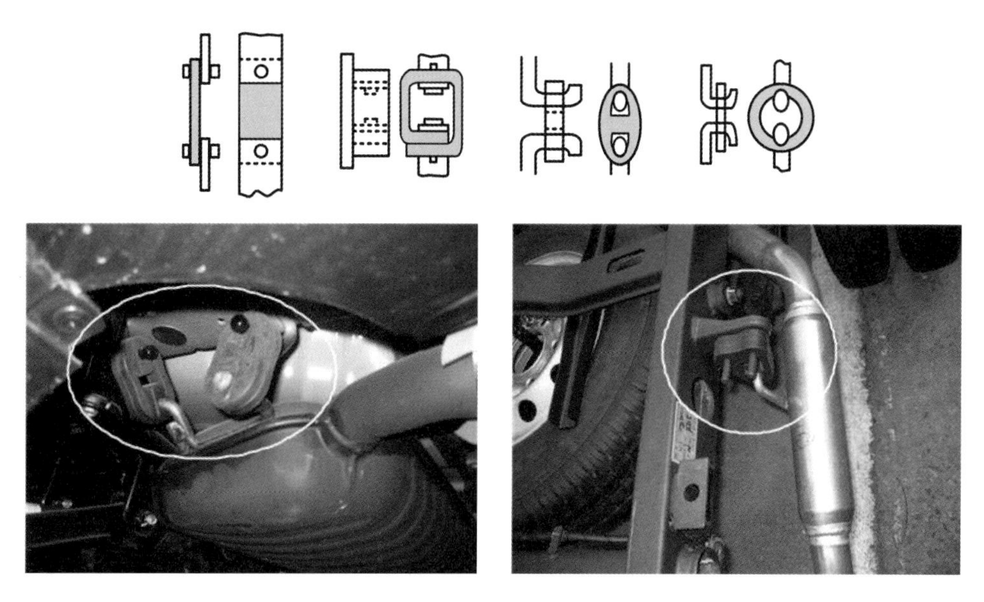

그림 5.8 **배기계의 지지고무 및 장착사례**

5.1.5 배기소음에 의한 부밍소음

(1) 배기소음의 정의

엔진 내부의 연소실에서 이루어진 연료의 폭발(연소)로 인하여 발생된 배기가스는 높은 온도와 압력으로 인하여 매우 큰 소음을 발생시킨다. 이를 배기소음이라 하며, 엔진의 배기계를 통하여 차량외부로 배출되는 과정에서 크고 작은 다양한 소음기(muffler)를 거치면서 소음이 줄어들게 된다. 하지만 낮은 주파수의 배기소음은 음향파워가 크고 파장이 길기 때문에 완전히 제거되지 않고 차체 바닥이나 패널 등을 통해 실내로 유입되면서 저속 부밍소음을 일으킬 수 있다. 일반적으로 엔진의 공회전 상태에서 발생되는 실내소음의 대부분은 배기소음에 의한 것이라고 할 수 있다.

(2) 소음 발생현상 및 느낌

1) 저속에서 높은 엔진 회전수로 가속할 때 귀를 압박하는 듯한 느낌을 받으면서 동시에 차체, 시트에서도 진동현상이 느껴질 수 있다.
2) 배기소음에 의한 부밍소음은 공기전달소음이기 때문에 배기 지지계(지지고무와 브래킷)를 통해서 전달되지 않는다. 따라서 배기 지지계를 인위적으로 제거하더라도 실내에서 발생하는 부밍소음이 줄어들거나 변화되지 않는 것을 확인할 수 있다. 이러한 방법으로 배기소음 및 배기계 진동에 의한 부밍소음을 쉽게 구별할 수 있다.

(3) 소음 발생과정

발생원인: 엔진과 배기계에서 유발된 배기소음이 차체 바닥(floor panel) 및 패널(panel) 등을 투과하거나 진동시켜서 차량 실내에 부밍소음을 발생시킨다.

1) 진동 및 소음발생원
   ① 엔진: 엔진 내부의 연소과정에서 발생된 높은 압력의 배기가스가 배기밸브를 통해 빠져 나가면서 배기소음을 방사하게 된다.
   ② 배기소음: 배기소음 중에서 소음기를 통과하면서 완전히 저감되지 않은 낮은 주파수의 소음이 주위 부품들을 진동시킨다.
2) 전달계 · 공진계
   배기소음이 공기를 통해서 대시 패널이나 차체 바닥, 도어 등을 직접 투과하거나 또는 미세한 틈(간극)이나 구멍을 통해서 차량 실내로 유입된다.

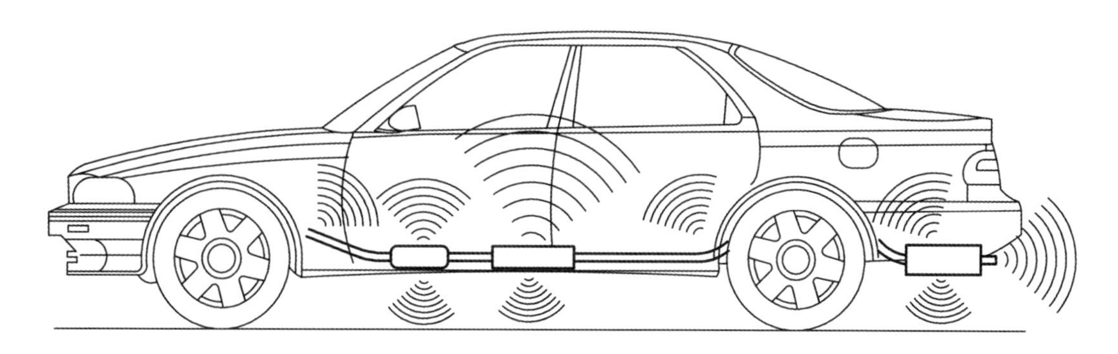

그림 5.9 **배기소음에 의한 부밍소음**

3) 소음 발생부위

차량 실내로 유입된 배기소음과 차체 패널의 진동현상에 의해서 차량 실내에서 부밍소음이 발생한다.

(4) 참고사항

배기계의 주목적은 배기가스의 원활한 배출을 위해 배기저항을 최소화시켜서 엔진의 기본적인 출력을 확보하고, 배기가스의 정화 및 배기소음의 저감이라 할 수 있다. 따라서 자동차 진동소음현상의 저감을 위해서는 배기밸브를 통해서 배출되는 실린더 내부의 고압 연소가스가 대기 중으로 방출되면서 발생되는 190 dB 이상의 소음을 줄여야 하며, 배기계의 진동특성이 차량 실내외의 소음에 영향을 끼치지 않도록 설계되어야 한다. 참고로 배기소음의 주성분은 실린더 내의 고압 연소가스가 급격히 분출될 때 발생하는 압력파 성분이며, 주파수영역이 130 Hz 이하의 저주파 소음으로 약 3.7 m 내외의 긴 파장을 갖는다. 또 엔진의 출력손실을 최소화시키기 위해서 배기가스의 흐름저항(배압, back pressure)이 최소화될 수 있도록 배기흐름을 원활하게 유도해야 한다.

배기계로부터 발생되는 소음으로는 개구부(차량 맨 뒤의 배기 파이프 끝단을 의미한다)에서 방사되는 배기 포트 토출음과 배기관 외벽이 진동함으로써 발생되는 표면 방사음이 있다. 배기계 개구부로부터의 방사소음을 경감시키기 위한 목적으로는 소음기(muffler)가 널리 사용되며, 소음 저감원리를 기준으로 공동형(cavity type), 간섭형(interference type), 흡음형(absorption type) 및 공명형(resonator type) 등이 있는데, 실제 자동차용 소음기는 이들의 장점을 취합한 혼합형이 주로 사용된다. 소음기에 대한 세부적인 내용은 제7장 제10절을 참조하기 바란다.

5.1.6 흡기소음에 의한 부밍소음

(1) 흡기소음의 정의

흡기소음은 엔진의 흡입과정 중에서 흡기밸브의 개폐에 따라 유발되는 기류의 맥동압력과 흡기관 내부의 공명현상에 의해서 발생되는 소음을 뜻한다. 흡기소음은 완가속 시에는 잘 파악되지 않으나, 급가속 시에는 비교적 뚜렷하게 확인할 수 있다. 자동차의 흡기소음은 일반적으로 600 Hz 이내의 저주파 소음으로, 차량 실내로 전달되어 부밍소음의 원인이 되며 승차감 및 실내 음질에도 악영향을 끼치게 된다. 특히, 자동차의 외부소음 중에서 흡기소음이 차지하는 비중은 약 30%에 달할 정도이다. 이러한 흡기소음의 저감을 위해서 공기 청정기(air cleaner)를 비롯한 흡기계 부품의 개선이 이루어지며, 문제되는 특정 주파수의 흡기소음을 제거하기 위해서 흡기계에 공명기(resonator)를 적용시킬 수 있다.

(2) 소음 발생현상 및 느낌

엔진의 작동소음과 흡기소음들이 차량 실내로 유입되어 부밍소음을 발생시키며, 엔진 회전수가 올라갈수록 발생소음도 비례해서 커진다.

1) 엔진 특유의 큰 소음이 차량 실내로 투과된다.

2) 엔진의 회전수가 빠르게 상승할수록 흡기소음도 더욱 커진다.

(3) 소음 발생과정

발생원인: 엔진의 흡기계에서 발생된 흡기소음이 엔진룸에서 대시 패널(dash panel), 차체 바닥 등을 통과(투과)해서 차량 실내로 유입된다.

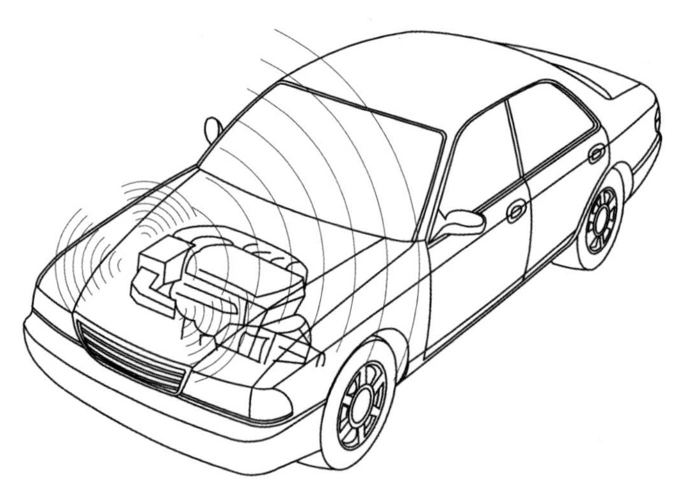

그림 5.10 **흡기소음에 의한 부밍소음**

1) 진동 및 소음발생원

① 흡기계: 흡기계는 엔진작동에 필요한 공기를 공급하는 부품으로 공기 흡기구(air snorkle), 공기청정기(air cleaner), 흡기 덕트(intake duct) 및 흡기 다기관(intake mani fold)에서 완전히 저감되지 않은 낮은 주파수의 소음이 크게 발생하여 흡기계 입구로 방출된다.

2) 투과부위

① 차체: 흡기소음이 차체의 대시 패널이나 차체 바닥(floor) 등을 투과해서 차량 실내로 유입된다. 또 배기소음과 마찬가지로 조향축과 대시 패널 간의 관통부위, 각종 케이블 통로 및 변속기어 레버의 구멍이나 간극 등을 통해서 흡기소음이 차량 실내로 쉽게 유입될 수 있다.

(4) 참고사항

터보(turbo charger)장치가 장착된 차량에서는 자연흡기방식(NA, natural aspiration)에 비해서 흡기용 덕트의 길이가 2배 이상 길고, 중간 냉각기(intercooler)에서도 흡기소음이 많이 감

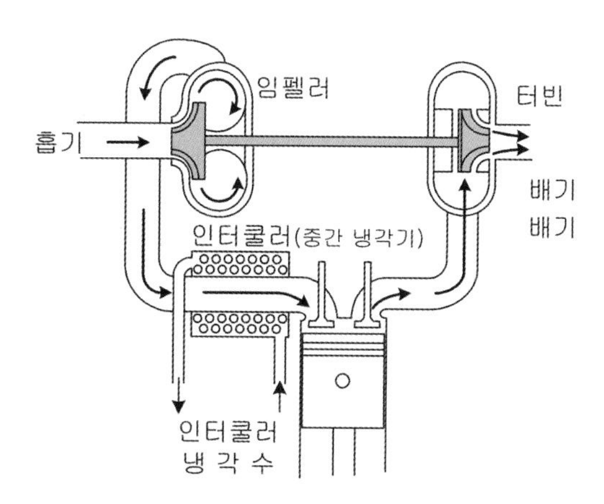

그림 5.11 **터보장치가 장착된 흡기계의 개략도(위 사진) 및 터보장치의 흡기구 및 단면도(아래 사진)**

소되기 때문에, 흡기소음에 의한 실내 부밍소음을 저감시키기 위한 별도의 공명기는 부착하지 않는 경향이다. 하지만 자연흡기방식의 엔진에서는 발생하지 않는 수 kHz 영역의 높은 소음(whistle noise, 휘파람 소리와 유사한 높은 주파수의 소음)과 거친 느낌의 기류소음 등이 발생할 수 있다. 또한 터보장치가 장착된 디젤 엔진에서는 흡기계 공기청정기의 청결상태가 실내소음에 큰 영향을 끼치게 된다. 대기 중의 먼지나 오염물질이 터보장치에 유입될 경우, 고속 회전하는 임펠러의 평형에 악영향을 주며, 심할 경우에는 부분적인 파손으로 심각한 소음을 방출할 수 있기 때문이다. 여기서 언급된 흡기소음과 공명기 등에 대한 세부적인 사항은 제7장 제9절을 참고하기 바란다.

5.1.7 구동축 진동에 의한 부밍소음

조립이 완료된 엔진은 자동차 엔진룸에 장착되면서 변속기, 흡배기장치, 냉난방 장치 및 구동축 등도 엔진과 함께 결합되므로 엔진 본래의 진동특성은 크게 변화하기 마련이다. 특히, 엔진과 변속장치(transmission 또는 transaxle) 간의 결합강성[체결상태를 의미하며, 변속기의 외관(housing) 특성에 크게 좌우된다]에 의해서 엔진 본래의 고유 진동수(약 500 Hz 이상)보다 훨씬 낮은 진동수 영역에서 굽힘 진동현상이 쉽게 발생하게 된다. 이는 동력기관의 강성보다는 변속장치와 기타 연결부품으로 인한 질량증가로 인하여 동력기관의 고유 진동수가 낮아지기 때문이다. 이러한 엔진과 변속장치로 이루어진 동력기관(powertrain)의 굽힘진동은 엔진 마운트와 구동축을 통해서 차체로 전달되어 실내소음에 악영향을 주게 된다.

특히, 소형차량용 엔진에서는 허용 토크가 훨씬 큰 전륜변속기(transaxle)와 장착되는 경우가 많기 때문에, 동력기관의 1차 굽힘 진동수가 120 Hz 부근까지 낮아지기도 한다. 이럴 경우, 4기통 엔진에서는 3,600 rpm에 해당되는 엔진 가진 진동수(exciting frequency)의 2차 성분(2nd order)과 동력기관의 1차 굽힘진동 고유 진동수가 서로 일치하게 되므로, 동력기관의 과도한 진폭 증대현상으로 말미암아 차량 실내에서는 심각한 부밍소음을 초래할 수 있다. 더불어 동력기관에 직결되어 있는 구동축(drive shaft) 등과 같이 실내소음에 영향을 크게 미칠 수 있는 여러 부품들의 공진 진동수가 산재해 있어서 심각한 소음문제를 발생시킬 수 있다. 특히, 과격하게 가속페달을 조작하면서 운전(power drive)하게 된다면, 동력기관과 구동축의 과도한 진동현상으로 말미암아 더욱 심각한 부밍소음을 야기할 수 있다.

그림 5.12는 후륜구동차량의 다양한 운전조건에 따른 구동축의 변화현상을 나타낸 것이며, 그림 5.13은 전륜 구동차량의 구동축 진동현상 및 구조를 나타낸 것이다. 상기 그림들만 보더

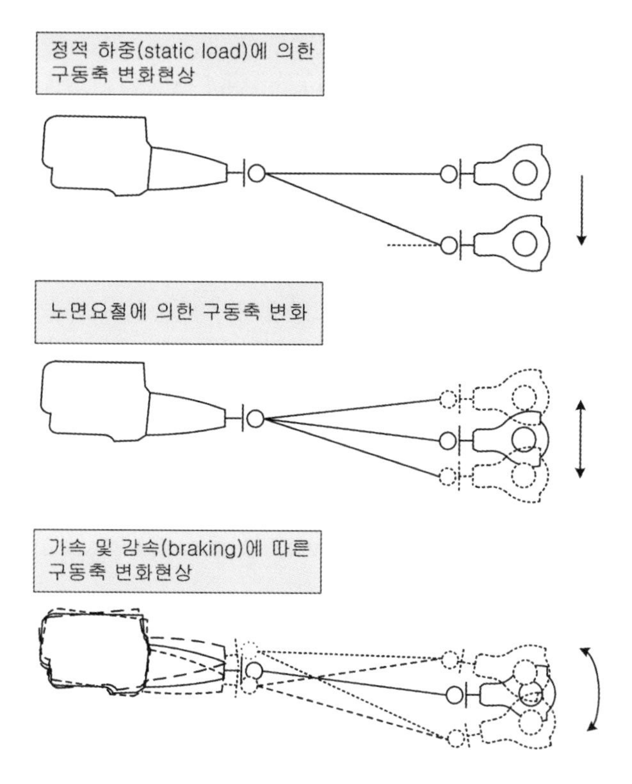

그림 5.12 **구동축의 변화현상(후륜구동차량)**

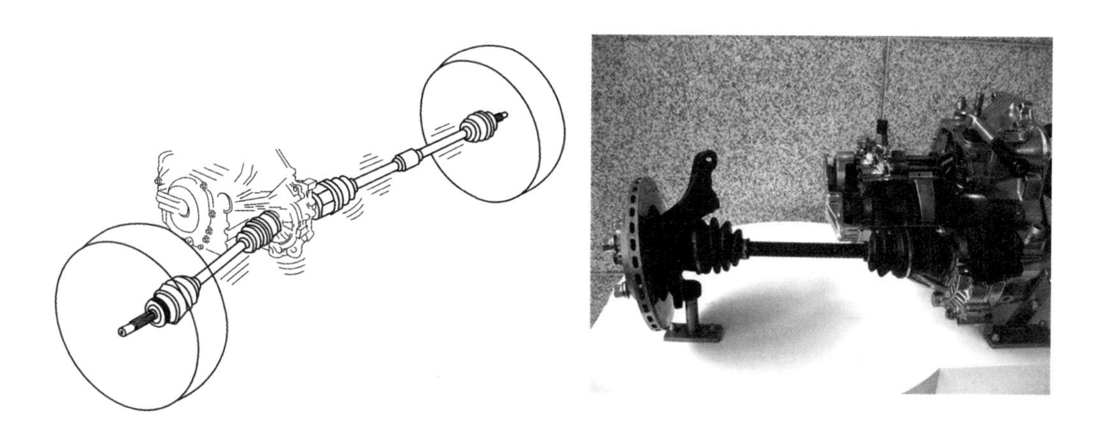

그림 5.13 **구동축의 진동현상 및 구조(전륜구동차량)**

라도 적재물의 변화, 노면의 요철특성 및 차량의 가감속과 같은 속도변화 등의 요인들로 말미암아 구동축의 진동현상이 다양하게 발생함을 알 수 있다. 이러한 구동축의 진동현상에는 장착각도(또는 꺾임각이라고도 함)의 변화, 구동축 자체의 길이 변화와 더불어 굽힘 및 비틀림 진동까지 포함된다.

(1) 구동축의 진동현상

1) 엔진에서 생성된 회전력(구동 토크)은 변속기→구동축→타이어로 전달되고, 동력기관의 진동현상에 의해서 구동축 자체에서는 굽힘 및 비틀림 진동현상이 발생한다.
2) 엔진 회전에 의한 가진 진동수(exciting frequency)가 구동축 자체의 고유 진동수에 접근하거나 일치될 경우에는 진폭이 더욱 증대된다.
3) 이러한 진동이 너클(knuckle)을 포함한 조향장치나 현가장치 등을 통해서 차체로 전달되면서 부밍소음을 발생시킨다.

(2) 소음 발생현상 및 느낌

주행과정에서 엔진의 어느 특정한 회전수나 주행속도에 도달할 때마다, 구동축에서는 과도한 진동현상이 발생하면서 차체로 전달되어 차량 실내에서 부밍소음이 발생한다.

(3) 소음 발생과정

발생원인: 구동축의 불평형(unbalance)이나 굽힘 또는 비틀림 진동현상이 구동계와 조향장치, 현가장치 등을 통해서 차체로 전달되고, 이에 따라 차체 패널이 실내공기를 진동시켜서 부밍소음이 발생한다.

1) 진동 및 소음발생원

구동축에 불평형 질량이나 장착각도(꺾임각 또는 조인트 각도라고도 함)의 증대, 굽힘 및 비틀림 진동현상이 발생할 경우에는 구동축의 회전과정에서 진동현상이 크게 발생된다. 그림 5.14는 구동축의 주요 진동원인을 나타낸다.

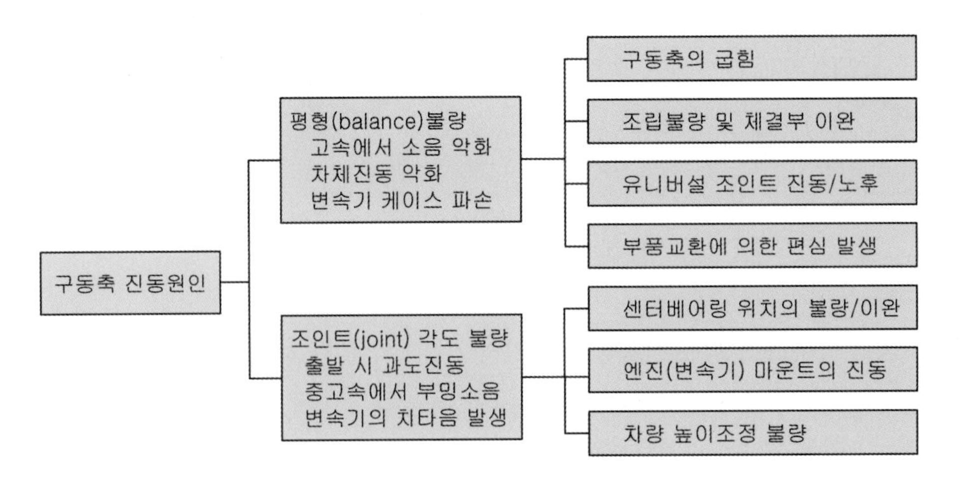

그림 5.14 **구동축의 주요 진동원인**

2) 전달계 · 공진계

① 센터 베어링(center bearing): 구동축에서 발생된 진동현상으로 인하여 그림 5.15와 같이 후륜구동차량의 구동축인 프로펠러 샤프트(propeller shaft)를 지지해주는 센터 베어링이 크게 진동하게 된다. 센터 베어링과 후방 엔진 마운트(engine mount, 엔진 지지장치)를 통해서 진동현상이 차체로 전달된다.

② 현가장치: 구동축의 진동이 너클이나 스프링, 링크 등을 통해서 차체로 전달된다. 후륜 현가장치가 상하방향으로 크게 흔들리면서 차체로 진동이 전달된다.

3) 소음 발생부위

차체 패널(body panel)이 진동하면서 차체 실내공간의 공명에 의한 부밍소음이 발생된다.

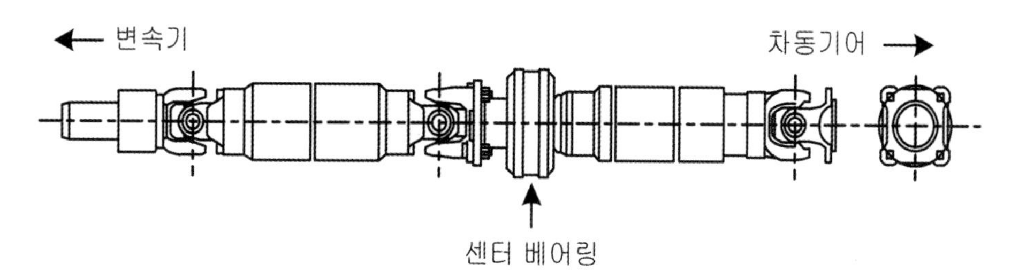

그림 5.15 **후륜구동차량용 구동축(프로펠러 샤프트)과 센터 베어링**

(4) 참고사항

구동축에 불평형(unbalance) 질량이 있으면 주로 1차(구동축의 회전수와 같은 진동수)의 진동이 발생하며, 조인트(joint) 각도(꺾임각)에 문제가 있는 경우에는 주로 구동축 회전수의 2차(2배)에 해당하는 진동이 발생한다.

1) 구동축 진동의 대책방안

구동축의 굽힘진동으로 인한 실내 부밍소음이 문제될 경우에는 구동축의 허용강도 내에서 직경을 변경하거나 동흡진기(dynamic vibration absorber)를 추가 장착할 수 있다. 대부분의 전륜구동차량에서는 구동축에 굽힘진동을 억제시키는 동흡진기를 장착하고 있다. 동흡진기에 대한 세부적인 사항은 제11장 제1절을 참고하기 바란다. 또 그림 5.16과 같이 구동축 자체를 굵은 중공(中空, hollow shaft)축으로 설계 · 제작하여 구동축 자체의 고유 진동수를 엔진의 가진 진동수나 문제되는 특정 속도의 회전 진동수보다 높여서 서로 이격시키는 방법도 강구할 수 있다. 중공축이 적용된 구동축은 구동축 진동현상으로 인한 부밍소음을 근원적으로 해결할 수 있다.

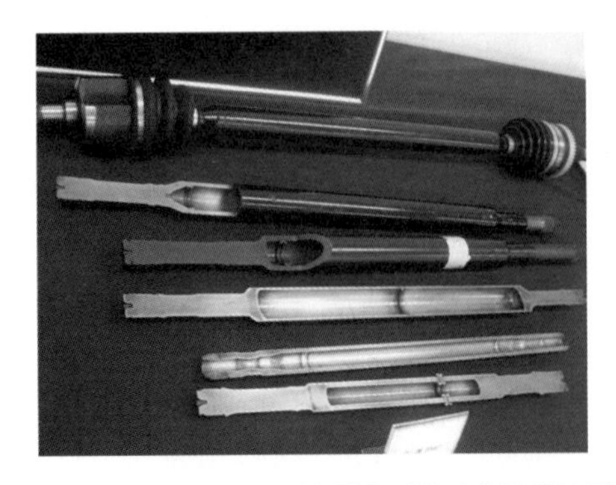

그림 5.16 **구동축의 중공(中空)축 적용사례 및 내부 단면**

2) 조인트 특성에 의한 진동

자동차뿐만 아니라 일반적인 기계장치에서 구동력을 전달하는 2개 이상의 축(shaft) 사이에서 각도변화가 있을 경우, 이를 해결하는 주요 부품을 조인트(joint)라 하며 유니버설 조인트(universal joint, 또는 Hook joint라고도 함)가 대표적이라 할 수 있다. 그림 5.17은 유니버설 조인트의 개략도와 적용사례를 보여준다. 유니버설 조인트는 후륜구동차량의 프로펠러 샤프트, 핸들(steering wheel)의 회전을 앞바퀴까지 전달하는 조향축의 연결부품 등에 주로 적용되고 있다.

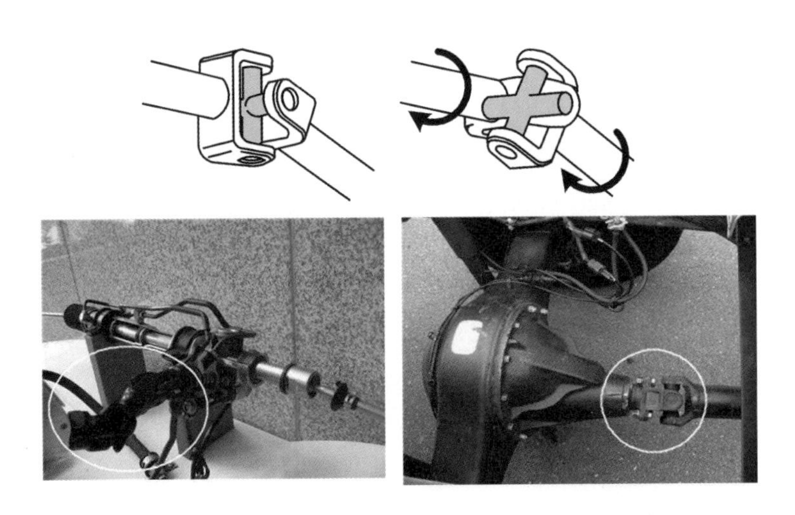

그림 5.17 **유니버설 조인트의 개략도 및 적용사례(아래 사진)**

유니버설 조인트는 설계구조상 내부 부품들 간의 마찰에 의한 반발력이 발생하기 때문에 종종 진동문제가 야기될 수 있다. 유니버설 조인트에 의해 구동되는 회전축에서는 구동(drive)축이 비록 일정한 각속도로 회전하더라도, 피동(driven)축에서는 축 사이의 꺾임각인 조인트 각도에 의해서 각속도의 변화가 발생될 수밖에 없다. 이와 같은 문제를 보완하기 위해서 두 개의 조인트를 사용하여 첫 번째 조인트에서 발생된 속도변화를 두 번째 조인트에서 보완하도록 배열하기 마련이다. 이러한 조인트를 더블 카아단(double cardan) 조인트라고 한다. 하지만 조인트 각도가 커질수록 구동축과 피동축 사이의 각속도(회전수) 변화가 증대되면서, 이에 따른 가속도 역시 커지게 된다. 이러한 피동축의 각속도 및 가속도의 변화는 구동축의 비틀림 진동에 영향을 미치며, 회전에 따른 부하토크에 의해서 조인트 부위에서는 그림 5.18과 같이 2차 모멘트가 발생하게 된다. 조인트 부위에서 발생된 2차 모멘트는 피동축에 횡진동(lateral vibration)을 일으켜서 비틀림 진동 현상을 더욱 악화시키게 된다.

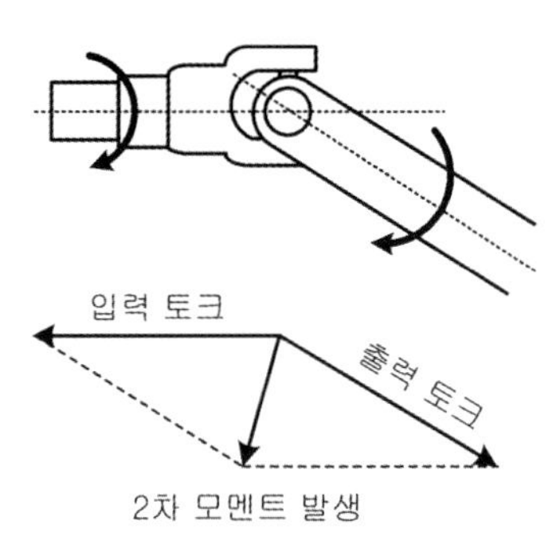

그림 5.18 **유니버설 조인트의 발생력**

이렇게 구동축의 진동현상은 축 사이의 꺾임각인 조인트의 각도에 많은 영향을 받으므로, 조인트의 각도는 최대한 작게 설계하는 것이 유리하다. 구동축 조인트의 각도변화에 따른 진동문제는 동일한 동력기관을 사용하는 SUV(sports utility vehicle)에서도 그림 5.19처럼 긴 차체(long body)보다는 짧은 차체(short body)에서 구동축의 조인트 각도가 증대되면서 심각한 문제를 발생시키기도 한다. 후륜구동용 고급차량에서는 이러한 구동축의 진동문제 뿐만 아니라, 엔진으로부터 전달되는 토크변동(torque fluctuation)을 저감시키기 위해서 그림 5.20 및 그림 5.21과 같이 고무재질의 플렉시블 커플링(flexible cou-

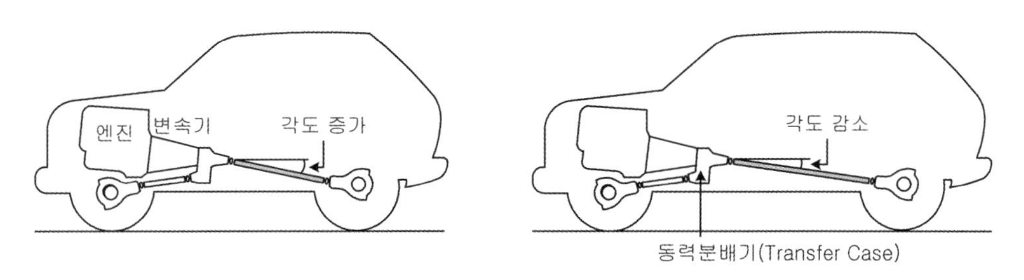

그림 5.19 **차체 적용에 따른 구동축 조인트의 장착각도 영향**

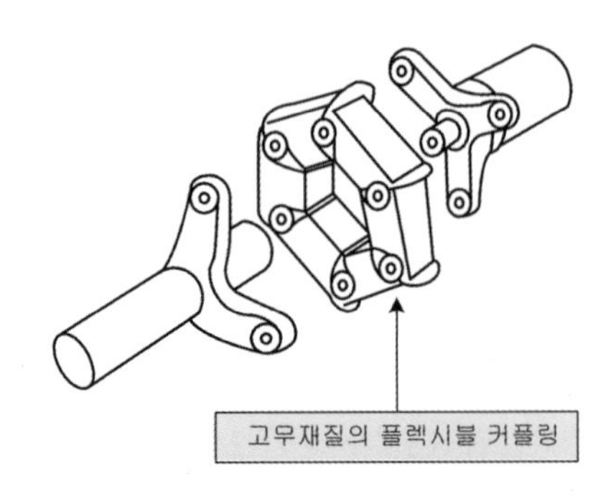

그림 5.20 **구동축의 토크변동 저감부품**

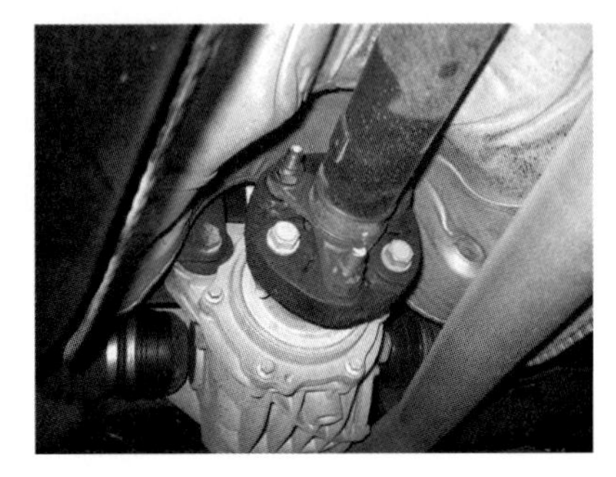

그림 5.21 **고급 승용차량용 플렉시블 커플링 및 장착사례**

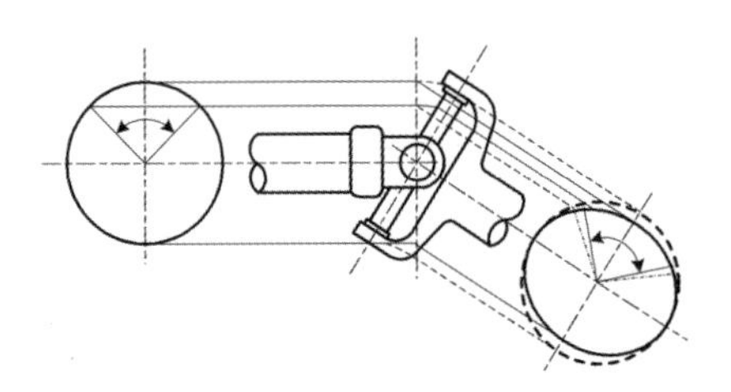

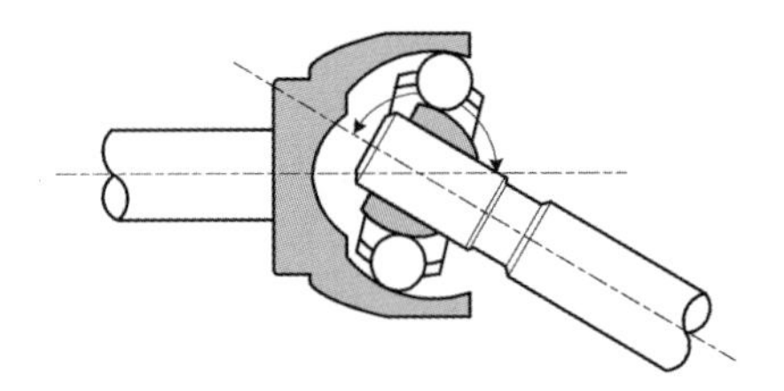

그림 5.22 **부등속 조인트와 등속 조인트(우측)의 비교**

pling)을 사용하는 추세이다. 이는 구동축에 전달되는 엔진의 토크변동 저감뿐만 아니라, 비틀림 진동 및 조인트의 각도변화에 있어서도 양호한 효과를 얻을 수 있기 때문이다.

한편, 전륜구동방식의 구동축은 앞바퀴가 구동과 동시에 조향까지 이루어지므로, 유니버설 조인트 방식의 제한된 조인트의 각도(꺾임각)로는 분명한 한계를 가진다. 따라서 전륜구동형 구동축은 그림 5.22와 같은 등속(等速, constant velocity) 조인트를 사용하는데, 타이어 쪽의 등속조인트는 고정방식의 버필드 조인트[Birfield joint, 또는 제파(Rzeppa)조인트라고도 한다]가 사용되며, 변속장치 쪽에는 플런지(plunge)방식의 DOJ(double offset joint)나 TJ(tripod joint) 및 TJ를 개선시킨 등속조인트들이 주로 장착되는 추세이다. 그림 5.23은 TJ 방식의 구동축 구조를 보여준다.

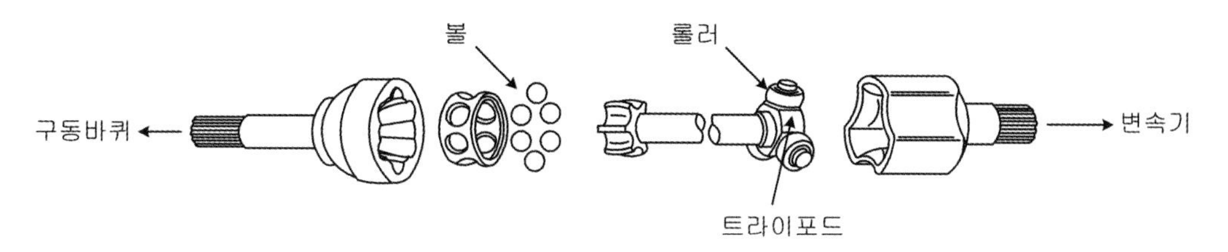

그림 5.23 **TJ 방식의 구동축 구조**

5-2 엔진 투과음

5.2.1 엔진 투과음의 정의

자동차의 주행과정에서 발생되는 동력기관의 소음은 그림 5.24와 같이 대시 패널(dash panel)이나 차체 바닥 등을 투과해서 차량 실내로 쉽게 유입될 수 있다. 이러한 소음을 엔진 투과음이라 하며, 차량 실내로 투과되는 각종 소음을 최대한 저감시키는 것이 중요하다. 따라서 자동차 실내는 바닥이나 천장, 도어 등에 차음 및 흡음재료의 적용과 함께 밀폐(sealing) 처리가 필수적이라 할 수 있다. 간혹 소음에 예민한 차량 소유자들이 갓 출고된 자신의 차량에 별도의 방음장치를 전문 업체에서 추가로 시공하는 경우가 있는데, 이때에는 다소나마 엔진 투과음의 저감 효과를 얻을 수 있다. 이와 같은 사용자의 개별적인 방음처리로는 높은 주파수에 해당하는 소음의 저감만으로 만족할 뿐, 실제로는 낮은 주파수의 소음에 대해서는 뚜렷한 감소 효과를 얻지 못하는 경우가 대부분이다.

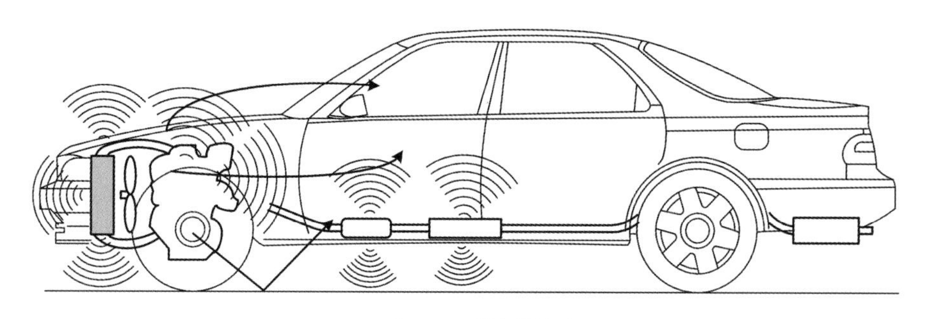

그림 5.24 **엔진 투과음**

일반적으로 시속 80 km 이하의 주행속도에서 문제되는 실내소음은 엔진 투과음을 포함한 엔진소음이 지배적이라 할 수 있다. 하지만 시속 80 km 이상의 고속주행에서는 엔진소음보다는 타이어 소음을 비롯한 도로소음이 지배적인 원인이 되며, 주행속도가 더욱 빨라질수록 바람소리가 급격하게 커지는 경향을 갖는다.

엔진 투과음의 주요 원인들은 다음과 같이 분류할 수 있다.

1) 흡기소음
2) 배기소음
3) 엔진(기계)소음(보기류 포함)
4) 연소소음
5) 냉각팬(cooling fan) 소음
6) 차체 패널(body panel)의 공진으로 인한 소음

5.2.2 소음 발생현상 및 느낌

1) 엔진 특유의 높은 소음이 차량 실내로 유입된다.
2) 엔진의 작동소음, 흡기 및 배기소음들이 차량 실내까지 크게 들리며, 엔진 회전수가 상승할수록 발생소음도 함께 커진다.

5.2.3 소음 발생과정

발생원인: 엔진룸(engine room) 내의 동력기관에서 발생된 각종 소음이 차체의 대시 패널이나 차체 바닥, 천장, 도어의 패널 등을 통해서 차량 실내로 유입된다.

(1) 진동 및 소음발생원

① 흡기계: 흡기계에서 발생된 낮은 주파수의 흡기소음이 흡기계 주위로 방사된다.
② 배기계: 배기 다기관(manifold), 배기관 표면 등을 통해서 배기소음이 방사된다.
③ 기계소음: 캠, 밸브 등의 작동소음, 벨트 및 텐셔너(tensioner) 등에서 소음이 발생한다.
④ 기타: 냉각팬, 알터네이터(alternator, 교류식 전기 발전기), 에어컨 컴프레서, 동력조향장치(power steering) 등의 작동과정에서 소음이 발생한다.

(2) 투과부위

① 차체: 그림 5.25와 같이 차체의 대시 패널이나 바닥뿐만 아니라, 조향축과 대시 패널 간의 관통부위와 같은 구멍, 각종 전선 및 케이블의 연결통로와 변속기 레버의 구멍이나

그림 5.25 **엔진룸과 대시 패널 및 격벽구조 사례(우측 사진)**

간극 등을 통해서 엔진을 비롯한 동력기관에서 발생한 각종 소음이 차량 내부로 유입되거나 투과되면서 실내소음을 악화시킨다. 한편, 고급 승용차량에서는 엔진 투과음의 저감뿐만 아니라 차체의 강성(stiffness) 확보를 통한 충돌성능 향상을 위해서 엔진룸 내부에 별도의 격벽구조를 적용하기도 한다.

5.2.4 참고사항

(1) 차음

차음(遮音, insulation)은 외부에서 발생된 소음이 실내로 유입되지 않도록 소음의 투과를 억제시키는 개념을 뜻한다. 마치 고대시대의 전투에서 방패로 창과 칼의 공격을 막는 것처럼, 소음의 통과를 차단시키는 것을 의미한다. 엔진을 비롯한 엔진룸 내에 위치한 동력기관의 주요 부품들에서 발생된 소음이 차량 실내로 유입되는 주요 경로는 대시 패널(dash panel), 차체 바닥(front floor), 조향축 관통부위(steering column boots), 케이블(wiring harness) 연결부위의 구멍 및 틈새 등이다. 이러한 부분으로 유입되는 공기전달소음을 차단시키기 위해서 차음재료(주로 heavy layer 종류)와 함께 전선이나 케이블이 관통되는 부위의 조그마한 구멍을 막기 위해서 고무재질의 그로밋(grommet) 등이 사용된다.

(2) 흡음

차음재료의 적용에도 불구하고 각종 구멍이나 패널들을 투과해서 차량 실내로 소음이 유입될 수 있다. 흡음(吸音, absorption)은 이렇게 실내로 유입된 소음을 최대한 흡수하여 실내 공간을 정숙하게 만드는 개념을 뜻한다. 자동차의 경우에는 실내소음의 흡수를 위한 흡음재료가 실내 곳곳에 장착된다. 이는 차음재료의 한계를 보완하는 개념으로, 차량 실내로 유입된 소음을 적극적으로 흡수하여 좀 더 양호한 정숙성을 확보하기 위함이다. 흡음재료의 종류로는 카펫(carpet), 폴리우레탄(P. U. foam) 및 펠트(felt)류 등이 있다. 차음과 흡음에 대한 세부 내용은 제9장 제5절을 참고하기 바란다.

5-3 비트소음

5.3.1 비트소음의 정의

우리가 사찰의 종소리를 들을 때, 은은한 소리 가운데 무언가 물결치는 듯한 느낌을 갖게 된다. 이러한 이유는 종소리에는 매우 유사한(가까운) 주파수를 갖는 두 개의 소리가 존재하기 때문이다. 이와 같이 각각의 주파수가 비슷한 2개의 소리(소음)가 서로 합성되면서 소리의 크기가 주기적으로 커졌다가 작아지는 현상을 빠르게 반복하는 소음을 비트소음(beat noise) 또는 울림(맥놀이)현상이라 한다. 비트소음이 발생할 때의 주파수를 비트 주파수(beat frequency)라고 하며, 이는 두 소리(소음) 간의 주파수 차이로 결정된다.

자동차의 주행과정에서도 엔진의 특정 회전수에서 주파수가 비슷한 2개의 소음이 함께 발생될 경우, 두 소음의 주파수 위상이 서로 일치하였을 때는 소음이 커지고, 위상이 불일치하였을 경우에는 소음이 작아지는 현상을 반복하게 된다. 이러한 비트소음은 자동차 내부의 실내소음이 마치 파도처럼 물결치듯이 크고 작은 소음이 빠르게 반복하면서 발생한다. 예를 들어 자동변속기에서 토크 컨버터(torque converter)의 동력전달과정에서 미끄러짐에 의한 회전수 차이가 발생하는 경우와, 에어컨 작동을 위해 컴프레서가 회전할 때 및 엔진의 회전 진동수(가진 진동수)가 구동축이나 차동기어(differential gear)의 고유 진동수와 비슷해질 때에는 비트소음이 쉽게 발생할 수 있다.

5.3.2 소음 발생현상 및 느낌

1) 중 · 고속의 특정한 속도로 차량이 주행할 때 '우웅, 우웅' 하는 것과 같이 실내소음의 크기가 주기적으로 변화하고, 소음이 물결치는 듯한 느낌을 갖는다.
2) 이렇게 물결치는 듯한 소음은 1초에 2~6회 정도로 빠르게 변화되는 것을 느낄 수 있다.
3) 소음뿐만 아니라 차체의 진동현상에서도 이러한 주기적인 진동레벨의 변화(진동이 커

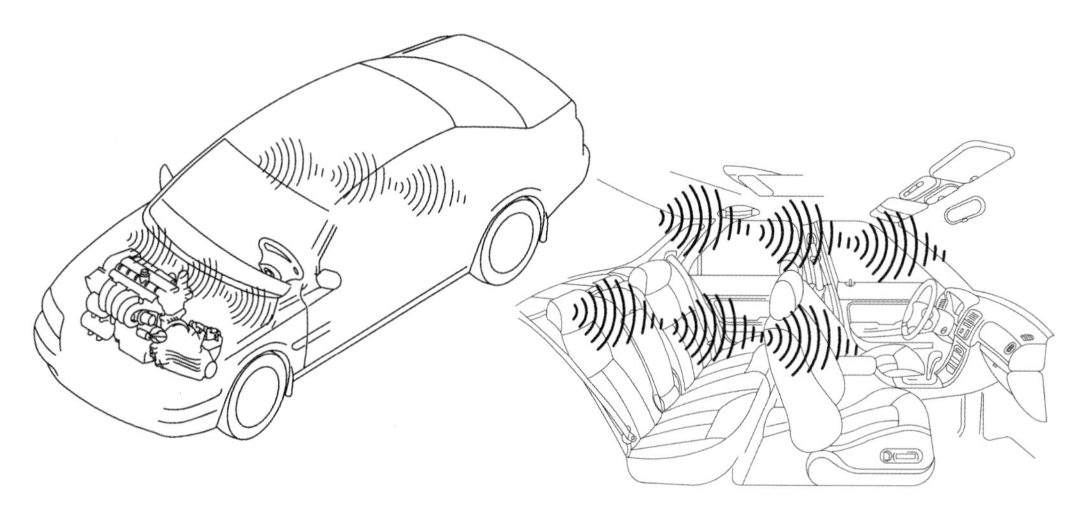

그림 5.26 **비트소음의 발생현상**

졌다가 작아지는 현상)가 반복되는 비트현상을 경험할 수 있다.

4) 차량이 정지한 공회전 상태에서 가속페달로 엔진의 회전수를 일정하게 높이면 비트소음이 발생할 수 있다.

5) 고속도로를 특정한 속도로 정속 주행할 때와, 자동변속기 D 위치에서 완만하게 가속할 경우에도 비트소음이 발생할 수 있다.

5.3.3 소음 발생과정

발생원인: 엔진의 회전 진동수와 주변 부품(구동축, 타이어, 냉각팬 등의 주변장치)들의 작동 진동수들 사이의 차이가 적을 경우, 합성진동이 차체로 전달되면서 차량 실내에서 비트소음이 발생한다.

(1) 진동 및 소음발생원

① 엔진: 엔진의 토크변동으로 크랭크샤프트의 회전방향으로 비틀림 진동이 발생한다. 에어컨 컴프레서나 동력조향펌프의 회전에 의한 진동현상이 발생한다.

② 구동계: 구동축의 불평형(unbalance)이나 조인트의 각도 증대에 의한 진동이 발생한다. 전륜구동축의 등속조인트 내부에 장착되는 볼 베어링 수에 해당하는 차수(次數, order)로 구동축이 진동한다. 이때 구동축의 불균일 특성으로 인하여 고차(高次)의 높은 진동수로 흔들릴 수 있다.

(2) 전달계 · 공진계

각 부위의 진동현상은 엔진 마운트, 센터 베어링, 현가장치 등을 통해서 차체의 실내 패널로 전달되어 진동하면서 실내소음을 유발시킨다.

(3) 소음 발생부위

차체로 전달된 진동현상 및 비트소음의 투과로 인하여 차량 내부에서 비트소음이 발생한다.

5.3.4 참고사항

(1) 토크 컨버터의 미끄러짐에 의한 진동의 합성이 있는 경우 비트소음이 발생한다

토크 컨버터의 내부 부품 중에서 엔진과 연결된 임펠러(impeller)와 자동변속기에 연결된 터빈 러너(turbine runner) 사이의 구동력(토크) 전달과정에서 미끄러짐(converter slip)이 발생할 경우, 각 부품 간에 미세한 회전수의 차이가 유발된다. 이러한 회전수 차이에 의해서 비트소음이 발생할 수 있다.

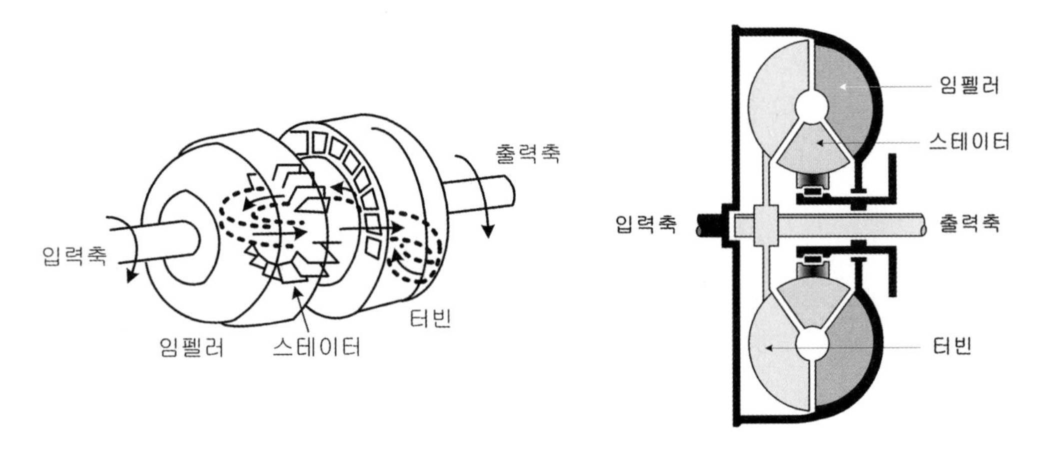

그림 5.27 **토크 컨버터의 작동개념도 및 실제 구조(우측 그림)**

(2) 엔진진동과 다른 진동과의 합성에 의한 비트소음

1) 에어컨 컴프레서, 동력조향펌프 등: 벨트와 풀리(pulley)에 의해서 엔진의 동력으로 구동되는 이들 부품의 진동현상은 진폭이 상당히 큰 편에 속하고 풀리비(크랭크샤프트 풀리와의 비)가 정수에 가깝기 때문에 엔진의 가진 진동수와 유사할 경우에는 심각한 비트소음을 유발시킬 수 있다. 그림 5.28과 같은 SUV용 디젤엔진의 경우만 보더라도 크랭크샤프트의 풀리와 에어컨 컴프레서(air condition compressor), 동력조향펌프(power

steering pump) 및 냉각팬 등의 풀리가 거의 비슷한 크기임을 알 수 있다. 따라서 이러한 부품들의 가동이 이루어질 때마다 비슷한 진동수를 가지는 진동특성에 의해서 비트소음이 크게 발생할 우려가 있다. 여름철에 에어컨을 가동시키게 되면, 차체의 진동이나 소음현상이 변화되는 것을 느낄 수 있을 것이다. 특히, 에어컨 컴프레서가 작동하면서 '웅웅'거리는 비트소음을 예민한 사람들은 쉽게 경험할 수 있다.

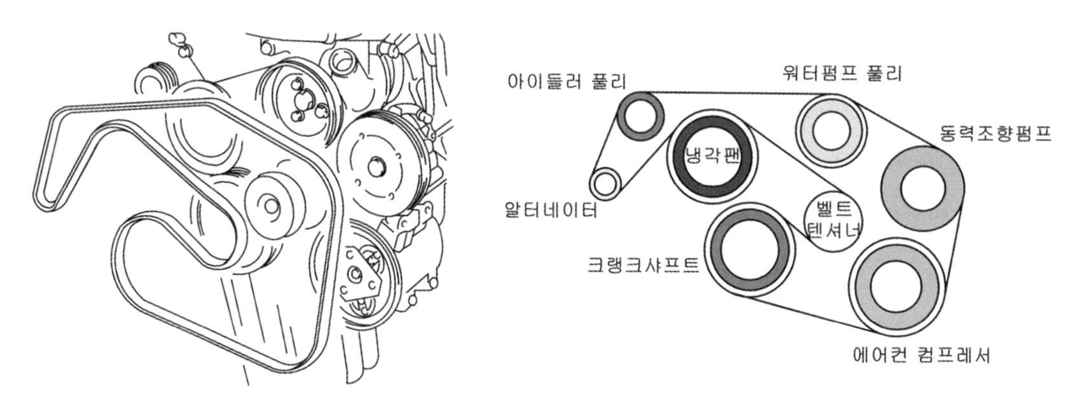

그림 5.28 **엔진의 각종 보기류 풀리 (SUV용 디젤엔진)**

2) 타이어의 균질성: 타이어의 균질성(uniformity)이 불량할 경우와 타이어에 의한 가진 진동수와 엔진의 회전 진동수가 서로 근접할 경우에도 비트소음이 발생할 수 있다.

3) 구동축의 회전 6차 진동: 전륜구동방식용 구동축의 등속조인트방식 중에서 더블 오프셋 조인트(DOJ, double offset joint)는 그림 5.29와 같이 조인트 내부에 회전하는 볼 베어링(ball bearing)이 6개 내장되어 있어서 구동축의 1회전당 6번의 미세한 진동이 발생하게 되는데, 이는 엔진 회전 진동수와의 차이가 적을 경우에는 비트소음을 유발할 수 있다.

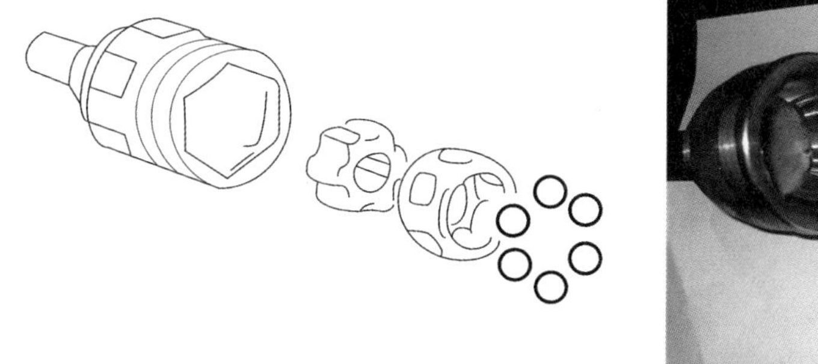
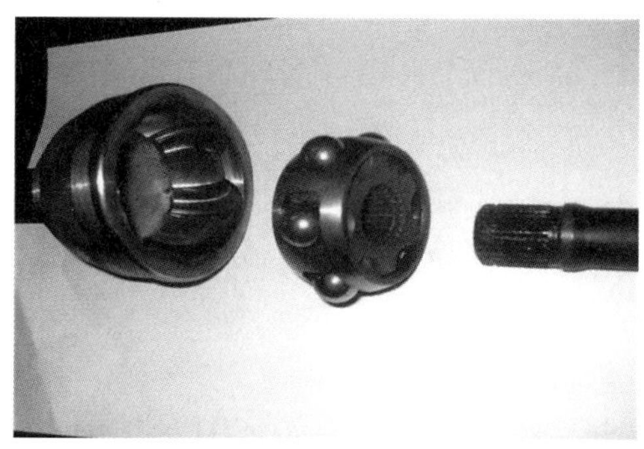

그림 5.29 **더블 오프셋 조인트의 내부 구조**

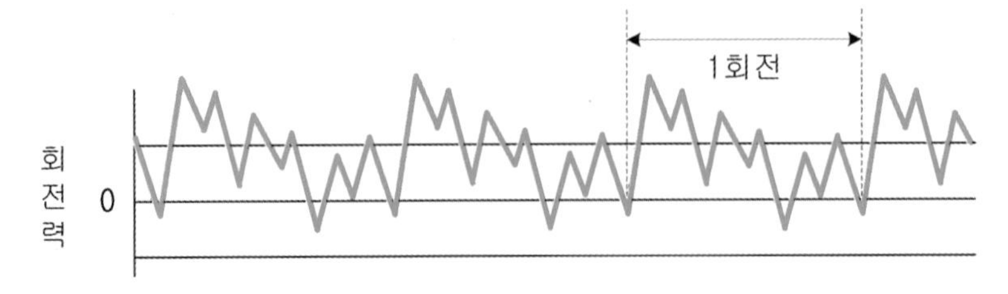

그림 5.30 **더블 오프셋 조인트의 회전력 변화 사례**

그림 5.30은 더블 오프셋 조인트가 1회전할 때마다 구동축에서 발생되는 회전력의 변화사례를 보여준다. 이러한 회전력의 변화에 따른 진동특성이 엔진의 회전에 따른 진동특성과 서로 근접할 경우에는 비트소음이 크게 발생할 수 있다. 따라서 트라이포트(tripod) 조인트로 대체하거나 구동바퀴 쪽에 장착되는 등속조인트(Birfield joint) 내부의 볼 개수를 증대시켜서 비트소음의 발생을 억제시키는 경우도 있다.

5-4 하시니스

5.4.1 하시니스의 정의

자동차가 도로를 주행하면서 그림 5.31과 같은 교량이나 고가도로 교각의 연결 부위, 또는 과속방지를 위한 빨래판과 같은 도로처럼 비교적 큰 요철이 있는 부분을 통과할 때마다 차량 실내에서는 충격적인 소음과 진동현상을 경험하게 된다. 이러한 짧은 시간의 충격적인 소음과 차체의 진동현상을 하시니스(harshness)라고 한다. 하시니스는 차량 속도가 30~50 km/h의 저속에서는 낮은 쇼크음과 동시에 스티어링 휠, 시트 및 차체 바닥 등에서 30~60 Hz 범위의 진동수를 갖는 강한 진동현상을 느끼게 된다. 하지만 차량이 고속 주행할 경우에는 진동현상보다는 주로 200 Hz 이상의 비교적 높은 주파수의 충격적인 소음으로 느껴지게 된다.

하시니스는 일종의 과도진동(transient vibration)현상으로, 도로의 거친 표면이나 돌출물 등을 통과할 때마다 타이어와 현가장치에 작용하는 충격력으로 인하여 짧은 시간에 발생되는 잔진동이라 할 수 있다. 탑승객에게는 진동소음현상의 크기(level)뿐만 아니라 감쇠(decay)특성도 승차감에 있어서 중요한 요소가 된다. 특히, 고속도로의 통행권을 뽑거나 통행료를 지불하는 톨게이트에 접근할 때에는 과속을 방지하기 위해 설치된 빨래판과 유사한 요철로를 통과하게 된다. 이때 차체에서 발생하는 진동과 소음현상이 대표적인 하시니스의 사례이며, 이

그림 5.31 교량이나 고가도로 교각의 연결부위 및 과속방지 요철도로

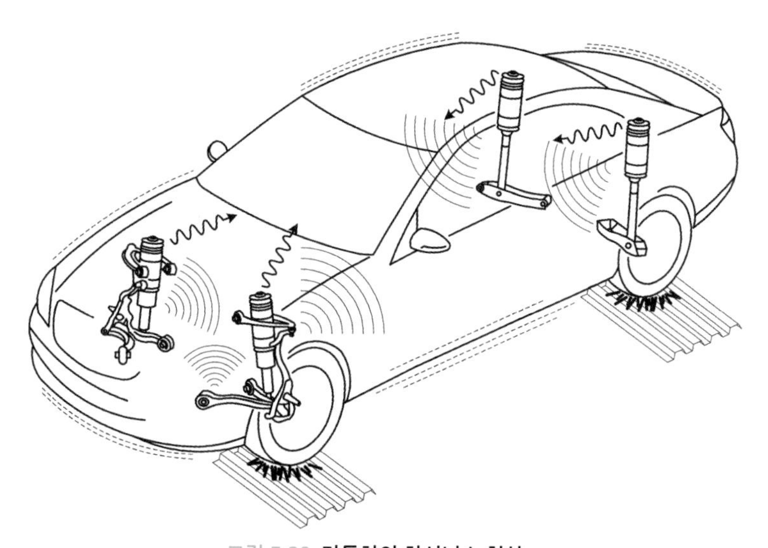

그림 5.32 자동차의 하시니스 현상

는 차량에 장착된 타이어와 현가장치의 특성에 따라서 매우 민감하게 변화될 수 있다.

하시니스는 튜브(tube)가 없는 타이어의 초기 사양인 바이어스(bias) 타이어가 주류일 때에는 거의 문제되지 않았으나, 접촉면이 편평한 레이디얼(radial) 타이어로 대체되면서 조금씩 문제되기 시작하였다. 그 이유는 하시니스에 큰 영향을 미치는 타이어의 엔벨로프(envelop) 특성에서 바이어스 타이어가 레이디얼 타이어보다 더욱 좋았기 때문이다. 여기서 타이어의 엔벨로프 특성이란 뒤에서 설명하겠지만, 조그마한 돌기물이나 돌출 부위 등을 타이어 자체가 감싸 안으면서 통과하는 성질을 의미한다.

이러한 하시니스 현상의 개선을 위해서 레이디얼 타이어에서는 트레드(tread, 타이어가 노면과 접촉하는 부분을 뜻한다) 부위의 강성을 낮추는 것이 요구된다. 하지만 트레드 부위의 강성을 낮추게 되면 자동차의 조종 안정성과 타이어의 고속 내구성 및 내마모성이 낮아지는 단점이 발생한다. 따라서 차량의 하시니스 특성을 개선시키기 위해서는 타이어의 세밀한 개선뿐만 아니라, 현가장치의 진동특성까지 함께 고려해야 한다.

5.4.2 소음 발생현상 및 느낌

1) 발생현상: 타이어가 노면의 돌출부위나 요철로 등을 통과할 때 발생하는 스프링 아래 질량(unsprung mass)의 전후방향 진동현상이 차체로 전달되면서 시트 및 스티어링 휠에서 짧은 시간의 충격적인 진동현상과 함께 실내에서도 충격적인 소음이 발생한다.
2) 실제 주행과정에서는 진동현상보다는 충격적인 소음이 운전자와 탑승자의 기분을 더욱 악화시킬 수 있다.

5.4.3 소음 발생과정

발생원인: 그림 5.33과 같이 노면의 돌출 부위나 요철부분에 타이어가 부딪히면서 타이어 자체의 진동이 발생하고, 현가장치에서 진동현상이 증폭되면서 차체로 전달된다.

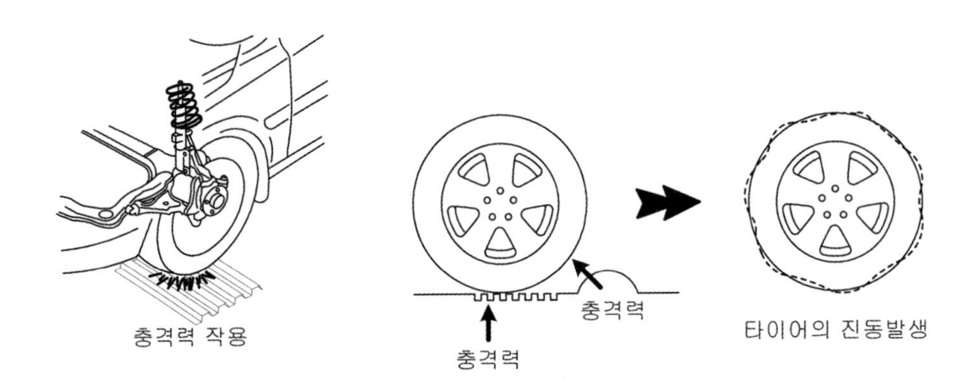

그림 5.33 **충격력 및 타이어의 진동**

(1) 진동 및 소음발생원

노면의 단차, 교량이나 고가도로의 이음새, 요철로 등을 통과할 때 타이어가 전후 및 상하방향으로 진동한다.

(2) 전달계 · 공진계

1) 타이어: 노면특성에 의해 타이어가 변형되면서 진동현상이 발생한다.
2) 현가장치: 현가장치가 공진하게 된다면 진동현상이 더욱 커지는데, 이때 차량의 노후

화로 인하여 현가장치 부품들의 간극손상이 있을 경우에는 진동현상이 더욱 악화될 수 있다.

(3) 소음 발생부위

타이어와 현가장치를 통해서 진동 및 충격적인 소음이 차량 내부로 전달된다.

5.4.4 참고사항

(1) 현가장치의 공진에 의한 하시니스 발생

포장도로의 이음매나 도로의 요철 등을 통과할 때, 타이어에는 차량의 상하와 전후 방향으로 충격력이 가해진다. 이러한 충격력이 차체로 전달되면서 충격적인 진동현상과 동시에 단발적인 실내소음을 발생시키게 된다. 이때 타이어에 의한 충격력은 주로 현가장치의 아래 링크(lower link 또는 arm)나 차체와 연결되는 부시(bush)의 강성 및 감쇠특성 등을 조절해서 완화시킬 수 있다. 이때에는 하시니스의 저감뿐만 아니라 조종 안정성 측면도 함께 고려해야만 한다.

(2) 타이어의 탄성진동에 의한 하시니스 발생

노면의 요철이나 이음매를 통과하면서 타이어에 충격력이 가해지게 되면 타이어가 국부적으로 변형하면서 충격력을 어느 정도 흡수함과 동시에, 타이어 자체의 변형이 다른 부분으로 전달되면서 복잡한 탄성진동을 유발시키게 된다.

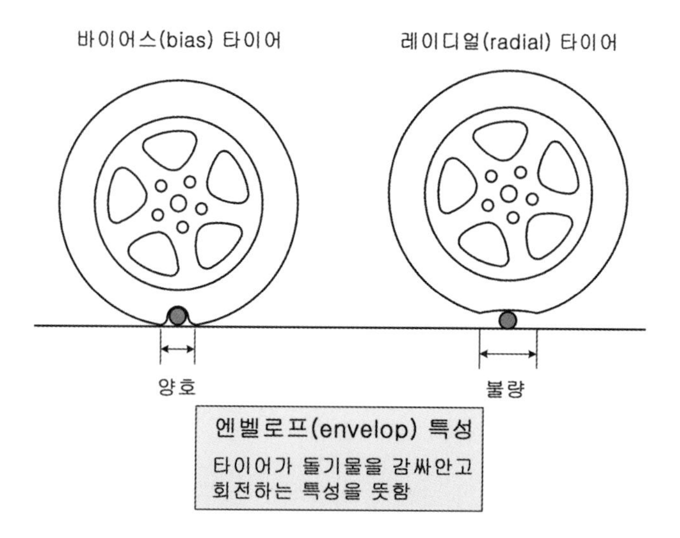

그림 5.34 타이어의 엔벨로프 특성비교

이러한 관점에서 타이어가 노면의 작은 돌기물이나 돌출부위를 타고 넘어갈 때, 그림 5.34와 같이 타이어의 트레드 부위가 돌기를 감싸는 성질을 엔벨로프(envelop) 특성이라고 한다. 타이어가 작은 돌기를 타고 넘어갈 때 타이어의 중심축에는 전후 및 상하방향의 하중변동(진동현상)이 발생하여 현가장치를 통해서 차체로 전달된다. 일반적으로 스프링 상수가 적고 부드러운 타이어나 엔벨로프 특성이 우수한 타이어가 하시니스 저감에 유리하다.

그림 5.35는 타이어 종류에 따른 각 방향별 작용력(하중변동)의 비교사례를 나타낸다. 여기서 레이디얼 타이어가 바이어스 타이어에 비해서 낮은 주파수 영역에서 상하뿐만 아니라 전후 방향으로도 큰 힘이 작용하고 있음을 알 수 있다. 이는 그만큼 하시니스 현상이 쉽게 발생할 수 있음을 시사한다.

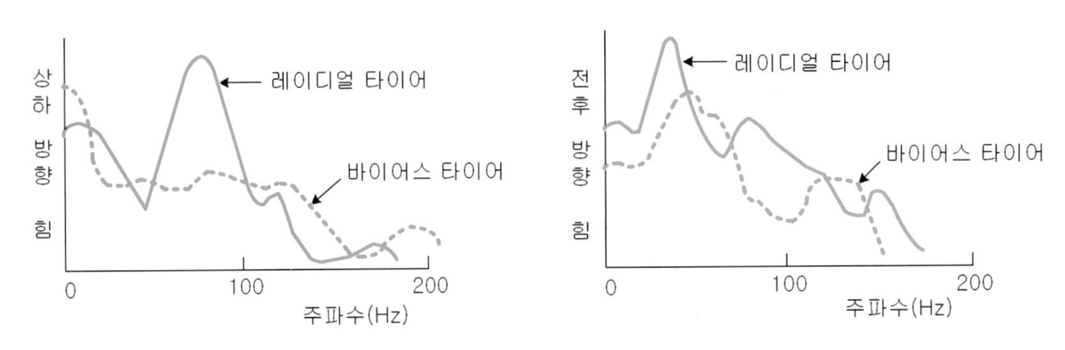

그림 5.35 **타이어 종류에 따른 각 방향별 작용력 비교사례**

(3) 타이어와 하시니스와의 관계

1) 차량의 설계기준과 맞지 않는 과도한 크기나 편평도(aspect ratio)를 갖는 타이어를 장착할 경우, 현가장치를 포함한 차체의 고유 진동수와 타이어 자체의 가진 진동수가 서로 접근하거나 일치하게 되면서 하시니스 현상을 크게 악화시킬 수 있다.
2) 현가장치의 감쇠능력이 부족하거나, 부싱(bushing)이 노후되면 차체 쪽으로 진동전달량이 더욱 증대된다.
3) 면의 요철부위나 돌기물에 의한 충격을 흡수할 수 있는 엔벨로프 특성이 양호한 타이어가 하시니스 현상의 개선에 유리하다.
4) 타이어 트레드가 과도하게 넓은 광폭(편평) 타이어는 자체 강성이 강하기 때문에 하시니스 현상이 쉽게 발생할 수 있다.
5) 노면의 돌출물이나 요철부위의 크기가 적음에도 불구하고 차체에서 하시니스가 크게 느껴질 경우에는 탑승객에게 심한 불쾌감을 줄 수 있다.

5-5 도로소음

5.5.1 도로소음의 정의

차량이 비교적 거친 노면을 주행하게 된다면, 울퉁불퉁한 노면특성으로 말미암아 타이어와 현가장치가 크게 흔들리면서 차체로 진동현상을 전달하게 된다. 이렇게 노면특성에 따른 진동전달로 인해 차량 실내에서 발생하는 소음을 도로소음(road noise)이라고 한다. 도로소음의 주요 주파수 성분은 타이어나 현가장치 부품들의 공진현상에 의해서 발생되는 저주파 성분의 저속부밍과 함께 타이어 자체의 트레드 패턴(tread pattern)에 의한 500 Hz 이상의 고주파 성분으로 나누어진다.

울퉁불퉁한 노면특성에 의해 흔들리는 타이어의 가진 진동수가 현가장치를 구성하는 링크(link)류의 고유 진동수나 차체 패널의 고유 진동수에 접근하거나 일치하게 되면서 진폭이 커지는 경우를 비롯하여 현가장치 부시(bush)류의 진동 절연성능이 차량 노후화에 따라서 나빠지게 될 경우에도 도로소음이 실내 내부에서 크게 발생할 수 있다.

이러한 도로소음은 당연히 타이어 자체의 진동특성에 큰 영향을 받는다. 즉, 100~250 Hz 범위의 타이어 진동특성이 매우 민감한 요소라 할 수 있으며, 진동 전달비가 큰 바이어스(bias) 타이어가 레이디얼(radial) 타이어에 비해서 불리하다고 볼 수 있다.

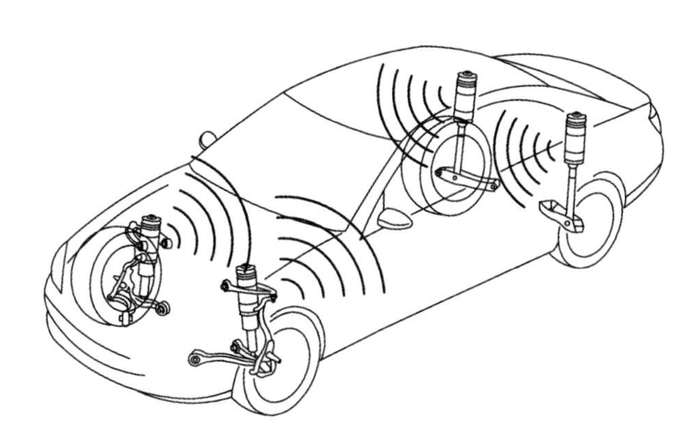

그림 5.36 **자동차의 도로소음 사례**

5.5.2 소음 발생현상 및 느낌

1) 거친 표면의 포장도로를 30~60 km/h의 속도로 주행할 때 주로 발생한다.
2) 타행(coast down)주행 시에도 발생하는 경우가 있다.

3) 주행속도가 증가할수록 도로소음의 크기(level)는 증가하지만, 주파수(100~250 Hz) 범위는 일정한 특성을 갖는다.

5.5.3 소음 발생과정

발생원인: 자동차가 주행하는 노면의 거친 특성에 의한 타이어의 탄성진동이 현가장치를 통해서 차체로 전달된다.

(1) 진동 및 소음발생원

노면의 연속된 거칠기에 의해서 타이어가 주로 상하 방향으로 진동한다.

(2) 전달계 · 공진계

거친 노면을 주행하면서 흔들리는 타이어의 가진 진동수가 현가장치의 고유 진동수에 접근하게 될 경우에는 차체로 진동현상이 크게 전달된다.

(3) 소음 발생부위

타이어와 현가장치의 흔들림(진동)이 차체로 전달되면서 차체 패널의 진동현상으로 인하여 실내소음(도로소음)이 발생한다. 그림 5.37은 도로소음의 발생 및 전달경로를 나타낸다.

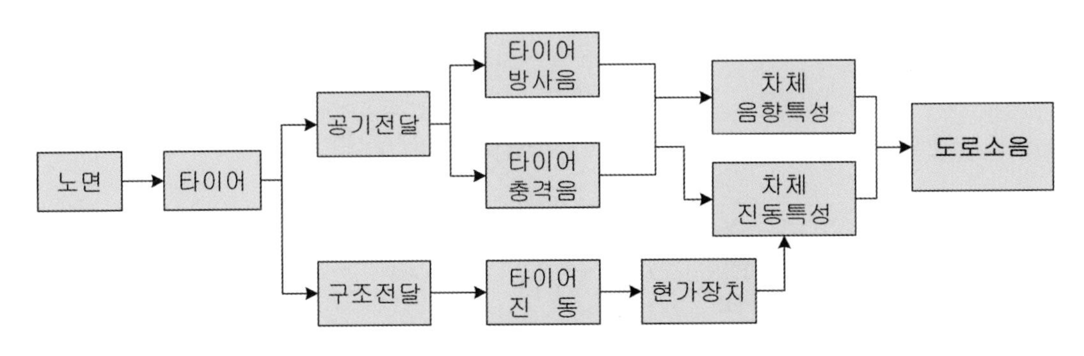

그림 5.37 **도로소음의 발생 및 전달경로**

5.5.4 참고사항

(1) 도로소음의 특성

엔진소음의 저감기술이 점차 발전함에 따라서 실내소음에서 차지하는 도로소음의 중요성이 점차 새롭게 대두되고 있다. 도로소음은 road booming, road rumble, body rumble 또는 road roar 등으로 불리며, 주로 50~60 km/h의 주행속도부터 문제되기 시작한다. 차량속도가 증가할수록 도로소음의 피크값(음압레벨)들은 증가하나, 주파수 특성은 차량 속도의 변화와는 거의 무관하고 차량 간에도 큰 차이가 없는 독특한 특성을 갖는다. 일반적으로 도로소음의 저감은 다른 원인들로 발생하는 여타 소음의 저감노력에 비해서 2배 이상으로(예를 들면 1 dB 저감시키는 데 있어서) 힘들다고 알려져 있다. 도로소음은 다음과 같은 특성을 갖는다.

1) 주로 500 Hz 이하의 비교적 낮은 주파수 영역의 소음이다.
2) 차체의 구조전달소음이 지배적이다.
3) 500 Hz 이상의 소음이 발생할 경우에는 공기전달소음이 지배적이며, 이때에는 타이어의 방사소음이 주원인이라 할 수 있다.
4) 도로소음은 현가장치의 유연성(compliance)과 주로 연관된다.

(2) 도로소음의 저감대책

도로소음의 저감대책을 간단히 설명하면 다음과 같이 정리된다.

1) 저진동, 저소음 타이어의 채택: 도로소음의 저감 측면에서는 약간의 효과를 볼 수 있으나, 조종 안정성과 제동력 등의 악화현상을 초래할 수 있기 때문에 현실적인 적용에는 한계가 있다. 일반적으로 편평비(aspect ratio)가 40 series 이하의 광폭(廣幅) 타이어를 장착할 경우에는 도로소음이 악화되는 것으로 알려져 있다.
2) 현가장치의 링크(link)와 암(arm) 부위에서 공진현상이 발생하지 않도록 설계 · 제작한다.
3) 현가장치 부시(bush)류의 진동절연특성을 향상시킨다. 특히, 현가장치의 유연성이 도로소음과 매우 밀접한 특성을 갖기 때문에, 차량 개발단계에서 적절한 부시의 특성 조정이 이루어져야 한다.
4) 차체의 진동 민감도(sensitivity)를 개선시킨다. 특히, 현가장치의 차체 연결부위나 체결부위에는 국부적으로 보강재(stiffner)를 적용시켜서 외부 작용력의 입력점(input point)의 강성을 증대시키는 것이 효과적이다.
5) 적극적인 제진 및 흡 · 차음 대책을 강구한다.

(3) 타이어에 의한 도로소음

고속용(또는 고 하중지수) 타이어는 일반 타이어에 비해서 진동전달특성이 불리해지며, 타이어의 속도지수가 높아질수록 도로소음에는 불리해지나 조종 안정성에는 유리해진다. 또 타이어와 함께 장착되는 휠(wheel)의 강성을 증대시킬 경우에도 다소나마 도로소음의 저감

효과를 얻을 수 있다. 타이어 내부의 공동(cavity)특성으로 인한 공명현상이 발생할 경우에는 높은 소음이 타이어 외부로 방사하게 된다. 이때의 소음은 200~250 Hz 영역의 주파수 특성을 가지며 마치 귀신이 우는 듯한 소음이 실내로 유입될 수 있는데, 타이어 내부에 질소가스를 주입하여 공명현상에 의한 소음발생을 억제시킨 사례도 있다.

5-6 타이어 소음

5.6.1 타이어 소음의 정의

타이어 소음은 타이어와 도로면의 접촉부위에서 발생된 소음과 함께 타이어의 구조적인 진동에 의해서 방사되는 소음을 뜻하며, 도로의 노면상태나 주행속도에 따라서 소음레벨이 달라지게 된다. 타이어 소음은 70~80 km/h 이상의 주행속도부터 발생하기 시작하여 속도가 증가될수록 커지는 경향을 갖는다. 즉, 타이어 소음의 크기는 차량의 주행속도가 지배적인 영향을 주는데, 예를 들어, 차량의 주행속도가 30 km/h에서 100 km/h로 증가하면 타이어 소음은 약 20~30 dB(A) 정도로 악화되는 경향을 갖는다.

또 동일한 주행속도라 하더라도 도로가 빗물에 젖어 있는 경우에는 건조한 도로를 주행할 때보다 약 10 dB(A)의 소음증가가 나타나며, 특히 차량의 주행속도가 낮을수록 젖은 노면이 더욱 큰 영향을 미친다. 이와 같은 빗길주행 시 발생하는 소음을 water splash noise라고 표현한다. 타이어 소음의 주요 원인은 트레드(tread) 면의 진동, 몸체(carcass)의 진동, 공기펌프(pattern air pumping) 현상 등이다. 그림 5.39는 타이어 소음의 분류 및 주요 원인들을 보여준다.

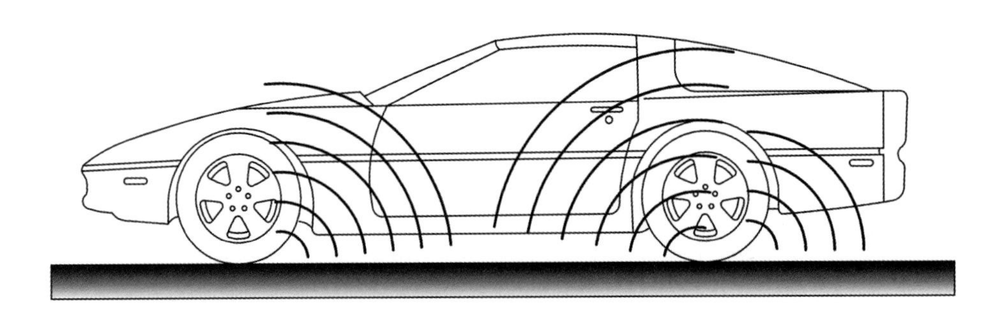

그림 5.38 **자동차의 타이어 소음**

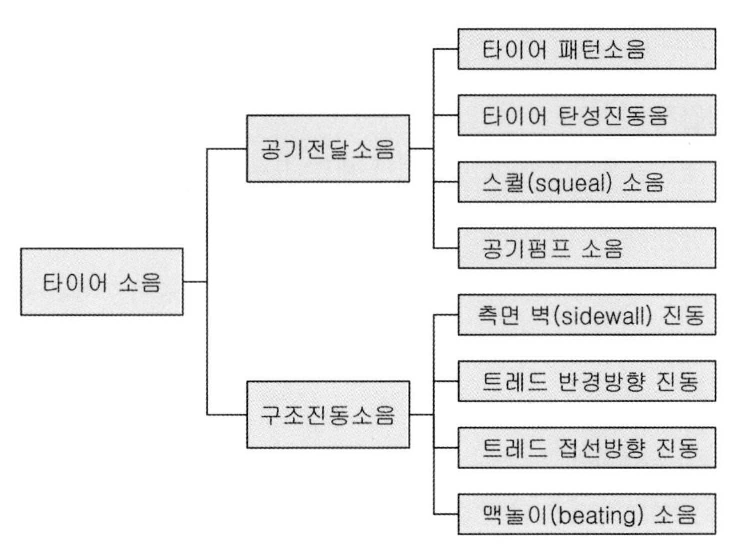

그림 5.39 **타이어 소음의 분류 및 원인**

5.6.2 소음 발생현상 및 느낌

1) 험로주행용 타이어나 스노 타이어(snow tire)를 장착하고 포장도로를 고속 주행할 때 타이어 소음이 크게 발생한다.
2) 도로가 평탄한 곳에서 타행 운전하는 경우에는 타이어 소음이 지배적이나, 비교적 표면이 거친 도로에서는 도로소음(road noise)이 훨씬 크기 때문에 타이어 소음이 잘 들리지 않을 수도 있다. 스노 타이어뿐만 아니라, 랙(rack)형, 블록(block)형의 패턴을 가진 타이어를 장착해서 양호한 노면을 주행하게 된다면 각 타이어별로 발생하는 소음의 차이점을 확실하게 느낄 수 있다.
3) 타이어 소음의 주파수 범위는 대략 200~3,000 Hz 영역이다.

5.6.3 소음 발생과정

발생원인: 자동차의 주행과정에서 타이어의 트레드와 노면 접촉부위 사이의 공간에 순간적으로 갇혀 있던 압축된 공기가 대기 중으로 노출될 때 발생되는 팽창음과 함께 타이어 측면 벽(side wall)이나 트레드의 진동에 의한 소음이 발생한다.

(1) 진동 및 소음발생원

타이어의 회전과정에서 트레드 홈과 노면 사이에 갇혀 있던 공기가 순간적으로 압축되었다가 대기로 노출되면서 발생하는 팽창음(공기펌프 소음, air pumping noise)을 비롯하여 트레드와 타이어 자체의 구조 진동에 의해 소음이 발생한다.

(2) 전달계 · 공진계

타이어 소음은 공기를 통해서 차체 바닥이나 패널, 도어 등을 투과하거나, 차체의 미세한 틈이나 간극 등을 통해서 차량 실내로 전달된다.

5.6.4 참고사항

(1) 타이어 패턴

타이어가 지면과 접촉하는 트레드는 기능에 따라서 여러 종류의 형상을 갖게 된다. 이러한 타이어 트레드 표면의 형상을 타이어 패턴(tire pattern)이라고 하며, 그 종류는 그림 5.40과 같이 크게 리브형, 랙형, 블록형으로 분류할 수 있다.

1) 리브형(rib type): 트럭, 버스 및 승용차용 타이어의 기본적인 형태로, 원주방향으로 연속 되는 표면형상을 갖는다. 보통 지그재그형의 리브모양으로 구성되어 있어서 앞뒤방향뿐만 아니라 측면방향에 대해서도 미끄럼방지 효과를 얻을 수 있다.
2) 랙형(rack type): 트럭이나 버스용 타이어에 주로 사용되며, 비포장도로나 미끄러운 노면에서도 강한 견인력을 발휘하는 특성이 있지만 타이어소음이 큰 단점이 있다. 따라서 리브형이 혼합된 리브-랙(rib-rack) 방식의 타이어가 많이 사용되는 추세이다.
3) 블록형(block type): 눈이나 진흙길 등과 같은 미끄러운 도로조건에서 차량이동에 요구되는 견인력을 얻기 위한 타이어의 표면형상을 갖는다. 타이어의 전후방향뿐만 아니라 측면방향의 미끄러짐이 매우 적은 장점이 있으나, 타이어 소음이 크고 마모도 심한 특성을 갖는다. 승용차용 레이디얼 타이어에서는 우수한 배수성능과 우천 시의 주행성능 향상 목적과 함께 4계절용 타이어에도 많이 채택되고 있다.

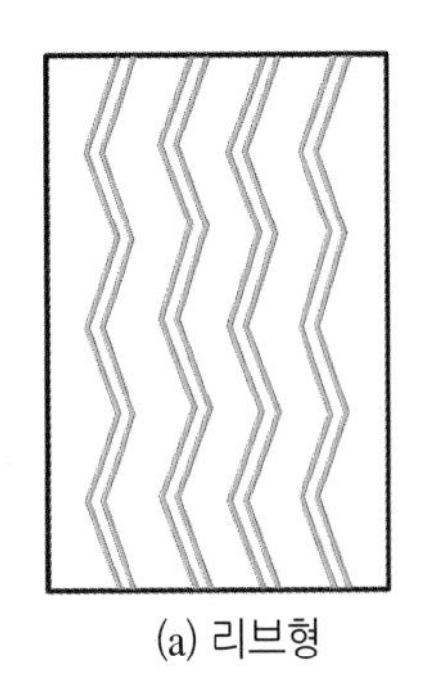
(a) 리브형

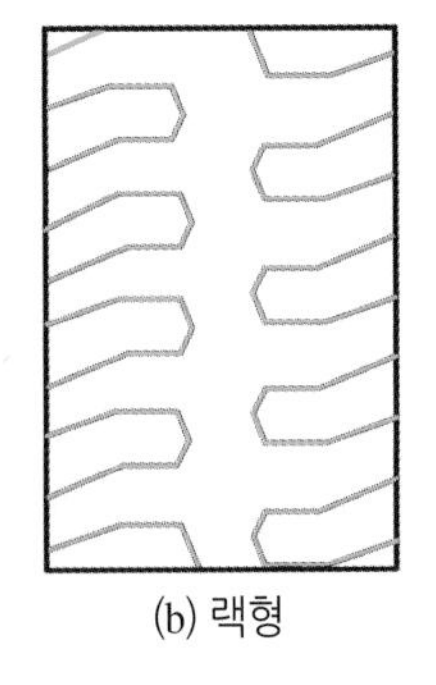
(b) 랙형

(c) 블록형

그림 5.40 **타이어의 패턴형상**

(2) 공기펌프 소음에 의한 타이어 패턴소음

타이어가 지면과 접촉하는 접지면에서는 차량의 하중에 의해 타이어 접촉면 자체가 순간적으로 크게 변형하면서 타이어 패턴(pattern) 홈의 공간용적도 함께 변화하게 된다. 이에 따라 그곳에 싸여 있던 공기가 타이어 패턴 홈에서 순간적으로 밀폐되면서 압축되었다가 대기 중으로 팽창되는 과정을 빠르게 반복하면서 발생하는 소음을 공기펌프(air pumping) 소음이라 한다. 우리가 콜라병의 뚜껑을 따거나 고무풍선이 터질 때 발생하는 소리처럼 갑작스럽게 공기가 외부로 방출되거나 유입되면서 발생하는 소음과 같은 발생원리이다.

즉, 공기펌프 소음은 타이어가 지면과 접촉하는 부분인 트레드는 일정한 패턴을 가지고 있어서 이 부분이 노면과 접촉할 때, 그림 5.41과 같이 트레드의 그루브(groove)와 그루브 사이의 공기 체적이 밀폐되면서 순간적으로 급격히 압축되었다가 타이어의 회전에 의해서 외부로 방출되면서 발생되는 압축 팽창음으로 약 800~2,500 Hz의 주파수 분포를 갖는다. 타이어의 다양한 패턴특성에 따라서 발생되는 소음특성이 변화되므로 이를 패턴소음(pattern noise)이라고도 하며, 타이어가 장착되는 차량특성이나 차체의 형상과는 거의 무관한 특성을 가진다.

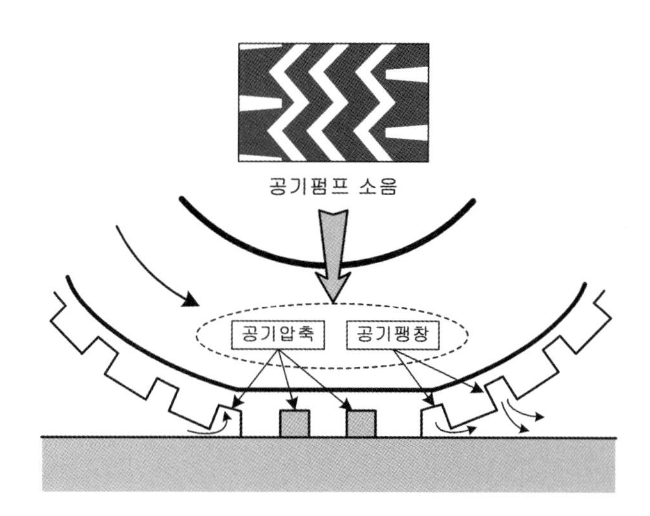

그림 5.41 **타이어의 공기펌프 소음현상**

(3) 타이어의 진동에 의한 소음

타이어 트레드의 진동현상으로 유발되는 소음은 트레드의 반경 방향과 접선 방향의 진동특성에 의해서 발생한다. 타이어 트레드의 반경 방향 진동현상은 노면의 불규칙한 특성으로 인하여 트레드에 충격이 가해지면서 발생하며, 1,000 Hz 이하의 주파수를 갖는 소음이 발생한다. 한편, 타이어 트레드의 접선 방향 진동은 트레드가 노면으로부터 이탈되는 순간에 접선

방향으로 늘어나는 현상으로 발생되며, 1,000 Hz 이상의 주파수를 갖는 소음특성을 갖는다.

또 타이어 측면벽(side wall)의 진동은 노면 접촉부위에서 생기는 타이어의 변형과 트레드의 진동이 복합적으로 작용하여 발생하는 현상으로, 200~800 Hz 내외의 주파수를 갖는 소음특성을 가지나, 크게 문제되는 수준은 아니라고 볼 수 있다.

그 외에도 타이어 트레드와 노면 간의 간극에서 순간적으로 발생할 수 있는 공명현상에 의해서도 소음이 발생할 수 있다. 그림 5.42는 이러한 타이어 트레드의 진동과 공명현상에 의한 소음발생을 보여준다.

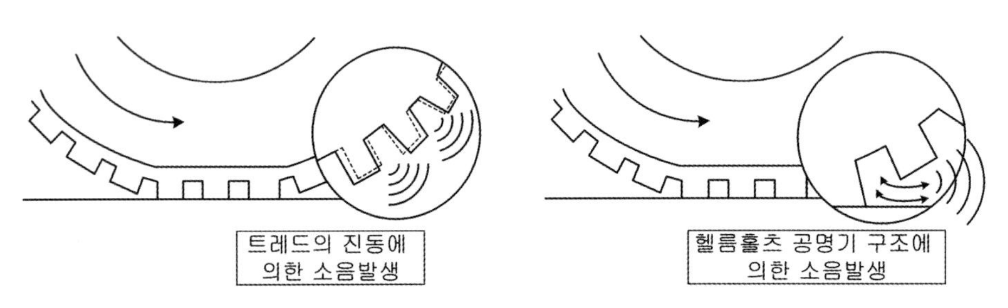

그림 5.42 **타이어의 진동현상과 공명현상에 의한 소음발생**

(4) 타이어와 도로소음과의 관계

도로소음은 타이어의 변경(교환)으로 어느 정도의 개선효과를 볼 수 있으나, 타이어 자체의 진동현상(60~70 Hz) 및 타이어의 크기와 트레드의 패턴 모양 등에도 민감한 영향을 받는다. 특히, 고속용 타이어일수록 도로소음이 악화되는 경향을 가지는데, 이는 높은 하중지수를 갖는 타이어에서도 동일한 특성을 나타낸다. 그림 5.43은 승용차량용 타이어의 규격표시를 설명한 것이다. 규격표시에서 알 수 있듯이 mm, %, inch 등의 단위가 혼용되어서 일반 소

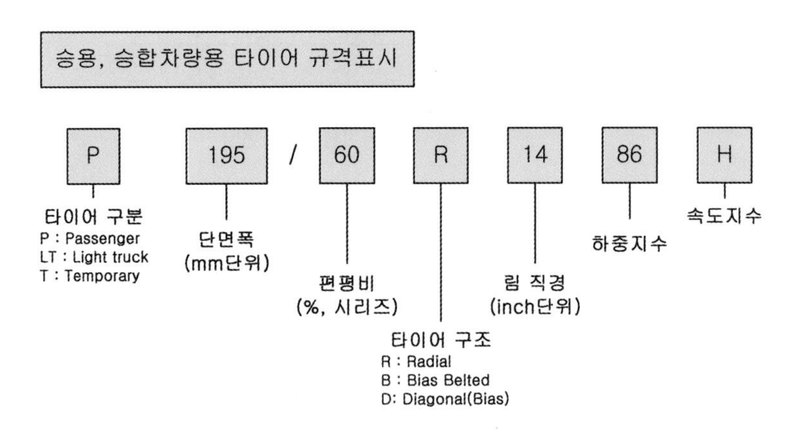

그림 5.43 **승용차량 타이어의 규격표시**

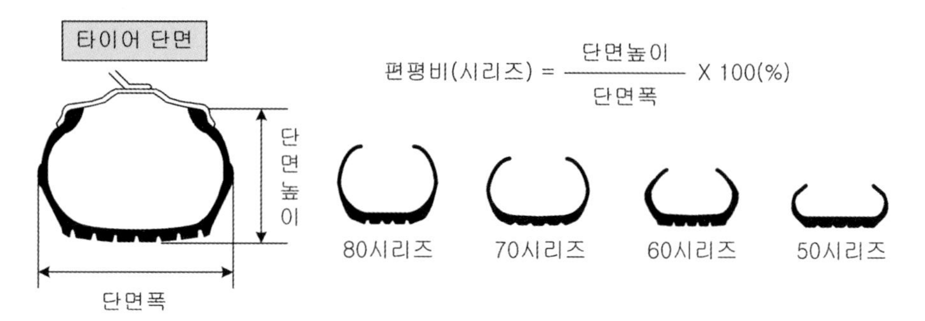

그림 5.44 **타이어의 편평비와 단면형태**

비자들이 혼동될 수가 있다. 그림 5.44는 타이어의 편평비와 이에 따른 단면형태를 보여준다. 여기서 편평비가 적어질수록 타이어의 단면높이가 낮아지게 되므로, 도로의 거친 노면특성이나 돌출물과의 충돌 등에 의한 타이어 자체의 흡수능력이 저하되어 도로소음이 증대되고, 승차감도 악화될 수 있다. 표 5.1은 승용차용 타이어의 다양한 속도지수와 하중지수를 보여준다. 속도지수가 올라갈수록(주행할 수 있는 최고 속도가 높아진다) 차량의 조종 안정성(handling)은 양호해지나, 도로소음은 불리해지는 경향을 갖는다. 타이어에 관한 세부내용은 제11장 제2절을 참고하기 바란다.

표 5.1 **승용차용 타이어의 속도지수와 하중지수**

타이어의 속도관련		타이어의 하중관련	
속도지수	최고 속도(km/h)	하중지수	하중(kgf)
Q	160	80	450
R	170	88	560
S	180	90	600
T	190	92	630
U	200	94	670
H	210	95	690
V	240	97	730
W	270	98	750
Y	300	100	800

5-7 브레이크 소음

5.7.1 브레이크 소음의 정의

브레이크는 차량의 주행을 원천적으로 가능하게 해주는 필수부품이다. 만약에 주행하던 자동차가 브레이크의 성능이 부족하여 위험한 순간에도 제대로 감속시키거나 정지시킬 수 없다면, 탑승객의 안전을 담보하는 주행 자체가 불가능하기 때문이다. 자동차용 브레이크는 유압에 의해서 드럼(drum)과 라이닝(lining)이 서로 강하게 접촉하거나, 또는 디스크(disk)와 브레이크 패드(pad)가 서로 강하게 접촉하여 발생되는 마찰작용으로 인하여 주행하던 차량을 감속시키거나 정지시키게 된다. 이러한 브레이크의 라이닝과 패드와 같은 마찰재와 회전체(드럼, 디스크) 사이의 접촉과정에서 소음이 크게 발생할 수 있다.

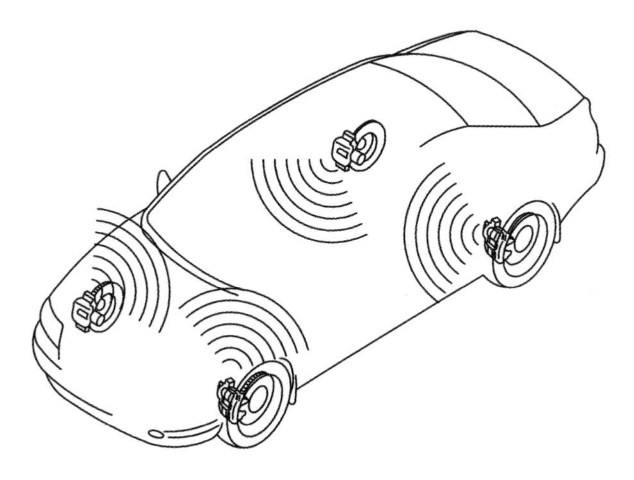

그림 5.45 **자동차의 브레이크 소음**

일반적인 유압(hydraulic)방식의 브레이크를 사용하는 승용차량뿐만 아니라, 공기-유압 브레이크를 장착한 시내버스나 대형 트럭에서도 브레이크 작동 시 발생되는 브레이크 소음(squeal noise)은 브레이크 울림이라고도 한다. 브레이크 소음은 브레이크 부품들이 큰 압력에 의한 접촉과 이에 따른 높은 온도의 극악한 조건에서 발생하는 비선형 진동현상이라 할 수 있다. 그러나 오랜 기간의 연구 · 개발에도 불구하고 뚜렷한 원인규명이 되지 않은 채 특정 차종, 특정 부품의 경우에만 제한적으로 적용되는 개선안 제시의 수준에 머물고 있는 실정이다. 브레이크 소음은 마찰현상으로 기인되는 진동현상이므로, 브레이크 작동에 의한 브레이크 부품이나 시스템의 속도변화에 의해서 주로 발생한다. 이때 브레이크 패드(라이닝)와 디스크

(드럼) 간의 마찰계수가 어떻게 변화되느냐에 따라서 브레이크 소음의 발생 여부가 결정된다.

제동과정에서 발생하는 브레이크 소음은 그림 5.46과 같이 500~1,500 Hz의 주파수 영역에서 주로 발생하며, 피크값에 해당하는 주파수 범위도 약 50 Hz에 해당할 정도로 비교적 넓은 영역에 분포되어 있다. 더불어 브레이크 작동과정에서 발생하는 진동현상이 브레이크 부품인 라이닝이나 드럼의 고유 진동수에 서로 접근하거나 일치하여 진폭이 크게 증대되거나 공진을 일으킬 경우에도 브레이크 소음이 크게 발생한다.

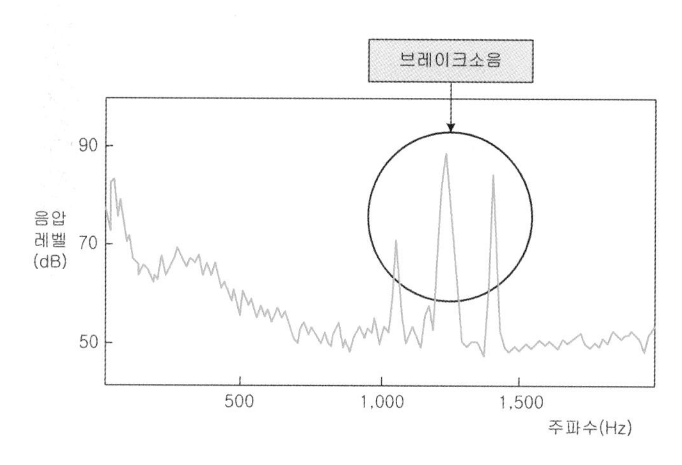

그림 5.46 **브레이크 소음의 발생현상**

5.7.2 소음 발생현상 및 느낌

1) 주행하는 차량을 감속시키거나 정지시키기 위해서 브레이크를 작동할 때 발생한다.
2) 대형 버스나 트럭의 브레이크 작동 시 자주 발생하며 탑승자뿐만 아니라 차량외부의 사람들도 쉽게 소음을 들을 수 있다.
3) 디스크 브레이크에서는 가벼운 브레이크 작동에서도 브레이크 소음이 발생하는 경우가 있다.

5.7.3 소음 발생과정

발생원인: 브레이크 작동 시 드럼, 디스크와 브레이크 마찰재(라이닝이나 패드) 간의 강한 접촉과정에서 마찰력의 변화로 인하여 소음이 발생한다.

(1) 소음 발생부위

마찰력 변화에 의한 진동현상으로 드럼, 디스크 등이 크게 진동하면서 발생된 소음이 차량 외부로 방사되거나 차량 실내로 유입된다. 그림 5.47은 브레이크 소음의 발생원인 및 전달경로를 나타낸다.

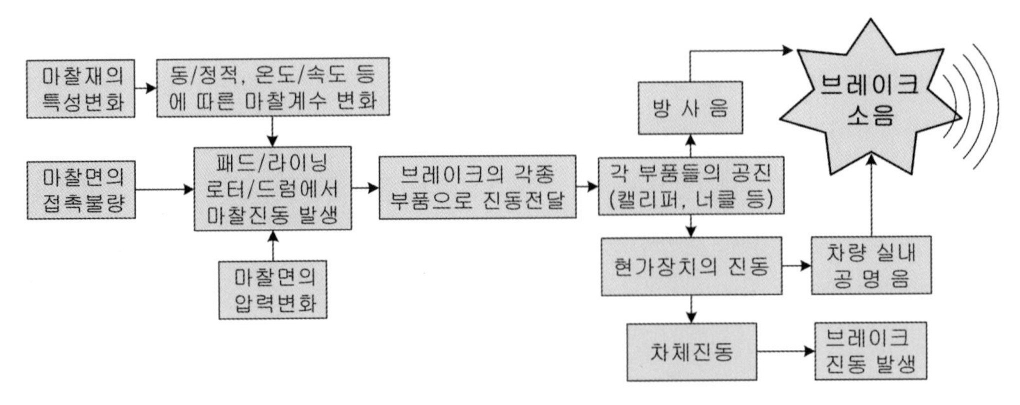

그림 5.47 **브레이크 소음의 발생원인 및 전달경로**

5.7.4 참고사항

(1) groan noise

브레이크 시스템의 내부 가진(加振)현상에 의해 발생되는 소음으로, 차량이 완전하게 정지하기 직전이나 자동변속기 차량에서 브레이크 해제로 인한 발진 시 주로 발생되는 소음을 뜻한다. 변속기 레버 D 위치의 정지상태에서 브레이크를 매우 천천히 해제시키면 차량이 서서히 움직이기 시작하는 경우에 흔히 듣게 되는 브레이크 소음을 뜻한다. 이로 인한 소음은 대형차의 드럼 브레이크에서도 자주 발생할 수 있으며, 대략 50~500 Hz의 주파수 영역에 속하며 진동원인은 패드와 디스크 간의 고착-미끄럼(stick-slip) 현상때문이라 할 수 있다.

(2) 디스크 브레이크 패드의 스프링 적용

드럼 브레이크는 제동과정에서 드럼과 라이닝이 접촉하여 제동성능을 발휘한 후, 브레이크 압력이 줄어들면 리턴 스프링(return spring)에 의해서 라이닝이 원래의 위치로 복귀하여 드럼과의 접촉이 차단되게 된다(그림 4.19 참조). 하지만 디스크 브레이크에서는 디스크와 패드의 접촉을 차단시켜주는 리턴 스프링이 없는 구조이다. 따라서 주행과정에서 부분적으로 디스크와 패드 사이에 미세한 접촉이 불가피 하였으나, 최근에는 디스크용 브레이크 패드에도 리턴 스프링을 적용시켜서 주행과정에서 발생할 수 있는 소음을 저감시키는 사례가 증대되고 있다.

(3) 전동식 주차 브레이크

주차 브레이크 작동을 위한 기존 자동차의 수동레버나 발로 밟는 레버를 삭제하고 스위치 조작만으로 간편하게 주차 브레이크를 작동시키는 장치를 EPB(electric parking brake)라 한다. 고급 대형차량부터 적용되기 시작하여 점차 중소형 승용차량까지 선택사양으로 확대되는 추세이다. 전동식 주차 브레이크는 캘리퍼(caliper)에 직접 모터가 장착되는 방식과, 그림 5.48과 같이 별도의 공간(주로 뒷좌석의 아래 중앙 위치)에서 주차 브레이크 케이블을 모터로 작동시키는 케이블 방식으로 구분된다. 이중에서 후륜 좌우 바퀴의 브레이크 캘리퍼에 장착된 전기모터가 브레이크 패드를 디스크에 밀착시키는 과정에서 마치 귀신이 우는 듯한 상당한 소음이 발생할 수 있다. 특히 조용한 심야의 지하 주차장에서 EPB를 작동시킬 경우, 이러한 소음은 큰 불만사항이 될 수도 있으므로, 최근에는 주로 케이블 방식이 채택되고 있는 추세이다. 참고로 EPB를 장착한 수동변속기 차량은 주차 브레이크 해제를 위한 별도의 클러치 스트로크(clutch stroke) 센서가 추가되어야 한다.

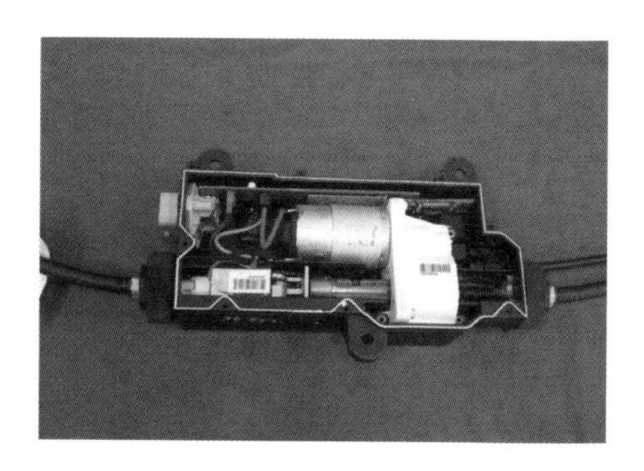

그림 5.48 **케이블 방식의 전동식 주차 브레이크 주요 부품과 장착위치(우측)**

5-8 바람소리

5.8.1 바람소리의 정의

승용차량이 일반 시내도로나 시속 80 km 이하의 자동차 전용도로를 주행하는 경우에는 엔진소음과 함께 타이어 소음이나 도로소음이 탑승객의 실내공간에서 주로 문제가 될 수 있다. 하지만 고속도로와 같은 100 km/h 이상의 속도로 고속주행하게 된다면 타이어 소음이나 도로소음보다는 그림 5.49와 같이 자동차 외관을 따라서 빠르게 유동하는 공기의 외부 유동에 의한 바람소리(wind noise)가 크게 부각되면서 실내소음에 악영향을 주게 된다. 바람소리는 크게 풍절음과 흡출음으로 나누어지며, 소음의 주파수 특성이 높고 넓은 분포를 가져서 탑승객의 대화를 방해하거나 오디오 청취를 힘들게 할 수도 있다. 생활수준의 향상과 레저활동의

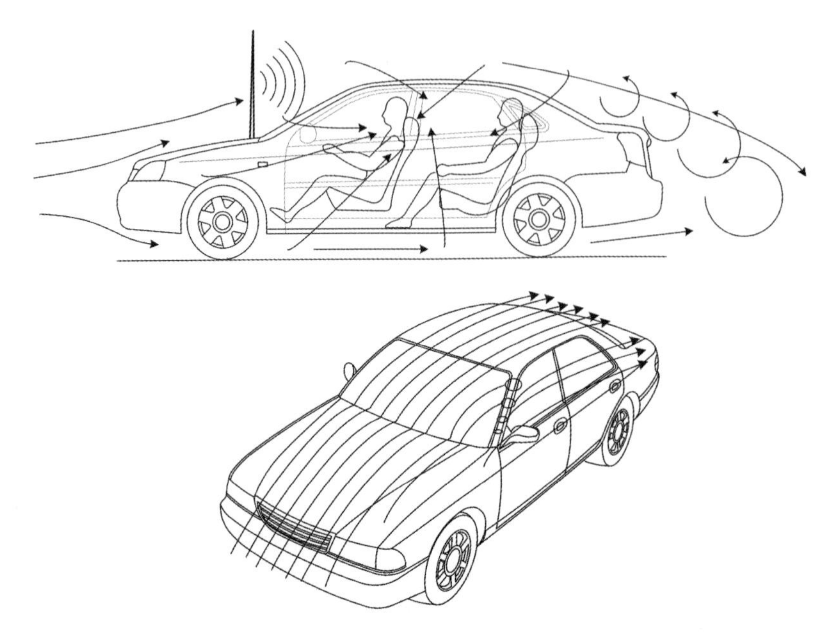

그림 5.49 **자동차의 바람소리 및 외부 기류**

증대로 인하여 시내주행뿐만 아니라 고속도로를 이용한 고속 · 장거리 운행이 증가하면서 자동차의 여러 가지 진동소음현상 중에서 바람소리의 중요성이 크게 대두되고 있다.

5.8.2 소음 발생현상 및 느낌

1) 고속주행과정에서 '슈우' 하는 것과 매우 유사하게 외부 공기가 빠르게 차체를 따라서 흐르는 듯한 소리가 창문 쪽에서 크게 들려 온다.
2) 차량의 주행속도와 외부 바람의 풍향특성에 따라서 소음현상이 변화한다.

5.8.3 소음 발생과정

(1) 풍절음

풍절음(風切音)이란 차량이 100 km/h 이상의 고속으로 주행할 때 차량 외관을 따라서 이동하는 공기의 흐름이 자동차 외관 표면의 단차, 돌기 등에 의해 산란되면서 발생하는 기류(氣流)소음이다. 즉, 안테나, 사이드 미러, 윈도우 브러시 등과 같은 돌출물 등으로 인하여 공기의 유동이 부드럽게 이어지지 않고 끊어지면서 발생하는 소음이라 할 수 있다. 이러한 소음이 도어(door)의 웨더 스트립(weather strip), 차체의 패널이나 유리창 등을 투과하여 실내소음을 악화시킨다. 풍절음은 대부분 도어의 웨더 스트립을 투과한 소음이 지배적이며 1 kHz 이

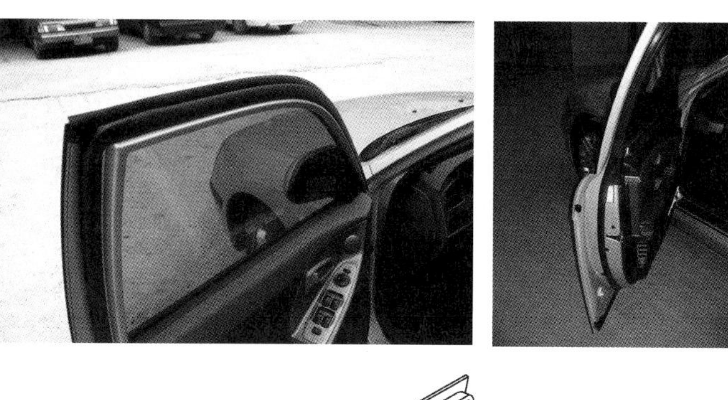

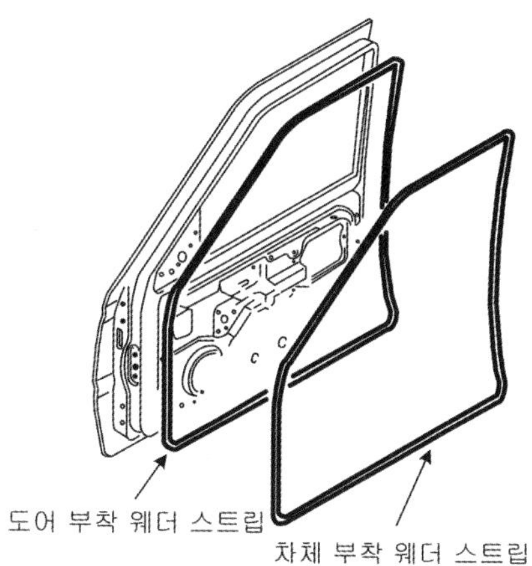

그림 5.50 **승용차량 도어의 웨더 스트립**

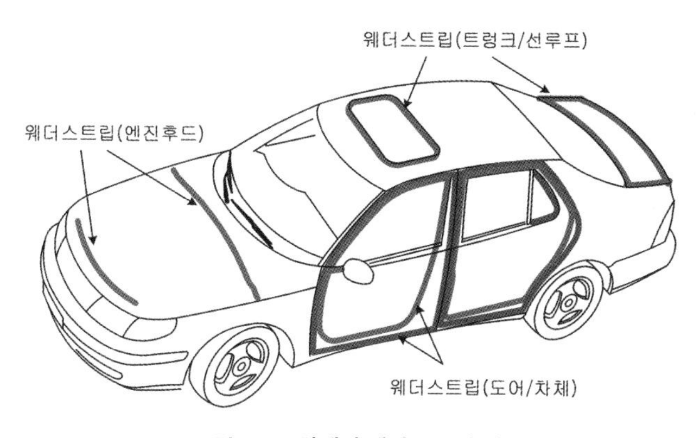

그림 5.51 **차체의 웨더 스트립 적용위치**

상의 높은 주파수에 해당되는 소음이므로, 웨더 스트립의 차음성능 향상만으로도 50% 이상의 개선 효과를 볼 수 있다. 그림 5.50은 승용차량의 도어에 적용된 웨더 스트립의 부착위치를 나타내며, 그림 5.51은 도어뿐만 아니라 엔진 후드(engine hood, 흔히 본네트라 한다), 트렁크 리드(trunk lid), 선루프 등에 적용된 웨더 스트립의 부착위치를 보여준다.

차체 외관에 장착되는 사이드 미러(side mirror), 윈도 브러시(window brush), 안테나 등은 주행안전이나 운전 편의성을 위한 필수장치라고 할 수 있다. 하지만 이들 장치들은 차체 외관에서 크게 돌출된 부위이므로 차량의 주행속도가 증가할수록 외부 기류의 흐름을 방해하여 풍절음이 급격하게 커지게 된다. 이러한 악영향을 저감시키기 위해서 사이드 미러의 유선형 설계에 따른 공기흐름의 향상, 안테나의 삭제(측면이나 후방 윈도우에 안테나 회로를 부착, glass antenna) 등의 개선이 이루어지고 있다.

또 앞 유리창(wind shield)에 돌출되어 있는 윈도 브러시(window brush)에 의해서도 풍절음이 쉽게 발생할 수 있으므로, 최근의 차량설계에서는 윈도 브러시의 고정위치를 그림 5.52와 같이 엔진후드 아래부위로 이동시켜서 원활한 기류흐름을 유도하는 추세이다. 이를 concealed wiper type이라 하며, 높은 주파수를 가진 바람소리(풍절음)에 대한 저감 효과를 얻을 수 있다.

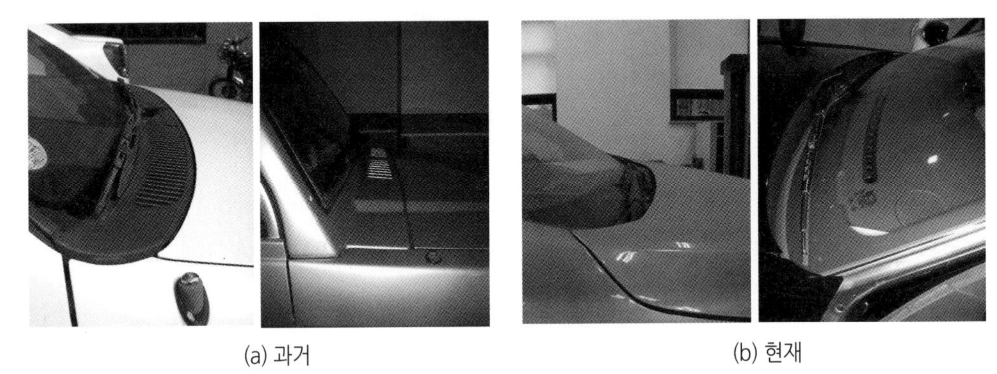

(a) 과거　　　　(b) 현재

그림 5.52 **윈도 브러시 장착위치 개선사례**

(2) 흡출음

흡출음(吸出音, aspiration noise)은 차량의 실내외를 구분하는 틈 사이로 공기가 누설될 때 발생하는 소음이다. 차량의 고속주행 시에는 차량 내부와 외부의 압력 차이로 인하여 도어가 바깥쪽으로 벌어지는 현상이 발생하는데, 이때 도어의 웨더 스트립에 변형이 생겨서 차량 내부와 외부 사이의 유동으로 발생된 소음을 흡출음이라 한다. 차량이 고속으로 주행하게 되면, 차량실내에 비해서 외부는 공기의 유동속도가 매우 빠르기 때문에 실내압력보다 외부압력은 낮아지게 된다. 따라서 도어는 바깥쪽(차량의 외부) 방향으로 힘을 받게 되어 도어와 웨더 스트립 간의 접촉이 균일하지 않게 될 수 있다.

이러한 현상의 극단적인 사례는 액션 영화에서 하늘을 날던 비행기의 출입구가 갑자기 열리거나 폭탄으로 기체에 구멍이 났을 경우, 비행기 실내와 외부의 급격한 압력차이로 인하여 물건이나 탑승객이 기체 바깥으로 튕겨나가는 장면을 생각하면 쉽게 이해될 수 있을 것이다.

그림 5.53은 고속주행 시 흡출음이 발생하기 쉬운 차체부위를 보여준다. 흡출음은 풍절음에 비해서 약간 높고 넓은 주파수 범위를 가진다. 흡출음의 개선대책으로는 도어의 강성보강, 웨더 스트립의 개선 및 도어 경첩(door latch)의 조정 등이 있다. 흡출음의 종류로는 정적 흡출음과 동적 흡출음으로 구분할 수 있다.

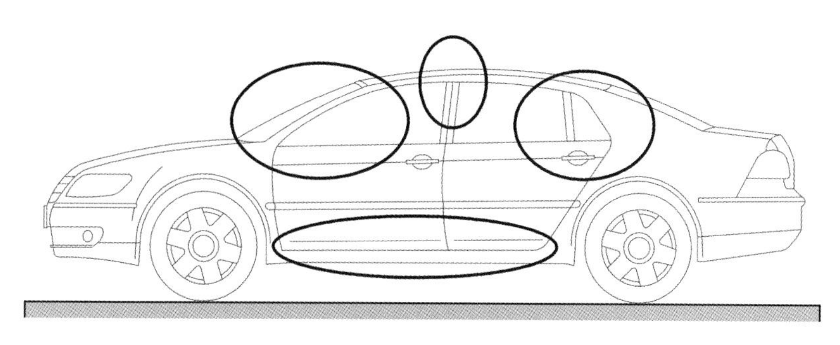

그림 5.53 흡출음이 발생하기 쉬운 차체부위

1) 정적 흡출음: static leak noise라고 하며, 정적 틈새[글래스 런(glass run) 조인트(joint) 부위의 불량, 조기 변형, 내마모성 저하 등으로 유발됨]에 의한 흡출음을 뜻한다. 여기서, 글래스 런은 글래스(옆 유리창)의 원활한 오르내림과 함께 글래스와 도어 채널 간의 기밀을 유지시켜 주는 역할을 하는 부품이다. 따라서 글래스 런의 재질과 기능의 향상은 정적 흡출음의 저감에 있어서 매우 중요한 인자라 할 수 있다. 그 외에도 필러(pillar)와 차체 멤버(member)의 내부에 충전재료를 적용시키거나, 차체 패널(panel) 접합부의 밀폐(sealing) 상태 개선 및 보완 등의 대책안을 강구할 수 있다. 여기서 차체 내부공간에 적용되는 충전재료에 대한 세부사항은 제9장 제5절을 참고하기 바란다.
2) 동적 흡출음: dynamic leak noise라고 하며, 차량속도의 4제곱에 비례해서 차량속도가 증가할수록 도어를 밖으로 밀어내는 힘이 크게 발생하면서 도어와 차체 간의 틈새로 외부소음이 유입되는 현상을 뜻한다. 고속주행 시의 도어 프레임 변위와 웨더 스트립의 반발력이 소음발생에 있어서 중요한 변수가 되므로, 도어의 프레임 강성보강과 함께 고무재질의 웨더스트립 변형량 개선 등의 대책안을 강구할 수 있겠다.

(3) 공동소음

공동소음(空洞騷音, cavity noise)은 자동차에서 발생하는 바람소리 중에서도 비교적 낮은 주파수에 해당하는 소음으로 헬름헬츠 공명소음(helmholtz resonance noise)이라고도 한다. 공동소음은 선루프(sun roof) 및 도어와 차체 패널 간의 틈새(parting gap)에서 주로 발생한다.

가장 대표적인 사례는 선루프를 개방한 상태로 고속 주행하는 경우에 실내에서 발생되는 소음이며, 이를 throb noise 또는 wind flutter라고도 한다. 즉, 창문(특히 뒷창문)이나 선루프를 열고서 고속주행할 때 실내에서 발생하는 15~20 Hz 영역에 해당하는 낮은 주파수의 공기진동현상을 말하며, 100 dB(A) 이상의 높은 음압을 가져서 소음이라고 하기보다는 귀를 압박하는 듯한 느낌을 지배적으로 받는다. 이것은 우리가 빈 콜라병에 입을 대고서 바람을 불어넣을 때 발생하는 소음현상과 마찬가지로 차량의 실내가 공명원이 되어 외부 공기의 빠른 유입으로 인하여 공명현상을 크게 일으키기 때문이다. 당연히 열려있는 선루프나 창문을 닫으면 공동소음은 크게 줄어들게 되며, 이 부품들에 적용되는 글래스 런이나 웨더 스트립의 밀폐기능을 증대시키면 뚜렷한 개선효과를 볼 수 있다.

(4) 떨림음

차체의 외관을 따라 빠르게 이동하는 기류에 의한 진동(flow induced vibration)현상에 의해서 발생하는 소음으로, 차체에 부착된 몰딩(molding)들의 떨림소리가 지배적이다.

5.8.4 참고사항

(1) 바람소리 성분별 실내소음의 기여도

1) 흡출음, 공동소음, 떨림음: 실내소음의 10~30% 정도 기여한다.
2) 상부 풍절음: 실내소음의 20~35% 정도 기여하며, 차량의 외관 스타일링에 좌우되는 주요 개선항목이다.
3) 하부 풍절음: 실내소음의 40~55% 정도 기여한다. 일반적인 상식과는 달리, 차체 하부의 구조가 풍절음에 많은 영향을 끼침을 알 수 있다. 일반 승용차량의 하부구조는 그림 5.54와 같이 매우 복잡하며, 또한 돌출 부위도 많기 때문에 하부 풍절음이 크게 발생할 수 있다.
   즉, 현가장치의 각종 암(arm)이나 링크(link), 배기계의 소음기와 연료탱크 등이 차량 하부에 돌출되어 있어서 공기의 빠른 흐름이 끊어지게 되면서 큰 소음을 발생시키게 되는 것이다. 따라서 수입 고급차량을 비롯하여 국내의 고급 승용차량에서도 이러한 차체의 하부 풍절음을 억제하기 위해서 소비자의 눈에 잘 보이지 않는 하부공간까지도 최대한 편평하게 설계 · 시공하고 있다. 또한 그림 5.55(a)와 같이 차체 하부구조물에 별도의 커버(cover)를 적극적으로 장착하여 풍절음 저감효과를 얻을 수 있다. 최근에는 그림

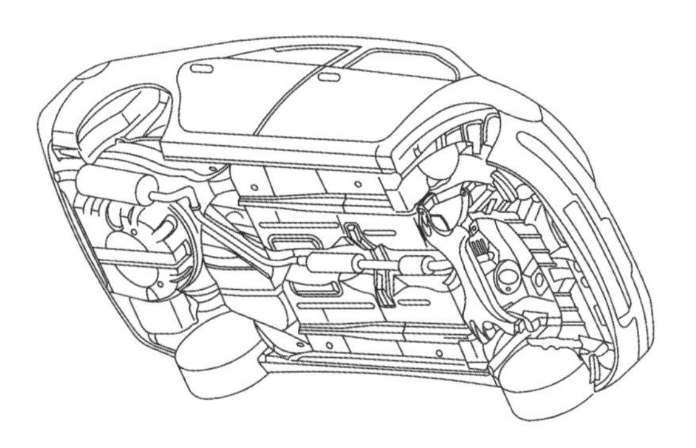

그림 5.54 **일반 승용차량의 하부구조**

5.55(b)와 같이 차량 바퀴 앞에 휠 디플렉터(wheel deflector)를 적용하여 차량 하부의 공기흐름을 원활하게 유도하여 풍절음의 저감과 함께, 타이어에 작용하는 공기저항을 감소시켜서 차체의 공력특성을 개선하고 있다.

(a) 차체 하부의 커버 장착사례

그림 5.55 **일반 승용차량의 하부구조**

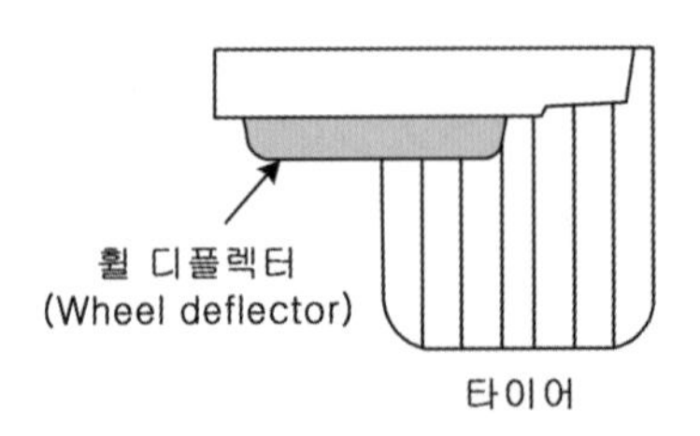

(b) 차체 하부의 휠 디플렉터 장착사례

그림 5.55 **일반 승용차량의 하부구조(계속)**

(2) 바람소리 저감대책

1) 앞 유리창의 개선: 바람소리의 실내전달을 억제하기 위해서 앞 유리창(wind shield)에 차음필름을 적용한 안전 접합유리를 적용하는 사례가 늘어나고 있다. 그림 5.56과 같이 차량 내외부 유리 사이에 PVB(polywinyl butyral) 필름을 포함한 차음필름을 접합시켜서 바람소리의 실내침투를 억제하여 탑승자 간의 대화 명료도를 향상시키고 있다. 고급 승용차에서는 앞 유리창뿐만 아니라 도어 유리창(window)에도 적극적으로 채택하고 있다. 일반차량에서는 앞 도어 유리창(window)의 두께를 증대시킬 경우, 다소나마 바람소리를 저감시킬 수 있다.

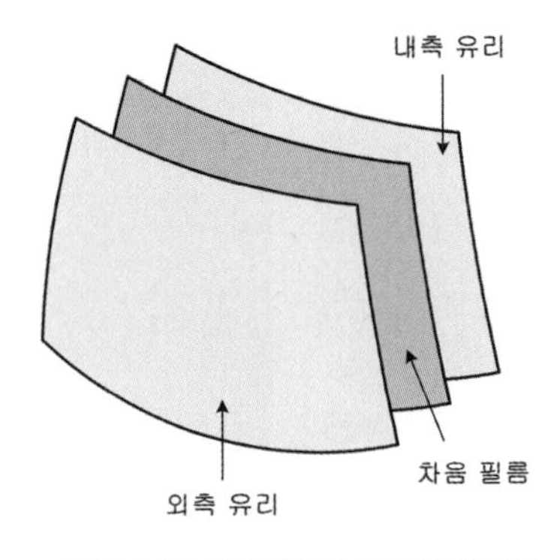

그림 5.56 **차음필름이 적용된 유리창**

2) 발포재료의 적용: 차체를 구성하는 필러(pillar)나 각종 멤버(member) 내부에는 빈 공간이 존재하는데, 여기에 바람소리와 같은 외부소음이 전달될 경우에는 크게 공명할 수 있다. 이를 방지하기 위해서 차체 내부의 빈 공간에 발포재료를 적용하여 바람소리를 비롯한 기타 소음의 전달을 억제시키고 있다. 발포재료에 대한 세부내용은 제9장 제5절을 참고하기 바란다.

5-9 럼블소음

5.9.1 럼블소음의 정의

럼블소음은 엔진 내부의 회전부품인 크랭크샤프트에서 발생된 진동현상으로 유발되는 소음을 뜻한다. 이 소음은 차량의 실내소음과 진동레벨의 악화뿐만 아니라 실내소음의 음질(音質, sound quality)에도 악영향을 끼칠 수 있다. 크랭크샤프트의 진동특성은 공회전과 같은 낮은 회전수에서는 강체운동(rigid body motion)을 하지만, 공회전보다 높은 회전수에서는 크랭크샤프트 자체의 비틀림 진동, 풀리(pulley)와 플라이휠 장착부위에서 굽힘진동 등이 발생한다. 그림 5.57은 4기통 가솔린 엔진의 크랭크샤프트 및 풀리와 플라이휠을 나타낸다.

그림 5.57 **크랭크샤프트 및 풀리(좌측부분)와 플라이휠 장착사례**

가솔린 엔진에 사용되는 크랭크샤프트의 고유 진동수는 대략 200~500 Hz 영역에 분포한다. 이 영역에서 발생하는 크랭크샤프트의 굽힘진동, 비틀림 진동현상 등이 크랭크샤프트를 지지하는 베어링을 거쳐서 실린더 블록에 전달되면서 발생하는 소음을 럼블소음(rumble noise)이라 한다. 학문적으로는 500 Hz 이하의 옥타브(octave) 밴드 소음레벨이 과도하게 나

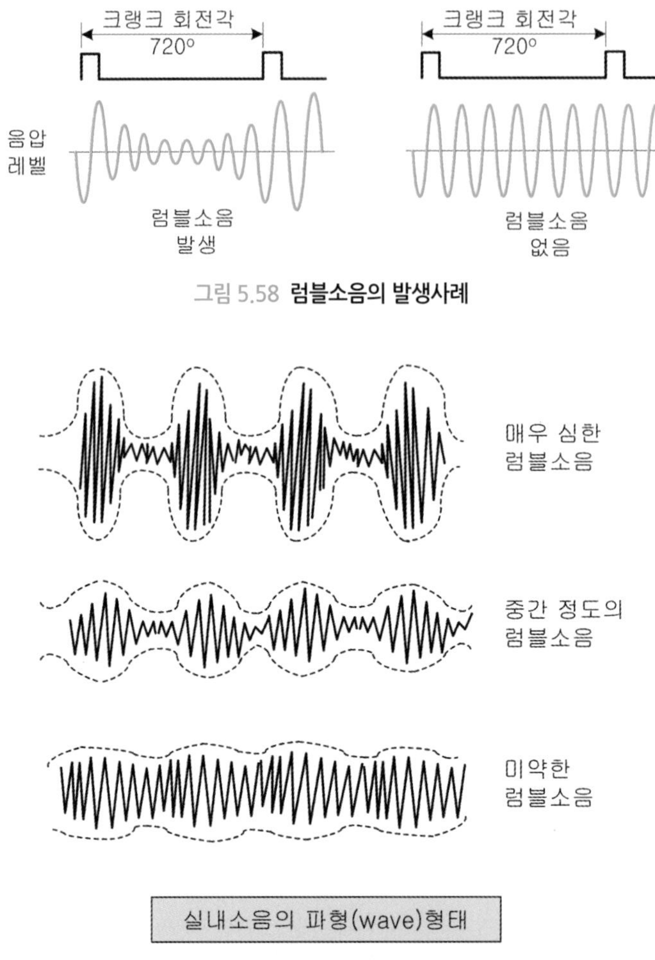

그림 5.58 **럼블소음의 발생사례**

그림 5.59 **럼블소음의 파형형태**

타나는 소음현상을 럼블소음이라고 한다. 그림 5.58과 5.59는 럼블소음의 사례와 파형형태를 보여준다.

공회전 운전부터 엔진의 회전을 서서히 가속시키는 경우 크랭크샤프트에 작용하는 주요 가진원은 주로 연소폭발에 의한 것이다. 그 외에도 각종 풀리 벨트의 장력변화나 각 실린더별 연소압력의 차이에도 영향을 받는다. 이렇게 다양한 가진원들의 영향을 받는 크랭크샤프트의 진동현상으로 발생되는 럼블소음을 억제시키는 방안으로, 대부분의 승용차량용 엔진에서는 크랭크샤프트의 앞부분에 장착되는 풀리 내부에 비틀림 댐퍼(torsional damper)를 적용시키고 있다. 풀리 내부에 적용되는 비틀림 댐퍼에 대한 세부적인 내용은 제7장 7절을 참고하기 바란다.

5.9.2 풀리부의 굽힘진동

크랭크샤프트 앞부분의 굽힘진동은 큰 레벨의 럼블소음을 야기시킬 수 있다. 그 이유는 크랭크샤프트의 굽힘 진동수가 동력기관 구조물(실린더 블록이나 변속장치의 하우징)들의 고유 진동수 영역과 겹쳐 있어서 크랭크샤프트와 동력기관의 진동이 서로 연성(coupling)되면서 차량 실내로 유입되는 진동소음현상이 크게 증폭될 수 있기 때문이다. 이를 개선하기 위해서는 가능한 범위에서 크랭크샤프트 앞부분의 길이를 축소시켜서 크랭크샤프트 자체의 굽힘 고유 진동수를 증대시키거나, 또는 풀리 내부에 듀얼모드(dual mode, 굽힘과 비틀림 진동을 함께 제어한다) 댐퍼를 적용하여 크랭크샤프트 앞부분의 진동을 저감시키는 방안이 있다. 최근에 개발된 엔진들이 대부분 하나의 팬벨트(fan belt)를 사용하는 이유도 바로 크랭크샤프트 앞부분의 굽힘진동현상을 억제하기 위한 목적이 내포되어 있다고 볼 수 있다.

5.9.3 플라이휠의 굽힘진동

플라이휠이 장착되는 크랭크샤프트 뒷부분의 굽힘진동에 의한 영향은 럼블소음뿐만 아니라, 차량의 실내소음 악화에도 크게 기여하게 된다. 그 이유는 대개 250~400 Hz의 주파수 영역에서 발생하는 동력기관의 전체적인 진동현상뿐만 아니라, 바퀴까지 동력을 전달하는 구동축까지도 악영향을 끼치기 때문이다. 따라서 크랭크샤프트 뒷부분에 유연 플라이휠(flexible flywheel)이나 2중 질량 플라이휠(dual mass flywheel)을 추가로 적용하여 크랭크샤프트의 굽힘 진동현상을 개선시킬 수 있다. 풀리 내부의 댐퍼와 유연 플라이휠 및 2중 질량 플라이휠에 대한 세부적인 내용은 제7장 제7절을 참고하기 바란다.

5-10 기어소음

5.10.1 기어소음의 정의

차량주행 시 변속장치 내부에서 주로 유발되는 기어소음은 기어들 간의 맞물림 특성이나 헐거워진 접합부분에서의 타격(충돌)에 의해서 주로 발생한다. 기어소음은 발생특성에 따라서 크게 치타음(rattle noise)과 치합음(whine noise)으로 분류할 수 있다.

5.10.2 소음 발생현상 및 느낌

1) 기어회전에 따른 진동현상으로 말미암아 기어 이(齒, teeth)들이 서로 맞물리는 과정에서 소음이 발생한다.
2) 치타음은 저속주행에서 주로 발생하며, 날카로운 금속음이 차량 실내외로 크게 발생한다.
3) 치합음은 고속주행에서 주로 발생하며, 높은 주파수 성분의 휘파람 소리와 매우 유사하다.

5.10.3 소음 발생과정

(1) 치타음

구동축에서 발생하는 비틀림 진동현상으로 인하여 서로 물려 있는 기어쌍 간의 반복적인 충돌현상에 의해서 발생하는 소음이다. 이때 기어의 백래시(backlash)가 규정값 이상인 경우에는 공회전 기어(idling gear)에서 발생하는 경우도 있다. 이러한 치타음은 기어의 중립상태나 저단 구동 시에 주로 발생하며, 변속기의 외관(하우징, transmission housing)을 투과하여 차량의 실내외로 전달된다.

(2) 치합음

치합음은 치타음과 달리 고속 주행과정에서 주로 발생한다. 차량의 고속주행에 따른 기어의 빠른 회전과정에서 기어 축에 회전 각속도의 변화가 발생할 경우에는 기어 이들 간에는 치합(meshing) 강제력이 발생한다. 이러한 치합 강제력으로 발생된 진동현상으로 유발된 소음이 변속기 외관을 통한 전달과정에서 증폭되어 실내로 유입된다. 차량이 특정한 속도에 이를 때마다 발생하며, 휘파람 소리나 제트엔진 소리와 매우 비슷한 높은 주파수의 소음을 유발한다.

치타음과 치합음에 대한 세부사항은 제7장 제11절을 참조하기 바란다.

대형 차량의 진동소음 6장

지금까지는 주로 승용차량의 진동소음현상에 대해서 알아보았는데, 트럭이나 버스와 같은 대형 차량에 대해서도 진동소음현상의 특성파악과 개선대책에 대한 이해가 필요하다고 생각한다. 진동소음의 발생현상이나 개선대책은 대형 차량이라고 해서 일반 승용차량과 큰 차이점을 갖는 것은 아니다. 여기서는 일반 승용차량과 구별되는 대형 차량만의 구조 특성이나 사용(운행)목적 등에 따라서 특별하게 발생할 수 있는 진동소음현상과 그에 대한 개선대책을 간단히 알아본다.

6-1 상용차량의 진동소음

얼마 전까지만 하더라도 소형 화물자동차부터 대형 트럭에 이르기까지 상용차량에 대한 사용자(운전자)들의 관심사항은 주로 내구성능, 연비, 주행성능 등이었으나, 최근에 이르러서는 상용차량도 좀 더 정숙하고 안락한 승차감에 대한 요구사항이 크게 증대되고 있는 실정이다.

상용차량은 대부분 디젤엔진을 사용하며, 화물적재를 목적으로 하는 프레임(frame) 방식의 차체구조이기 때문에 진동소음특성이 일반 승용차량과는 다소 달라질 수 있다. 상용차량에서 발생하는 대표적인 진동소음특성을 정리하면 다음과 같다.

1) 공기전달소음(air borne noise)의 비중이 승용차량에 비해서 현저히 높다.
2) 차체가 프레임 구조로 구성되어 있기 때문에 동력기관이나 현가장치 등에서 발생한 진동현상의 전달은 승용차량보다 다소 적은 편이다.
3) 디젤엔진의 연소특성으로 인하여 높은 주파수의 소음이 크게 발생한다.

4) 상용차량에서 문제될 수 있는 주요 소음원은 엔진소음, 바람소리, 타이어 소음 등이다.
5) 트럭의 경우, 적재물의 탑재 상태에 따른 차량의 중량 변화가 많기 때문에 브레이크 소음이 크게 발생할 수 있다.
6) 일반 승용차량과는 달리 연속적인 사용과 고속 장거리 주행이 지배적이다.

그림 6.1 **상용차량(트럭)의 차체구조**

그림 6.1과 그림 6.2는 상용차량(트럭)의 차체구조 및 대표적인 진동소음현상을 나타낸 것이다. 그림 6.1과 같이 트럭은 프레임 구조를 가진 전형적인 후륜구동방식임을 알 수 있으며, 여기에 적재공간이 체결되는 구조이다. 승용차량에 비해서 운전자의 탑승공간이 엔진을 비롯한 동력기관의 바로 윗부분에 위치하고, 흡·배기장치와 구동축(프로펠러 샤프트), 타이어 등이 외부에 그대로 노출되는 구조이므로 승용차량과 비교할 때 진동소음 측면에서 불리하다고 볼 수 있다.

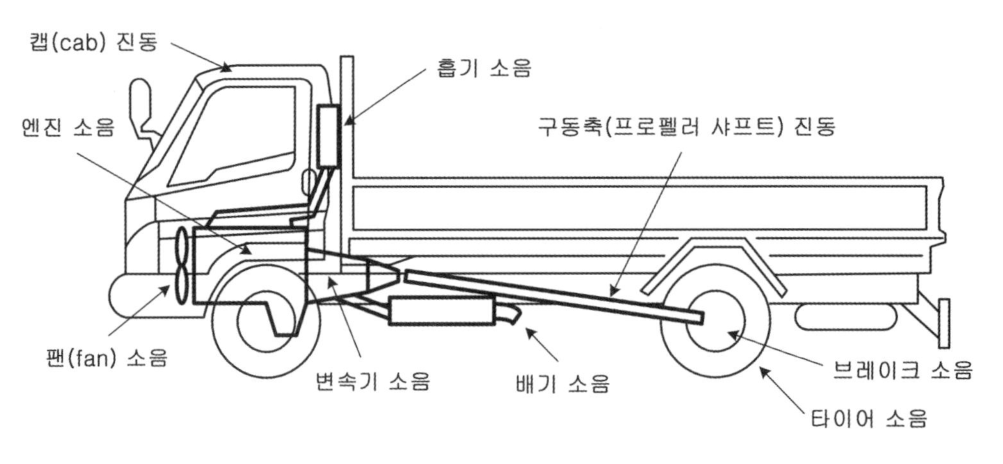

그림 6.2 **상용차량(트럭)의 대표적인 진동소음현상**

6.1.1 브레이크 소음

트럭과 같은 상용차량에서는 적재물의 탑재 여부에 따라서 차량의 중량 변화가 심하므로 이에 따른 제동력(brake force)도 함께 조절해야 하기 때문에, 제동(브레이크에 의한 감속 및 정지를 의미한다)과정에서 브레이크 소음이 크게 발생할 수 있다. 특히 대형트럭은 차량에 장착되는 바퀴(타이어)의 개수만 해도 승용차량의 2배 이상이므로, 그만큼 브레이크에서 유발되는 소음이 문제될 소지가 많다고 볼 수 있다. 공기 또는 공기-유압 혼용 브레이크가 장착된 상용 차량에서 주로 발생하는 브레이크 소음(squeal noise)은 고온, 고압의 작동조건에서 그림 6.3과 같이 브레이크 드럼과 라이닝(브레이크의 마찰재)의 비선형 진동현상으로 인하여 발생한다.

그림 6.3 **대형 차량의 브레이크 드럼과 라이닝**

브레이크 소음을 개선시키기 위해서는 먼저 브레이크 시스템의 드럼, 라이닝, 현가장치와 전후 구동축 등의 고유 진동형태를 해석하여 브레이크 소음과 관련되는 공진부품들을 파악하는 것이 필요하다. 이를 기초로 주요 부품들의 고유 진동수를 이동시키거나 또는 감쇠를 고려한 브레이크 시스템의 개선, 브레이크 라이닝의 재료개선 등과 같은 다양한 대책방안을 강구할 수 있다. 그림 6.4는 상용차량에서 발생하는 브레이크 소음의 평가 및 개선과정의 한 사례를 보여준다.

최근에는 대형 차량의 브레이크에도 그림 6.5와 같이 디스크 브레이크의 적용이 적극적으로 검토되고 있다. 디스크 브레이크는 드럼 브레이크에 비해서 브레이크 작동으로 발생되는 열을 효과적으로 방출시켜서 안정된 제동성능을 확보하면서 동시에 브레이크 소음의 발생을 축소시킬 수 있다.

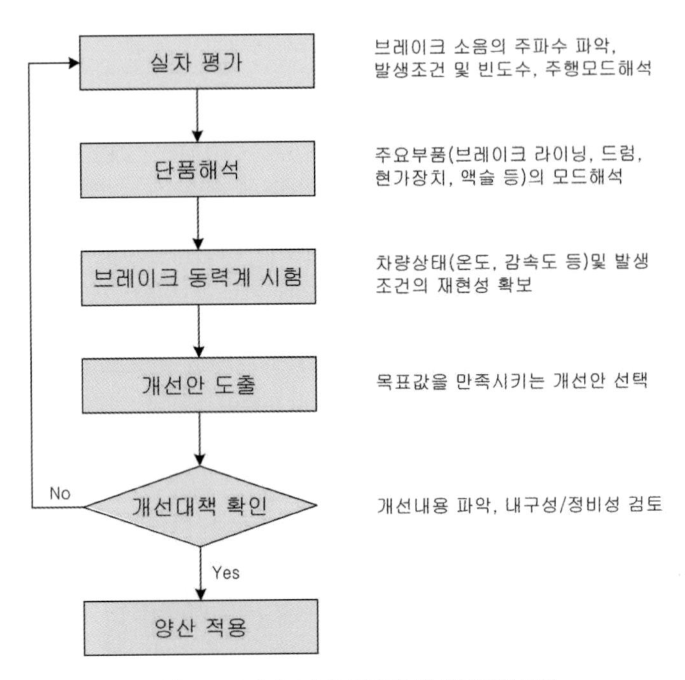

그림 6.4 **브레이크 소음의 평가 및 개선과정 사례**

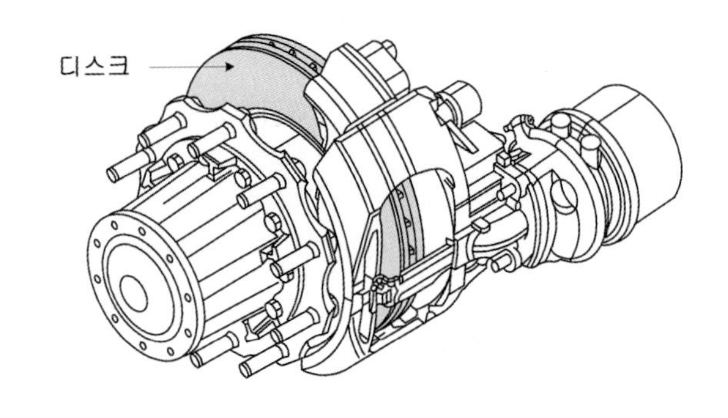

그림 6.5 **대형 차량의 디스크 브레이크 적용**

6.1.2 공기전달소음의 개선

승용차량과는 달리 상용차량은 프레임 위에 차체가 장착되는 구조이므로 구조전달소음보다는 공기전달소음이 지배적이고, 디젤엔진의 연소특성으로 인하여 높은 주파수의 소음이 실내에서 크게 발생할 수 있다. 운전자와 탑승자가 탑승하는 공간인 캡(cab)이 엔진의 윗부분에 위치하는 캡오버(cab over engine) 형태의 방식이 대부분이므로, 엔진 윗부분으로 방사되는 동력기관의 소음 억제와 방음처리가 매우 중요하다. 이러한 엔진 방사소음의 저감방법으로는 흡·차음재료의 적용이 간단하면서도 가장 효과적인 개선대책이 될 수 있다. 승용차량과 마찬가지로, 캡 내부의 흡·차음 효과를 극대화시키는 재료선정 및 적용이 중요하다. 이를 위해서 상용차량에서는 캡 하부, 엔진 및 변속장치의 상·하부 등에 흡·차음 커버(cover)를 적극적으로 적용시키는 것이 가장 많이 채택되는 방음대책이라 할 수 있다.

하지만 엔진과 변속장치 등으로 이루어진 동력기관 주변에 흡·차음 커버를 적용시켜서 소음을 차폐시키는 대책안은 차량 외부로부터의 적절한 공기유동을 방해하여 종종 엔진룸 내부의 온도를 크게 증가시킬 수 있다. 이럴 경우, 엔진의 정상적인 작동이 힘들어지고 동력기관의 출력저하는 물론 내구수명을 크게 단축시키고 주요 전장부품들의 파손까지 유발시킬 수 있다. 따라서 동력기관의 소음방지를 위한 흡·차음 커버의 적용에는 엔진의 냉각효율 및 온도점검이 반드시 고려되어야 한다. 그림 6.6은 트럭의 공기전달소음 개선을 위한 흡·차음 커버의 적용사례를 보여준다.

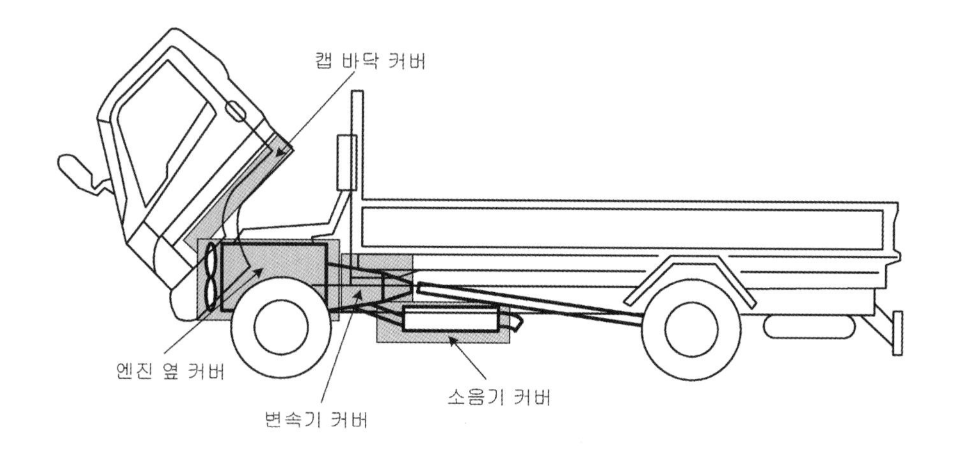

그림 6.6 **트럭의 공기전달소음 개선방안**

한편, 자동차 제작회사와는 달리, 소음저감을 위한 흡·차음 커버의 적용이 운전자나 정비업자의 입장에서는 엔진의 냉각성능 저하와 더불어서 각종 유지보수 측면에서 크게 불편할 수 있다. 따라서 몇 번의 정비작업을 거치면서 출고당시에 장착된 저소음대책 부품들이 슬그머니 제거되는 경우가 비일비재하다. 이로 말미암아 상용차량의 실내소음 악화뿐만 아니라 상당한 레벨의 외부소음이 그대로 방사되어 주변에 큰 피해를 줄 수 있다. 이러한 폐단을 줄이기 위해서는 행정당국의 엄격한 차량검사제도 시행과 함께 저소음을 위한 차량법규나 규제에 따른 운행제한 등의 행정적인 조치가 필요하다고 판단된다.

6.1.3 캡의 진동현상

중·대형의 상용차량에서는 60~80 km/h의 주행속도에서 6~8 Hz의 진동수를 가지는 캡(cab)의 진동현상이 발생할 수 있다. 캡의 진동은 주행과정에서 프레임의 진동이 캡으로 전달되면서 발생하는 흔들림 현상으로, 비틀림이나 전후방향의 진동형태를 갖는다.

캡의 진동원인은 차륜의 불평형(unbalance)과 타이어의 반경방향으로 작용하는 힘의 변화(RFV, radial force variation) 등에 의해서 스프링 아래 질량(unsprung mass)의 상하방향 흔들림이라 할 수 있다. 이러한 진동현상이 현가장치와 프레임을 통해 캡으로 전달되는 과정에서 캡의 고유 진동수에 접근하게 될 경우, 캡의 진폭이 크게 확대되면서 운전자와 탑승자에게 큰 흔들림으로 인식된다. 그림 6.7은 상용차량(트럭)의 캡 진동현상을 보여준다.

전후 방향의 진동인 경우에는 캡이 피칭(pitching)운동을 하게 되어서 탑승자는 차량 전후 방향의 진동현상을 느끼게 되고, 비틀림 진동인 경우에는 캡이 롤(roll)운동을 하게 되어서 탑승자는 차량 좌우 방향의 진동현상을 감지하게 된다.

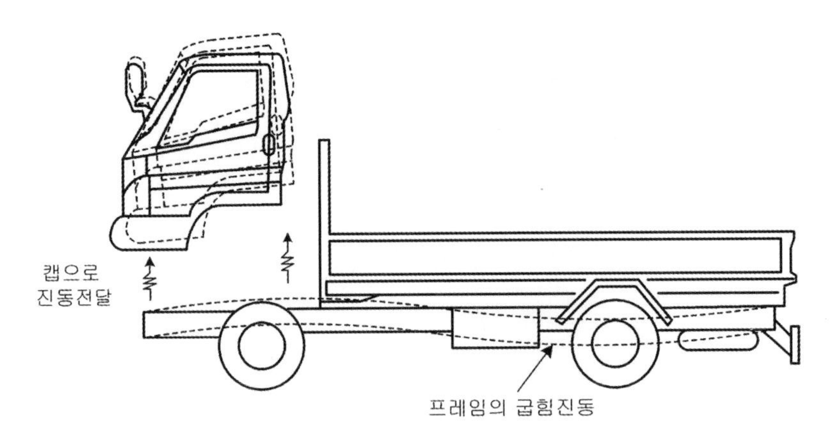

그림 6.7 **트럭의 캡 진동현상**

캡의 진동특성은 주로 6 ~ 8 Hz 내외의 진동수 영역에서 최대의 진폭이 나타나며, 공차상태보다는 오히려 적재상태에서 큰 진동을 유발하는 경우가 많다. 캡진동의 해결방안으로는 프레임의 강성증대(크로스 멤버의 추가, 보강재 부착 등)를 통해서 프레임 자체의 고유 진동수를 높이거나, 캡의 지지 마운트 고무와 엔진 마운트 고무, 충격흡수기 등의 감쇠특성을 향상시켜서 진동 절연율과 차체의 강성증대 방안들이 강구될 수 있다. 그림 6.8은 캡의 진동저감을 위한 고무재료와 충격흡수기가 적용된 사례를 보여준다. 대형 차량에서도 운전자와 탑승자의 승차감 향상을 위해서 고무재료 내부에 액체를 넣은 액체봉입식 마운트(hydraulic mount)를 적용시켜서 캡의 진동현상을 크게 저감시키기도 한다. 액체봉입식 마운트에 대한 세부사항은 제7장 제6절을 참고하기 바란다.

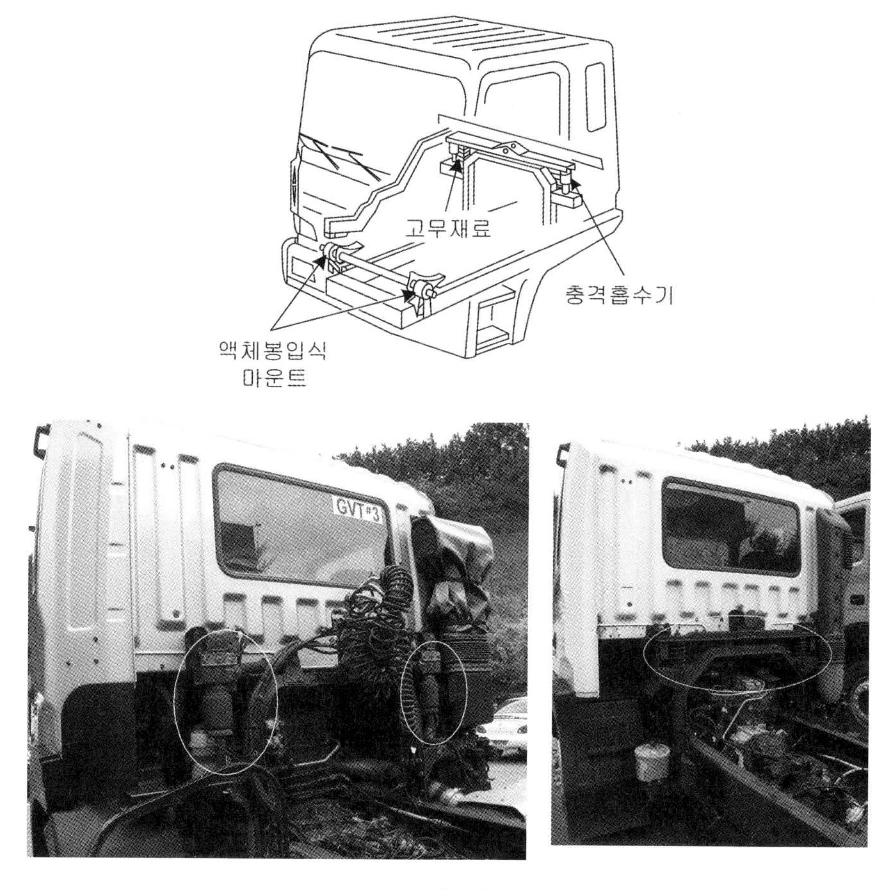

그림 6.8 **캡의 진동절연장치**

또 그림 6.9에서 보는 바와 같이, 일반 승용차량에 비해서 상용차량은 매우 긴 프로펠러 샤프트(propeller shaft)를 갖는다. 프로펠러 샤프트가 길어질수록 그림 6.10과 같이 굽힘이나 비

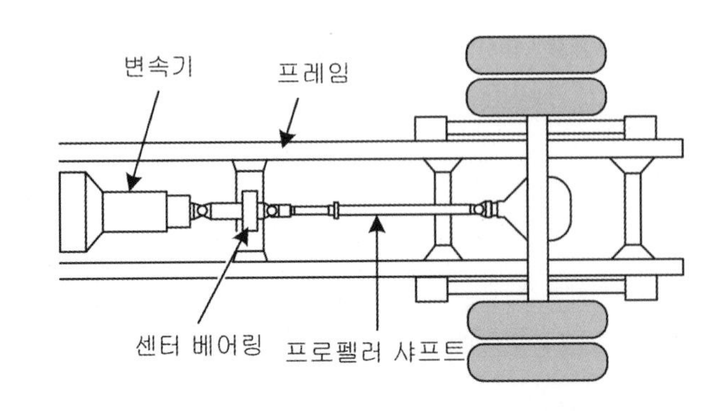

그림 6.9 **트럭의 프로펠러 샤프트 및 프레임 구조**

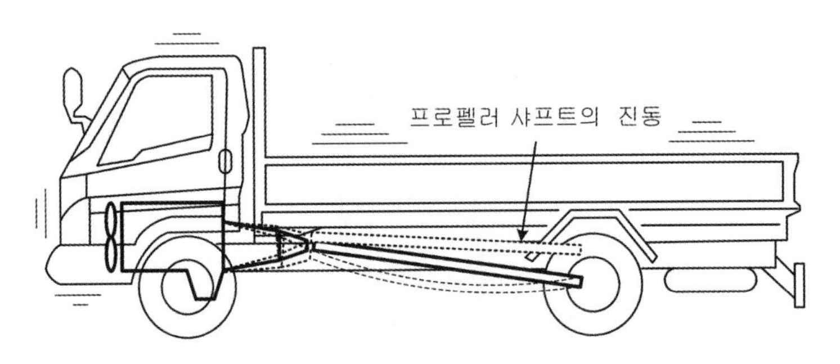

그림 6.10 **트럭의 구동계 진동모드**

틀림 진동현상이 쉽게 발생할 수 있으며, 이러한 흔들림이 현가장치와 센터 베어링 등을 통해서 차체로 전달될 수 있다. 이를 보완하기 위해서 샤프트 자체의 직경을 확대시키는 방안도 많은 제약이 따를 수밖에 없다. 이러한 프로펠러 샤프트의 굽힘현상뿐만 아니라 적재물 적용에 의한 프로펠러 샤프트 장착각도의 증대로 말미암아 구동력 전달과정에서 상당한 진동이 발생되어 캡과 차체로 전달될 수 있다.

6.1.4 상용차량의 외부소음

상용차량에서는 법규항목으로 규정하고 있는 외부소음이 승용차량에 비해서 크게 발생할 수 있다. 특히, 동일한 구동방식의 상용차량이라 하더라도 차체의 크기에 따라서 각종 소음원의 기여율이 크게 변화되는 특성을 갖는다. 그림 6.11은 상용(트럭)차량의 외부소음 중에서 가속주행소음(pass-by noise)의 각 부품별 기여율을 소형과 대형 트럭으로 비교한 것이다. 가속주행소음의 기여율을 살펴보면 대형트럭에서는 소형과 달리 구동계에 의한 소음이 매우 크게 작용하는 것을 알 수 있다.

또 대형 상용차량의 가속주행소음에서는 대기온도 및 차량의 주행속도에 의해서도 많은 차이점을 갖게 된다. 대기온도에 있어서는 15℃의 차이가 날 때마다 약 1 dB(A)의 오차가 발생할 수 있으며, 주행속도에서도 1 km/h의 속도변화에 따라서 약 0.4 dB(A)씩 오차가 난다고 알려져 있다. 따라서 상용차량의 외부소음 측정과 평가에 있어서는 온도와 주행속도에 대한 세밀한 점검과 측정이 이루어져야만 한다. 만약 대형 무향실과 같은 실내 측정장비가 구축되어 있을 경우에는 이러한 대기온도 및 주행속도에 따른 오차요인들을 근원적으로 해결할 수 있을 것으로 기대된다.

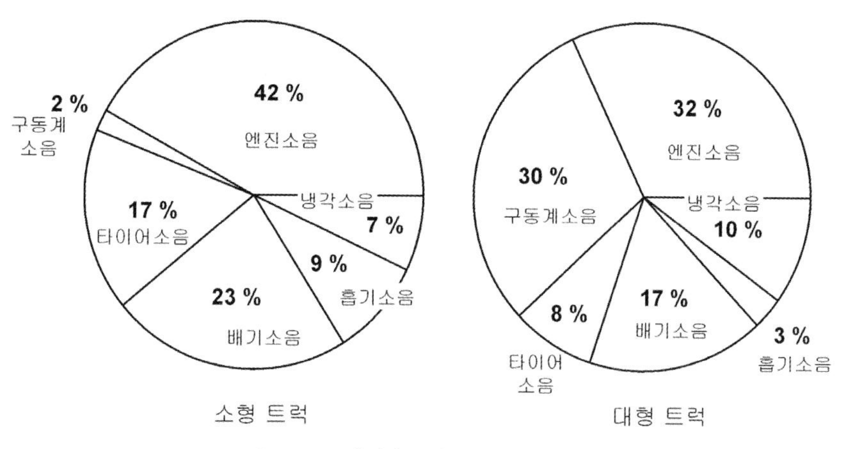

그림 6.11 **트럭 가속주행소음의 각 부품별 기여율**

6.1.5 기타 소음

(1) 도어 닫힘소음

대형 상용차량은 승용차량에 비해서 도어의 사이즈가 크고 중량도 많이 나가기 때문에, 차량 실내에서 느껴지는 도어의 닫힘소음(locking noise)이 종종 문제될 수 있다. 도어 닫힘소음에 대한 개선대책으로는 도어 패널들의 진동특성을 파악하여 강성을 보강하거나 도어가 차체에 체결되는 부위의 설계보완으로 진동저감을 꾀할 수 있다. 한편, 진동 및 소음현상의 감쇠시간(decay time) 개선을 위해서 도어의 내부 패널에 제진재료를 적용시키거나 캡 실내에도 기타 방음재료를 적용시킬 수 있다. 또 도어와 차체 양쪽에 그림 6.12와 같이 웨더 스트립(weather strip)을 적극적으로 적용시킨다면 도어 닫힘소음뿐만 아니라 뒤에서 설명할 바람소리에 대해서도 양호한 저감효과를 얻을 수 있다.

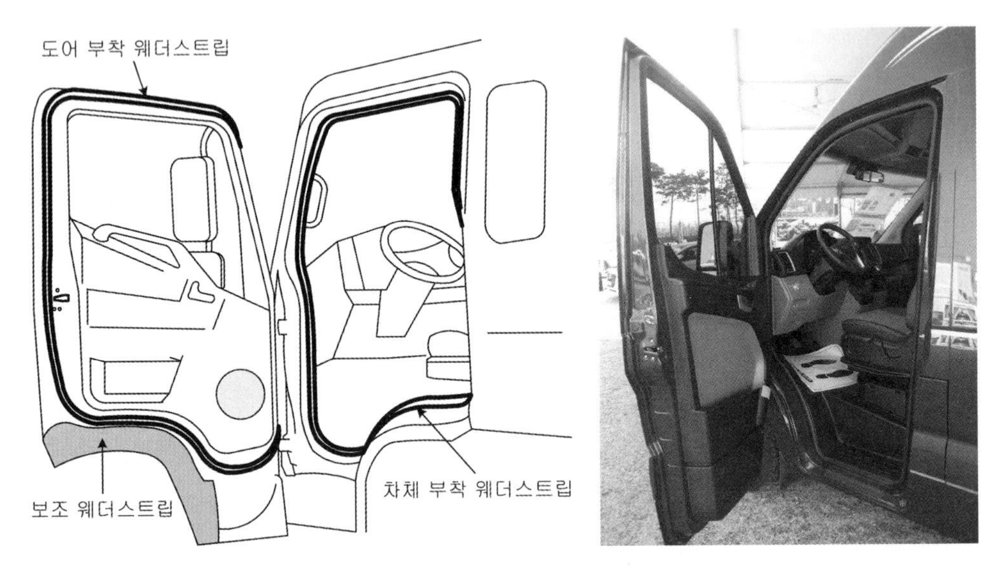

그림 6.12 **트럭 도어의 웨더스트립 적용사례**

(2) 타이어 소음

대형 상용차량이 고속으로 주행하는 고속도로나 산업도로에서는 타이어 소음이 주요 민원사항이 되며, 특히 야간이나 심야시간에는 더욱 큰 불만사항으로 대두될 수 있다. 그 이유는 승용차량과 마찬가지로 차량의 주행속도가 빨라질수록 엔진이나 구동계에서 발생하는 소음보다는 타이어 소음이 지배적으로 크게 방사되기 때문이다. 대형 상용차량은 타이어의 숫자도 승용차량보다 2배 이상 많으며, 승용차량과 같이 타이어가 휠 하우징(wheel housing)과 같은 차체 구조물로 감싸이지 않은 상태로 외부에 그대로 노출된 경우가 많으므로 더욱 심각한 소음을 발생시킨다. 따라서 저소음 타이어의 채택과 더불어 자동차 차체에 흡·차음재료의 적용뿐만 아니라, 야간이나 심야시간의 속도제한 등과 같은 여러 가지 방안을 강구하여 타이어 소음에 의한 피해를 최소화해야만 한다.

(3) 바람소리

트럭이나 대형 버스의 구조는 승용차량과는 달리 상자모양(one box 형태)의 전면부를 갖기 마련이다. 이러한 형태는 주행속도가 증가할수록 바람소리(wind noise)의 증대는 물론이거니와, 연비 측면에서도 불리한 구조라 할 수 있다. 그러나 일반 트럭이나 버스와 같은 대형 차량은 고속질주보다는 고속도로에서도 시속 100 km 내외의 안전한 주행이 우선되므로 지금과 같은 구조로 설계되고 있다. 하지만 그림 6.13과 같이 트럭의 캡 양쪽에 외부 공기의 흐름을 유도하는 별도의 부품을 추가함으로써 다소간의 기류흐름을 개선시킬 수도 있다. 이를 코너 베인(corner vane)이라 부르며, 바람소리(주로 풍절음에 해당된다)의 저감과 함께, 차체 전측면부위의 이물질 부착을 억제시키는 역할을 하게 된다. 또한 운전자의 탑승을 위한 도어 스텝(door step)의 공간을 그림 6.14와 같이 밀폐시키는 방안을 강구한다면 고속운행과정에서 발생하는 높은 주파수의 바람소리를 크게 억제할 수 있다.

그림 6.13 **트럭의 바람소리 저감사례**

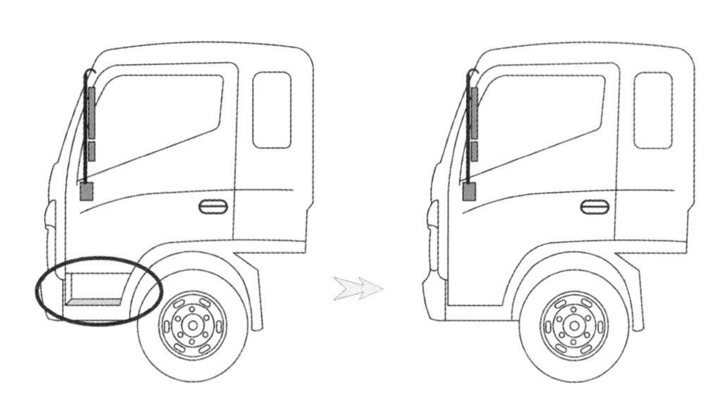

그림 6.14 **도어 스텝의 밀폐사례**

6-2 대형 버스의 진동소음

국내 대형 버스의 시장특성은 대체적으로 차량 구매자와 실제 사용자(운전자)가 동일하지 않으며, 진동소음현상에 대한 요구조건도 절실하지 않아서 얼마 전까지만 해도 오로지 법규항목인 외부소음의 대응만 있었을 뿐이라고 판단된다. 그만큼 대형 버스의 진동소음 측면은 그동안 승용차량에 비해서 많이 간과되었다고 볼 수 있다. 그러나 최근 고속도로의 확장과 더불어 생활수준의 향상 및 레저활동의 증대로 인한 장거리 여행이 증가되는 추세에서 버스는 더 이상 승객수송이라는 단순기능에서 벗어나서, 승객 거주공간의 쾌적성과 안락성을 만족시키기 위한 노력이 경주되어야 한다고 판단된다. 여기서는 대형 버스의 외부소음과 진동소음특성을 구분하여 간단히 알아본다.

6.2.1 외부소음

대형 버스의 외부소음은 국내에서도 이미 선진국 수준으로 규제값이 강화되고 있으며, 국내 제작회사들도 이에 따른 대비책을 강구하고 있는 실정이다. 버스의 외부소음원 중에서 가장 지배적인 요소는 엔진룸(engine room)의 방사소음과 배기소음 등이며, 흡기계 및 배기계를 비롯하여 냉각팬(radiator fan)에 의한 소음방사 기여율이 비교적 높은 특성을 갖는다. 따라서 저소음 엔진개발과 같은 근원적인 해결책을 강구할 수도 있겠으나, 우선적으로는 엔진룸(대형버스는 뒷부분에 위치한다)에 효과적인 흡 · 차음재료를 적용시켜서 외부로 방사되는 소음을 저감시키는 방안과 함께 엔진룸 내 각종 부품들의 재배열을 통해서 엔진룸 자체의 소음원을 안정시키는 방안을 강구할 수 있겠다.

한편, 대형 버스의 배기소음을 저감시키기 위한 소음기의 개선대책을 강구할 때에는 배기가스 규제 및 엔진의 출력 저하에 따른 검토가 우선되어야 한다. 특히 도심을 끊임없이 주행하는 시내버스에서 발생하는 외부소음이 도시의 공해요소로서 많은 사람들에게 피해를 줄 수도 있기 때문에, 더욱 세밀한 소음 저감방안이 강구되어야만 한다. 그림 6.15는 대형 버스에서 발생할 수 있는 주요 소음원을 보여준다.

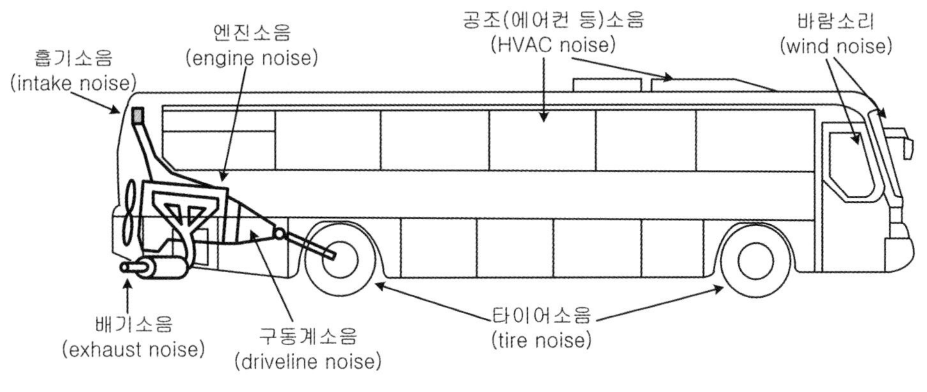

그림 6.15 **대형 버스의 주요 소음원**

6.2.2 버스의 진동소음특성

대형 버스는 10 m 내외의 긴 차체구조로 구성되어 있으며, 가장 큰 소음원이라 할 수 있는 동력기관과 흡·배기장치들이 차량 뒷부분에 장착되어서 승용차량과는 다른 진동소음특성을 갖는다. 소음 측면에서는 운전석을 비롯한 전방 승객석에서는 엔진소음보다는 고속주행 시 발생하는 바람소리가 주요 소음원이 되지만, 중앙 승객석은 변속기와 차동기어의 소음이 지배적이며, 후방 승객석으로 갈수록 동력기관에 의한 구조전달소음 및 흡·배기소음을 포함한 엔진 방사소음이 주요 소음원이 된다.

진동 측면에서는 운전자가 직접 느낄 수 있는 스티어링 휠의 진동, 기어 변속레버의 진동 등이 있으며, 전체 좌석에서는 바닥(floor)과 시트(seat) 등의 진동이 감지될 수 있다. 특히 차량 후방 위치에서는 차체 패널의 진동방사음 및 구조진동에 의한 낮은 주파수 영역의 소음이 문제될 수 있다. 엔진룸으로부터 차량 실내로 투과되는 소음의 제어를 위해서는 대형 버스 역시 흡·차음재료의 적용이 주를 이루고 있다. 따라서 엔진룸과 차량 후방석의 경계인 벌크 헤드(bulk head) 부위, 변속기와 엔진 점검부 등에 대한 흡·차음대책 및 밀폐(sealing)처리 등이 적극적으로 이루어지고 있다. 또 출입문과 유리창(glass) 등의 간극축소 및 밀폐처리와 함께 공조 덕트나 냉방장치 등에서 발생되는 소음을 저감시키기 위한 대책강구가 이루어지고 있는 실정이다. 그림 6.16은 대형 버스의 흡·차음 커버 및 방음재료의 적용사례를 나타낸다.

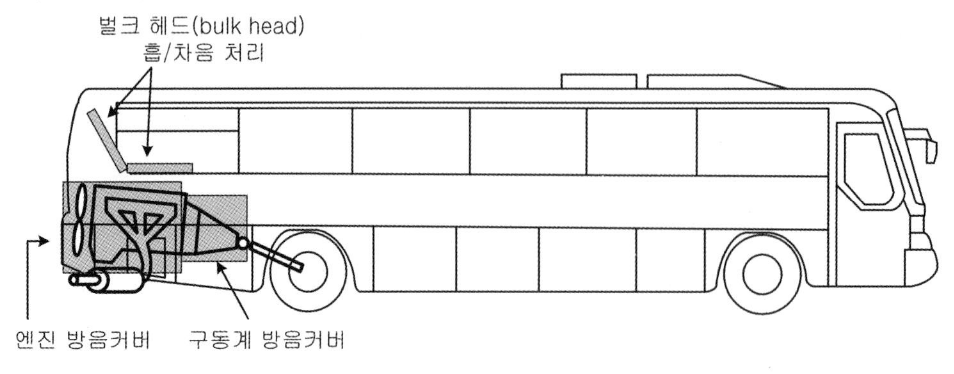

그림 6.16 **대형 버스의 흡 · 차음커버 및 방음재료 적용사례**

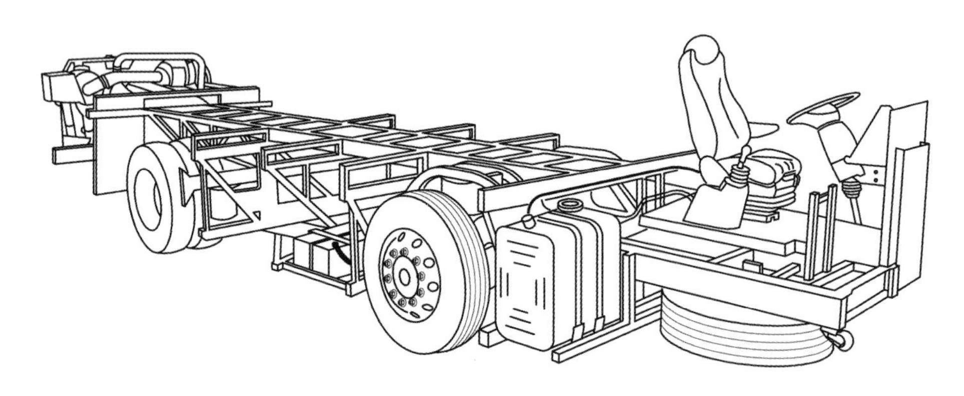

그림 6.17 **대형 버스의 프레임 구조와 섀시**

하지만 실제 대형 버스의 실내소음에서 가장 심각한 문제는 차체진동에 의한 부밍소음이기 때문에, 이에 따른 추가 대책이 필요한 실정이다. 차체의 낮은 고유 진동수(대략 10 Hz 이하)는 도로 주행과정에서 노면 특성이나 동력기관의 흔들림에 의해서 가진되는 진동수와 차체가 공진되면서 실내 부밍소음을 크게 유발시킬 수 있기 때문에 프레임을 포함한 차체의 강성(stiffness)을 최대한 크게 하고, 외부 가진원의 차체 전달을 최소화시키는 설계개념이 중요하다. 그림 6.17은 대형 버스의 프레임 구조를 보여주며, 차체(body)가 얹혀지기 전의 프레임과 섀시(bare chassis)를 의미한다. 또 도로의 요철이나 단차부위를 통과할 때 발생하는 하시니스(harshness) 현상은 장시간 탑승객의 휴식 및 수면에 적지 않은 불편을 줄 수 있으므로, 시트의 개선과 함께 타이어의 진동특성과 현가장치의 유연성(compliance)을 적절히 고려한 대책안을 강구해야 한다.

제 4 편

자동차의 주요 부품별 진동소음

지금까지는 자동차에서 발생되는 다양한 진동소음현상을 진동과 소음분야로 분류하여 알아보았다. 자동차에 탑승한 상태에서 느낄 수 있는 여러 종류의 진동과 소음현상들은 엔진을 비롯한 주요 부품들의 작동과정에서 유발되기 때문에, 이들에 대한 세부적인 내용을 알아보도록 한다. 여기서는 자동차의 주요 진동소음원이 되는 동력기관을 중심으로 현가장치, 차체, 진동소음의 해석, 기타 부품 및 정비 고려사항 등으로 구분하여 설명한다.

NOISE VIBRATION

동력기관 7장

자동차의 동력기관(powertrain)은 엔진과 변속장치를 포함한 동력발생 및 전달기구를 뜻하며, 차량의 정지상태와 주행과정에서 발생하는 자동차의 제반 진동소음현상에 대단히 큰 영향을 미친다고 할 수 있다. 그 이유는 운전자를 비롯한 차량 탑승자가 느끼는 차체 진동이나 실내소음은 동력기관의 진동과 소음특성에 의해서 대부분 발생한다고 말할 수 있기 때문이다. 이 장에서는 엔진을 중심으로 진동소음현상의 시각에서 동력기관 주요 부품들의 특성을 알아보고자 한다.

7-1 동력기관에 의한 자동차의 진동소음현상

엔진과 변속장치를 포함한 동력기관은 자동차의 주행에 필요한 구동력을 생성시키는 것이 가장 큰 목적이다. 하지만 동력기관에서 생성된 구동력뿐만 아니라 동력기관의 흔들림과 발생소음 등은 자동차의 진동소음현상에 있어서도 가장 큰 에너지원을 제공한다고 볼 수 있다. 동력기관에 의해 발생되는 자동차의 진동소음현상으로는 공회전 진동(idle vibration), 공회전 소음(idle noise) 및 주행 시 진동소음현상으로 크게 구분할 수 있다.

1) **공회전 진동**: 차량이 정지한 공회전 상태에서 발생하는 차체의 떨림, 스티어링 휠의 진동현상 및 엔진의 연소 불균일로 인한 공회전 서지(idle surge) 현상 등을 뜻한다. 공회전

진동은 차량이 주행하지 않는 상태이므로 노면으로부터 전달되는 흔들림 또한 없기 때문에 동력기관의 진동현상이 가장 큰 요인이라 할 수 있다. 공회전 진동이 발생한다면 탑승자 누구라도 차량 실내에서 쉽게 느낄 수 있으므로, 자동차의 상품성과 경쟁력에 있어서 매우 큰 영향을 주는 현상이다.

2) 공회전 소음: 차량이 정지한 상태에서 발생하는 실내소음을 의미하며, 엔진에서 발생하는 가스 폭발력에 의한 소음과 함께 엔진 각종 부품들의 작동소음과 차체의 진동현상 등이 주요 원인이다. 엔진의 작동소음으로는 연소소음을 비롯하여 분사장치(injector) 소음, 타이밍 벨트(timing belt) 소음, 팬 벨트(fan belt) 소음, 체인(chain) 소음 등이 있다. 이러한 소음과 진동현상이 차량 실내로 전달되어 공회전 소음을 유발시키게 된다. 이와 같이 차량 실내에서 느껴지는 공회전 진동이나 공회전 소음현상은 차량이 주행하지 않는 상태이기 때문에, 타이어의 회전이나 현가장치를 통해서 흔들림(진동)이 차량 실내로 전달되지 않는다고 볼 수 있다. 따라서 엔진만이 공회전하는 정차상태에서 운전자 및 탑승객이 감지하게 되는 진동소음현상은 대부분 동력기관이 주요 원인이 된다.

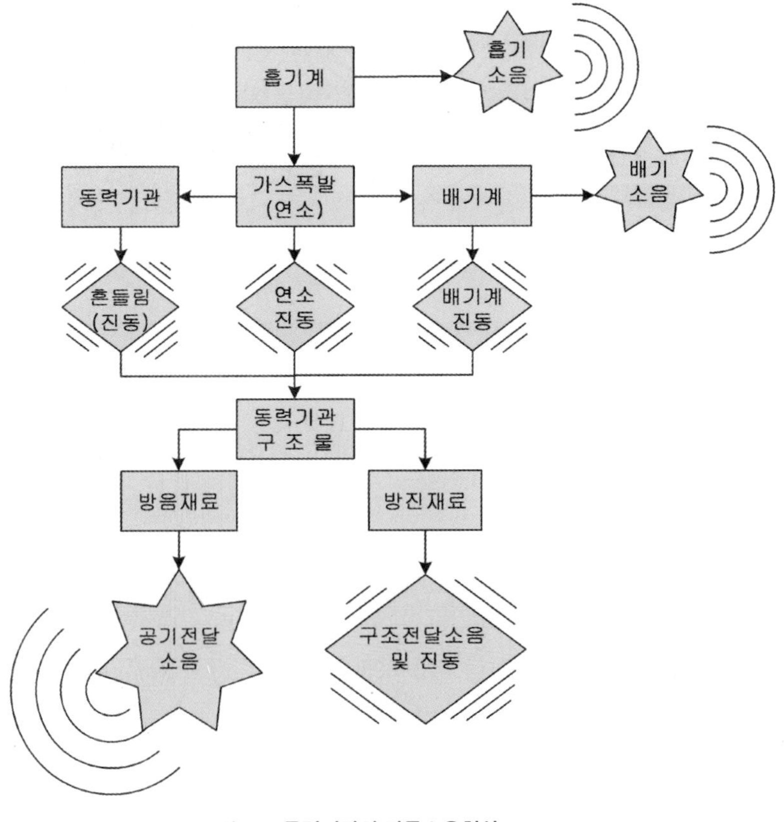

그림 7.1 **동력기관의 진동소음현상**

3) 주행 시 진동소음: 자동차의 주행과정 중에 발생하는 제반 진동소음현상을 의미한다. 법규항목인 가속주행소음(pass-by noise)이나 배기소음뿐만 아니라, 주행 시 차량 내부의 부밍소음(booming noise), 엔진의 자체 진동 및 방사소음에 의한 엔진 투과음, 변속기 치차(齒車)에 의한 기어소음 외에도 다양한 진동소음원이 발생할 수 있다. 이러한 주요 부품들의 진동과 소음현상들은 결국 차체로 전달되고, 운전자와 탑승객에게 감지되면서 승차감이나 차량의 만족도를 크게 저감시키게 된다. 그림 7.1은 동력기관에 의해 발생되는 제반 진동소음현상을 보여준다.

표 7.1은 엔진 배기량 2,000 cc급의 가솔린 엔진과 디젤 엔진의 특성을 상호 비교한 것이다. 여기서, 압축비, 압력상승률, 연소압력 및 피스톤 중량 등의 항목을 비교해보면, 디젤 엔진이 가솔린 엔진에 비해서 훨씬 큰 값을 가지게 된다. 즉, 디젤 엔진이 가솔린 엔진에 비해서 가스 폭발력이 크고 급격한 압력상승과 함께 무거운 피스톤들이 빠르게 상하운동을 반복한다는 사실을 확인할 수 있다. 이러한 원인들이 디젤 엔진의 진동소음현상을 더욱 악화시키게 된다. 따라서 동일한 배기량을 가진 엔진을 비교할 때 높은 구동력과 뛰어난 열효율 및 연료소모 측면에서는 디젤 엔진이 가솔린 엔진보다 효율적이지만, 높은 압축비와 연소압력, 무거운 피스톤 중량 등을 감안한다면 진동과 소음 측면에서 디젤 엔진이 가솔린 엔진에 비해서 매우 불리함을 알 수 있다. 그림 7.2는 엔진의 내부 구조, 배기량 차이에 따른 피스톤의 크기 및 디젤과 가솔린 엔진의 피스톤을 비교한 것이다.

표 7.1 **가솔린 엔진과 디젤 엔진의 특성비교(2,000 cc급 엔진)**

항목 \ 구분	가솔린 엔진	디젤 엔진
점화방식	전기불꽃에 의한 착화	압축열에 의한 착화
압축비	8 ~ 12 : 1	16 ~ 22 : 1
압력상승률	완만	급격
연소압력(bar)	50 ~ 80	120 ~ 160
압축온도(℃)	120 ~ 140	500 ~ 550
연료분사압(bar)	3 ~ 5 (GDI 30 ~ 150)	저압펌프 5 ~ 고압펌프 2,000
출력제어	공기량 + 연료량 제어	연료량 제어
열효율	25 ~ 32%	32 ~ 40%
연료소비율(g/PSh)	230 ~ 300	150 ~ 240
토크(kgf · m)	20 ~ 25 (turbo 35 내외)	25 ~ 40
피스톤 중량(g)	400	900
시동마력(PS)	1	5

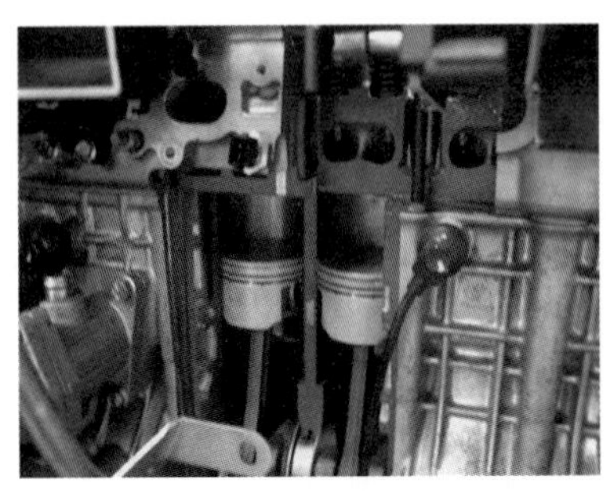

(a) 엔진의 내부 구조

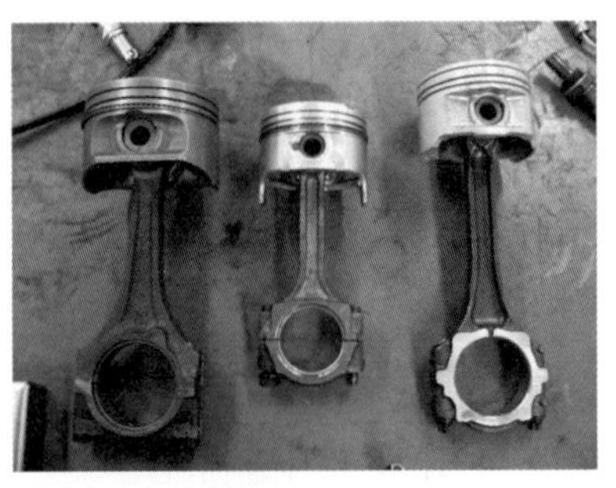

(b) 배기량 차이에 따른 피스톤의 크기 비교

(c) 디젤(좌측)과 가솔린 엔진의 피스톤

그림 7.2 **동력기관의 내부 구조 및 피스톤의 비교**

7-2 엔진의 진동소음

자동차 엔진을 포함한 각종 내연기관의 진동과 소음현상은 빈번한 회전수의 변화와 함께 큰 운동에너지를 가지는 다양한 부품들의 상호작용으로 인하여 복잡한 운동형태를 가진다. 특히, 자동차용 엔진은 다양한 진동과 소음의 발생, 복잡한 전달경로 및 공진현상 등의 총체적인 특성을 가진다고 말할 수 있다. 자동차에서 발생하는 전체 소음 중에서 엔진소음의 기여도는 약 40~50%에 해당되므로, 정숙한 자동차의 개발에 있어서도 엔진소음의 저감대책은 필수적이라 할 수 있다.

1980년대 이후에 생산된 중 · 소형 승용차량들은 거의 대부분 앞바퀴 굴림방식(front engine, front drive)을 채택하고 있다. 이는 엔진을 비롯한 동력기관이 엔진 룸에 횡치장착(橫置裝着, transversely mounted)되기 때문에 부품 탑재공간이 줄어들지만 그만큼 승객의 탑승공간이 넓어지고 연료절감을 실현할 수 있다는 장점이 있기 때문이다. 하지만 진동소음 측면에서는 뒷바퀴 굴림방식의 종치장착(從置裝着, longitudinally mounted) 엔진보다는 악화되기 마련이다. 그 원인은 앞바퀴 굴림방식에서는 큰 종감속 기어비(final reduction gear ratio)로 인한 구동토크에 의해서 엔진의 거동이 커지게 되며, 이것이 엔진 마운트를 통해서 차체로 쉽게 유입될 수 있기 때문이다. 더불어 엔진의 전후 방향 마운트를 통해서 엔진의 토크변동이 차체로 쉽게 전달될 수 있으며, 엔진의 롤(roll) 방향 진동특성이 차체의 고유 진동수와 매우 근접하게 되므로 차체의 굽힘운동이 쉽게 발생할 수 있기 때문이다. 엔진의 장착조건에 대한 세부 내용은 제3장 제1절을 참고하기 바란다.

또한 더욱 강화되고 있는 각종 배기가스의 규제만족을 비롯하여 엔진의 연비향상과 출력증대를 목적으로 개발되는 가변흡기방식(VIS, variable intake system), 가솔린 직접분사(GDI, gasoline direct injection), 가변밸브 타이밍(VVT, variable valve timing), 전자제어밸브(EMV, electronic mechanical valve), 실린더 가변기통화(cylinder deactivation) 등의 신기술이 적극적으로 적용되고 있는 추세이다. 더불어서 알루미늄이나 플라스틱 재료를 이용한 경량화, 부품공용(module)화 등의 발전 추세로 인하여 엔진의 진동소음 발생현상은 더욱 복잡해지고 개선대책안의 적용도 점차 어려워지고 있는 실정이다.

여기서는 엔진에서 발생하는 주요 진동현상의 원인과 엔진소음의 원인이 되는 연소소음 및 기계소음 등을 중심으로 설명한다.

7-3 엔진의 가진원

자동차의 진동소음현상에 영향을 미치는 엔진의 주요 가진원들은 크게 가스 폭발력, 관성력(inertia force), 흡기 및 배기계, 밸브계, 보기류, 타이밍 벨트 및 체인 등으로 구분될 수 있다.

7.3.1 가스 폭발력

그림 7.3과 같이 엔진 내부의 피스톤이 상사점에 위치했을 때, 피스톤 상부와 실린더 헤드 부위로 둘러싸인 내부 공간을 연소실(combustion chamber)이라 한다. 스파크 플러그의 불꽃에 의해서 연소실 공간에 압축된 가스(연료와 공기의 혼합가스를 의미)는 순간적으로 폭발하게 된다. 이때 발생하는 힘(가스 폭발력)은 오로지 피스톤의 상하 방향 운동에만 작용하는 것이 이상적이라 할 수 있다. 하지만 가스 폭발력은 피스톤의 상하 방향 운동뿐만 아니라 실린더 헤드, 실린더 블록 및 메인 베어링(main bearing) 지지부 등을 강하게 진동시키는 힘(진동

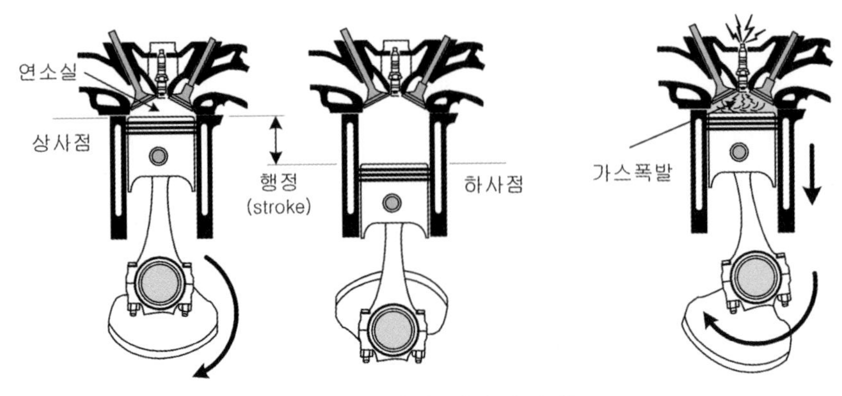

그림 7.3 **엔진의 연소실 및 가스폭발**

력)으로도 작용하게 된다. 자동차용 엔진은 흡입 – 압축 – 폭발 – 배기의 순서로 작동하는 4사이클 기관이 대부분이므로, 폭발행정(explosion stroke)에서 발생되는 강한 압력으로 피스톤을 아래 방향으로 누르게 된다. 이를 동력생성과정이라 하며, 그 외의 흡입, 압축, 배기행정은 오히려 엔진의 동력을 소모하는 과정이라 할 수 있다. 따라서 피스톤의 상하 방향 왕복운동에 의해 회전하는 크랭크샤프트의 토크(torque, 회전력을 의미)도 피스톤의 행정에 따라서 크게 변화하게 된다. 이를 엔진의 토크변동(torque fluctuation)이라 하며, 엔진이나 변속장치, 현가장치의 진동현상에 큰 영향을 준다. 그림 7.4는 다양한 실린더를 가진 엔진의 토크 변동을 크랭크샤프트의 회전각도에 따라 비교한 것이다.

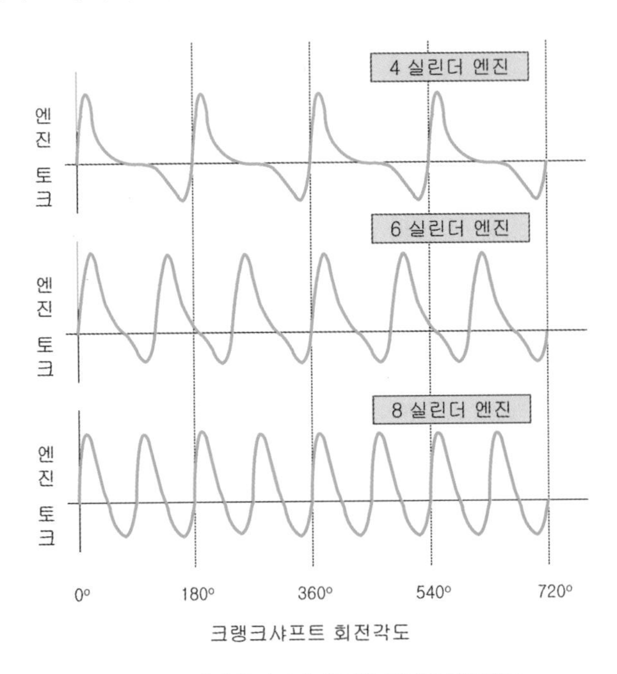

그림 7.4 **엔진 실린더 수에 따른 토크의 변동비교**

여기서, 엔진의 실린더가 많아질수록 동일한 크랭크샤프트의 회전각도(720°)에서 더욱 많은 수의 폭발행정을 갖기 때문에 토크 변동도 더불어 증대됨을 알 수 있다. 이는 동일한 엔진 회전수라 할지라도, 엔진 내부의 실린더가 많아질수록 동력기관이 차체를 진동시키는 가진(加振) 진동수가 높아짐을 나타낸다. 자동차용 엔진은 대부분 4사이클 기관이므로, 크랭크샤프트의 2회전(720°의 회전각도를 의미) 동안에 폭발순서는 서로 다르지만 각 실린더마다 모두 한 번씩의 폭발행정이 이루어지게 된다. 따라서 실린더 수가 많아질수록 그만큼 폭발횟수(엔진의 가진 진동수를 의미) 또한 많아지게 되는 것이다. 이에 대한 세부적인 사항은 제3장 제4절을 참조하기 바란다.

7.3.2 관성력

관성력(inertia force)은 실린더 내부에서 빠르게 왕복운동을 하는 피스톤을 비롯하여, 피스톤 운동과 연관되어 회전운동을 하는 커넥팅 로드(connecting rod), 크랭크샤프트와 캠 샤프트(cam shaft) 등의 운동과정에서 발생되는 힘을 뜻한다. 또한 이러한 힘의 작용에 의해서 엔진 본체를 회전시키는 관성 모멘트(inertia moment)를 유발시킨다. 관성력의 기본 개념을 파악하기 위해서 한 개의 실린더만으로 구성된 엔진을 고려해본다. 피스톤과 커넥팅 로드, 크랭크샤프트를 그림 7.5와 같이 표현하면, 크랭크샤프트의 회전(ωt)에 따른 피스톤의 변위 x_p는 식 (7.1)과 같이 표현된다.

$$x_p = r(1 - \cos \omega t) + l(1 - \cos \phi) \tag{7.1}$$

여기서, x_p는 상사점으로부터 피스톤이 아래방향으로 이동한 변위를 뜻하며, ωt는 크랭크

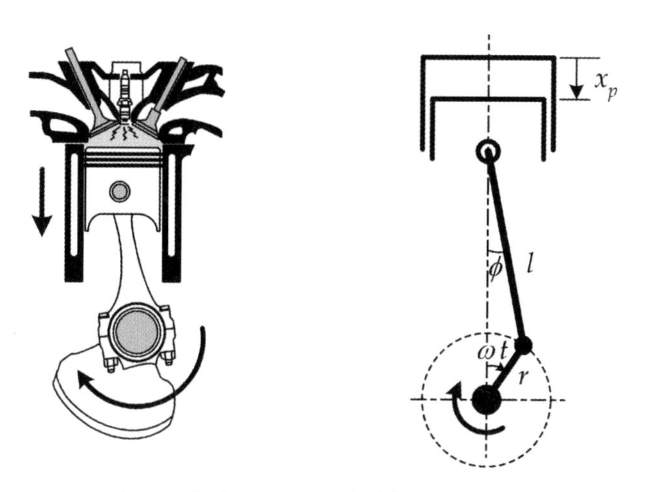

그림 7.5 **단일 실린더로 구성된 엔진의 피스톤 변위**

샤프트의 회전각도, ϕ는 커넥팅 로드와 수직축 간의 각도, r은 크랭크의 반지름, l은 커넥팅 로드의 길이를 각각 나타낸다.

피스톤이 상사점 위치에 있을 때에는 $\omega t = 0$이므로 $x_p = 0$이 되며, 피스톤이 하사점 위치에 있을 때에는, $\omega t = 180^\circ$, $\phi = 0$이므로 $x_p = 2r$의 값을 갖는다. 커넥팅 로드와 수직축 사이의 각도 ϕ를 $l \sin \phi = r \sin \omega t$인 관계를 이용하여 크랭크샤프트의 회전각도 ωt의 함수로 표현하고, 삼각함수의 고차항을 간략화시키면 피스톤의 변위 x_p는 식 (7.2)와 같이 정리된다.

$$x_p = r + \frac{r^2}{4l} - r(\cos\omega t + \frac{r}{4l}\cos 2\omega t) \tag{7.2}$$

피스톤의 상하방향 왕복운동에 의한 관성력은 피스톤의 가속도와 연관되므로, 식 (7.2)를 시간(t)을 기준으로 두 번 미분하게 되면, 피스톤의 가속도 $\ddot{x}_p$는 식 (7.3)과 같다.

$$\ddot{x}_p = r\omega^2(\cos\omega t + \frac{r}{l}\cos 2\omega t) \tag{7.3}$$

식 (7.3)에서 얻은 가속도에 피스톤의 질량을 곱하면($F = ma$인 뉴턴의 제2법칙 개념적용), 피스톤의 상하방향 왕복 운동과정에서 발생하는 관성력을 구하게 된다. 여기서 $\cos \omega t$, $\cos 2\omega t$의 ω와 2ω항들은 각각 크랭크샤프트 회전의 1배, 2배의 회전속도를 의미하며, 이를 편의상 1차 및 2차 관성력이라 부른다. 물론 고차항에 해당되는 관성력이 존재하지만, 일반적으로 1차, 2차에 해당하는 관성력이 가장 지배적이기 때문에, 그 이상의 고차에 해당하는 관성력은 무시할만한 수준이다. 이는 뒤에서 설명할 관성 모멘트에 있어서도 마찬가지이다.

그림 7.6은 피스톤이 각각 상사점과 하사점에 위치한 순간의 1차, 2차 관성력의 작용방향을 보여주며, 그림 7.7은 크랭크샤프트의 회전각도에 따른 엔진의 1차 및 2차 관성력의 변화 현상을 보여준다.

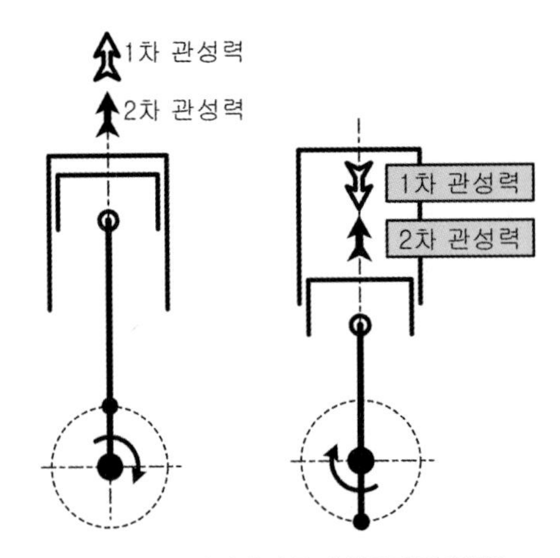

그림 7.6 **피스톤 위치에 따른 관성력의 작용방향**

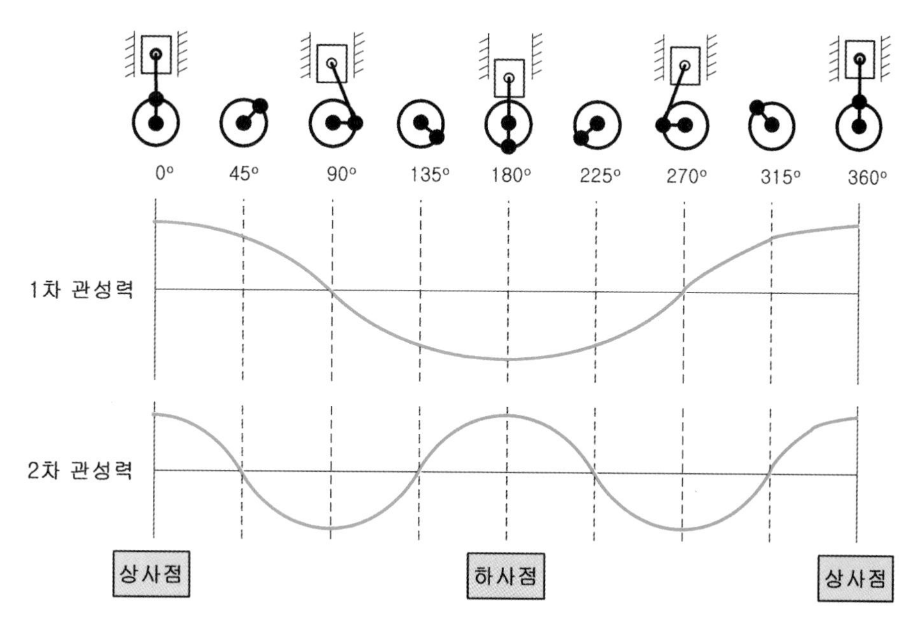

그림 7.7 **피스톤 위치 및 크랭크샤프트 회전각도에 따른 엔진의 관성력**

실제 엔진에서는 피스톤뿐만 아니라 커넥팅 로드와 크랭크샤프트의 운동에 의해서도 관성력이 발생하며, 이들 부품은 회전운동을 겸하고 있기 때문에 관성력뿐만 아니라 관성 모멘트도 동시에 발생된다. 만약, 엔진 내부의 가스 폭발이 없는 상태라 하더라도, 피스톤을 포함한 운동부품만을 빠르게 회전시켜도 관성력과 관성 모멘트가 발생하면서 엔진의 수직방향 힘과 크랭크샤프트를 중심으로 회전하려는 관성 모멘트가 발생하게 되는 셈이다. 실제 엔진가동시에는 연소실에서 가스폭발이 발생하므로, 지금까지 설명한 관성력과 관성모멘트에 추가로 가스폭발에 의한 큰 흔들림이 부가된다. 물론 크랭크샤프트에 평형 추(counter weight)를 적용시켜서 원활한 회전과 함께 관성 모멘트의 저감을 꾀하지만, 완전히 제거되지 않은 관성력과 관성 모멘트는 엔진의 가스 폭발력과 함께 결국 엔진 자체의 기계적인 흔들림을 유발시켜서 엔진 마운트, 구동축, 흡 · 배기장치 등과 같은 연결부위로 전달되기 마련이다.

그러나 다행스럽게도 자동차용 엔진은 하나의 실린더(single cylinder)가 아닌 여러 개의 실린더로 구성된 다기통 엔진(multiple cylinder engine)이므로, 각각의 실린더에 따른 피스톤과 크랭크샤프트의 운동에 의해서 발생되는 관성력과 관성 모멘트가 서로 상쇄되거나 또는 확대될 수 있다. 국내에 가장 많이 보급된 4기통 엔진의 경우에는 1차 관성력과 1차, 2차 관성 모멘트들이 각 실린더의 피스톤 장착위치와 크랭크 각도에 의해서 서로 상쇄되지만, 2차 관성력은 그대로 존재하여 엔진의 흔들림을 유발시킬 수 있다. 그림 7.8은 4기통 엔진의 1차 및 2차 관성력의 작용방향을 보여준다. 여기서 좌측에 있는 피스톤부터 1~4번으로 각각 번호를 칭한다.

그림 7.8의 윗그림에서 1차 관성력은 1번과 4번 피스톤 위치에서는 윗방향으로, 2번과 3번은 아랫방향으로 작용하므로 서로 상쇄된다. 반면에 2차 관성력은 모든 피스톤 위치에서 한 방향(여기서는 윗방향)으로 작용하여 4배에 해당하는 합성력으로 작용한다. 만약 피스톤의 위치가 그림 7.8의 아랫그림과 같을 경우에는 1차 관성력은 서로 상쇄되나, 2차 관성력은 아랫방향으로 합성된 힘으로 작용한다.

4기통 엔진 외에도 국내에 보급된 다양한 실린더의 엔진 중에서 3기통 엔진(경차에 장착됨)에서는 1차, 2차 관성력은 서로 상쇄되나, 1차, 2차 관성 모멘트가 발생한다. 5기통 엔진(국

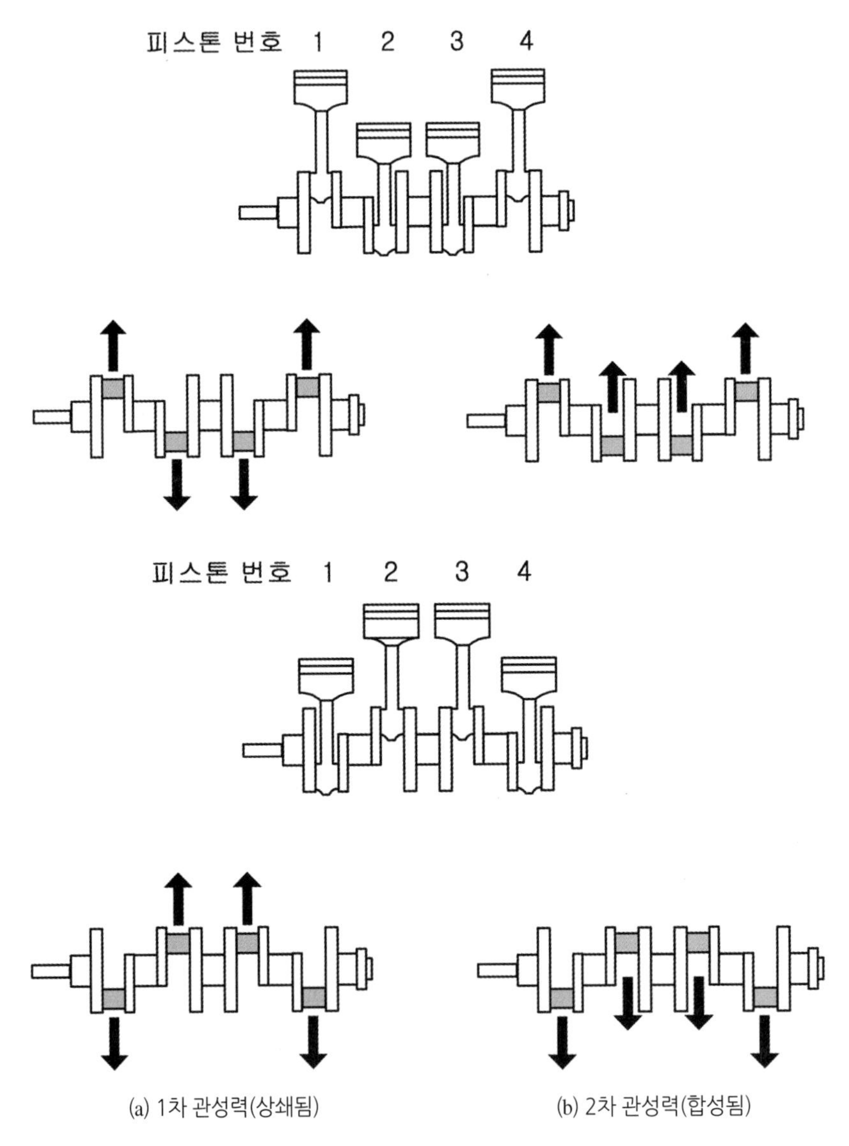

그림 7.8 **4기통 엔진의 크랭크샤프트 및 1, 2차 관성력 비교**

내 일부 SUV차량에 장착됨)도 1차, 2차 관성력이 서로 상쇄되지만, 1차, 2차 관성 모멘트가 작용하며, 특히 2차 관성 모멘트는 1차에 비해서 10배 정도 큰 특징을 갖는다.

또한 대형 승용차량에 장착되는 6기통 엔진에 있어서도 직렬 6기통 엔진은 관성력과 관성 모멘트 공히 모두 상쇄되는 장점이 있다. 따라서 국내 최고급 승용차량의 모델뿐만 아니라, 외국의 유명 자동차 모델 중에는 직렬 6기통 엔진을 장착한 경우가 많은 이유이기도 하다. 한편, 같은 6기통 엔진이라 하더라도 60°의 뱅크(bank) 각을 갖는 V6 방식의 엔진은 동일한 크기의 1차, 2차 관성 모멘트만을 발생시킨다. 최근 국내 최고급 차량에 적용되기 시작한 V8 엔진은 1차 관성 모멘트만 발생하고, 뱅크각이 60°인 V12 방식의 엔진은 직렬 6기통 엔진과 마찬가지로 관성력과 관성 모멘트가 모두 상쇄된다.

엔진의 시동이 걸린 이후로 엔진 내부에서 끊임없이 발생하는 이러한 관성력을 저감시키기 위해서는 뒤에 설명할 밸런스 샤프트(balance shaft)를 엔진 내부에 추가로 적용할 수 있다. 밸런스 샤프트에 의한 저감원리는 그림 7.8에서 보았듯이 4기통 엔진의 2차 관성력과 동등한 힘을 밸런스 샤프트에서 반대방향으로 발생시켜서 서로 상쇄시키게 된다. 밸런스 샤프트의 구조 및 작동원리에 대한 세부사항은 제7장 제6절을 참고하기 바란다.

7.3.3 흡기 및 배기계

흡기계(intake system)는 엔진 연소실의 원활한 가스폭발에 필요한 외부 공기를 공급하는 장치이다. 이러한 외부 공기의 유입을 위한 흡기밸브의 개폐과정에서 맥동소음(pulsation noise)이 발생할 수 있으며, 흡기관 내부 음향의 공명현상으로 흡기소음(intake noise)이 크게 나타날 수 있다. 배기계(exhaust system)는 엔진 연소실에서 연소된 높은 온도와 압력을 가진 배기가스를 차량 바깥으로 배출시키는 장치이다. 이러한 배기계에서는 가스 폭발에 의해 팽창된 고온, 고압의 배기가스에 의한 방사소음이 차량 실내로 유입될 수 있으며, 엔진 본체에 체결된 배기계의 흔들림으로 인한 진동 가진력이 차체로 전달되면서 실내소음을 악화시킬 수 있다. 흡기계 및 배기계에 대한 세부적인 내용은 제7장 제9절과 10절을 참고하기 바란다.

7.3.4 밸브계

밸브(valve)는 기체의 흐름을 연결하거나 막는 역할을 담당하는 기계장치이다. 엔진 내부에는 외부 공기의 유입을 위한 흡기밸브(intake valve)와 연소가스의 배출을 위한 배기밸브(exhaust valve)가 각 실린더마다 장착되어 있다. 이들 밸브들은 엔진의 회전수에 따라 매우 빠르게 열림과 닫힘 운동을 하게 된다. 이러한 운동과정에서 밸브 자체의 순간적인 움직임에 의한 충격력으로 말미암은 밸브소음이 발생하게 된다. 밸브를 작동시키는 캠(cam)의 구동에서도 가속도의 급격한 변화(jerk)현상으로 인한 진동현상이 발생한다. 또한 밸브 태핏(valve tappet)에서 발생되는 소음과 함께 밸브(질량)와 밸브 스프링에 의한 고유 진동수에 밸브 개폐 횟수(가진 진동수)가 점차 접근하면서 일치하게 될 때에는 공진(이를 valve surge현상이라고도 한다)현상이 발생할 수 있다. 이를 방지하기 위해서 이중 스프링과 같은 비선형 밸브 스프링을 적용하고 있다. 그 외에도 기계적인 밸브 작동음과 밸브 오버랩(overlap)에 따른 소음이 발생할 수 있다. 밸브계에 대한 세부적인 내용은 제7장 제5절을 참고하기 바란다.

7.3.5 보기류

보기(bogie)류는 그림 7.9와 같이 에어컨 컴프레서, 알터네이터(alternator), 동력조향 유압펌프(power steering oil pump) 등을 뜻한다. 보기류는 구동벨트를 통해 엔진의 회전력을 제공받아서 자동차 운행에 필요한 전기와 유압을 발생시키는 필수 부품이라 할 수 있다. 이러한 부품들이 본래의 기능을 수행하는 과정에서 엔진의 가진력을 변화시켜서 200 Hz 내외의 주파수 영역에 속하는 진동과 소음현상을 유발시킬 수 있다. 보기류에 의해서 발생되는 소음은 보기류 자체의 방사소음뿐만 아니라, 실린더 블록과 같은 동력기관의 진동현상에도 영향을 끼칠 경우, 차체로 전달되면서 실내소음으로도 나타날 수 있다.

보기류에 의한 소음현상을 억제하기 위해서는 보기류와 엔진 블록 간의 결합강성(stiffness)을 증대시키는 것이 우선적인 방법이다. 즉, 알터네이터나 에어컨 컴프레서들을 엔진과 연결시켜주는 브래킷(bracket)의 강성을 높이는 것이 중요하다. 또한 작동과정에서 자체 방사소음이 큰 알터네이터, 동력조향 유압펌프 및 에어컨 컴프레서 등은 최대한 차량 전면부로 이

그림 7.9 **엔진의 보기류 사례**

동시켜서 이들 부품에서 발생되는 소음이 차량 실내로 쉽게 유입되지 않도록 유의해야 한다. 최근 국내 고급차량에서는 에어컨 컴프레서의 체결 브래킷은 삭제시키고, 직접 실린더 블록에 결합하는 방식을 취하고 있다.

한편, 보기류의 회전운동은 엔진 크랭크샤프트의 회전 진동수와 연동된 울림(맥놀이, beat noise) 현상을 발생시킬 수도 있다. 울림 현상에 대한 세부적인 내용은 제5장 제3절을 참고하기 바란다.

7.3.6 타이밍 벨트 및 체인

캠 샤프트의 구동을 위한 타이밍 벨트(timing belt)를 비롯하여 각종 보기류를 구동시키는 벨트의 동력전달과정에서 벨트와 스프로킷(sprocket) 간의 접촉에 의한 충격 및 벨트 자체의 진동(현의 진동)현상으로 소음이 발생할 수 있다. 그림 7.10은 앞바퀴 굴림차량의 벨트 장착 사례를 나타낸다. 또한 그림 7.11과 같이 캠 샤프트 간의 체인연결(DOHC용 엔진인 경우)이나 4륜 구동차량에서 동력분배장치(transfer case)의 체인구동에 따른 진동소음현상도 문제될 수 있다. 벨트와 체인소음에 대한 세부적인 내용은 제7장 제8절을 참고하기 바란다.

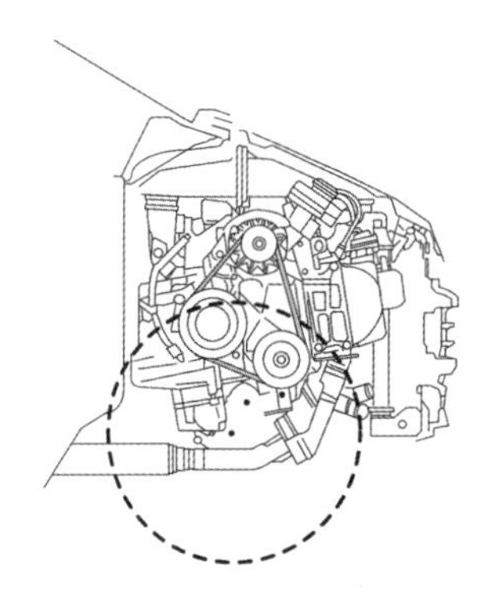

그림 7.10 **엔진룸의 벨트 장착 사례**

그림 7.11 **DOHC용 엔진의 체인(좌측)과 동력분배장치의 체인 적용사례**

7-4 엔진의 연소소음

가동 중인 엔진에서 발생하는 연소소음(combustion noise)은 피스톤이 상사점에 위치했을 때 피스톤 상부와 실린더 헤드의 내부 공간으로 이루어진 연소실 안에서 급격한 가스압력의 변화(가스 폭발력) 및 이에 따른 엔진 각 부품들의 진동현상으로 발생되는 소음을 뜻한다. 이러한 연소소음은 실린더 헤드(head)와 블록(block), 헤드 커버(head cover 또는 rocker arm cover라고도 한다), 흡기 및 배기 다기관(intake/exhaust manifold) 등을 통해서 외부로 방사되는데, 연소소음의 주요 주파수 영역은 대략 800~1,500 Hz에 해당된다. 연소소음은 저속 · 저부하 조건에서 지배적으로 발생하지만, 엔진의 회전수가 높아지게 되면 기계소음이 커져서 차량 내부의 소음기여도는 점차 낮아지게 된다.

연소소음에 민감한 영향을 끼치는 주요 인자들은 엔진 내부의 가스 폭발에 의한 최대압력(P_{max}), 압력증가율($dP/d\theta$) 및 압력증가율의 변화($d^2P/d\theta^2$)라고 볼 수 있다. 이 중에서도 최대압력(150 Hz 이하의 저주파 소음)보다는 압력증가율(150~1,500 Hz 내외의 연소소음)과 압력증가율의 변화(1,500 Hz 이상의 연소소음)가 더욱 지배적인 영향을 끼친다. 여기서, 압력증가율과 압력증가율의 변화에서 기준이 되는 θ는 크랭크샤프트의 회전각을 의미한다. 표 7.2는 연소소음의 주요 항목과 주파수 특성 및 연소소음 기여율을 비교한 것이다.

표 7.2 **연소소음의 주요 항목 및 특성비교**

구분 / 항목	수식	주파수 특성	연소소음 기여율
최대압력	P_{max}	150 Hz 이하	●○○
압력증가율	$dP/d\theta$	150 ~ 1,500 Hz	●●●
압력증가율의 변화	$d^2P/d\theta^2$	1,500 Hz 이상	●●○

디젤 엔진이 가솔린 엔진에 비해서 연소소음이 크게 발생하는 이유도 바로 급격한 압력증가율이 주요 원인이 되기 때문이다. 이로 말미암아 디젤 엔진의 연소소음은 가솔린 엔진보다 더 넓은 주파수 범위를 가지게 되며, 음압레벨 역시 크기 때문에 더욱 시끄럽게 느껴지기 마련이다. 일반적으로 공회전을 포함한 저속 회전구간에서는 비슷한 배기량의 가솔린 엔진과 비교할 때, 디젤 엔진이 약 8~10 dB(A) 정도 소음레벨이 높은 것으로 파악되고 있다. 최근 승용 디젤 엔진에서는 이러한 단점을 극복하기 위해서 압축비를 줄이고 있는 추세이다. 또한 가솔린 엔진에서도 가솔린 직접분사(GDI, gasoline direct injection)나 희박연소(lean burn)와 같

은 첨단 기술 등이 연비 향상과 배기가스 규제를 만족시키기 위해서 개발되었으나, 연소속도가 높아지는 특성을 가지게 된다. 연소속도가 빨라짐에 따라서 연소압력의 상승 또한 급격하게 증대되기 때문에 기존방식의 엔진에 비해서 연소소음이 다소 커지는 경향을 가질 수 있다. 따라서 가스 폭발에 따른 압력상승의 변화를 최소화시키는 방안이 연소소음 제어에 있어서 가장 우선된다고 말할 수 있다. 이러한 연소소음은 다음과 같이 두 가지의 경로를 통해서 엔진 외부로 전달된다고 볼 수 있다.

① **기계적인 소음경로:** 피스톤, 커넥팅 로드, 크랭크샤프트 및 베어링 등의 기계부품들을 통해서 전달되는 간접소음(구조전달소음)

② **직접적인 방사소음:** 실린더 헤드, 실린더 블록 등을 통한 방사소음(공기전달소음)

엔진 연소소음의 성분 중에서 1,000 Hz 이하의 주파수 영역은 상기 ①항인 기계적인 소음경로를 통한 간접소음이 지배적이며, 1,000 Hz 이상의 높은 주파수 영역은 ①항 및 ②항의 복합적인 요인에 의한다. 특히, 엔진의 연소실 내부에서 연소속도가 빠른 경우에는 ①항에 의한 간접소음이 지배적으로 발생하게 된다. 최근에는 연비향상을 위한 경량화 목적으로 엔진의 실린더 블록을 주철에서 알루미늄 재료로 대부분 변경되고 있는데, 이러한 재질변화로 인하여 상기 ②항인 엔진의 방사소음이 높은 주파수 영역으로 이동될 수 있다.

또한 연소소음 중에는 크랭크샤프트의 굽힘(bending)운동에 의한 거친 소음(rumble noise)과 연소실 내부의 자연발화요소에 의해 급격한 압력상승이 발생하는 이상연소인 노킹(knocking) 등이 발생할 수 있다. 그림 7.12는 정상 연소와 이상 연소를 비교한 것이다. 이상 연소현상이 발생할 경우에는 공연비(A/F ratio, air fuel ratio) 조정, 압축비 감소, 점화시기 지연 등의 세밀한 엔진제어를 통해서 연소소음의 개선 효과를 얻을 수 있다. 특히 노킹현

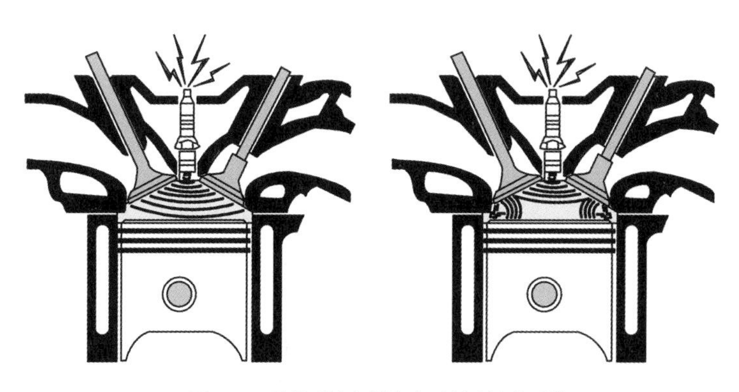

그림 7.12 **정상 연소(좌측)와 이상 연소(노킹)**

상은 소음 문제뿐만 아니라 엔진의 출력과 연소특성에도 큰 영향을 끼치므로, 제1장에서 설명한 압전재료(piezo electric material)를 이용한 노크센서를 필수적으로 채택하고 있다. 엔진 연소실에서 노킹이 발생한다면 3~4 kHz의 진동현상이 실린더 블록에서 나타나므로 노크센서가 이를 감지하여 엔진제어장치(ECU)에 입력하면 점화시기를 1.25~2° 내외로 지각(遲刻, retard)시켜서 노킹발생을 최소화시키게 된다.

중형급의 가솔린 엔진에서는 동일한 배기량의 조건에서 피스톤의 스트로크(stroke, 행정길이)보다는 보어(bore, 피스톤의 직경)가 커질수록 연소소음이 감소되는 경향을 갖는다. 또한 엔진 상부위치에 엔진 커버(cover)와 같은 적극적인 소음저감방안을 채택함으로써 상당량의 엔진 방사소음을 저감시킬 수도 있다. 그림 7.13은 피스톤의 제원과 가솔린 직접분사(GDI) 엔진에 적용된 엔진커버를 나타낸다.

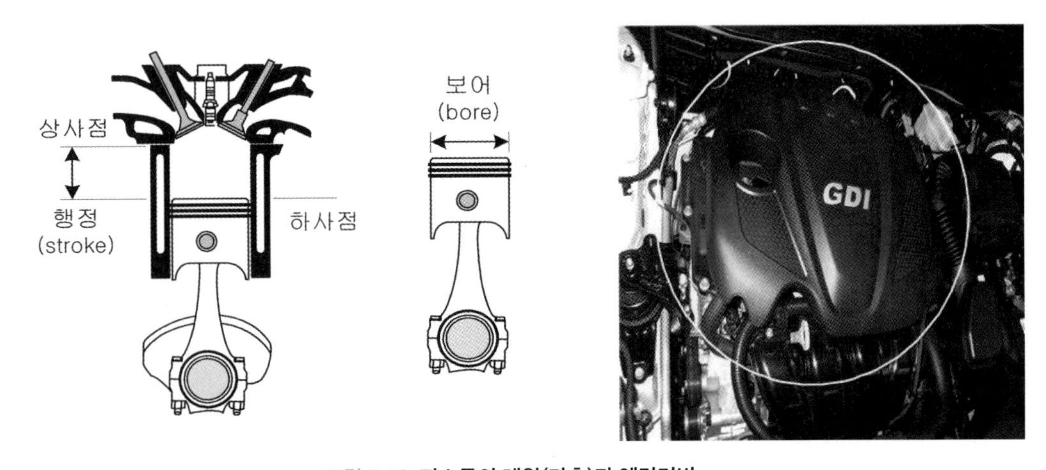

그림 7.13 **피스톤의 제원(좌측)과 엔진커버**

디젤 엔진의 경우에는 그림 7.14와 같은 커먼 레일(common rail)의 기술을 적용시켜서 연료의 분사시기와 분사량을 전자제어로 정밀하게 조절하여 안정된 연소와 함께 크랭크샤프트의 토크변동(torque fluctuation)을 저감시켜서 연소소음을 개선시킬 수 있다. 최근에는 디젤 엔진의 연비를 향상시키기 위해서 압축비를 낮추는 추세(예를 들면 22 : 1 → 16 : 1)이다. 이는 피스톤의 운동과정에서 발생하는 손실(pumping loss)을 최소화시키기 위함이다. 반면에 가솔린 엔진은 연비향상을 위해서 압축비를 증대시키는 추세이다.

또한 미량의 예비분사(pilot injection)를 실시하여 연소압력의 급격한 상승을 억제하고, 질소산화물(NOx)의 저감과 함께 연소과정의 압력증가율을 낮추어서 연소소음을 저감시키고 있다. 더불어서 입자상물질(PM, particulate matter)의 저감을 위한 DPF(diesel particulate

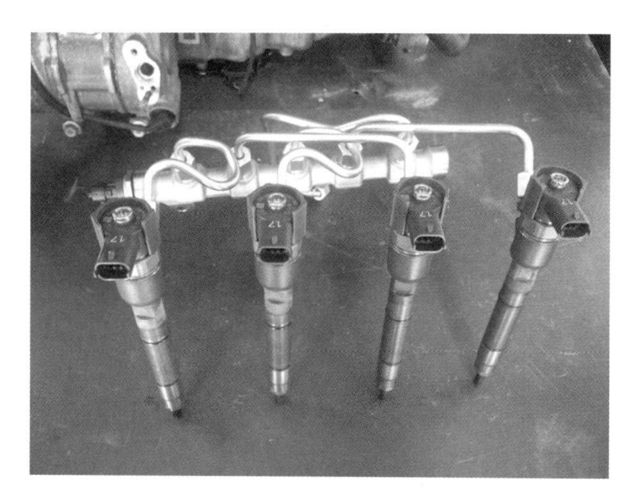

그림 7.14 **디젤 엔진의 커먼레일과 노즐**

matter filter) 장치의 재생을 위한 후분사(post injection)를 제한적(보통 10~15분 정도 소요)으로 실시하게 된다. 이는 후분사를 통해 배기가스의 온도를 550~650°C 수준으로 상승시켜서 DPF에 축적된 입자상물질을 인위적으로 연소시켜서 원래의 기능으로 재생시키기 위함이다. 하지만 이를 위한 후분사가 실시되면 엔진의 연소소음 변화와 함께 토크변화가 발생하여 운전자와 탑승자가 인식할 우려가 있다. 디젤 엔진의 연료분사는 이와 같이 연소소음과 배기가스의 저감을 위한 다중분사 제어방식을 취하게 된다. 여기서 언급한 질소산화물과 입자상물질(粒子狀物質, 직경 10μm 의 매우 적은 입자를 의미함)은 디젤 엔진에서 배출하는 대표적인 유해가스이다. 참고로 가솔린 엔진의 대표적인 유해가스는 일산화탄소(CO), 탄화수소(HC), 질소산화물이다.

한편, 배기가스 재순환(EGR, exhaust gas recirculation) 장치는 배기가스 중의 질소산화물 저감이 주목적이지만, 연소실 내부의 압력상승률을 저감시켜서 저부하 운전조건에서의 연소소음 저감과 함께 이상연소에 의한 소음억제에도 유리한 효과를 얻을 수 있다. 그림 7.15는 엔진에서 발생되는 소음의 발생과정을 보여준다.

일반적으로 엔진의 연소소음은 회전수가 빨라질수록 증가하게 된다. 그 이유는 실린더 내부의 연소실 압력증가율의 영향과 함께 회전 부품들에 의한 관성력이 커지기 때문이다. 가솔린 엔진에서는 엔진 회전수가 2배로 증대되면 약 15 dB 내외로 연소소음이 커지는 경향을 갖는 반면에, 디젤 엔진에서는 엔진 회전수가 2배로 증가될 때 약 9 dB 내외의 변화를 갖는 것으로 파악되고 있다. 공회전을 포함한 저속회전에서는 디젤 엔진의 연소소음이 가솔린 엔진에 비해서 크게 불리하지만, 고속주행과 같은 엔진의 빠른 회전영역에서는 가솔린 엔진보다

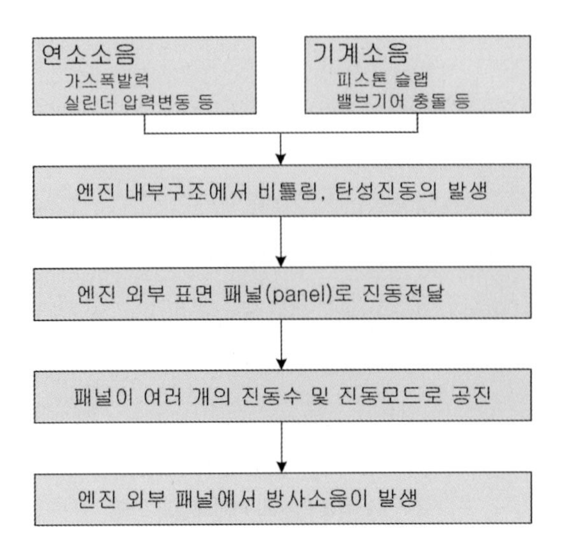

그림 7.15 **엔진의 소음분류**

소음 증가율이 적은 특성을 갖는다. 따라서 디젤엔진도 저속 회전영역의 소음제어가 매우 중요한 사항이 된다. 가솔린 엔진에 비해서 크게 불리한 저속 회전영역(구간)에서 디젤 엔진의 연소소음이 개선될수록 국내 시장에서도 유럽과 같이 디젤 승용차량의 판매와 수요가 그만큼 많아질 것으로 예상된다. 그림 7.16은 가솔린 엔진의 각종 부품별 소음 기여율 사례를 나타낸다.

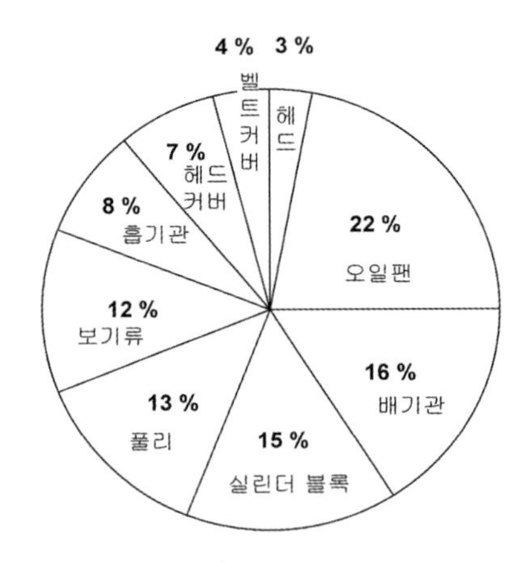

그림 7.16 **가솔린 엔진 부품들의 소음 기여율 사례**

7-5 엔진의 기계소음

엔진의 주요 부품 중에서 피스톤, 커넥팅 로드, 크랭크샤프트 등과 같은 운동부품들은 엔진 내부의 고정된 구조물(실린더 블록이나 베어링 등)과 일정한 간극을 유지한 채 상대운동을 하게 된다. 엔진의 연소과정에서 발생되는 충격적인 힘(가스 폭발력)이 피스톤을 비롯한 엔진 각각의 운동부품들에 작용하면, 탄성진동과 함께 엔진 내부의 고정된 구조물 사이의 간극에서 충격적인 소음이 발생하게 되는데, 이를 엔진의 기계소음(mechanical noise)이라고 한다. 기계소음은 기구의 작동과정에서 각종 운동부품들의 탄성운동에 의해 발생되는 소음현상을 총칭한다고 볼 수 있다.

이러한 엔진의 기계소음 중에서 대표적인 항목으로는 피스톤 슬랩(piston slap)에 의한 소음, 크랭크샤프트의 충격음, 밸브계의 소음 및 타이밍 벨트 구동계의 소음 등이 있다. 기계소음은 대부분 엔진의 부하(負荷, load)가 커질수록, 엔진이 고속회전으로 운전될수록 더욱 커지는 경향을 갖는다.

그림 7.17은 엔진의 주요 부품들에서 발생되는 제반 소음원을 보여주며, 그림 7.18은 엔진의 소음발생 및 전달경로를 나타낸다.

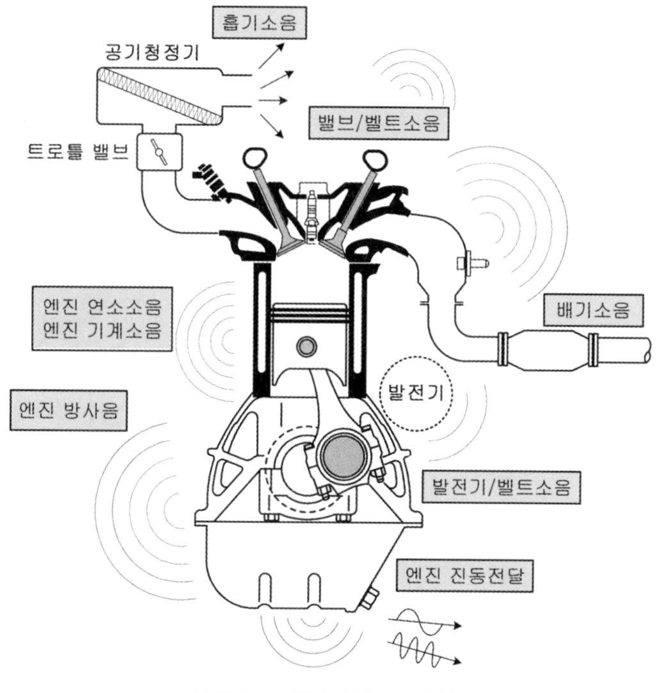

그림 7.17 **엔진의 주요 소음원**

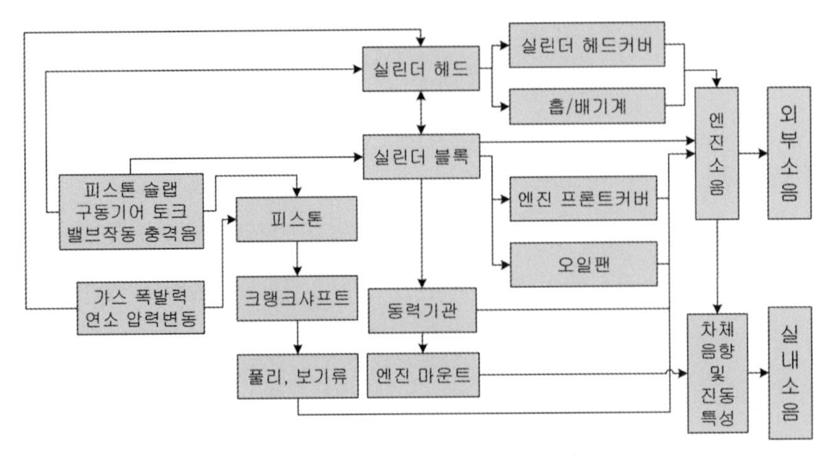

그림 7.18 **엔진의 소음발생 및 전달경로**

7.5.1 피스톤 슬랩 소음

엔진 내부에서 발생되는 피스톤 슬랩(piston slap) 소음은 엔진의 운동부품인 피스톤과 고정 구조물인 실린더 벽 사이에서 발생되는 기계적인 충돌현상으로 발생한다. 즉, 피스톤과 실린더 내벽 사이에는 피스톤 링이 가스의 누설을 방지하지만, 유막으로 형성된 간극(gap)이 존재할 수밖에 없다. 피스톤 상하 방향의 왕복운동 과정에서 피스톤 자체에 작용하는 측력(옆방향 힘)으로 말미암아 그림 7.19와 같이 피스톤과 실린더 벽면과의 간극에 측력이 집중되면서 미세한 충돌현상이 발생할 때 유발되는 소음을 피스톤 슬랩 소음이라 한다. 이러한 피스톤과 실린더 벽 간의 충돌현상은 실린더 블록을 가진시키는 진동원이 되며, 이에 따른 실린더 블록 표면의 진동현상으로 말미암아 엔진 주변으로 피스톤 슬랩 소음을 방사시킨다.

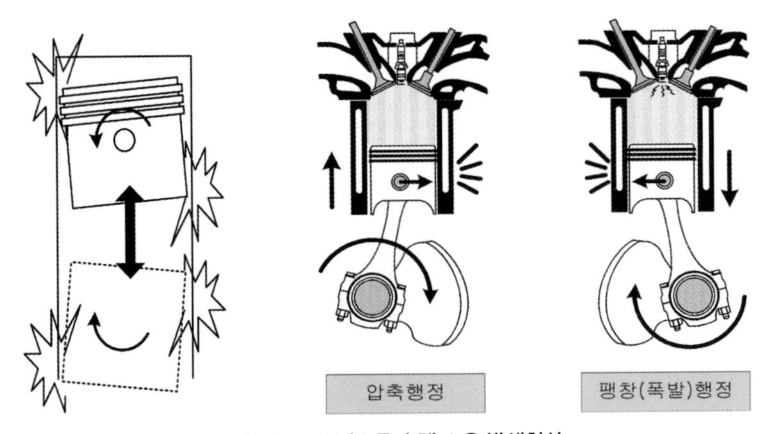

그림 7.19 **피스톤 슬랩 소음 발생현상**

따라서 피스톤에 작용하는 가스 폭발력과 피스톤 자체의 관성력이 클수록 피스톤 슬랩 소음은 커지게 되므로, 피스톤이 상대적으로 무거운 디젤 엔진이 동일한 배기량의 가솔린 엔진에 비해서 훨씬 더 많이 발생하게 된다. 또 엔진의 회전수가 낮은 영역에서는 피스톤의 측력이 관성력보다 더욱 커져서 피스톤 슬랩 소음을 크게 유발하게 된다. 반면에, 엔진의 회전수가 높아지게 되면 피스톤의 측력보다 관성력이 더욱 커지게 되므로 피스톤 슬랩 소음은 줄어들게 된다.

이러한 피스톤 슬랩 소음을 개선시키기 위해서는 피스톤 자체의 질량을 감소시켜서 피스톤의 관성하중을 저감시키고, 피스톤의 열팽창을 최소화시켜 피스톤과 실린더 직경(bore) 사이의 간극을 축소하거나, 그림 7.20(a)와 같이 피스톤 핀에 오프셋(offset)을 적용하게 된다. 여기서 피스톤 오프셋은 피스톤의 중심과 커넥팅 로드가 연결되는 피스톤 핀의 중심이 서로 일치되지 않도록 인위적으로 차이를 준 거리를 의미한다. 이러한 피스톤 핀의 오프셋은 피스톤 슬랩의 발생시기, 실린더 벽과의 충돌속도 및 충돌력을 축소시켜서 피스톤 슬랩 소음을 저감시킬 수 있다. 일반 승용차량용 엔진의 피스톤에 적용된 오프셋은 대략 2 mm 내외의 값을 가진다.

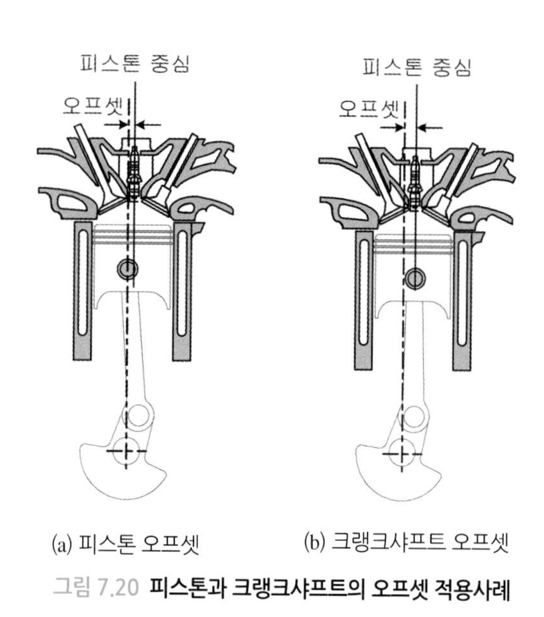

(a) 피스톤 오프셋　　(b) 크랭크샤프트 오프셋

그림 7.20 **피스톤과 크랭크샤프트의 오프셋 적용사례**

최근 국내 차량에서는 그림 7.20(b)와 같이 크랭크샤프트의 중심과 실린더 보어(bore) 중심 간의 거리를 오프셋(10 mm 내외)시켜서 피스톤 슬랩 소음을 저감시키기도 한다. 이러한 오프셋 설정으로 피스톤과 실린더 벽면 간의 마찰손실을 저하시켜 연비향상을 꾀할 수 있다. 또한 피스톤 링의 인장력(tension)을 가능한 적게 고려하여 피스톤 링과 실린더 벽면 간의 고착/미끄럼(stick/slip)현상을 억제시키는 방법과 함께 윤활상태의 개선이나 실린더 블록의 구조 강성을 증대시키는 방법도 강구할 수 있다.

7.5.2 크랭크샤프트의 충격음

크랭크샤프트는 피스톤의 상하 방향 왕복운동을 회전운동으로 바꾸어주는 기능을 수행한다. 엔진이 저속회전할 때 크랭크샤프트는 강체처럼 회전하면서 충격음이 발생하며, 고속회전에서는 크랭크샤프트의 굽힘이나 비틀림 진동현상으로 말미암아 크랭크샤프트와 메인 베어링(main bea ring) 사이의 간극에서 충격음이 발생한다. 크랭크샤프트의 강체운동은 저속회전에서 주로 발생하며 가스 폭발력에 큰 영향을 받기 때문에, 풀리에 의해 구동되는 벨트의 장력변화에 민감하게 반응하게 된다. 반면 고속회전에서는 크랭크샤프트의 평형(balancing)과 왕복질량의 관성력에 의한 가진력에 큰 영향을 받는다.

이러한 크랭크샤프트의 충격음은 엔진의 회전수가 높아지게 되면 간극에 작용하는 충격력보다는 회전 관성력이 지배적인 요인이 된다. 크랭크샤프트의 충격음을 억제시키기 위해서는 크랭크샤프트의 구조변경이 필요하지만 엔진이 이미 개발된 이후에는 현실적인 어려움이 있으므로, 주로 굽힘과 비틀림 진동현상을 억제시켜주는 동흡진기(dynamic vibration absorber, 또는 torsional damper로 부르기도 한다)를 풀리(pulley) 내부에 적용하여 크랭크샤프트에서 발생되는 충격음을 저감시키는 방법이 많이 활용되고 있다. 크랭크샤프트와 동흡진기에 대한 세부적인 내용은 제7장 제7절과 제11장을 참고하기 바란다.

7.5.3 타이밍 벨트 구동계 및 밸브계의 소음

승용차량에 장착되는 대부분의 엔진은 밸브작동을 위한 캠 축(cam shaft)이 실린더 헤드에 위치하며, 벨트나 체인을 통해서 크랭크샤프트의 회전력을 전달받아 회전하게 된다. 이때 각각의 실린더마다 정확한 밸브개폐가 이루어져야 하므로, 이러한 벨트와 체인을 타이밍 벨트(timing belt)나 타이밍 체인(chain)이라 부른다. 타이밍 벨트로 구동되는 밸브 구동계는 그림 7.21과 같이 벨트와 스프로킷(sprocket) 간의 결합과정에서 발생되는 소음, 벨트 홈의 간격인 스팬(belt span)에서 발생되는 진동 및 벨트와 스프로킷 간의 마찰로 인한 소음 등이 복합적으로 작용하여 발생한다. 벨트 및 체인소음에 대한 세부적인 내용은 제7장 제8절을 참고하기 바란다.

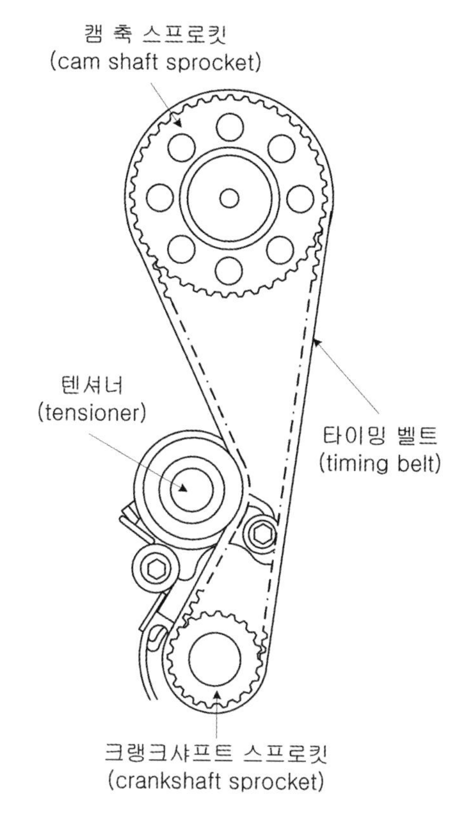

그림 7.21 **직렬 4기통 엔진의 타이밍 벨트**

그림 7.22는 밸브의 주요 구조 및 작동원리를 보여준다. 이러한 밸브의 작동과정에서 밸브와 실린더 헤드 간의 충격음과 함께 벨트 및 밸브구동을 위한 각종 기어의 치합음(whine noise)이나 치타음(rattle noise)도 밸브소음에 포함된다. 밸브의 개폐과정에서 밸브의 자체 질량과 밸브 스프링으로 이루어진 고유 진동수에 캠 구동에 의한 가진 진동수가 접근하거나 서로 일치하게 될 경우에는 밸브계의 공진이 발생할 수 있다. 이러한 현상을 밸브 서징(valve surging)현상이라 하며, 밸브의 과도한 진폭으로 인하여 원활한 흡·배기가 곤란해지면서 엔진작동에 악영향을 끼치게 된다. 이를 해결하기 위하여 그림 7.23과 같이 크기가 다른 두 개의 밸브 스프링(이중 스프링)이나 다양한 비선형 스프링을 채택하는 경우도 있다. 그림 7.24는 밸브소음의 발생 및 전달경로를 보여준다.

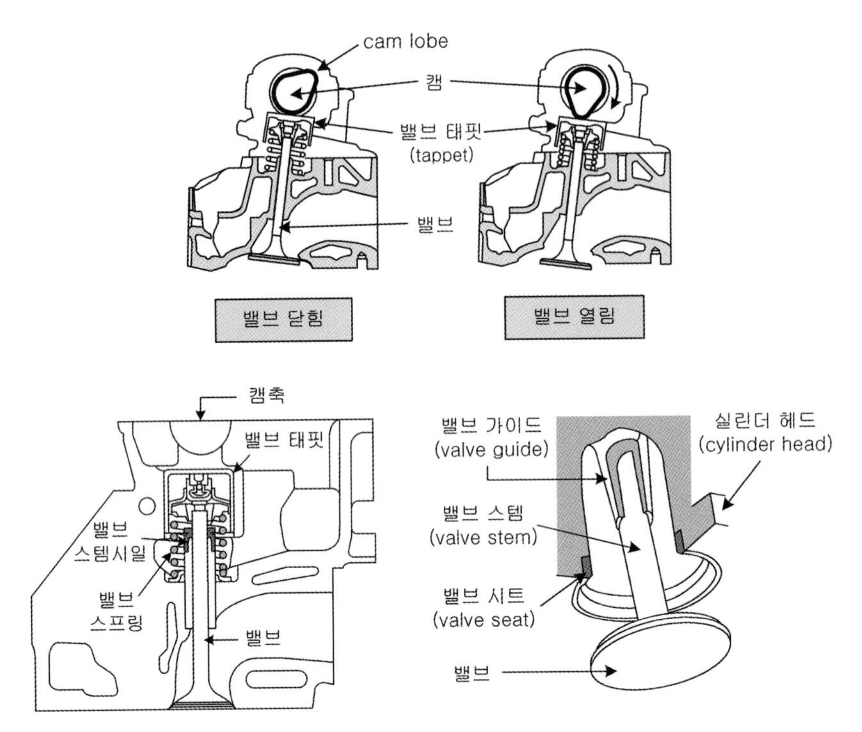

그림 7.22 **밸브계의 주요 구조 및 작동원리**

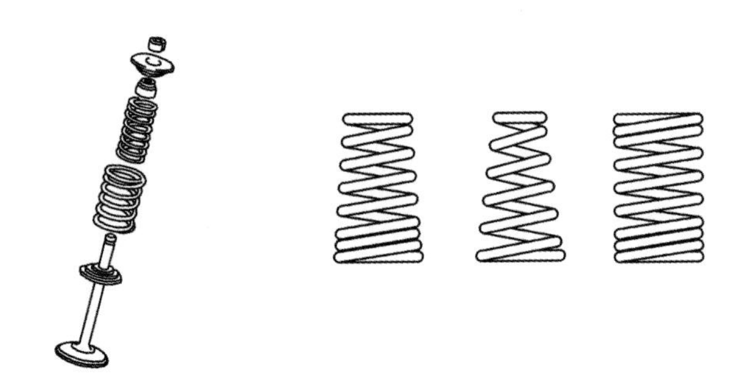

그림 7.23 **밸브 서징현상 억제를 위한 이중 스프링 적용(왼쪽) 및 비선형 스프링의 적용사례**

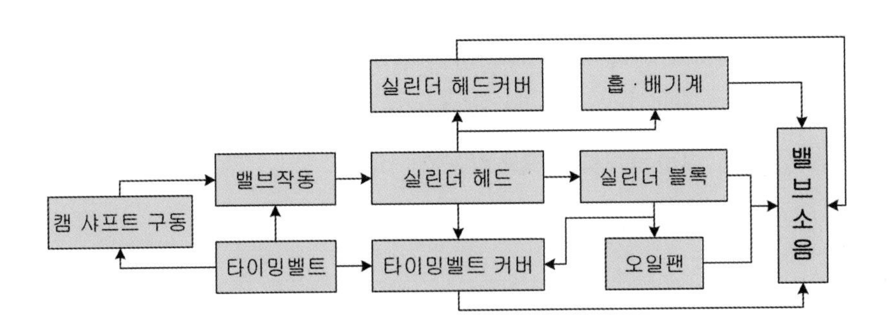

그림 7.24 **밸브소음의 발생 및 전달경로**

밸브계의 진동소음현상은 주로 실린더 헤드의 강성을 높이거나 밸브 스프링의 특성을 변화시켜서 개선시킬 수 있다. 최근에는 엔진의 경량화 추세에 따른 관성력의 저감목적으로 캠샤프트를 중공(中空, hollow shaft)축으로 대체하고, 솔리드 태핏(solid tappet)이 채택되는 추세이다. 그러나 솔리드 태핏의 적용으로 인하여 엔진의 관성력은 다소 저감될 수 있겠지만, 밸브계의 간극이 늘어나면서 소음발생 측면에서는 오히려 불리해질 수도 있다. 또한 연비향상과 배기가스 규제에 대비하기 위한 여러 가지의 엔진 신기술 중에서 가변밸브시기(VVT, variable valve timing) 장치나 전자제어밸브(EMV, electronic mechanical valve) 기술이 적용된 엔진에서는 밸브소음이 크게 부각될 수도 있다. 따라서 신기술의 양산차량 적용과정에서는 밸브소음 및 흡기소음 등의 고려가 필수적으로 수반되어야만 한다.

참고로 최근의 승용차량에 주로 장착되는 GDI(gasoilne direct injection) 가솔린 엔진에서는 흡기밸브를 통해서 공기만 유입되므로, 밸브와 밸브시트 간의 충격음이 상승되고 마모가 촉진될 수 있다. 기존의 MPI(multi point injection) 엔진에서는 흡기 다기관에서 연료가 분사되어 공기와 함께 흡기밸브를 통과하므로 밸브와 밸브시트 사이의 윤활역할을 한다고 볼 수 있다. 하지만 GDI 엔진에서는 이러한 윤활역할을 기대할 수 없으므로, 충격음 저감과 내마모성 향상을 위한 대책이 강구되어야 한다.

7-6 엔진의 강체진동

엔진의 진동소음현상은 진동수 범위에 따라서 강체진동과 탄성체 진동으로 구분할 수 있다. 즉, 엔진과 변속기를 포함한 동력기관을 마치 하나의 상자처럼 움직이는 강체(rigid body)로 취급할 수 있는 강체진동영역과, 동력기관이 미세한 범위에서 마치 엿가락과 비슷하게 굽혀지거나 휘어질 수 있는 탄성체(flexible body)로 취급하는 탄성진동영역으로 구분할 수 있다. 일반적으로 엔진의 진동특성은 30 Hz 미만의 낮은 진동수 영역에서는 강체진동현상이, 30 Hz 이상에서는 탄성진동현상이 나타난다고 볼 수 있겠다. 엔진의 강체진동은 동력기관이 마치 하나의 상자나 돌덩이처럼 진동한다고 가정하는 것이므로 동력기관을 질량으로, 이를 지지하는 엔진 마운트를 스프링으로 단순화시킨 진동계로 가정할 수 있다. 동력기관의 강체진동에 의한 차량의 진동소음현상으로는 엔진의 흔들림(engine shake), 공회전 진동(idle vibration), 시동 진동(cranking vibration) 등이 있으며, 이러한 세부내용은 제3편 자동차 진동소음의 발생현상에서 이미 설명하였으므로, 여기서는 엔진의 강체진동과 연관된 밸런스 샤프트(balance shaft)와 엔진 마운트 등을 중심으로 설명한다.

표 7.3은 동력기관의 진동특성과 관련하여 자동차 제작회사의 엔지니어가 반드시 고려해야 할 강체진동의 목표 진동수(target frequency)를 간단히 요약한 것이다. 여기서, 병진운동(translational motion)은 x, y, z축 각각의 방향으로 움직이는 직선운동을 뜻하며, 회전운동(rotational motion)은 x, y, z축 각각을 중심으로 동력기관이 회전하려는 운동을 의미한다. 또한 비연성(decouple)은 하나의 진동현상으로 인하여 다른 형태의 진동현상에 영향을 미치지 않도록 분리시키는 개념을 뜻한다. 예를 들어 엔진이 좌우로 흔들리는 롤(roll) 진동이 발생하더라도, 상하방향의 흔들림을 유발시키지 않고서 독립적으로만(롤 운동만) 움직이게끔 지지부품이나 위치를 조절하는 개념을 뜻한다. 과거 TV의 한 침대광고에서 아이들이 침대 위에서 뛰어놀더라도 침대 끝에 앉아 있는 할머니들에게 흔들림이 전달되지 않는 장면을 연상한다면 비연성에 대한 개념을 쉽게 이해할 수 있을 것이다.

표 7.3 **엔진의 강체운동과 목표 진동수**

진동형태		목표 진동수
병진운동	차량 전후방향(fore & after)	롤 운동과 비연성, 고유 진동수 7 Hz 이상
	차량 좌우방향(lateral)	고유 진동수 7 Hz 이상
	차량 상하방향(bouncing)	롤 운동과 비연성, 고유 진동수 8 Hz 이상
회전운동	엔진 옆방향 축(pitching 운동) 중심	롤 운동과 비연성, 11~13 Hz 구간
	크랭크축(roll 운동) 중심 회전진동	공회전 진동수 2차 성분의 1/2 이하 및 비연성
	수직축(yaw 운동) 중심 회전진동	공회전 진동수 2차 성분과 비연성

7.6.1 밸런스 샤프트

엔진의 연소과정에서 발생되는 엔진의 주요 가진력은 실린더 내부 연소실의 가스 폭발력으로 인한 토크 변동(torque fluctuation)과 함께 피스톤, 커넥팅 로드, 크랭크샤프트 등의 왕복운동과 이에 따른 관성력(inertia force) 및 관성 모멘트(inertia moment) 등이라고 할 수 있다. 이 중에서도 관성력에 의한 엔진의 가진력을 감소시키는 방안으로 밸런스 샤프트(balance shaft)가 실린더 본체에 추가로 장착될 수 있다. 밸런스 샤프트는 두 개의 축으로 구성되고 엔진으로부터 동력을 받아서 크랭크샤프트의 두 배 속도로 회전하는데, 이 중에서 한 개의 축은 크랭크샤프트와 반대방향으로 회전한다. 밸런스 샤프트의 회전으로 인하여 엔진 자체에서 발생되는 관성력과 크기는 같지만, 방향이 반대인 힘을 생성시켜서 문제되는 관성력을 서로 상쇄시킨다. 더불어 관성 모멘트와 토크 변동의 크기도 다소 저감시키는 효과를 얻을 수도 있다. 여러 엔진종류 중에서 2차 관성력이 크게 존재하는 4기통 엔진과 뱅크(bank)각이 90° 인 V형 6기통 엔진 등에 이러한 밸런스 샤프트를 적용시킬 경우에는 양호한 진동저감 효과를 얻을 수 있다.

밸런스 샤프트의 종류로는 그림 7.25와 같이 두 개의 밸런스 샤프트가 같은 높이에 위치한 란체스터형(Lanchester type)과 두 개의 샤프트 간에 수직거리의 차이(offset)를 둔 방식이 있다. 밸런스 샤프트 간의 수직거리에 오프셋을 둔 경우는 엔진에서 발생되는 관성력뿐만 아니라, 가스 폭발력에 의한 엔진 롤(roll)운동도 동시에 상쇄시키기 위함이다.

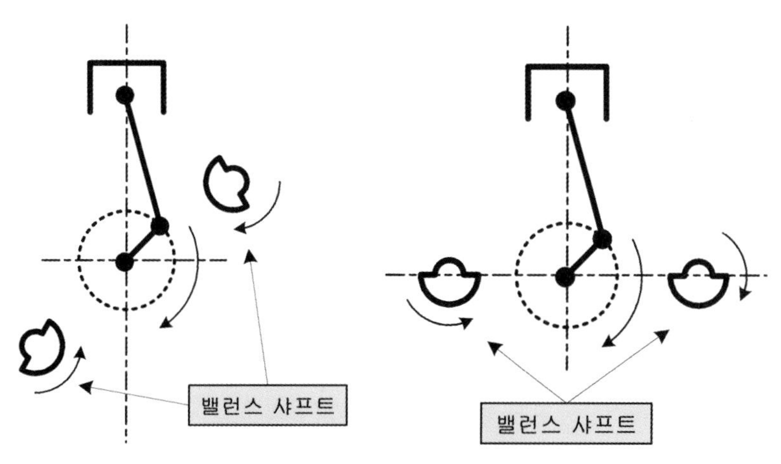

그림 7.25 밸런스 샤프트의 장착위치

그림 7.26(a)와 (b)는 밸런스 샤프트의 종류별 개략도와 외관 및 실제차량의 적용사례를 나타낸다. 제7장 제3절에서 설명한 바와 같이, 그림 7.8을 보면 4기통 엔진의 각 실린더에서는 1차 관성력은 서로 상쇄되지만, 2차 관성력은 모두 합성되어 상하 방향으로 작용하게 된다. 이때 밸런스 샤프트는 합성된 2차 관성력과 동일한 크기의 힘을 그림 7.26(c)와 같이 반대 방향으로 생성시켜서 서로 상쇄시키게 된다. 밸런스 샤프트의 적용으로 인한 실내소음의 저감 사례는 그림 7.27과 같다.

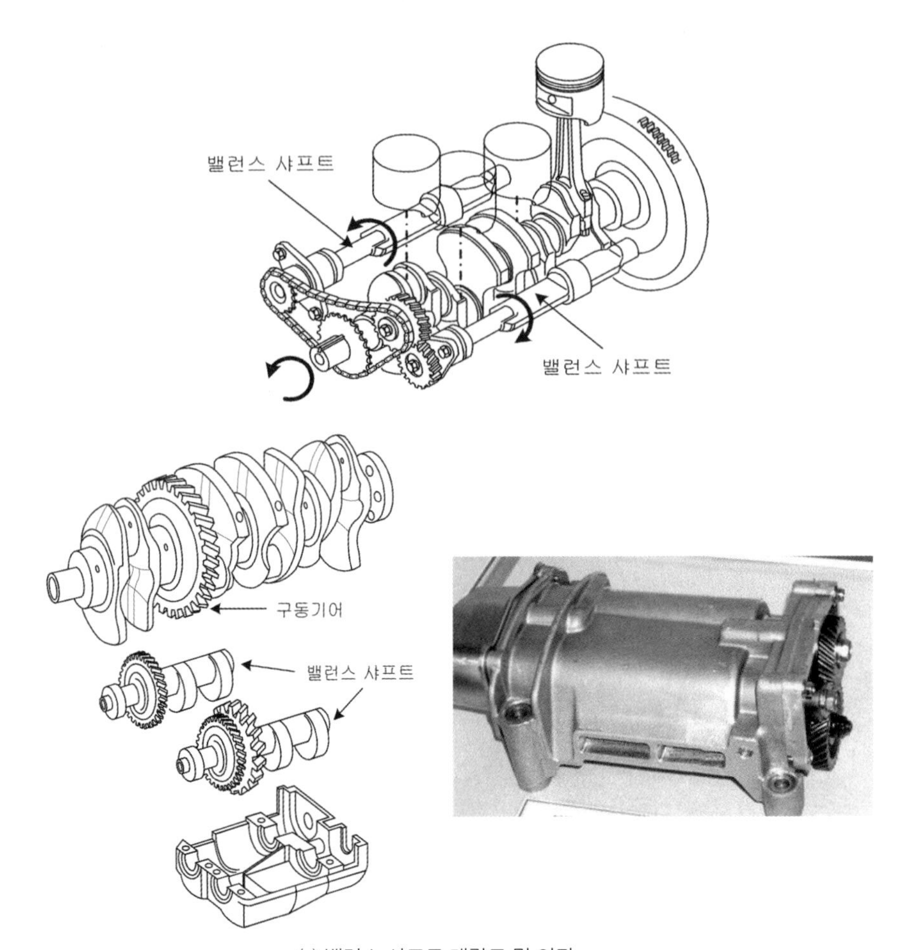

(a) 밸런스 샤프트 개략도 및 외관

(b) 밸런스 샤프트의 외관 및 적용사례

그림 7.26 **밸런스 샤프트의 개략도 및 적용사례**

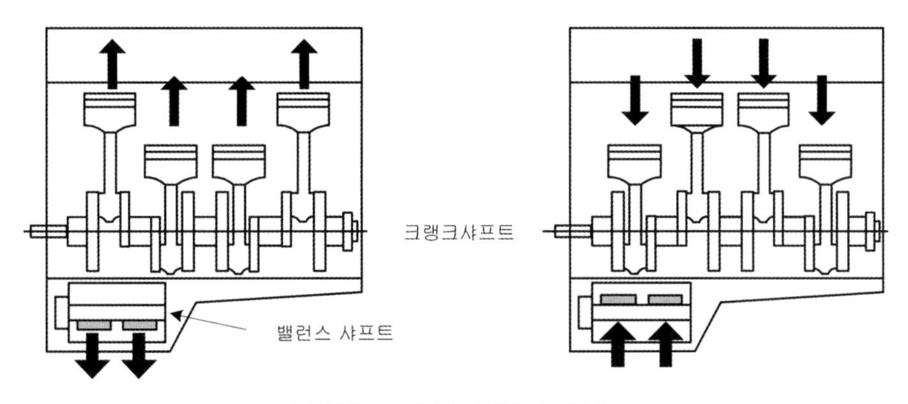

(c) 밸런스 샤프트의 관성력 상쇄효과

그림 7.26 **밸런스 샤프트의 개략도 및 적용사례(계속)**

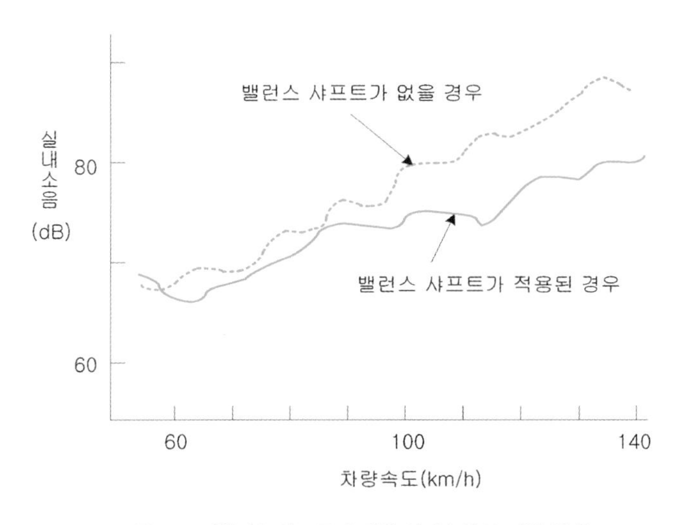

그림 7.27 **밸런스 샤프트에 의한 실내소음의 저감 사례**

7.6.2 엔진 마운트의 정의

엔진 마운트(engine mount)는 엔진과 변속장치로 구성된 동력기관(powertrain)을 차체와 연결시켜주는 부품으로, 그림 7.28과 같이 고무부품, 체결 브라켓(bracket)과 볼트 등으로 구성된다. 엔진 마운트는 고무재료의 탄성과 감쇠특성을 이용한 엔진의 체결부품으로 정비현장에서는 흔히 '미미'라고 하며, 동력기관의 여러 부품들 중에서 크기도 매우 작고, 가격도 비교적 싼 부품이라고 할 수 있다. 하지만 엔진 마운트는 동력기관을 차체에 연결시켜주는 동시에 동력기관의 다양한 흔들림이 차체로 전달되지 않도록 하는 진동절연(vibration isolation) 특성까지 효과적으로 수행해야 한다. 따라서 엔진 마운트는 엔진에서 발생된 구동 토크가 구동계에 전달될 때 발생되는 엔진의 반력을 흡수해야 하며, 동시에 주행과정에서 거친 노면의 도로로부터 차체로 입력되는 충격(shock)에 의한 엔진의 흔들림도 억제시켜야만 한다. 또 엔진의 공회전뿐만 아니라 차량주행에서도 끊임없이 발생되는 진동현상이 차체로 전달되지 않도록 진동절연시키는 복합적인 기능도 갖추어야 한다.

그림 7.28 **엔진 마운트의 적용사례**

7.6.3 엔진 마운트의 역할

자동차의 진동소음 관점에서 엔진 마운트의 역할을 간단하게 정리하면 다음과 같다.

① 동력기관을 차체에 연결한다.
② 동력기관 자체의 하중을 지지한다.
③ 엔진에서 발생하는 진동현상이 차체로 전달되지 않도록 진동절연시킨다.
④ 차량 주행과정에서 도로로부터 입력되는 충격이나 흔들림 등에 의한 동력기관의 거동을 억제시킨다.
⑤ 동력기관의 구동에 따른 반력을 흡수해야 한다.

7.6.4 구동방식에 따른 엔진 지지방식

자동차의 구동방식이란 동력기관에서 생성된 회전력이 바퀴까지 전달되는 형태를 의미하며, 자동차의 기술발전과 사용목적에 따라 다양하게 변화되었다. 즉, 차체의 크기나 자동차의 사용목적과 경제성, 승차감 등을 고려하여 자동차의 구동방식도 앞바퀴 굴림, 뒷바퀴 굴림, 모든 바퀴의 굴림 방식(네바퀴 굴림, 4WD)으로 구분할 수 있다. 구동방식에 대한 세부적인 내

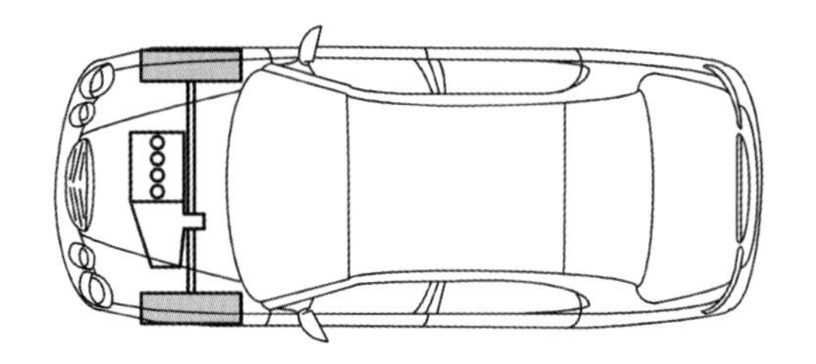
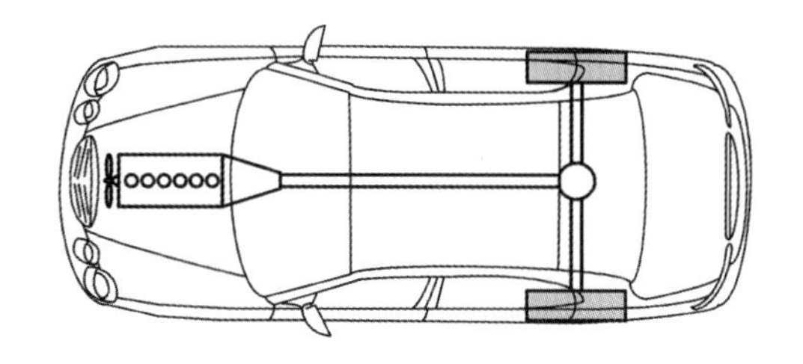

그림 7.29 앞바퀴 굴림과 뒷바퀴 굴림(오른쪽)방식 및 엔진의 장착위치

용은 제3장 제1절에서 이미 설명하였으므로, 여기서는 각각의 구동방식에 따른 엔진의 지지방식을 간단히 알아본다.

(1) 횡치장착 엔진의 지지방식

엔진의 횡치장착(transversely mounted)방식은 앞바퀴 굴림(front engine, front drive)방식 차량의 엔진 지지방식에 주로 사용되며, 그림 7.30과 같이 3~4개의 엔진 마운트가 사용된다. 엔진 상단부와 변속기 하단부의 엔진 마운트 두 개가 동력기관의 중량을 대부분 담당하는데, 이들 두 개의 엔진 마운트 장착위치는 뒤에서 설명할 동력기관의 관성주축(principal axis of inertia)을 기준으로 결정된다. 일반적인 엔진 마운트는 고무재료를 연결 브래킷(bracket)에 접착시켜서 엔진과 차체 사이에 체결되며, 고무의 탄성과 감쇠특성을 이용하여 엔진의 흔들림을 최대한 흡수하여 차체로 전달되는 진동현상을 억제시켜 준다. 최근에는 좀 더 향상된 엔진의 진동저감과 함께 승차감 향상을 위해서 엔진 마운트의 고무재료 내부에 별도 공간을 만들고, 이 안에 액체를 넣어서 엔진 진동의 절연 효과를 증대시킨 액체봉입형(hydraulic) 마운트를 대형 고급차량뿐만 아니라 소형차량에도 채택하는 추세이다.

그 밖의 엔진 좌우측에 장착되는 엔진 마운트들은 동력기관의 롤(roll)운동을 억제시키는 역할을 담당하며, 고급차량에서는 전자제어기술을 이용한 마운트를 적용하여 롤 진동의 효과를 감소시키는 사례도 증대되고 있다. 이러한 횡치장착 엔진의 지지방식은 일부 대형 승용차량을 비롯하여 대부분의 중 · 소형 전륜구동차량에 적용되고 있다. 횡치장착의 엔진 지지방식은 엔진의 롤 운동이나 상하방향의 움직임이 차체의 굽힘 진동현상에 큰 영향을 줄 수 있으며, 엔진 출력부위인 플라이 휠 쪽에 부착되는 변속장치의 장착으로 인하여 동력기관이 출력축을 중심으로 좌우 대칭적인 구조를 갖지 못하게 된다. 따라서 엔진의 롤 운동으로 인한 차체의 굽힘 진동이 악화될 가능성이 높고, 동력기관과 동력 전달장치가 모두 엔진 룸에 위치하기 때문에 소음원이 차량 앞쪽에 집중된 셈이므로 진동소음 측면에서는 뒷바퀴 굴림방식보다 다소 불리하다고 볼 수 있다.

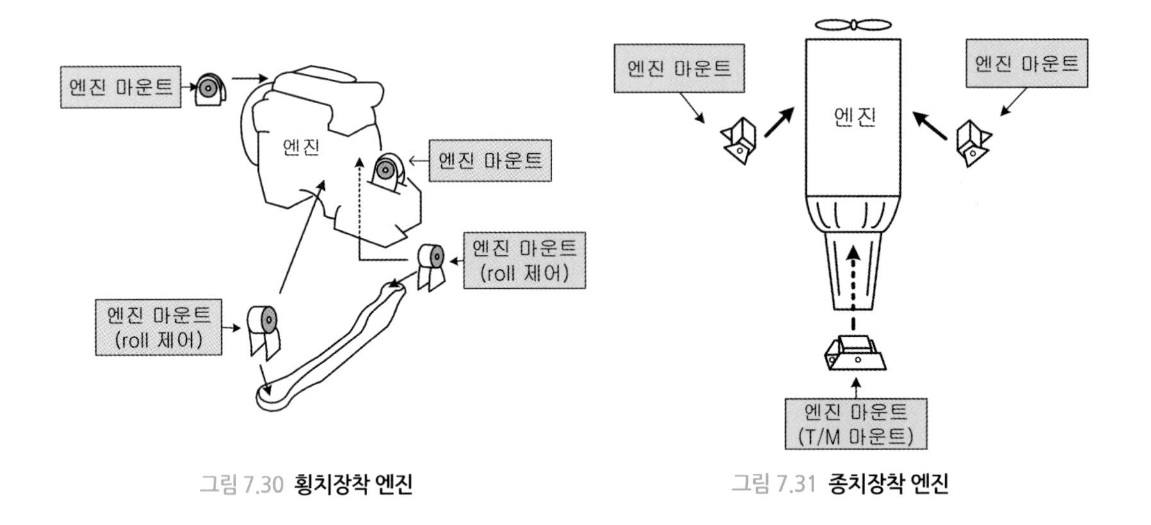

그림 7.30 **횡치장착 엔진** 그림 7.31 **종치장착 엔진**

(2) 종치장착 엔진의 지지방식

엔진의 종치장착(longitudinally mounted)방식은 뒷바퀴 굴림(front engine, rear drive)방식 차량의 엔진 지지방식에 주로 사용되며, 그림 7.31과 같이 엔진 좌우 부위에 각각 1개씩의 엔진 마운트가 장착되고, 변속기 후방 하단부에 1개 또는 2개의 엔진 마운트가 장착된다. 동일한 배기량의 엔진이라 하더라도 수동 및 자동변속기의 채택 여부에 따라서 변속기 후방에 장착되는 엔진 마운트의 특성을 별도로 관리해야 한다. 앞바퀴 굴림의 횡치장착 엔진 지지방식에 비해서 동력기관에 작용하는 구동반력이 1/4~1/3배 정도로 작은 특징을 가지며, 대부분 무게중심의 지지방식이 주로 사용된다. 엔진의 롤(roll)운동이 차체의 진동현상에 영향을 줄 수도 있지만 앞바퀴 굴림의 횡치장착인 경우보다는 미세하고, 동력기관이 차량 진행방향으로 좌우형상이 대부분 대칭적인 구조를 가지므로 하중의 분포가 균일하고 충돌사고에서도 양호한 충격흡수특성을 갖는다.

또한 차량의 각 바퀴마다 적절한 무게분포가 이루어지고 앞바퀴는 조향을, 뒷바퀴는 구동만을 담당하는 이상적인 역할분배로 차량의 정숙성 확보, 등판능력 및 최소 회전반경에 있어서도 양호한 성능을 발휘한다. 비록 구동축(프로펠러 샤프트)과 차동기어(differential gear)가 각각 차량 중앙부위와 뒷바퀴 쪽에 위치하여 차량의 실내공간이 좁아지고, 연료소모 측면에서 다소 불리한 점이 있다. 하지만 편안한 승차감과 함께 정숙성이 요구되는 고급 대형 승용차량에서는 뒷바퀴 굴림의 종치장착 엔진 지지방식이 주로 채택된다. 한편, 네바퀴 굴림(4 wheel drive, 4WD)방식은 그림 7.32와 같이 횡치 및 종치장착 엔진의 지지방식이 혼용되고 있는데, 엔진의 지지방식에 따라서 엔진 마운트의 장착위치가 결정된다.

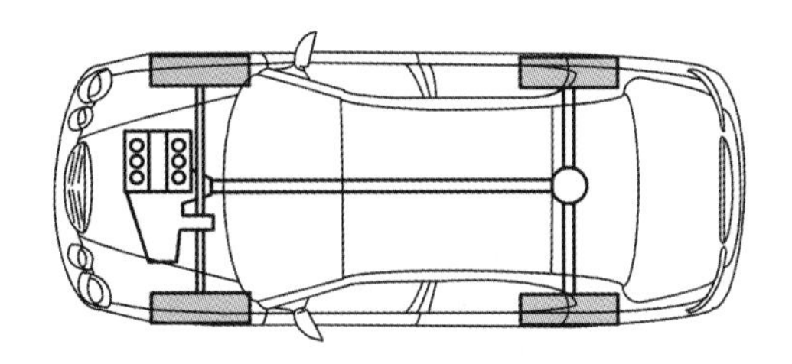
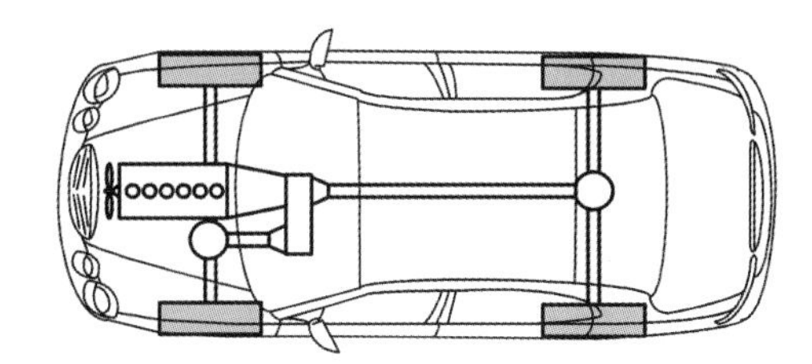

그림 7.32 **네바퀴 굴림방식의 엔진 장착사례**

(3) 엔진 장착방식에 따른 하중분포

앞에서도 설명한 바와 같이 자동차의 엔진 장착방식은 사용목적과 설계방식에 따라서 다양하게 변화될 수 있다. 일반 승용차량에서는 횡치장착의 앞바퀴 굴림방식(FF-car, front engine, front drive)이 주로 채택되며, 고급 승용차량에서는 종치장착의 뒷바퀴 굴림방식(FR-car, front engine, rear drive)이 선호되고 있다. 한편, 외국의 고급 스포츠카에서는 차량 뒷부분(트렁크 공간)에 엔진을 장착한 방식(RR-car, rear engine, rear drive)이나 차량 중간부분에 엔진을 장착하는 방식(midship engine)이 채택되는 경우도 있다. 그림 7.33은 엔진의 다양한 장착방식에 따른 앞 · 뒤 타이어에 작용하는 하중분포를 나타낸다. 엔진의 장착위치에 따라 앞 · 뒤 타이어에 작용하는 하중에 큰 영향을 끼치고 있음을 알 수 있으며, 뒷바퀴 굴림방식의 경우가 앞 · 뒤 타이어에 있어서 가장 이상적인 하중분포가 이루어짐을 알 수 있다. 이러한 각 바퀴의 하중분포만 보더라도 유명 고급차량의 대부분이 종치장착방식의 후륜구동방식을 채택하는 이유를 알 수 있다.

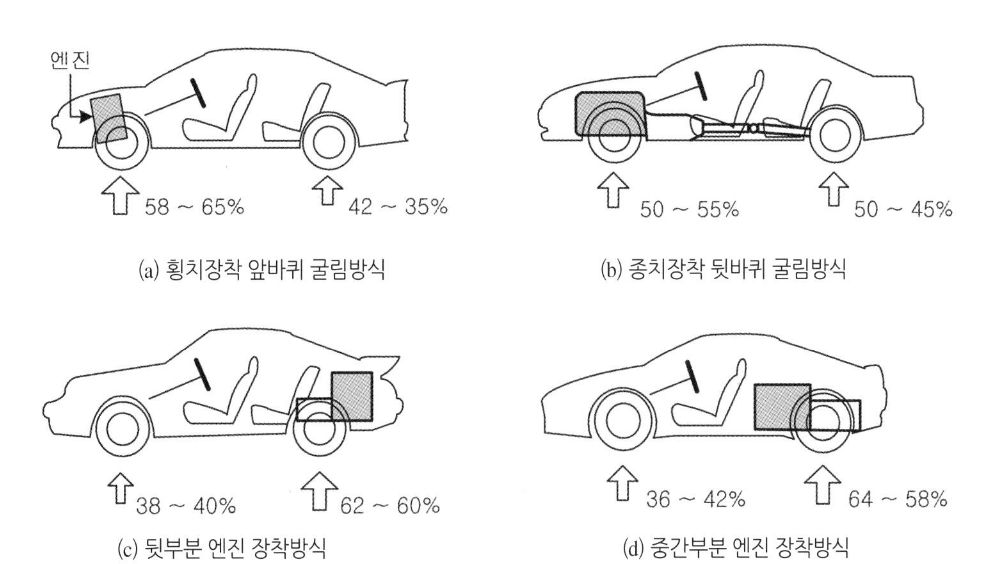

그림 7.33 **엔진 장착방식에 따른 타이어의 하중분포**

7.6.5 엔진 마운트의 기초 내용

자동차의 설계 및 개발과정에서 엔진을 비롯한 동력기관의 운동특성이 차량의 진동소음현상을 악화시키지 않도록 고려해야 함은 당연하다 할 수 있다. 특히 엔진과 차체 사이를 연결하는 엔진 마운트는 동력기관의 운동특성에 지배적인 영향을 끼치기 때문에 효과적인 설계를 위한 기초적인 공학개념을 소개한다. 먼저, 동력기관에서 발생되는 진동현상의 차체전달을 저감시키기 위해서는 동력기관(질량개념)과 엔진 마운트(스프링 개념)로 이루어지는 탄성축(elastic axis), 관성주축(principal axes of inertia) 및 토크 롤축(torque roll axis) 등의 고려가 선행되어야 한다. 여기서는 기초적인 내용만을 간단히 설명하므로, 더 세부적인 내용은 전문서적을 참고하기 바란다.

(1) 탄성축

엔진 마운트의 고무 특성(탄성)으로 인하여 엔진 마운트를 스프링으로 가정할 수 있으며, 엔진 마운트로 지지되는 동력기관은 낮은 진동수 영역에서 강체(rigid body)로 가정할 수 있다. 따라서 엔진 마운트로 지지된 동력기관은 스프링으로 탄성지지된 강체로 취급할 수 있으며, 스프링과 강체 특성에 따른 탄성축(elastic axis)을 가지게 된다.

이때 외력(外力)이 탄성축을 따라서 강체(동력기관)에 작용하게 되면 강체는 회전운동을 하지 않고서 오로지 병진운동(translational motion)만 하게 된다. 반면에 회전 우력(偶力, couples)이 탄성축을 따라 작용하면 강체는 병진운동 없이 회전운동만 하게 된다.

이러한 탄성축의 위치는 동력기관(강체)이 엔진 마운트(스프링)로 지지되는 위치, 방향, 엔진 마운트의 강성(고무의 탄성특성)들에 의해서 결정된다. 강체로 가정한 동력기관에서는 3개의 병진운동과 3개의 회전운동(롤, 피치, 요 운동)과 같은 6자유도의 진동모드(vibration mode)를 가진다.

이러한 진동모드들이 상호간에 서로 영향을 끼치지 않도록 비연성화(decouple)시키는 것이 중요한데, 그 첫 번째 요구조건은 엔진 마운트들로 결정되는 탄성중심을 동력기관의 질량중심과 일치시키는 것이라 할 수 있다. 하지만 실제 차량에서는 엔진룸의 공간적인 제약뿐만 아니라, 엔진과 동력기관에 직접 연결되는 흡 · 배기장치, 구동축, 알터네이터나 에어컨 컴프레서 등의 보기류 장착, 냉난방 라인 및 냉각수 연결호스 등과 같은 여러 부품들로 인하여 동력기관의 탄성중심과 무게중심을 서로 일치시키는 것이 거의 불가능하다고 볼 수 있다. 따라서 동력기관의 여러 진동 모드들을 비연성화시키기 위해서는 각 엔진 마운트들의 장착위치나 각도를 효과적으로 변화시킴으로써 탄성중심이 토크 롤축상에 위치하도록 조절할 수 있다.

(2) 관성주축

관성주축은 강체의 무게중심을 기준으로 회전운동이 발생하는 방향의 축을 의미한다. 우리가 공간좌표를 표현할 때 전 – 후, 좌 – 우, 상 – 하의 방향을 갖는 것처럼 모든 강체는 3개의 관성주축(principal axes of inertia)을 가지고 있다. 공회전과 같은 엔진의 낮은 회전수(진동수) 영역에서는 동력기관을 강체로 가정할 수 있으므로, 동력기관 역시 3개의 관성주축을 가진다. 즉, 동력기관의 무게중심을 기준으로 순수한 회전현상만이 발생하는 세 방향의 축을 엔진의 관성주축이라 할 수 있다. 만약 토크 작용축(엔진에서는 크랭크샤프트라 할 수 있다)이 관성주축과 일치하지 않은 상태에서 외부 토크(회전력)가 작용하면, 동력기관은 토크 작용축과 일치하지 않는 축을 중심으로 회전하게 된다.

만약에 정상적으로 작동하고 있는 동력기관을 자유롭게 공중에 놓아둘 수 있다고 가정한다면, 이때 엔진 본체가 자연스럽게 회전하는 축은 크랭크샤프트(토크 작용축)와 일치하지 않게 된다. 이러한 엔진의 관성주축과 토크 작용축 사이의 차이로 인한 흔들림(작용력)이 유발되기 마련이다. 결국, 동력기관에서 엔진 마운트로 지지되는 축은 토크 작용축(크랭크샤프트) 자체가 아니라, 오히려 토크 작용축에 관한 동력기관의 회전축이 되어야만 한다. 이러한 현상은 엔진 본체의 형상에 기인하는 바가 크다. 엔진 몸체는 중앙이 비어 있고(실린더와 피스톤 행정으로 인함) 캠 샤프트는 윗부분에, 크랭크샤프트는 아랫부분에 위치하는 비대칭 형상을 갖기 때문이다.

(3) 토크 롤축

토크 롤축(torque roll axis)은 동력기관이 엔진 마운트에 의해서 지지되고, 크랭크샤프트의 토크작용으로 인한 진동현상이 유발될 때, 동력기관 자체가 회전하려는 축을 말한다.

어떠한 물체에 작용하는 토크가 만약 그 물체의 관성주축 세 개 중 하나의 축을 따라서 작용한다면, 그 물체는 관성주축을 중심으로 회전하게 된다. 그러나 토크가 관성주축가 일치하지 않은 경우에는 관성주축에 평행한 각 요소들로 분해되어 모든 관성주축들을 중심으로 하는 회전운동이 복합적으로 유발되는 진동현상이 발생하게 된다. 이러한 진동현상의 진폭은 질량 관성 모멘트와 토크 요소들로 구성되며, 진동현상의 중심축은 토크 작용축(크랭크샤프트) 및 세 개의 관성주축과는 다른 새로운 진동축인 토크 롤축을 가지게 된다. 그림 7.34와 7.35는 동력기관의 관성주축과 토크 롤축을 보여준다.

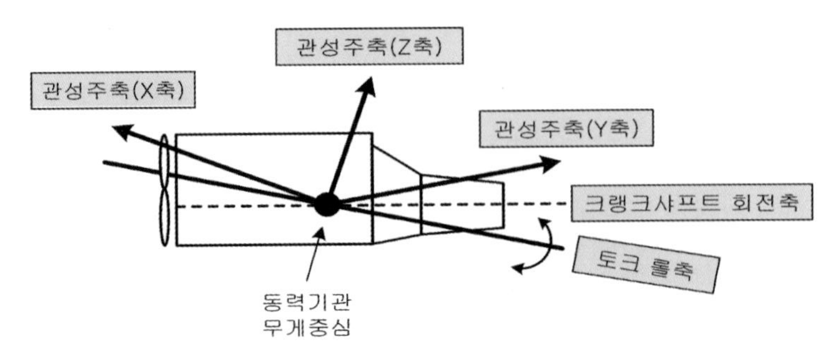

그림 7.34 **동력기관의 관성주축 및 토크 롤축**

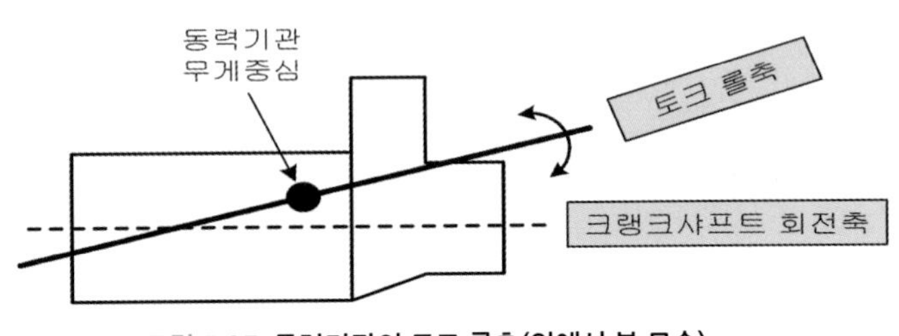

그림 7.35 **동력기관의 토크 롤축(위에서 본 모습)**

(4) 충격중심의 원리

충격중심(center of percussion)의 개념은 한 물체(강체) 내의 두 지점과 관성 모멘트와의 관계에서 출발한다. 물체 내의 한 지점에 충격력이 작용할 때, 그림 7.36과 같이 질량중심과의 연장선상에 있는 다른 지점에서는 외부 힘(충격력)의 작용에 의한 변위(여기서는 좌우방향의 변위를 의미)가 발생하지 않고 오로지 회전운동만 발생하는 현상이 나타날 수 있다. 이 지점을 충격중심이라 하며, 두 지점 사이의 거리는 물체의 관성 모멘트값에 의해서 결정된다.

우리가 야구경기를 직접 하거나 연습장에서 배팅연습을 할 때, 야구방망이에 공이 맞는 순간 방망이를 쥔 손에 심한 충격이 오는 경우를 경험할 수 있다. 그러나 공이 방망이에 맞는 여러 위치에 따라서 손에 아무런 충격이 오지 않으면서도 타구가 멀리 날아가는 경우도 있다. 이러한 현상도 방망이를 기준으로 하여 인체와 타격점(방망이와 공의 접촉점) 간의 충격중심 개념을 간접적으로 보여주는 셈이다. 즉 방망이에 공이 맞을 때의 충격력이 손으로 전달되지 않고 오로지 몸체를 기준으로 방망이의 회전(스윙)만 존재했던 것이다. 하지만 충격중심이 제대로 일치하지 않았을 경우에는 공과 방망이의 충격력이 손에도 전달되어 손바닥이 얼얼할 정도로 아픔을 느끼는 것이다.

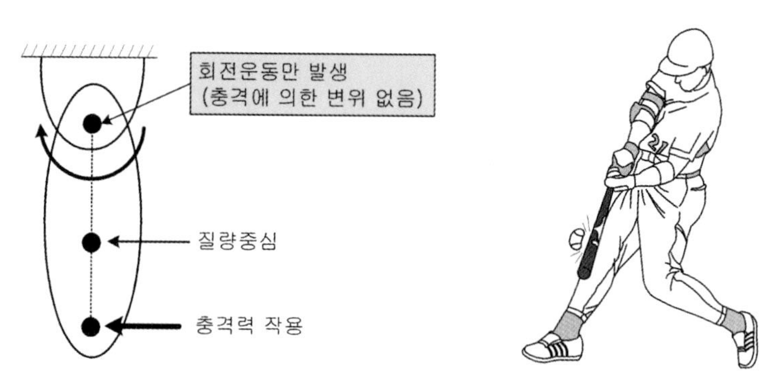

그림 7.36 **충격중심의 기본개념**

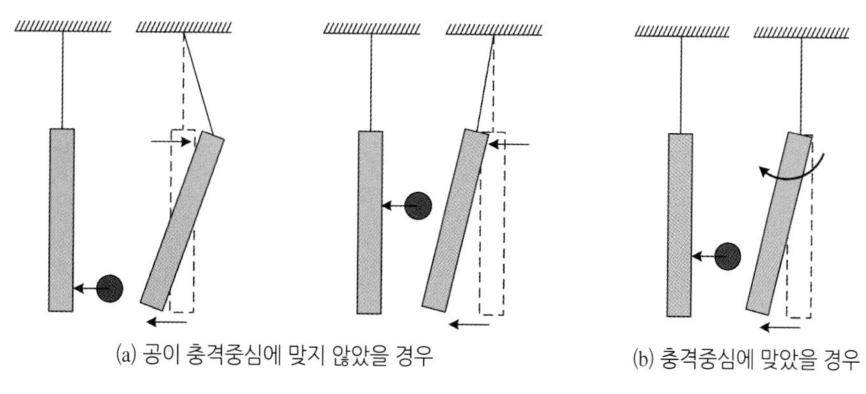

그림 7.37 **실에 매달린 물체의 충격중심**

그림 7.37과 같이 실에 매달린 물체에 공이 부딪친다고 생각해보자. 그림 7.37(a)의 경우를 살펴보면, 물체의 충격중심에 공이 맞지 않았을 때에는 물체와 실의 연결부위에서 좌우 방향의 변위가 발생함을 알 수 있다. 하지만 그림 7.37(b)와 같이 충격중심에 공이 접촉했을 경우에는 물체와 실의 연결부위에는 변위가 발생하지 않고, 오로지 회전현상만 존재하는 것을 확인할 수 있다.

이러한 충격중심의 개념을 자동차의 주행과정에서 살펴보면, 앞바퀴가 노면의 돌출물을 타고 넘어갈 때, 뒷바퀴에는 수직방향의 변위가 생기지 않으면서 오로지 차량 전체가 뒷바퀴를 중심으로 회전운동만 하는 조건이 승차감 측면에서 유리하다. 마찬가지로 뒷바퀴가 돌출물을 넘어갈 경우에도 앞바퀴 쪽에는 회전운동만 발생되도록 앞 · 뒷바퀴 간의 거리를 충격중심 개념과 차체의 관성 모멘트를 이용해서 결정할 수 있다. 그림 7.38과 같이 1930년대 이전의 차량은 이러한 충격중심의 원리가 적용되지 않아서 앞 · 뒷바퀴가 모두 차체의 양쪽 끝부분에 위치하여 승차감이 불리하였지만, 충격중심의 원리가 자동차 설계에 적용된 이후로

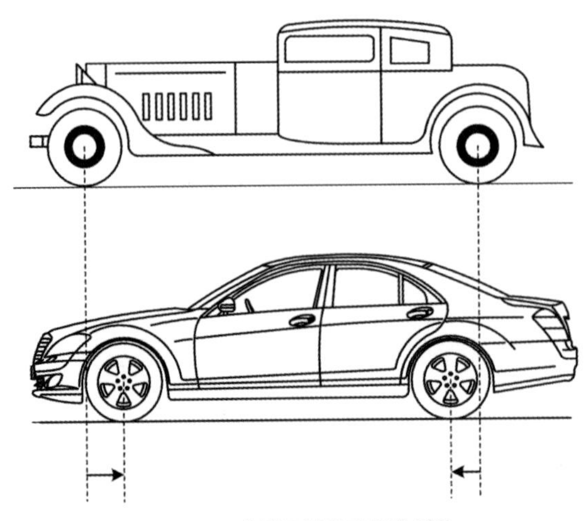

그림 7.38 **충격중심의 자동차 적용**

는 현재와 같은 바퀴의 위치가 결정되었다. 엔진 앞과 뒤에 장착되는 각각의 엔진 마운트 위치를 결정할 때에도 충격중심의 개념을 고려하여 외부 충격력에 의한 엔진의 회전과 병진운동(변위 발생)을 서로 분리시키는 목적으로 사용된다.

(5) 엔진 마운트의 강성(스프링 상수)

엔진 마운트에 사용되는 고무재료는 현가장치의 스프링과 같이 탄성의 성질을 가지지만, 금속재료의 스프링에 비해서 비교적 감쇠가 큰 특성을 갖는다. 고무와 같이 탄성과 감쇠특성을 가진 재료를 점탄성(visco-elastic) 재료라고 한다. 스프링 상수와 같은 엔진 마운트 고무의 딱딱하고 부드러운 특성을 강성(剛性, stiffness)이라고 하며 kgf/mm 또는 N/m의 단위를 사용한다. 강성이 높을수록 엔진 마운트의 고무가 딱딱한 특성을, 강성이 낮을수록 부드러운 특성을 갖는다.

또한 엔진 마운트 고무의 강성은 정적인 하중에 의한 정강성(靜剛性, static stiffness)과 동적인 하중에 의한 동강성(動剛性, dynamic stiffness)으로 구분된다. 엔진 마운트 고무의 정강성은 차량조립 시나 엔진 하중에 의한 고무의 처짐(변형)현상으로 유발되는 다른 부품 간의 간섭 여부 등에서 매우 중요한 점검항목이다. 한편, 엔진 마운트의 동강성은 엔진의 시동이 걸린 이후에 엔진 마운트가 지지하고 있는 엔진의 떨림이나 동력기관의 진동절연 효과에 지대한 영향을 미치는 매우 중요한 인자이다.

그림 7.39는 엔진 마운트 고무의 다양한 강성특성을 나타낸다. 여기서, 정강성은 외부 하중의 증가에 비례하여 변위가 커지고 있음을 알 수 있으며, 동강성은 진동수 증가에 따라서 조금씩 변화는 존재하지만 거의 일정한 경향으로 증대되고 있음을 파악할 수 있다. 엔진 마운트

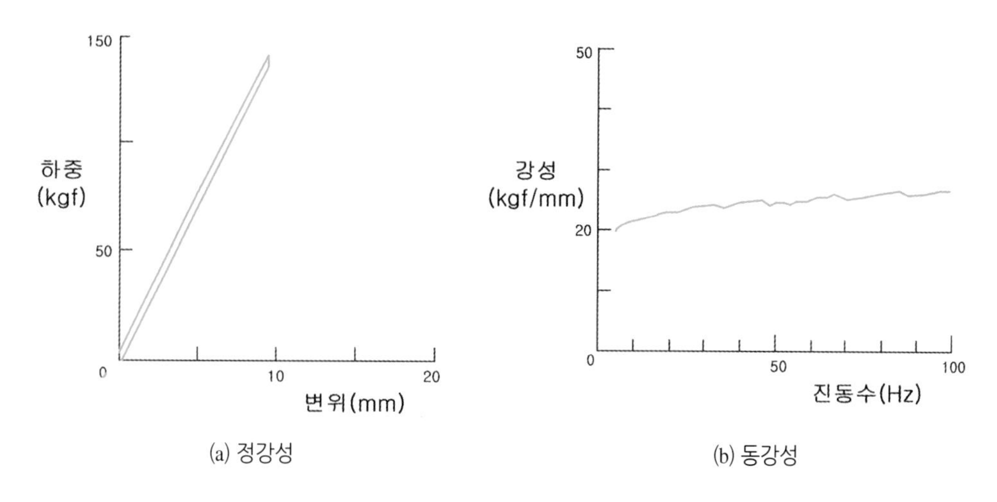

(a) 정강성

(b) 동강성

그림 7.39 **엔진 마운트 고무의 강성특성**

고무의 동강성은 외부에서 가해지는 진동수가 커질수록, 가진 진폭이 작아질수록 강성값이 증대되는 경향을 갖는다. 일반적으로 정강성을 k_s, 동강성을 k_d로 표현하며, 동강성과 정강성 간의 비율(k_d / k_s)을 동배율(動倍率)이라 한다. 대부분의 차량에서 엔진 마운트 고무의 동배율이 낮아질수록 실내소음이 개선되는 경향을 갖는다.

일반적으로 엔진에서 발생되는 진동현상을 효과적으로 절연(차단)시키기 위해서는 엔진 마운트 고무의 강성값이 낮은 것이 유리한 반면에, 엔진 마운트의 내구성 확보와 엔진의 과도한 거동을 조절하기 위해서는 강성값이 클수록 유리하다. 여기서 엔진 마운트의 강성값이 낮다는 의미는 엔진 마운트의 고무가 매우 소프트(soft)해서 엔진의 흔들림이 커질 수 있다는 뜻이며, 강성값이 크다는 의미는 엔진 마운트의 고무가 딱딱해서 충격흡수는 미약하나 엔진 자체의 과도한 흔들림이 줄어듦을 의미한다. 또한 포장이 잘된 도로를 주행하는 경우처럼 외부 가진 진폭이 작은 경우에는 엔진 마운트의 강성값이 낮을수록 유리하지만, 험한 노면의 주행처럼 진폭이 큰 경우에는 강성값이 높고 감쇠특성이 클수록 차체로 전달되는 흔들림에 대한 진동절연 측면에서 유리하다.

이렇게 다양한 도로조건으로 인한 외부 가진 진폭의 변화에 적절하게 대응하기 위해서는 일반적인 고무 특성을 가진 엔진 마운트로는 도저히 만족시킬 수 없기 마련이다. 따라서 고무 자체의 한계성을 극복하고, 더 효과적인 엔진진동의 절연 효과를 얻기 위해서 엔진 마운트 고무 내부에 별도의 공간을 만들고, 그 안에 액체를 주입시킨 액체봉입형 엔진 마운트(hydraulic engine mount)가 개발되었다. 그림 7.40은 액체봉입형 엔진 마운트의 강성값과 손실각(loss angle, 고무의 감쇠특성과 연관됨)을 측정한 사례이다.

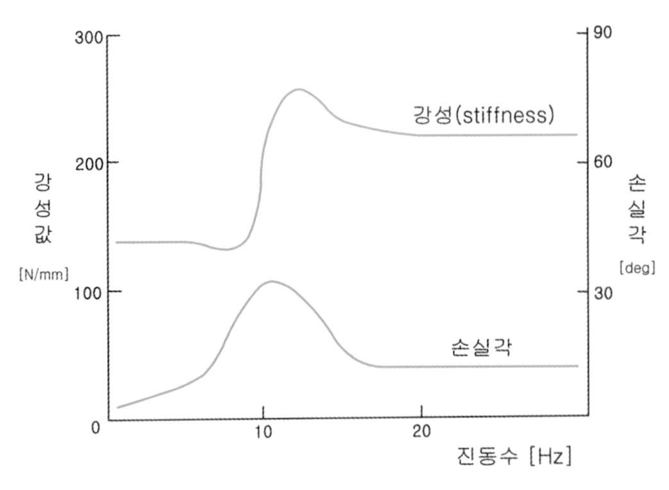

그림 7.40 **액체봉입형 엔진 마운트의 동강성 및 손실각 측정사례**

그림 7.40을 살펴보면 10 Hz 내외의 낮은 진동수 영역에서는 엔진 마운트의 강성값과 손실각이 급격하게 변화되는 것을 알 수 있다. 즉, 10 Hz 미만의 영역에서는 엔진 마운트의 강성값이 낮게 분포하다가, 목표 진동수(여기서는 10 Hz에 해당)에서 강성값을 크게 증가시키면서 동시에 고무 내부의 액체유동으로 감쇠특성도 크게 증대시킨 개념이다. 차량의 저속 주행과정이나, 노면특성에 의해 발생하는 큰 진폭의 엔진거동을 효과적으로 제어하면서도 고속주행과 같은 높은 진동수 영역(이때에는 진폭이 작다)에서는 강성값을 적절하게 유지시키기 위함이다. 따라서 액체봉입형 엔진 마운트는 강성값과 감쇠특성이 일정하게 고정된 고무만으로 이루어진 엔진 마운트의 한계점을 개선시켜서 제어가 필요한 특정 진동수 영역의 강성값과 감쇠특성을 변화시켜서 동력기관의 진동절연 효과를 크게 향상시킬 수 있다. 과거에는 승차감을 중시하는 중 · 대형 승용차량에만 액체봉입형 엔진 마운트가 제한적으로 적용되었으나, 최근에는 소형 승용차까지도 확대 · 적용되는 추세이다.

이상과 같은 내용을 기초로 하여 엔진 마운트의 전반적인 설계개념을 그림 7.41과 같이 정리하였다. 이는 자동차 제작회사의 엔지니어들이 고려해야 할 사항들이며, 일반 자동차 소비자들은 차체의 진동 및 소음의 악화현상과 관련된 엔진 마운트의 역할 이해와 더불어서 노후상태만이라도 지속적으로 파악할 수 있다면 차량정비 및 관리차원에서 매우 유익하리라 사료된다.

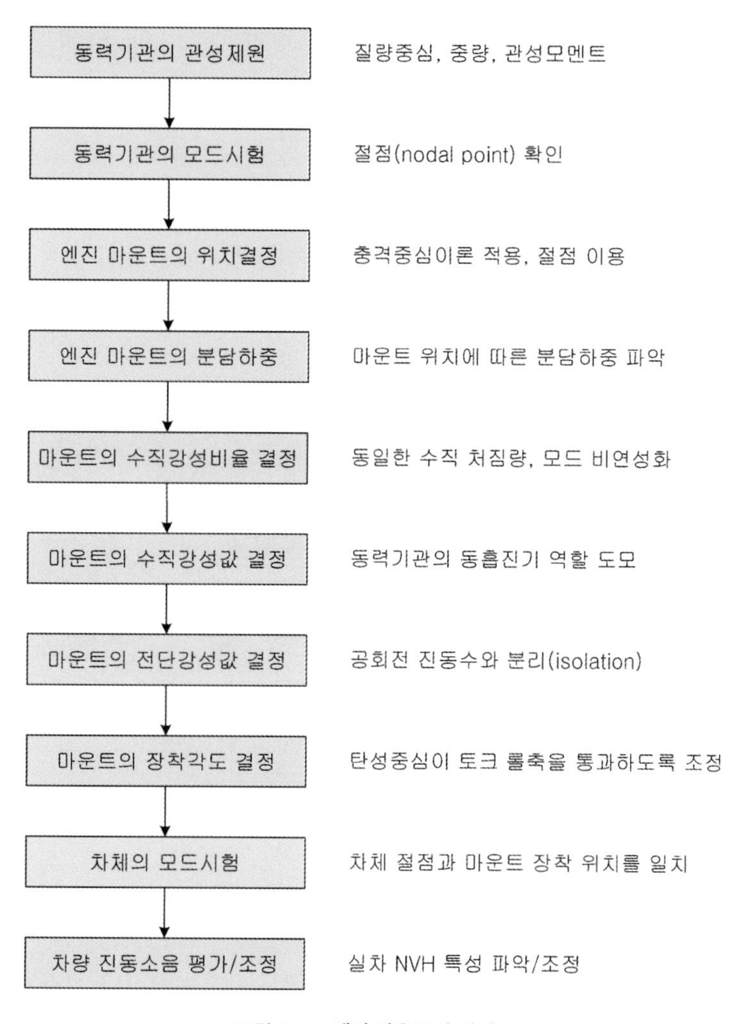

그림 7.41 **엔진 마운트의 설계순서**

7.6.6 엔진 마운트의 종류

(1) 일반 고무 마운트

고무재료는 자동차의 역사와 더불어 엔진과 차체를 연결시켜주는 엔진 마운트뿐만 아니라, 보디 마운트(body mount), 스토퍼(stopper) 고무 등과 같이 자동차의 주요 부품으로 널리 사용된 재료로서 낮은 가격, 금속과의 우수한 접착성능 및 특별한 보수관리가 필요없다는 장점 등으로 인하여 지금까지도 널리 사용되고 있다. 하지만 일반 고무로 제작된 엔진 마운트는 차량의 주행조건이나 엔진의 회전수 변화와 같은 진동특성 변화에 따른 다양한 요구조건을 만족시키기에는 부분적인 한계점이 존재한다.

엔진 마운트에 적용되는 고무는 요구되는 설계목적에 따라 주로 통(bush) 형, 샌드위치 형 등과 같이 여러 가지 모양으로 제작되며, 진동절연과 내구성이 강한 천연고무(NR)나 SBR(styrene butadien rubber), BR(butadien rubber) 등을 합성해서 사용한다. 엔진 마운트에 사용되는 고무재료는 내구성능을 위해서 영구변형이 적고 접착강도가 좋은 것이 선호된다. 참고로 우레탄(urethane)은 고무보다 진동 절연성능이 우수하지만, 금속과의 접착강도가 현저히 떨어져서 자동차용 진동 절연물체로 사용하기에는 한계가 있다. 그림 7.42는 고무로 제작된 각종 엔진 마운트를 보여준다.

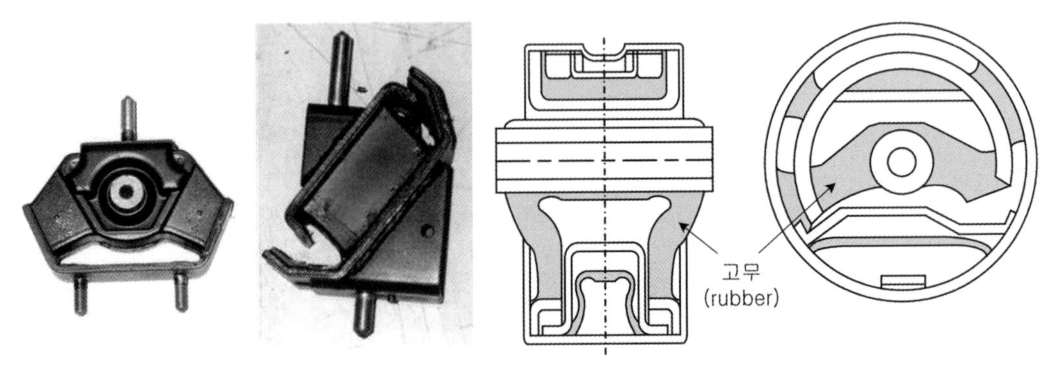

그림 7.42 **엔진 마운트의 고무 적용사례**

(2) 액체봉입형 엔진 마운트

앞에서 설명한 바와 같이 차량의 승차감 향상을 위해서는 공회전이나 저속주행과 같이 낮은 진동수 영역에서는 엔진 마운트가 딱딱하면서도 감쇠가 큰 특성이 유리하며, 고속주행과 같이 비교적 높은 진동수 영역에서는 부드러운 특성이 요구된다. 즉, 엔진 마운트에 요구되는 특성은 저속에서는 감쇠가 크고, 고속에서는 동강성(고무의 스프링 상수값을 의미한다)이 낮은 것이지만, 주행속도에 따라 재료특성을 변화시킨다는 것은 일반 고무에서는 실현이 불가능하다. 따라서 고무 마운트 내부에 별도의 공간을 만들어서 액체를 삽입하고, 액체의 이동통로(orifice 또는 decoupler 등)를 변화시켜서 엔진 마운트의 강성 및 감쇠특성을 변화시키도록 개발된 제품이 액체봉입형 엔진 마운트이다.

그림 7.43과 같이 엔진 마운트 고무 내부를 두 개의 액체공간(chamber)으로 나누고, 두 액체공간을 통로로 연결시켜서 엔진 마운트에 작용하는 외부 변위나 힘에 의해서 발생하는 액체 간의 압력 차이와 다양한 이동통로(회전유로, 디커플러 등)를 이용하여 큰 감쇠 효과를 가질 수 있다. 일반적으로 액체봉입형 엔진 마운트(hydraulic engine mount)는 고무재료의 엔진

마운트에 비해서 낮은 진동수 영역에서 보통 3~4배의 감쇠 효과를 얻을 수 있다. 그림 7.43은 액체봉입형 엔진 마운트의 외관 및 내부구조를 나타낸다.

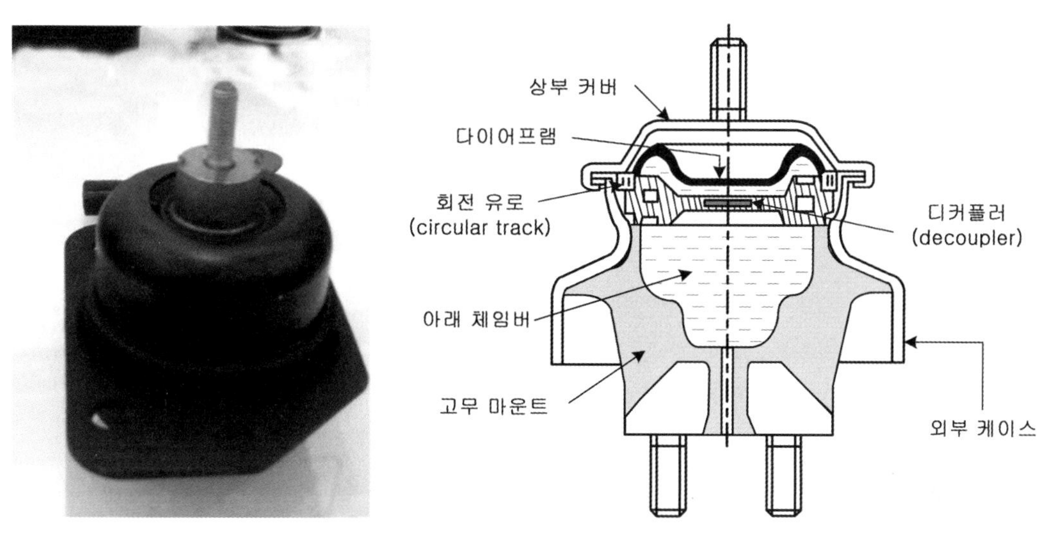

그림 7.43 **액체봉입형 엔진 마운트의 외관 및 내부 구조**

(3) 전자제어 엔진 마운트

전자제어 엔진 마운트(electronic controlled engine mount)는 액체봉입형 엔진 마운트에 전자제어 개념을 추가로 고려하여 엔진의 작동조건이나 도로로부터의 다양한 입력조건에 대해서도 능동적인 진동절연 효과를 얻기 위해서 개발된 제품이다. 주요 제어항목은 ① 엔진 마운트에 직접적으로 제어력이나 감쇠력을 작용시키는 방식, ② 엔진과 차체 간의 상대변위를 엔진의 진동변위와 맞추어서 제어하는 방식, ③ 엔진 마운트의 강성값이나 감쇠계수를 여러 단계로 조절하여 엔진 진동을 제어하는 방식 등이 있다. 국내에서 시판 중인 몇몇 차종에 전자제어 엔진 마운트가 부분적으로 채택되고 있으나, 고가의 장비 및 별도의 제어장치 추가 등으로 인한 원가상승의 어려움이 있다. 그림 7.44는 국내 시판차량에 장착된 전자제어 엔진 마운트의 내부구조를 보여준다. 그 밖에도 엔진의 흡입압력(부압)을 이용하여 엔진 마운트 내부의 밸브를 개폐하는 방식도 일부 국내차량에 적용되고 있다.

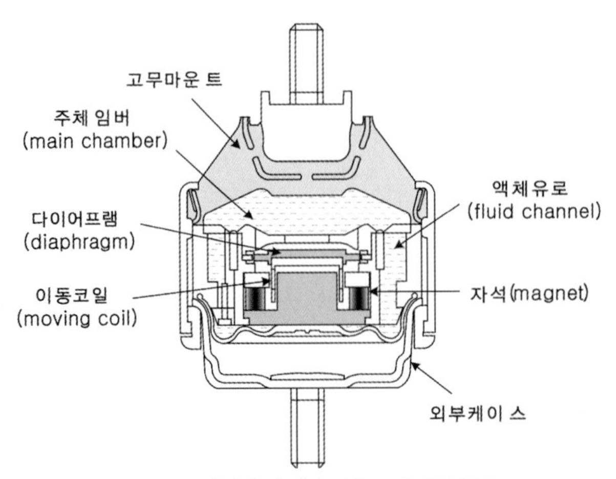

그림 7.44 **전자제어 엔진 마운트의 내부 구조**

7-7 엔진의 탄성진동

엔진의 탄성진동(flexible vibration)은 엔진과 변속장치를 포함한 동력기관이 미세한 범위에서 마치 유연한 물체처럼 굽혀지거나 비틀어지는 운동을 빠르게 반복하는 현상을 뜻하며, 진동수 변화에 따라서 다양한 진동변위 및 진동형태를 가진다. 일반적으로 엔진의 시동이 걸려서 회전수가 증가되어 30 Hz 이상의 진동수 영역을 넘어가게 되면, 동력기관은 더 이상 강체운동이 아닌 유연한 탄성진동의 운동양상을 갖기 마련이다. 따라서 차량이 주행하는 과정에서 끊임없이 발생하는 동력기관의 탄성진동은 엔진 마운트를 비롯하여 동력기관에 직접 연결된 구동축이나 배기관 등을 통해서 차체로 전달되어 자동차의 진동소음현상에 큰 영향을 주게 된다. 그림 7.45는 승용차량의 동력기관에서 나타나는 대표적인 탄성 진동형태를 보여준다.

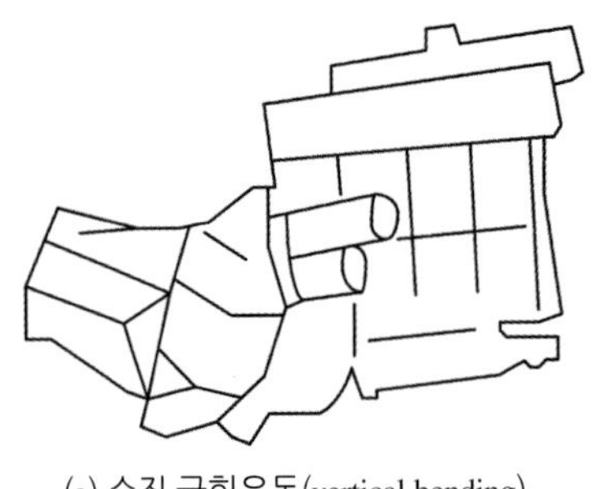

(a) 수직 굽힘운동(vertical bending)
(옆에서 바라본 모습)

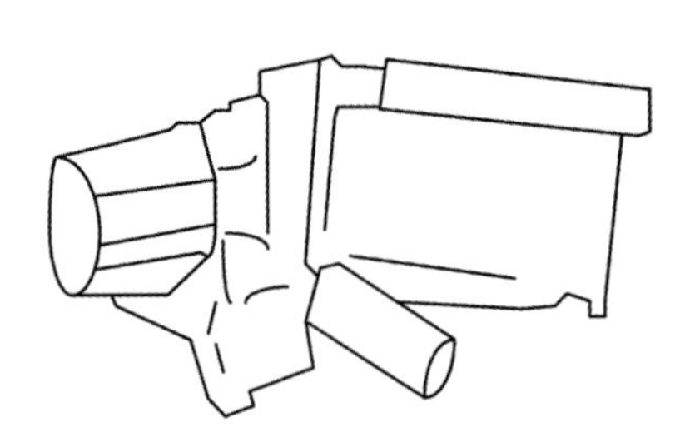

(b) 좌우 굽힘운동(lateral bending)
(위에서 바라본 모습)

그림 7.45 **엔진의 탄성진동**

엔진의 탄성진동은 상하 방향뿐만 아니라 좌우 방향의 굽힘 및 비틀림 진동과 같이 다양한 진동현상으로 발생한다. 표 7.4는 승용차량용 4기통 엔진과 V형 6기통 엔진의 동력기관에서 나타나는 대표적인 탄성진동(굽힘 및 비틀림)이 발생하는 고유 진동수 분포영역을 보여준다. 엔진과 변속기가 결합된 동력기관이 실제 차량에 장착되면서 흡 · 배기장치, 구동축, 각종 보기류, 냉난방 라인 등의 각종 연결장치가 추가로 체결되기 때문에 동력기관의 탄성진동이 발생할 수 있는 고유 진동수는 조금씩 낮아지게 된다. 이러한 경향은 비교적 낮은 엔진 회전수에서도 쉽게 진폭이 증대되면서 공진현상이 발생할 수 있다. 지금부터는 동력기관을 포함한 각종 부품들의 탄성진동에 대해서 간단히 설명한다.

표 7.4 **동력기관 탄성진동의 고유 진동수 분포 영역**

	4기통 엔진	V형 6기통 엔진
비틀림 진동	270~340 Hz	350~370 Hz
굽힘 진동	330~440 Hz	300~320 Hz

7.7.1 실린더 블록의 진동

실린더 블록(cylinder block)은 엔진의 몸체를 구성하는 주요 구조물로, 연소실 내의 가스 폭발력과 함께 내부 운동부품인 피스톤, 커넥팅 로드, 크랭크샤프트, 캠축 및 밸브 등의 왕복 · 회전운동으로 발생되는 관성력과 관성 모멘트 등에 의해서 진동하게 된다. 이러한 가스 폭발력과 실린더 블록 자체의 흔들림에 의한 진동현상으로 실린더 블록의 표면에서는 방사소음이 유발된다. 이때, 실린더 블록의 탄성진동이 엔진의 각종 커버(cover)류로 전달될 경우에는 방사소음이 증폭되기도 한다.

이러한 실린더 블록표면의 방사소음을 저감시키기 위해서는 실린더 블록의 강성(剛性, stiffness)을 향상시키면서 동시에 경량화를 꾀하는 것이 필요하다. 따라서 실린더 블록의 굽힘 고유 진동수가 최소한 1,000 Hz 이상이 되도록 설계하는 것이 중요하다고 볼 수 있다. 최근에는 실린더 블록의 진동모드 해석이나 유한요소법을 통한 모의시험(simulation)을 통하여 높은 강성확보 및 경량화를 동시에 추구하는 시도가 이루어지고 있다. 국내 고급차량의 엔진에서도 실린더 블록을 알루미늄(Al)으로 대체하여 주철재료의 경우에 비해서 대략 45% 내외의 경량화를 꾀한 사례가 있다.

실린더 블록의 가장 대표적인 진동현상은 마치 여성의 치마가 바람에 펄럭이는 것처럼 그림 7.46과 같은 실린더 블록의 스커트(skirt) 진동이라 할 수 있다. 연소실 내부의 가스 폭발력

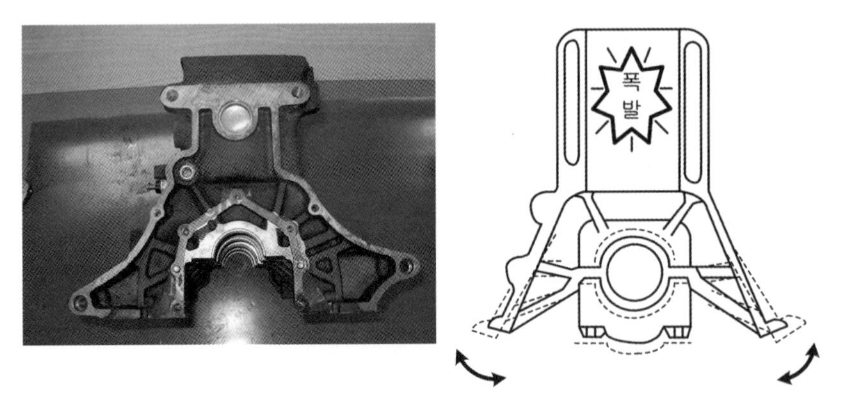

그림 7.46 **실린더 블록과 스커트 진동형태**

으로 회전하는 크랭크샤프트에서 굽힘운동이 발생하면서 크랭크샤프트를 지지하고 있는 베어링 캡(bearing cap)의 변형이 발생한다. 결국 베어링 캡과 연결된 실린더 블록에서 스커트 진동이 유발되면서 소음이 방사되는 것이다. 즉 연소실 내의 가스 폭발력 → 크랭크샤프트의 굽힘운동 발생 → 베어링 캡의 변형 → 실린더 블록의 스커트 부위에서 진동발생 → 실린더 블록에서 소음방사의 발생단계를 거친다. 따라서 실린더 블록의 강성측면에서도 크랭크샤프트를 지지하는 베어링의 특성이 실린더 블록의 진동현상에 민감한 영향을 끼친다는 것을 알 수 있다.

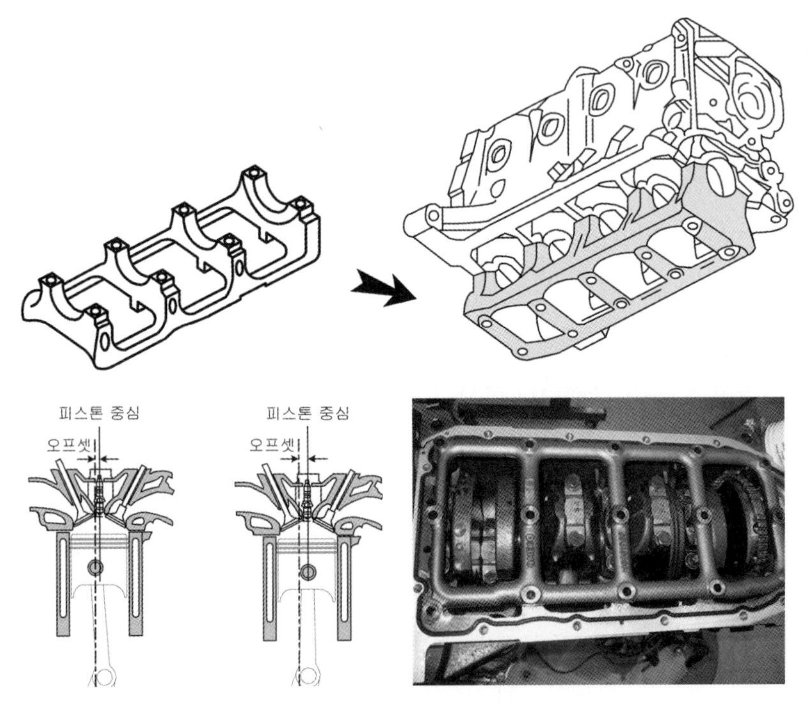

그림 7.47 **크랭크샤프트의 빔 베어링 및 적용사례**

이러한 실린더 블록의 스커트 진동현상을 효과적으로 개선하기 위해서는 크랭크샤프트를 지지하는 베어링들을 그림 7.47과 같이 빔 베어링(beam bearing) 형식으로 일체화시키는 방법이 있다. 이는 각 베어링캡의 종방향 변형을 방지하기 위한 목적으로 채택된다. 또 그림 7.48과 같이 실린더 블록의 표면에 리브(rib)나 비드(bead)를 추가하여 실린더 블록의 강성을 보강하고, 실린더 블록 외벽의 곡면화, 오일 팬(oil pan)과의 접촉넓이 증대, 실린더 블록 스커트 자체의 강성보강, 베드 플레이트(bed plate)의 적용 등과 같은 다양한 개선방법이 있다.

그림 7.48 **실린더 블록의 리브와 비드 적용사례**

앞에서도 언급한 바와 같이 엔진의 경량화를 위해서 알루미늄 실린더 블록의 사용이 증대되고 있는 추세인데, 여기에는 그림 7.49와 같이 베드 플레이트가 필수적으로 적용되기 마련이다. 이러한 여러 가지의 개선방안들은 실린더 블록 자체의 강성을 증대시켜서 엔진 작동과정에서 유발되는 탄성 진동현상의 고유 진동수를 높임으로써 일반 운전조건에서 발생하는 엔진의 가진 진동수로부터 멀리 격리(isolation)시키는 개념(공진발생을 최소화)을 응용한 것이다.

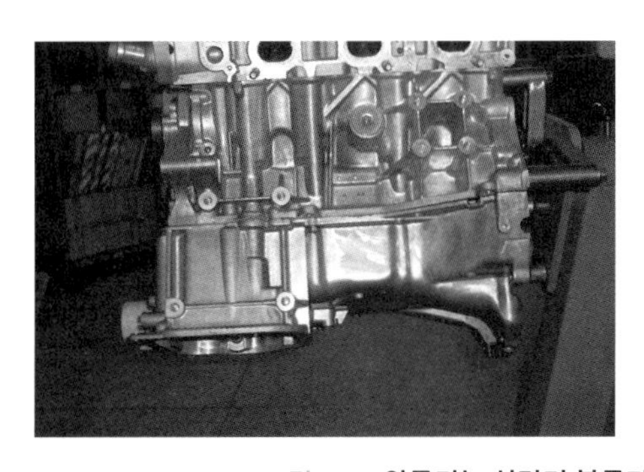

그림 7.49 **알루미늄 실린더 블록과 베드 플레이트(우측)의 적용사례**

7.7.2 크랭크샤프트의 진동

크랭크샤프트는 피스톤의 왕복운동을 회전운동으로 바꾸어주는 기능을 수행하면서 굽힘(bending) 및 비틀림(torsion)운동을 빠르게 반복하는 진동현상을 나타낸다. 이러한 진동현상은 실린더 블록에 가진력으로 작용하기 마련이다. 크랭크샤프트의 굽힘 및 비틀림 진동수들은 대략 200~600 Hz 영역에 속하기 때문에 주변 엔진부품(실린더 블록 및 크랭크 케이스 등)들의 고유 진동수들과 서로 격리시켜서 공진현상이 발생되지 않도록 설계 · 제작하는 것이 중요하다.

(1) 크랭크샤프트의 굽힘진동

하나의 실린더와 피스톤만을 가정해보면, 크랭크샤프트가 두 바퀴 회전하는 동안에 동력을 얻는 구간은 반(1/2) 회전에 불과하고 나머지 회전구간은 동력을 소모한다고 볼 수 있다. 따라서 크랭크샤프트는 균일한 회전력을 갖기가 힘들어진다. 물론 크랭크샤프트 끝에 부착된 플라이 휠(flywheel)이 이러한 회전력의 변화(토크변화, torque fluctuation)를 크게 감소시켜 주지만, 근원적인(완벽한) 해결책이라고 보기 힘들다. 자동차용 엔진에서는 주로 4개 이상의 실린더가 적용되므로 크랭크샤프트의 회전력 변화가 단기통 엔진에 비해서 크게 감소되겠지만, 180°(4기통 엔진에 해당) 또는 120°(6기통 엔진) 간격의 회전각도마다 발생하는 동력생성(가스폭발)에 의한 급격한 회전력의 변화는 불가피한 실정이다.

한편, 엔진의 급격한 가스 폭발력에 의한 크랭크샤프트의 회전력 변화뿐만 아니라 크랭크샤프트 자체에서도 미세한 범위에서 그림 7.50과 같이 반복적으로 굽혀졌다가 펴지는 굽힘진동(bend ing vibration)현상이 빠르게 발생하게 된다. 이러한 크랭크샤프트의 굽힘진동현상으로 말미암아 특정 실린더에서 비정상적인 폭발이 유도되어 회전력(토크) 변화현상이 증대되고, 이에 따른 진동에너지가 차체로 전달되면서 단속적으로 거친 소음을 유발할 수 있다. 이러한 소음을 럼블소음(rumble noise)이라고 부른다. 이렇게 각 실린더별로 폭발압력의 차이가 발생할 경우, 엔진 회전수의 0.5차(half order) 성분이 주요 인자가 되면서 음색이 나쁜 저음질의 럼블소음을 발생시킨다.

럼블소음은 엔진 회전수가 2,500 ~ 4,500 rpm 영역의 가속조건에서 주로 발생하며, 소음의 음압이 높아서 시끄럽다는 느낌보다는 인간(탑승자)이 듣기 싫어하는 소음(음색불량) 현상으로 느껴지게 된다. 즉, 특정 주파수 영역에서 여러 개의 피크를 갖는 소음이 중첩되어서 매우 거친 소음이 빠르게 반복되는 듯한 느낌을 받게 된다. 럼블소음의 파형형태는 제5장 제9절

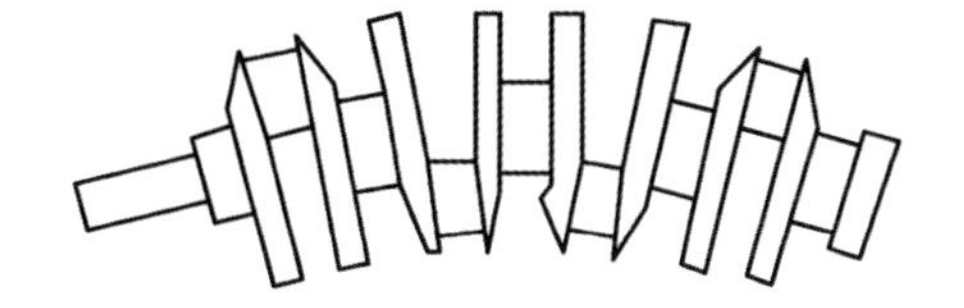

(a) 1차 진동형태

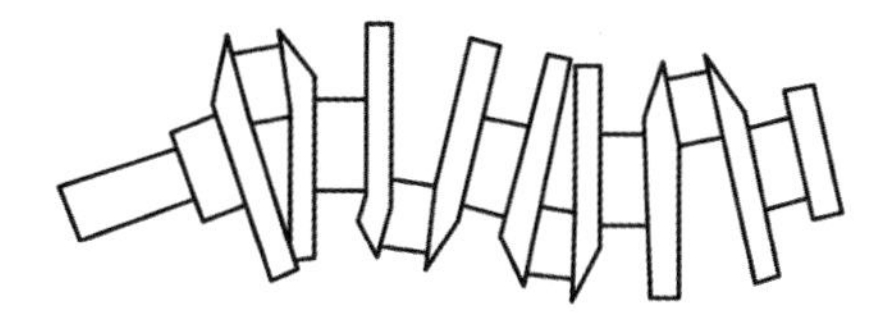

(b) 2차 진동형태

그림 7.50 **크랭크샤프트의 굽힘진동현상(직렬 4기통 엔진)**

(그림 5.59)을 참고하기 바란다. 럼블소음의 개선대책으로는 점화시기의 지연(retard), 크랭크샤프트와 실린더 블록의 강성 증대, 크랭크샤프트를 지지하는 베어링의 간극 축소, 굽힘진동 방지용 풀리 댐퍼(pulley damper) 및 유연 플라이휠(flexible flywheel)의 채택 등이 있다.

럼블소음의 감소를 위해서는 무엇보다도 각 실린더 간의 폭발압력 차이를 최소화시키는 것이 우선이다. 이를 위해서는 실린더 간의 흡기저항을 균일하게 하며 V형 엔진에서도 뱅크(bank, 양쪽으로 나누어진 실린더 블록을 의미) 간의 마찰저항을 균일하게 하고, 흡기 다기관을 등장(等長)화시키는 것이 중요하다. 또한 풀리(pulley) 자체의 길이를 축소시키는 것이 크랭크샤프트의 굽힘진동 억제에 효과적이다.

여기서 과거의 엔진처럼 여러 개의 벨트로 전기 발전기(alternator), 에어컨 컴프레서, 동력조향 펌프 등의 보기류들을 구동시키기 위해서는 구동벨트의 개수에 따라서 크랭크샤프트 앞에 장착되는 풀리의 폭이 그만큼 커질 수밖에 없었다. 이로 말미암아 크랭크샤프트의 전체적인 강성(剛性)이 낮아지게 되므로 크랭크샤프트의 고유 진동수 또한 낮아질 수밖에 없다. 이는 엔진 회전에 의한 가진 진동수에 접근하는 셈이므로 크랭크샤프트의 굽힘진동현상이 쉽게 발생할 수 있게 된다. 최근에 개발된 대부분의 엔진들이 하나의 벨트(one belt)를 통하여 각종 보기류들을 동시에 구동시키는 방식으로 설계되는 이유도 바로 크랭크샤프트의 럼블소음 감소목적이 포함되어 있다고 생각할 수 있다.

(2) 크랭크샤프트의 비틀림 진동

크랭크샤프트의 비틀림 진동(torsional vibration)은 엔진에서 발생된 폭발력으로 움직이는 피스톤의 왕복운동을 회전운동으로 전환시키는 과정에서 크랭크샤프트가 반복적으로 비틀려졌다가 펴지는 현상을 빠르게 반복하는 진동현상을 의미한다. 이러한 크랭크샤프트의 비틀림 진동현상으로 말미암아 실린더 블록의 횡 방향(좌우 방향)의 진동현상을 유발하여 특정 회전수 영역에서 소음발생을 증대시키게 된다. 보통 엔진 회전수의 5 ~ 7차(order) 성분이 크랭크샤프트 비틀림 진동의 주요 원인으로 작용하며, 크랭크샤프트 앞부분에 위치한 풀리 내부에 댐퍼(damper)를 적용시키거나 크랭크샤프트 뒷부분에 2중 질량 플라이휠(dual mass flywheel) 등을 적용시켜서 크랭크샤프트의 비틀림 현상을 개선시키고 있다. 그림 7.51은 크랭크샤프트의 진동(굽힘 및 비틀림)현상에 의한 소음발생과정을 나타낸다.

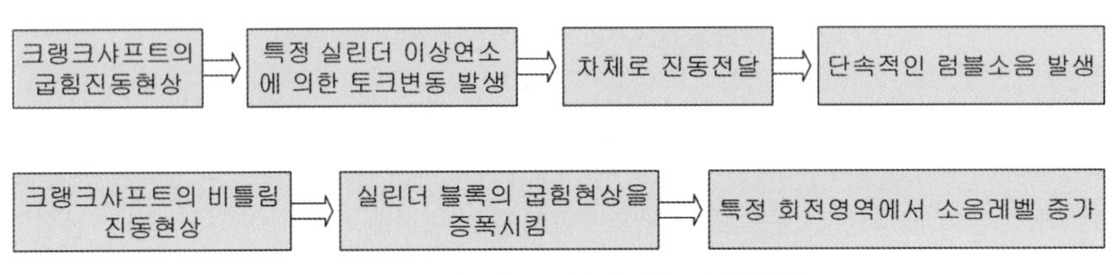

그림 7.51 **크랭크샤프트 진동에 의한 소음발생현상**

그림 7.52는 직렬 4기통, V형 6기통, 직렬 6기통 엔진의 크랭크샤프트와 각각의 실린더블록을 비교한 것이다. 먼저, 크랭크샤프트의 길이만 비교해도, V형 6기통 엔진이 실린더가 두 개 더 많음에도 불구하고 4기통의 크랭크샤프트와 길이가 거의 유사한 것을 알 수 있다. 직렬 6기통 엔진의 경우에는 4기통에 비해서 크랭크샤프트의 길이가 50% 내외 더 길어지기 마련이다. 상식적으로 생각해도 크랭크샤프트의 길이가 길어질수록 그만큼 잘 휘어지고(굽힘) 쉽게 비틀려질 수 있다. 즉, 직렬형 엔진에서는 실린더 수가 증대될수록 크랭크샤프트 또한 길어지므로 그만큼 굽힘과 비틀림 고유 진동수도 매우 낮아져서 엔진의 가진 진동수에 크게 접근할 우려가 있는 셈이다. 이를 방지하기 위해서 그림 7.52(a)처럼 직렬 6기통 엔진이 4기통에 비해서 크랭크샤프트의 직경과 평형추(balance weight)의 두께도 증대됨을 알 수 있다. 반면에, V형 6기통 엔진은 실린더를 좌우로 3개씩 배치시켜서 엔진의 전체 길이를 축소시킬 수 있으므로, 크랭크샤프트의 길이도 그만큼 짧아지면서 고유 진동수 역시 높아져서 크랭크샤프트의 진동현상을 억제시킬 소지가 더욱 증대된다고 볼 수 있다.

(3) 크랭크샤프트의 풀리

풀리(pulley)는 크랭크샤프트의 앞부분에 부착되어서 알터네이터(alternator), 에어컨 컴프레서, 동력조향펌프(power steering pump) 등의 보기류에 엔진의 회전력을 전달하기 위한 벨

(a) 크랭크샤프트

(b) 실린더 블록

그림 7.52 **직렬 4기통, V형 6기통(중간), 직렬 6기통 엔진(아래쪽)의 크랭크샤프트와 실린더 블록 비교**

트 구동역할을 수행한다. 풀리는 엔진의 방사소음에 크게 기여하는 부품이기 때문에 풀리 전방부위에 소음커버를 적용시켜서 소음의 방사면적을 축소시키고, 풀리의 중량을 다소 증대시키는 방안(풀리 자체의 고유 진동수 저감목적)으로 방사소음을 개선시킬 수 있다. 그림 7.53은 풀리 전방 부위에서 발생되는 엔진의 방사소음을 억제시키기 위한 고무재질의 방음커버 장착사례를 보여준다.

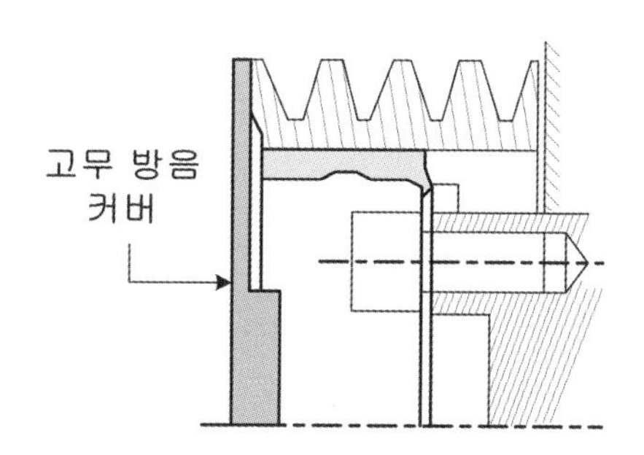

그림 7.53 **풀리의 방음커버 장착 사례**

또한 크랭크샤프트의 비틀림 진동현상만을 제어하기 위해서 동흡진기(dynamic vibration absorber)라고도 하는 댐퍼(damper)를 풀리 내부에 적용하는 것이 일반적이었으나, 최근에는 그림 7.54와 같이 크랭크샤프트의 굽힘과 비틀림 진동현상을 동시에 개선시킬 수 있는 2중 모드의 댐퍼가 적용되고 있다. 그림 7.55는 크랭크샤프트의 풀리에 적용된 댐퍼의 실내소음 감소 효과를 보여준다.

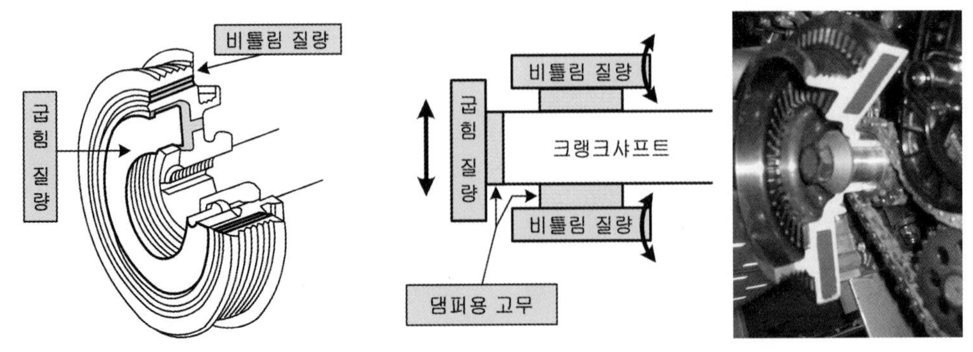

그림 7.54 크랭크샤프트의 풀리 댐퍼

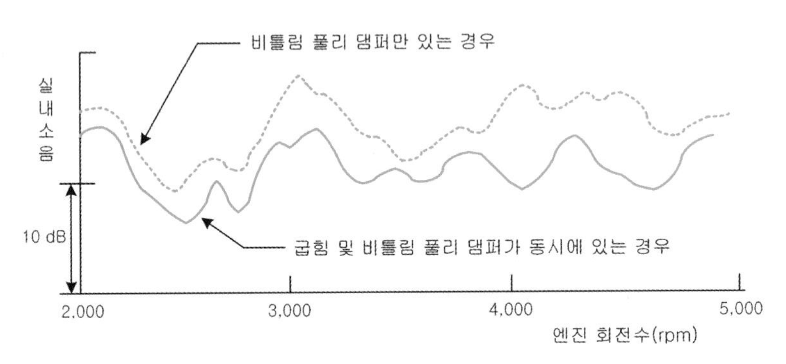

그림 7.55 풀리 댐퍼의 실내소음 저감효과

(4) 유연 플라이휠의 적용

크랭크샤프트의 뒷부분에 장착되는 플라이휠(flywheel)은 크랭크샤프트에 작용하는 급격한 토크(회전력)의 변동을 흡수하면서 동시에 엔진의 회전관성을 저장하는 필수 부품이지만, 크랭크샤프트의 굽힘진동에 영향을 끼쳐서 럼블소음뿐만 아니라 차량 실내소음에도 악영향을 주게 된다. 플라이휠에 의한 크랭크샤프트의 진동현상은 동력기관의 진동뿐만 아니라 구동계통에도 진동발생을 증대시켜서 250~400 Hz의 주파수 영역에 해당하는 소음을 발생시키는 주요 요인으로 작용한다. 따라서 일부 차종에서는 크랭크샤프트의 굽힘진동현상을 감소시키기 위해서 기존의 플라이휠 대신에 탄성지지판으로 보완된 유연 플라이휠(flexible flywheel)을 채택하여 실내소음의 개선 효과를 얻고 있다.

그림 7.56은 일반적인 플라이휠과 압력판에서 발생할 수 있는 다양한 진동현상을 보여주며, 이러한 현상을 개선시키기 위해서 적용되는 유연 플라이휠은 그림 7.57과 같은 탄성 지지판(flexible plate)의 구조를 갖는다. 크랭크샤프트의 뒷부분에 장착된 유연 플라이휠의 적용으로 인하여 그림 7.58과 같이 200~500 Hz의 진동수 영역에서 구동계통의 진동현상이 크게 개선되는 것을 확인할 수 있다.

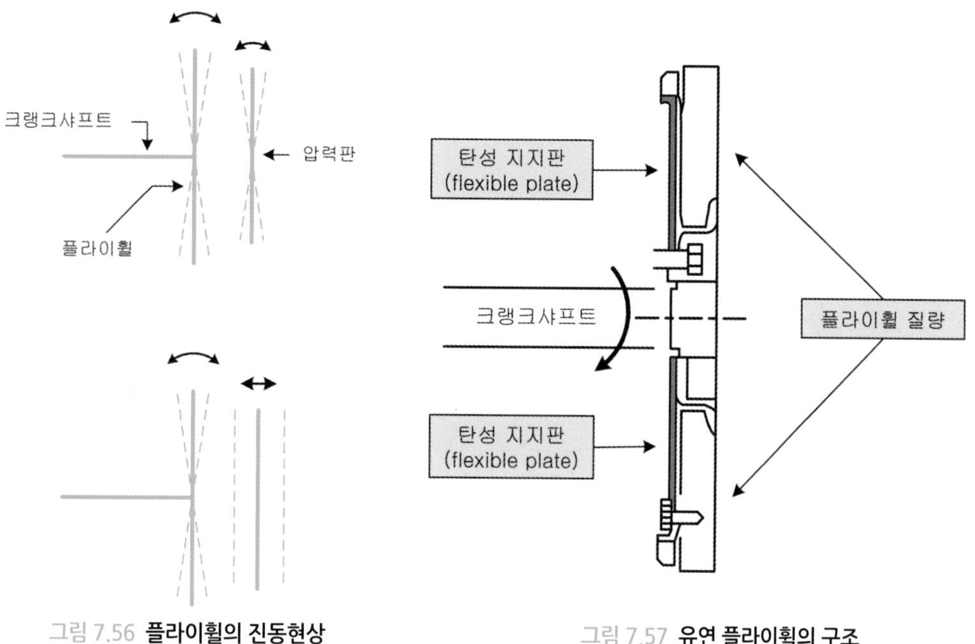

그림 7.56 **플라이휠의 진동현상**

그림 7.57 **유연 플라이휠의 구조**

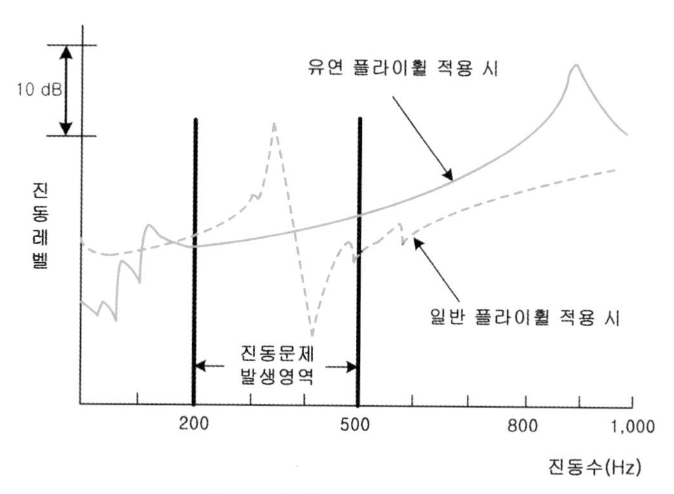

그림 7.58 **유연 플라이휠의 적용 효과**

(5) 2중 질량 플라이휠의 적용

최근 차량의 경량화로 인하여 플라이휠의 질량감소 및 낮은 배기량의 엔진 적용이 늘어나게 되면서 동력기관에서는 회전력의 변화(토크변동)가 크게 발생하게 되었다. 이로 말미암아 변속기 내부 기어의 치타음(rattle noise)과 구동계의 비틀림 진동현상이 악화되어 차량의 실내소음이 증대되기 마련이다. 이러한 현상을 개선시키기 위해서 수동변속기 차량을 중심으로 그림 7.59와 같이 기존 플라이휠의 질량을 두 개로 나누고, 이들을 스프링으로 탄성 지지하는 2중 질량 플라이휠(dual mass flywheel)이 고속용 차량과 국내 승합차량에도 채택되고 있다.

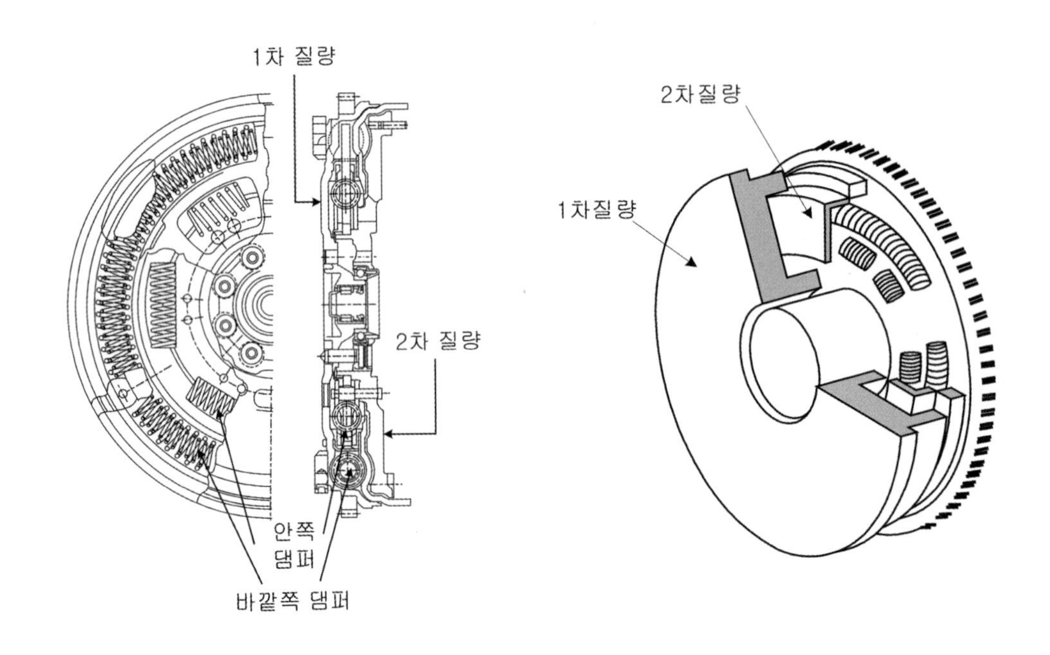

그림 7.59 **2중 질량 플라이휠의 기본 구조 및 작동개념**

2중 질량 플라이휠은 크랭크샤프트에서 발생되는 비틀림 고유 진동수를 엔진의 공회전 진동수보다 훨씬 낮게 책정하기 위해서 장착된다. 주로 수동변속기 차량에 적용되며, 크랭크샤프트와 연관된 비틀림 고유 진동수를 15 Hz 이하로 조절이 가능하다(일반적인 플라이휠이 적용된 크랭크샤프트의 비틀림 고유 진동수는 40~70 Hz의 영역에 위치한다). 2중 질량 플라이휠의 구조는 그림 7.59와 같이 1차 질량과 2차 질량 및 이들을 연결시키는 스프링(댐퍼) 등으로 구성된다. 2중 질량 플라이휠은 다음과 같은 장점을 갖는다.

① 변속기 내부의 기어 맞물림 과정에서 발생하는 치타음을 크게 감소시킬 수 있다.
② 크랭크샤프트의 비틀림 진동현상에 의한 낮은 주파수의 소음발생을 저감시킨다.
③ 변속기와 구동축의 수명을 증대시킨다.
④ 낮은 점도의 변속기 오일 사용이 가능하다.

그림 7.60은 일반적인 플라이휠과 2중 질량 플라이휠의 기본 구조 및 동력전달과정을 비교한 것이다. 또한 그림 7.61을 살펴보면, 2중 질량 플라이휠의 적용으로 인하여 엔진 출력축의

회전수 변화를 크게 완화시켜서 변속기의 입력축으로 전달하고 있음을 알 수 있다. 이는 엔진의 동력생성부터 구동바퀴에 이르기까지 비교적 균일한 회전력의 전달을 의미하며, 이로 인한 구동계통의 비틀림 진동현상과 기어의 치타음 발생을 크게 개선시킬 수 있다.

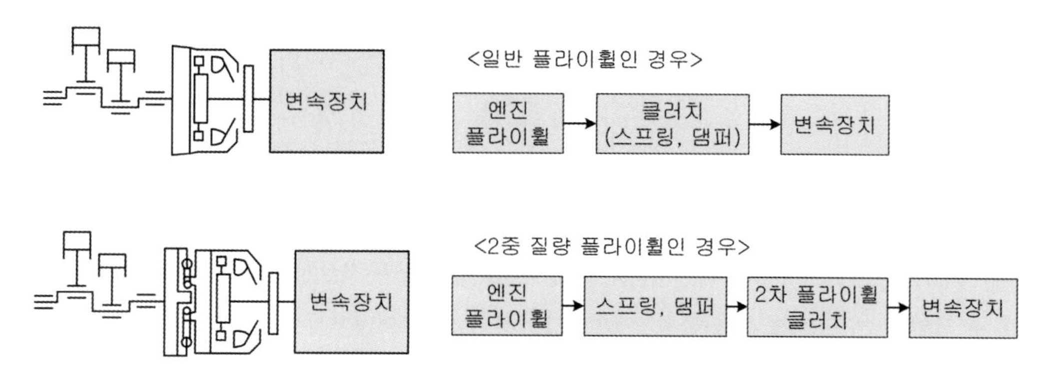

그림 7.60 **일반 플라이휠과 2중 질량 플라이휠의 구조 및 동력전달과정**

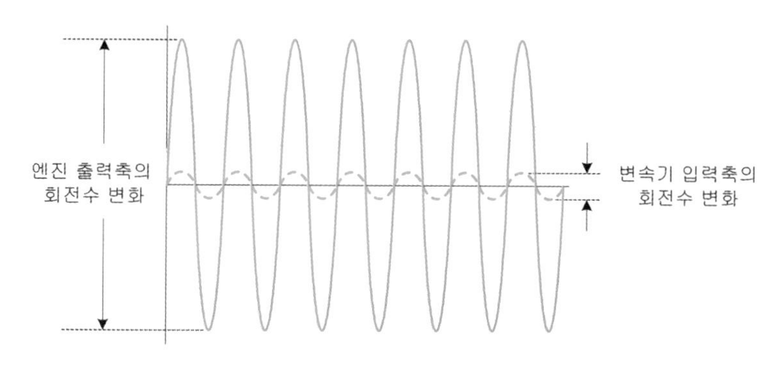

그림 7.61 **2중 질량 플라이휠의 입력축 회전변화 비교**

7-8 기타 엔진부품들의 진동소음

7.8.1 알터네이터의 진동소음

알터네이터(alternator)는 자동차의 운행과정에 필요한 전기를 생성하는 교류 발전기를 뜻하며, 크랭크샤프트 풀리와 벨트로 연결되어 회전하게 된다. 실제 자동차에서 사용되는 전기는 직류(direct current)이지만, 전기 생성(발전)은 효율이 뛰어난 교류 발전기를 이용하며 정류기(整流器, rectifier)를 통해 직류로 변환시켜서 사용하고 배터리에 충전시키기도 한다. 알터네이터의 주요 부품으로는 풀리(pulley), 회전자(rotor), 고정자(stator), 냉각팬 블레이드(cooling fan blade), 케이스(case), 베어링 및 코일 등으로 구성된다. 1960년대 초에 현재와 같은 제품이 개발된 이후로 지금까지 소형화, 경량화 및 고출력화와 같은 최적설계 중심으로 발전되었다.

알터네이터의 종류로는 브레이크용 진공펌프(실제 진공은 아니며, 엔진의 흡입압력과 유사한 대기압보다 낮은 압력을 생성한다)가 장착되는 상용(商用)방식과 진공펌프가 없는 승용방식으로 구분할 수 있으며, 냉각팬의 부착위치에 따라 팬 내장형과 팬 외장형으로도 구분된다. 일반적으로 승용차량에서는 진공펌프가 없는 팬 내장형 알터네이터가 주로 사용된다. 최근의 커먼레일(common rail) 디젤 엔진에서는 연비향상을 목적으로 알터네이터에 있던 진공펌프를 실린더 헤드의 캠 축 뒤쪽으로 이동시켜서 구동하는 경우도 있다. 자동차 진동소음 저감기술의 발전에 의해서 엔진소음이 크게 감소됨에 따라 그동안 엔진소음에 의해 엄폐(masking 효과)되었던 알터네이터의 소음이 점점 부각되고 있는 실정이다. 그림 7.62는 승용차량에 사용되는 알터네이터의 내부구조 및 주요부품을 나타낸다.

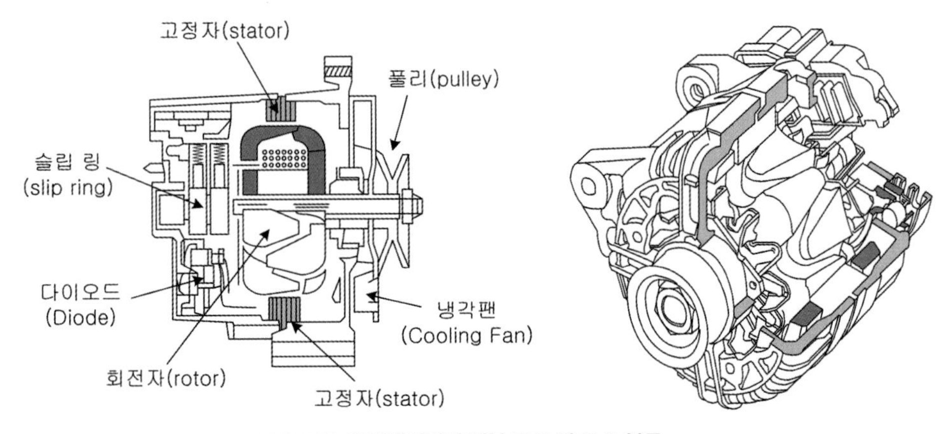

그림 7.62 **알터네이터의 내부 구조 및 주요 부품**

알터네이터는 엔진의 회전력이 벨트에 의해서 풀리(pulley)로 전달되어 내부 회전자(rotor)를 회전시키면 고정자(stator) 코일에서는 전자유도작용에 의해서 전기(교류)가 생성되어 정류기를 거치면서 직류로 변환된 뒤, 자동차의 각종 전기장치를 작동시키게 된다. 알터네이터의 작동과정에서 유발되는 주요 진동소음현상으로는 전자기 소음(electromagnetic noise), 기계적인 진동에 의한 소음(mechanical noise)과 공기역학적인 소음(aerodynamic noise) 등이며, 회전자, 고정자 및 냉각팬 블레이드가 알터네이터 진동소음현상의 주요 원인이라 할 수 있다.

또한 자동차의 전기 소모량과 관련된 알터네이터의 발전 유무에 따라서 무부하상태 및 부하상태로 구분할 수 있다. 그림 7.63은 알터네이터의 주요 소음과 발생경로를 보여준다.

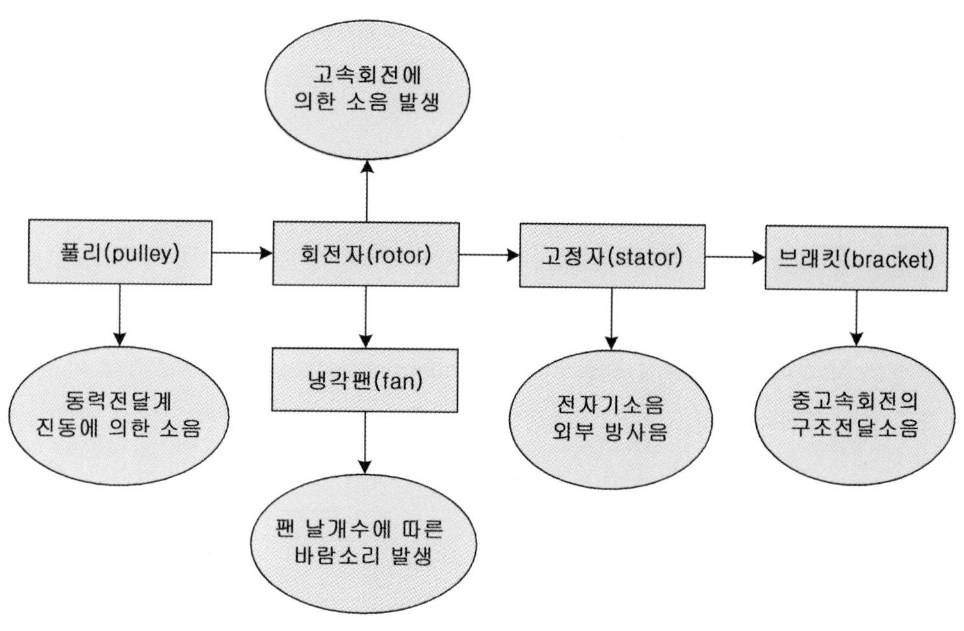

그림 7.63 **알터네이터의 주요 소음과 발생경로**

(1) 전자기 소음

전자기 소음이란 알터네이터 회전자(rotor)의 회전에 의한 자기력의 변화(전기의 생성을 의미)로 인하여 고정자와 알터네이터 케이스에서 구조적인 진동현상이 발생하면서 알터네이터 외부로 소음이 방사되는 현상이다. 알터네이터가 무부하상태(차량의 전기사용이 적어서 전기발전이 필요하지 않은 경우)에서는 전자기 소음이 발생하지 않으나, 배터리의 기능저하나 차량의 전기사용이 증가되면서 발전을 위한 부하상태가 될 경우에 주로 발생한다.

전기발전을 위한 부하상태에서는 회전자와 고정자의 구조적인 특성으로 인하여 6차 고조파(harmonic) 성분의 소음이 크게 발생한다. 즉, 회전자는 12개의 극(N극 6개, S극 6개)으로 구성되어서 1회전당 120°의 위상차를 갖는 6개의 3상 교류가 고정자에서 발생된다. 이러한 6차 고조파 성분은 고정자로 인하여 36차 성분이 가장 지배적인 영향을 끼치게 된다.

주로 2,000 rpm 부근의 엔진 회전수 영역에서 전자기 소음이 크게 발생하며, 소음의 주파수 특성은 3,000 Hz 내외의 영역에 해당하여 인간의 청각이 가장 예민한 주파수 영역에 속한다. 따라서 전자기 소음은 알터네이터에서 발생하는 여러 소음 중에서 탑승자의 귀에 가장 거슬리는 소음이라 할 수 있다. 특히, 엔진 회전수가 낮은 경우에는 전자기 소음이 가장 지배적인 영향을 끼치게 된다. 전자기 소음의 개선방안으로는 고정자(stator)와 외관 케이스(case)의 강성증대, 체결상태 및 회전자의 외경개선 등이 있다. 즉, 고정자와 회전자의 동심도를 최대한 일치시켜서, 고정자와 회전자 사이의 간극(gap) 차이에서 유발되는 자기 흡인력의 변화(불평형)를 최소화시키는 것이 중요하다.

(2) 기계적인 진동에 의한 소음

알터네이터의 내부 회전자를 지지하는 베어링에서 발생하는 소음을 비롯하여 회전자와 냉각팬의 편심 및 불평형으로 인한 구조물의 기계적인 진동현상으로 말미암아 소음이 유발된다. 소음의 특성은 엔진 회전수의 2~3차 성분에 해당하는 구조전달소음이다. 여기서 회전자의 불평형은 정적(static) 및 동적 불평형(dynamic unbalance)으로 구분되며, 각각 회전자의 1차, 2차 성분의 주파수를 갖는 소음이 발생된다. 알터네이터의 기계적인 진동에 의한 소음의 개선방안으로는 알터네이터 각 부품들의 평형(balance)규제, 부품조립 후의 편심 및 불평형량 관리 등이 있다.

(3) 공기역학적인 소음

알터네이터에서는 회전자의 극(pole)과 극 사이의 간극에서 발생하는 공기유동에 의한 소음이 발생하는데, 이는 공기역학적으로 유발되는 공기전달소음이라 할 수 있다. 현재 12극(N극 6개, S극 6개)을 사용하는 알터네이터 회전자의 극과 극 사이의 간극에서 발생되는 소음은 12차수(order) 성분이 지배적이다.

또한 알터네이터 냉각팬의 고속회전(엔진 회전수 4,000 rpm 이상인 경우에 해당)으로 발생되는 소음은 공기전달소음의 특성을 가지며, 풀리비(크랭크샤프트 풀리와 알터네이터 풀리 간의 직경비)와 냉각팬의 블레이드 개수로 회전 차수(order)가 결정된다. 냉각팬에 의한 소음의 개선대책으로는 냉각팬의 블레이드 개수와 형상을 최적화시키는 방안이 있으며, 근원적인 해결책으로는 수냉식 알터네이터의 설계 · 장착이라 할 수 있다.

특히 수냉식(또는 유체 냉각식) 알터네이터를 고려할 경우에는 엔진의 고속회전에서 발생하는 팬소음을 완전하게 저감시킬 뿐만 아니라, 알터네이터 자체를 실린더 블록에 일체화시킬 수 있어서 기존 알터네이터에서 발생하는 구조적인 진동 영향을 최소화시킬 수 있다. 더불어, 대용량의 전기발전으로 인하여 전기동력 조향장치(EPS, electric power steering)뿐만 아니라 향후 전기작동 에어컨 등의 적용도 가능하게 된다. 따라서 기존 차량의 유압발생을 위한 펌프나 압축기 등의 구동장치들을 동력기관으로부터 삭제하거나 분리시킬 수 있으므로 근본

그림 7.64 **수냉식 알터네이터**

적인 진동소음 개선 효과를 얻을 수 있게 된다. 그림 7.64는 국내 수입차량에 적용된 수냉식 알터네이터를 보여준다.

(4) 알터네이터의 발전제어

최근의 자동차 개발과정에서는 연료소모량을 줄이는 연비향상이 매우 중요한 항목이다. 자동차의 전기발전에 있어서도 가속과 같이 엔진의 동력이 크게 사용되는 운전조건에서는 알터네이터의 발전량을 줄여서 엔진의 부하(load)를 덜어주는데, 이때 부족한 전기는 배터리의 전기를 사용하게 된다. 반면에 감속과 같이 엔진의 동력이 크게 필요하지 않을 경우(타행주행을 포함)에는 엔진의 여유 동력으로 발전하여 배터리를 충전시킨다. 즉 차량의 주행조건에 따라서 알터네이터에 의한 발전량을 조절하는 제어개념이다.

한편, 국내의 대형 승용차량도 후륜구동으로 변화되면서 배터리의 장착위치가 그림 7.65와 같이 트렁크 공간으로 이동되고 있는 추세이다. 이럴 경우, 엔진룸과 트렁크 내부의 온도차이로 인하여 전압 불균형이 발생할 수 있으므로, 배터리 (−) 단자에 배터리 센서가 추가되기도 한다. 배터리 센서는 배터리의 온도, 전류, 전압을 검출하여 충전상태(SOC, state of charge)를 연산하는 기본 데이터를 측정한다.

그림 7.65 **대형 승용차량의 배터리 장착위치**

7.8.2 오일 팬

대부분의 엔진에 사용되는 오일 팬(oil pan)은 그림 7.66과 같이 약 1.5 mm 두께의 얇은 강판으로 제작되며, 방사면적이 넓고 진동 및 소음에 대한 감쇠능력이 낮기 때문에 엔진 가동 중에 쉽게 진동하면서 소음을 유발하게 된다. 오일 팬에서 방사되는 소음은 엔진의 실린더 블록 표면에서 발생되는 소음 중에서 가장 크게 기여하는 소음이라 할 수 있다. 더불어서, 오일 팬은 실린더 블록의 스커트(skirt) 부위에 장착되므로, 엔진의 가스 폭발력과 함께, 엔진의 내부 구동부품들의 변위에 의해서 진동할 경우에도 큰 소음을 방사하게 된다.

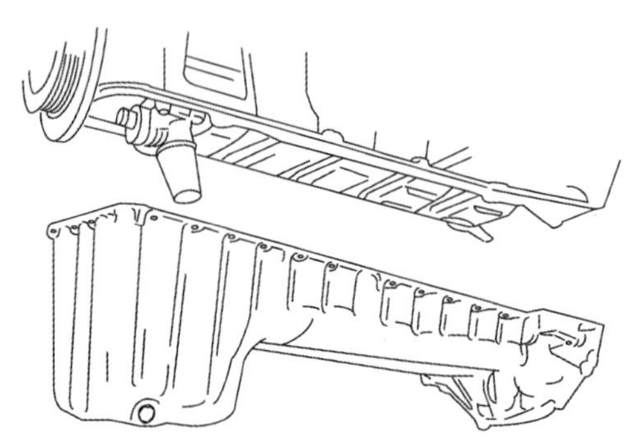

그림 7.66 **오일 팬**

오일 팬의 방사소음은 방사면적, 방사특성 및 오일 팬 자체의 진동특성에 의해서 좌우된다. 따라서 오일 팬의 설계 및 제작은 그림 7.67과 같이 두 장의 강판 사이에 탄성과 감쇠특성이 양호한 점탄성(visco-elastic) 물질을 적용시킨 적층 강판(laminated steel)을 채택할 수 있다. 더불어서 오일 팬 내·외부에 리브(rib)나 스티프너(stiffener)를 추가함으로써 강성을 개선시킨 오일 팬의 적용으로 방사소음을 감소시키고 있다.

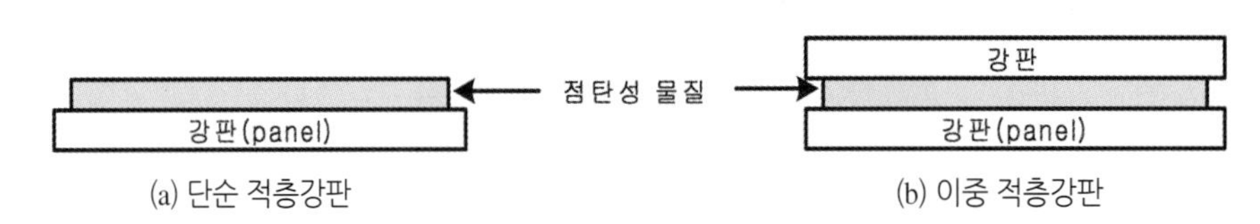

그림 7.67 **적층강판의 구조 및 종류**

한편, 엔진 내부의 소음이 오일 팬을 투과하여 외부로 방사되는 소음이 지배적일 경우에는 오일 팬의 두께를 증대시켜서 투과음과 진동 방사음을 저감시키는 것이 효과적이다. 최근에는 알루미늄이 엔진의 경량화를 위해서 가장 많이 사용되는 재료이나, 알루미늄 재료를 오일 팬에 적용시킬 경우에는 일반 강판(steel)에 비해서 약 3배 이상의 두께로 설계되어야만 가시적인 투과음의 소음저감 효과를 볼 수 있다.

7.8.3 벨트소음

대부분의 기존 엔진은 고무재질의 타이밍 벨트(timing belt)를 통해서 크랭크샤프트의 회전력을 전달받아 캠축(실린더 헤드에 위치)을 구동시키는 방식을 채택하고 있었다. 더불어서 엔진의 각종 보기(bogie)류들도 구동 풀리와 벨트에 의해서 구동되므로, 이 과정에서 벨트와 풀리 간의 접촉충돌(impact)현상으로 발생되는 소음을 벨트소음(belt noise)이라 한다. 벨트는 체인구동방식에 비해서 무게저감, 오일공급의 불필요, 원가절감 등의 많은 장점을 지니고 있지만, 벨트의 동력 전달과정에서 발생되는 소음특성은 음질이 특이하여 전체적인 차량의 진동소음특성에 악영향을 미칠 수 있다. 특히, 벨트커버의 음향특성에 따라서 오히려 벨트소음이 증폭될 수도 있기 때문에 초기설계 시 유의해야 한다.

벨트는 일정한 길이의 현(string)으로 취급할 수 있으므로, 벨트 스팬(span)의 고유 진동수(벨트의 스팬 길이 및 장력에 영향을 받는다)와 벨트 구동에 의한 가진 진동수(구동 풀리의 스프로킷(sprocket) 잇수에 의해 좌우된다)가 서로 접근하거나 일치될 경우에는 진동증대 및 공진현상에 따른 벨트소음이 크게 발생되기 마련이다.

타이밍 벨트에서 발생하는 소음은 대부분 벨트의 횡진동을 동반하고 있다. 벨트의 고유 진동수와 치합(meshing) 진동수가 서로 근접하게 된다면 소음이 증폭될 뿐만 아니라, 비선형 특성에 의해서 벨트의 고유 진동수 주위로 몇 개의 주파수 성분을 갖는 특이소음이 발생하게 된다. 그림 7.68과 7.69는 각각 4기통과 V형 6기통 엔진의 캠축을 구동시키는 타이밍 벨트를 나타내며, 그림 7.70은 타이밍 벨트의 대표적인 진동형태를 보여준다.

타이밍 벨트에 의한 소음은 벨트와 풀리가 체결되는 과정에서 발생하는 충격음, 각종 벨트 스팬에서 발생하는 벨트의 진동에 의한 소음, 풀리와 벨트 사이의 공간에서 순간적으로 압축되었던 공기가 토출되는 공기펌프 소음(air pumping noise), 풀리와 벨트의 접촉과정에서 발생하는 마찰음 등이 있다. 벨트소음의 개선대책으로는 벨트의 장력(tension) 감소 및 벨트의 단면형상 개선 등이 있다. 더불어, 벨트커버(belt cover)에 대한 흡 · 차음재료를 적용하고 공명특성을 조절하여 벨트소음의 외부방사를 저감시킬 수 있다.

그림 7.68 국내 시판 차량의 타이밍 벨트

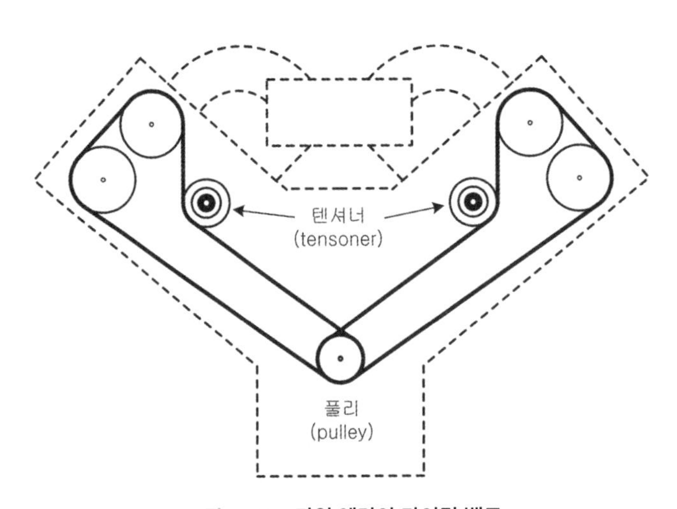

그림 7.69 V타입 엔진의 타이밍 벨트

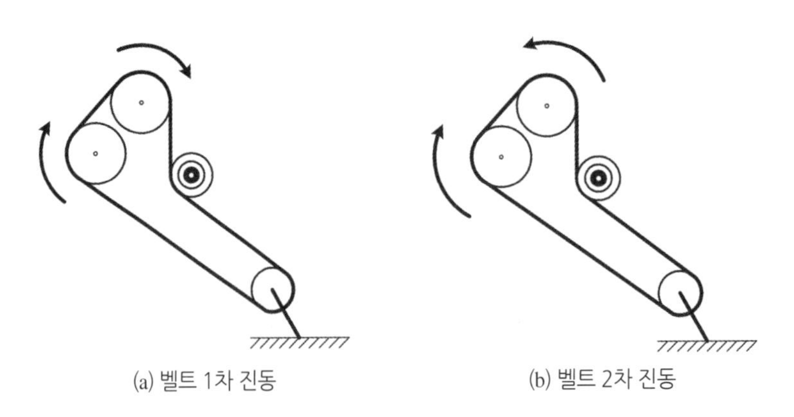

그림 7.70 타이밍 벨트의 대표적인 진동형태 사례

7.8.4 체인소음

최근에 개발된 승용차량용 엔진에서는 기존 고무재질의 벨트가 아닌 타이밍 체인(timing chain)을 통해서 크랭크샤프트의 회전력을 전달하여 캠축을 구동시키는 추세이다. 이는 자동차의 주행거리가 누적될수록 기존 고무재료의 타이밍 벨트는 점차 노후되면서 벨트 스팬의 증대(늘어남), 벨트 내부의 마모 등으로 인하여 캠축으로의 동력전달효율이 저하되어 결국은 일정한 시점마다 교환해야만 하는 단점을 극복하기 위함이다. 또한 그림 7.71과 같이 DOHC(double over head camshaft)용 캠축 간의 동력전달과 그림 7.72의 4륜구동차량 동력분배장치(transfer case) 등에서도 체인구동방식이 주로 사용되고 있는 실정이다.

그림 7.71 **국내 승용차량 엔진의 타이밍 체인 및 DOHC용 캠축의 체인(우측)**

그림 7.72 **4륜구동차량의 동력분배장치의 체인장치**

이러한 체인의 동력 전달과정에서 발생하는 체인소음(chain noise)은 기본적으로 고무재질의 벨트에 비해서 커지기 마련이며, 그림 7.73과 같이 체인 각 부위들과 스프로킷(sprocket, 고무벨트의 풀리역할을 한다) 간의 결합과정에서 발생되는 치합음(whine noise)이 대부분이다.

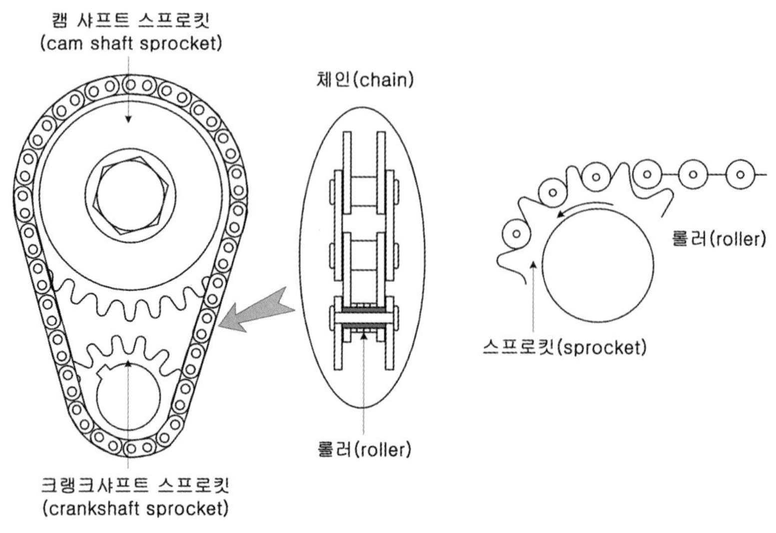

그림 7.73 **타이밍 체인의 구성부품 및 결합과정**

특히 체인에 작용하는 장력이 높거나 구동 스프로킷의 직경이 크고, 체인의 길이가 짧은 경우에는 동력전달과정에서 심각한 체인소음을 유발시킬 수 있으며, 체인의 종류 및 형태에 따라서도 소음의 발생 정도가 다양해지는 특징을 갖는다. 따라서 체인소음이 크게 발생하는 경우에는 체인의 장력 감소, 저소음 체인의 채택, 부시(bush)형 체인의 적용, 체인 자체의 길이 증대, 구동 스프로킷의 직경 감소 등과 같은 다양한 개선대책을 선별해서 적용해야 한다.

최근 국내 차량에서도 타이밍 체인을 구동시키는 스프로킷의 이(teeth) 부위에 고무코팅을 하여 체인과의 접촉과정에서 발생할 수 있는 치합음을 저감시킨 사례가 있다. 더불어, 흡 · 차음성능이 뛰어난 커버(cover)를 체인 장착위치에 적용시키고, 커버 자체의 강성을 증대시키는 방안도 효과적인 소음저감대책이 될 수 있다.

7.8.5 냉각장치 소음

냉각장치(cooling system)는 엔진 내부 연소실의 가스폭발에 의해 생성된 열을 냉각시켜서 엔진가동에 유효적절한 온도를 유지시켜주는 역할을 한다. 냉각과정에서 발생하는 소음은 냉각팬(cooling fan)의 회전에 의한 소음과 공기의 와류(vortex)현상에 의해 발생되는 소음 등으로 구분된다. 차량 실내에서는 그림 7.74와 같은 냉난방 장치의 송풍팬(blower fan)에 의한 소음이 발생할 수 있다. 송풍팬에 의한 소음은 팬의 회전수에 직접적인 영향을 받으므로, 저단(저속회전)작동에서는 소음레벨 저감에 주목하고, 고단(고속회전)작동에서는 풍량위주의 개념으로 설계하는 것이 실내소음 측면에서 유리하다.

그림 7.74 **실내 냉난방장치의 송풍팬**

그 이유는 한 여름의 뙤약볕에 장시간 주차시킨 차량에 탑승하는 경우, 탑승객은 최대한의 풍량으로 에어컨을 작동시켜서 실내온도를 빠르게 낮추고자 한다. 이때에는 송풍팬에서 발생하는 큰 소음에는 별 관심이 없고, 오로지 빠른 냉기공급만을 희망하기 때문이다. 하지만 쾌적한 온도가 된 이후의 저단(저속 회전)에 해당하는 송풍팬 작동에서 발생하는 조그마한 소음에도 탑승객은 쉽게 불만을 표현할 수 있기 때문이다. 따라서 송풍팬과 증발기가 장착된 공조장치 내부에 흡음재료를 추가하는 사례도 늘고 있다.

냉각팬에 의한 소음은 통상적으로 차량주행 시에는 거의 문제되지 않지만, 극심한 차량정체 구간의 운행이나 정차 시에는 냉각팬의 고속회전에 따른 소음이 불만을 야기시킬 수 있다. 그림 7.75는 냉각장치의 소음발생 및 전달개념을 보여준다. 냉각장치 소음을 저감시키기 위해서는 냉각성능을 저하시키지 않는 범위에서 냉각팬의 형상변경(최적화), 냉각팬의 작동 회전수 저감, 냉각수의 온도에 따라 회전수를 달리하는 커플링 팬(coupling fan 또는 fan clutch) 적용 등이 해결방안이 될 수 있다. 최근 국내 차량에서는 냉각팬의 작동을 PWM(pulse width modulated)방식으로 정밀하게 제어하여 팬소음의 저감을 꾀하고 있다.

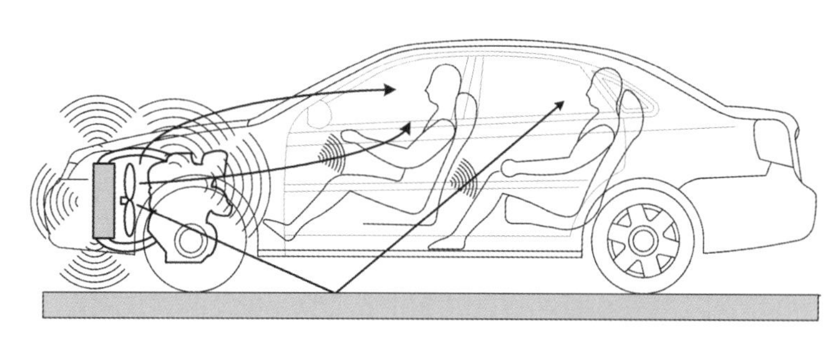

그림 7.75 **냉각장치의 소음발생 및 전달개념**

그림 7.76 **커플링 팬(좌측), 냉각장치 및 냉각팬의 날개 형상 개선사례(우측)**

그림 7.76은 커플링 팬, 냉각장치 및 냉각팬을 나타내며, 오른쪽 사진의 냉각팬은 소음저감을 위한 팬 날개의 형상개선 사례를 보여준다. 특히, 팬 날개의 간격을 동일한 팬(even fan)에서 비 등간격 팬(uneven fan)으로 변화시켜서 고속회전에서 발생하는 날개깃 통과 주파수(BPF, blade passing frequency)에 의한 팬소음을 0.5∼1 dB(A) 내외로 개선시킨 사례도 있다. 또 라디에이터(radiater)에서도 코어(core) 간의 피치(pitch)를 증대시키고, 팬 슈라우드(shroud)의 효율을 증대시키는 방법으로 냉각팬 자체의 작동시간을 줄이는 방안도 효과적인 소음저감에 좋은 대책이 될 수 있다. 여기서 슈라우드는 그림 7.77과 같이 팬의 작동에 의한 공기의 유동을 원활하게 유도하는 부품을 뜻한다.

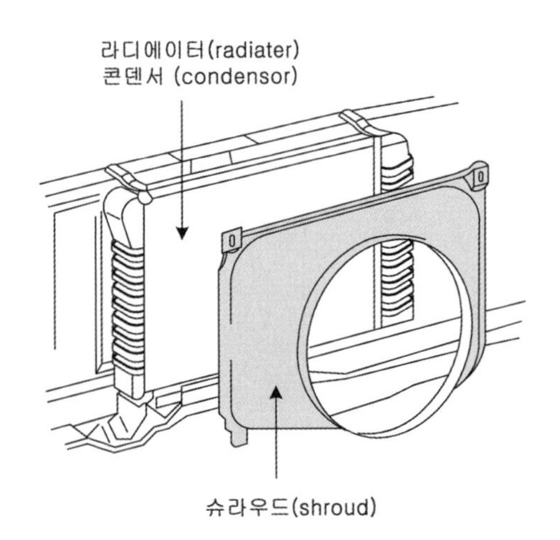

그림 7.77 **라디에이터의 슈라이드**

최근에 개발되는 자동차는 냉각장치에 유입되는 공기유동을 적극적으로 조절하여 주행과정에서 발생할 수 있는 바람소리의 억제와 함께 차체의 공력성능을 향상시키는 추세이다. 냉각에 필요한 공기 유입공간을 제외한 곳을 그림 7.78(a)와 같이 밀폐시켜서 주행과정의 공기저항을 최소화시키고, 추가로 차량 전면부의 라디에이터 그릴에 그림 7.78(b)와 같은 플랩(flap)을 적용하여 외부공기 유입을 조절하게 되면 공기저항계수(C_D)와 양력계수(C_L)을 개선시킬 수 있다. 더불어 동절기의 시동 직후에는 차가운 외부 공기의 유입을 방지하여 엔진 냉각수의 빠른 온도상승을 도모할 수 있다.

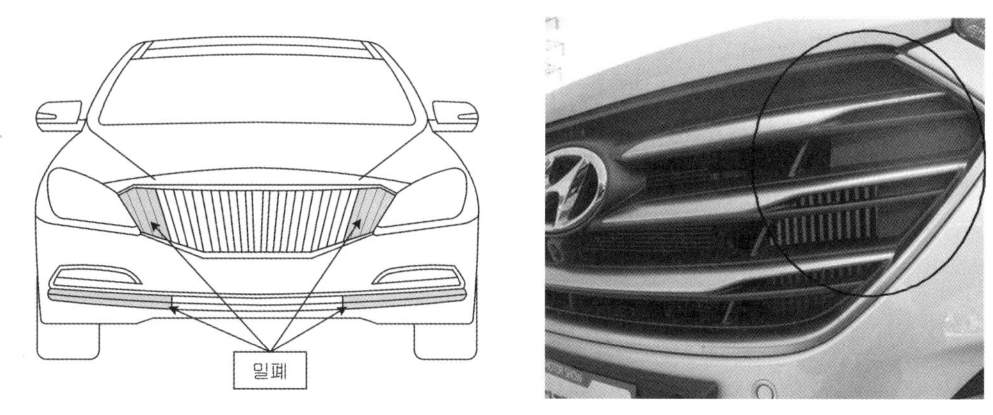

(a) 라디에이터 그릴의 밀폐사례

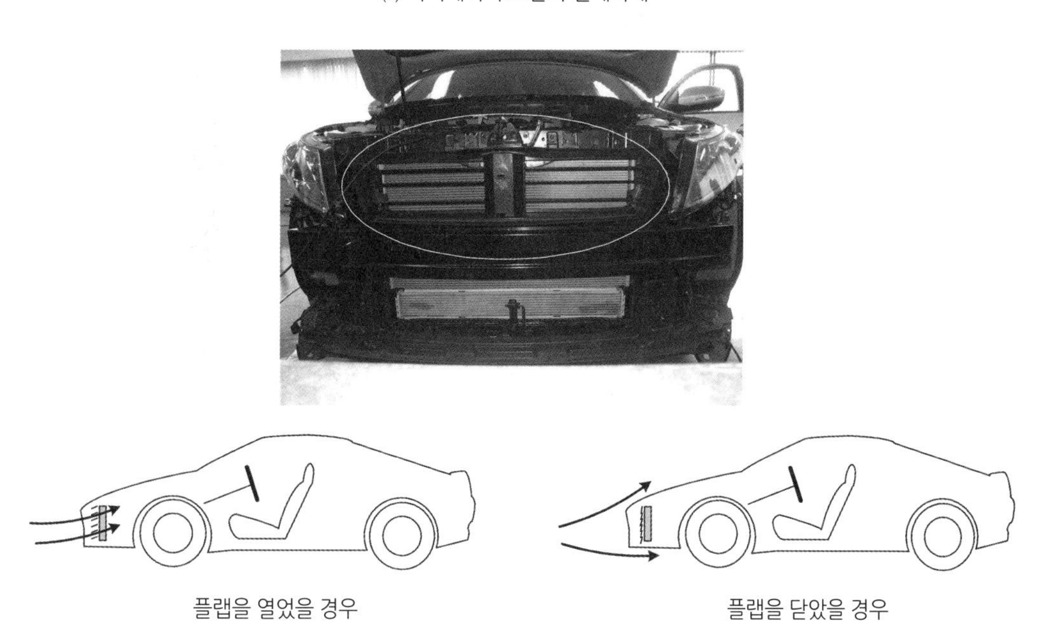

(b) 라디에이터의 플랩 적용사례

그림 7.78 **라디에이터의 공기유동 제어**

7-9 흡기계의 소음

흡기계(intake system)는 엔진의 연소과정에 필요한 외부 공기를 엔진 내부로 공급하는 핵심 부품이다. 즉, 흡기계는 외부 공기를 여과하여 깨끗한 공기를 연료와 함께 연소실에 유입시키는 역할을 담당한다. 그것뿐만 아니라, 각종 엔진 제어밸브의 작동에너지(부압 발생원)를 제공하고, 일부 연소가스의 배출을 통한 공해 배출물의 저감에도 기여한다. 흡기계의 작동과정에서 발생하는 소음을 흡기소음(intake noise)이라 하며, 이러한 소음의 외부방사를 흡기계 자체에서 최대한 억제시켜야 한다. 흡기계의 구성요소로는 그림 7.79와 같이 공기 흡기구(air snorkle), 공기 덕트(air duct), 공기청정기(air cleaner), 공기 호스(air hose), 서지 탱크(surge tank, 또는 plenum), 흡기 다기관(intake manifold) 및 각종 공명기(resonator) 등으로 이루어진다. 특히 흡기 다기관은 과거 알루미늄 재료로 제작되었으나, 최근에는 경량화 및 내부 유동의 개선을 위해서 유리섬유가 함유된 플라스틱 복합재료로 대체되고 있다.

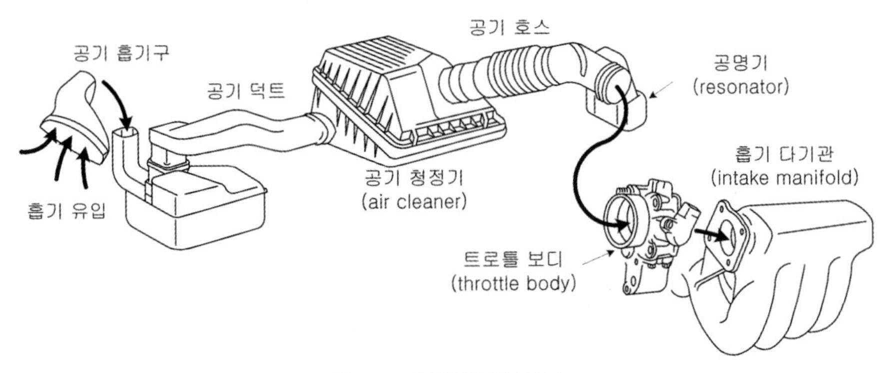

그림 7.79 **흡기계의 구성요소**

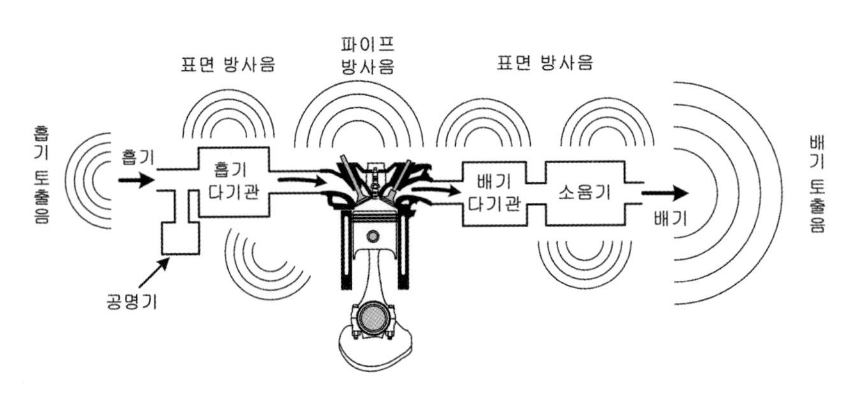

그림 7.80 **흡기 및 배기계의 소음발생현상**

그림 7.80은 엔진연소를 위해서 흡기계를 통하여 공기가 흡입되어 연료와 혼합되면서 연소실에서 압축되어 폭발한 후 배기계를 통해서 외부로 배출되는 일련의 과정에서 발생되는 소음현상을 대략적으로 나타낸 것이다.

7.9.1 흡기소음의 정의

엔진가동 시 흡기계에서 발생되는 소음을 흡기소음(intake noise)이라 한다. 흡기소음의 발생원인은 흡기밸브의 개폐과정에서 유발되는 기류의 압력맥동(pressure pulsation)과 흡기관 내부 음향의 공명현상 때문이며, 주파수 성분은 주로 600 Hz 이하의 둔탁하고 낮은 소음을 뜻한다. 여기서, 흡기계 내부의 압력맥동이란 흡기계를 통해서 유입되던 기류(공기의 흐름)는 흡기밸브가 닫힌 후에도 관성에 의해서 계속 유입되는 흡기의 운동에너지로 말미암아 압력이 높아졌다가 흡기밸브가 열리면서 다시 낮아지는 현상을 빠르게 반복하는 것을 뜻한다. 우리가 한의원에서 맥박을 재는 것처럼 흡기계 내부의 압력이 빠르게 오르내리는 변화를 압력맥동이라 부른다. 흡기소음은 차량 전체의 외부소음에도 엔진의 방사소음과 배기소음에 이어서 약 30%의 기여도를 갖는 매우 큰 소음원이다. 특히, 비교적 급한 가속이 이루어지는 경우에는 낮은 주파수의 흡기소음이 크게 발생하면서 차량 실내로 투과되어 운전자와 탑승자에게 불쾌감을 느끼게 할 정도의 소음이다.

엔진의 출력성능과 흡기효율은 매우 밀접하면서도 민감한 요소이기 때문에, 흡기소음의 저감을 위해서는 우선적으로 공기청정기의 효율적인 설계뿐만 아니라 장착 위치의 선정이 매우 중요하다. 따라서 흡기계의 설계과정에서는 흡기저항을 최소화하면서 동시에 체적효율(volumetric efficiency, 엔진의 공기 흡입효율이라고도 한다)을 최대화시키는 것이 엔진의 성능 향상에 직접적으로 관련된다. 이미 개발이 완료된 엔진이나 기존에 판매되는 차량에서 문제되는 흡기소음의 개선방안도 엔진의 출력손실을 최소화시키는 방향으로 전개되어야 한다. 하지만 기존 엔진의 흡기계에서는 흡기소음 저감(개선)을 위한 근본적인 재설계가 매우 제한적이기 때문에 주로 공명기(resonator)나 1/4 파장관(side branch resonator) 등의 추가적인 부품장착을 통해서 개선 효과를 얻을 수 있다.

선진 자동차 제작회사에서 고려하는 흡기계의 개발목표는 흡기 토출음이 110 dB(C) 이하, 실내소음의 기여도는 0.5 dB(A) 이하, 흡기계 각종 부품들의 방사소음에 의한 실내소음의 기여도 역시 0.5 dB(A) 이하의 수준이라 할 수 있다. 여기서 언급된 0.5 dB(A) 이하의 기여도는 개발하려는 흡기계가 차량에 적용되었을 때의 실내소음과 흡기계를 별도의 차음상자나 흡 ·

차음재료 등으로 완전히 감싸서 밀폐시켰을 때 발생하는 실내소음 간의 차이가 0.5 dB(A) 이상 발생하지 않는 것을 의미한다. 또한 차량 실내에서 흡기계의 기류음이 들리지 않아야 하며, 흡기저항 역시 최소화할 수 있도록 개발되어야 한다. 그림 7.81은 승용차량 흡 · 배기계의 소음발생경로를 대략적으로 보여준다.

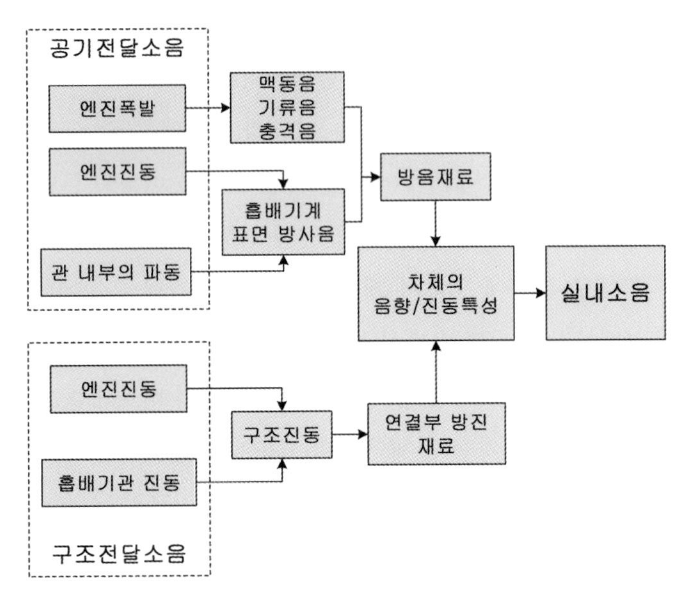

그림 7.81 **흡 · 배기계의 소음발생경로**

7.9.2 공기 흡기구

공기 흡기구(air snorkle)는 엔진연소에 필요한 신선한 외부 공기를 유입하기 위한 부품이며, 흡입과정에서 빗물이나 먼지 등의 유입이 최대한 억제되어야 한다. 또한 흡기구의 길이, 단면적 등은 엔진의 출력성능뿐만 아니라 흡기소음에도 민감한 영향을 주게 된다. 공기 흡기구를 포함한 흡기계 내부의 기류속도는 최대 30 m/s 이내이므로, 기체의 유동속도로 인한 소음발생은 거의 무시할 만한 수준이라고 볼 수 있다.

공기 흡기구는 그림 7.82와 같이 차량의 특성에 따라 엔진룸 앞쪽에 위치하거나 때로는 펜더(fender) 쪽에 위치하는데, 다음과 같은 차이점을 갖는다.

① 엔진룸 앞쪽에 공기 흡기구가 장착될 경우: 흡기계의 공기유입 효율이 좋으며 구조가 간단하여 정비가 용이하나, 흡기소음이 실내로 유입될 수 있다.

② 펜더에 공기 흡기구가 장착될 경우: 가속주행소음(pass-by noise)에 유리하며, 빗물, 먼지 등의 유입을 근원적으로 차단시킬 수 있으나 흡기계가 길어지고 공기유입 효율이 떨

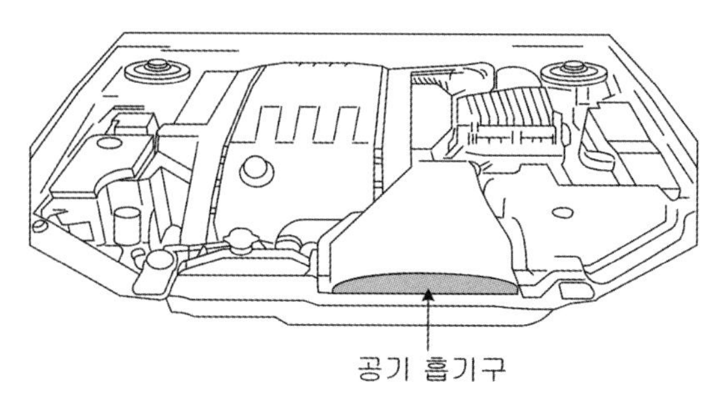

(a) 엔진룸 앞에 위치한 공기 흡기구

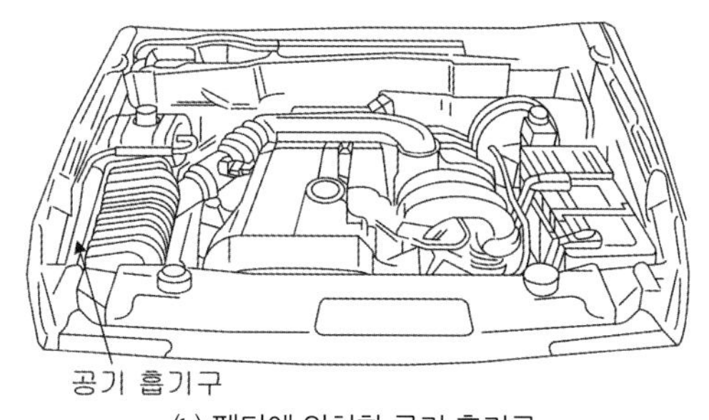

(b) 펜더에 위치한 공기 흡기구

그림 7.82 **공기 흡기구 적용사례**

어질 수 있다.

최근에는 공기 흡기구에도 형상 및 길이를 최적화시키고, 플라스틱 재질뿐만 아니라 흡기 소음의 추가적인 저감 효과를 위해 뒤에서 설명할 다공질 관(porous duct)이 많이 채택되는 추세이다. 참고로 엔진 내부의 연소실로 유입되는 공기의 온도는 낮을수록 체적효율이 상승하여 엔진성능에 유리한 경향을 갖는다. 일반 승용차량의 가솔린 엔진에서 흡기온도가 10℃ 낮아질 경우 엔진출력은 대략 2~3마력 증대되는 것으로 알려져 있다. 디젤 엔진의 터보장치도 흡기계 중간에 냉각기(intercooler)를 장착하는 이유도 바로 흡기온도 저하에 따른 체적효율을 높이기 위함이다.

전륜구동방식의 엔진에서 그림 7.83(a)와 같이 배기관이 차량의 전방으로 주로 장착되었던 국내 차량도 십여년 전부터 그림 7.83(b)와 같이 흡기 다기관의 위치를 엔진의 전방(라디에이터 쪽)으로 이동시킨 엔진이 장착되고 있다. 이로 인하여 주행과정에 유입되는 외부 기류에 의해 흡기온도의 냉각 및 체적효율을 높일 수 있다. 더불어 배기계에서도 시동 후 촉매장치의 빠른 온도상승 효과를 기대할 수 있다. 즉, 시동 직후에 연료의 분할분사와 함께 스파크 플러그의 점화시기를 진각(進角, advanced angle)시켜서 배기온도를 빠르게 상승시킴으로써 촉매의 온도를 높인다. 이로 인하여 촉매의 활성화 시간을 단축시켜서 배기가스의 저감에 기여한다.

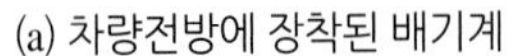

(a) 차량전방에 장착된 배기계

(b) 차량 전방에 장착된 흡기계

그림 7.83 **엔진의 흡·배기계 장착위치**

7.9.3 공명기

엔진가동이나 가속주행과정에서 흡기소음이 크게 발생하면서 문제되는 경우에는 흡기계의 재설계가 근원적인 해결방안이라 할 수 있겠지만, 이미 차량 개발과정이 상당부분 진행된 상태에서 뒤늦게 흡기계의 재설계 방안을 적용시키기란 거의 불가능하다고 볼 수 있다. 이러한 경우, 문제되는 흡기소음만을 제어하기 위해서 별도의 추가부품을 고려할 수밖에 없다. 기존 흡기계의 설계를 크게 변경시키지 않으면서도 문제되는 흡기소음만을 저감시킬 수 있는 효과적인 대책방안으로 헬름홀츠(Helmholtz) 방식의 공명기(resonator)를 많이 사용한다. 즉, 기존 흡기계에 별도의 공명기를 장착하여 문제되는 주파수 영역의 소음을 저감시키는 개념이다.

여기서, 공명(resonance)현상이란 임의의 기하학적 형상의 체적을 가지는 통이나 상자에서 특정 주파수의 음압이 증폭되면서 크게 울리는 현상을 뜻한다. 우리가 빈 사이다병이나 콜라병에 입을 대고서 바람을 넣을 경우, 병에서 특정한 소리가 울리는 현상이 바로 공명현상인 셈이다. 이러한 공명현상을 이용한 기구가 공명기이며, 기타나 바이올린 등의 울림통, 지금 설명하고 있는 헬름홀츠 공명기 등이 대표적인 응용사례들이다. 헬름홀츠 공명기는 공명주파수를 문제되는 흡기소음의 주파수와 일치시켜서 해당 주파수 영역의 흡기소음을 근원적으로 소멸시키는 개념이다.

그림 7.84는 이러한 헬름홀츠 공명기의 주요 항목 및 공학적 모델을 나타낸다. 헬름홀츠 공명기는 그림 7.84와 같이 큰 부피(체적)를 갖는 공동(空洞, cavity, 비어 있는 공간을 의미한다)과 좁은 목(neck, 연결관)으로 이루어진 음향기구를 말하며, 단일 주파수의 순음(pure tone)성분을 갖는 흡기소음의 감소에 매우 효과적인 특성을 갖는다.

헬름홀츠 공명기의 공명주파수는 그림 7.84의 우측 그림처럼 공명기 내부의 부피에 해당되는 공기(스프링 역할)와 목(neck)의 형상(길이 및 단면적, 질량역할)으로 이루어진 일종의

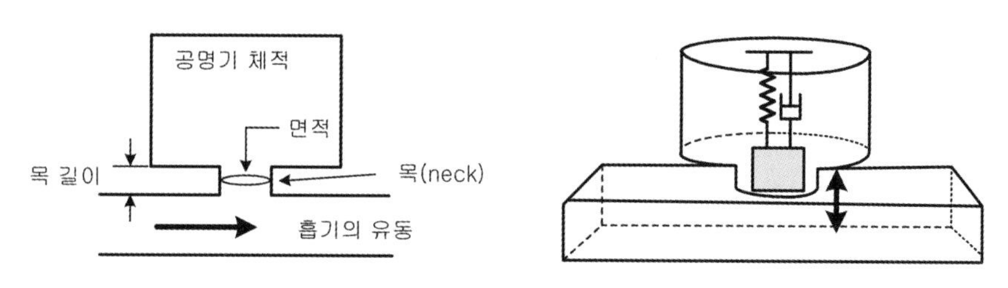

그림 7.84 **헬름홀츠 공명기의 주요 항목 및 공학적 모델**

공기질량-스프링계에 의해서 결정된다.

헬름홀츠 공명기는 음향학적으로는 일종의 구간통과 필터(band pass filter)라고 말할 수 있으며, 매우 좁은 영역의 특정 주파수에서만 소음억제 효과를 얻을 수 있다. 주로 낮은 주파수 영역에서 문제되는 소음의 주파수 폭이 매우 작고, 날카로운 소음일수록 공명기에 의한 효과적인 소음감소가 가능하다. 그림 7.85는 공명기의 장착사례를 보여주며, 대부분의 승용차량에서는 1~2개 이상의 헬름홀츠 공명기나 뒤에서 설명할 1/4 파장관을 장착하고 있는 실정이다.

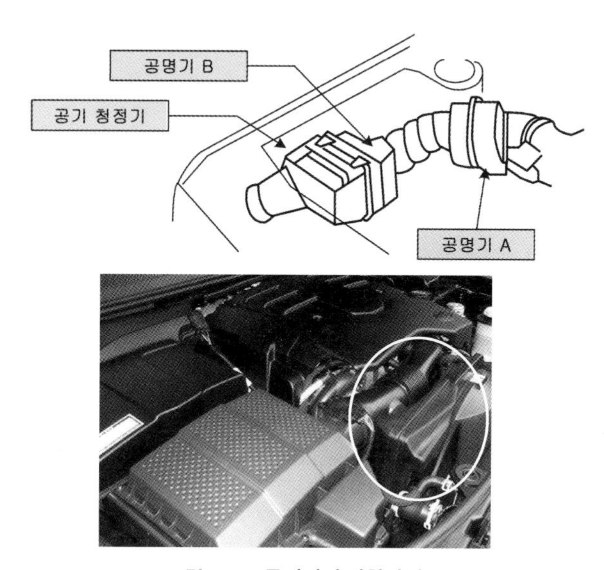

그림 7.85 **공명기의 장착사례**

그림 7.86은 헬름홀츠 공명기의 흡기소음 감소효과를 보여주는데, 4,000 rpm을 전후한 엔진 회전수 영역에서 흡기소음의 현격한 저감 효과가 있음을 파악할 수 있다.

일반적으로 400 Hz 이하의 주파수 특성을 가지는 흡기소음 제어에 헬름홀츠 공명기가 주로 사용되며 연결 목의 형상에 따라 조금씩 달라질 수 있겠지만, 100 Hz 내외의 흡기소음 제어용 공명기의 체적은 대략 4~6리터, 250 Hz 내외의 공명기는 대략 0.6~1리터의 공동체적을

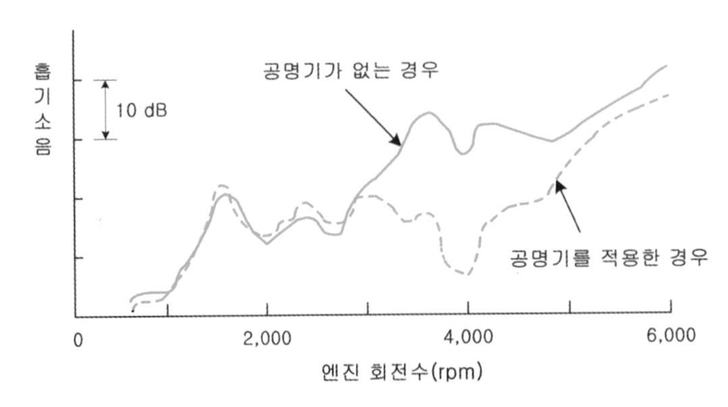

그림 7.86 **공명기 장착 효과(3단 급가속, 흡기 토출음 비교)**

표 7.5 **국내 소형 승용차의 공명기 설계사양**

		공명기 1	공명기 2
공명 주파수		375 Hz	205 Hz
공동(cavity)체적		420 cc	620 cc
목(neck)	길이	13 mm	13 mm
	반경	16 mm	9 mm

갖는다. 표 7.5는 국내 소형 승용차량에 장착된 공명기의 설계사양을 보여준다.

한편, 공명기의 채택으로 인하여 문제되는 흡기소음을 저감시키는 면에서는 탁월한 효과가 있다 하더라도 엔진룸 내에서 적지않은 공간을 차지할 뿐만 아니라, 부착 위치의 선정, 엔진의 흡입효율 및 출력 등에 많은 영향을 미칠 수 있는 문제점들이 상존한다. 특히, 공명기의 부착 위치는 소음감소 효과에 민감하게 작용하지만, 실제 엔진룸 내의 여유공간 부족이나 장착위치의 제약으로 인하여 부분적인 한계점을 갖기 마련이다.

7.9.4 기타 흡기소음제어 요소들

(1) 1/4 파장관

흡기소음을 저감시키기 위한 방안 중에서 헬름홀츠 공명기 다음으로 가장 많이 사용되는 부품이 1/4 파장관이라 할 수 있다. 이는 측지 공명기(側枝 共鳴器) 또는 side branch resonator 라고도 하며, 특정 주파수의 흡기소음 감소 목적으로 사용된다. 1/4 파장관의 소음감소 원리는 그림 7.87의 형상과 같이 한쪽이 막혀 있고, 다른 한쪽은 열려 있는 기주관(氣柱管, air column)의 공명현상에 의해 소음을 감소시킨다. 문제되는 소음에 해당하는 파장(wavelength)의 1/4 길이의 관을 흡기계에 추가로 부착시키면, 이 파장과 관련되는 주파수의 흡기소음 성분이 상쇄된다.

다시 말해서 문제되는 소음에 해당하는 파장의 1/4 길이로 한쪽이 막힌 기주관을 흡기계에 장착시켜서 흡기과정의 입력과 반사음압의 상호 상쇄작용(공명관에서 서로 180°의 위상차이로 작용)에 의해서 소음을 저감시키는 원리를 이용한 것이다. 이러한 원리는 소음기(muffler) 내부 연장관(extended tube)의 경우에도 동일하게 작용되므로, 소음기의 특정 주파수에서 문제되는 소음감소에도 많이 응용된다. 실제 엔진룸 내의 적용과정에서는 공간적인 제약으로 인하여 그림 7.87처럼 1/4 파장관을 눕히거나 만곡시켜서 사용하고 있다.

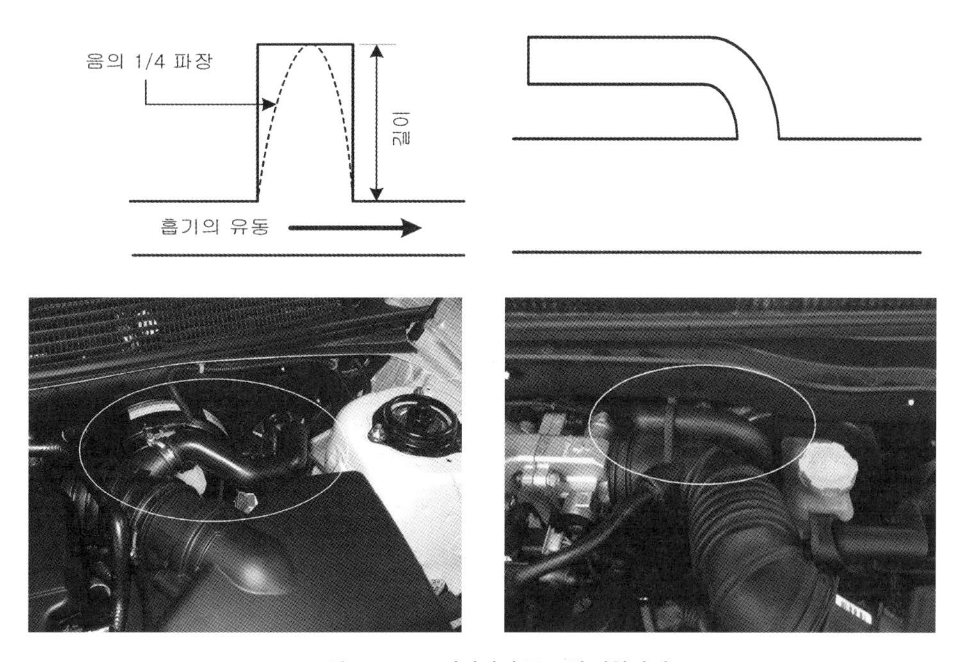

그림 7.87 1/4 파장관의 구조 및 장착사례

(2) Orifice

흡기소음 중에서 낮은 주파수의 소음제어 목적으로 흡기계 덕트 등에 외부로 노출된 구멍을 고려한 것이다. 흡기소음 중에서 노출된 구멍에 해당되는 주파수 이하의 소음을 제거하기 위해 장착되지만, 실제 차량에서는 제한적으로 적용되고 있는 실정이다.

(3) 다공질 관

다공질 관(porous duct)은 그림 7.88의 형상과 같이 직물로 짜여진 관의 벽면에 와이어가 보강된 원형단면의 흡입관을 뜻한다. 이러한 흡입관의 벽을 통한 흡기소음의 음향 에너지 유출뿐만 아니라, 덕트의 길이에 의한 공진 주파수에 의해서 흡기소음의 음압을 감소시키는 원리

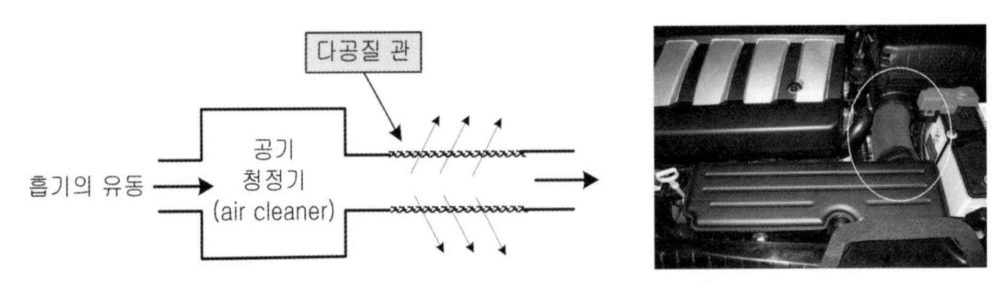

그림 7.88 **다공질 관의 개념 및 적용사례**

를 이용한다. 즉, 덕트의 공진 주파수에 해당하는 음의 일부가 덕트 벽의 마찰저항에 의해서 소음에너지가 열에너지로 소비시킴으로써 흡기소음의 저감 효과를 얻을 수 있다.

소음감소 효과는 덕트의 기공도(저항률)가 주요 인자가 되며, 기공도가 크고 덕트의 길이가 길어질수록 소음저감량이 커지게 되지만, 덕트의 직경과는 무관한 특성을 갖는다. 이러한 다공질 관의 적절한 적용으로 인하여 흡기소음 억제를 위해서 추가로 장착되는 헬름홀츠 방식의 공명기를 대체할 수 있다는 장점이 있다. 한편, 다공질 관의 적용에 의한 덕트 벽면으로 유출되는 방사소음의 영향도 항상 고려해야 한다. 다행히 자동차 엔진룸의 경우에서는 엔진 자체의 방사소음에 비해서 덕트 벽면의 유출로 인한 소음이 상대적으로 매우 작은 값을 가지기 때문에, 흡기소음 저감대책에 다공질 관을 적극적으로 활용할 수 있다.

(4) 디젤 엔진의 스월제어

최근의 디젤은 과거 린번(lean burn) 엔진의 흡기 다기관과 유사하게 그림 7.89와 같이 각 실린더마다 두 개의 흡기포트(port)를 만들어서 이 중의 한 포트에 밸브를 장착한 엔진이 적용되고 있는 추세이다. 공회전이나 고속회전을 제외한 저속 또는 중속의 엔진부하 조건에서, DC 모터를 이용하여 한 개의 흡기포트를 막아 스월(swirl)을 발생시켜서 엔진 내부로 흡입시킨다. 이렇게 흡입공기의 속도가 증대됨으로써 연소실 내부의 연료와 공기의 혼합을 양호하게 만드는 제어를 스월제어라 한다. 이를 통해서 디젤 엔진의 연소성능이 향상되고, 질소산화물(NO_x)의 생성을 억제시킬 수 있다. 이는 배기가스 재순환(EGR, exhaust gas recirculation)

그림 7.89 **디젤 엔진의 흡기계 포트**

장치의 작동영역을 확대시키는 장점도 가진다.

(5) 흡기의 맥동압력을 이용한 소리 발생기

지금까지 설명한 흡기소음의 저감 대책과는 상반되는 개념이라 볼 수 있겠지만, 일반 승용 차량이 아닌 스포츠 쿠페(sports coupe)의 운전자들은 거친 엔진소리를 선호하는 경향을 갖는다. 특히, 엔진의 회전수를 높이는 가속과정에서 발생하는 엔진소리(주로 300~400 Hz의 주파수영역에 해당)에 매우 민감한 반응을 보인다. 이러한 요구조건을 만족시키기 위해서 흡기의 맥동압력으로 멤브레인(membrane)을 진동시켜서 특정 음색을 증폭시키는 소리 발생기(sound generator)를 적용하고 있다. 주로 대시패널(dash pannel)에 장착하여 실내로 특정한 주파수의 소리를 전달하게 된다.

7-10 배기계의 진동소음

배기계(exhaust system)는 엔진 연소실 내의 가스폭발로 생성된 연소가스의 배출을 담당하는 부품으로, 그림 7.90과 같이 촉매장치(catalytic converter), 소음기(muffler)와 배기관 등으로 구성된다.

배기계에서는 고온 · 고압의 배기가스 유동으로 인한 소음현상뿐만 아니라, 엔진의 흔들림에 의한 배기관의 진동현상 등이 다양하게 발생한다. 배기소음은 토출구의 방사소음뿐만 아니라 상당히 긴 길이의 소음기와 배기관의 외부 표면을 통해서 방사되는 소음 등이 주요 원인이며, 전체적인 차량의 외부소음 중에서 약 30~40%의 영향을 끼치는 수준이다. 또한 배기계의 진동현상은 배기관(exhaust pipe)의 지지점(hanger point)을 통해 차체로 전달되어 실내소음이 악화될 수 있다.

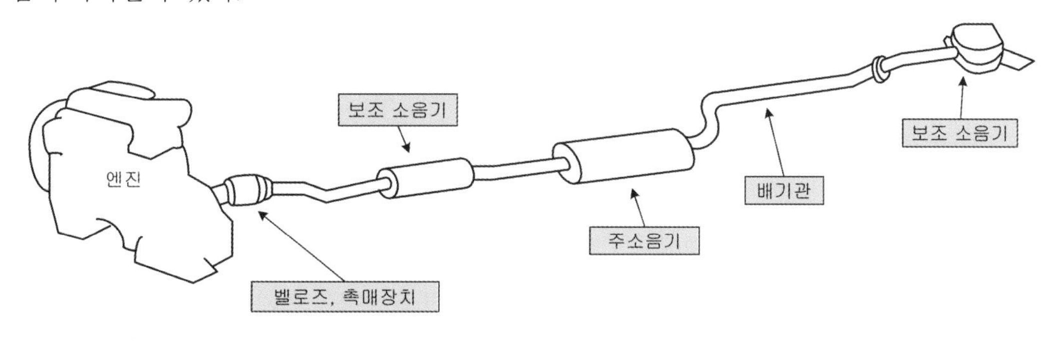

그림 7.90 **배기계의 구성부품**

7.10.1 배기계의 구성요소

배기계는 배기 다기관(exhaust manifold), 촉매장치(catalytic converter), 소음기(main/sub-muffler), 배기관(exhaust pipe), 배기계 지지장치(hanger 및 hanger rubber), 진동 절연장치(bellows) 등으로 구성된다. 배기 다기관은 흡기 다기관과는 달리 고온·고압의 배기가스 유출로 인한 극악한 조건이기 때문에 내구성 확보를 위해서 고합금 주철강으로 제작되는 추세이다. 배기계에 요구되는 주요 성능은 다음과 같이 정리된다.

① 음향성능: 차량에서 요구되는 최대 소음감소량을 확보해야 한다.
② 공기역학적 성능: 엔진 작동과정에서 허용할 수 있는 최소 배압을 만족시켜야 한다.
③ 기하학적 성능: 최소한의 크기와 중량을 만족시켜야 한다.
④ 기계적 성능: 외부 충격과 열변화에 대한 내구성과 긴 수명이 보장되어야 한다.
⑤ 경제적 성능: 간편한 보수유지 및 저렴한 가격 등이다.

이 중에서 ①항인 음향성능과 ②, ③항의 공기역학적/기하학적 성능은 서로 상반되는 특성이 있다. 배기계를 통한 소음 감소량을 증대시키려면 당연히 배압(背壓, back pressure)이 증대되고 소음기의 부피와 중량도 함께 늘어나야만 하기 때문이다. 또 엔진 연소실에서 배기 다기관으로 배출되는 배기가스의 온도는 대략 500~700℃인 반면에, 전체 배기계를 모두 통과하여 외부 공기 중으로 배출되는 배기가스의 온도는 상온을 약간 웃도는 수준이다. 이는 배기가스가 차체에 육박하는 긴 길이의 배기계를 통과하면서 배기가스의 급격한 온도강하가 이루어지고 있음을 시사한다. 따라서 배기계의 설계 및 상품평가에 있어서 소음감소뿐만 아니라 온도에 따른 영향도 매우 큰 인자라고 볼 수 있다.

배기계의 핵심부품이라 할 수 있는 소음기(消音器, muffler 또는 silencer)는 유체(流體)의 자유로운 흐름에 방해가 되지 않으면서, 내부 흐름을 통해 전파되는 소음(騷音)의 감쇠를 목적으로 형상 및 재질처리를 한 관이나 덕트의 한 부분으로 정의되며, 음파의 흡수, 반사, 간섭 등과 같은 파동(wave)의 성질을 이용하여 소음을 저감시키는 기구라고 말할 수 있다. 소음기는 자동차 분야뿐만 아니라 일반 산업기계 등의 내연기관에 적용되며, 공기조화와 관련된 송풍기, 덕트, 압축기 등의 소음제어에도 다양하게 활용된다. 또 군사용 목적으로 권총이나 소총의 소음기 및 대포의 소음억제에도 이용되고 있다.

자동차용 소음기는 엔진의 출력저하를 최소화시키면서 동시에 배기가스에 내재된 음향에너지의 전달 및 방출을 효과적으로 제어하는 역할을 수행한다. 이러한 과정에서 소음기 내부에서 발생되는 배압(관내압력이라고도 한다)은 배기계의 설계단계에서 엔진성능과 상호간의 절충(trade-off)관계가 있다고 볼 수 있다. 여기서, 배압이란 소음기 내부의 구조 및 형상으로 인하여 배기가스의 배출을 어렵게 만드는 압력이라 할 수 있다. 따라서 배기계의 배압이 높을수록 배기가스의 원활한 배출은 힘들어지므로, 엔진의 출력저하와 함께 연비손실을 가져오게 된다. 일반적으로 배기계에 의한 엔진의 출력손실은 약 10% 이상인 것으로 파악되고 있다. 소음기는 엔진의 배기가스로 인한 공기전달소음의 감소에는 대단히 효과적이지만, 흔들림으로 인한 구조전달소음에서는 거의 효과를 보지 못한다고 볼 수 있다.

소음기의 성능평가를 위해서는 전달손실(transmission loss), 삽입손실(insertion loss), 소음저감량(noise reduction) 및 감쇠량(attenuation) 등을 산출하게 된다. 소음기의 성능 평가방법에 대한 세부적인 내용설명은 전문서적을 참고하기 바란다.

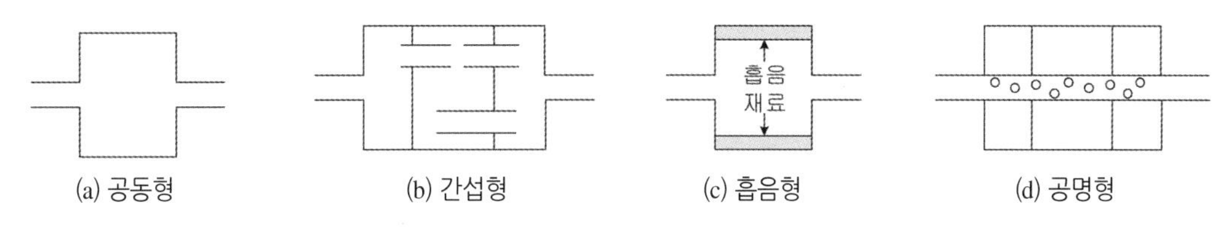

그림 7.91 **소음기의 종류**

소음기의 종류로는 그림 7.91과 같이 공동형(cavity type), 간섭형(interference type), 흡음형(absorption type), 공명형(resonator type) 등으로 크게 구분할 수 있으나, 대부분의 자동차용 소음기는 이들의 장점들을 적절하게 취합한 혼합형이 주로 사용되고 있다. 특히, 흡음형과 같이 소음기의 내부 구조나 벽면에 흡음재료를 추가하여 높은 주파수 영역의 소음감소 성능을 향상시킬 수도 있다. 이때 사용되는 흡음재료로는 탄소섬유나 기타 유리섬유 등과 같이 비교적 열에 강하고 흡음률이 우수한 재료가 채택된다. 자동차용 소음기의 내부에서는 음압레벨이 약 170 dB 이상까지 올라갈 수 있으므로, 이러한 높은 음압의 환경에서는 흡음재료의 비선형(nonlinear) 특성이 흡음성능에 매우 크게 영향을 미치고 있는 것으로 파악되고 있다.

소음기의 형상은 그림 7.92와 같이 자동차 개발 초기부터 원통모양의 라운드(round)형이 많이 사용되었으나, 최근에는 공간활용도, 제작가격과 중량감소 측면에서 반-스탬프(semi-stamp) 및 스탬프(stamp)형 소음기가 많이 사용되는 추세이다. 그림 7.93은 스탬프형 소음기의 내부구조 및 내부에 적용되는 흡음재료를 보여준다.

보조 소음기(sub-muffler)는 주소음기(main muffler)에서 완전히 소거되지 않은 배기소음을 추가로 제거시키기 위해서 장착된다. 자동차의 배기계에서 하나의 대용량 소음기로 만족하

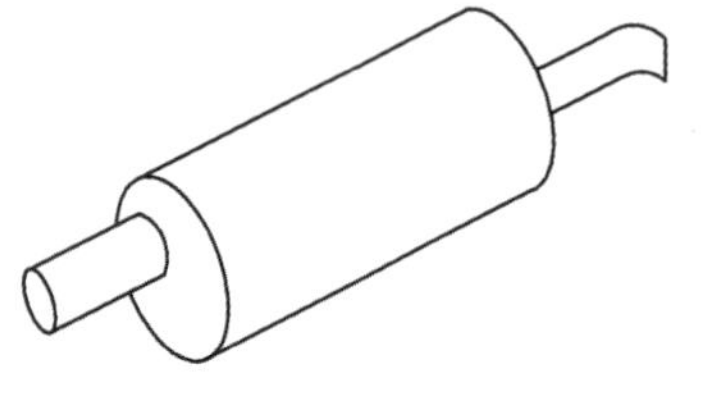

(a) 라운드형 (b) 반-스탬프형 (c) 스탬프형

그림 7.92 **소음기 형상**

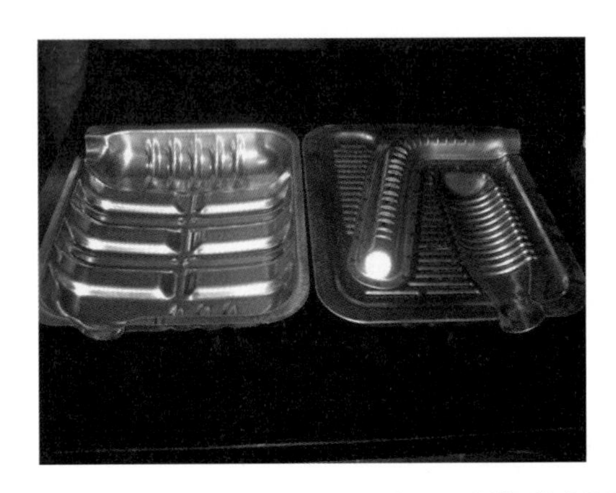

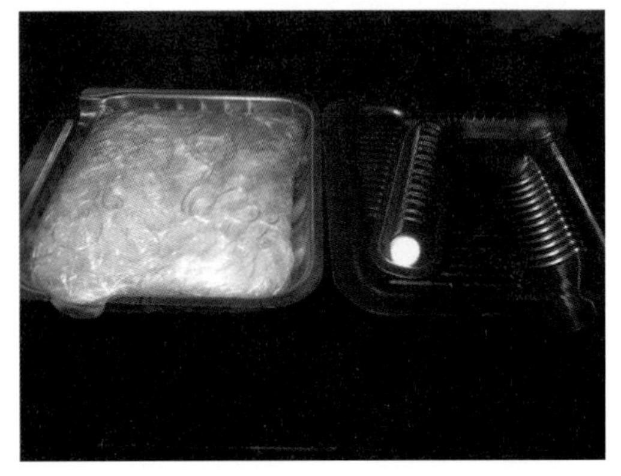

그림 7.93 **스탬프형 소음기의 내부 구조 및 흡음재료**

지 못하고, 보조 소음기가 추가로 고려되는 이유는 배기가스의 높은 압력을 순차적으로 감소시키는 목적이 내포되어 있기 때문이다. 폭포를 예를 들어서 설명하자면 큰 낙차를 가진 폭포의 물소리보다는 계단처럼 여러 개의 작은 폭포로 나누어져서 떨어지는 물소리가 훨씬 조용한 것과 같은 이치이다. 보조 소음기의 종류로는 그림 7.94에서 보는 바와 같이 주로 높은 주파수의 소음제거를 목적으로 한 혼합형과, 문제되는 특정 주파수의 배기소음 제거를 목적으로 하는 공명형 등이 사용된다.

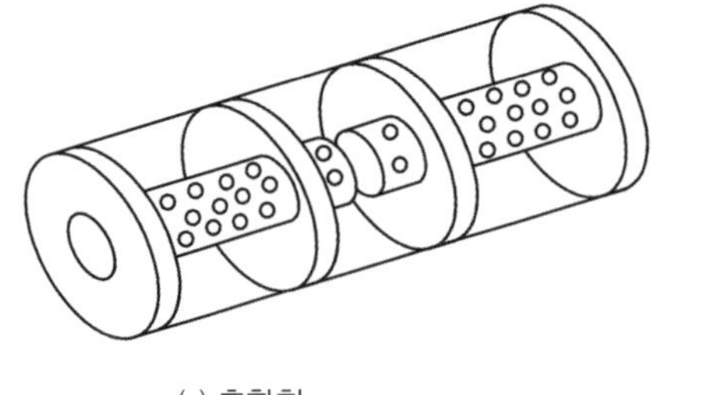

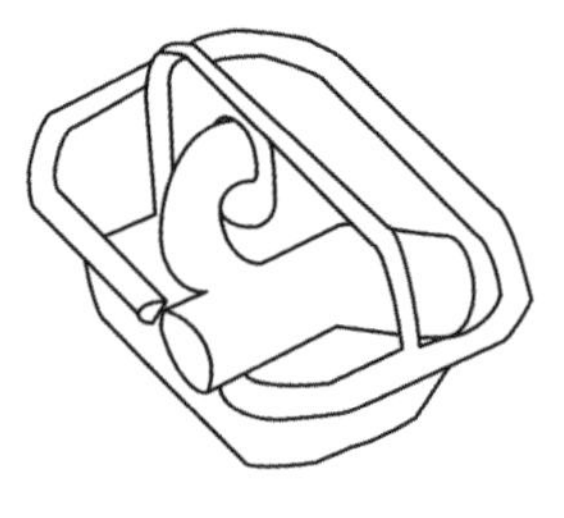

(a) 혼합형 (b) 공명형

그림 7.94 **보조 소음기의 종류 및 내부구조**

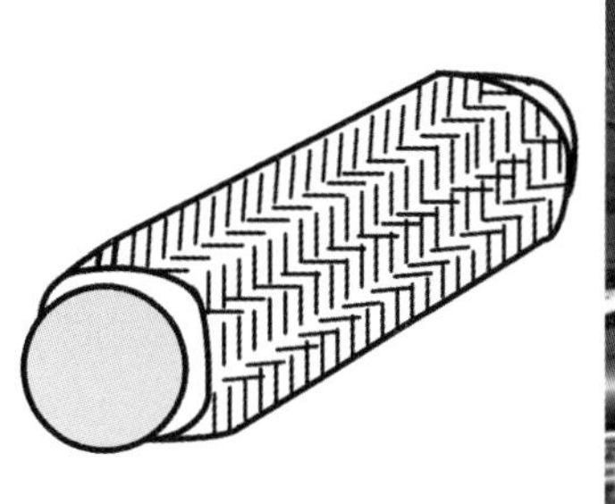

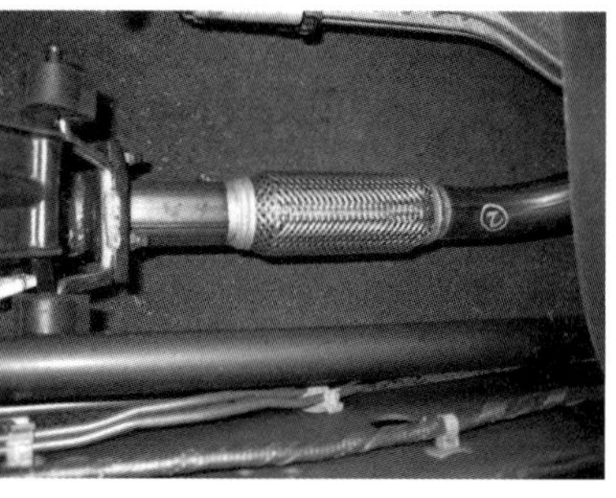

(a) 벨로즈형

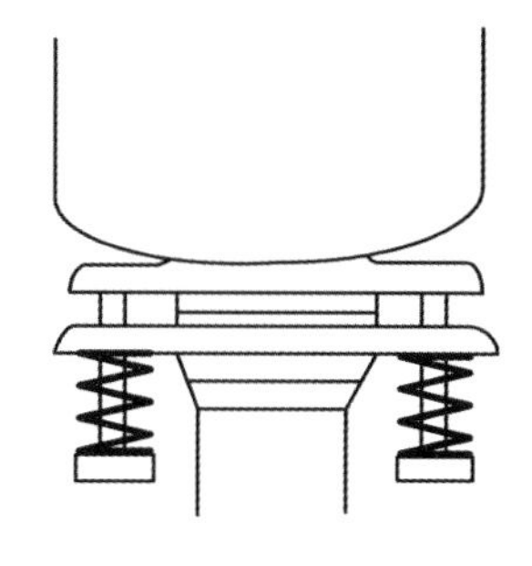

(b) 스프링 조인트형

그림 7.95 **배기계의 진동절연장치**

한편, 배기계의 진동절연장치는 엔진의 진동이 배기계 전체로 전달되는 현상을 최소화하기 위한 장치이다. 그림 7.95와 같이 벨로즈(bellows)형, 곡면형 절연장치(round decoupler), 스프링 조인트(spring joint)방식 등이 있으나, 진동절연 효과 측면에서 벨로즈형이 가장 많이 사용된다. 배기계의 벨로즈 장착으로 인해서 배기계의 진동현상은 크게 억제시킬 수 있으나, 벨로즈 양 끝단에서는 예상치 못한 응력집중현상이 발생할 수 있다. 따라서 기존 배기계에 벨로즈를 포함한 진동절연장치를 새롭게 추가할 경우에는 연결장치를 포함한 배기계 전체의 내구특성까지 함께 고려해야 한다.

7.10.2 배기계의 소음

배기계의 소음은 흡기소음의 발생원리와 유사하나, 고온 · 고압의 배기가스에 의한 영향과 고속유동에 따른 소음특성을 내포하고 있다. 배기소음은 크게 맥동소음(pulsating noise), 기류소음(flow noise), 방사소음(radiation noise) 등으로 구분된다.

(1) 맥동소음

배기밸브의 개폐에 따라 발생하는 유체소음으로, 배기가스의 높은 압력에 의한 충격적인 소음이기 때문에 운전자와 탑승자에게는 주로 금속성의 소음으로 느껴진다.

(2) 기류소음

높은 압력의 배기가스가 배기계를 통과할 때에는 외부 대기압과의 차이로 인하여 매우 빠른 속도로 배기 다기관과 소음기 내부를 통과하게 된다. 이러한 배기가스의 빠른 유동속도로 인하여 배기계 내부에서는 난류소음이 발생하여 배기구 끝단의 토출구(tail pipe)에서 차량 외부로 방출되는데, 이를 기류소음이라 한다. 기류소음은 gas rush noise라고도 표현하며, 최근 엔진의 출력이 증대될수록 더욱 심각해지는 경향을 갖는다.

(3) 방사소음

배기가스의 압력변동과 엔진진동에 따른 배기계 표면의 진동현상으로 인하여 주변으로 방사되는 소음을 뜻한다.

이상과 같은 배기계의 소음을 억제시키기 위한 소음기의 설계개념을 간단히 정리하면 그림 7.96과 같다. 이는 자동차 제작회사의 엔지니어들이 고려해야 할 사항들이며, 일반 자동차 사용자들은 배기계의 역할을 이해하고, 배기소음의 변화를 파악하여 배기계의 파손여부를 일찍 파악할 수만 있다면 매우 유익하리라 생각된다. 참고로 배기계 내부와 차량 외부의 높은 온도차이로 인해 배기계 내부에 물방울 생성(이슬 또는 결로현상)이 누적되어 소음기 내부 공간에 물이 고일 수 있다. 신호대기하던 앞차량이 출발하면서 배기계 토출구에서 물이 나오는 현상도 바로 이런 이유 때문이다.

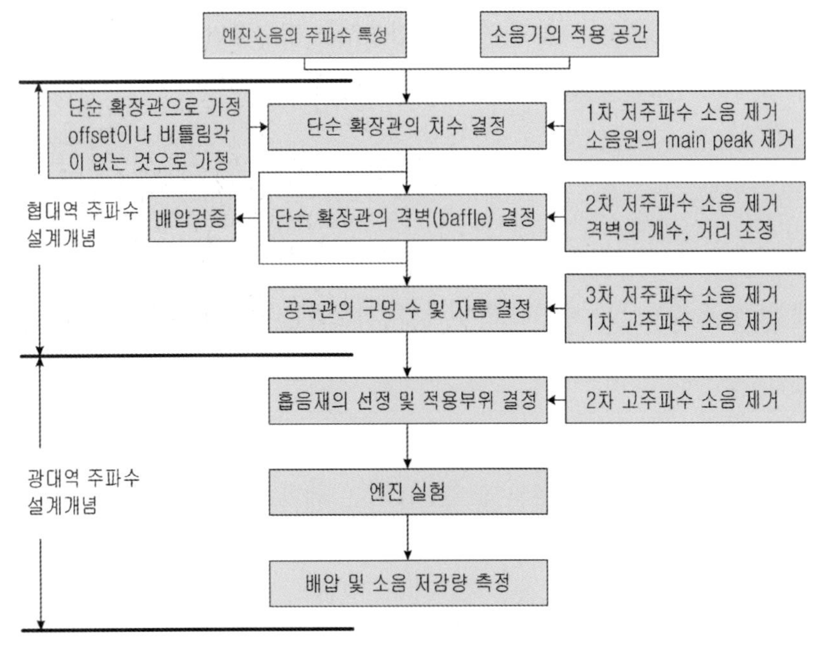

그림 7.96 **소음기의 설계개념**

7.10.3 배기계의 진동

배기계는 자동차의 여러 부품 중에서 차체를 제외하면 제일 긴 부품이라 할 수 있다. 자동차 앞쪽에 위치한 엔진의 배기포트에 배기 다기관이 장착되어 차량 후방 범퍼 위치의 토출구(tail pipe)까지 연결되어 있기 때문이다. 따라서 배기계의 길이는 거의 차량의 전체 길이에 해당되며, 배기계 자체의 중량만도 30 kg 이상을 넘어가기 때문에 배기계의 진동현상은 차체의 진동현상과 실내소음에 상당한 영향을 준다고 볼 수 있다.

배기계는 엔진의 공회전 상태에서는 엔진 지지계의 고유 진동수에 영향을 주며, 주행 시에는 그림 7.97과 같은 탄성진동(굽힘진동)이 발생되어 차체를 가진시키는 주요 원인이 된다. 엔진가동에 따른 흔들림이 배기계로 전달되면, 가늘고 긴 형상을 가진 배기계는 낮은 진동수에서도 쉽게 굽힘진동을 하게 된다. 엔진의 회전수 변화에 따라 배기계를 진동시키는 가진진동수가 증감되면서 큰 진폭의 결과를 낳을 수 있다. 이러한 현상은 배기계를 지지하고 있는 고무와 브래킷(hanger bracket 등)을 통해서 차체로 전달될 수 있으며, 이 과정에서 진동전달이 증폭되면서 차체 패널(panel)들의 진동현상이 확대될 경우에는 실내소음이 크게 악화될 수 있다.

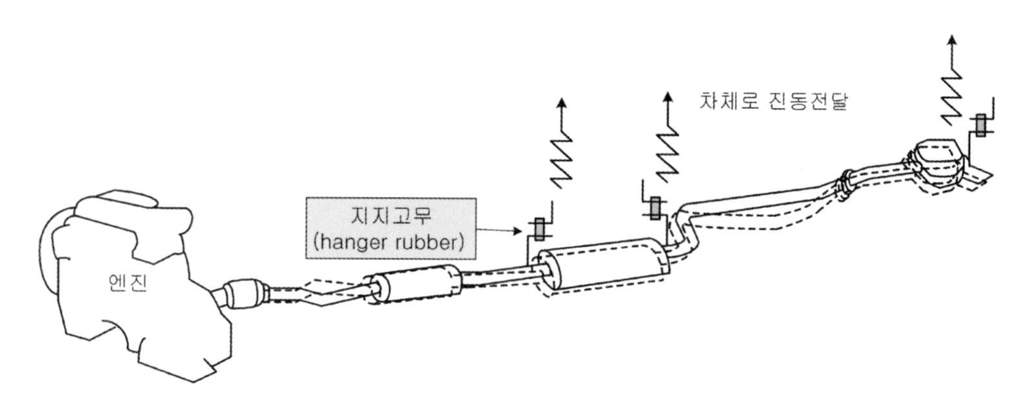

그림 7.97 **배기계의 진동모드 및 지지고무**

배기계의 진동을 유발시키는 주요 가진원은 엔진의 진동, 배기관 내부의 배기가스 맥동압력 등이며, 벨로즈의 채택과 지지고무 등으로 차체로의 진동전달을 최소화시키고 있지만 배기계의 진동은 실내소음에 매우 민감한 영향을 끼치기 마련이다. 배기계의 진동현상으로 발생되는 실내소음의 개선대책으로는 배기계의 고유 진동형태(모드)와 공진 진동수의 변경, 지지계의 위치 최적화와 차체 연결부위의 강성보완, 배기관의 진동절연장치 및 지지고무(hanger rubber)의 절연성능 개선 등이 있다.

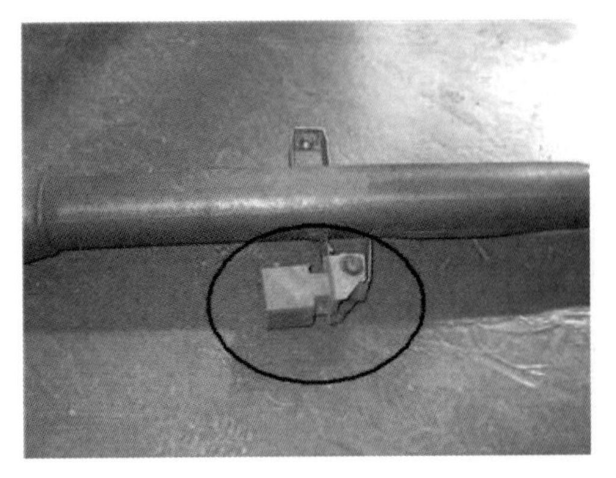
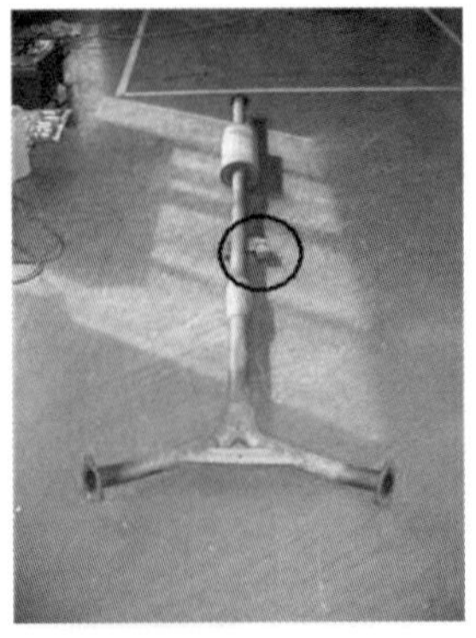

그림 7.98 **배기계의 진동억제를 위한 동흡진기 적용사례**

특히, 지지고무에서는 배기계와 차체 간의 진동절연뿐만 아니라, 큰 변위의 제어를 동시에 만족시킬 수 있는 복합적인 특성이 요구되고 있다. 좀 더 정숙성을 필요로 하는 고급차량이나 배기계의 진동현상이 심한 경우에는 그림 7.98과 같이 동흡진기(dynamic vibration absorber)를 배기기 자체에 직접 적용시키기도 한다. 이때 배기관은 높은 배기가스의 온도영향을 받기 때문에, 동흡진기에서 스프링 역할을 하는 고무재료의 사용이 제한될 수밖에 없다. 따라서 얇은 브래킷과 같은 금속재료를 적용하여 강성(스프링 역할)을 확보하거나 별도의 질량을 추가시키기도 하고, 때로는 차체 쪽의 브래킷에 동흡진기를 적용시키기도 한다. 동흡진기에 대한 세부적인 내용은 제11장 제1절을 참고하기 바란다.

7.10.4 배기계의 음색조정

엔진의 동력생성과정에서 배출되는 배기가스의 소음저감이라는 배기계 본래의 목적뿐만 아니라, 최근에는 배기계에서 방출되는 음색을 특정 목적에 따라 조정(tuning)하려는 시도가 이루어지고 있다. 그 이유는 같은 음압레벨을 가진 소음이라 하더라도, 소음을 구성하고 있는 주파수의 분포형태나 조화성분 등에 따라서 사용자가 느끼는 질적인 차이가 존재하기 때문이다. 가장 간단한 예로 대형 수입 오토바이에서 발생하는 특유의 둔탁한 배기소음을 매우 선호하는 오토바이 소비자들이 있음을 알 수 있다. 또한 배기계의 토출구를 크게 개조하여 둔탁하고 낮은 소음을 유발시키면서 거리를 질주하는 차량을 쉽게 목격할 수 있다. 배기소음에 대한 음색조정도 이러한 소음의 질적인 느낌을 사용자 측면에서 고려하게 된 것이다.

배기소음의 음색조정은 크게 대형차량용 음색(limousine sound)과 스포츠차량용 음색(sports sound)으로 구분할 수 있으며, 국내 자동차 제작회사들은 주로 스포츠차량용 음색개

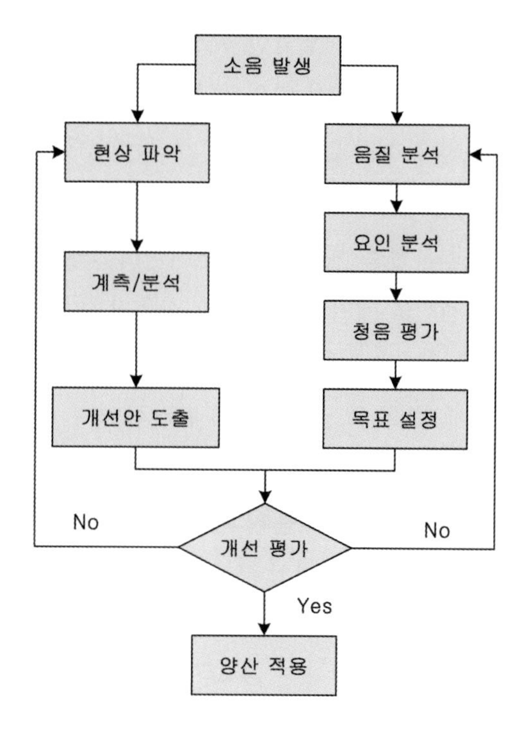

그림 7.99 **배기계의 음질 개발과정**

발에 주력하고 있는 추세이다. 이러한 음색조정의 구분으로는 소리의 시끄러움과 조용함, 약함과 강함, 거침과 부드러움, 무거움과 경쾌함, 가벼움과 묵직함, 흐릿함과 깨끗함 등의 여러 가지 항목들을 대상으로 제반 음질(sound quality) 평가를 수행한다. 그림 7.99는 배기계의 음질 개발과정을 간략하게 나타낸 것이다. 그 외에도 실내음질의 감성평가 항목 등이 있으며, 이러한 음색조정은 심리/음향적인 측면이 추가로 고려된 것이라 할 수 있다. 음질에 대한 세부사항은 제9장 제4절을 참고하기 바란다.

7.10.5 배기소음의 능동제어

기존 배기계에 사용되는 소음기에서는 엔진성능(출력)과 배압 간의 상충(trade-off)되는 요인으로 인하여, 저소음과 저배압을 동시에 효과적으로 실현하는 것은 불가능하다고 판단할 수 있다. 이러한 한계점을 극복하기 위해서 능동 소음제어(active noise control) 기술을 이용하는 연구가 시도되었고, 가시적인 결과들을 응용하여 실제 배기계에 적용시켜 시판된 경우도 있다.

배기계의 능동 소음제어에는 배기계 내부의 높은 온도와 압력, 부식성이 강한 배기가스의 독성 및 충격적인 진동이 존재하는 매우 열악한 환경이라는 어려움이 상존한다고 볼 수 있다. 또 배기계의 소음을 억제시키기 위해서 역위상의 소리를 방출시키는 스피커를 장착시킬 공간적 여유가 배기계에서는 충분하지 않다는 것도 큰 어려움이라고 생각된다. 능동소음제어에 대한 세부사항은 제9장 제6절을 참조하기 바란다. 능동소음제어의 제한조건으로 인하여 배기계의 내부 구조를 엔진 운전조건에 따라 가변시켜서 소음 억제효과를 증대시키는 방법도 연구되고 있으며, 이미 엔진의 배기조건에 따라 소음기 내부의 배기통로를 변화시키는 방식도 일부 채택되고 있는 추세이다. 이러한 소음기를 가변 소음기라 부르며, 소음기 내부의 배기통로를 둘로 나눈 후에 배기가스의 압력변화에 따라서 내부 밸브의 개폐 여부로 배기통로가 합쳐지거나 나누어지는 구조를 갖게 된다. 이렇게 배기통로를 배기가스의 압력에 따라 변화시켜서 전달경로의 차이에 의한 배기소음의 저감방안에 활용하는 연구도 활발히 진행되고 있는 실정이다. 그림 7.100은 가변 소음기의 구조 및 작동개념을 보여준다.

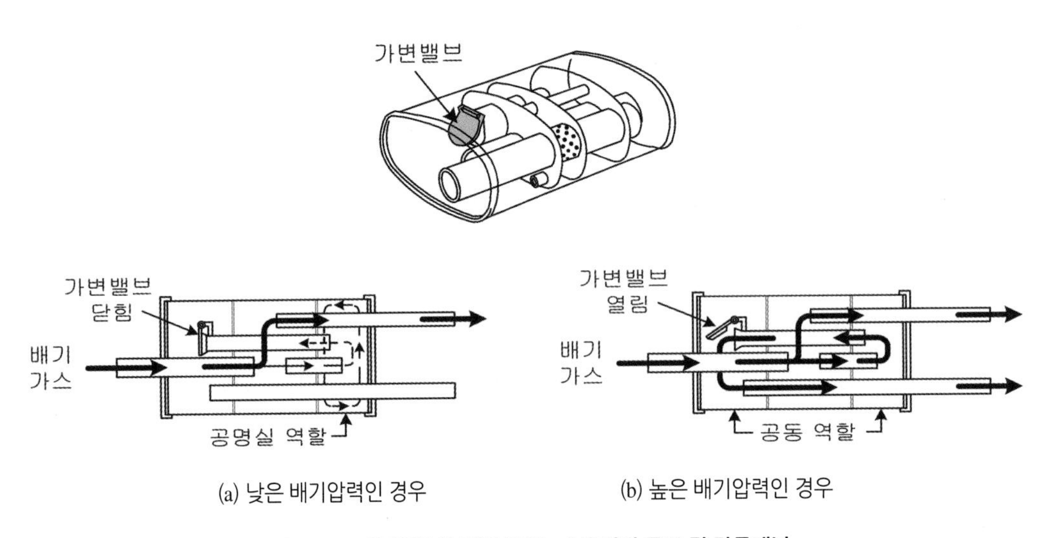

그림 7.100 **배기통로를 가변시키는 소음기의 구조 및 작동개념**

그림 7.100(a)의 저속주행과 같이 배기가스의 압력이 낮은 경우에는 가변밸브가 닫혀서 하나의 토출구로 배기가스가 방출되어 관로(管路)를 축소시켜 낮은 주파수 영역의 소음을 저감시키고, 내부공간은 공명실 역할을 하게 된다. 반면에, 그림 7.100(b)와 같이 엔진의 회전이 증대되어 배기가스의 압력이 높아질 경우에는 가변밸브가 열려 배기통로가 바뀌게 되면서 관로가 증대되므로 낮은 배압을 형성하여 엔진의 출력을 향상시킬 수 있으며, 동시에 소음기의 내부공간은 공동(cavity)역할을 하게 되어 더 많은 소음감소 효과를 얻는 개념이다.

7-11 변속기의 진동소음

자동차의 변속기(transmission)는 엔진에서 생성된 동력을 차량의 다양한 주행조건에 필요로 하는 회전력과 회전수로 변환시켜주는 기계장치이며, 구동축을 통해서 타이어로 구동력을 전달시켜 차량의 이동을 가능케 한다. 이러한 변속기 본래의 기능을 수행하는 과정에서 엔진 자체의 기계적인 흔들림과 함께 구동력의 토크변동(torque fluctuation) 등에 의한 구조적인 진동현상이 발생하고, 변속과정에서도 각 기어의 맞물림으로 인한 변속기 자체의 진동과 소음현상이 발생하여 승차감을 저해시키는 요소로 작용할 수 있다.

7.11.1 변속기의 구조진동

변속기는 우리가 흔히 톱니바퀴라 부르는 치차(齒車, gear) 및 이를 지지하는 축과 변속 제어기구들로 구성되어 있으며, 이 부품들을 둘러싸고 있는 변속기 하우징(housing) 내부에 결합되어 있다. 대부분의 변속기는 엔진과 직접 볼트로 체결되어 있으므로, 엔진의 기계적인 흔들림에 크게 영향을 받기 마련이다. 특히, 후륜구동차량인 경우에는 엔진과 더불어서 변속기가 매우 긴 형상을 갖게 되어서 동력기관 자체의 굽힘(bending) 진동현상이 100 Hz 내외의 낮은 진동수 영역에서도 쉽게 발생할 수 있다. 이러한 굽힘진동으로 말미암아, 구동바퀴로 동력을 전달시키는 프로펠러 샤프트(propeller shaft)에 심각한 진동현상을 유발하게 된다. 엔진의 회전수 변화에 의한 가진(加振) 진동수가 동력기관의 굽힘 진동수에 접근할 때마다 차량의 진동소음현상이 크게 악화되는 결과를 가져온다.

최근 레저용 차량의 증대로 인한 SUV(sports utility vehicle)와 같은 4륜 구동차량에서는 엔진에 변속기뿐만 아니라 동력분배장치(transfer case)가 추가로 장착되기 때문에, 동력기관의 굽힘 진동현상이 나타나는 고유 진동수가 더욱 낮아지게 되므로 낮은 엔진 회전수에서도 차량의 진동소음현상이 심각해질 수 있다. 이러한 변속기의 구조적인 진동현상을 억제시키기 위해서 동흡진기(dynamic vibration absorber)를 변속기 외부 몸체에 장착하거나 또는 후륜차동장치(differential system) 등에 장착하는 사례가 많다. 변속기 몸체와 차동장치에 적용된 동흡진기는 제11장의 그림 11.4와 그림 11.5를 참고하기 바란다.

7.11.2 변속레버의 진동

수동변속기 차량에서는 기어변속 시 운전자가 손의 촉감에 의해서 변속레버의 진동을 쉽게 느낄 수 있다. 변속레버의 진동현상은 엔진진동으로 인한 변속레버 기구의 공진현상으로 발생한다. 특히, 후륜구동차량 중에서 그림 7.101(a)와 같이 변속레버가 변속기에 직결되어 있는 경우에는 심각한 진동현상을 야기할 수 있으므로, 이때에는 부분적인 절연대책이나 동흡진기의 적용으로 문제를 개선시킬 수 있다. 일반적인 전륜구동차량의 변속레버는 그림 7.101(b)와 같이 원격조작 링크(link)방식과 케이블(cable)방식으로 되어 있어서 변속레버의 진동은 그다지 심하지 않지만, 변속 시 발생하는 차체 바닥의 울림(떨림)으로 인한 부분적인 진동과 소음현상이 발생될 수 있다. 변속레버의 진동현상 해결방안은 대부분 변속레버가 장착되는 차체 부위의 강성을 보강하여 개선시키거나, 그림 7.102와 같이 변속레버에 방진고무를 적용시키는 경우도 있다.

(a) 직접 조작방식(direct connection)

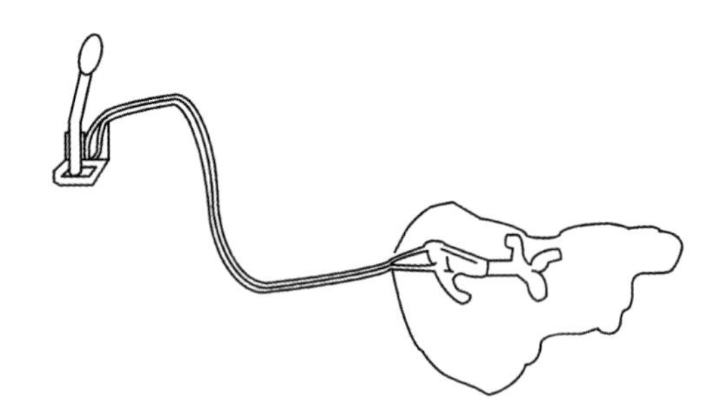

(b) 간접 조작방식(flexible cable connection)

그림 7.101 **변속레버의 연결방식**

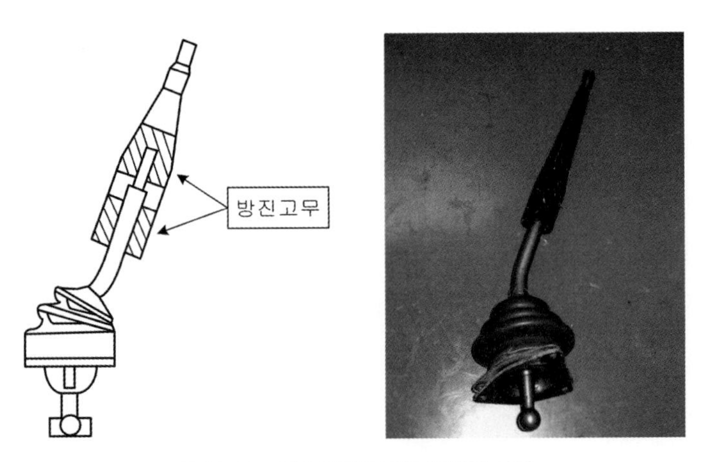

그림 7.102 **변속레버의 외관 및 방진 사례**

7.11.3 자동변속기의 구조 및 진동현상(변속충격)

자동변속기는 수동변속기의 클러치 조작을 토크 컨버터(torque converter)로 대체시키고, 기어변속도 여러 개의 유성기어(planetary gear)를 제어장치(TCU, transmission control unit)로 작동시켜서 이루어진다. 그림 7.103은 자동변속기의 주요 부품명칭을 나타낸다.

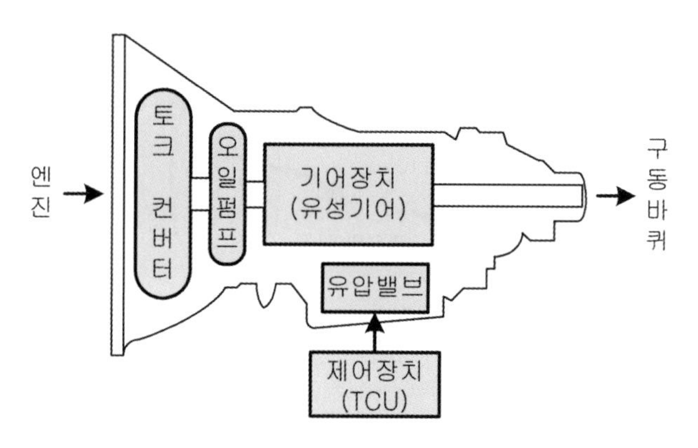

그림 7.103 **자동변속기의 주요 부품명칭**

자동변속기는 일반 수동변속기에 비해서 동력기관에서 발생될 수 있는 비틀림 진동현상을 토크 컨버터 내부의 유체(변속기의 오일)에 의해 감소시키게 된다. 또 수동변속기의 변속과정에서 클러치의 동력차단과 연결에 따른 갑작스러운 엔진의 회전수 변화나 부하변동에 의한 충격현상도 토크 컨버터 내부의 유체가 유연하게 흡수해주는 이점이 있다.

토크 컨버터는 그림 7.104와 같이 도너츠 모양을 반으로 나눈 모습을 가지며, 각각의 내부에 유체 흐름을 발생시키는 날개 형상이 적용된다. 토크 컨버터는 수동변속기의 클러치 역할을 대체하며 엔진에 연결된 임펠러(impeller)가 회전하면서 유압을 발생시키면 터빈(turbine)이 회전하게 되면서 변속기로 동력을 전달하게 된다. 이때 스테이터는 압력이 높아진 변속기 오일의 방향을 전환시켜서 터빈으로 재공급함으로써 토크의 증대효과를 얻게 해준다.

자동변속기 차량의 진동소음현상이나 승차감에 관련되는 주요 항목으로는 기어선택레버 D 위치에서의 공회전 진동과 함께 주행과정의 변속 순간에 느껴지는 변속충격(shift shock)이라 할 수 있다. 여기서 자동변속기의 변속충격은 변속기의 주요 부품인 유성기어 부품들의 동력전달 및 변속과정에서 이루어지는 유압작동과 해제에 의해 발생하게 된다. 공회전 진동에 대해서는 제4장 제5절에서 설명하였으므로, 여기서는 변속충격에 대해 알아본다.

자동변속기의 변속과정은 모두 변속기 오일의 유압에 의해서 각종 작동부품(댐퍼 클러치, 변속기 내부의 브레이크 및 클러치 등)들이 제어되므로, 자동차 제작회사에서는 이러한 변속

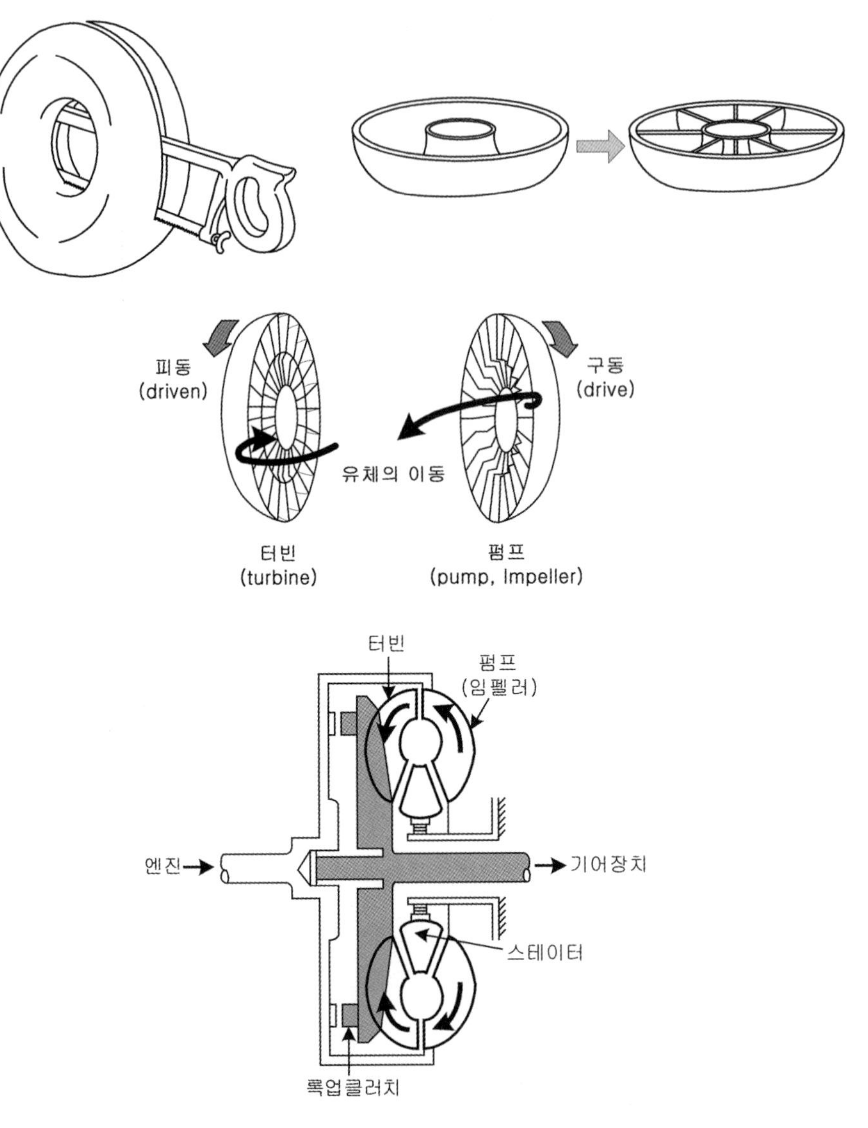

그림 7.104 **토크컨버터의 내부 구조 및 작동원리**

감(shift quality)의 개선 및 효율적인 변속형태(shift pattern)의 개발을 위해서 부단한 노력을 경주하고 있는 실정이다. 일반적으로 자동변속기의 변속감을 향상시키기 위해서는 변속과정의 제어(control)가 개회로(open loop)에서 되먹임 제어(feedback control) 및 학습제어(adaptive control) 등의 방법으로 개선되고 있다.

또한 차량의 연비향상과 동력전달능력을 향상시키기 위해서 대부분의 자동변속기는 록업 클러치(lock-up clutch)가 적용된 토크 컨버터를 채택하고 있다. 과거 록업 클러치가 작동하면 주행속도가 50 km/h 이하에서는 차량의 승차감이 악화되는 특성이 있었으므로 주로 50 km/h 이상의 속도영역에서만 록업 클러치가 작동하도록 설계되었다. 여기서, 록업 클러치는 그림 7.105와 같이 토크 컨버터 내부 부품인 터빈(turbine)을 수동 변속기의 클러치처럼 임펠러(impeller)에 직접 연결시켜서 동력전달효율을 높이는 장치를 뜻한다.

그림 7.105의 좌측 그림을 살펴보면 유체(변속기 오일)의 유동에 의해서 엔진의 동력이 터빈을 통해서 기어장치로 전달되는 것이 일반적인 토크 컨버터의 작동개념이다. 이때에는 엔진 회전에 의해서 임펠러(펌프역할)가 유압을 발생시켜서 보내면 터빈이 회전하게 된다. 유성기어로 구성된 기어장치는 터빈과 연결되어서 회전하게 된다. 그러나 록업 클러치가 작동되면, 지금까지의 동력전달방식에서 그림 7.105의 우측 그림과 같이 터빈이 록업 클러치를 통해서 직접 토크 컨버터 몸체에 연결된다.

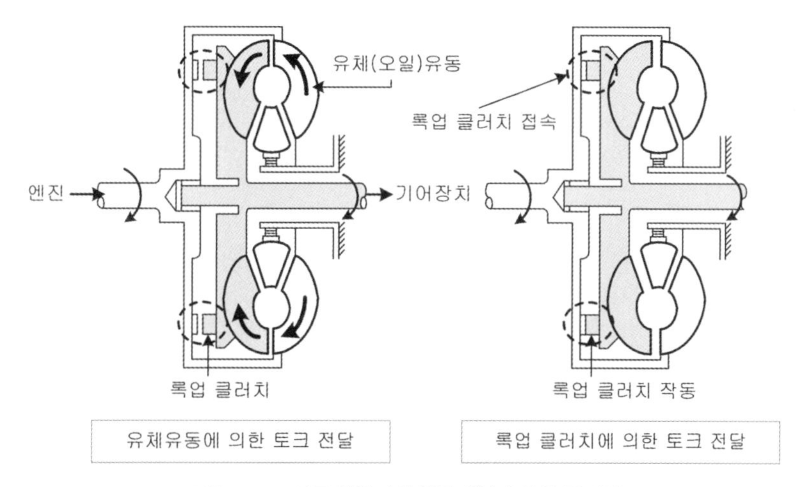

그림 7.105 **토크 컨버터의 작동개념과 록업 클러치**

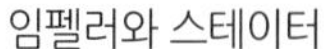

임펠러와 스테이터

터빈과 록업 클러치

그림 7.106 **토크 컨버터의 주요부품**

이와 같이 록업 클러치 체결상태가 되면 기계적인 접촉에 의해서 직접적인 구동력의 전달이 이루어지므로, 변속기 오일의 유체유동에 의한 동력전달은 더 이상 없게 된다. 이는 차량 출발이나 저속 회전영역에서 엔진의 회전력을 증대시켜주는 토크 컨버터의 효율이 고속주행에서는 크게 감소되는 단점을 극복하기 위한 방안이라 볼 수 있다. 더불어 연비의 향상 측면에서도 향후 미끄럼 제어(slip control) 등의 적용 및 추가의 개선과정을 통해서 저속 주행속도에서도 록업 클러치의 작동이 가능하도록 발전되고 있다.

과거의 국산 고급 승용차량에서는 6단 자동변속기의 동력전달과정에서 록업 클러치가 작동되는 영역은 50 km/hr 이상의 주행속도와 4~6단의 기어에서만 가능하였다. 하지만 최근 6~8단의 자동변속기가 장착된 차량에서는 엔진 회전수에 따라 25 km/hr 내외의 주행속도에서도 록업 클러치가 작동되도록 영역을 확대시켜서 연비향상을 높이고 있는 추세이다. 그림 7.107은 자동변속기의 동력전달경로를 나타낸다.

참고 미끄럼 제어(slip control): 동력의 유체전달과 마찰전달의 혼용구간에서 변속충격을 완화시키기 위한 제어방식을 뜻하며, 록업 클러치(또는 damper clutch라고도 함)의 기능을 제어하게 된다.

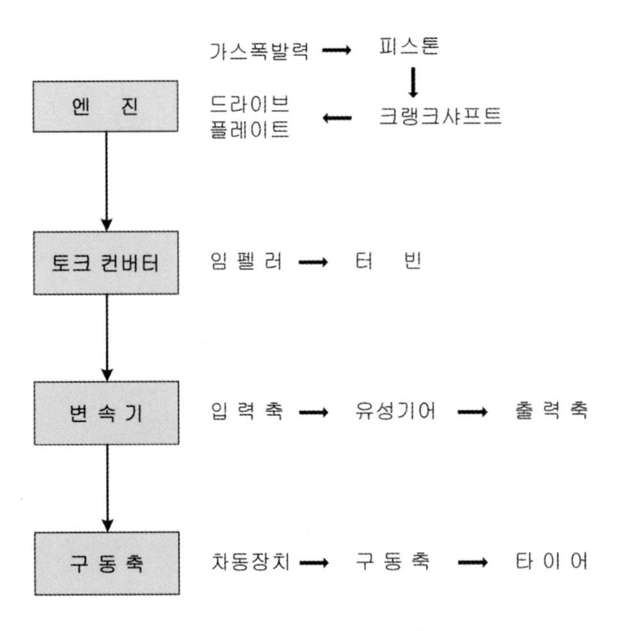

그림 7.107 **자동변속기의 동력전달경로**

7.11.4 변속기의 소음현상

변속기에서 발생하는 소음현상 중에서 회전하는 기어 이(톱니바퀴, 齒車)의 맞물림으로 인한 기어소음(gear noise)이 지배적이라 할 수 있다. 기어소음의 발생은 기어쌍 간의 맞물림 과정에서 발생하는 소음, 기어축과 베어링을 통해서 변속기 하우징으로 전달되는 진동현상으로 유발되는 소음, 변속기 하우징 자체에서 외부로 방사되는 소음 등이 있다. 여기서는 기어의 맞물림 과정에서 발생되는 소음만 간단히 알아본다.

(1) 기어의 치타음

변속기에서 발생되는 기어소음 중에서 저속 및 중속운행 시 주로 발생하는 기어 이(齒, teeth)들의 충돌음을 치타음(齒打音, rattle noise)이라고 한다. 변속기어의 백래시(backlash)가 큰 경우에는 물려 있는 기어쌍의 반복되는 충돌에 의해서 크게 발생되는 소음이다. 즉, 정체된 도로의 저속주행에서 가속과 감속이 빈번히 반복되거나, 또는 공회전에 가까운 엔진의 회전수로 가속페달의 조작없이 저속으로 주행하는 크리핑(creeping)과 같은 특별한 주행조건에서 발생하게 된다. 이때에는 피동기어가 구동기어보다 더 빨리 회전하거나 또는 느려지는 현상을 빠르게 반복하면서 그림 7.108과 같이 구동기어의 뒷면과 앞면을 반복해서 가진(타격)하면서 소음이 발생하게 된다.

그림 7.108은 이러한 치타음의 발생현상을 스퍼(spur) 기어로 이해하기 쉽게 나타낸 것이며, 실제 차량용 변속기어에는 그림 7.109와 같이 주로 헬리컬(helical) 기어가 사용되고 있음을

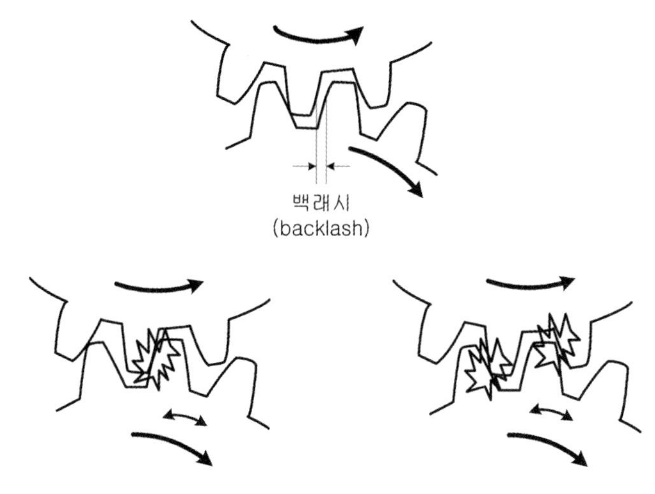

그림 7.108 **치타음 발생원인**

참고하기 바란다. 기어의 백래시가 설계기준에 합당하더라도 구동기어와 함께 맞물려 회전하는 공회전 기어(idling gear)쌍에서도 치타음이 발생하는 경우가 있다. 치타음은 대부분 수동변속기 장착차량에서 많이 발생하며, 도로가 정체되어 낮은 기어단수에 의한 저속운행조건에서 주로 발생하며, 기어의 중립상태에서도 발생하곤 한다. 정체된 도로나 골목길 등을 저속으로 주행하면서 가속페달의 조작이 빈번할 경우에는 변속기 내부에서 서로 맞물리는 기어들 간에 구동과 피동조건이 수시로 반복되면서 치타음이 심하게 발생할 수 있다. 즉, 엔진토크가 차량의 운행하중(driving load)에 비해서 충분하지 않은 경우에 주로 발생하며, 엔진으로부터 전달되는 토크 변동(torque fluctuation)이 주요 원인이기 때문에 디젤엔진이 장착된 차량에서는 더욱 심하게 발생하기 마련이다.

그림 7.109 **앞바퀴 굴림용 수동변속기의 외관 및 분해도**

이러한 치타음의 해결대책으로는 기어 회전과정에서 서로 물려 있는 잇수를 일정하게 설계하고 기어의 치폭, 치높이 등의 치형 재설계를 통해 근본적인 개선책을 강구할 수 있으며, 백래시가 없는 기어(zero backlash gear, 또는 scissors gear)를 채택할 수도 있다. 한편, 수동변속기 장착이 일반적인 유럽차량에서는 엔진으로부터 전달되는 토크 변동을 줄이기 위한 2중 질량 플라이휠(dual mass flywheel)의 장착으로 치타음 발생을 크게 감소시키고 있다. 2중 질량 플라이 휠의 작동개념은 제7장 제7절 그림 7.59와 그림 7.60을 참고하기 바란다. 표 7.6은 기어소음의 주요 원인을 각각의 인자별로 정리한 것이다.

표 7.6 **기어소음의 주요 원인**

인자	영향
전달토크	기어축의 전달토크가 반복적으로 변화하는 경우
백래시(backlash)	기어회전 중에 백래시의 크기가 변동하는 경우
기어 물림률	기어의 물림률이 나쁠 경우: 기어의 물림 형상, 위치, 면적, 기어의 물림 강약으로 판단
피치(pitch)	피치 오차가 큰 경우(기어소음에 큰 영향을 미침)
치홈	치홈의 런아웃(runout)이 있는 경우(기어소음의 주기적인 변화가 발생)
치형	치형오차가 큰 경우(매우 민감하게 작용함)

(2) 기어의 치합음

기어의 치합음(whine noise)은 수동 및 자동변속기 장착차량에서 모두 발생하는 기어소음으로, 고속주행 시 특정속도에 도달할 때마다 기어의 맞물림률에 의하여 휘파람 소리와 비슷한 높은 주파수의 소음이 발생하여 운전자와 탑승자의 귀에 들리게 된다. 이는 기어의 탄성물림 상태에서 발생되는 진동현상으로 발생되는 소음이며, 기어 회전축의 회전속도 변화현상이 주요 원인이라 할 수 있다. 구동력 전달과정에서의 소음변화는 매우 작으나, 차체 내부로의 전달과정에서 증폭되면서 차량 실내로 기어 치합음이 크게 유입될 수 있다. 치합음은 변속기 내부에서 서로 맞물리는 기어의 치합 전달오차에 의한 주기적인 가진입력 및 기어의 백래시와 베어링 유격의 비선형 특성 등에 의한 가진력이 주요 원인이 된다.

특히, 복합유성기어가 라비뇨(Ravigneaux) 방식으로 구성된 자동변속기(대부분의 4단 자동변속기가 해당된다)의 고속주행이나 후진조건에서는 출력기어의 회전수보다 더욱 빨리 회전하는 내부 유성기어의 공회전 기어로 인하여 치합음이 크게 발생할 수 있다. 흔히 후진기어를 넣고서 차량을 후진시킬 때, 평상시 앞으로 주행하던 때와는 상당히 다른 높은 주파수의 소음이 나는 것을 쉽게 경험할 것이다. 이러한 소음 중에는 치합음의 영향이 크게 기여한다고 볼 수 있다. 치합음의 해결대책으로는 적절한 치형의 수정, 기어의 맞물림률 증대, 기어의 백래시 축소, 베어링과 회전축 간의 유격 감소, 기어의 마찰력 개선 및 기어가공 정도의 정밀도 향상 등이 있다. 표 7.7은 치합음과 치타음의 특성을 비교한 내용이다.

표 7.7 **치합음과 치타음의 특성 비교**

	치합음	치타음
현상	탄성 기어쌍의 정상상태 진동	백래시에 따른 기어 이의 충돌과 분리
특성	순음(pure tone) 형태	주기적인 과도 특성(cyclic transient)
가진	기어의 치합(gear meshing)	토크 변동(torque fluctuation)
진동모드	비틀림 및 굽힘 진동	비틀림 진동
주요 인자	가공오차, 치형변형, 기어의 접촉형태	시스템의 관성, 기타 비선형 요소, 드래그/댐핑(drag/damping)
발생특성	고속주행 시 수동/자동변속기 모두 발생	수동변속기의 저속상태에서 주로 발생

7.11.5 더블 클러치 변속기의 진동소음특성

더블 클러치 변속기(DCT, double clutch transmission)는 수동변속기의 간단한 구조와 자동변속기의 편리성을 취합한 새로운 방식의 변속기라 할 수 있다. 기존의 자동변속기는 운전이 편리한 반면에, 토크 컨버터에 의한 동력전달과 유성기어장치를 통한 복잡한 구조 및 시내주행 시 수동변속기에 비해서 연비가 낮은 단점을 가진다. 수동변속기는 간단한 구조와 확실한 동력전달의 이점이 있으나, 운전자가 직접 클러치의 연결과 해제, 변속레버의 조작과 같은 불편함이 있다. 더블 클러치 변속기는 두 개의 클러치를 이용한 동력전달방식을 통해서 빠른 변속과 함께 간단한 수동변속기의 특성과 자동변속기의 운전편의성을 모두 발휘한 변속기이다. 그림 7.110은 더블 클러치 변속기의 대략적인 내부 구조를 보여준다.

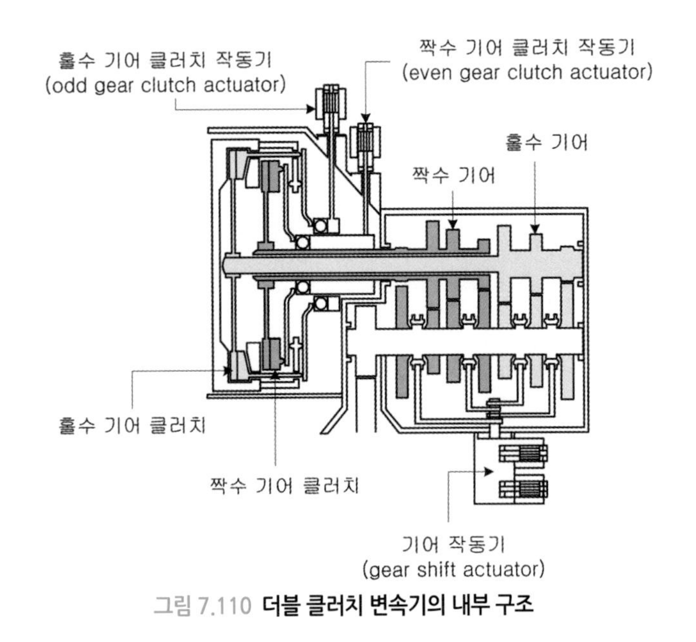

그림 7.110 **더블 클러치 변속기의 내부 구조**

더블 클러치 변속기는 클러치의 접속을 운전자가 아닌 작동기(actuator)에 의해서 이루어지기 때문에, 출발과정에서 동력기관의 진동현상이 발생할 수 있다. 특히, 정지상태에서 출발하여 가속하는 과정에서 저크(jerk)현상이나 클러치 저더(clutch judder)현상이 발생할 수 있다(제4장 제7절 참조). 또 자동변속기의 토크 컨버터에서 발휘되는 토크 증대효과를 얻을 수 없기 때문에, 출발과정이 부드럽지 않고 언덕길 출발에서 진동현상이 쉽게 발생할 수 있다. 더불어 엔진시동 시 시스템 점검단계나 사용누적에 의한 디스크 마모를 보상하는 단계에서 심한 소음이 발생하는 경우도 있다.

7-12 동력기관의 기술동향

자동차의 진동소음현상에 지대한 영향을 끼치는 동력기관의 최근 기술동향을 간단하게 소개하고 향후의 발전방향을 정리해 본다.

1) 동력기관의 구조: 엔진 본체의 알루미늄 사용증가에 따른 동력기관 자체의 구조강성에 많은 관심이 증대됨에 따라서 컴퓨터를 이용한 해석(CAE, computer aided engineering)을 통해서 동력기관 구조의 최적화(강성증대, 무게 및 크기감소 등)가 이루어지고 있다.
2) 연소소음의 감소: 가솔린 직접분사(GDI, gasoline direct injection) 방식과 같은 엔진 제어방식의 발전으로 각 실린더 간의 정밀한 연소특성 제어로 인하여 거친 소음(roughness noise)의 감소가 이루어지고 있다.
3) 유체 냉각 발전기 적용: 발전기(alternator) 내 · 외부의 팬(fan)을 제거함으로써 3,000 rpm 이상의 고속 회전에서 발생되는 팬소음의 저감을 근원적으로 강구할 수 있다.
4) 2중 질량 플라이휠(dual mass flywheel)의 적용: 엔진으로부터 발생되는 토크변동(torque fluctuation)의 저감으로 기어의 치타음(rattle noise)이나 럼블소음(rumble noise) 등을 저감시킬 수 있다.
5) 엔진 커버류 증대: 특별한 설계변경을 통하지 않고서도 동력기관의 소음저감 효과를 높이기 위하여 흡음 및 차음재료가 적용된 엔진 커버의 장착이 증대되고 있다. 엔진과 동력전달장치의 커버류 장착 증대는 외관적인 효과뿐만 아니라 부분적이나마 엔진 방사소음의 저감 효과를 꾀할 수 있다.

6) 더블 클러치 변속기의 적용확대: 연비향상과 정확한 동력전달의 장점으로 기존의 자동 변속기를 대체하는 추세가 증대되고 있다. 출발과정의 거친 느낌과 저속 운행과정에서 발생할 수 있는 차량 진행방향의 저크(jerk)나 클러치 저더(judder)현상이 문제될 수 있다. 기존의 토크 컨버터에 의한 부드러운 동력전달의 수준으로 구현하기 위한 제어기술이 뒷받침되어야 한다.

7) ISG(idle stop & go) 장치의 적용확대: 신호대기와 같은 차량 정차 시에는 연료절약과 배기가스 배출을 줄이기 위해서 엔진을 정지시켰다가 출발 직전에 엔진시동을 거는 ISG 장치가 디젤 엔진을 중심으로 적극적으로 채택되고 있는 추세이다. 자동차 진동소음 측면에서는 공회전 진동과 소음에서는 유리하겠지만, 엔진 ON/OFF 과정에서 과도진동(transient vibration)이 발생할 수 있다. 이와 유사한 진동현상은 전자식 클러치를 이용하는 하이브리드 자동차에서도 동일하게 발생하기도 한다.

7.12.1 가솔린 엔진(가솔린 직접분사방식)

최근 승용차량용 가솔린 엔진은 연료를 직접 연소실에 분사시키는 GDI(gasoline direct injection)방식을 주로 채택하고 있다. 과거 일본의 기술을 채택했던 GDI 엔진은 50 : 1 내외의 매우 큰 공연비(空然比, air fuel ratio)의 엔진이었으나, 최근에는 공연비를 크게 낮춘 엔진으로 대체되고 있다. 가솔린 직접분사방식의 엔진은 기존 엔진과 비교할 때 진동소음 관점에서 다음과 같은 몇 가지 문제점을 갖고 있다고 판단된다.

1) 인젝터 소음의 증대: 기존 가솔린 엔진에 비해서 인젝터 소음이 크게 증대되는 경향을 갖는다. 특히 공회전 상태에서 인젝터와 고압펌프의 작동소음이 실내소음에 큰 영향을 끼친다. 따라서 대부분의 GDI 엔진에서는 엔진 상단부에 그림 7.111과 같이 차음재료를 적용한 엔진커버를 장착한다.

2) 최대 압축압력의 증대: 가솔린 직접분사로 인한 연소실 내부의 급격한 압력증가율로 인하여 연소소음(combustion noise)의 증대뿐만 아니라 저속회전 영역에서는 토크 변동이 크게 문제될 수 있으므로, 2중 질량 플라이휠의 채택이 증대되고 있는 실정이다.

3) 피스톤의 무게 증가: 가솔린 직접분사방식에 의한 연소실의 공기혼합과 연소를 위해서는 피스톤의 형상변경이 필요하며, 이에 따른 피스톤의 무게증가로 엔진의 관성력이 증대될 수 있다. 특히 공회전 운전의 불안정 및 차체진동의 악화현상을 초래할 수 있다.

4) 연소속도의 증가: 가솔린 직접분사에 의한 희박연소로 부분부하 및 공회전 시 연소소음

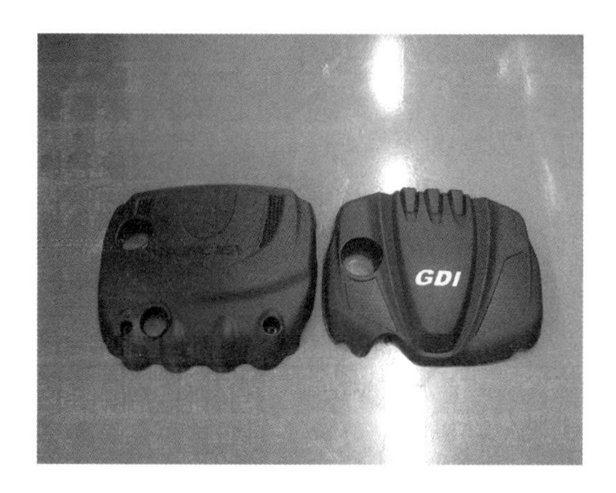

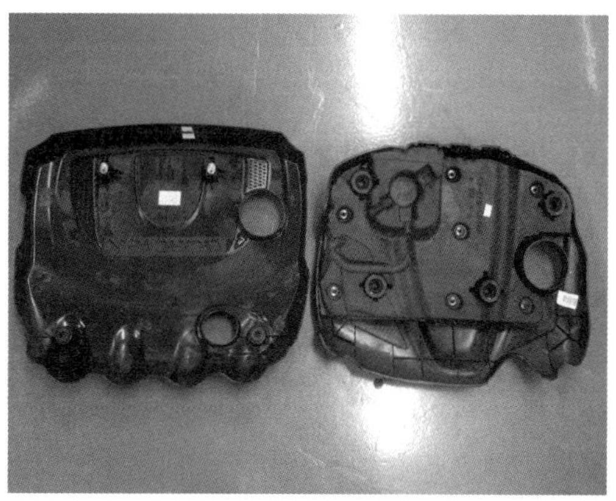

그림 7.111 **차음재료가 적용된 GDI 엔진의 커버(각 사진의 우측)**

이 증대될 수 있다. 여기서 희박연소(lean burn)란 가솔린 엔진의 이론 공연비(공기와 연료의 비율을 뜻한다)인 14.7 : 1에 비해서 공기비중이 현저히 높은 상태에서 연소가 이루어지는 현상을 의미한다.

최근 국내 자동차에 적용된 가솔린 직접분사 엔진은 과거 여러 문제점이 발생했던 초 희박 연소방식에서 탈피하여 일반 공연비에 가까운 연소방식을 채택함으로써 엔진의 효율적인 출력과 연비향상 및 배출물 저감을 꾀하고 있다. 그림 7.112는 일반 엔진과 가솔린 직접분사 엔진의 연료분사 차이점을 보여준다.

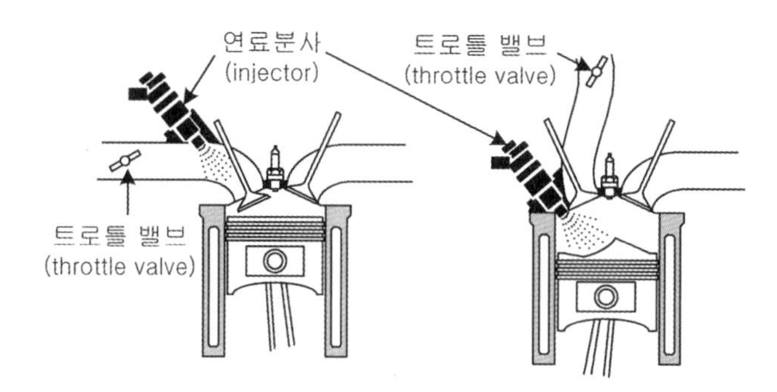

그림 7.112 **일반 엔진과 가솔린 직접분사 엔진(우측)의 연료분사 차이점**

7.12.2 디젤 엔진

최종적인 디젤 엔진의 소음개선 목표는 바로 가솔린 엔진의 소음 수준으로 향상시키는 것이라 할 수 있다. 따라서 디젤 엔진의 개발단계에서는 넓은 주파수 영역에서도 소음 분포가 안정적이며, 엔진의 회전수 상승에 따른 소음증가현상이 선형적으로 이루어지도록 설계하고, 잡음이 없으며 음질이 좋은 엔진개발을 목표로 하고 있는 실정이다. 특히, 유럽과는 달리 우리나라와 북미 소비자들은 높은 주파수 영역의 디젤소음(diesel noise)을 싫어하는 경향이 있다. 이는 공회전(idle)이나 가속 시에 발생하는 디젤 엔진의 높은 주파수에 해당하는 연소소음이 소비자들에게는 매우 거칠게 들리기 때문이다.

최근 개발된 전자제어 연료분사장치와 커먼레일(common rail)의 적용 등으로 인하여 디젤 엔진 자체의 정숙성은 다음과 같은 개선 및 변화현상을 가져온다고 예상할 수 있다.

1) 커먼레일의 적용: 각 실린더에 분사되는 연료분사율의 편차 감소와 함께 분사압력의 증대로 인하여 연소소음이 저감되며, 플런저 펌프(plunger pump)의 삭제로 전체적인 엔진 소음이 감소될 수 있다. 또 디젤 노킹의 제어에서도 좋은 효과를 기대할 수 있다. 그림 7.113은 국내 디젤 엔진의 커먼레일과 노즐을 보여준다.

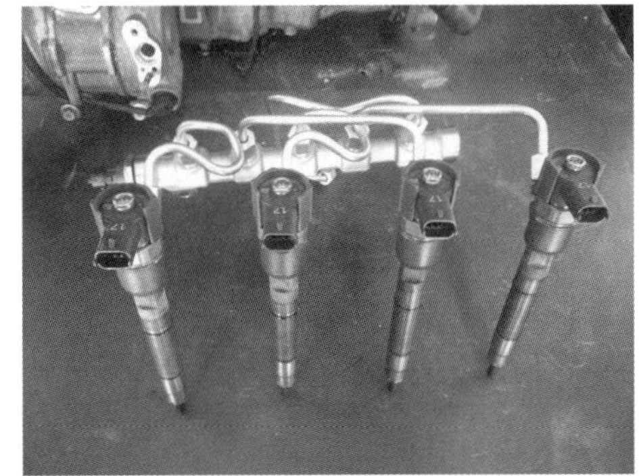

그림 7.113 **디젤 엔진의 커먼레일과 노즐(우측)**

2) 흡기계 및 실린더 블록: 디젤 엔진에서도 이제는 알루미늄 흡기계에서 플라스틱 재질의 흡기계로 개선되고 있다. 또 알루미늄 재료의 실린더 블록을 채택함으로써 저중량 · 저가격의 효과는 있으나, 실린더 자체의 진동 감쇠 측면에서는 주철에 비해서 불리할 수 있다.

3) 터보 장착 증대: 중간 냉각기(intercooler)를 가진 터보장치(turbo charger)의 채택 증대로

인하여 엔진의 동력성능은 크게 증대하고, 기존 자연흡기방식의 엔진에서 발생하는 낮은 주파수의 흡기소음은 감소시킬 수 있다. 그러나 터보장치 내부 부품의 고속회전으로 인하여 휘파람 소리(whistle noise)와 유사한 높은 주파수의 소음이 발생할 수 있다. 최근 대부분의 승용 디젤 엔진에 채택되고 있는 가변용량 터보(VGT, variable geometry turbocharger)장치가 장착된 차량에서는 낮은 회전수에서도 토크가 증대되는 결과로 구동계통의 진동 악화현상을 유발시킬 수 있다. 따라서 터보장치가 부가된 소형 디젤 엔진을 장착한 차량에서는 엔진의 낮은 회전수의 사용이 많아질수록 구동계통에서의 소음 발생 기회 또한 그만큼 많아진다고 볼 수 있다.

4) 매연 저감장치: 가솔린 엔진에 비해서 디젤 엔진은 배기가스 저감을 위한 다양한 장치들이 추가되기 마련이다. 디젤산화촉매(DOC, diesel oxidation catalyst), 입자상물질(PM, particulate matter)을 걸러주는 DPF(diesel particulate matter filter), 질소산화물(NO_x)을 선택적으로 억제하는 SCR(selective catalytic reduction), LNT(lean NO_x trap) 등이 대표적인 매연 저감장치들이다. 이러한 장치들은 배기가스 저감에 있어서 필수적이지만, 운행과정에서 높은 주파수의 소음을 유발할 수 있으므로 별도의 흡 · 차음재료를 적용하거나 방음커버를 고려하는 방안을 강구해야 한다.

7.12.3 모터, 하이브리드 및 연료전지에 의한 전기자동차의 확대

예상되는 석유자원의 고갈과 각국의 차량 CO_2 규제, 자동차 제작회사의 평균연비 규제 및 무공해 차량(ZEV, zero emission vehicle)의 의무 판매규정 등과 같은 환경규제 강화에 대비하기 위해서는 전기자동차를 비롯하여 하이브리드 전기자동차와 연료전지 자동차의 개발은 필수적이라 할 수 있다. 이제는 자동차 회사의 친환경 자동차 개발기술은 세계시장에서의 주도권 확보를 통한 경쟁력뿐만 아니라, 화석연료 고갈에 대비한 에너지 안보문제에 대한 대비책 확보 측면에서도 매우 중요하다고 볼 수 있겠다. 자동차 진동소음 관점에서 이러한 친환경 자동차의 고려사항을 간단히 정리해본다.

1) 전기자동차의 진동소음: 내연기관에서 발생되는 연소소음, 흡 · 배기소음과 기계소음 등이 없어지기 때문에, 매우 정숙한(공회전 진동과 소음이 아예 없음) 운전이 이루어진다. 특히 20km/hr 이하의 저속주행에서는 전기자동차의 접근조차 보행자가 인식할 수 없을 정도여서 인위적인 소음(2,000~3,000 Hz 주파수 영역에 해당)을 발생시켜야 할 정도이다. 20km/hr 이상의 주행속도에서는 타이어의 소음을 비롯하여 모터소음이 지배

적으로 나타나며, 고속주행에서 바람소리가 크게 발생하는 것은 내연기관의 엔진을 가진 자동차와 유사하다고 볼 수 있다. 전기자동차에서는 과거 엔진소음에 의해서 차폐(masking)되었던 도로소음, 바람소리와 기타 기계적인 소음이 새롭게 문제되기도 한다. 특히 모터와 감속기에 의한 치합음(whine noise)은 전기자동차 특유의 주행소음을 발생시킬 수 있다. 전기자동차에서는 주로 100 Hz 이상의 여러 소음문제에 대한 개선이 필요하며, 특히 모터의 주 진동소음원이라 할 수 있는 토크 리플(torque ripple), 코깅 토크(cogging torque), 고정자에서 발생하는 맥스웰 힘(maxwell force) 등의 억제기술이 중요하다고 볼 수 있겠다.

2) 하이브리드 전기자동차의 진동소음: 배터리에 저장된 전기 에너지에 의해서만 구동되는 전기자동차의 문제점을 해결하기 위해서 모터와 엔진을 함께 겸비한 하이브리드 자동차는 연료전지 자동차의 개발이 늦어짐에 따라서 판매가 계속 증대되고 있는 실정이다. 엔진의 동력에 의한 구동과정은 기존 자동차와 동일한 현상을 갖지만, 모터구동이 함께 이루어지는 과정에서 과도적인 차체 진동현상이 발생하기도 한다. 또한 그림 7.114와 같이 배터리의 적정한 온도유지를 위한 송풍 팬의 작동이 실내소음에 영향을 주기도 한다. 전기자동차와 하이브리드 전기자동차는 배터리의 탑재로 인한 무게상승으로 인하여 기존 차량에 비해서 도로소음과 타이어 소음이 증대될 수도 있다.

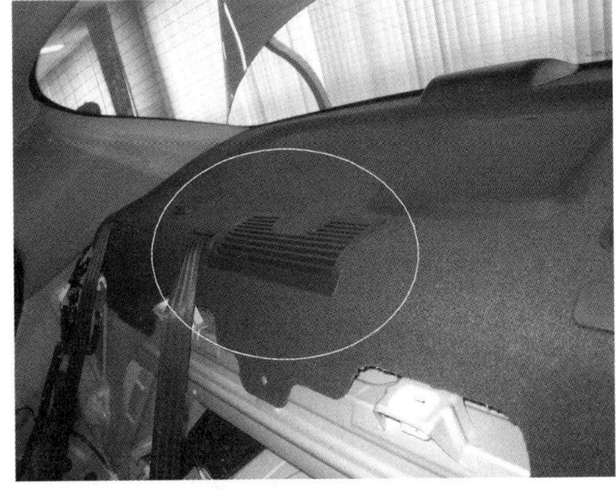

그림 7.114 **하이브리드 전기자동차의 배터리 송풍 팬과 흡입구(우측)**

3) 연료전지 자동차 : 수소를 연료로 하여 고분자 막에 산소와 함께 반응시켜서 생성된 전기로 구동되는 연료전지 자동차는 아직까지 본격적으로 시판되지 않아서 진동소음 측면에서 알려진 내용이 적다고 할 수 있다. 기존의 내연기관이나 전기 자동차와는 근본적인

동력(전기) 생성과정이 다르기 때문이며, 동력생성을 위한 연료전지 스택(stack), 공기조절기나 높은 회전수의 팬(fan) 소음이 크게 문제될 수 있다. 예상외로 정차상태에서 여러 종류의 전장부품과 팬이 작동하여 소음을 발생시킬 수 있다. 특히 메탄올과 같은 액체연료로부터 수소를 추출하는 개질기(改質機, reformer)를 비롯하여 동력생성 부품들을 제외한 나머지 진동소음문제는 기존의 차량과 큰 차이점을 갖지는 않을 것으로 판단된다.

이러한 전기자동차, 하이브리드 및 연료전지 자동차와 같이 모터로만 구동되는 저속영역의 전기차 모드[이를 EV(electric vehicle)모드라 한다]에서는 매우 정숙한 운전이 가능하다고 볼 수 있다. 하지만 역설적으로 지나치게 적은 소음은 운전자와 탑승객에게 지루함과 따분함을 줄 수가 있다. 때로는 운전자에게 속도감을 느끼게 하는 것이 안전운전에 유리한데, 그 이유는 인간은 가감속에는 예민하지만, 정속주행에서는 매우 둔감해지기 때문이다. 때로는 인위적인 소리조절을 통해서 속도감을 인식하는 것이 필요하다고 판단된다.

현가장치 8장

8-1 현가장치의 역할

자동차의 현가장치(suspension system)는 차체와 차륜(타이어와 휠)을 서로 연결시키는 핵심 장치이며, 스프링, 충격흡수기(shock absorber) 및 여러 개의 링크(link)들로 구성된다. 현가장치는 먼저 차량의 주행과정에서 발생하는 상하 방향의 흔들림을 스프링과 충격흡수기를 통해 흡수함으로써 차체를 지지하고, 동시에 좌우 및 전후 방향의 흔들림에 대해서는 높은 강성과 유연성(compliance)을 적절히 조화시킴으로써 주행과정에서 발생하는 차체와 차륜들의 상대적인 강체운동을 알맞게 조절하는 역할을 수행한다. 일반 운전자들은 자동차의 엔진성능이나 차체의 근사한 외관 디자인에만 많은 관심을 기울일 뿐, 현가장치의 중요성은 간과하는 경우가 대부분이라고 생각된다. 비록 우리들의 눈에 잘 보이지는 않지만, 차량의 안정적인 주행(조종 안정성)과 편안한 승차감 확보를 위해서 끊임없이 발전하는 현가장치는 자동차의 충직한 숨은 일꾼이라 말할 수 있다. 현가장치의 주요 역할은 그림 8.1과 같이 정리된다.

여기서, 차량의 안정적인 주행을 뜻하는 조종 안정성이란 차량주행 시 다양한 도로특성(평탄로, 험로, 직선 및 굽은 도로 등)에 대해서도 항상 타이어를 이상적인 자세로 유지시키며, 차체 또한 최적의 자세를 갖게 함으로써 차량의 주행상태를 안정적으로 유지시키는 제반 특성을 의미한다. 자동차 엔지니어들은 조종 안정성을 흔히 핸들링(handling) 또는 주행 안정성으로도 표현하지만, 이 책에서는 조종 안정성으로 정의하여 언급한다. 한편, 승차감 측면에서는 현가

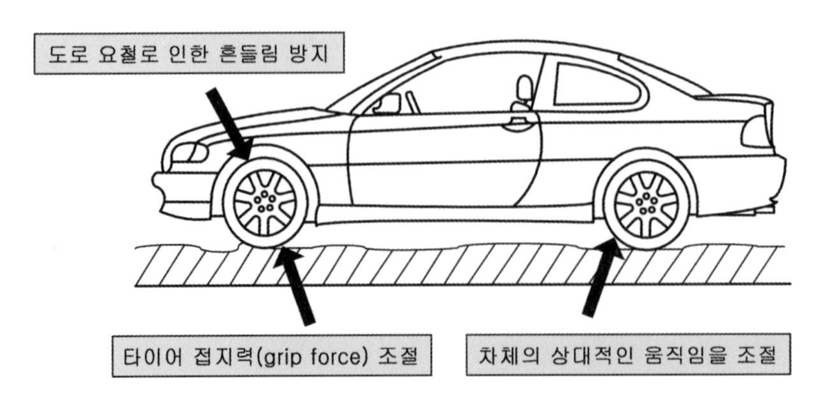

그림8.1 **현가장치의 주요 역할**

장치가 험로나 돌출물 통과 등과 같은 노면으로부터의 충격에 대해서도 빠른 응답특성과 흡수능력을 갖고 있어서 운전자와 탑승자들에게도 불쾌감을 주지 않아야 한다. 최근에는 승용차량의 충돌 안전성능이 강조되는 추세이므로, 차량충돌 시 차체가 받게 되는 충돌에너지 흡수능력까지 현가장치가 일부 담당하도록 요구되는 실정이다.

이러한 현가장치의 역할을 간단하게 요약하면 다음과 같이 정리된다.

1) 차체와 차륜을 연결시킨다.
   ① 상하 방향으로는 스프링과 충격흡수기를 통하여 차체를 지지하고, 주행 시 도로특성에 따른 상하방향의 충격력을 완화시키면서 동시에 차체의 자세 및 균형을 잡아주어야 한다.
   ② 좌우 방향으로는 커브길과 같은 굽은 도로의 진출입을 비롯하여 주행과정에서 횡풍이 작용할 때에도 차체가 좌우로 밀리는 현상을 억제시킬 수 있어야 한다. 즉, 횡풍에 대한 안정성 및 굽은 도로에서의 선회 안정성이 확보되어야 한다.
   ③ 전후 방향으로는 차량 주행과정에서의 노면충격(하시니스의 주요 원인이 된다)을 완화시키고, 직진주행이나 제동과정에서도 차체의 안정성을 확보해야 한다.
2) 차량 주행과정에서 선회나 노면입력 등에 의한 차체와 차륜 간의 상대적인 운동을 제어하고 타이어의 자세를 항상 최적의 정렬(alignment)상태로 유지시킬 수 있어야 하며, 동시에 차체의 안정적인 자세가 확보되어야 한다.

그림 8.2는 현가장치와 연관된 차체의 다양한 강체운동현상을 나타낸다. 굽은 도로를 주행하거나 잦은 핸들링(handling)을 할 경우에는 차체가 좌우로 흔들리는 롤(roll)운동이 발생한다. 이러한 차체의 롤 운동은 현가장치의 종류 및 특성에 의해 결정되는 앞뒤의 롤 중심(roll

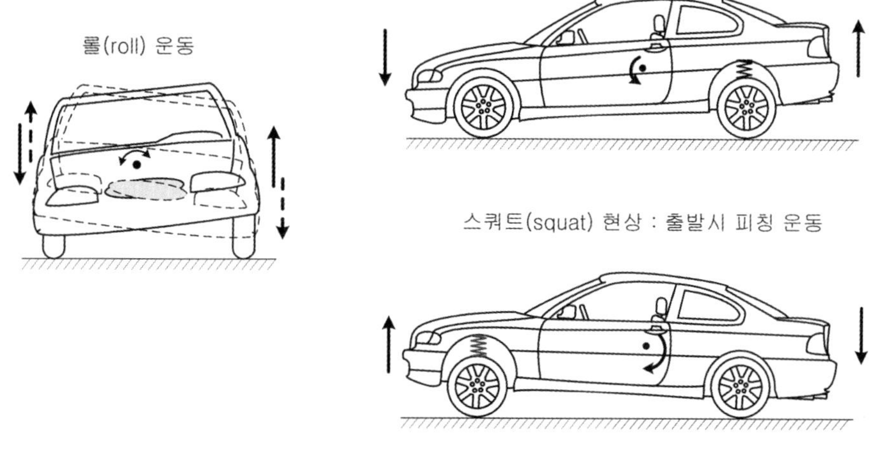

그림8.2 **차체의 강체운동**

center)과 이를 연결한 롤 축(roll axis)을 기준으로 발생한다. 또한 차량 출발과정에서는 엔진의 구동력 전달로 인하여 차체 앞쪽이 들리는 스쿼트(squat) 현상이, 브레이크에 의한 감속과정에서는 차체 앞쪽이 가라앉는 다이브(dive) 현상이 각각 발생한다. 특히 스쿼트 현상은 전륜구동 차량에서 구동축의 조인트 각도를 증대시켜서 차량 좌우 방향의 진동현상(이를 shudder 진동이라 한다)을 악화시킬 수 있다. 이에 대한 세부내용은 제4장 제7절을 참고하기 바란다. 이렇게 주행하는 차체의 운동현상은 현가장치의 특성에 크게 영향을 받기 마련이다. 그림 8.3은 진동소음현상과 관련된 현가장치의 구조 및 특성들을 나타낸다.

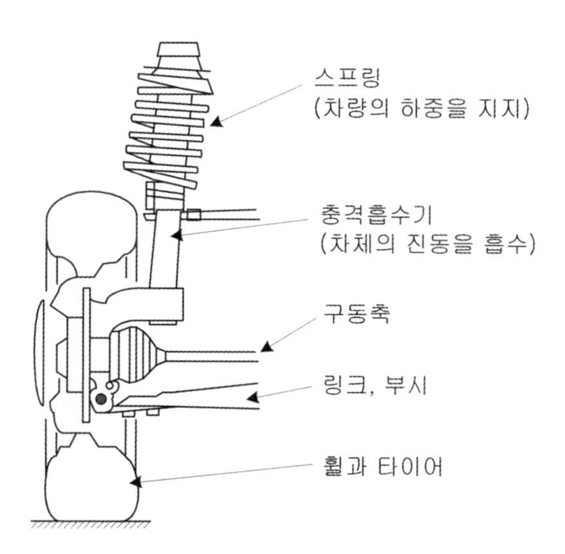

그림 8.3 **진동소음현상과 관련된 현가장치의 구조 및 특성**

8-2 질량

자동차의 질량(mass)은 승차감에 민감한 영향을 끼치며, 현가장치의 스프링을 기준으로 크게 구분할 수 있다. 즉, 차량은 현가장치의 스프링에 의해서 지지되는 질량(스프링 위 질량, sprung mass)과 스프링에 의해 지지되지 않는 질량(스프링 아래 질량, unsprung mass)으로 나누어진다. 이에 대한 세부적인 내용은 제4장 제1절을 참조하기 바란다.

스프링 아래 질량이 변화하지 않는 동일한 조건에서 탑승인원의 증가, 적재물의 적용 등과 같이 스프링 위 질량이 늘어날수록 차체의 운동주기가 길어지므로(고유 진동수가 낮아지는 개념이다) 승차감이 다소 향상될 수 있다. 그림 8.4는 이러한 스프링 위 질량의 변화에 따른 자동차의 승차감 변화특성을 보여준다. 차량의 승차감 향상만을 목적으로 단순하게 차체의 질량을 늘리거나 엔진의 중량을 증대시키는 것은 이미 개발된 자동차에서는 현실적으로 불가능하고, 연비 측면에서도 비효율적이라 할 수 있다.

반면에 동일한 스프링 위 질량인 조건에서, 스프링 아래 질량이 줄어들수록 차체의 승차감은 양호해지기 마련이다. 따라서 승차감 향상을 위해서 차륜의 재료를 강철(steel) 휠 대신 알루미늄(Al) 휠을 채택하거나, 차륜과 구동라인(driveline)의 재설계 등을 통해서 스프링 아래 질량을 감소시켜서 승차감을 적극적으로 개선시킬 수 있다. 더불어서, 도로의 요철이 심한 구간에서도 스프링 아래 질량이 작은 것이 양호한 조향특성(handling) 효과를 얻는 데 필요하다. 이는 현가장치의 스프링 강성을 일정하게 유지한 상태에서 스프링 아래 질량이 적어질수록 차륜에 작용하는 도로 요철에 대한 적응(응답)이 향상됨에 따라서 차량의 횡력 변화가 적기 때문

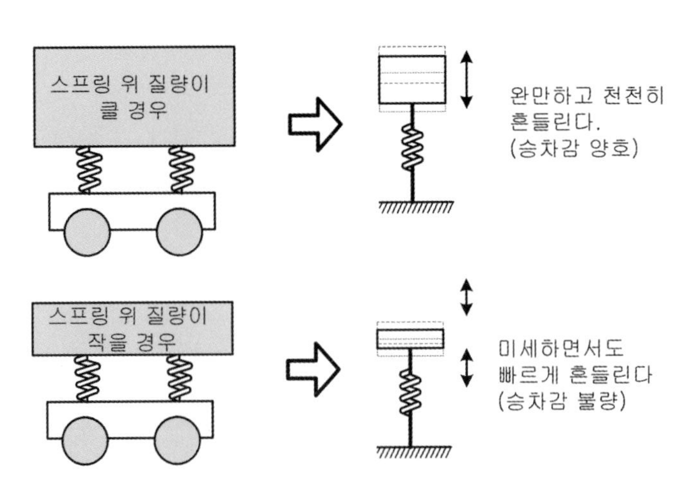

그림 8.4 **스프링 위 질량 차이에 따른 승차감 변화**

표 8.1 과도응답에 의한 승용차의 스프링 위, 스프링 아래 질량의 고유 진동수

차 종	스프링 아래 질량		스프링 위 질량
	전 륜	후 륜	
경차	13~18 Hz	13~16 Hz	1.5~2.1 Hz
소형차	11~16 Hz	12~16 Hz	1.4~1.7 Hz
중형차	10~15 Hz	10~17 Hz	1.2~1.6 Hz
대형차	12~14 Hz	9~13 Hz	1.0~1.5 Hz

이다. 하지만 차량의 주행성능을 포함한 조종 안정성과 내구성능을 함께 고려할 때, 스프링 아래 질량을 쉽게 감소시킬 수 없다는 한계점이 존재한다.

표 8.1은 승용차의 등급별로 스프링 위 질량과 스프링 아래 질량의 고유 진동수 영역을 비교한 것으로, 노면 특성에 의한 충격력이 차량에 작용했을 때의 과도응답(transient response)을 기준하였다. 경차부터 시작하여 대형차까지 차체의 질량이 증대될수록 스프링 아래 질량과 스프링 위 질량의 고유 진동수가 함께 낮아지고 있음을 확인할 수 있다. 이는 제4장 제1절에서 이미 설명한 것처럼 현가장치에 의한 승차감은 차량의 질량(탑승인원과 적재물의 유무)에 매우 큰 영향을 받는다는 것을 의미한다.

일반적으로 자동차 설계과정에서는 차체(스프링 위 질량에 해당)의 고유 진동수는 1~2 Hz, 차륜(스프링 아래 질량에 해당)의 고유 진동수는 10~14 Hz 내외를 목표로 하고 있다. 특히 스프링 위 질량의 경우, 경차와 대형차 사이의 1 Hz에 해당하는 고유 진동수격차는 승차감에 있어서 대단한 차이점을 갖는다. 이는 동일한 노면의 도로를 똑같은 속도로 주행할 때, 경차는 1초에 두 번 흔들리는 현상이 대형차에서는 한 번밖에 흔들리지 않기 때문이다. 따라서 경차를 비롯한 소형차량에서는 현가장치의 설계를 최적화시킨다 하더라도 차체의 무게 차이로 말미암은 대형차량과의 승차감 차이를 극복하기 어려운 것이 사실이다.

8-3 스프링

8.3.1 스프링의 개요

우리가 초등학교 시절에 '용수철'이라고 배웠던 스프링(spring)은 금속 및 비금속 재료의 탄성변형을 이용하여 외부로부터 유입되는 운동에너지를 쉽게 흡수할 수 있도록 설계 · 제작된

기계요소이다. 스프링의 재료에 따른 분류는 그림 8.5와 같이 금속과 비금속 스프링으로 구분된다.

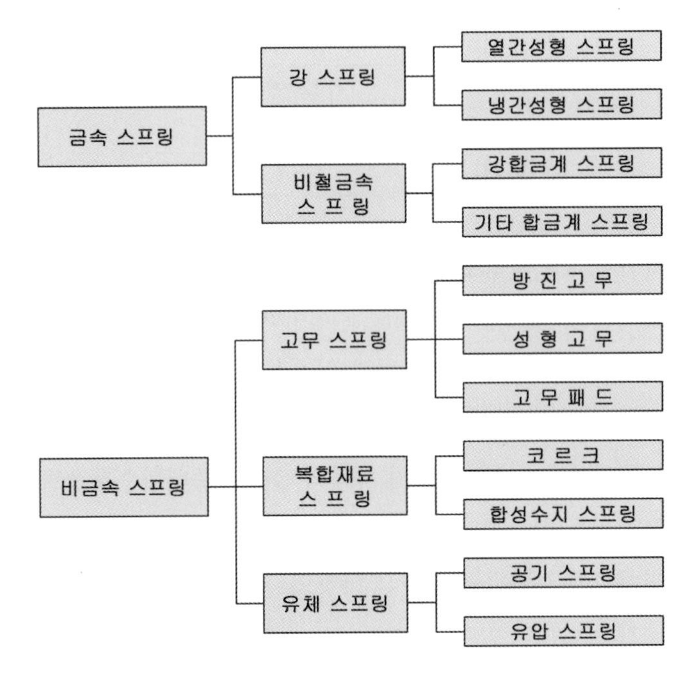

그림 8.5 **재료에 따른 스프링의 분류**

자동차용 현가장치에 사용되는 스프링은 주행과정에서 발생하는 노면으로부터의 충격력을 적극적으로 흡수하고, 차량의 자세를 정확히 유지시키는 데 있어서 매우 중요한 역할을 수행한다. 현가장치의 스프링을 기준으로 차체의 질량을 스프링 위 질량(sprung mass)과 스프링 아래 질량(unsprung mass)으로 구분할 수 있으며, 스프링 위아래 질량에 따른 차량의 승차감에 대해서는 앞에서 언급하였으므로 여기서는 현가장치에 사용되는 스프링 종류에 대해서만 설명한다.

(1) 엽판 스프링

그림 8.6(a)와 같이 얇은 철판을 여러 장 겹쳐서 제작한 스프링으로, 탄성흡수율에서는 다른 스프링에 비해서 불리하지만 차체의 강성 구조로는 훌륭한 역할을 수행한다. 따라서 코일이나 토션 바 스프링과는 달리 엽판 스프링(leaf spring)을 사용하는 경우에는, 현가장치의 구성에 있어서 별도의 암(arm)이나 링크(link)가 필요치 않다는 장점을 가진다. 하지만 도로요철에 따른 흔들림을 흡수하기 위한 스프링 역할을 수행할 때 엽판 간의 마찰작용으로 인하여 부드러운 승차감 확보에는 다소 불리하기 때문에, 대부분 대형 상용차량에서만 사용되는 실정이

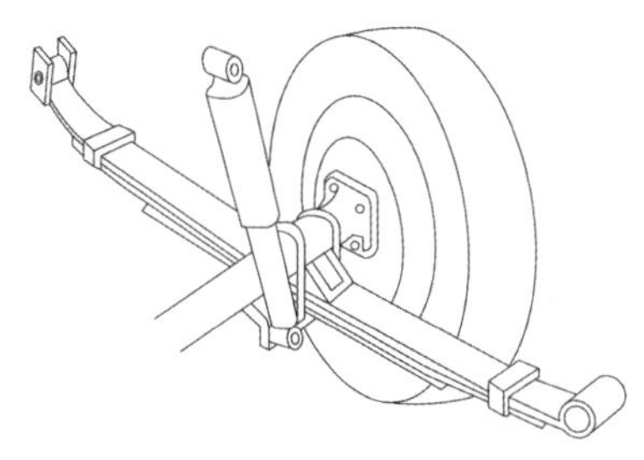

(a) 엽판 스프링

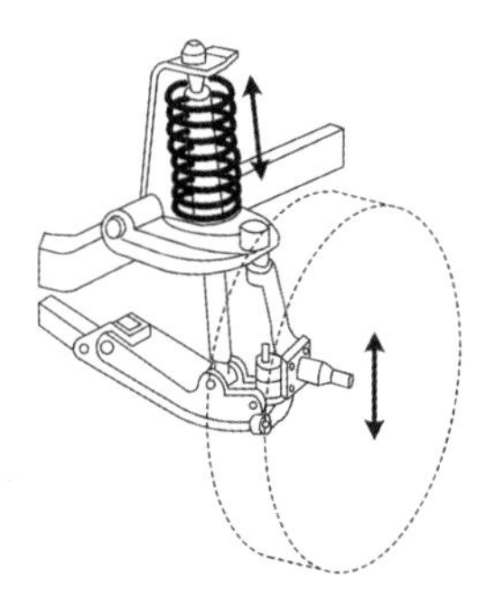
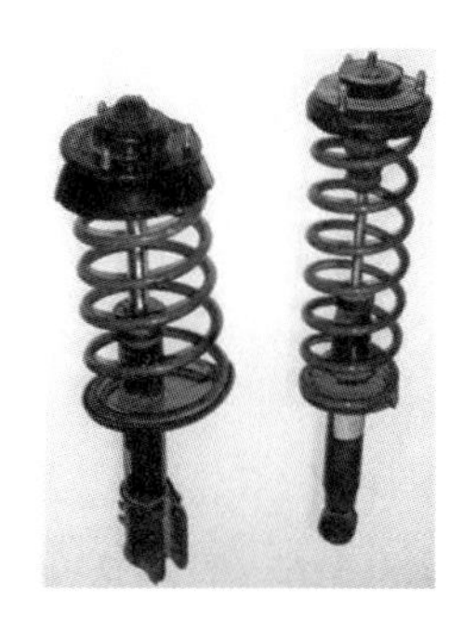

(b) 코일 스프링

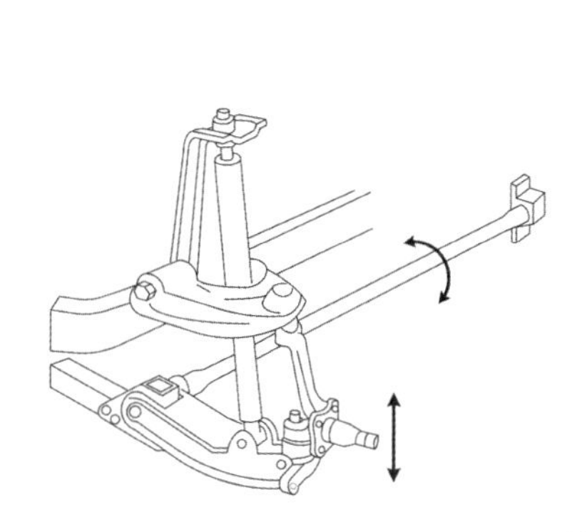
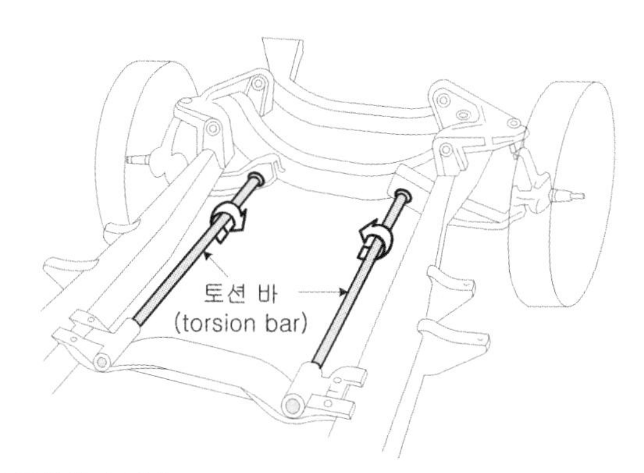

(c) 토션 바 스프링

그림 8.6 **자동차용 스프링의 종류**

다. 국내에서 개발된 상용차량 중에는 스프링 엽판 간의 마찰을 근원적으로 제거시킨 테이퍼(taper) 형상의 단면을 가진 단엽판 스프링(single leaf spring)이 채택된 경우도 있다. 또한 엽판 스프링과 차체와의 연결부위를 고무부품으로 보완 · 변경시킬 경우, 승차감 향상과 함께 험로 주행 시의 작동소음을 부분적으로 저감시킬 수 있다.

(2) 코일 스프링

대부분의 승용차량에서는 그림 8.6(b)와 같은 코일 스프링을 채택하고 있는 실정이며, 자동차용 코일 스프링(coil spring)은 대부분 압축용 스프링이 사용된다. 코일 스프링은 제작이 쉽고 탄성흡수율도 유리하지만, 양호한 승차감을 얻기 위해서는 상하방향을 제외한 전후 · 좌우 방향에 대한 강성 보완대책이 필요하다. 따라서 여러 암이나 링크 및 이들을 차체와 연결시키는 부시(bush) 장치들이 현가장치에 필수적으로 채택된다.

(3) 토션 바 스프링

토션 바(torsion bar) 스프링은 그림 8.6(c)와 같이 긴 강봉을 현가장치에 적용시켜서, 도로요철에 따른 차륜과 차체 간의 상대적인 움직임이 발생하게 되면 강봉에 비틀림(torsion)현상이 발생하게 되고, 이에 따른 복원력을 이용하여 노면으로부터의 충격력을 흡수하고 차량의 자세를 유지시키는 스프링이다. 토션 바 스프링은 타 스프링과 비교할 때, 단위중량당 축적되는 에너지가 크고 가벼운 특성을 갖는다. 그러나 가격이 비싸고 토션 바를 고정시키는 암과 같은 별도의 조합장치를 추가해야 한다는 단점이 있다. 국내에서는 지프(jeep)와 같은 4륜 구동차량과 일부 상용차량 등에 부분적으로 채택되는 실정이다.

(4) 공기 스프링

공기 스프링(air spring)은 그림 8.7과 같이 외부로부터 공기의 흡출입을 이용한 주름상자 모양의 스프링으로, 충격흡수뿐만 아니라 차량의 자세제어에도 용이하게 사용될 수 있다. 즉, 공기 스프링은 적재하중의 변화에 관계없이 일정한 차량높이를 유지할 수 있으며, 매우 낮은 스프링 특성을 가질 수 있어서 일반 금속 스프링에서는 불가능한 1 Hz 이하로 차체의 상하방향 고유 진동수를 낮출 수 있는 이점이 있다. 과거에는 주로 대형 버스에 공기 스프링이 많이 사용되었으나, 최근에는 고급 대형 승용차량에도 공기 스프링의 채택이 늘어나는 추세이다. 전자제어장치를 통해서 공기의 유입과 유출을 정밀하게 조절함으로써, 차량의 높이 조절뿐만 아니라 다양한 도로조건에 따른 스프링 특성을 조절할 수 있는 장점을 가진다. 공기 스프링을 적용할 경우에는 공기 압축기(air compressor), 공기 공급밸브, 공기 저장탱크(air reservoir tank), 에어 필터, 공기 건조기 등의 다양한 부품이 차량내부에 추가로 장착되어야 한다.

8.3.2 스프링 상수

스프링 상수(spring constant)는 스프링의 대표적인 특성을 정의하는 값으로, 현가장치에서는 공학적인 의미에서 상수(常數)가 아닌 스프링 강성(剛性, stiffness)이라고 말한다. 자동차의 현가장치에 사용되는 스프링은 선형(linear) 특성을 갖는 경우가 거의 없기 때문에, 스프링

그림 8.7 **승용차량(위) 및 대형 버스(아래)의 공기 스프링 적용사례**

의 특성을 강성값으로 주로 표현한다. 제1장 제6절에서도 설명한 바와 같이, 현가장치용 스프링은 주로 하드닝 스프링(hardening spring) 특성을 갖는다. 하드닝 스프링의 주요 특성은 외부 작용력(하중을 의미)이 커질수록 스프링의 변위증가량이 점차 줄어드는 경향을 갖는다.

스프링의 강성은 외부 작용력에 의한 스프링 자체의 변위로 정의되며, N/m 또는 kgf/mm의 단위로 표현된다. 우리는 흔히 타이어가 매우 소프트하다고 생각하기 쉽지만, 실제로는 현가장치의 스프링에 비해서 매우 딱딱한 특성을 갖는다고 볼 수 있다. 일례로 타이어와 스프링 간의 강성 차이는 대략 10 : 1 수준이며, 실제로 차체에 영향을 미치는 현가장치의 종합적인 스프링 강성(현가장치의 강성)은 타이어, 스프링 및 각종 연결링크들의 강성값 조합으로 이루어진다. 현가장치의 강성값이 증가하면(스프링이 딱딱해지면) 스프링 위 질량의 고유 진동수가 증가하여 승차감이 딱딱하다고 느껴진다. 반대로 현가장치의 강성값이 감소하면(스프링이 부드러워지면) 푹신푹신한 느낌을 갖게 된다. 이러한 특성은 자동차의 승차감에 직접적인 영향을 준다. 세부사항은 제4장 제1절을 참고하기 바란다.

8.3.3 현가장치의 진동수와 승차감

주행과정에서 노면특성에 의한 외부입력으로 차량의 움직임이 발생할 때, 현가장치는 운전자와 탑승자의 안락한 승차감을 위해서 차량의 흔들림(스프링 위 질량에 해당됨)이 대략 1 Hz 내외에서 이루어지도록 설계되어 있다. 그 이유는 차량의 횡방향(rolling)과 종방향 흔들림(pitching) 현상들이 모두 1 Hz 내외의 고유 진동수를 갖는 것이 안락한 승차감을 제공하기 때문이다. 이는 앞에서 설명한 차체의 질량(스프링 위, 아래 질량)에 의한 고유 진동수 특성에 의하여 차체 크기가 커질수록(스프링 위 질량도 함께 커진다) 승차감이 양호해지기 마련이다. 표 8.2는 현가장치와 연관된 차량의 주요 진동소음현상과 발생요인을 비교한 것이다.

표 8.2 **현가장치와 관련된 차량의 진동소음현상과 발생요인**

진동 및 소음현상	발생요인
승차감	스프링 위, 아래 질량에 관계된 진동계 및 충격흡수기의 특성
하시니스(harshness)	노면의 단차, 돌기물 등의 통과 시에 발생하는 충격적인 진동 및 소음
도로소음	타이어의 진동이 현가장치를 통해서 차체로 전달되어 발생
셰이크(shake) 진동	타이어의 불평형(unbalance)에 의한 진동이 현가장치를 통해서 차체로 전달
시미(shimmy) 진동	타이어의 진동 강제력이 현가/조향장치를 통해서 차체로 전달

8-4 충격흡수기

8.4.1 충격흡수기의 역할

차량주행 시 과속방지턱이나 웅덩이를 미처 발견하지 못하고 통과할 때에는 타이어와 현가장치 및 차체에도 충격적인 흔들림이 발생하곤 한다. 충격흡수기(shock absorber)는 이렇게 차량이 거친 노면이나 돌출물을 통과하면서 타이어를 통해 차체로 전달되는 충격력을 빠르게 저감시키는 감쇠(damping) 역할을 수행하는 장치이다. 충격흡수기는 그림 8.8과 같이 스프링 아래 질량(unsprung mass)의 진폭을 빠른 시간에 감소시킨다. 그 결과 차체의 과도한 흔들림을 제어하고, 타이어의 접지력을 확보하며 노면특성에 따른 차체의 급격한 자세변화를 억제시킴으로써 차량의 주행성능을 향상시키게 된다. 또한 충격흡수기 자체의 강성으로 인하여 현가장치의 링크역할도 수행할 수 있다.

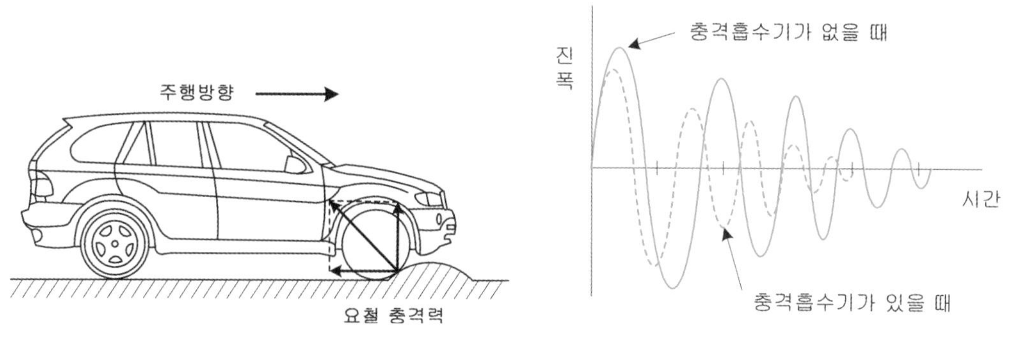

그림 8.8 **충격흡수기의 효과**

8.4.2 충격흡수기의 감쇠특성

충격흡수기는 차량주행 시 거친 노면이나 돌출물을 통과하면서 차체로 전달되는 충격력과 이에 따른 진동에너지를 빠르게 소멸시키는 역할을 하며, 내부 피스톤의 움직이는 속도에 비례해서 저항력(감쇠력)이 발생하게 된다. 실제로 충격흡수기 단품을 직접 손으로 누르거나 잡아당기는 경우처럼 천천히 움직일 경우(변위의 개념)에는, 의외로 손쉽게 늘어나거나 줄어드는 것을 발견할 수 있다. 하지만 충격흡수기를 손으로 빠르게 잡아당기거나 갑자기 누를 경우(속도의 개념)에는 큰 작용력이 발생하게 된다. 충격흡수기는 유체의 점성을 이용한 전형적인 감쇠장치이며, 감쇠력의 발생조건이 변위보다는 속도에 크게 좌우된다는 사실을 확인할 수 있는 부분이다. 그림 8.9는 실린더 튜브와 밸브 및 유체로 구성된 충격흡수기의 내부 구조를 나타낸다.

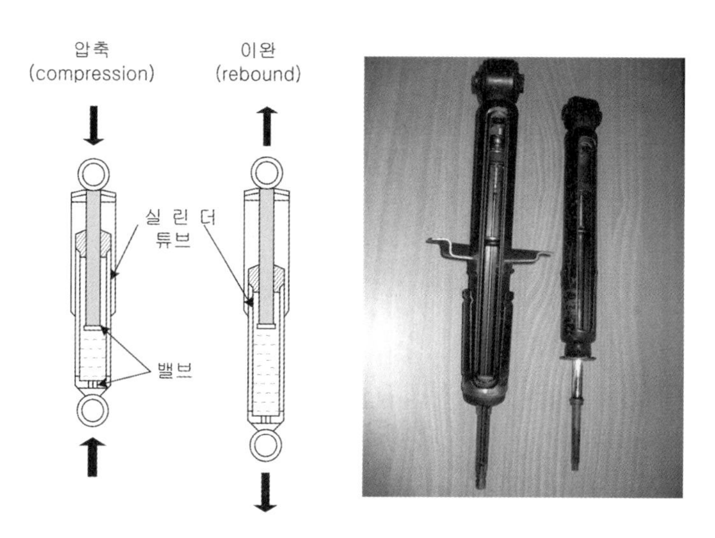

그림 8.9 **충격흡수기의 내부 구조**

우리는 막연하게 자동차 현가장치의 스프링이나 타이어 자체에서도 감쇠특성이 존재한다고 생각할 수 있다. 하지만 스프링과 타이어의 자체적인 감쇠 효과는 강성값에 비해서 거의 무시할 만한 수준이기 때문에 자동차의 승차감 확보를 위해서는 별도의 감쇠력을 발휘하는 충격흡수기가 필요하게 된다. 충격흡수기의 감쇠 특성은 차량의 승차감 및 조종 안정성(handling)을 고려해서 세심히 선정되어야 하는데, 여기서 조종 안정성과 승차감은 서로 상반된 특징을 갖는다. 즉, 차량의 조종 안정성을 향상시키면 승차감이 악화되고, 반대로 승차감을 개선시키면 조종 안정성이 나빠지게 된다. 따라서 현가장치와 충격흡수기의 감쇠비[제1장 제4절에서 ζ로 표현된 식 (1.13) 참조]는 0.3~0.5 내외의 범위 내에서 차량의 요구조건에 맞도록 절충해야 한다.

충격흡수기의 감쇠비를 증가시키면 공진 진동수 영역에서 스프링 위 질량(sprung mass)의 진폭은 줄어들지만, 그 외의 진동수 영역에서는 오히려 진동전달이 증가되어 노면상태에 의한 진동현상이 민감하게 차체로 전달될 수 있다. 노면조건이 양호한 도로에서는 낮은 감쇠비를 가지는 충격흡수기가 유리하지만, 불규칙한 노면과 험로 등의 주행조건에서는 오히려 승차감이 악화될 수 있다. 따라서 충격흡수기의 설계에서는 적절한 감쇠비의 선정이 불가피하며, 이는 양쪽의 특성을 특정 범위에서 절충하는 개념 외에는 달리 방법이 없다고 볼 수 있다.

이러한 수동적인 충격흡수기의 승차감과 조정 안정성 사이의 상충(trade-off) 관계라는 한계점을 극복하기 위해서 노면의 특성과 주행속도에 따라서 스프링의 강성과 함께 충격흡수기의 감쇠비를 가변적으로 조절할 수 있는 전자제어 현가장치가 개발되기 시작하였다.

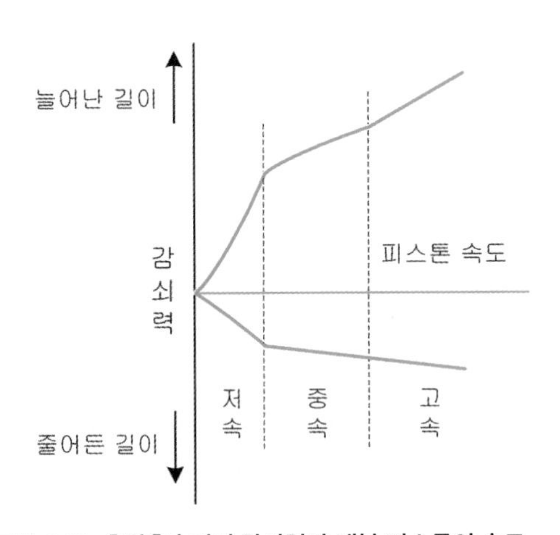

그림 8.10 **충격흡수기의 감쇠력과 내부 피스톤의 속도**

그림 8.10은 충격흡수기의 감쇠력이 압축과 인장의 변위와 내부 피스톤의 속도에 따라 변화가 있음을 보여준다. 차량 개발과정에서는 충격흡수기 내부 피스톤의 상대속도가 0.3 m/s인

조건을 기준으로 승차감을 고려하는 경우가 대부분이다. 일반적으로 충격흡수기 내부의 피스톤 운동속도는 양호한 도로주행에서는 0.05~0.1 m/s 내외, 험로나 극악로 주행에서는 0.6~1.2 m/s 내외의 속도분포를 가지며, 중형 승용차에서 요구되는 충격흡수기의 최대 감쇠력은 1,000 N 내외의 값을 갖는다.

8-5 현가장치의 종류

승용차량에 적용되는 대표적인 현가방식으로는 더블 위시본(double wishbone)과 맥퍼슨 스트러트(McPherson strut) 방식이 있다. 더블 위시본과 맥퍼슨 스트러트 방식의 차이점은 상부 암(upper arm)의 유무에 따라 구분된다. 여기서 현가장치의 암(arm)과 링크(link)는 차량 주행 과정에서 발생하는 여러 방향의 힘이 타이어에 영향을 주더라도 안정적인 주행을 위해서 최적의 위치를 갖도록 지지해주는 기능을 한다. 즉, 현가장치의 암과 링크들은 현가장치의 구조를 형성하여 타이어를 안정적인 자세로 위치시키면서, 볼 조인트(ball joint)와 부시(bush) 등으로 차체구조와 체결되어 있다.

8.5.1 더블 위시본 현가장치

더블 위시본 방식의 현가장치는 그림 8.11과 같이 상부 암(upper arm 또는 A형 암)과 하부 암(lower arm 또는 L형 암)으로 구성되어 있으며, 현가장치의 운동특성을 세밀하게 조정할 수

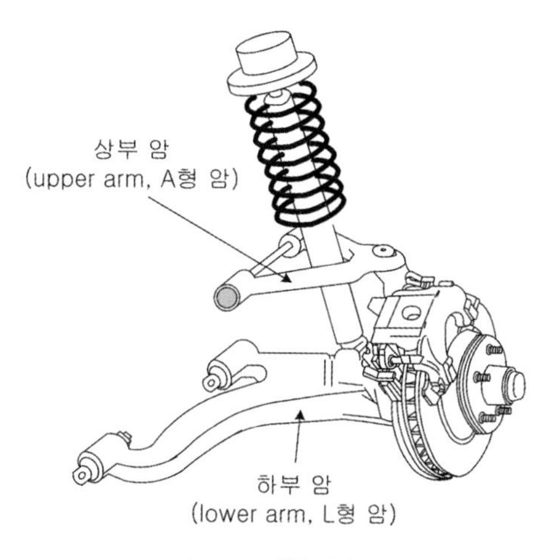

그림 8.11 **더블 위시본 현가장치**

있다는 장점으로 인하여 국내에서는 중형급 이상의 차량과 고성능의 자동차에 많이 사용된다. 또한 전체적인 차체의 높이를 낮출 수 있고, 설계자유도 역시 넓어서 F-1과 같은 고성능의 경주용 차량에 주로 응용되고 있다. 다만, 제작원가가 비싸고 중량증대 및 주요 부품이 차지하는 공간이 크다는 단점이 있으며, 암과 차체에 대한 하중이 크게 작용하여 소음 측면(특히 도로소음)에서는 뒤에서 설명할 맥퍼슨 스트러트 방식보다 다소 불리한 특성을 갖는다.

최근에는 차량의 진동소음뿐만 아니라 충돌성능 향상을 위해서 차체 하부에 서브 프레임(sub frame) 장착이 늘어나는 추세이므로, 하부 암은 서브 프레임에 연결되고 상부 암이 차체에 직접 연결되어서 도로소음에서는 다소 불리하지만, 시미 진동, 셰이크 진동 및 하시니스 등에서 양호한 특성을 갖는다. 여기서 서브 프레임이란 별도의 프레임이 없는 일체형 차체(monocoque body)로 구성된 일반 승용차량 차체의 강성증대와 충돌성능 향상을 위해서 동력기관 아래부위나 구동바퀴 쪽에 부착된 별도의 프레임을 의미한다. 서브 프레임에 대한 세부 내용은 제9장 제1절을 참고하기 바란다. 또한 국내차량에서도 차량주행 시의 횡강성을 향상시키고 넓은 실내공간을 확보하기 위해서 그림 8.12와 같이 상부 암을 바퀴보다 높은 위치로 연장시켜서 차체와 연결시키는 방식(high mounted upper arm)이 많이 채택되고 있다.

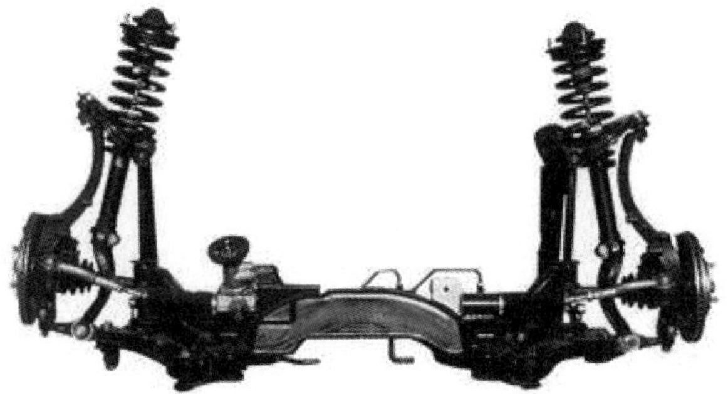

그림 8.12 **상부 암이 바퀴 위로 장착되는 더블 위시본 방식의 현가장치**

8.5.2 맥퍼슨 스트러트 현가장치

맥퍼슨 스트러트 방식의 현가장치는 그림 8.13과 같이 하부 암과 스트러트(strut)로 구성되어 있는데, 이는 더블 위시본 방식에 있는 상부 암의 길이가 기구학적인 관점에서 무한대로 길어진 개념이 적용된 셈이다. 여기서 스트러트는 충격흡수기와 차체를 연결시켜주는 보호장치라고 할 수 있으며, 전방(앞바퀴) 현가장치에 사용되는 스트러트에는 내부에 베어링이 장착되어서 앞바퀴 조향을 위한 회전기능이 추가된다.

그림 8.13 **맥퍼슨 스트러트 현가장치**

맥퍼슨 스트러트 방식의 현가장치는 1970년대의 연이은 오일쇼크로 인하여 연료를 적게 소모하는 소형차량의 개발이 늘어나면서 본격적으로 각광받기 시작하였다. 국내에서도 중형 수준 이하의 승용 자동차에 대부분 적용되고 있으며, 낮은 가격과 함께 구조가 간단하여 엔진룸의 공간확보에도 유리하다. 하지만 차체의 높이를 낮추기 힘들고, 차체의 롤 중심(roll center)이 높으며, 주행과정에서 캠버(camber)의 변화가 발생할 수 있어서 현가특성이 다소 불리한 단점이 있다. 진동소음 측면에서는 타이어의 전후 및 좌우 방향 작용력은 하부 암이 거의 담당하기 때문에, 차체의 진동제어가 곤란한 특성을 갖는다. 하지만 충돌 특성에 있어서는 위시본 방식보다 휠 하우징(wheel housing)이 적기 때문에 양호한 특성을 갖는다.

하부 암의 명칭은 형상에 따라 A형 암, L형 암으로 구분되는데, 차량의 진행방향을 기준으로 그림 8.14와 같이 볼 조인트 앞에 위치한 부시를 A점 부시, 뒤에 위치한 부시를 G점 부시라 한다. 여기서, A점 부시는 노면특성에 따라 타이어에 작용하는 대부분의 하중을 담당하고, 하시니스 특성에도 민감한 영향을 준다. G점 부시는 도로소음과 하시니스에 영향을 끼친다.

현가장치의 설계과정에서 공간적인 여유가 있을 경우에는 A점 부시와 G점 부시 간의 거리를 가능한 범위에서 최대한 늘려서 현가장치 자체의 강성을 높이는 것이 진동소음현상의 개선에 유리하다. 이는 브레이크 진동(brake judder)현상에 있어서도 양호한 진동 저감특성을 갖는 것으로 알려져 있다.

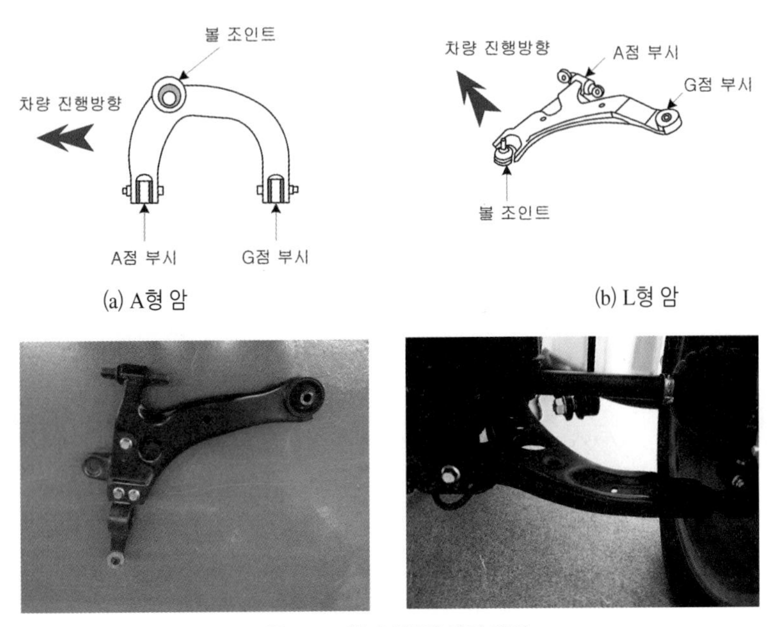

그림 8.14 **현가장치의 암과 부시**

8.5.3 멀티링크 현가방식

앞에서 언급한 더블 위시본, 맥퍼슨 스트러트 방식과 비교해서 그림 8.15와 같이 링크가 3개 이상인 현가장치를 일반적으로 멀티링크(multi link) 현가방식이라 한다. 더블 위시본이나 맥퍼슨 스트러트 방식에 비해서 설계 자유도가 대폭 늘어나기 때문에 조향성능을 크게 향상시킬 수 있으며, 차체로 전달되는 하중을 분산시킬 수 있어서 승차감과 진동소음특성을 크게 개선시킬 수 있다. 하지만 고도의 설계기술과 다양한 경험이 필수적으로 요구되므로, 정밀한 설계나 제작기술이 뒷받침되지 못할 경우에는 기존방식보다 오히려 악화된 승차감과 조종 안정성을 나타낼 수도 있다.

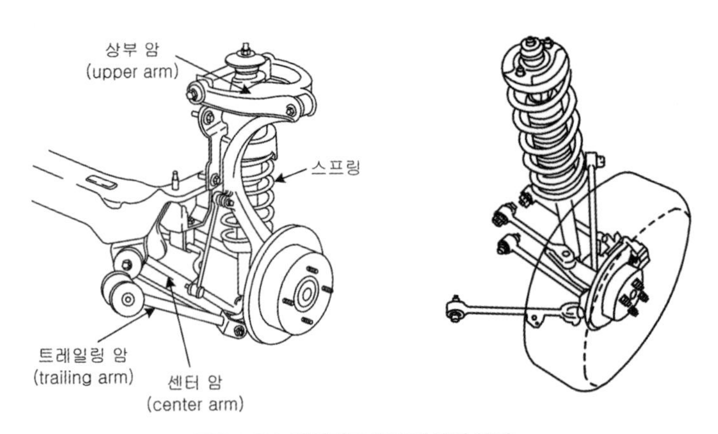

그림 8.15 **멀티링크 현가방식의 사례**

8-6 킹핀축, 캐스터, 유연성 및 부시

현가장치 중에서 앞바퀴에 적용되는 킹핀(king pin)은 원래 그림 8.16(a)와 같이 스핀들(spindle)을 고정시키는 볼트를 뜻하고, 상용트럭에는 지금도 적용되고 있다. 하지만 근래의 자동차는 그림 8.16(b)와 같이 두 개의 볼(ball)을 연결한 가상의 선을 킹핀축(king pin axis)이라 하며, 운전자의 스티어링 휠(핸들) 조작에 따라 회전하는 앞 타이어의 조향축이라고 할 수 있다.

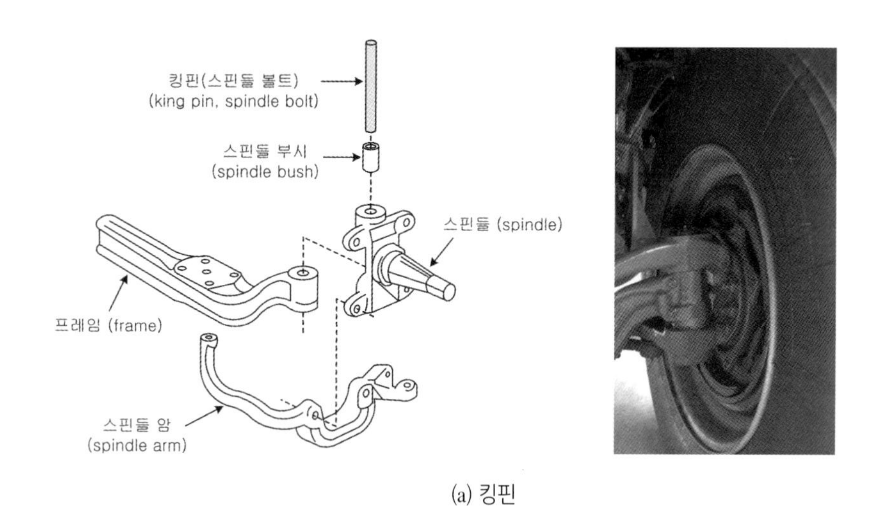

(a) 킹핀

킹핀 축
(king pin axis)
브레이크 디스크 (brake disk)
상부 콘트롤 암
(upper control arm)
상부 볼 조인트
(upper ball joint)
조향 너클
(steering knuckle)
하부 볼 조인트
(lower ball joint)
하부 콘트롤 암 (lower control arm)
휠 (wheel)

(b) 킹핀축

그림 8.16 **킹핀과 킹핀축**

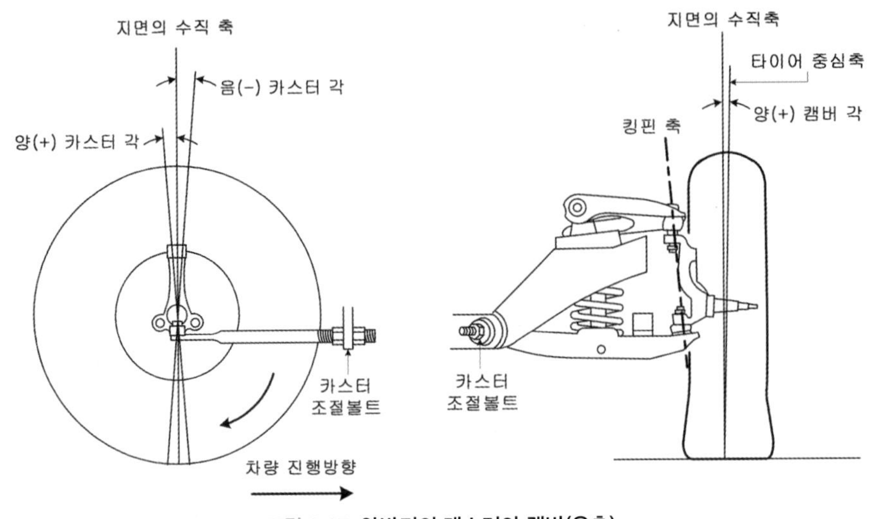

그림 8.17 **앞바퀴의 캐스터와 캠버(우측)**

이러한 킹핀축을 그림 8.17과 같이 차량의 측면에서 앞바퀴를 보았을 때, 킹핀축이 지면의 수직축과 이루는 각도를 캐스터(caster)라고 한다. 캐스터 값이 커질수록 차량의 직진성능이 양호해지는 특성을 갖지만, 스티어링 휠을 회전시키는 데 필요한 조향력 및 회전시킨 조향 휠을 차량이 선회하는 동안 그대로 유지시키는 보타력이 커진다는 단점이 있다. 또한 노면의 불균일한 특성이나 돌출물에 의한 충격력이 바퀴에 작용할 때 스티어링 휠의 반동(quick back) 현상이 쉽게 발생할 수 있다. 더불어서 캐스터 값이 커질수록 정지상태에서 스티어링 휠을 좌우로 크게 회전시켜보면 차체 또한 좌우로 조금씩 오르내리는 현상이 증대된다. 이는 주행과정의 선회시 차체의 횡방향 운동(rolling)이 발생할 수 있다. 이와 같이 킹핀축의 기하학적 특성은 직진 및 선회과정뿐만 아니라, 노면 충격 등에 의한 스티어링 휠의 흔들림에 매우 민감한 영향을 준다.

차량이 주행하면서 노면의 요철이나 돌기부위를 타고 넘어가게 되면, 현가장치에는 상하방향의 충격력뿐만 아니라, 전후방향으로도 충격력이 작용하여 승차감과 하시니스(harshness) 현상을 악화시키게 된다. 이러한 현상을 억제시키기 위해서는 현가장치가 차량의 전후방향(진행하는 앞뒤방향)에 대한 유연성(compliance)을 확보하는 것이 중요해지며, 여기에는 그림 8.18과 같이 차체와 링크 연결부위에 장착되는 부시의 강성(stiffness)값이 민감한 설계변수가 된다. 부시의 강성값이 낮아질수록(부드러워질수록) 차량의 승차감은 좋아지지만, 조종 안정성이 악화되고 시미(shimmy)현상이 발생하는 등의 상반적인 특성이 있다. 그러므로 상하 및 전후 방향의 노면충격에 대해서는 현가장치의 유연성을 부드럽게 설계하고, 차량의 좌우방향에 대해서는 강하게(딱딱하게) 설계하는 세밀한 조정이 요구된다.

현가장치의 유연성은 차체와 차륜 간을 연결시켜주는 링크와 부시들의 강성특성에 의해서

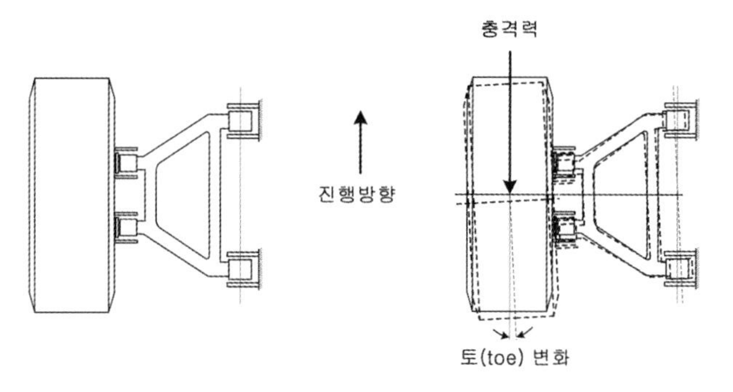

그림 8.18 **현가장치의 유연성에 의한 토의 변화**

결정된다. 주로 타이어의 전후 방향 운동특성이 차량의 승차감(특히 하시니스)에 결정적인 영향을 주며, 노면조건이나 돌출물과의 충돌로 인하여 현가장치에서 전후 방향으로 변위가 발생할 경우, 그림 8.18과 같이 캠버나 토(toe)의 변화가 어떻게 연동되는가에 따라서 차량의 조종 안정성에 많은 영향을 준다. 또한 부시고무의 노후정도에 따른 현가장치의 유연성 변화는 차량의 주행성능에 큰 영향을 끼치기 마련이다. 앞에서도 언급한 바와 같이 현가장치 부시류의 강성값을 낮추게 되면 하시니스의 특성은 개선되지만, 조종 안정성이 악화될 수 있기 때문에 현가장치의 전후 방향 강성을 유연하게 하면서 동시에 조종 안정성을 위해서는 횡 방향 강성을 높이는 방안이 유리하다. 그림 8.19는 승용차량의 현가장치에 사용되는 부시의 구조 및 종류를 나타낸다.

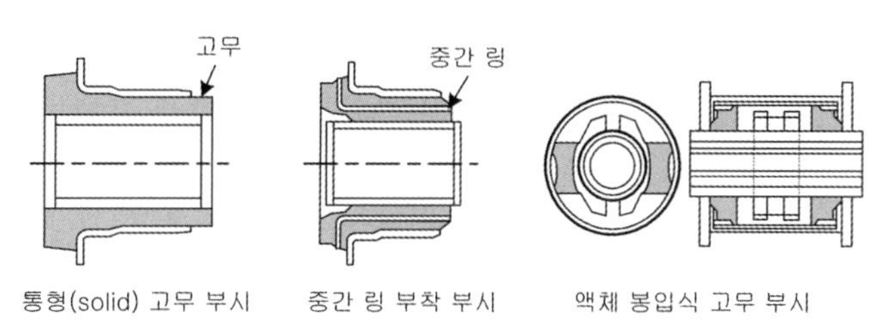

그림 8.19 **부시의 구조 및 종류**

8-7 전자제어 현가장치

8.7.1 스프링과 충격흡수기의 전자제어

기존 현가장치에서는 스프링과 충격흡수기의 특성이 고정된 상태이므로, 험로주행이나 고속도로 주행과 같이 다양한 도로 여건에서 요구되는 상반된 승차감과 주행 안정성을 탑승자가 원하는 수준만큼 모두 만족시킬 수 없다는 한계가 있었다. 따라서 기존의 자동차 개발과정에서는 승차감과 조종 안정성이라는 서로 상충(conflict)되는 요소들을 단지 상호 보완적인 차원에서 결정할 수밖에 없었다. 전자제어 현가장치(ECS, electronic controlled suspension)는 이러한 기존 현가장치의 근원적인 한계점을 극복하기 위해서 개발되었다. 다양한 주행상태, 도로의 조건 및 차량의 자세 등을 고려하여 시시각각 변화하는 도로조건에서도 신속한 전자제어를 통해 최적의 스프링특성과 충격흡수기의 감쇠특성을 실시간으로 조절함으로써 양호한 승차감과 뛰어난 조정 안정성을 동시에 구현하는 현가장치라 할 수 있다.

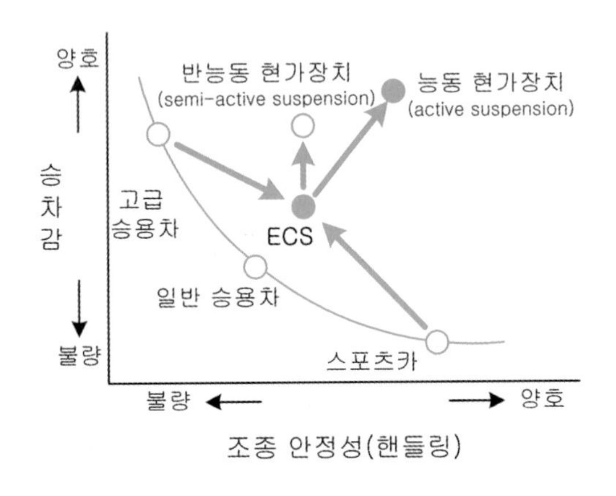

그림 8.20 **승차감과 주행 안정성의 특성**

그림 8.20은 자동차의 승차감과 조종 안정성의 상반되는 특성을 보여준다. 여기서 스포츠카의 경우를 살펴보면, 조종 안정성은 양호하지만 승차감은 그리 좋지 않다는 것을 알 수 있다. 이는 고속주행에서도 확실한 타이어의 접지력 확보를 통해 안전한 조향과 제동성능을 얻기 위해서는 승차감이 다소 희생되더라도 조종 안정성을 우선적으로 확보해야 하기 때문이다. 철없는 아들에게 초고가의 수입 스포츠카를 사준 몰상식한 졸부 아빠가 차를 타보고서는 딱딱한 승차감에 이내 후회했다는 말은 결코 거짓이 아니다.

반면에 고급 승용차(대형 승용차에 해당)인 경우에는 급격한 가속이나 고속 질주보다는 편안하고 안락한 승차감을 더욱 중시하므로, 조종 안정성이 조금 희생되더라도 승차감을 우선시하기 마련이다. 일반 승용차는 승차감과 조종 안정성의 어느 한 쪽에만 치우칠 수 없기 때문에 적절한(상호 보완적인) 타협점을 선택할 수밖에 없었다.

전자제어 현가장치인 ECS는 이러한 기존 현가장치의 한계점에서 탈피하여 승차감과 조종 안정성을 동시에 향상시키는 목적으로 개발되었다. 작동방식으로는 능동(active)과 반능동(semi-active) 방식 등의 전자제어를 통하여 설계목적에 맞추어서 차량개발이 이루어진다.

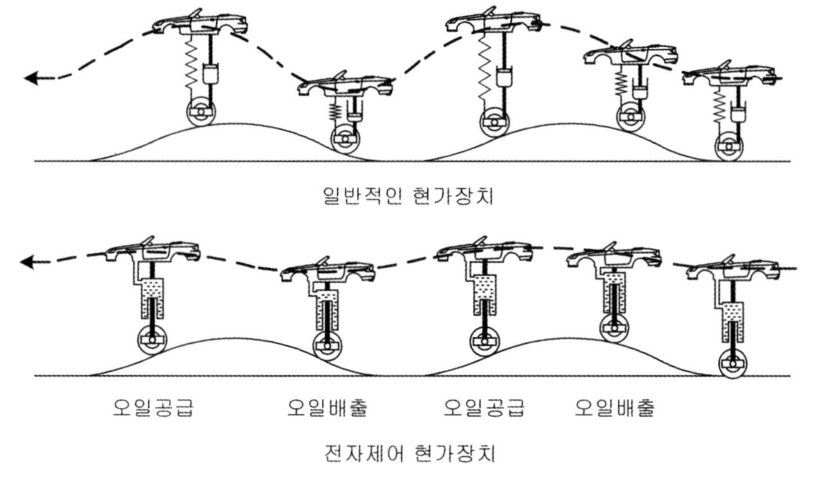

그림 8.21 **전자제어 현가장치의 작동개념**

그림 8.21은 동일한 노면을 주행할 때 발휘되는 전자제어 현가장치의 작동개념을 보여준다. 가변(可變) 충격흡수기 내부에 오일을 공급하거나 배출함으로써 차체의 움직임을 최소화시키는 개념이다. 그림 8.22는 전자제어 현가장치에 사용되는 가변 충격흡수기의 구조를 보여주며, 유압이나 공기압의 작동기(actuator)를 사용하여 차체의 높이조절이나 충격흡수기의 감쇠력을 유효적절하게 조절하는 장치이다. 그림 8.23은 전자제어 현가장치에 사용되는 각종 적용부품과 각종 센서의 부착위치를 보여준다.

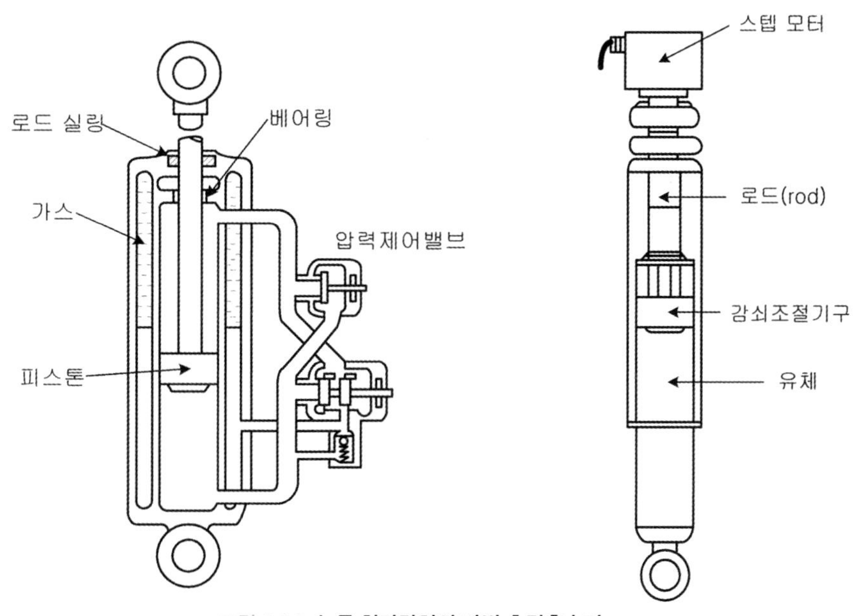

그림 8.22 **능동 현가장치의 가변 충격흡수기**

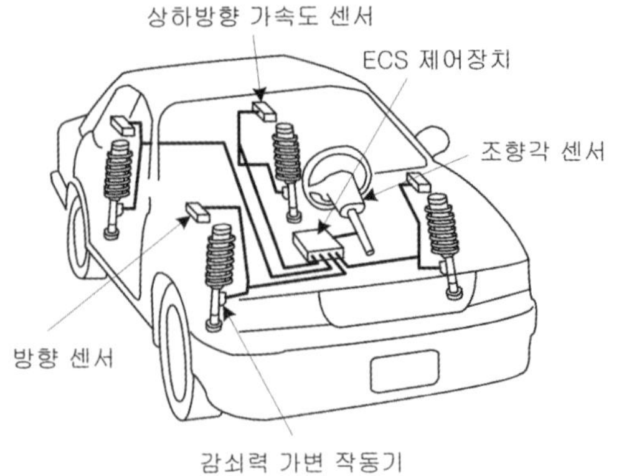

그림 8.23 **전자제어 현가장치의 적용부품 및 각종 센서**

전자제어 현가장치의 제어항목으로는 차량의 자세제어, 스프링의 강성 및 충격흡수기의 감쇠력 제어, 차체의 높이 제어 등이 있으며, 세부적인 제어항목은 표 8.3과 같다.

표 8.3 **전자제어 현가장치의 제어항목 및 제어목적**

제어항목		제어목적
승차감		차체의 강체 진동모드에 의한 공진제어
차축		차축의 진동제어에 의한 조종 안정성 향상
속도		저속~고속에 따른 충격흡수기의 감쇠력 제어(soft~hard)
차량자세	다이브(dive)	브레이크 조작에 의한 차량자세(dive 현상) 제어
	스쿼트(squat)	급격한 가속페달 조작에 의한 차량자세(squat 현상) 제어
	롤(roll)	커브길 등의 핸들조작에 의한 차량자세(roll 현상) 제어

전자제어 현가장치는 작동기의 제어방식에 따라서 적응형, 반능동형, 저속 능동형, 완전 능동형 방식으로 구분된다.

1) 적응형(adaptive) 방식은 3~4개의 감쇠특성을 엔진제어장치(ECU)가 조정하며, 노면 충격에 대한 응답시간은 100~300 ms 내외이고, 조향각 측정과 같은 간단한 센서만으로도 제어가 이루어진다. 구조가 비교적 간단하기 때문에 낮은 가격과 높은 신뢰성을 갖고 있으나, 비교적 높은 진동수 영역의 진동제어에는 많은 한계점을 갖는다.
2) 반능동형(semi-active) 방식은 다양한 감쇠특성을 독립적으로 제어하고 노면 충격에 대한 응답특성은 10~20 ms 내외이며, 되먹임(feedback) 제어방식을 위한 변위 및 가속도 센서 등이 필요하다. 반능동형은 완전 능동형의 장점을 가지면서도 적응형 방식처럼 저렴한 가격과 단순한 구성을 갖출 수 있기 때문에, 기존 차량의 전자제어 현가장치에 주

로 채택되고 있다.

3) 저속 능동형(slow-active) 방식은 차체의 진동형태만을 능동적으로 제어하는 방식으로, 작동 진동수 영역은 약 2 Hz 내외이고, 작동 시 비교적 적은 에너지를 소모하는 특징을 갖는다.
4) 완전 능동형(full-active) 방식은 적극적으로 작동기를 사용하여 능동적으로 차량의 자세를 20 Hz 영역까지 제어하여 최상의 조종성능과 승차감을 동시에 실현할 수 있지만, 에너지 소모가 많고 고가의 장비가 추가로 필요하다는 단점을 갖는다.

8.7.2 스마트 재료를 이용한 현가장치

스마트(smart) 재료는 재료 자체의 특성뿐만 아니라 현존하는 구조재료와 결합하여 측정(sensing), 작동(actuating), 제어(control), 학습(learning) 등의 능력을 보유한 재료를 뜻하며, 지능형 재료(intelligent material)라고도 한다. 즉, 재료의 기계적인 특성이나 물리적인 성질 등이 외부의 전압, 열 또는 빛 등에 의해서 조절될 수 있는 기능성 재료라고 말할 수 있다.

자동차에 사용될 수 있는 대표적인 스마트 재료로는 전기점성유체(electro rheological fluid, 이하 ER 유체)와 자기점성유체(magneto rheological fluid, 이하 MR 유체)가 있다. 이들 유체는 스마트 재료의 작동기 역할을 하는 대표적인 재료로서, 유사한 특성을 갖는 재료로는 형상기억합금(shape memory alloy), 압전재료(piezo electric material), 자성재료(magnetostrictive material) 등이 있다. ER 유체와 MR 유체는 마이크로미터 크기의 입자와 오일(oil)로 구성되어 있으며, 특별한 운동부분이 없어도 유효하게 작동하기 때문에 유압밸브 시스템의 설계 단순화를 가능하게 해준다.

ER 유체는 전기장에 의해서 유체의 상(相) 변화(phase change)가 일어나는 기능성 유체로서, 반응속도가 매우 빠르기 때문에 차량의 충격흡수기, 엔진 마운트 등의 각종 응용장치에 널리 활용될 가능성이 많다. ER 유체는 간단한 밸브부터 지능형 우주 구조물에 이르기까지 광범위하게 적용될 수 있으며, 현재까지 가장 활발히 연구 · 개발된 분야는 자동차 산업분야라고 할 수 있다. ER 유체의 적용에는 수분의 증발현상, 고체입자의 침전 등에 의한 안전성 문제들이 실용화에 있어서 우선적으로 해결해야 할 과제라고 볼 수 있다.

MR 유체는 자기장에 의해서 유체가 갖는 항복응력 등을 변화시킬 수 있는 기능성 유체로서, ER 유체에 비해서 큰 항복응력(대략 100배 정도)과 작용력을 발휘하고 고전압을 이용하지 않아도 된다는 장점이 있다. 이는 유체가 자기장 내를 이동할 때, 유체의 입자가 다양하게 정렬하는 현상을 이용한 것으로, 일종의 저항개념과 같다고 볼 수 있다. 단지 MR 유체는 ER 유체에 비해서 반응속도가 느리다는 단점이 있다. 최근에는 MR 유체를 이용한 충격흡수기의 연구개발이 활발히 진행되고 있으며, 국내에서도 실용화 단계까지 발전하였다고 볼 수 있다.

차체의 진동소음 9장

9-1 차체의 정의

차체(body)는 자동차의 골격구조를 이루고 있는 전체적인 외관형상을 뜻한다. 즉, 차체는 다양한 크기와 형상을 가진 얇은 철판들과 중공(中空)축들이 서로 용접되거나 볼트 등으로 체결되어 완성된 구조물이라 할 수 있다. 차체는 자동차의 외관과 기능에 큰 영향을 미치는 중요한 요소이며, 차량 운행과정에서 발생하는 동력기관의 흔들림을 비롯하여 거친 노면에 의한 타이어의 충격력과 같은 여러 가지의 하중들도 결국 차체로 전달된다. 따라서 차체는 승차감을 비롯한 진동소음현상의 개선작업과 충돌 안전성 확보에 있어서 결정적인 영향을 준다.

최근에는 배기가스의 저감과 연비 향상을 목적으로 차체의 경량화가 추구되고 있는 실정이다. 하지만 단순한 차체의 경량화는 차체의 기본적인 동적 강성(dynamic stiffness)의 희생을 동반하기 때문에, 결국 전반적인 진동소음의 악화현상을 유발하여 차량의 정숙성과 상품성을 떨어뜨릴 우려가 있다. 또한 차체는 불의의 충돌사고가 발생하더라도 탑승객의 안전을 최대한 확보하기 위해서 차체구조물이 반드시 갖추어야 할 여러 가지 조건들도 만족해야만 한다. 더불어 우리가 관심을 갖고 있는 진동소음현상은 차량 사용자들이 탑승한 차체 내부에서 직접 감각적으로 느끼게 되므로, 그 차량의 성능과 품질을 즉각적으로 평가할 수 있다. 따라서 선진 각국의 자동차 회사들은 저진동 · 저소음 차체 개발에 많은 노력을 경주하고 있는 실정이다.

9.1.1 차체의 기능

차체의 기본적인 기능은 거주공간의 확보, 차량부품들의 탑재 및 외관구성 등으로 구분할 수 있다.

(1) 거주공간의 확보

차체는 탑승자에게 안전하고 쾌적한 거주공간을 제공하면서, 동시에 정숙성을 확보해야 한다. 따라서 자동차 회사에서는 새로운 차종의 개발단계부터 저소음 · 저진동 차체를 설계 · 제작하는 기술력이 매우 중요하다고 볼 수 있다. 또한 불의의 충돌사고에서도 탑승자를 최대한 보호할 수 있는 튼튼한 구조여야 한다.

(2) 차량부품들의 탑재

차체는 탑승공간 외에도 엔진을 비롯한 동력기관 및 현가장치 등과 같은 주요 부품들이 장착될 수 있는 공간을 제공해야 한다. 또한 동력기관의 흔들림이나 주행과정에서 수시로 발생하는 노면으로부터의 충격력 등이 끊임없이 차체로 전달되더라도 여유 있게 견딜 수 있는 차체의 강도 및 강성이 필요하다. 특히, 각종 부품들로부터 발생되는 진동이나 소음현상들이 차체 내부로 전달되어 증폭되지 않도록 설계 · 제작하는 것이 중요하다.

(3) 외관구성

차체는 자동차의 외관을 구성하는 스타일링(styling)에 지대한 영향을 미치며, 각종 부품들의 배치, 조립 정밀도, 도장 및 밀폐(sealing)기술 등이 자동차의 상품성을 좌우하는 주요 인자들이다. 고속주행에서 발생할 수 있는 바람소리(wind noise) 등은 차체의 외관구조에 많은 영향을 받는 대표적인 사례이다. 표 9.1은 차체의 기본적인 기능 및 설계상의 주요 고려사항을 나타낸다.

표 9.1 **차체의 기능 및 설계고려사항**

기능	설계상의 주요 고려사항
거주공간의 확보	승객 보호장치, 고강성의 차체, 넓은 시계, 거실 및 화물 적재능력, 공조 및 환기효율, 조작성(인체공학의 적용), 차음, 흡음, 제진(制振)
차량 부품들의 탑재	탑재 부위의 강도 및 강성, 차음, 흡음, 제진, 내열 및 냉각성능, 정비공간의 확보
외관 구성	부품의 배치, 차체 및 부품들의 정밀도, 밀폐(sealing)구조, 도장

9.1.2 차체의 범위

차체의 범위는 뼈대역할을 하는 기본적인 차체구조를 비롯하여 개폐구조, 외장부품 및 내장부품들로 구분될 수 있다. 자동차의 진동소음 관점에서 살펴본다면 차체의 기본구조, 개폐구조 및 내장부품 등이 승차감과 정숙성에 많은 영향을 끼친다고 볼 수 있다.

(1) 차체의 기본 구조

차체의 기본 구조는 전체적인 외관형상(style)을 결정짓는 뼈대(골격) 역할을 하며, 차체의 강성(stiffness)이나 강도(strength)를 결정하는 중요한 요소가 된다. 차체와 동력기관의 장착부위, 현가장치의 연결부위 등은 반복적인 하중을 받으며, 응력집중이 발생하는 곳이다. 이러한 연결부위의 흔들림과 함께 차체의 다양한 진동형태(굽힘과 비틀림 진동을 비롯한 국부적인 흔들림) 등이 차체의 진동소음현상에 많은 영향을 끼친다.

(2) 개폐구조

차체의 개폐구조는 승객의 출입과 화물의 적재를 비롯하여 조립 · 정비 등을 위한 부품들을 뜻하며, 도어(door), 엔진 후드(hood), 트렁크(trunk lid), 선루프(sun roof) 등이 속한다. 개폐의 용이함이 가장 중요한 항목이지만, 고속주행에서는 개폐구조의 밀폐성능에 따라서 풍절음과 흡출음(aspiration noise) 등이 발생할 수 있다. 특히, 개폐구조물에 부착하는 웨더 스트립(weather strip)은 도어(또는 엔진 후드, 트렁크 리드를 포함)와 차체 테두리에 장착되어서 밀폐성능을 향상시키므로, 고속주행에서 발생되는 소음현상 억제에 매우 중요한 역할을 한다.

(3) 외장부품

차체 외부에 설치되는 부품들로 범퍼, 몰딩(molding) 등을 뜻한다. 이러한 외장부품들은 주로 자동차의 최종적인 디자인 향상 및 차체 보호목적으로 장착된다. 하지만 외장부품들의 떨림현상이나 고속주행 시의 바람소리(wind noise) 등이 발생할 수 있다.

(4) 내장부품

대표적인 차체의 내장부품은 계기판(instrument panel), 시트(seat), 도어 트림(door trim), 흡 · 차음재료 등으로 구성된다. 탑승자들이 최종적으로 진동소음현상을 느끼고 판단하는 곳이 바로 실내 내부공간이기 때문에 각종 내장부품들의 디자인 요소뿐만 아니라, 진동소음현상을 최대한 억제시킬 수 있는 기능적인 측면이 매우 강조된다.

그림 9.1은 국내 승용차체의 형태 및 단면구조를 보여준다.

그림 9.1 **승용차체의 형태 및 단면 구조**

9.1.3 차체의 종류

차체의 구조는 뼈대를 이루는 골격구조와 도어, 엔진 후드, 트렁크 등의 개폐구조(moving part)를 합한 것으로, 크게 일체형 차체(monocoque body)와 프레임(frame) 방식의 차체로 구분된다.

그림 9.2와 같은 일체형 차체는 프레임 방식의 차체에 비해서 가볍고 생산성이 우수하며, 차체의 굽힘 및 비틀림 강성이 높아서 대부분의 승용차량에 채택되고 있다. 최근에는 동력기

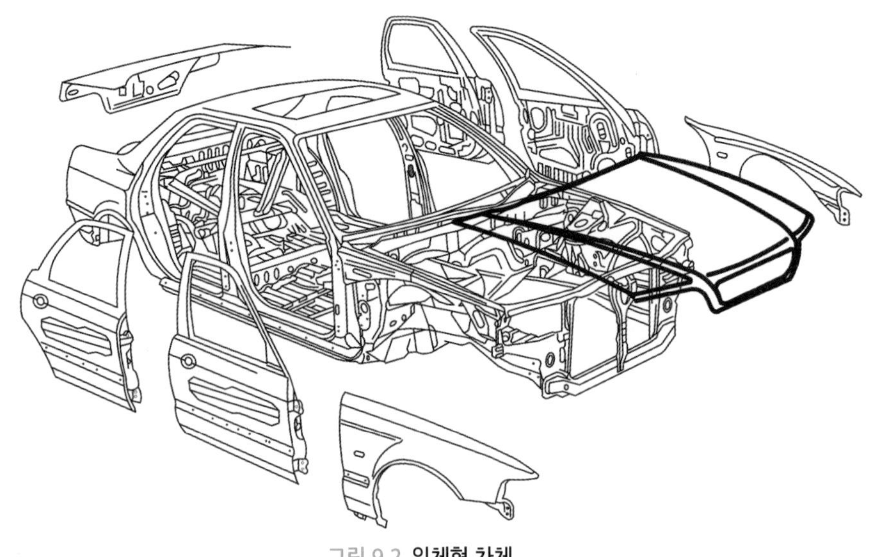

그림 9.2 **일체형 차체**

관이나 현가장치들을 통해서 차체로 전달되는 진동과 소음현상들을 억제시키고 불의의 충돌 사고에서도 충돌에너지의 분산 및 탑승자의 안전확보 목적으로 차체 하부에 서브 프레임(sub frame)을 적용하는 사례가 증대되고 있는 실정이다.

그림 9.3 **외국 차량에 적용된 서브 프레임 사례**

그림 9.3은 수입 차량의 엔진룸 아랫부분에 적용된 서브 프레임의 장착사례를 보여주며, 생긴 모습을 근거로 우물정(井)자형 프레임이라고 부르기도 한다. 그림 9.4는 국내 차량에 적용된 서브 프레임의 여러 구조들을 보여준다. 일체형 차체는 엔진의 흔들림뿐만 아니라 노면 충격에 의한 현가장치의 흔들림 억제에 어려움이 있으며, 차체만으로 차량의 전체적인 강성을 확보하고 있기 때문에 차체의 개조나 부분적인 변경이 어려운 단점이 있다.

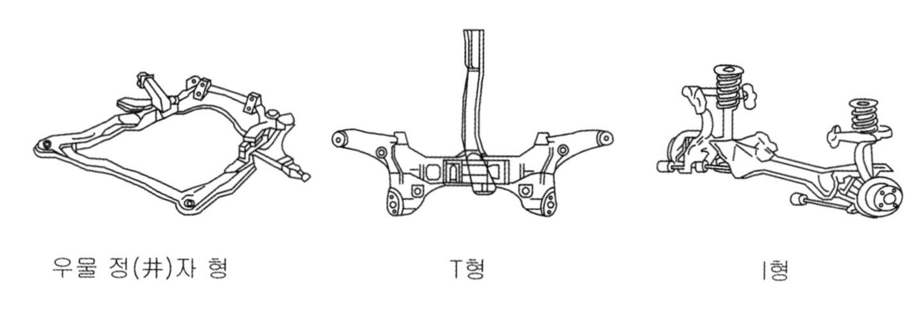

그림 9.4 **국내 차량에 적용된 서브 프레임**

반면에 그림 9.5와 같은 프레임 방식의 차체는 뼈대역할을 하는 별도의 프레임에 동력기관과 현가장치 등이 장착되고, 차체는 프레임 위에 얹혀지는 구조를 가진다. 따라서 차체와 프레임 사이에는 고무 마운트(body mount rubber)가 결합되어 노면충격이나 엔진에 의한 진동현상이 차체로 전달되는 것을 억제시킬 수 있다. 그림 9.6은 차체가 얹혀지기 전의 프레임과 섀시(bare chassis)를 보여준다. 일반적으로 프레임 방식의 차체가 적용된 차량은 일체형 차체에 비해서 무겁고, 지상고가 높으며, 별도의 프레임 생산과정이 추가되어서 가격이 상승하는 단점이 있다. 국내에서는 험로주행용 4륜구동차량이나 트럭과 같은 상용차량 등에 주로 사용되고 있다.

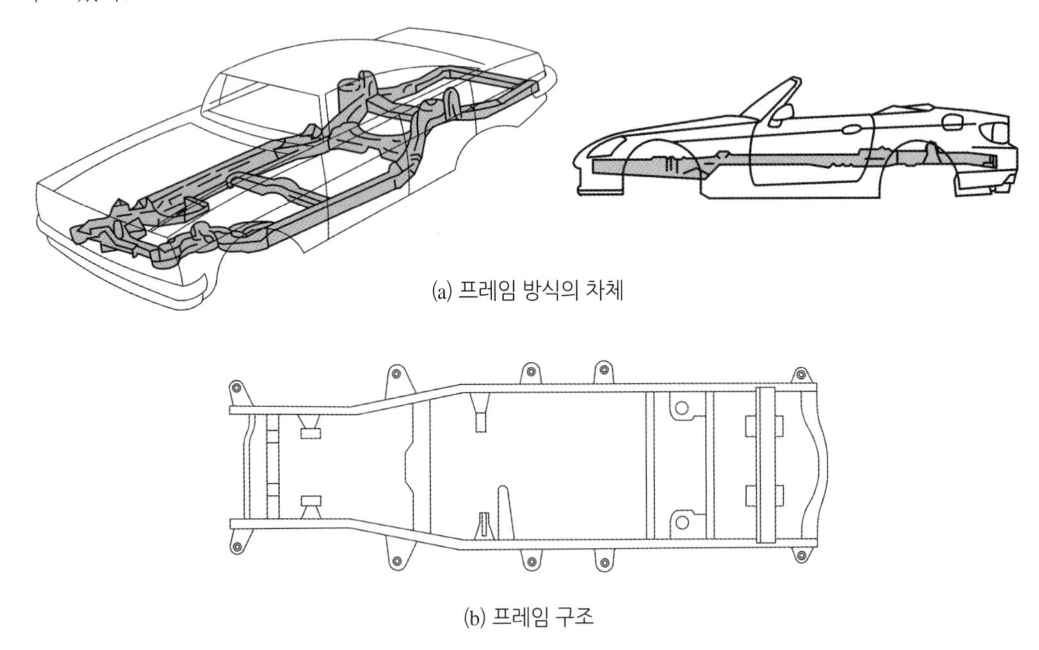

(a) 프레임 방식의 차체

(b) 프레임 구조

그림 9.5 **프레임 방식의 차체 및 프레임 구조**

그림 9.6 **차체가 얹혀지기 전의 프레임과 섀시**

9-2 차체의 진동특성

운전자와 탑승자는 차체 내부에 있기 때문에, 도로의 거친 노면에 의한 타이어의 충격력을 포함하여, 동력기관에서 유발된 흔들림이나 작동소음이 차체로 전달되어서 발생하는 진동 및 소음현상의 최종 결과만을 느끼게 된다. 즉, 차체는 각종 가진원으로부터 발생된 진동소음 현상이 전달되어 종합적으로 나타나는 최종 응답계라고 할 수 있다. 따라서 동력기관이나 현가장치 및 기타 부품들에서 발생되는 진동소음현상을 부분적으로 개선시켰다 하더라도 최종적인 개선 효과는 차체 내부에 탑승한 운전자와 탑승자들이 느끼고 판단하는 것인 만큼, 차체의 진동소음특성 개선은 매우 중요하다. 먼저 차체의 진동특성부터 알아본다.

9.2.1 차체의 진동특성

차체의 진동현상은 진동수 영역에 따라서 강체(rigid body)처럼 움직이는 강체진동(rigid body vibration)과 차체 전체나 일부분이 유연한 탄성체처럼 진동하는 탄성진동(flexible vibration)으로 구분할 수 있다.

차체의 강체진동은 대략 10 Hz 미만의 낮은 진동수 영역에서 발생하는 차체의 진동현상을 의미하며, 주로 승차감과 연관된다. 운전자와 탑승자는 차체가 마치 하나의 상자처럼 움직이는 것을 느끼게 되며, 현가장치의 스프링 특성과 연관되어 상하 방향의 운동(bouncing), 전후 방향의 운동(pitching), 좌우 방향의 운동(rolling 및 yawing) 등이 주로 발생하는데, 이는 차량의 가 · 감속과 선회과정에서 발생하는 차체의 움직임과 연관된다.

반면에 차체의 탄성진동은 차체가 탄성범위 내에서 전체적이거나 또는 국부적으로 진동하는 현상을 뜻하며, 주로 20 Hz 이상의 진동수 영역에서 발생하여 진동현상뿐만 아니라 실내 소음 발생의 주요 원인이 된다. 여기서는 차체의 구조진동과 패널의 국부진동만 간단히 소개한다.

그림 9.7은 차체의 컴퓨터 해석을 위해서 SUV 차체를 형상화(modeling)한 것으로, 탄성진동현상 중에서 가장 대표적인 비틀림과 굽힘 진동현상을 보여준다. 실제 차체진동의 흔들림 크기(진폭)는 그림에서 보는 것처럼 눈에 보일 정도로 큰 것은 아니지만, 차체를 구성하는 각종 패널(panel)의 진동은 실내 진동소음현상에 지대한 영향을 미친다. 또한 표 9.2는 차체의 탄성진동에 의해서 발생되는 자동차의 다양한 진동소음현상을 정리한 것이다.

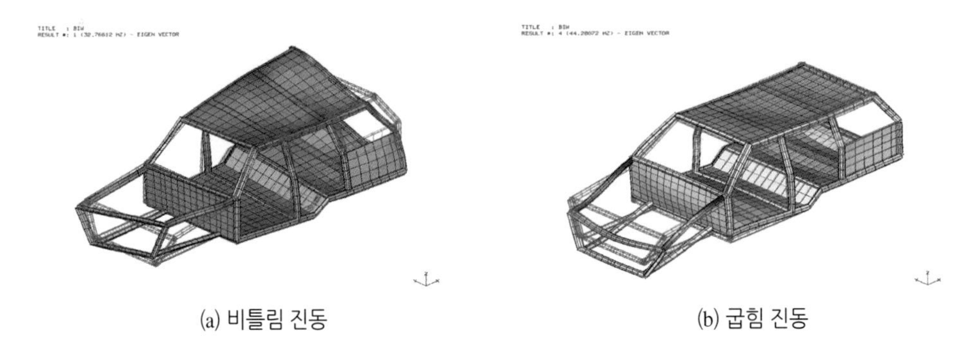

(a) 비틀림 진동 (b) 굽힘 진동

그림 9.7 **차체의 탄성진동현상**

표 9.2 **차체의 탄성진동에 의한 영향**

진동소음현상	차체의 탄성진동	관련된 주요 진동소음현상
앞뒤방향의 흔들림 (front shake)	차체구조 1차 굽힘 진동(5 ~ 30 Hz)	엔진 및 현가계의 강체진동, 전륜 스프링 아래 부품의 진동, 조향계의 진동
좌우방향의 흔들림 (lateral shake)	차체구조 1차 비틀림 진동(5 ~ 30 Hz)	후륜 장착부위의 트램핑 공진, 시트의 가로방향 진동
공회전 진동	차체구조 1차 굽힘 진동(5 ~ 30 Hz)	엔진 현가계의 강체진동, 배기계의 진동
차체 전후방향 진동	프레임 구조 1차 굽힘 진동(~ 10 Hz)	구동계의 비틀림 1차 진동
감속 시의 진동	차체구조 1차 굽힘 및 비틀림 진동 (5 ~ 30 Hz)	엔진 현가계의 강체진동, 구동계의 비틀림 1차, 2차 진동
저속영역의 부밍소음	차체구조 1차 굽힘 공진, 차 실내 바닥 전역의 판진동(30 ~ 50 Hz)	후륜 현가장치의 와인드업 공진, 화물실까지 포함한 기주 공명
중속영역의 부밍소음	차체 골격을 포함한 패널부위의 국부진동 (50 ~ 100 Hz)	후륜 현가장치의 탄성진동, 구동계 비틀림 4차 진동, 기주 공명
고속영역의 부밍소음	패널부의 진동(100 ~ 200 Hz)	드라이브 라인의 진동, 기주 공명
도로소음 및 하시니스	상기 대부분의 진동과 연관됨	타이어-현가장치의 진동

9.2.2 차체의 구조진동

차체의 구조진동은 대략 20~200 Hz 영역의 진동수 범위를 가지며 차체의 전체 또는 국부적인 탄성변형으로 나타나는 진동현상으로, 탑승객이 느끼는 차체진동 및 실내소음과 매우 밀접한 관련이 있다. 차체의 전반적인 형상은 폭이 좁고 앞뒤방향으로 길이가 긴 구조로 되어 있으므로, 20~30 Hz의 진동수 영역에서 차체의 굽힘(bending)과 비틀림(torsion) 진동현상이 쉽게 발생하며, 이들의 고유 진동수에 엔진의 회전수 변동에 따른 가진 진동수(exciting frequency)가 비슷해지거나 일치할 경우에는 큰 진폭의 발생이나 공진현상으로 인하여 심각한 진동현상과 부밍소음을 유발시킨다.

또한 그림 9.8과 같이 엔진룸(engine room)과 필라(pillar)가 만나는 부분을 비롯하여, 차체 지

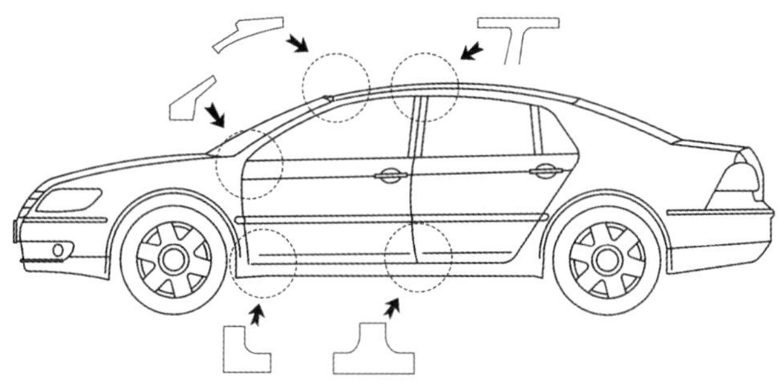

그림 9.8 **차량의 기하학적 불연속이 존재하는 조인트 부위**

붕(roof)과 바닥(floor)을 연결시키는 기둥과 같은 각종 조인트(joint) 부위는 기하학적으로 큰 변화가 존재하는 불연속 구간이라 할 수 있다. 이러한 취약부분이 일반적인 승용차량에서는 대략 10여 곳에 해당되며, 차량의 주행과정에서 발생되는 다양한 하중으로 인하여 조인트 부위에서는 심각한 국부 진동현상이 발생하면서 실내소음에 악영향을 끼치게 된다.

한편, 100~200 Hz의 진동수 영역에서는 차체 외형의 진동현상이 내부 소음에 큰 영향을 끼치는데, 이는 대부분 링(ring) 형상의 진동특성을 가져서 차체의 단면이 외부 방향으로 늘어났다가 줄어드는 주기적인 진동양상을 갖기 때문이다. 차체의 기본적인 탄성진동현상에 대한 각 차량별 진동특성을 정리하면 표 9.3과 같다.

표 9.3 **각종 차량별 탄성진동특성** **(단위: Hz)**

차량 종류	상하 굽힘 진동	비틀림 진동	좌우 굽힘 진동
소형 차량	26 ~ 29	23 ~ 28	–
중형 차량	20 ~ 25	25 ~ 30	–
대형 차량	13 ~ 26	15 ~ 24	–
대형 차량: BIW	24 ~ 33	30 ~ 34	–
미국 스포츠 차량	16 ~ 23	19 ~ 25	–
경주용 차량	21 ~ 24	24 ~ 30	40
다목적 차량(SUV): BIW	29	32	23
다목적 차량(SUV): frame	39	32	52

표 9.3을 살펴보면 소형에서 대형차량으로 차체가 커질수록 굽힘 및 비틀림 진동수가 낮아짐을 알 수 있다. 표 9.3의 BIW는 body in white의 약자로, 내장부품이 조립되지 않은 최종 도장(페인트작업을 의미) 전의 온전한 차체를 의미한다. 또한 차체의 탄성진동뿐만 아니라, 실내에 장착되는 시트(seat)의 진동형태도 탑승자의 유무에 따라 진동현상이 다양하게 변화될 수 있다. 시트의 진동현상은 대략 20 Hz 내외의 진동수 범위를 가지며, 그림 9.9는 시트 골격 구조의 대표적인 진동형태를 보여준다.

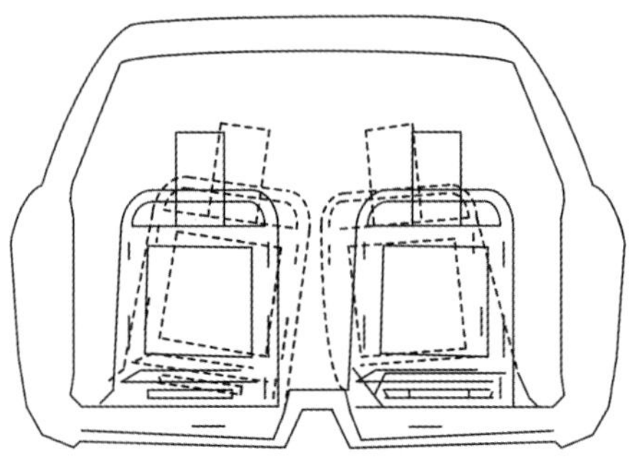

그림 9.9 **시트의 진동형태 사례**

9.2.3 패널의 국부진동

차량주행 시 차체를 구성하고 있는 다양한 패널(panel)들이 대략 100~500 Hz의 진동수 영역에서 국부적으로 진동하게 된다면 실내소음을 크게 악화시킬 수 있다. 이러한 패널의 국부진동은 차량 실내의 부밍소음으로 발전되는 경향이 있으며, 패널의 단독적인 영향뿐만 아니라 다른 부위의 진동레벨이나 위상(phase)과도 관련되면서 또 다른 부밍소음을 발생시킬 수 있다. 따라서 패널 자체의 진동발생을 억제하기 위해서는 비드(bead)나 보강재료(stiffener)의 추가 및 곡면설계 등으로 강성을 보강시켜야 한다.

여기서 그림 9.10(a)는 단면형상의 변경이나 결합(체결) 특성을 이용하여 패널이나 구조물의 강성을 보강시키는 개념을 보여주며, 그림 9.10(b)는 패널이나 차체 바닥에 비드가 적용된 사례를 보여준다. 또한 감쇠 효과를 증대시켜주는 제진재료(制振材料, damping materials)를 패널에 추가하여 진동억제 효과를 강구할 수 있으나, 최근의 자동차 제작회사에서는 제진재료의 중량감소를 위해 차체 패널 자체를 곡면처리(curved panel)하는 경향이 늘어나고 있다.

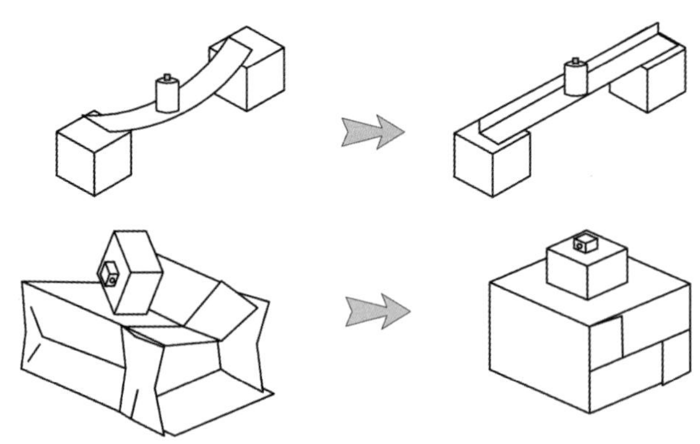

(a) 패널이나 구조물의 보강개념

그림 9.10 **구조물의 보강개념과 차체 바닥의 비드 적용사례**

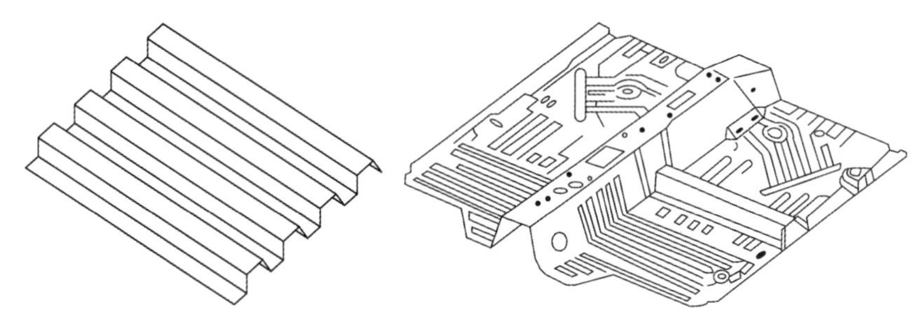

(b) 차체 바닥의 적용사례

그림 9.10 **구조물의 보강개념과 차체 바닥의 비드 적용사례(계속)**

9-3 차체의 소음특성

차체에서 발생되는 소음현상은 동력기관의 흔들림, 도로의 노면특성에 의한 타이어의 상하 방향 진동현상 등이 차체로 전달되어 실내공간을 구성하고 있는 패널들의 진동 및 음향방사로 구조전달소음(structure borne noise)이 발생할 수 있다. 더불어서 공기를 통하여 엔진의 소음과 타이어 소음 및 바람소리 등이 실내공간으로 전달된 공기전달소음(air borne noise)들의 복합적인 결과라 할 수 있다. 이러한 실내소음의 특성은 차체 실내공간의 내부 음향모드(acoustic mode)와도 밀접하게 관련된다.

탑승객이 위치하는 차체의 실내공간은 각종 내장부품들과 시트, 도어 및 유리 등으로 밀폐된 공동(cavity)구조로 이루어진 불규칙한 형상의 음향공간을 형성하고 있다. 그림 9.11은 일반적인 자동차의 실내구조 및 음향공간을 보여준다. 동력기관이나 현가장치 등으로부터 전달되는 진동현상 및 외부에서 유입된 소음 가진원으로 인하여 차체 실내의 고유 음향모드와 연관된 공명현상이 발생할 경우에는 실내소음이 더욱 악화되기 마련이다.

여기서, 공명현상이란 차체의 내부 패널 중에서 일부 또는 전체적인 진동현상에 의해서 발생하는 공기의 진동이 차체 내부공간의 고유 주파수에 접근하거나 일치하게 되면서 실내소음이 크게 발생되는 현상을 뜻한다. 일반적인 승용차량의 실내 공명 주파수는 차량의 전후 방향으로는 70~90 Hz 및 130~170 Hz 내외, 좌우 방향으로는 120~140 Hz 내외, 상하 방향으로는 130~170 Hz 내외의 주파수 영역에 존재한다. 그림 9.12는 자동차 실내 음향모드의 한 예를 나타낸다. 여기서 +, - 기호는 음압의 위상(phase)을 나타낸다.

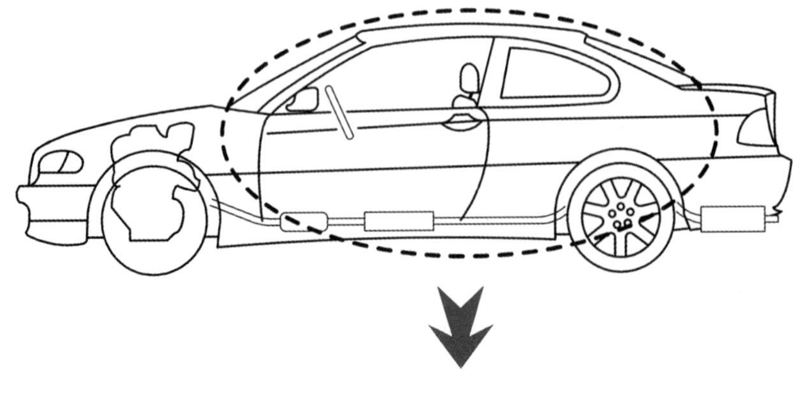

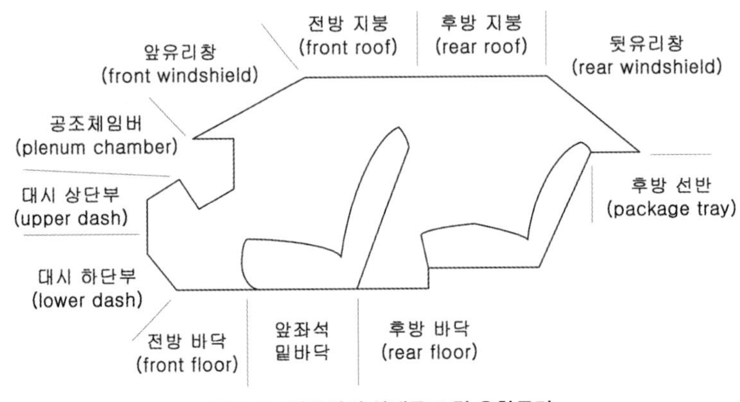

그림 9.11 **자동차의 실내구조 및 음향공간**

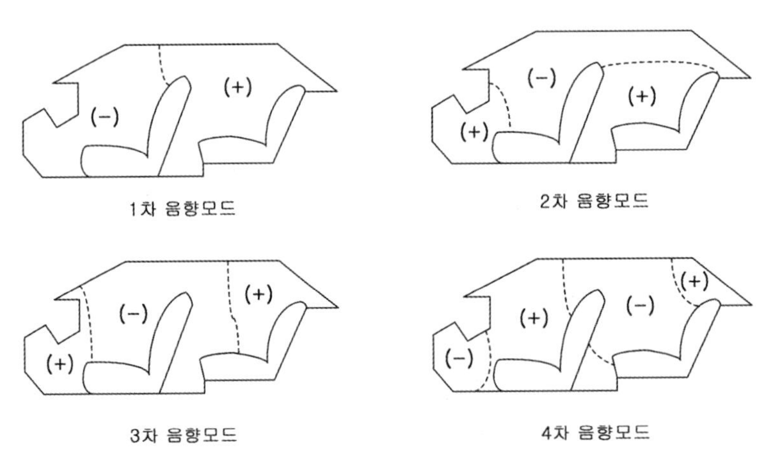

그림 9.12 **자동차의 실내 음향모드 사례**

이러한 차량 내부의 공명현상은 차체 실내의 형상에 크게 의존하기 때문에, 실내의 형상을 변경하지 않고는 공명 주파수와 음향모드를 개선시키는 것은 매우 힘들다고 할 수 있다. 해치백(hatch back) 타입의 승용차량에서는 뒷좌석 시트를 접어서(folding) 트렁크 화물공간을 크게 확장시킬 수 있는데, 이러한 차종은 시트의 자세변경에 따른 내부 실내공간의 변화로 실내의 음향모드가 바뀌게 되므로 주행과정에서 발생하는 실내소음이 평상시와 상이함을 쉽게 경험할 수 있다.

하지만 일반 승용차량에서는 차체의 실내형상이 고정되어 있으므로, 실내의 공명현상에 대한 정밀한 해석이 필요하고 차체 디자인 및 설계단계에서 컴퓨터를 이용한 여러 가지의 해석기법을 사용하여 개선대책을 강구하는 실정이다. 또한 음향감도(acoustic sensitivity)를 기초로 하여 전달경로 해석(transfer path analysis)방법을 이용한 실내소음 개선방법도 많이 시도되고 있다.

궁극적으로 탑승자가 느끼는 실내소음의 평가 및 만족도는 차체의 진동현상과 내부 공명현상에 의한 소음특성이 함께 망라된 복합적인 원인에 의해서 나타나는 최종 결과에 의해서 좌우된다고 볼 수 있다. 차량이 제작되어 출고된 이후에 사용자들이 차체의 구조를 변경하면서까지 차량 전체의 진동소음현상을 개선시킨다는 것은 매우 힘든 일이라 할 수 있다. 그러나 제한적이기는 하지만, 차체의 밀폐(sealing)성능 증대, 흡음 및 차음재료의 적용 등을 통한 수동적인 저감대책으로도 부분적인 개선 효과를 볼 수 있겠다.

9-4 차체의 평가 및 시험

자동차에서 발생하는 진동소음현상은 차량의 부품 전체가 관련되어 있다고 해도 과언이 아니며, 각 부품들의 고유 특성이 상호 복합적으로 영향을 끼친 최종적인 결과가 탑승객에게 감지되고 있는 셈이다. 따라서 자동차 진동소음현상을 종합적으로 평가하고, 각 부품들의 기여도를 명확히 규명하는 노력이 진동소음현상의 개선을 위해서는 필수적이라 할 수 있다. 자동차의 진동소음평가는 차량 개발단계부터 출고에 이르기까지 여러 단계에 걸쳐서 반복적으로 수행되기 마련이다.

그 중에서도 자동차의 평가 및 시험과정은 진동소음현상의 개선을 위한 목표값을 설정하고, 이를 여러 가지 방법을 통해서 확인하는 과정이다. 이를 위해서 경쟁차량을 참고하여 제작회사의 자체적인 기준을 마련하기도 하며, 차량 개발단계인 시작(試作)차량과 시험차량을 거쳐서 양산차량에 이를 때까지 끊임없는 평가와 개선 · 확인작업이 이루어지게 된다. 그뿐만 아니라 판매(출고) 이후에도 일반 사용자들의 주행거리 누적이나 다양한 운행조건에 의해서 진동소음의 특성이 변화하는 양상(경향)과 함께 주요 부품의 내구성능 등을 파악하여 다음 차종의 개발과정에 참고하게 된다. 진동소음현상의 다양한 발생조건(공회전, 정속, 가속 또는 감속 조건 등)을 확인하고, 문제되는 진동소음현상의 수준과 고유 특성들을 파악하기 위해서는 다양한 측정과 분석과정을 포함하여 여러 가지의 해석기법이 응용될 수 있다.

9.4.1 진동소음현상의 측정방법

자동차에서 발생되는 진동소음현상을 파악하는 방법은 크게 전문가의 감성적인 평가(feeling 평가), 측정센서를 비롯한 분석장치 등을 이용하는 객관적인 평가로 구분할 수 있다. 차량 개발과정에서 전문가들에 의한 감성평가는 특별한 장비를 사용하지 않는 반면에, 객관적인 평가는 다양한 센서와 측정장비 등을 이용한 데이터 확보 및 분석과정을 거쳐서 이루어지게 된다.

여기서, 센서(sensor)는 측정 대상물의 물리 · 화학적인 변화를 감지하여 이를 전기적인 신호로 바꾸어주는 장치를 뜻한다. 자동차 진동소음현상의 측정 및 평가를 위해서 사용되는 주요 센서로는 기계적인 흔들림을 측정하거나, 회전수 등을 측정하는 진동관련 센서(가속도계 및 회전계)가 있고, 공기의 미세한 압력변동을 측정하는 마이크로폰(microphone)과 같은 소음관련 센서 등이 있다. 진동소음현상의 시험 및 평가에는 실차주행, 섀시 동력계(chassis dynamometer)에 의한 주행 시험, 가진기(shaker 또는 exciter)에 의한 방법들이 사용된다.

(1) 실차주행

엔지니어나 평가 전문가가 직접 차량에 탑승하여 여러 종류의 주행조건에서 발생되는 자동차 실내 · 외의 진동소음현상을 측정 · 평가하는 방법으로, 전문가에 의한 감성적인 평가와 측정장비를 이용한 객관적인 평가로 구분된다. 주행과정에서 노면의 상태, 대기온도 및 풍향 등의 외부조건이 수시로 변할 수 있다는 단점이 있으나, 일반 사용자들의 최종적인 판단은 결국 실차주행에서 이루어지기 때문에 매우 중요한 평가항목이라 할 수 있다.

자동차 제작회사에서는 많은 돈을 투자하여 주행 시험장(proving ground)을 건설하여 다양한 운전조건에 따른 주행 시험을 끊임없이 반복하는 이유도 바로 실제 주행과정에서 느껴지는 감성적인 평가가 차량의 상품성에 지대한 영향을 끼치기 때문이다. 이와 같이 실차주행에서는 감성적인 평가를 비롯하여 측정장비(데이터)를 통한 개선사항의 확인, 종합적인 주행성능과 내구특성 평가 등이 수행된다.

(2) 섀시 동력계

실험실 내부에 설치된 롤러(roller)를 가상 노면으로 하여, 롤러 위에 자동차의 구동바퀴를 위치시켜서 차량은 정지한 상태로 엔진을 가동하여 구동바퀴만을 회전시키면서 자동차의 주행상태를 재현하는 동력계를 섀시 동력계(chassis dynamometer)라 한다. 진동소음현상의 측정 목적에 알맞은 환경을 조성한 무향실(anechoic chamber)이나 그림 9.13과 같은 반무향실(semi-anechoic chamber) 등의 실내에서 동력계와 구동바퀴만의 회전에 의한 주행(가상주행이라 할 수 있다)에서 발생하는 여러 가지의 진동소음현상들을 평가하는 방법이다. 이를 roller bench 테스트라고도 하며, 뛰어난 재현성과 함께 측정 데이터의 처리 및 분석이 용이한 장점이 있으나, 실제 도로의 주행상태를 완전하게 재현하는 데는 어느 정도의 한계점이 존재한다.

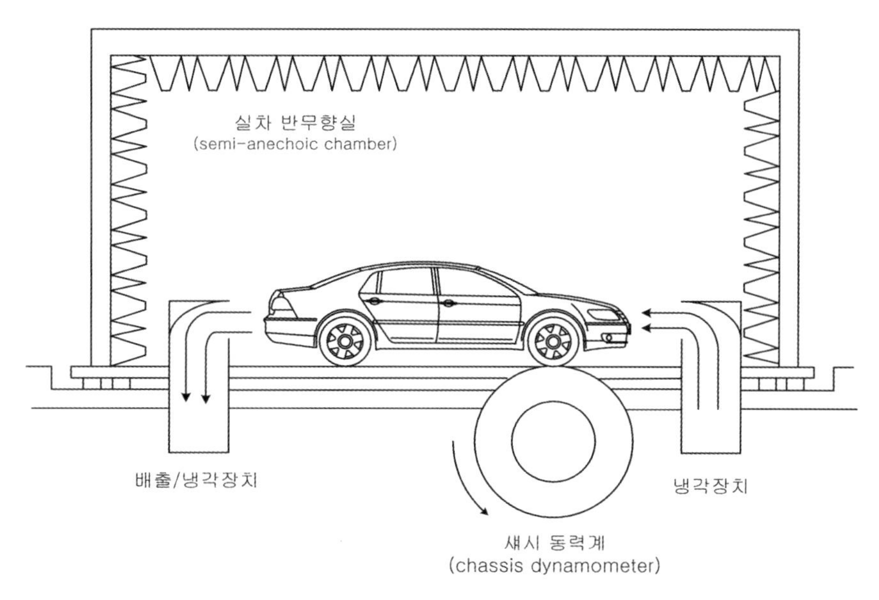

그림 9.13 **섀시 동력계를 장착한 반무향실**

(3) 가진기

가진기(shaker)는 전자(電磁) 가진기(electromagnetic vibration exciter 또는 shaker)라고도 하며, 외부에서 입력된 신호(정현파 또는 random파)에 의해서 진동소음시험에 필요로 하는 진동에너지를 발생시키는 장치를 뜻한다. 자동차의 경우에는 가진기를 동력기관이나 차체 패널, 프레임 등을 직접 흔들어서 측정 대상물의 진동소음특성을 파악하는 데 사용한다. 가진기는 취급이 간편하고 현상분석이 용이하며, 진동소음현상의 원인파악과 대책강구에는 매우 유효하지만, 해석할 수 있는 성능이 제한적이고 자동차의 실제 주행 시 발생하는 제반 진동소음현상의 재현성능에서는 많은 한계점을 가진다. 그림 9.14는 가진기를 나타내며, 뒤에서 설

그림 9.14 **가진기**

명할 차체의 모드시험(modal test, 그림 9.21 참조)에 널리 활용된다.

9.4.2 진동소음현상의 평가

앞에서 설명한 실차 주행, 섀시 동력계, 가진기 등에 의한 측정을 통해서 얻은 데이터를 활용하여 자동차의 진동소음현상을 평가하게 된다. 먼저 자동차 제작회사의 자체 기준안 설정이나 목표값 달성여부를 확인하기 위한 기본적인 측정(baseline test)을 하게 된다. 이를 기준으로 경쟁차량과의 NVH 특성을 비교하고 여러 단계마다 적용되는 개선사항을 평가하게 된다. 이러한 평가과정을 통하여 다양한 개선대책의 적용 효과를 파악할 수 있다.

(1) 진동의 평가

자동차의 진동현상을 유발하는 주요 원인으로는 동력기관의 흔들림, 각종 부품들의 진동 및 노면특성에 의한 입력(충격력) 등이 있다. 이러한 가진원(진동원)의 특성을 세밀하게 파악하여 차량 내부의 전달특성을 규명하고, 차체나 실내공간과 같은 응답계에 대한 진동특성을 개선하는 것이 차체의 진동저감에 있어서 매우 중요하다. 자동차의 진동특성은 변위, 속도, 가속도로 측정할 수 있으며, 홀로그래피(holography) 계측과 같은 광범위한 진폭의 분포를 단시간에 파악하는 기술과, 고속 푸리에 변환기(fast fourier transformation, 이하 FFT)에 의한 진동특성의 실시간 분석 및 그 결과를 이용한 진동 모드해석(modal analysis) 등이 주로 사용된다. 간단한 측정사례로는 스티어링 휠의 진동현상(셰이크 및 시미 진동)을 가속도계(accelerometer)를 이용하여 진동레벨(vibration level)과 지배적인 진동수를 파악하여 연관되는 부품과 원인을 규명하여 저감대책을 강구할 수 있다. 그 외에도, 동력기관이나 차체의 굽힘이나 비틀림 진동을 포함한 다양한 진동특성을 각각의 진동형태와 고유 진동수별로 파악하여 구체적인 원인규명 및 대책안 강구에 활용되기도 한다.

(2) 소음의 평가

자동차의 소음평가로는 차량의 실내소음과 외부소음(법규항목)의 측정 · 평가로 구분할 수 있다. 소음의 측정과 평가에서는 공기전달소음과 구조전달소음의 특성에 따라서 측정대상과 분석방법이 달라지게 된다. 통상적으로 음압계(sound level meter, 소음계라고도 한다)나 마이크로폰을 이용한 측정평가가 이루어지며, 음향의 세기를 이용한 음향 인텐시티, 모의 음원시험 및 음향 홀로그래피 방법 등이 사용된다. 그림 9.15는 차량 앞좌석에서 마이크로폰을 이용한 실내소음의 측정장면을 보여준다.

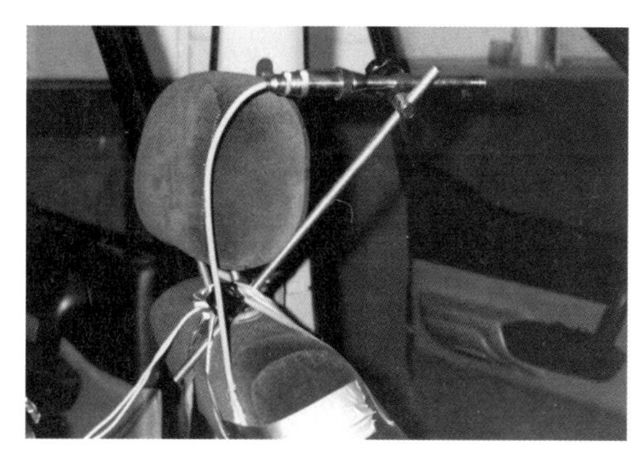

그림 9.15 **실내소음의 측정사례**

9.4.3 측정결과의 분석

자동차에서 발생하는 진동소음현상의 측정결과를 분석하는 방법에는 여러 가지가 있지만, 여기서는 기본적인 사항만을 간단히 기술한다.

(1) 감성평가

자동차 회사의 엔지니어 입장에서 본다면, 새로운 차종의 개발과정에서 여러 가지의 대책방안을 적용시켜서 많은 개선이 이루어졌다고 자부할 수 있겠다. 하지만 생산자가 아닌 자동차 구매자들이 직접 차량에서 느끼는 진동소음현상의 평가와 만족 여부에 따라서 개선작업의 성패가 최종적으로 결정된다. 그 이유는 센서나 각종 분석장치들이 아무리 발달하더라도 인간의 감각은 매우 정교하기 때문에, 계측장비에 의한 측정 및 분석결과가 진동소음현상에 대한 인간의 최종적인 질적 판단과 완벽하게 일치하지 않기 때문이다. 따라서 차량 개발단계에서는 전문가에 의한 평가뿐만 아니라 특별한 장치를 통한 감성평가가 필수적이라 할 수 있다.

1) 판정평가: 판정평가(jury test)는 전문가들이 직접 차량에 탑승하여 시험도로나 일반도로를 주행하면서 느껴지는 진동소음현상과 승차감 등을 즉석에서 판정하는 평가방법이다. 보통 10점 만점을 기준으로 하여 높은 점수일수록 양호한 상태로 판정한다. 판정평가의 근거가 되는 객관적인 자료나 데이터가 남지는 않으나, 자동차 사용자들이 감각적으로 느끼는 것과 똑같은 관점에서 시행하는 매우 중요한 평가항목이다.

2) 청취실에서의 스피커 재생법: 스피커 재생법은 실제 차량주행에서 발생하는 실내소음을 녹음한 후, 청취실에서 스피커로 재생시켜 전문가들이 함께 청취하면서 소음수준을 평가하는 방법이다. 직접 차량에 탑승해서 실시하는 판정평가와 비교해서 뛰어난 재현성과 객관성을 가지지만, 청취실 환경과 스피커의 재생특성 등에 유의해야 한다. 엄밀한 의미에서 실제 차량에서 발생하는 소음의 완벽한 재생에는 뚜렷한 한계점이 존재한다.

3) 모의흉상에 의한 재생법: 사람의 상반신과 유사하게 제작된 모의흉상(torso, 또는 artificial head acoustics)을 차량시트에 탑재하여 주행과정에서 발생하는 각종 소음을 실제 사람의 양쪽 귀로 듣는 것과 동일하게 녹음한 뒤, 이를 전기적으로 가공 · 합성하여 실험실이나 분석실에서 재생하면서 평가하는 방법이다. 음질의 재현성이 좋으며, 많은 사람들이 동시에 평가할 수 있다는 장점이 있다. 그러나 헤드폰의 저주파 재생에 한계가 있으며, 실제 차량에서 청취하는 3차원 공간의 소음과는 달리 머리 중앙부위의 소음평가에만 집중된다는 한계점을 감안해야 한다.

최근에는 자동차의 실내소음에서 단순한 음압레벨의 개선뿐만 아니라, 음질(sound quality)의 개선에도 주력하는 추세이므로, 모의흉상에 의한 감성평가방법이 자주 사용되고 있다. 그림 9.16은 모의흉상을 이용한 측정 및 재생장비를 보여준다.

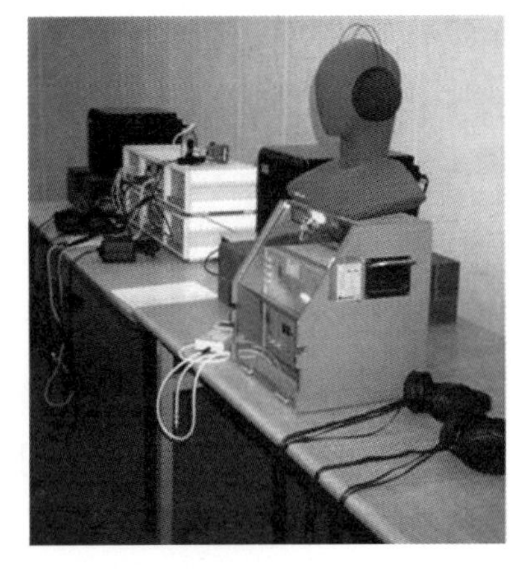

그림 9.16 **모의흉상을 이용한 측정 및 재생 사례**

(2) 주파수 분석

진동과 소음측정용 센서에서 측정되는 실시간 데이터(real time data)는 진폭과 주파수 성분이 혼합되어 있다. 이를 좀 더 객관적이고 정량적으로 평가하기 위해서 고속 푸리에 변환(FFT) 방법에 따라 시간 데이터(time data)를 주파수 데이터(frequency data)로 변환하여 분석하는 방법을 주파수 분석(frequency analysis)이라 한다. 진동이나 소음 입력(input)에 의한 대상물의 응답(response, 출력개념)과 관련된 주파수 응답함수(FRF, frequency response function)를 얻어서 문제되는 진동수 영역에서의 피크값과 같은 각종 정보를 이용하여 진동소음현상의 근원적인 특성을 파악할 수 있다. 이러한 주파수 응답함수는 선형계의 정상상태(steady state) 조건을 근거로 입력과 출력과의 관계에서 계산되며, 주파수 분석결과는 구조물의 모드해석(modal analysis)을 통해서 진동형태, 진동수, 감쇠비 등을 파악할 수 있다. 그림 9.17은 시간함수와 주파수 함수의 개략적인 관계를 보여주며, 다양한 시간함수에 따른 주파수 변환의 사례는 그림 9.18과 같다.

한편, 차량의 가속이나 감속주행 시험인 경우에는 시간변화에 따라서 실내소음의 주파수 특성이 변화하는 복잡한 형태의 소음현상을 갖게 된다. 이러한 소음특성을 정확히 파악하기 위해서 웨이브렛 변환(wavelet transform) 기법이 사용되기도 한다. 여기서, 웨이브렛 변환은 소음의 시끄러움(loudness), 날카로움(sharpness) 및 거칠음(roughness) 등과 같은 소음의 심리음향적 평가의 기본자료가 되는 1/3 옥타브 해석이 가능한 이점이 있다.

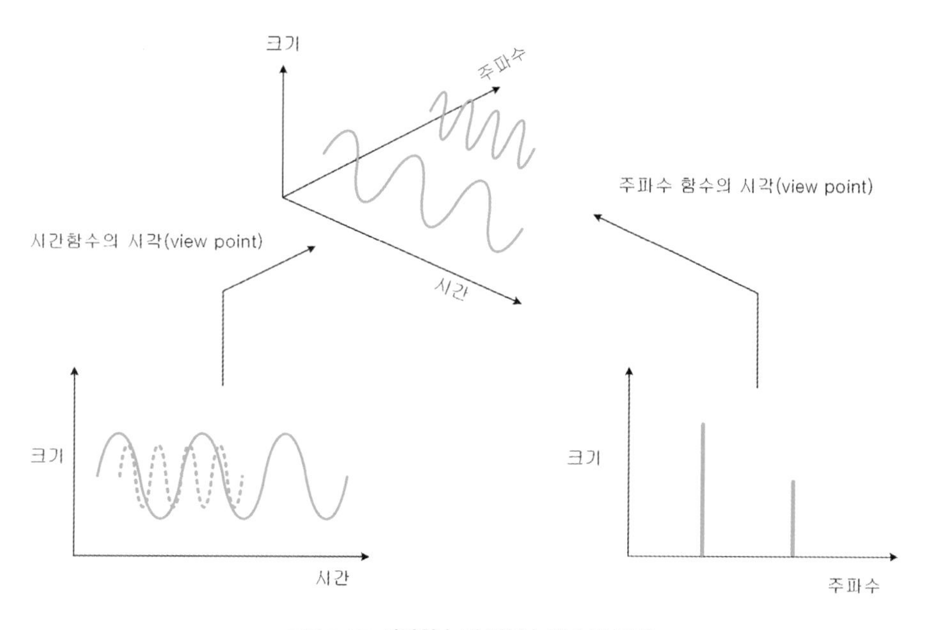

그림 9.17 **시간함수 및 주파수 함수의 관계**

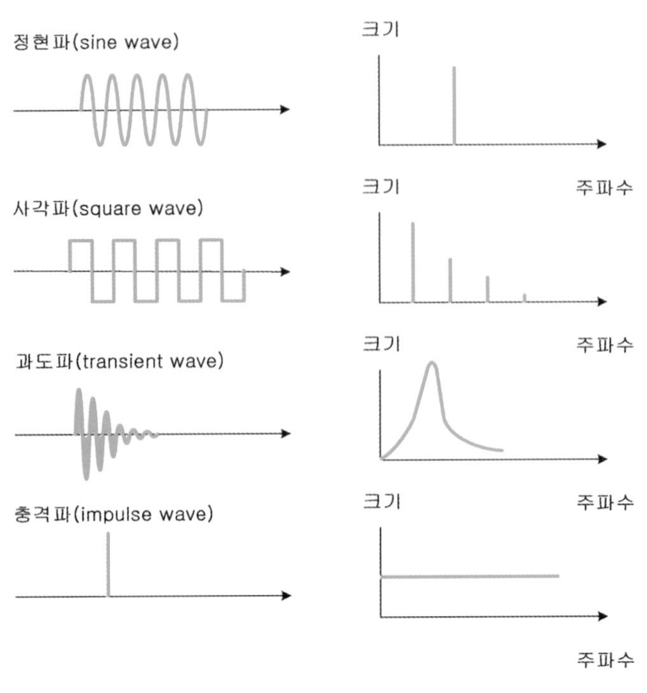

그림 9.18 **시간함수에 따른 주파수 변환 사례**

(3) 차수 분석

차수 분석(order tracking analysis)은 엔진의 크랭크샤프트나 구동축 등과 같은 회전체와 연관된 차량의 진동소음현상을 분석하기 위해서 사용된다. 여기서, 차수는 회전체의 한 회전을 기준으로 하여 자동차의 진동소음현상과 관련된 신호가 반복되는 횟수를 의미한다. 즉, 기준이 되는 회전수(주로 엔진의 크랭크샤프트 회전수)의 배수(倍數)에 따른 진동 및 소음의 제반 기여요소들을 구분할 때 주로 사용되며, 회전속도에 대한 차수성분의 크기와 기여도를 측정하게 된다. 일반적으로 부밍소음, 기어소음과 같이 엔진의 회전수와 함께 변화되는진동소음의 현상파악에 용이하다.

4기통 엔진인 경우에는 2차, 4차, 6차 성분들이, 6기통 엔진인 경우에는 3차, 6차 성분들이 주요 관심사항이 된다. 여기서, 2차, 4차 성분이란 각각 엔진의 크랭크샤프트 회전의 2배, 4배에 해당하는 진동소음현상의 특성을 의미한다. 따라서 실내소음의 원인분석에 있어서 각 차수의 성분들이 전체 소음레벨에 어느 정도로 기여했는가를 파악하고, 개선안을 적용하여 그 효과를 확인하는 데 차수분석이 유용하게 사용된다.

(4) 음질 평가

음질(sound quality)은 인체의 청각기관에 의해 감지되어서 정성적으로 표현할 수 있는 소리의 특징(음감, 音感)을 뜻하며, 센서나 분석장치에 의해서는 세밀하게 측정하거나 구분하기가 쉽지 않은 항목이라 할 수 있다. 그 이유는 음압레벨만으로는 소리에 대한 인간의 감성적인 특성을 표현할 수 없기 때문이다. 계측장비의 측정값인 음압레벨이 낮은 우수한 차량이라도 인간의 청각에 매우 예민한 주파수 영역에서 소음이 높거나, 소리의 조화가 제대로 이루어지지 않을 경우에는 감성적으로 시끄럽거나 불쾌한 느낌을 줄 수 있다. 특히 인간의 귀는 좌우 양쪽에 위치하므로, 양쪽 귀의 효과(binaural effect)나 매스킹(masking)효과가 나타날 수 있는데, 이는 주파수 변화에 따라 비선형적인 특성을 갖는 복잡하면서도 신비스러운 신체구조 때문이라 할 수 있다. 일례로 동일한 크기의 소리라 하더라도 듣는 방향(청취방향)에 의해서도 ±15 dB 이상의 감각적인 차이가 발생할 수 있다.

즉, 음질은 청취자의 개별적인 청감과 기준에 의해 판단되며, 개별성과 보편성을 동시에 포함하고 있다. 음질평가는 음압에 의한 물리적인 크기를 나타내는 소음레벨뿐만 아니라, 인간이 듣는 감성적인 측면(psycho-acoustic)까지 고려한 주관적인 감각이나 정서 또는 가치판단 등의 기초항목을 고려한 평가방법이라 할 수 있다. 특히, 어느 특정 국가에서는 전혀 문제되지 않는 소리가 다른 민족이나 국가에서는 소음이 될 수 있는 것처럼, 각 나라나 사회문화적인 차이로 인하여 평가결과가 다르게 받아들여질 수 있기 마련이다. 그림 9.19는 모의흉상을 이용한 도어 닫힘소음(door slam noise)의 음질평가 사례를 보여준다.

음질의 객관적인 인자로는 음압레벨을 포함하여 음의 크기(loudness), 음의 날카로운 정도(sharpness), 음의 시끄러움(noisiness), 음의 짜증남(annoyance) 등이 있다.

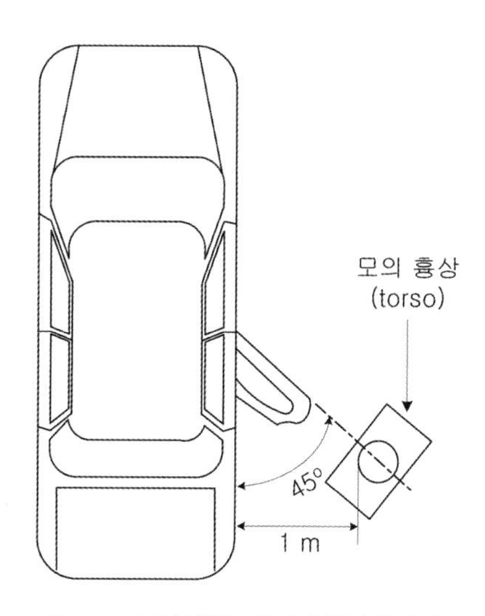

그림 9.19 **도어 닫힘소음의 음질평가 사례**

음질의 주관적인 인자들은 소리의 시끄러움과 조용함, 약함과 강함, 거침과 부드러움, 어두움과 밝음, 유쾌함과 불쾌함, 탁함과 맑음, 날카로움과 무딤, 깜찍함과 웅장함 등과 같은 여러 가지 음의 특징들을 평가하게 된다. 여기서, 자동차 사용자들이 듣기 원하는 소리를 개발하는 것이 중요하며, 자동차 제작회사에서는 자사 제품의 소리 이미지(sound image)나 회사 고유의 브랜드 소리(brand sound)를 구축하는 개념으로 음질개발에 노력을 경주하고 있다.

특히 엔진의 소리에 대한 각 국가별 선호도를 파악하여 목표 음질을 설정한 후, 엔진 마운트의 특성, 흡기와 배기계를 비롯한 각종 전달계 및 흡 · 차음재료 등을 세밀하게 조절하고 있다. 여기에는 엔진 ECU(electronic control unit)의 조절(mapping)과 엔진 방사음의 합성과정을 거치게 된다. 특히 모터와 작동기(actuator)에서 발생하는 작동음과 함께 경고음 등은 지역이나 국가별로 선호도가 상이한 특성을 갖기 때문에 판매지역에 따른 조정이 필요한 실정이다. 이제는 자동차 실내의 음질이 고급 자동차의 새로운 판단기준이 될만큼 중요해지고 있으며, 최고급 차량의 선진 외국 업체에서는 자사의 음질특성을 마케팅의 중요 요소로 적극 홍보할 정도이다.

음질의 평가방법 중에는 감성적인 판단을 통계분석하여 지수화시킨 음질지수(sound quality index)를 사용하기도 한다. 이러한 음질평가에 사용되는 평가어휘를 간단히 정리하면 표 9.4와 같다. 또한 자동차의 음질평가절차에 대한 개발절차는 그림 9.20과 같다.

표 9.4 **음질평가 구분사례**

No.	한국어	영 어
1	시끄러운 / 조용한 (소리)	noisy / quiet
2	약한 / 강한	weak / strong
3	거친 / 부드러운	gruff / soft
4	어두운 / 밝은	dark / bright
5	불쾌한 / 유쾌한	unpleasant / pleasant
6	탁한 / 맑은	tick / clear
7	무딘 / 날카로운	dull / sharp
8	깜찍함 / 웅장함	pretty / magnificent

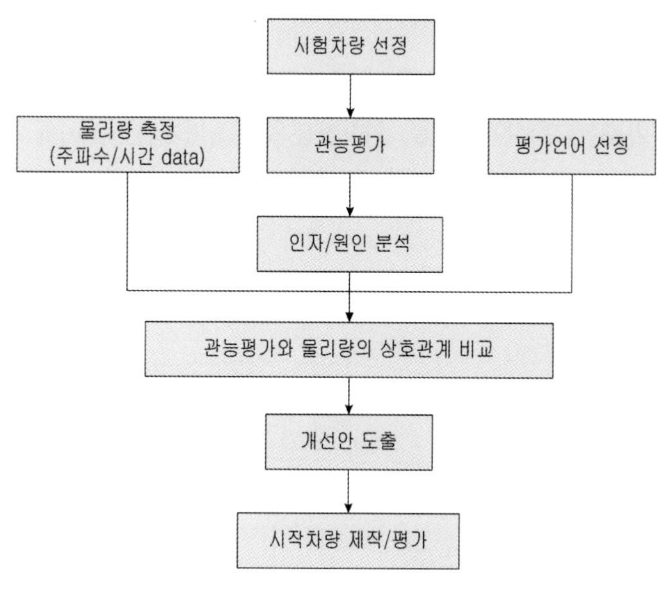

그림 9.20 **자동차의 음질평가 개발절차**

9.4.4 차체의 시험

차체의 진동소음특성은 설계단계에서는 컴퓨터를 이용한 해석결과와 예측만이 가능할 따름이나, 개발하려는 차량과 유사한 모형을 별도로 제작하여 간접적인 시험을 거쳐서 진동소음특성을 검증하는 방법도 강구할 수 있다. 설계가 어느 정도 완료된 이후에는 개발차량의 시제품(prototype)을 제작하여 여러 가지의 시험기법을 통해 다양한 시험 데이터를 얻은 후, 사전에 진행된 컴퓨터에 의한 해석결과와 비교 · 검토하게 된다. 차체의 진동소음특성을 파악하기 위한 대표적인 시험방법으로는 모드시험(modal testing), 음향 인텐시티(acoustic intensity), 음향감도(acoustic sensitivity)에 따른 차체 음향특성 파악, 흡 · 차음재료의 성능시험 등이 있다.

(1) 차체의 모드시험

모드시험(modal testing)은 차체(body)의 진동특성을 파악하기 위한 실험적인 해석방법이라 할 수 있다. 컴퓨터를 이용한 수치해석적인 방법(modal analysis)과는 달리, 특별한 모델링이 없어도 정확한 진동특성을 파악할 수 있기 때문에 차체를 비롯한 여러 부품들의 진동해석방법으로 널리 사용되고 있다.

모드시험은 가진기(exciter 또는 shaker)나 충격 해머(impact hammer)와 같이 외부에서 인위적으로 진동원(진동에너지)을 차체에 입력하였을 때 차체가 반응하는 진동현상을 측정한 후, 이를 여러 단계의 분석과정을 거쳐서 차체의 기본적인 진동특성(고유 진동수, 진동모드, 감쇠특성)을 파악하는 시험방법이다. 충격 해머나 그림 9.21과 같은 가진기를 통한 진동원을 차체에 입력시키면 차체는 고유한 특성을 가진 진동응답을 하게 된다. 이때 차체의 여러 지점에서 가속도계(accelerometer) 등의 센서를 이용하여 데이터를 얻은 후, 주파수 응답함수(frequency response function)를 기초로 분석하여 차체의 굽힘이나 비틀림 진동현상 등을 파악하게 된다.

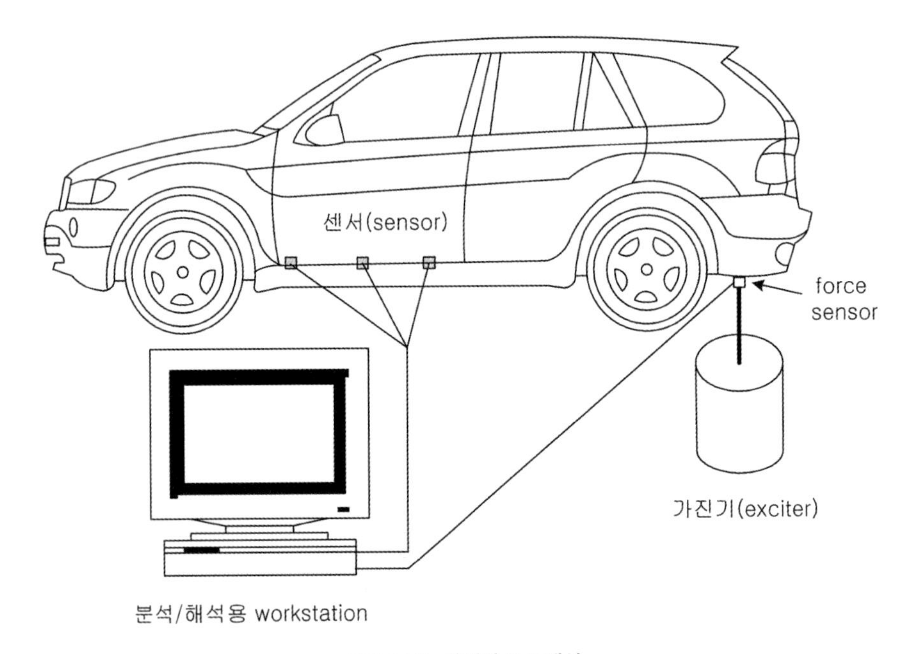

그림 9.21 **차체의 모드해석**

이러한 차체의 진동특성을 참고하여 문제되는 진동소음현상의 개선을 위한 차체의 설계변경과 개선안의 적용 효과를 예측할 수 있다. 이러한 개선방안을 위해서는 구조물 동특성 변경법(SDM, structural dynamic modification)과 부분구조합성법 등이 대표적인 응용기법이라 할 수 있다.

차체와 같이 외형이 복잡하고 중량이 큰 구조물에서는 루프, 도어, 사이드 패널(side panel)과 같이 평판으로 이루어진 부분에서 국부적인 진동(local vibration)이 쉽게 발생할 수 있다. 또한 충격 해머나 가진기에 의한 외부 가진력이 차체로 충분히 전달되기 어려운 경우도 있기 때문에, 차체의 모드시험에서는 여러 지점의 입력점과 높은 출력의 가진기를 이용하는 실험방법이 채택되어야 한다. 그림 9.22는 두 개의 가진기를 이용한 차체의 모드시험 사례를 보여준다.

그림 9.22 **모드시험의 가진 사례**

(2) 주행 모드 시험

앞에서 설명한 차체의 모드시험은 비교적 넓은 범위의 진동수 영역에서 차체의 진동특성을 파악하는 효과적인 방법이지만, 실제 주행과정에서 특별하게 문제되는 특성을 파악하기에는 한계점이 있다. 이를 보완하기 위해서 차량의 주행상태에서 발생되는 각 부위의 진동변위를 직접 측정하는 주행 모드(operational mode shape)시험을 실시할 수 있다. 측정된 시험 데이터를 차체 내부의 특정 위치를 기준으로, 각 측정부위의 상대적인 변위를 계산하여 문제되는 진동특성이나 형태를 확인하는 방법이다. 주행 모드시험은 엔진의 회전수 변화나 차량의 속도 변화에 따라서 실제 주행상태의 가진력에 의해서 발생되는 다양한 부위들의 진동형태를 파악하는 데 유리하다. 실제 주행과정에서 발생되는 차체의 주요 부위나 각 부품들의 진동특성을 직접 측정하기 때문에 문제점 및 개선안 파악에 효과적이다.

(3) 음향 인텐시티

음향 인텐시티(acoustic intensity)는 소음원에서 방출된 에너지가 특정지역(예를 들면 엔진룸이나 대시 패널)을 통과하여 일정한 방향으로 퍼져나가는 비율을 뜻한다. 즉, 음향 인텐시티는 단위면적에 대한 음향 파워의 비를 나타내며, 소음의 크기뿐만 아니라 방향까지 고려된 벡터량인 특성을 이용하여 주요 소음원의 위치를 파악할 수 있다. 서로 근접된 두 개의 마이크로폰이 장착된 전용장비를 이용해서 소음원에서의 에너지 흐름을 측정하여 각 측정부위별 음의 세기를 분석하며, 그림 9.23은 음향 인텐시티를 이용한 소음원의 측정사례를 보여준다.

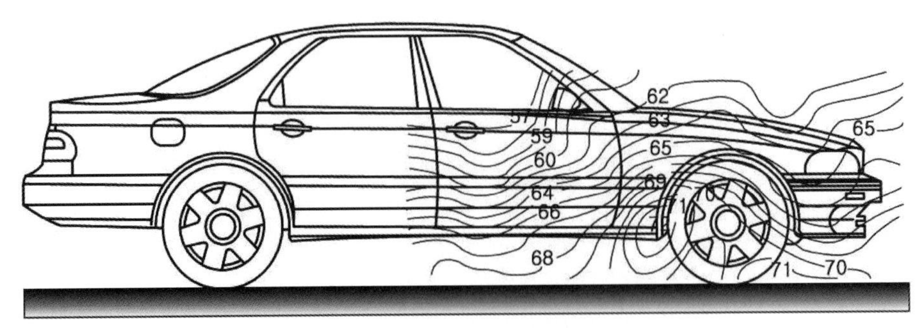

그림 9.23 음향 인텐시티의 측정사례

(4) 음향감도시험

동력기관의 흔들림이나 도로로부터의 충격적인 외부 입력에 대한 차체의 응답특성을 파악하는 시험방법으로, 실내소음에 영향을 미치는 전달경로파악과 주요 가진원 및 그에 따른 차체의 민감성(sensitivity) 특성을 파악하기 위해서 시도된다. 음향감도 특성에 따른 차체의 가진원과 영향도(기여도)를 파악하여 좀 더 효과적인 진동소음현상의 개선대책을 강구하기 위한 시험방법이라 할 수 있다.

(5) 흡 · 차음재료의 성능시험

차체 내 · 외부에 장착되는 흡음 및 차음재료의 성능을 평가하고 개선하기 위한 시험방법이다. 임피던스 튜브(impedance tube) 방법이나 small cabin을 이용한 흡음재료의 흡음률 측정, 충격가진법 및 잔향실법에 의한 차음재료의 투과율 측정과 같은 여러 가지 시험방법 등이 있다.

9-5 차체의 방음소재

9.5.1 차체방음의 정의

차체에서 발생되는 실내소음을 개선시키기 위한 주요 대책으로는 ① 진동소음원에서의 진동이나 소음출력 자체를 원천적으로 감소시키는 방법, ② 진동전달 부품들의 동특성(dynamic characteristics)을 개선시키는 방법, ③ 실내소음과 관련된 차체의 구조형상을 변경하거나 동특성을 개선시키는 방법, ④ 차체에 다양한 방음소재를 적용시키는 방법 등이 강구될 수 있다.

여기서, 실내소음을 저감시키기 위해서 현재 판매하거나 개발이 진행 중인 자동차의 엔진

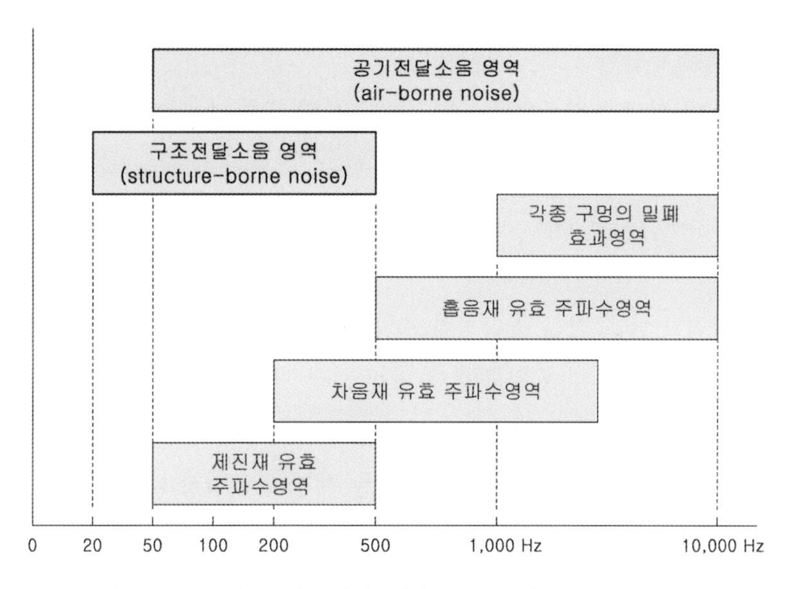

그림 9.24 **주요 방음소재 및 밀폐특성에 의한 소음 감소효과의 주파수 영역**

을 새롭게 재설계하거나 대대적인 차체의 설계변경을 시도한다는 것은 현실적으로 불가능하다고 볼 수 있다. 따라서 상기 ① ~ ③항은 장기적인 관점에서 적용할 수 있는 대책이라 할 수 있다. 하지만 ④항과 같이 차량 내외부에 다양한 방음소재를 채택하는 방법은 비록 수동적인 방안이라 할 수 있겠지만 차체의 특별한 설계변경이나 동력기관의 성능에 영향을 주지 않으면서도 매우 효과적인 소음감소의 해결책이 될 수 있다.

방음소재란 실내소음을 흡수하는 흡음재료, 차량 외부에서 실내로 유입되는 소음을 차단시키는 차음재료 및 실내 패널의 진동을 억제시키는 제진재료 등을 의미한다. 그림 9.24는 각 방음소재의 적용 및 밀폐(sealing)특성으로 실내소음 감소효과를 얻을 수 있는 주파수 영역을 보여준다.

실내소음을 저감시키기 위해서 차량 내부의 흡 · 차음재료와 제진재료를 적용시키는 방법은 차체와 동력기관의 설계변경이 필요 없는 수동적인 소음저감대책이라 할 수 있지만, 200 Hz 이상의 중 · 고주파수 영역에서는 차량 실내소음의 뚜렷한 감소 효과를 기대할 수 있다. 200 Hz 이상의 주파수 영역은 전체적인 실내소음의 음압레벨에는 큰 영향을 끼치지는 않지만, 음질(sound quality)에 있어서는 매우 민감한 영역이라 할 수 있기 때문이다. 즉, 인간의 언어소통이나 청각의 민감도와 관련되는 실내소음의 음질에 많은 영향을 미치는 영역이다.

한편 자동차 엔지니어의 입장에서 생각해본다면, 방음소재는 무게가 최소 30 kg 이상이고, 비용은 수만 원에서 고급 대형차량에서는 수십만 원에 이르는 원가상승과 함께 차체의 무게 증가라는 어려움이 발생한다. 따라서 차량의 경량화와 연비향상까지 고려하여 방음소재의 효과적인 적용을 위한 부단한 노력이 요구된다.

이러한 방음소재의 선택과 적용으로 인한 실내소음의 개선 효과는 200 Hz 이하의 낮은 주파수 영역에서는 뚜렷한 한계가 있음을 인식해야 한다. 그 이유는 방음소재의 소음저감은 공기전달소음에서만 효과적일뿐, 낮은 주파수특성을 갖는 구조전달소음의 저감에는 거의 효과를 볼 수 없기 때문이다. 따라서 방음소재의 적용에 있어서는 개발차량의 수요계층, 소비자의 요구수준과 차량가격 등을 포함한 종합적인 개발목표를 설정해야 하며, 관련 엔지니어도 단기간 안에 최적의 방음소재 개발을 완료할 수 있는 계획수립능력이 필요하다.

앞에서도 언급한 바와 같이 차체 내부에 방음소재를 적용하게 되면, 차체의 중량이 크게 증대될 수 있다. 특히 그림 9.25와 같이 제진재료는 재질의 특성상 다른 재료에 비해서 중량 증가가 많음을 유의해야 한다. 따라서 방음소재의 최적화 단계에서는 각각의 재료특성에 의한 실내소음의 저감량, 적용된 재료의 중량 및 원가상승 등을 종합적으로 고려해야 한다. 그림 9.26은 4륜구동차량의 대시패널(dash panel)에 적용된 흡 · 차음재료를 보여준다.

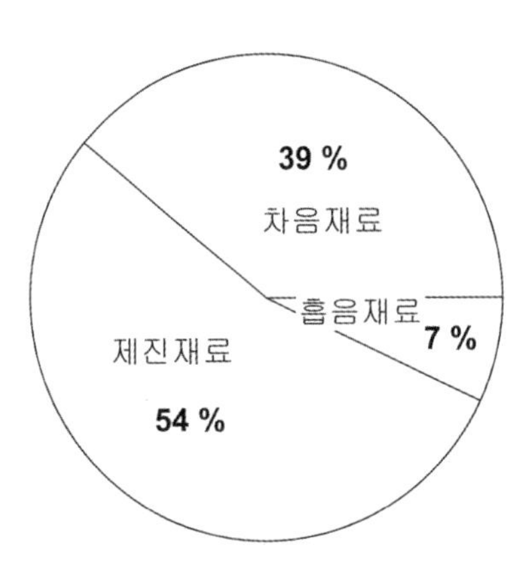

그림 9.25 **방음소재의 중량비교**

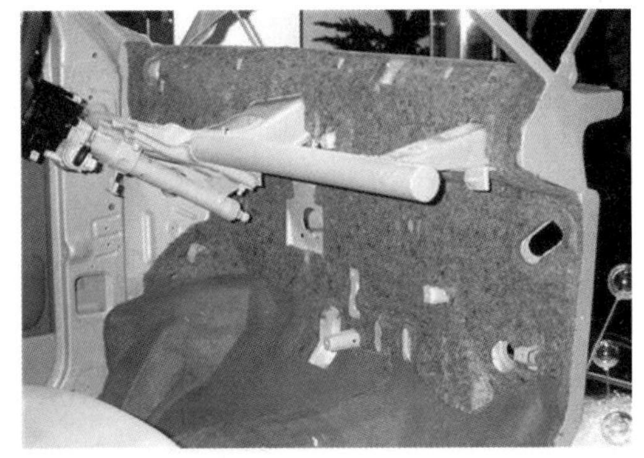

그림 9.26 **대시패널의 흡 · 차음재료 적용사례**

9.5.2 흡음재료

흡음재료(absorption materials)는 외부에서 차체 내부로 유입된 소음뿐만 아니라, 구조전달 과정을 거쳐서 실내에서 발생되는 소음을 저감시키기 위해서 주로 차체 내부에 부착되는 방음재료이다. 흡음재료에 의한 소음의 감소원리는 흡음재료 내부에 많은 공기층을 가지는 다공성(多孔性)의 공간을 통과하는 소음 에너지를 열에너지로 변화시켜 소모시킴으로써 실내 소음을 감소시키게 된다.

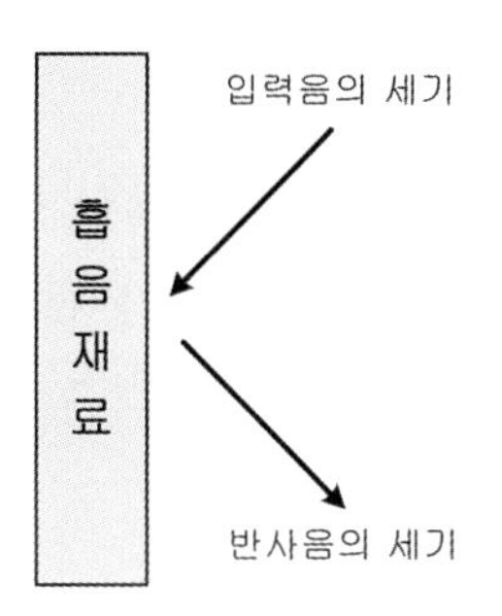

그림 9.27 **흡음재료와 흡음률**

흡음재료의 성능은 흡음률(absorption coefficient)로 표시되며, 그림 9.27과 같이 음파가 전달되어 물체(흡음재료)에 부딪혀서 일부는 반사되지만 나머지는 흡수되어 소음이 저감되는 특성을 흡음성능이라 한다. 즉, 흡음률은 흡음재료의 특성을 대표하며 다음과 같이 정의된다.

$$\text{흡음률} = \frac{\text{흡음재료에서 흡수되는 소음(흡수음)의 세기}}{\text{흡음재료에 입력되는 소음(입력음)의 세기}}$$

여기서, 흡수음은 입력음에서 반사음의 세기를 뺀 값을 의미한다. 소음을 100% 흡수하는 흡음재료인 경우의 흡음률은 1의 값을 가지며, 100% 반사하는 경우(전혀 소음감소가 없다)의 흡음률은 0의 값을 갖는다. 밤새 눈이 많이 온 겨울철 아침에는 주변이 평소보다 조용하다는 것을 느낄 수 있는데, 이는 지표면에 쌓인 눈으로 인하여 지표면이나 거리(도로) 등의 흡음률이 커져서 소리의 반사음이 현저히 줄어들었기 때문이다. 눈은 격자(格子) 모양의 결정구조로 이루어져 있으며, 격자의 공간 중에서 90~95 %가 공기로 채워져 있는 다공성의 특징이 있다. 따라서 약 500 Hz 이상의 주파수를 가지는 소음에 대한 흡음효과가 우수하므로, 눈이 내린 밤이나 새벽녘에는 매우 고요하다는 느낌을 갖게 되는 것이다. 흡음재료도 눈의 격자 모양과 같이 내부에 공기층이 많은 구조를 갖는다.

일반적인 용도로 사용되는 흡음재료로는 유리솜(glass wool), 레진 펠트(resin felt) 등이 있으며, 재료특성에 따른 종류는 다음과 같다.

① 다공질형: 섬유, 발포재료 등으로 석면(asbestos), 암면(rockwool), 유리솜 등이 있으며, 중 · 고주파수 영역에서 흡음성능이 좋다.
② 판(막) 진동형: 흡음재료가 적용되는 면과 벽체 사이에 공기층이 있을 경우, 80~300 Hz의 주파수 영역에서 흡음성능이 향상된다.
③ 공명 흡음형: 흡음재료가 적용되는 벽체 등의 표면에 구멍이나 홈을 적용하여, 이들의 직경이나 깊이에 해당되는 주파수의 소음을 공명시켜서 흡음 효과를 얻는 특징을 갖는다.

차량 개발과정에서 적용되는 흡음재료의 부착위치는 헤드 라이너(head liner, 실내 천장), 실내 바닥(floor), 엔진 후드 라이너(hood liner, 일명 '본네트' 안쪽) 등이며, 흡음재료 적용 시의 유의사항을 정리하면 다음과 같다.

1) 흡음재료는 차체나 실내 내부의 한 곳에 집중시키는 것보다는 여러 곳에 분산하여 부착하는 것이 전체적인 흡음력의 증대에 유리하다. 이는 소음의 난반사를 억제시켜서 흡음 효과를 증대시키기 때문이다.
2) 실내소음의 반사 효과를 억제하기 위해서는 흡음재료를 차체의 구석이나 가장자리에도 추가로 고려하는 것이 효과적이다.
3) 판진동에 의한 흡음도 효과적이므로, 흡음재료를 차체에 부착시킬 때 접착재보다는 가능한 범위에서 못이나 나사 등의 부착물을 사용하여 여유공간을 두는 것이 유리하다.
4) 유리섬유나 암면과 같은 섬유성 다공질 재료들은 비산되기 쉬우므로, 피복(부직포)이나 합성수지 등으로 보호하고, 노후화에 따른 흡음률 저하에도 대비해야 한다.
5) 흡음재료는 탑승자의 귀에 가까울수록 효과가 좋으나, 차량의 실내공간은 탑승공간 확보가 우선이므로 적용위치의 현실적인 한계점을 항상 고려해야 한다.
6) 차량 실내의 시트(seat)는 면적과 두께가 매우 크기 때문에 큰 흡음 효과를 발휘한다. 그러나 시트 외부에 가죽재료를 적용할 경우에는 일반 부직시트에 비해서 흡음 효과가 상당히 저하될 수 있다.

일반적으로 흡음재료의 두께와 문제되는 소음의 파장(주파수의 역수에 해당) 간의 관계가 흡음 효과에 민감한 영향을 준다. 문제되는 소음의 파장(최소한 1/4파장)이 흡음재료의 두께보다 작을 경우에는 우수한 흡음 효과를 얻을 수 있다. 하지만 차량구조물의 진동으로 유발되는 구조전달소음은 주파수가 낮으므로, 이에 해당하는 파장은 흡음재료의 두께보다 대부분

길기 때문에 흡음재료가 효과적으로 소음을 흡수할 수 없기 마련이다.

예를 들어 100 Hz에 해당하는 구조전달소음의 파장은 3.4 m에 해당한다(음속을 340 m/sec로 가정). 흡음재료에 의한 소음감소효과를 볼 수 있으려면 해당 소음의 최소 1/4 파장에 해당하는 0.85 m의 두께가 필요한데, 이는 현실적으로 차량 실내공간의 적용이 불가능하기 때문이다. 이러한 현상은 낮은 주파수 영역에서는 흡음재료의 효과가 거의 나타나지 않는 반면에, 주로 수백 Hz 이상의 높은 주파수 영역에서는 양호한 소음 감소 효과를 얻게 되는 이유를 설명해준다. 그림 9.28은 차량의 소음감소를 위한 흡음재료의 적용부위를 보여준다.

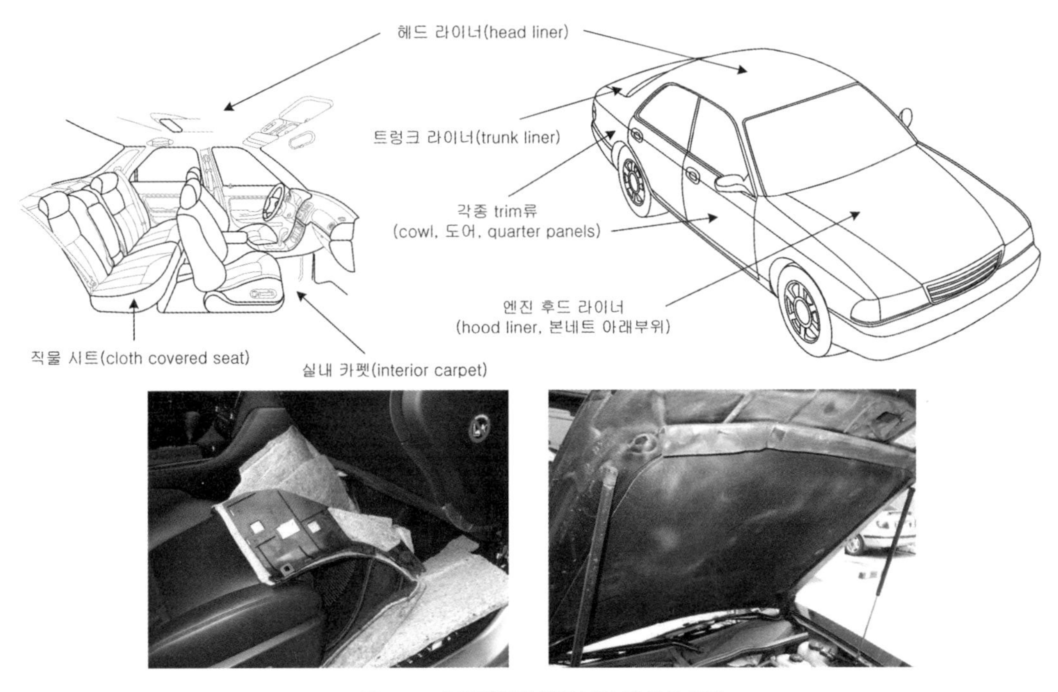

그림 9.28 **흡음재료의 적용부위 및 장착사례**

9.5.3 차음재료

차음재료(insulation materials)는 엔진의 방사소음, 거친 노면에 의한 타이어 소음이나 배기계의 방사소음과 같이 차체 외부에서 발생된 소음이 차량실내로 유입되지 못하도록 소음의 투과를 억제시키는 방음재료를 뜻한다. 즉, 외부 열의 전달을 막는 단열재와 마찬가지로 외부 소음의 투과를 봉쇄시키는 방패와 같은 목적으로 차음재료가 적용된다.

차음 효과는 음파가 물체를 통과하면서 발생되는 음압의 손실특성을 의미하며, 이를 평가하는 척도로는 투과율(transmission coefficient)이 사용된다. 투과율은 다음과 같이 계산된다.

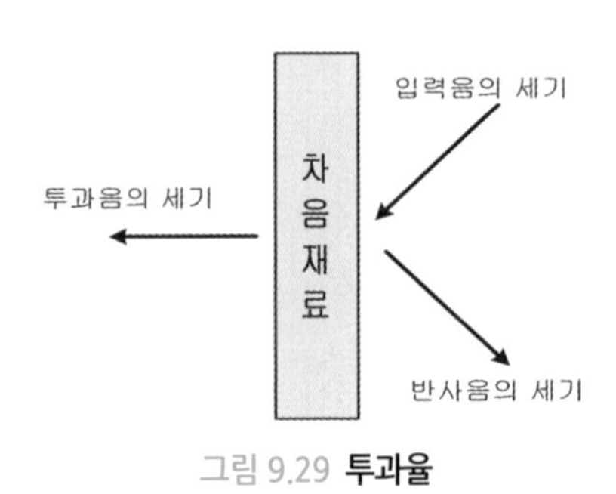

그림 9.29 **투과율**

$$\text{투과율} = \frac{\text{차음재료를 투과한 소음(투과음)의 세기}}{\text{차음재료에 입사되는 소음(입력음)의 세기}}$$

외부에서 발생한 소음을 100% 차단시키는 차음재료인 경우의 투과율은 0이 되며, 소음을 100% 통과시키는 경우의 투과율은 1의 값을 갖는다. 일반적으로 차음재료의 소음 감소효과는 재질의 종류보다는 단위면적당 중량이 커질수록 좋아지는 경향을 가진다. 또한 차음 효과의 평가에는 투과손실(transmission loss)이 고려되며, 이는 입사음과 투과음 간의 음압레벨 차이를 뜻한다.

차량의 실내소음 개선을 위해서는 엔진룸과 차체 내부의 경계를 형성하는 대시 패널(dash panel)부위의 차음성능이 매우 중요하며, 특히 실내소음의 음질(音質)에 큰 영향을 미칠 수 있는 200 Hz 이상의 소음제어에 있어서도 다양한 방음재료를 이용한 차음대책이 필수적이다. 또한, 차음재료의 적용 시 차체의 밀폐(sealing)처리가 무엇보다 중요하다고 볼 수 있다. 그 이유는 차체 곳곳에는 제작과정뿐만 아니라 다양한 사양(option)의 적용에 따른 여러 종류의 여유공간과 함께 그림 9.30과 같이 각종 구멍(hole) 등이 존재하기 마련인데, 바로 이곳을 통해서 투과되는 소음이 실내소음에 지배적인 영향을 끼치기 때문이다.

휴대 전화기에서 통화자가 말하는 소리가 입력되는 구멍이 매우 작은 것을 발견할 수 있을 것이다. 그렇게 조그마한 구멍으로 우리가 통화하는 소리뿐만 아니라, 주변의 소음까지도 상

그림 9.30 **국내 상용차량 바닥의 각종 구멍 사례**

대편 통화자의 귀에 생생하게 전달되기 마련이다. 이와 같이 차체 구석구석에 숨어있는 조그마한 틈새나 구멍으로도 얼마든지 외부소음이 실내로 쉽게 유입될 수 있기 때문에 차음성능의 향상에는 기밀(밀폐)성능이 필수적으로 고려되어야 한다. 따라서 차체 곳곳에 위치한 각종 구멍이나 여유 공간의 밀폐는 대시 패널, 트림(trim), 바닥(floor) 부위를 중심으로 집중적인 관리가 필요하다.

차음재료의 종류로는 폼(foam) 및 펠트(felt)류, Heavy Layer(EVA sheet, PVC sheet) 등이 사용되며, 재료의 밀도가 차음성능에 매우 중요한 변수가 된다. 차음재료는 주로 대시 패널, 카울 측면(cowl side), 후방 선반(package tray) 등에 적용되며, 차음재료 취급시의 유의사항을 정리하면 다음과 같다.

1) 차음재료는 소음의 반사율이 클수록 효과가 향상되므로, 면 밀도가 높은 재료를 선정해야 한다.
2) 차체에 미세한 간극이나 틈이 존재할 경우에는 차음성능이 현저히 떨어지므로, 틈이나 파손된 곳이 없도록 해야 한다. 따라서 대시 패널의 각종 연결부위(조향축, 냉난방장치의 파이프 및 전선 통과부위 등)들에 대한 정확한 밀폐조치가 매우 중요하다.
3) 차음뿐만 아니라 흡음의 효과까지 부가시키기 위해서 차음재료의 음원 측에 추가로 흡음재료를 부착하는 것이 유리하다. 그림 9.31은 차량의 소음감소를 위한 차음재료 및 적용부위를 보여준다.

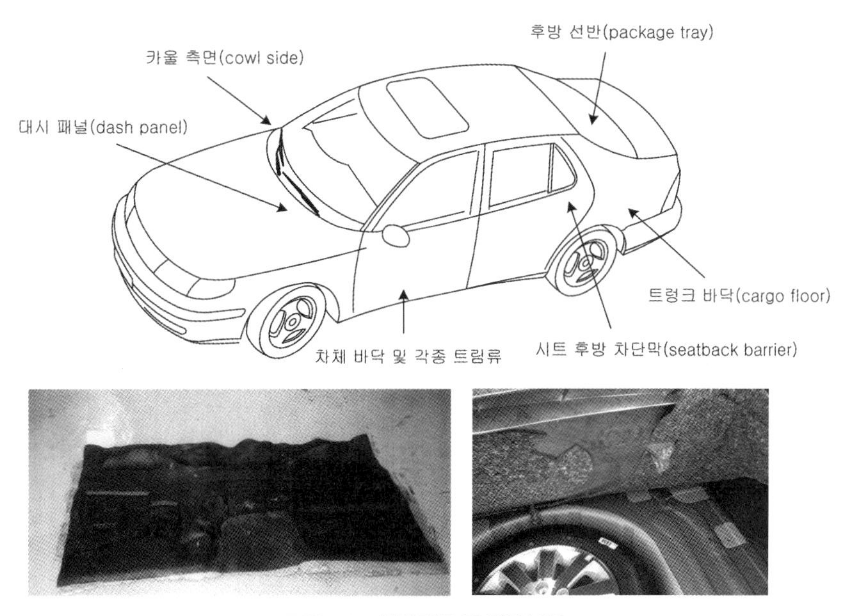

그림 9.31 **차음재료 및 적용부위**

9.5.4 제진재료

제진재료(damping materials 또는 anti-vibration pad)는 차체의 구조전달소음을 발생시킬 수 있는 중 · 저주파수 영역에 해당하는 패널의 국부적인 진동현상을 저감시키기 위해 사용되는 방음재료다. 제진재료 작동원리는 재료 자체의 점탄성 특성(viscoelastic characteristics)을 이용하여 차체 패널(panel) 표면의 진동을 억제시키므로, 공진영역에서 큰 효과를 얻을 수 있다. 제진재료는 상온 damping sheet, B/asphalt(deadner), RSS(rubber special sheet, asphalt+heavy layer), 탄성 패드(pad), P. U. foam, EVA+접착제, 스프레이 제진재 등이 사용된다.

제진재료의 적용범위는 오일 팬(oil pan), 밸브 커버(valve cover), 대시 패널(dash panel), 도어 외부(door outer), 차체 바닥(floor), 차체 지붕(roof), 휠 하우징(wheel housing) 등이다. 제진재료의 뚜렷한 효과를 보기 위해서는 적용하는 패널의 두께보다 제진재료가 대략 2~3배 이상 두꺼워야 하므로 전체적인 차체의 중량이 증대되는 단점을 반드시 고려해야 한다. 최근에는 제진재료를 패널 사이에 추가한 샌드위치 패널(sandwich panel)의 사용이 증대되고 있는 추세이다. 그림 9.32는 제진재료의 적용부위를 보여준다.

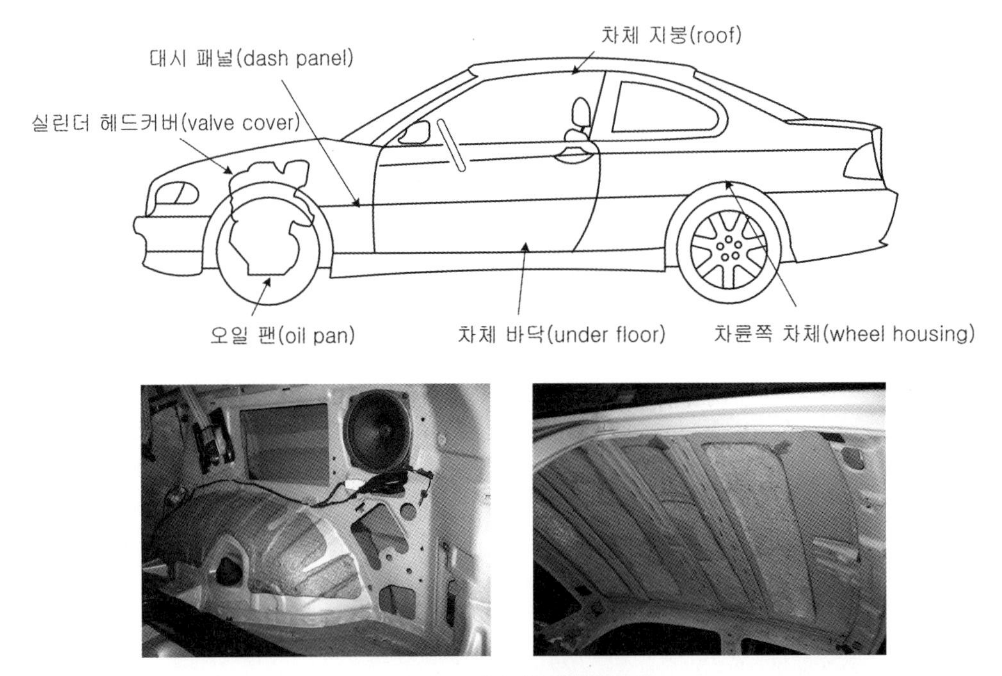

그림 9.32 **제진재료의 적용부위**

9.5.5 필러와 멤버의 충전재료

차체의 구조를 이루는 필러(pillar)를 비롯한 각종 멤버(member)들의 내부에는 다각형 모양의 빈 공간이 존재한다. 마치 파이프나 터널과 같은 이러한 빈 공간을 통해서 외부소음이 유입되어 전달되면서 실내소음을 악화시킬 수 있으므로, 이를 방지하기 위해서 각종 발포 충전재료를 필러 및 멤버의 빈 공간에 삽입하여 소음통로를 막아버리는 기법이 널리 사용된다.

차체 도장라인의 오븐(oven) 통과과정에서 충전재료는 기포발생을 통해 고형화되면서 빈 공간을 채우게 된다. 이러한 충전재료의 적용으로 말미암아 바람소리(wind noise)의 음질개선뿐만 아니라 도로소음(road noise)의 저감 효과를 얻을 수 있다. 그림 9.33은 발포 충전재료의 적용사례를 보여준다. 일반 운전자는 발포 충전재료의 적용여부를 알 수 없지만, 그림 9.33(a) 및 (b)와 같이 일반 승용차량의 차체를 절단해보면 발포 충전재료를 확인할 수 있다.

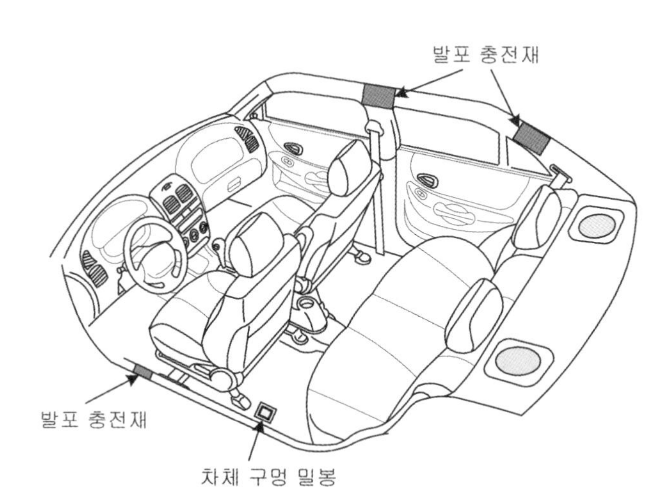

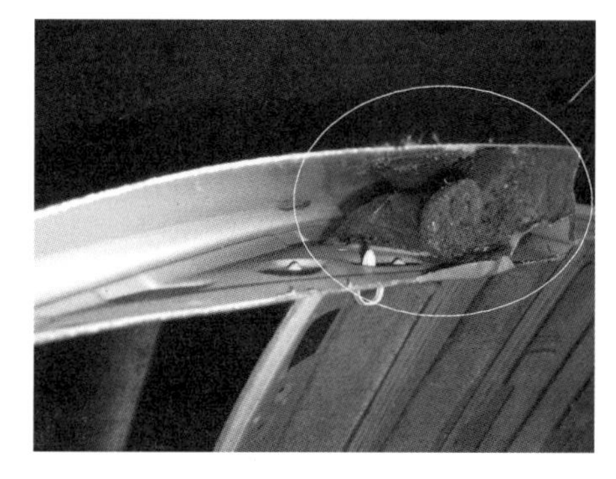

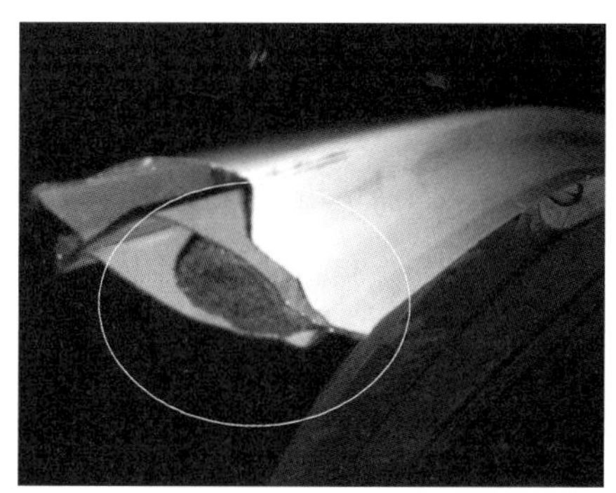

(a) A 필러부위의 발포 충전재료

그림 9.33 제진재료의 적용부위

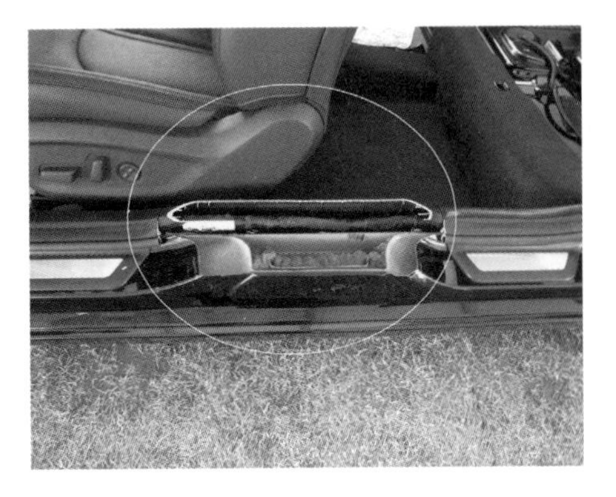
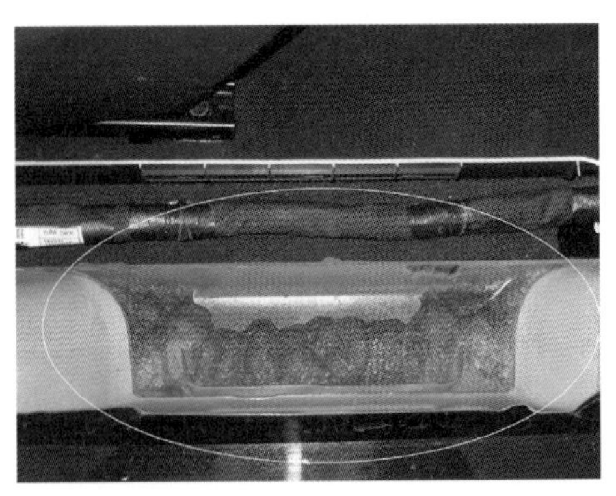

(b) B 필러부위의 발포 충전재료

그림 9.33 **제진재료의 적용부위(계속)**

9-6 능동 소음제어

자동차뿐만 아니라, 일반 산업기계를 포함한 기계부품을 비롯하여 건축음향에 이르기까지 원하지 않는 소음을 줄이기 위해서 학계를 비롯한 산업체에서도 여러 가지 연구와 개선대책이 개발되고 있다. 이러한 대책방안으로는 수동적인 제어(passive control)와 능동적인 제어(active control)로 나누어지는데, 자동차의 차체 내부에 흡 · 차음재료 등의 방음재료를 적용시켜서 실내소음을 감소시키는 방법이 대표적인 수동 소음제어라고 할 수 있다. 반면에, 능동 소음제어(active noise control) 는 소음원에서 전달되는 소음의 특성을 파악하여 수음원(사람이나 소음을 저감시키려는 특정한 공간)에 소음이 도달되기 전에 반대 위상(phase)의 소음을 인위적으로 발생시켜서 문제되는 소음을 서로 상쇄시키는 원리를 활용하게 된다. 즉, 소리(소음)로써 문제되는 소리(소음)를 소멸시키는 개념이라 할 수 있다.

이는 소리의 전파속도인 음속(공기 중에서는 약 343 m/s)이 전기신호 속도(300,000 km/s)보다 훨씬 느리다는 점을 활용하는 셈이다. 즉, 원하지 않는 소리의 특성을 실시간으로 분석한 후, 이에 반대되는 위상의 소리를 스피커 등으로 방사시켜 수음원에 도달되기 전에 문제되는 소리를 소멸시키는 것이다. 따라서 덕트소음, 전자소음, 자동차의 실내소음, 가전기기의 소음제어 등에 적용시키기 위한 많은 연구가 이루어졌다.

하지만 자동차의 실내소음 저감을 위해서는 넓은 주파수 영역의 소음을 제어해야 하며, 특히 엔진의 회전수가 불규칙적으로 변화하는 수송기계의 독특한 운전조건에서는 능동적으로

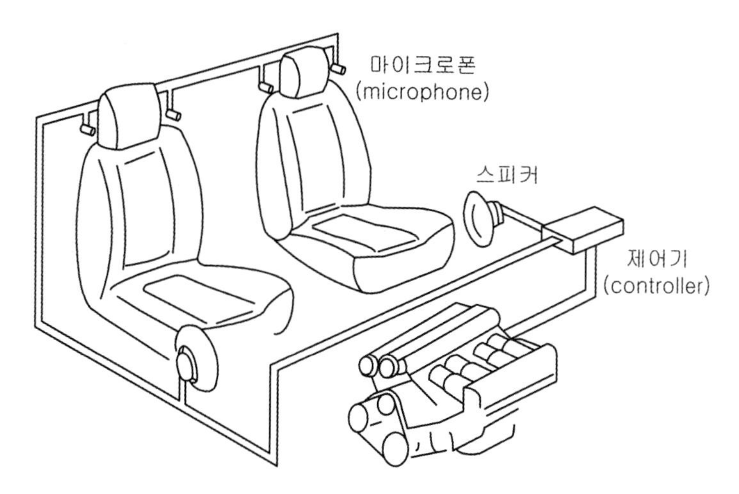

그림 9.34 **능동 소음제어의 자동차 적용사례**

소음을 제어한다는 것이 이론적으로도 어려운 것임은 분명하다. 그 이유는 전자기술의 제한이나 신호처리의 기술이 미비된 것이 아니라, 음향학적인 공간에 따른 한계(평면파 이론이 아닌 3차원 공간 및 고차 음장모드 등을 포함해야만 하기 때문)가 존재하기 때문이다. 그러나 수동적인 소음 저감방안으로는 효과가 미비한 소음영역(주로 500 Hz 이하)에서는 능동 소음제어가 효과적이므로, 수동적인 소음제어와 병행한다면 종합적인 소음저감 효과를 극대화시킬 수 있다고 판단된다.

그림 9.34는 자동차의 실내소음을 저감시키기 위한 능동 소음제어의 적용사례를 보여주고 있다. 승객의 귀 위치에 장착된 마이크로폰(microphone)으로 실내소음을 파악한 후, 이와 반대되는 위상의 소리를 제어기(controller)에서 생성하여 스피커를 통해서 방사시켜 서로 상쇄시킴으로써 문제되는 소음을 억제시키는 개념이다.

자동차 진동소음의 해석 10장

10-1 자동차의 컴퓨터 활용분야

자동차 분야뿐만 아니라, 산업체 전반에 걸쳐 제품개발 및 연구부문에서 컴퓨터를 활용하는 분야는 컴퓨터를 이용한 설계(CAD, computer aided design), 컴퓨터를 이용한 생산(CAM, computer aided manufacturing), 컴퓨터를 이용한 공학해석(CAE, computer aided engineering), 컴퓨터를 이용한 시험(CAT, computer aided test) 등으로 크게 구분된다.

CAD/CAM의 발달로 평면(2D)방식의 도면 설계 및 생산가공 절차가 3차원(3D) 공간 데이터로 바뀌었고, 신속하고 정확한 디지털 설계 데이터를 활용함으로써 생산기술의 발전과 공장 자동화를 이루어 제품개발의 비용과 시간을 크게 줄이고 있다.

컴퓨터 성능의 비약적인 발전과 수치해석 소프트웨어의 발전으로 인하여 컴퓨터를 이용한 공학해석(이하 CAE) 기술의 적용범위가 다양한 분야로 대폭 확대되었다. 설계도면이 완성된 이후에야 비로소 제작되는 시제품의 시험만을 통해서 기본적인 제품 성능을 평가하고 문제점을 개선하던 과거의 개발절차에서, 이제는 3D-CAD 데이터만으로도 컴퓨터의 시뮬레이션(simulation)기법을 활용함으로써 시제품을 제작하기 이전 단계인 설계과정에서도 제품성능을 예측하고 검증할 수 있게 되었다. 이로 말미암아 과거의 제품 개발방식과는 차원을 달리하는 강력한 도구로서 컴퓨터의 활용은 필수적인 위치를 자리 잡았다.

이와 같이 설계 초기단계부터 제품개발 전체 과정에 이르기까지 컴퓨터를 적극 활용함으로써 제품개발에 소요되는 시간과 비용을 획기적으로 줄이고 있다. 또 해석 정밀도가 상대적으로 낮은 분야에서는 CAE 결과의 신뢰도를 높이기 위해서 CAT를 통한 시험결과를 CAE의 해석모델과 결합시키는 혼합(hybrid) 모델로 구성하여 해석결과의 정밀도를 높이고 있다.

CAE는 유한요소법(FEM, finite element method), 경계요소법(BEM, boundary element method), 유한차분법(FDM, finite differential method) 등과 같은 수치해석기법을 이용하여 다양한 공학특성을 컴퓨터 시뮬레이션을 통하여 예측하고 검증하는 일련의 작업을 의미한다.

자동차분야에 활용되는 CAE는 설계 초기단계에서는 차량특성이나 문제점들을 사전에 예측하고 개선방향을 찾는 데 이용하며, 차량의 성능검증 및 개선을 위해 필수적으로 진행해야만 하는 충돌시험, 내구시험, 열유동시험, 진동소음시험, 동역학시험, 동력성능시험 등을 대체하는 설계검증 도구로 적극 활용되고 있는 추세이다. 또한 시험차량이 제작된 이후에도 문제해결의 빠른 방향선정과 정확한 개선정보를 제공하는 강력한 수단으로 활용함으로써 시험차량의 제작대수와 실험횟수, 시행착오를 크게 감소시켜서 제품개발기간의 단축 및 비용절감이 가능하게 되었다.

CAE 작업을 수행하기 위해서는 크게 전－후 처리기(pre-post processor)와 연산 프로그램(solver)이 필요하다. 전－후처리기는 점(point), 선(line), 면(surface), 공간(solid)으로 구성된 CAD 데이터를 컴퓨터가 연산할 수 있도록 유한개의 요소로 나누어 주고, 하중 및 경계조건을 부여하여 해석모델을 구성하며, 연산 프로그램에서 계산된 결과를 그래픽으로 화면에 나타내거나 애니메이션(animation)시켜줌으로써 해석결과를 분석할 때 사용하는 도구이다.

연산 프로그램인 solver는 선형 해석과 비선형 해석으로 분류되는 일반적인 범용 구조해석

표 10.1 **상용화된 전-후 처리기와 연산 프로그램의 종류**

전-후처리기	연산 프로그램				
	구조/진동해석	충돌해석	열유동해석	동역학해석	소음해석
FEGATE	NASTRAN	LS-DYNA	STAR-CD	ADAMS	SYSNOISE
HYPERMESH	ANSYS	PAM-CRASH	FLUENT	DADS	COMET
IDEAS	ABAQUS	RADIOSS	POWERFOLW	RECURDYN	VIBRO-ACOUSTIC
PATRAN	MARC	MADYMO	PAM-FLOW		ACTRAN
ANSA	ADINA	MSC/DYTRAN	FLOW-3D		VA One SEA
ANIMATION3	PERMAS	ABAQUS/Exp	VETICS		
ANSYS	PRO/MECHANICA		CFX		
MEDINA	MAGMASOFT		FIRE		

프로그램과 충돌해석, 내구해석, 열유동해석, 동역학해석, 진동소음해석, 사출성형해석, 전자기장해석, 통계에너지해석, 최적화해석 등과 같이 전문분야의 해석에 적합한 전용 해석 프로그램들을 의미한다. 대표적으로 상용화된 전-후처리기와 연산 프로그램인 solver의 종류는 표 10.1과 같다.

10-2 자동차산업의 CAE 활용과 동향

새로운 디자인과 발전된 성능, 다양한 형태의 자동차에 대한 소비자의 욕구증대와 더불어 완성차 업체 간의 치열한 경쟁구도로 말미암아 자동차의 개발기간은 급격히 짧아지고 있으며, 차량 성능뿐만 아니라 연비, 공해물질 배출규제 등과 같은 시장의 요구수준도 나날이 높아져 가고 있다.

자동차 개발과정에서 전통적으로 진행되는 설계과정을 살펴보면, 먼저 초기설계를 하고, 그 설계를 회사나 담당 엔지니어 나름대로의 경험이나 기준에 따라서 평가한 다음에, 개선방안을 찾아서 설계를 수정하는 방법을 반복하는 과정이었다. 이러한 과정 중에서 자동차의 차체를 예로 들면, 첫 번째 시작품(prototype)의 제작과 검증시험 등을 통한 개선과정에만 적어도 수개월 이상의 시간이 걸리며, 문제되는 사항을 개선시킬 수 있는 여건도 극히 제한적일 수밖에 없는 실정이었다. 결국, 차량 개발부터 시판까지의 기간 동안 고작 한두 번의 설계변경으로만 끝나버릴 수밖에 없었다. 이러한 한계를 극복하기 위한 방법으로 컴퓨터를 이용한 해석기술의 적용이 이루어지게 된 것이다.

완성차 업체에서는 개발기간의 단축과 비용절감의 도구로 컴퓨터 시뮬레이션 기법을 초기 설계단계부터 적용하고 있으며, 컴퓨터의 성능과 해석기술의 비약적인 발전으로 말미암아 시험과 해석 데이터 구축에 따른 정밀도 높은 성능검증 및 예측이 가능해져서 자동차산업에 있어서도 컴퓨터를 이용한 공학해석(CAE)의 의존도와 비중이 절대적으로 높아지고 있다.

차량의 개발과정에서 CAE의 기여도는 초기 설계단계에서 가장 크게 나타나고, 상세설계단계로 진행함에 따라 기여도가 차츰 낮아지게 된다. 개발 초기의 설계도면 구성단계에서는 다양한 해석방법 및 신기술의 적용이 가능하기 때문에, 차량의 성능을 최대화시킬 수 있는 설계개선안이 가능하다고 볼 수 있다. 그 이유는 초기 개발단계에서는 설계자유도가 크고 설계변경에 따른 비용도 적게 발생하지만, 상세 설계단계에서는 문제해결 및 성능향상을 위한 개선

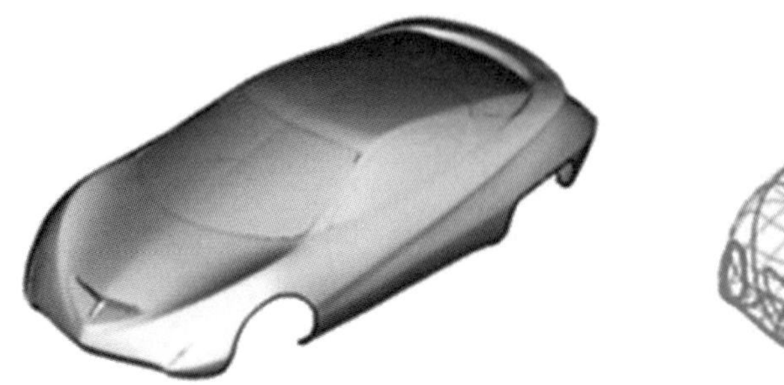
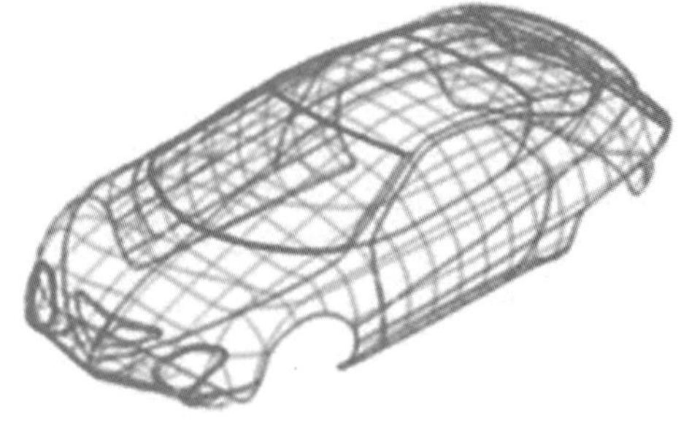

그림 10.1 **자동차 디자인의 클레이 모델과 라인 드로잉**

여지의 폭이 크게 줄어들게 되고 설계 변경에 따른 비용 또한 그만큼 크게 발생하기 때문이다.

최근에는 디자인 단계에서도 기존에 사용하는 유사한 차종의 해석모델을 이용하여 새로운 디자인에 외곽 형상을 맞추고, 차체의 내부 단면 및 구조는 기존의 형상을 유지하는 모핑기법(morphing)이 많이 사용된다. 이를 통해서 짧은 시간에 개발차량의 성능을 좀 더 정확하게 예측하여 실무에 적용하고 있으며, 다른 한편으로는 3D CAD 데이터를 이용한 CAE용 해석모델 구축의 자동화를 통해 모델링시간을 단축시켜서 선행단계에서부터 정확한 차량성능 검증작업을 가능케 하는 연구가 활발히 진행되고 있다.

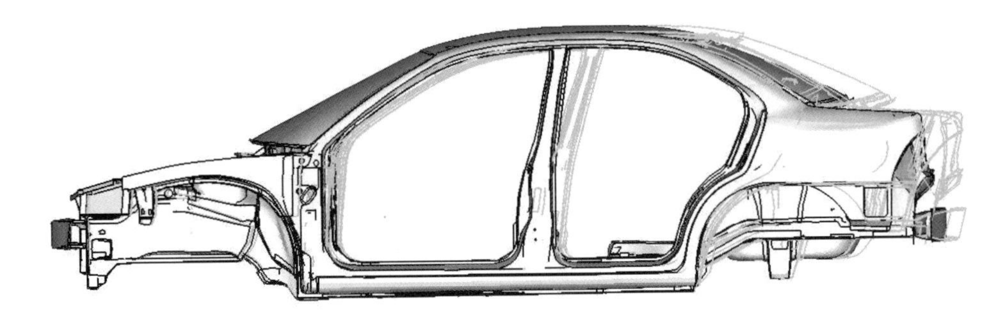

그림 10.2 **모핑기법을 이용한 차체의 유한요소 모델과 형상변경**

10-3 자동차 진동소음분야의 CAE 활용

자동차에서 발생되는 주요 진동소음현상으로는 공회전 진동, 엔진 투과음, 부밍소음, 타이어 특성에 의한 진동, 셰이크 진동 및 도로소음 등이 있다. 이외에도, 스티어링 휠(steering wheel)의 회전방향으로 진동하는 시미 진동, 제동과정에서 발생하는 브레이크 진동 및 소음,

구동축의 비틀림 진동과 클러치 특성에 의한 클러치 저더, 불연속적인 노면이나 요철 구간을 주행할 때 발생하는 가진력이 타이어와 현가장치를 통하여 차체로 전달되어 나타나는 하시니스 등으로 구분된다. CAE는 자동차의 주행과정에서 발생하는 다양한 진동소음현상을 컴퓨터로 시뮬레이션하여 차량 개발과정에서 발생할 수 있는 문제점들을 사전에 예측하고 개선방향을 제시하여 차량의 진동소음특성을 향상시킴과 동시에 개발기간을 줄이는 데 널리 활용되고 있다.

CAE의 대표적인 해석기법이라 할 수 있는 유한요소법(FEM, finite element method)은 자동차의 구조물 해석에 중요한 수단으로 널리 활용되고 있다. 유한요소법은 구조물을 유한 개의 요소(element)로 분할시킨 모델을 완성한 후, 각 요소들로 분할된 각각의 구조물에 대한 변형과 응력을 계산하여 구조물 전체의 강도와 강성을 계산하게 된다. 차체의 진동특성은 각 요소들에 의한 질량과 강성값을 기초로 고유 진동특성(고유 진동수, 진동형태 등)이 연산과정을 통해서 파악될 수 있다. 즉, 차량을 구성하고 있는 차체 및 동력기관 등의 구조물을 많은 수의 요소로 형상화(modeling)한 후, 컴퓨터 연산을 통해서 고유 진동수와 진동형태(mode shape)를 해석적으로 구하는 방법이다.

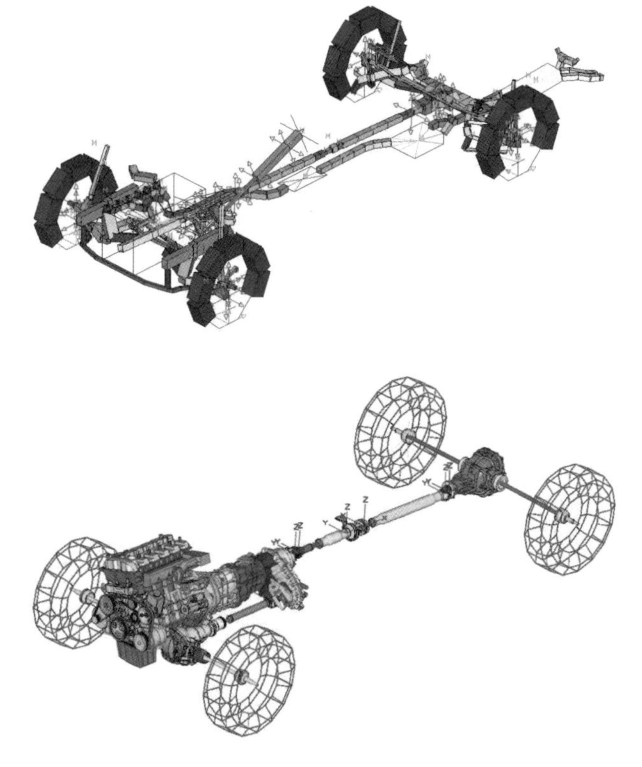

그림 10.3 **동력기관과 섀시 시스템의 유한요소 모델**

유한요소법(FEM)을 통해 해석하려는 모델을 구성하는 요소의 종류로는 크게 빔(beam) 요소와 셸(shell), 솔리드(solid) 요소로 구분할 수 있으며, 빔 요소는 단면에 비해서 길이가 긴 모델에 대해서는 적용이 가능하지만, 짧은 모델에 대해서는 계산오차가 많이 누적된다. 셸 요소는 해석하려는 구조물이 단면적에 비해서 두께가 매우 얇은 경우에 적용되는데, 차체에서는 대부분 두께가 얇은 박판 구조이기 때문에 많이 적용되고 있는 실정이다. 일반적으로 유한요소 해석에 의한 차체의 구조적인 진동소음해석은 완성차 기준으로 대략 200 Hz 이내의 진동수 영역에서 유효하다고 볼 수 있다.

200 Hz 이상의 진동소음 해석은 모드 간의 상호작용을 분석하는 것이 요구되는데, 유한요소법이나 경계요소법(BEM)으로는 모델의 유한요소 크기를 줄이는 데 한계가 있으므로, 모드 밀도가 높은 시스템이나 공진 모드의 수가 많은 주파수 대역에서 통계적 에너지 해석법 (SEA)을 이용한다. 통계적 에너지 해석법은 인접한 두 계(system) 사이에서의 파워흐름이 높은 모드 에너지를 지닌 계에서 낮은 모드 에너지를 갖는 계로 파워가 흐른다는 개념으로 해석대상을 여러 개의 서브시스템(sub-system)으로 나누고 각 서브시스템 간의 파워 평형으로부터 평균 모드 진동 및 소음에너지를 구하는 방법이다. 파라미터로는 요소의 내부손실계수, 요소 사

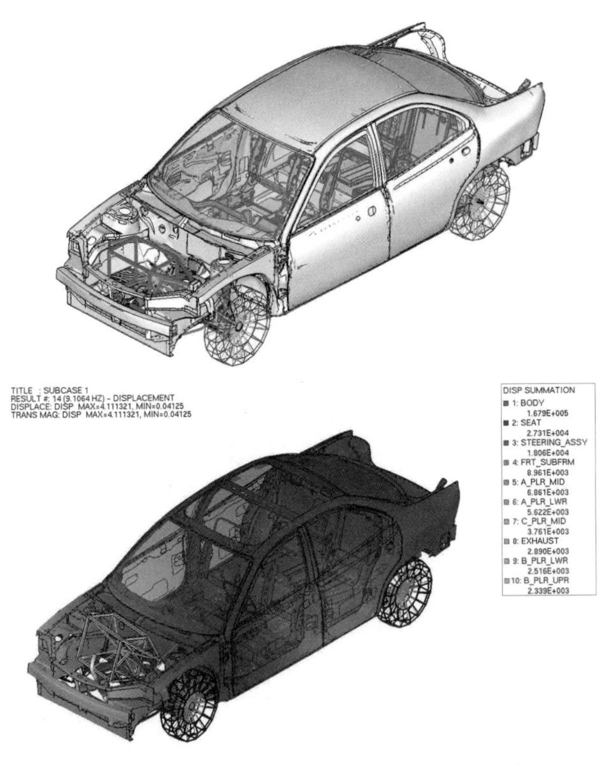

그림 10.4 **완성 차량의 유한요소 모델과 해석 결과**

이 결합손실계수, 모드밀도가 있다.

동력기관과 구동장치의 진동이나 노면가진이 전달되어 차체의 패널이 진동하면서 발생되는 구조전달소음은 완성차량 상태에서 해석작업을 수행하지만, 구동계나 흡기 및 배기계에서 발생하는 방사소음, 기어소음과 같은 높은 주파수 영역에 해당하는 공기전달소음의 해석은 시스템 단위로 수행된다.

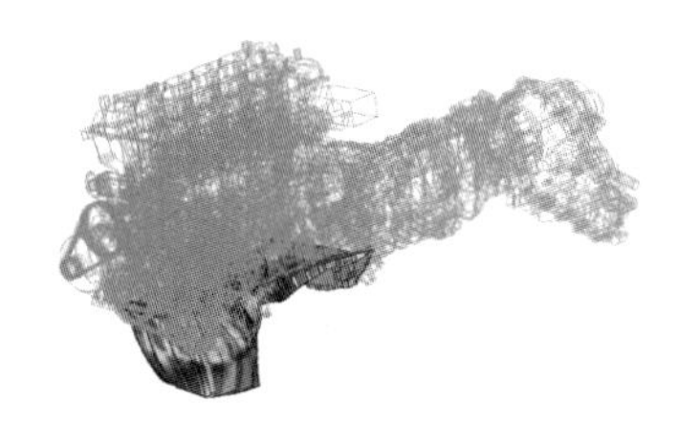
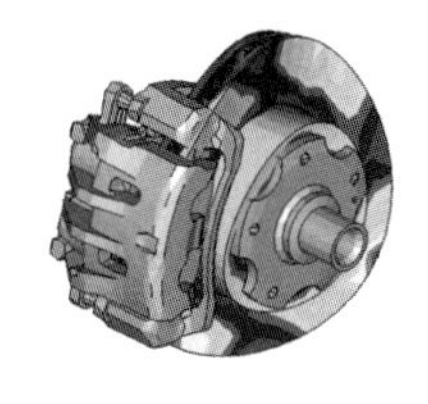
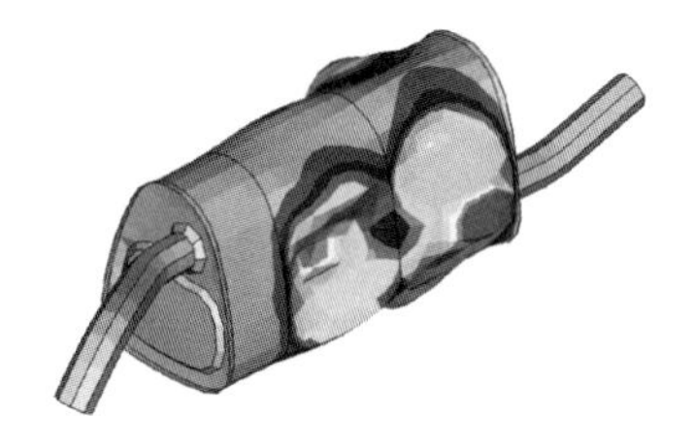

그림 10.5 **공기전달소음을 발생시키는 섀시부품의 진동형태**

물론 실제 차량에서 발생되는 복합적인 특성을 CAE를 통해서 동시에 종합적으로 분석할 수는 없지만, 제한된 범위에서 주요 현상에 대한 유효적절한 설계정보를 제공해준다고 볼 수 있다. 여기서는 차체에 대한 기본적인 해석개념과 함께, 전반적인 자동차의 진동소음현상을 개선시키기 위한 해석항목만을 간단하게 설명한다.

10.3.1 차체해석의 기본 개념

신차 개발과정에서 차체는 가장 큰 형상을 가지며 운전자와 탑승객이 자동차의 진동소음 성능을 직접 체험하고 평가할 수 있는 핵심 요소이므로, 자동차의 품질을 대표한다고 말할 수 있다. 따라서 차체는 주행과정에서 발생하는 여러 가지 종류의 동하중(dynamic load)을 견디며, 차체 구조물에 각종 부품들의 진동현상 및 동하중이 전달되더라도 탑승객이 느끼는 진동소음현상은 항상 일정한 범위(만족할 만한 수준) 내에 존재해야 한다. 이러한 차체의 특성을 확보하기 위해서는 다양한 차체의 해석기술 및 해석결과를 검증하고, 이를 바탕으로 진동소음현상을 개선시키기 위한 여러 단계의 시험방법들이 동원되기 마련이다.

우수한 진동소음특성을 갖는 차량을 개발하기 위해서는 초기 설계단계부터 차체의 기본적인 특성파악이 이루어져야 하며, 이에 따른 결과를 바탕으로 저진동 · 저소음 차체로의 개선작업이 수행되어야 한다. 차체는 전체적인 차량강성의 대부분을 차지하며 운전자나 승객이 직접 접촉하면서 제반 진동소음현상을 느끼는 시스템이므로 적절한 강성이 유지되면서도 동시에 가벼운 조건을 만족시켜야만 한다. 엔진의 흔들림과 주행시 노면에 의한 가진력에 대해서도 차체가 민감하게 반응하지 않도록 차체의 골격강성과 섀시 장착부위의 국부강성, 차체 패널 등에 있어서도 높은 강성을 확보하여야 하고, 구동계와 조향계, 배기계 등과 같은 섀시 시스템들의 고유 진동수와도 충분히 격리시켜서 공진현상으로 인한 진동 악화나 부밍소음이 발생하지 않도록 해야 한다.

차체를 구성하는 각 부재는 금형(金型)의 크기에 따라 소형, 중형, 대형 구조물로 구분되는데, 소형 및 중형 구조물과는 달리 대형 구조물에 대한 설계변경이 요구될 경우에는 막대한 추가비용이 발생하게 된다. 따라서 상세 설계단계에 이르게 되면 대형 구조물의 설계변경이 현실적으로 어려워지기 때문에, 초기 설계단계부터 CAE 해석을 통한 철저한 성능검증작업을 실행하여 최소한의 중량에서도 높은 강성 구조를 확보하여 차체의 진동소음특성을 최적화시켜야 한다. 또한 진동소음의 관점뿐만 아니라, 차체는 운전자와 탑승객의 안전을 보장하고 차량의 내구성능을 만족하도록 개발해야 하므로 차체구조는 신차개발 과정에 있어서 개발시간과 비용측면에서 가장 큰 비중을 차지하게 된다.

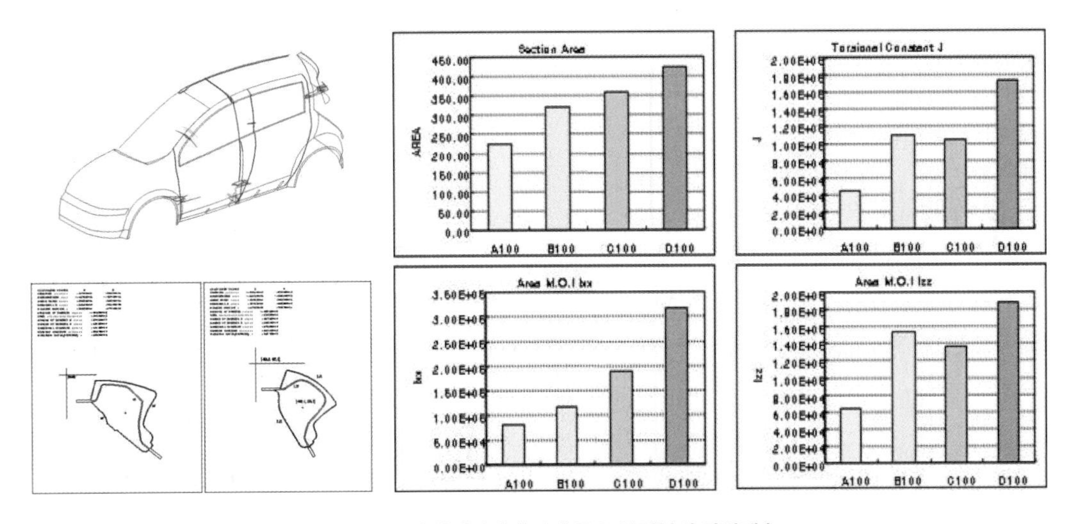

그림 10.6 **초기 설계단계의 차체 주요 골격부의 단면계수**

자동차의 디자인(외부 차체 스타일)이 결정되면, 차체의 초기 설계단계에서는 그림 10.6과 같은 차체의 골격을 이루는 각 부재들의 단면(master section)에 대한 연구가 수행되어야 하며, 중요 부재들이 만나는 결합(joint)부위의 강성해석이 집중적으로 이루어진다. 즉, 단면특성에 대한 단면적, 비틀림 상수, 면적 관성모멘트 등의 단면계수를 구하여 타 차종과 비교평가하며,

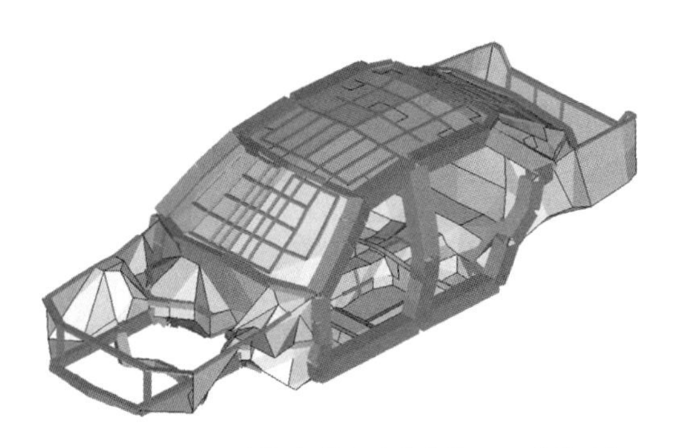

그림 10.7 **자동차 기본 차체의 빔요소 해석모델**

이러한 기초적인 차체의 해석결과들을 근거로 하여 차체의 정적(static) 및 동적(dynamic) 특성을 대략적으로 파악하게 된다.

이때 사용되는 차체 모델은 대부분 빔(beam)요소로 구성된 개념모델(concept model)로서 설계 초기의 골격강성에 대한 종합적인 평가와 함께 보강방향(개선방안)을 결정하는 데 이용된다. 그림 10.7은 차체의 골격을 이루는 기본 차체(BIW, body in white)의 모델을 보여준다.

여기서, 기본 차체인 BIW는 순수한 철판만으로 이루어진 차체를 뜻하며, 차체를 구성하는 여러 조각의 철판과 파이프 등이 용접되어 기초 도장단계만을 거친 상태의 차체라고 볼 수 있다. 즉, 내장부품이 조립되지 않은 최종 도장만을 남겨둔 온전한 기본차체이다. 이러한 차체라 하더라도 차체의 근본적인 동특성을 내포하기 마련이다. 반면에, 모든 내장부품이 적용된 트림보디(trimmed body)는 엔진과 변속기를 비롯하여 각종 고무부품 등의 연결부위만을 제외한 전반적인 차체를 의미한다. 기본 차체인 BIW부터 시작하여 트림보디, 현가장치의 스프링, 충격흡수기 등이 추가되면서 상세모델(detailed model)과 도어, 엔진후드 및 트렁크 등을 모두 결합한 전체 차량(total model)의 해석모델로 범위를 점차 넓혀가게 된다.

CAE 해석과정에서는 복잡한 경계조건과 함께 각종 부품들의 감쇠효과가 크게 작용하게 되므로 해석결과와 실제 차량의 특성과는 상당한 차이가 날 수 있다. 그 이유는 완성차량 상태

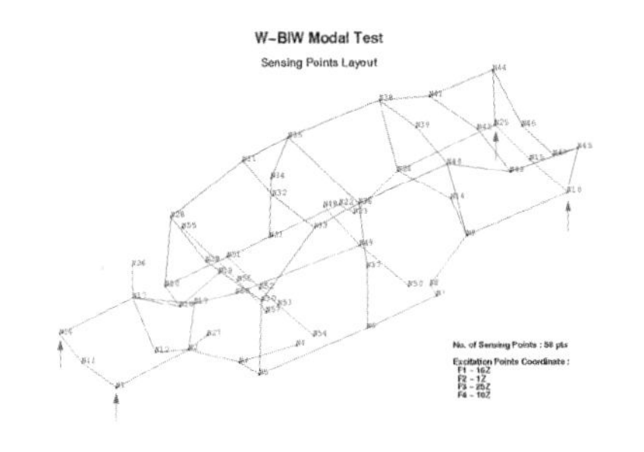

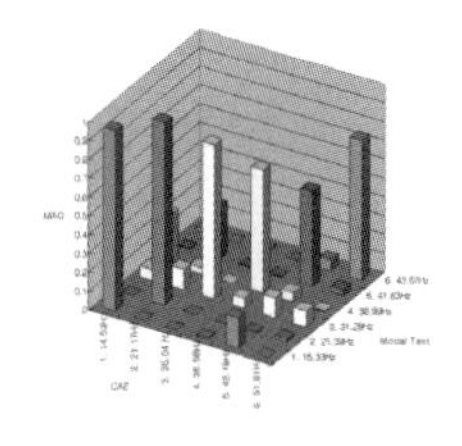

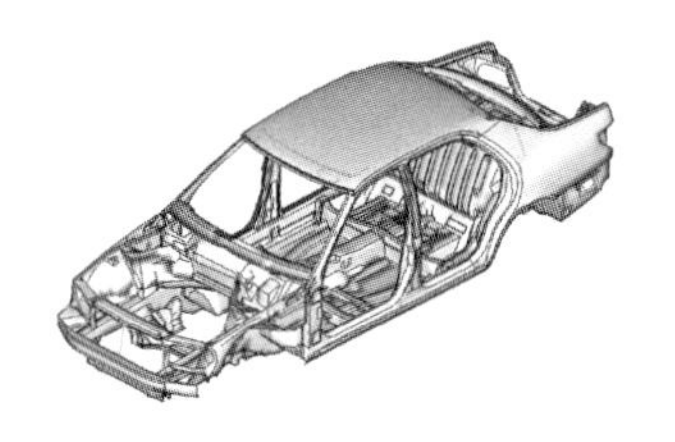

그림 10.8 **BIW의 모달시험 결과와 CAE 해석 결과의 일치화 작업**

에서는 차체 및 현가장치를 비롯한 섀시부품들 사이에는 각종 고무나 부시(bush)들로 진동절연을 하는데, 부시들의 강성(stiffness)값이나 각종 연결장치들의 감쇠작용으로 인하여 제품 간의 편차, 노후상태에 따른 경도 변화, 고무부품의 비선형특성 등의 영향이 큰 변수로 작용하기 때문이다.

따라서 해석결과와 시험결과와의 불가피한 격차는 얼마만큼 충실하게 해석 엔지니어가 설계사양과 제품성능을 반영한 해석모델과 시험차량을 구성되었는가에 전적으로 달려 있다고 말할 수 있다. 결국, BIW와 트림보디, 동력기관, 현가장치, 구동축, 조향계, 타이어, 배기계 등의 강체 모드와 탄성(유연성) 모드가 관심 진동수영역에서 정확히 나타나도록 신뢰성이 높은 해석모델을 구축해야만 한다.

이러한 해석과정을 통해서 얻게 되는 결과를 토대로 차체의 고유 진동특성뿐만 아니라, 엔진에 의한 가진력과 현가장치를 통해 차체로 전달되는 노면의 가진력 등을 고려한 강제진동(forced vibration) 해석을 수행하는 단계를 거친다. 그림 10.9는 동력기관 및 현가장치를 고려한 차체의 해석절차를 보여준다.

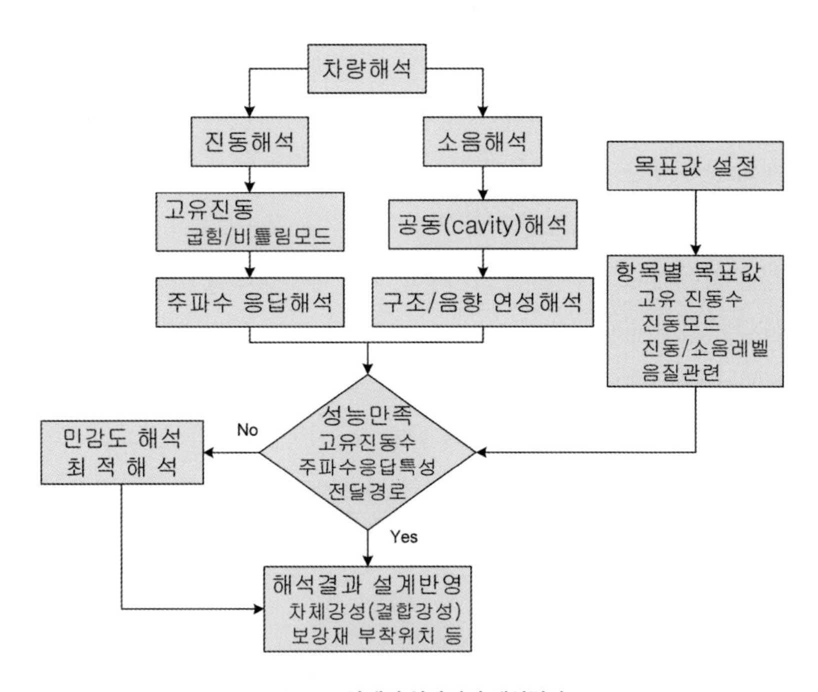

그림 10.9 **차체의 일반적인 해석절차**

차체개발은 상품성 측면에서 법규화된 충돌특성과 차량 내구특성을 기본적으로 만족해야 하며 승차감과 핸들링 성능이 반영된 동역학 특성을 고려하여 최상의 진동소음 성능을 갖도록

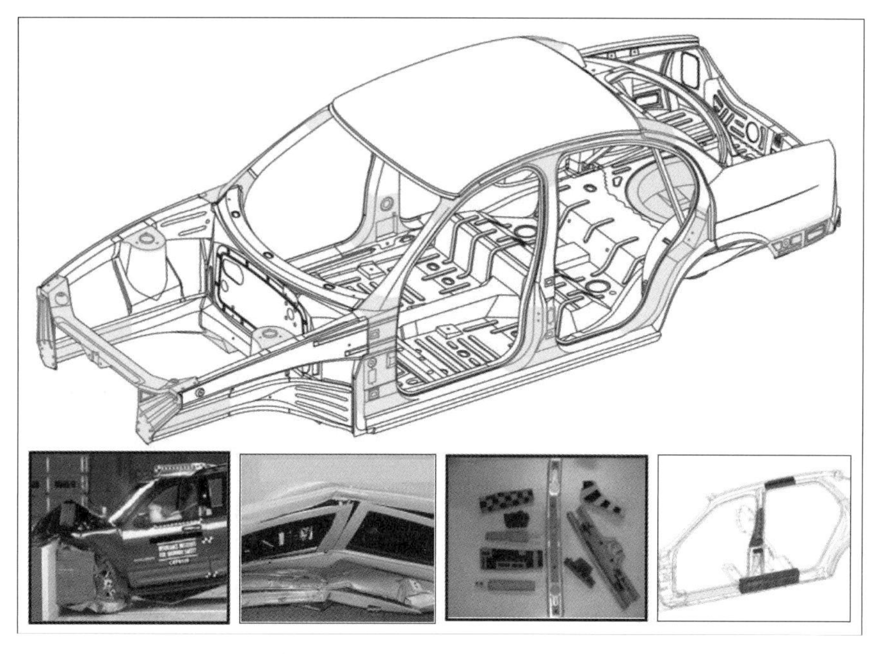

그림 10.10 **차체의 강성, 강도 보강을 위한 복합재료의 적용사례**

설계하여야 하는데, 주요 특성 간의 상이한 설계기준과 상충된 설계조건 등은 최적화 작업에 걸림돌로 작용하여 전체적인 신차 개발기간에도 많은 영향을 주고 있다.

따라서 새로운 차종의 개발기간 단축과 성능향상, 중량절감에 대한 사회적 요구가 점차적으로 증대되면서 각 해석분야별로 최적화 작업을 수행한 결과를 서로 절충하여 재설계하던 기존 방식에서 탈피하여, 이제는 각 분야별로 상충된 설계조건을 통합하고, 동시에 상호 절충된 최적화 결과를 얻기 위하여 다분야 통합 최적 설계(multi-disciplinary design optimization)기법을 적용하고 있다.

차체의 개발과정 중에 충분한 검증이나 문제해결이 되지 않아서 상세 설계단계에서 발생하는 예상치 못한 여러 문제들로 인하여 대형 구조물의 구조변경과 같은 근본적인 대책마련이 요구되는 경우가 종종 발생할 수 있다. 최근에는 이러한 차체의 구조적인 문제들을 해결하고 차체의 성능을 향상시키기 위한 방법으로 차체의 골격구조를 이루는 단면과 결합(joint) 부위의 빈 공간에 복합재료(충전재료)를 적용하는 기술이 이용되고 있다. 도장라인의 오븐(oven)을 통과한 후에 발포하여 고형화되는 복합재료의 적용으로 차체의 강성과 강도를 향상시켜서 상품성을 높일 수 있으며, 초기 설계단계에서부터 CAE 해석 검증을 통해 차체개발과정에 이를 적용하여 단면 및 조인트 구성, 보강재의 구성과정에서 설계의 자유도를 넓힐 수 있고, 중량을 절감시킬 수 있는 대안으로도 활용되고 있다.

10.3.2 자동차 진동소음의 해석항목

자동차에서 발생하는 진동소음문제를 개선하기 위해서는 여러 종류의 시험과 해석방법을 이용하여 진동소음원과 전달경로, 응답위치에서의 특성을 정확하게 파악하고 이를 효과적으로 제어하는 것이 필요하다. 진동소음현상의 최종 응답점이라 할 수 있는 스티어링 휠(steering wheel)과 시트의 장착위치(seat track mounting) 등의 진동현상과 함께, 운전자와 승객석 귀 위치에서의 소음현상은 다양한 가진원, 각종 부품들의 공진에 따른 영향, 강제진동에 의한 전달특성의 영향 등이 서로 연성되면서 복합적으로 나타나게 된다.

진동소음현상의 효과적인 개선대책을 강구하기 위해서는 문제되는 현상들이 각종 부품의 공진에 의한 것인지, 또는 강제진동에 의한 전달률 문제인지 등을 명확하게 구분해서 접근하여야 한다. 차량을 구성하는 차체 및 주요 섀시 부품들의 진동모드특성(고유진동수, 모드형태 등)을 우선적으로 파악해야 하며, 가진원이 될 수 있는 동력기관과 노면특성을 고려하여 공회전과 엔진의 주요 회전구간이나 특정한 주행속도에서 유발될 수 있는 공진문제와 진동 전달특성을 검토하여 각 부품별 설계방향과 희망하는 목표값을 설정하여야 한다.

이때 각 부품별로 평가된 진동모드특성은 완전하게 조립된 차량상태가 되면 초기의 해석결과와는 달리 경계조건의 변화로 모드특성에도 변화가 생기므로, 해석단계에서는 이러한 특성변화를 미리 감안하여야 한다. 실제 조립된 완성차량에서는 각종 가진원과 각 부품들의 공진특성을 파악한 주파수 분리차트(frequency separation chart)를 만들고, 각각의 진동모드별로 진동절연장치인 부시(bush)와 각 부품들에 작용하는 변형 에너지를 파악하여 주요 부품들의 구조강성과 부시의 강성특성을 조절할 수 있어야 한다. 이를 통해서 공진현상과 강제진동의 전달특성에 따른 진동 및 소음레벨을 줄일 수 있는 설계 개선안을 마련할 수 있다.

그림 10.11은 완성차량의 진동소음해석을 위한 주요 구성부품 및 시스템 모델을 보여준다.

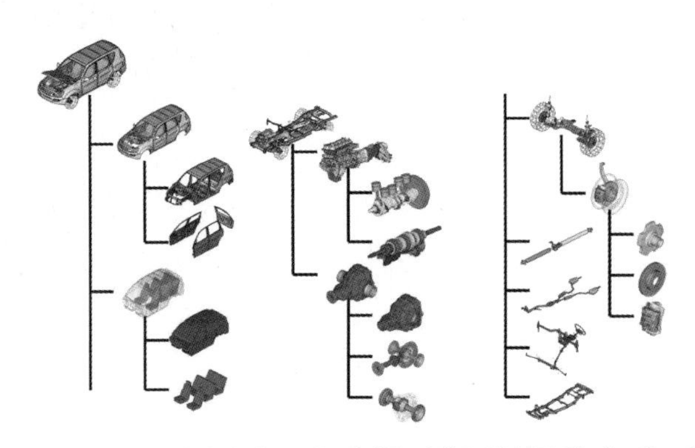

그림 10.11 **완성차량의 진동소음 해석을 위한 구성 부품 및 시스템 모델**

일반적인 자동차 진동소음의 주요 해석항목을 살펴보면 다음과 같으며, 이에 대한 세부 사항들을 알아본다.

일반적인 자동차 진동소음의 주요 해석항목

- 동력기관(powertrain)의 진동해석 및 최적화(optimization)
- 배기계(exhaust system)의 진동해석
- 조향계(steering system)의 진동해석
- 서브 프레임(sub frame)의 진동해석
- 기본 차체(BIW)의 진동해석
- 기본 차체의 민감도해석(sensitivity analysis)과 최적화
- 입력점의 강성해석(point inertance analysis)
- 유리창(windshield)이 고려된 차체해석
- 트림보디(trimmed body)의 진동해석
- 완성차량의 강체차체(rigid body) 진동해석
- 완성차량(total vehicle)의 해석모델 구성
- 공회전 진동과 셰이크(shake) 진동의 해석
- 실내 음향해석(acoustic analysis)
- 음향감도해석(noise transfer function analysis)
- 소음의 전달경로해석(transfer path analysis)
- 엔진소음과 도로소음의 해석
- 판넬기여도해석(panel contribution analysis)
- BSR(buzz, squeak, rattle)소음 해석

10-4 차량개발에 수행되는 진동소음 해석방법 및 절차

10.4.1 동력기관의 진동해석 및 최적화

동력기관(powertrain)의 진동해석 및 최적화(optimization) 분야에는 설계 진행단계에 따라 6 자유도(degree of freedom)모델, 16 자유도모델, 완성차량의 모델 등을 대상으로 수행된다. 6 자유도와 16 자유도 해석모델은 동력기관의 관성제원을 기초로 토크 롤축(torque roll axis)을 계산하며, 동력기관의 엔진 마운트를 집중질량요소와 스프링요소로 구성하고 각 엔진 마

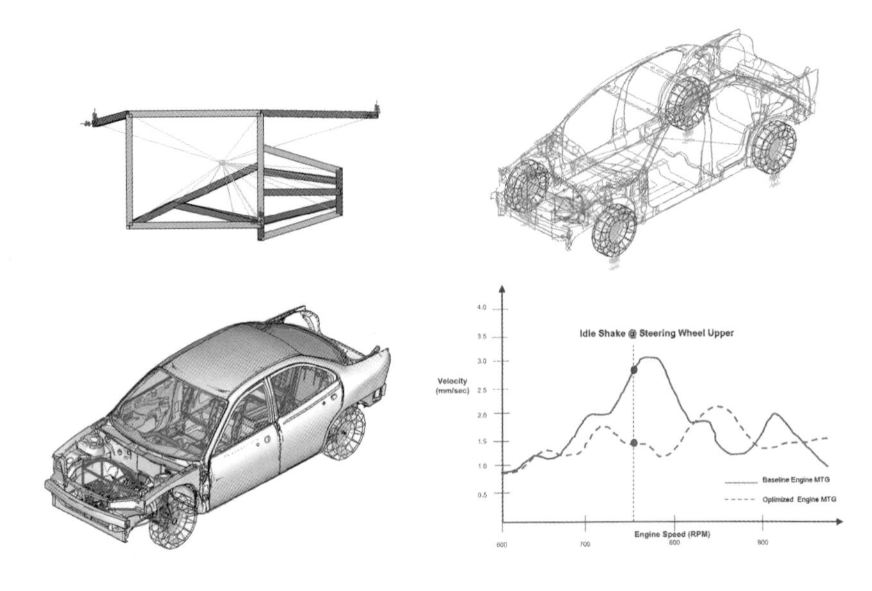

그림 10.12 **6 자유도, 16 자유도, 완성차량의 엔진마운트 최적화 해석모델**

운트별 분담하중에 대한 측정값을 기초로 해석모델을 초기화하여 엔진 마운트의 장착위치에 대한 해석을 수행한다. 6개의 강체모드(rigid body mode)에 대한 목표성능을 설정하고, 자동차의 진동소음현상에 큰 영향을 주는 동력기관의 롤(roll)모드와 상하방향의 진동모드(bounce mode)를 집중 관리하여 목표성능을 만족시키는 것이 중요하다.

또 공회전 운전조건에서 엔진 마운트를 통해서 전달되는 동력기관의 가진력에 대해서도 차체의 진동응답이 최소화되도록 최적화 해석을 수행한다. 자동차의 주행과정에서 거친 노면의 특성에 의한 충격하중이나 주행 중의 가감속(tip in/out) 변화에 따른 토크 작용 시에도 동력기관의 롤 각도와 엔진 마운트 변위의 제한조건을 만족하도록 하중-변위곡선(load-deflection curve)을 결정하여야 한다. 상세 설계단계에서는 이전 단계에서 결정된 엔진 마운트의 특성을 대상으로 완성차량 상태에서의 공회전 진동과 엔진소음의 해석을 통해 진동소음현상의 최적화 작업을 수행한다.

동력기관을 해석모델로 구성하는 경우에는 엔진의 내부 운동부품들의 구동개념을 고려하며, 관심 진동수 영역에서 탄성(유연성)모드가 없는 부품들은 무게중심위치에 질량관성 모멘트가 포함된 집중질량 요소로 대체할 수 있다. 반면에, 탄성모드를 고려해야 하는 부품은 빔(beam), 셸(shell), 솔리드(solid)요소를 기본으로 구동축과 기어비, 자유도 등을 나타낼 수 있는 MPC(multi point constraint)와 RBE2(rigid body element form 2) 요소, 절점(node)의 국부좌표를 조합하여 구성하게 된다.

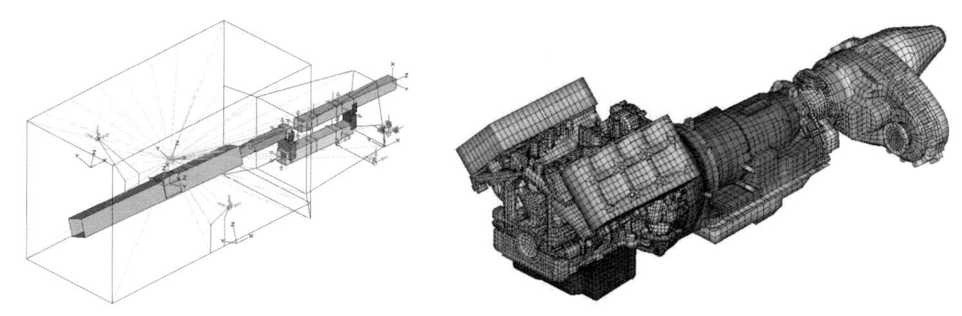

그림 10.13 **동력기관의 강체 유한요소 모델과 탄성 유한요소 모델**

일반 승용차량의 실내소음에 있어서 200 Hz 이하의 주파수 영역에서는 구조전달소음의 영향이 지배적인데, 이때에는 동력기관이 탄성진동을 하게 되면서 차체로 전달되는 진동 에너지가 크기 때문에 차량의 진동소음특성에 지대한 영향을 주기 마련이다. 따라서 동력기관을 상세 모델링하여 완성차량과 함께 해석하거나, 동력기관만을 별도로 해석한 결과나 모드시험 등을 통해 얻어진 결과를 완성차량에 반영시켜서 해석하는 방법을 강구하게 된다. 일반적으로 동력기관이나 구동축 개발 시 탄성진동의 목표값은 200 Hz 이상이 되도록 관리하며, 실차상태에서의 진동소음 문제가 발생할 경우에는 동흡진기를 적용하여 문제를 해결한다. 동흡진기에 대한 세부사항은 제11장 제1절을 참고하기 바란다.

그림 10.14 **구동축의 굽힘 진동과 비틀림 진동 해석모델**

10.4.2 배기계의 진동해석

배기계(exhaust system)는 차체의 전체 길이에 육박할 정도로 매우 길고 무거운 중량을 가지며, 상대적으로 부드러운 지지고무(hanger rubber)에 장착되므로 낮은 진동수 영역의 강체모드가 차량의 승차감에 직접적인 영향을 주게 된다. 더불어서 에너지가 큰 탄성모드가 비교적 낮은 주파수 영역에서부터 발생하여 높은 주파수에 해당하는 공기전달소음에 이르기까지 배기계는 넓은 주파수 범위에서 진동소음특성에 많은 영향을 주는 부품이라 할 수 있다.

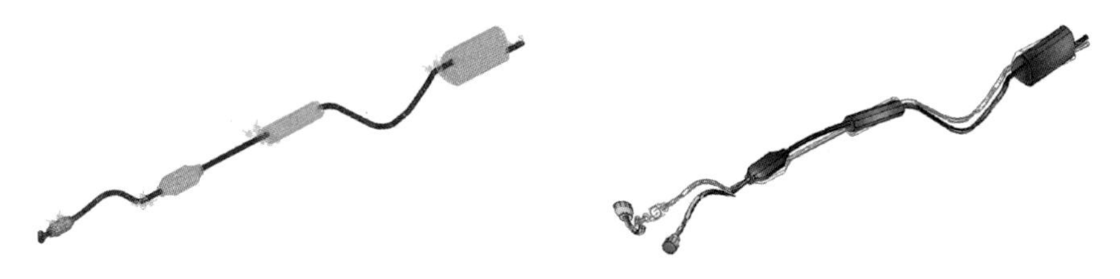

그림 10.15 **배기계의 진동해석 모델 및 해석 결과**

배기계의 해석모델은 셸 요소와 RBE2 요소, 스프링 요소, 무게중심에 질량관성모멘트가 포함된 집중질량요소로 구성된다. 정적 해석을 통한 분담하중의 분포를 파악하고, 진동모드해석을 통해 배기계 지지위치의 정보와 진동특성을 파악한다. 진동전달의 관점에서는 배기계의 움직임이 최소화 되는 절점(nodal point)에 지지위치를 잡아야 하고 지지고무의 강성이 낮은(부드러운) 것이 요구되지만 배기계의 내구 측면에서는 진동 변위(움직임)가 큰 곳에, 동역학 측면에서는 지지고무의 강성이 높은(딱딱한) 것을 채택해야 하기 때문에 상호간의 절충이 필요하다고 볼 수 있다.

10.4.3 조향계의 진동해석

조향계(steering system)의 진동특성은 동력기관의 흔들림, 노면특성에 의한 타이어의 가진력, 차체의 비틀림과 굽힘 진동현상 등에 민감하게 반응하고, 차량 전체의 진동수준을 대표적으로 나타내는 주요 부품이므로 충분한 동적 강성의 확보가 필요하다.

조향계의 모델링은 빔, 셸, 솔리드 요소로 구성되고 조향 기어박스의 운동부품들을 빔 요소와 MPC, RBE2 요소, 절점(node)의 국부좌표를 조합하여 구성한다.

조향계의 상하 및 좌우 방향으로 진동하는 고유 진동수와 엔진의 공회전이나 상용 운전구

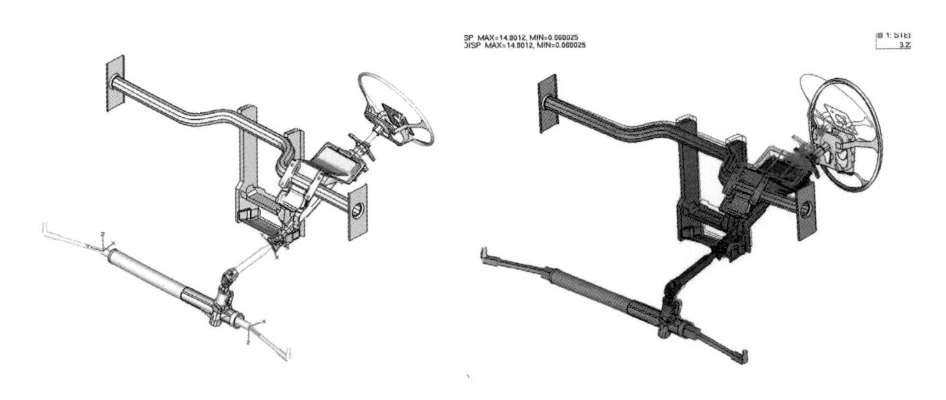

그림 10.16 **조향계의 진동해석 모델과 해석 결과**

간에서 발생하는 가진 진동수가 서로 근접되거나 일치하여 진폭이 증대되면서 공진현상이 발생하지 않도록 목표값을 설정하여 관리하여야 한다.

10.4.4 서브 프레임의 진동해석

서브 프레임(sub frame)은 동력기관의 진동현상을 포함하여 도로의 노면특성에 따른 현가장치와 타이어의 진동현상이 전달되는 중추적인 부재이며, 동시에 질량이 큰 엔진과 액슬(axle), 차체의 하중을 지지해야 하므로 내구특성을 고려해서 높은 강성과 강도를 가진 구조로 설계하여야 한다. 또한 진동소음의 관점뿐만 아니라, 충돌특성, 동역학적인 특성까지 설계 및 해석과정에서 고려해야 하는 부품이라 할 수 있다. 완성차량의 관점에서 종합적인 차량특성을 고려하고 진동소음의 발생을 최소화시킬 수 있는 서브 프레임의 형상결정 및 차체결합방법을 찾기 위하여 설계단계별로 모드해석, 입력점의 강성해석, 강제진동해석, 최적화해석 등과 같은 다양한 검증작업이 집중적으로 진행된다.

서브 프레임을 차체에 장착하는 방법으로는 전후 장착부에 볼트를 이용하여 직접 체결하는 방식과 부시를 이용한 탄성결합방식, 볼트와 부시를 혼합한 체결방식 등을 사용하며, 차량의 형태와 개발특성에 따라 3점, 4점, 6점 결합방법을 적용하고 있다.

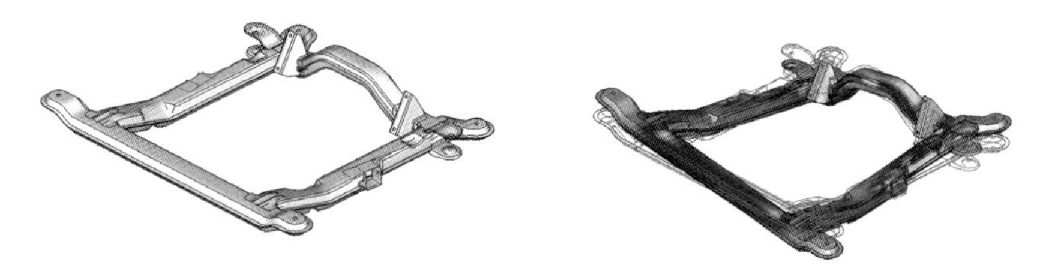

그림 10.17 **서브 프레임의 해석 모델 및 해석 결과**

10.4.5 기본 차체의 진동해석

완성차량의 진동소음특성은 차체골격의 동적 강성을 대변하는 비틀림 및 굽힘진동의 특성에 따라서 낮은 진동수 영역에서도 외부 가진력에 직접적인 영향을 받게 된다. 중 · 고 진동수 영역에서는 차체의 골격 특성과 함께 차체와 섀시 부품들의 장착부위에서 국부적인 진동현상과 더불어서 실내 공간을 둘러싼 천장이나 바닥면, 대시 패널 등의 진동특성으로 인하여 구조전달소음이 발생할 수 있다. 차체의 골격구조와 섀시 부품들의 장착부위에 대한 해석검증과 함께 차체 패널의 복곡면과 비드(bead) 등의 효과를 최대화시키는 초기 해석 검증작업이 필요하다. 모드해석 결과는 시험결과와는 달리 많은 설계정보를 내포하고 있으며, 각 모드별로 차

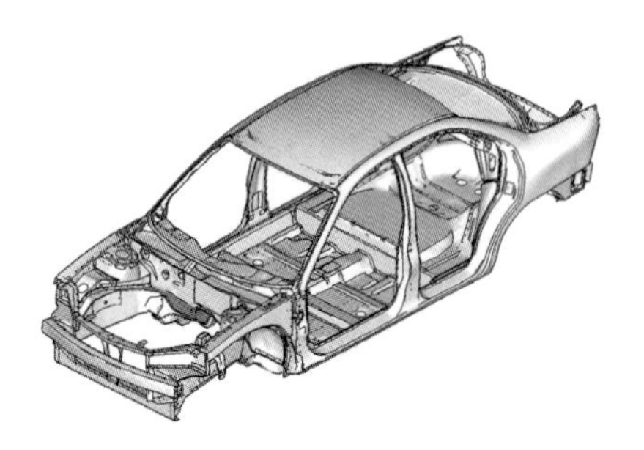

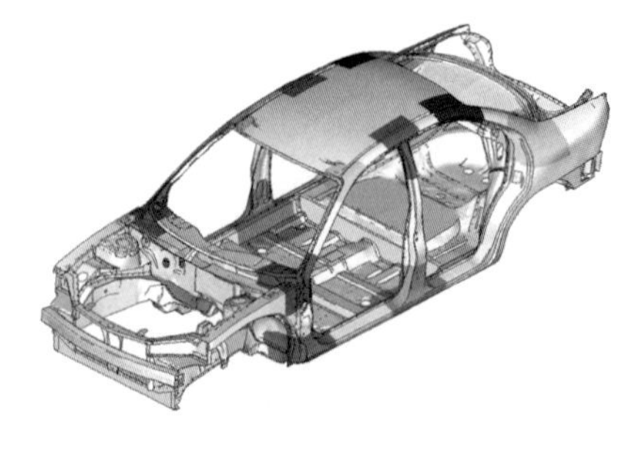

그림 10.18 **기본 차체의 해석모델과 결합부의 에너지 분석을 위한 그룹**

체 각 구성부재의 에너지 분포를 파악할 수 있고, 관심부재와 용접점, 결합부를 그룹으로 묶어 변형 에너지를 분석할 수 있어서 정확한 설계 개선안을 찾을 수 있다.

운전자와 탑승객이 느끼는 진동현상은 신체가 직접 접촉하는 스티어링 휠(steering wheel), 차체 바닥(foot rest), 시트부위 등에서 대표적으로 평가된다고 볼 수 있다. 따라서 차체의 골격 및 패널 등을 높은 강성 구조로 설계하여 공진현상을 회피하고 강제진동에 의한 응답이 최소화되도록 설계해야 한다.

얇은 박판구조에 점용접(spot welding)으로 결합되는 기본 차체인 BIW는 CAD의 부재별로 두께의 중립면과 용접정보를 기초로 상세한 유한요소 모델을 구성하고, 페인트와 제진재에 의한 무게 증가분을 보정하여 정확한 형상과 질량분포를 갖도록 하여야 한다. 진동모드해석과 입력점의 강성해석 등을 통해서 차체의 주요 골격강성 및 섀시 부품들의 장착부위에서 국부강성을 평가하게 된다. 차체를 구성하는 각 부재별 변형 에너지와 설계 민감도의 해석결과 및 용접점에 걸리는 에너지 분석 등을 종합하여 기본 차체에 대한 동적 강성의 목표값을 확보하고, 관심 진동수 영역에서 고유진동수의 분포를 나타내는 모드밀도(modal density)가 최소화되도록 설계 개선안을 제시해야 한다.

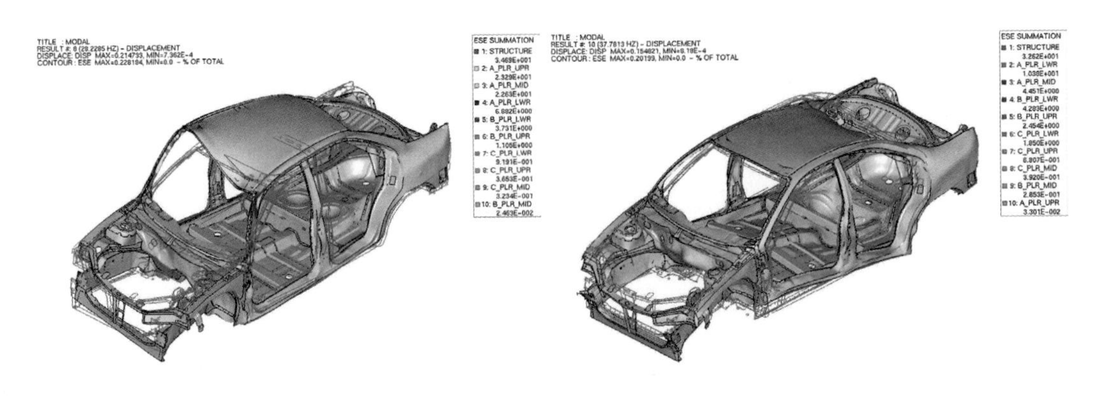

그림 10.19 **차체의 비틀림/굽힘 모드와 결합부 그룹 변형 에너지 분포에 대한 해석 결과**

10.4.6 기본 차체의 민감도 해석과 최적화

자동차와 같이 복잡하고 다양한 형상을 가진 구조물은 초기 개발단계부터 모든 외부 작용력에 대한 동적 응답특성을 설계목표나 기준에 충분히 만족시키기는 매우 어려운 상황이다. 따라서 특별히 문제되는 동특성을 해결하기 위한 부분적인 구조(설계)변경이 수시로 요구된다. 이러한 구조변경은 차체의 여러 가지 새로운 변화를 유발시키기 마련이다. 여기서, 구조변경이란 질량, 강성 및 감쇠와 같은 구조물의 물리적인 특성을 변화시키는 제반 행위를 뜻한다. 그러나 구조변경을 통해서 문제되는 현상을 개선시키고자 시도했던 원래의 의도와는 달리 예상치 않은 변화(이를 side effect라고 한다)를 불러올 수도 있다.

민감도(sensitivity)는 구조물의 형상이나 두께, 재료의 변경 등으로 인하여 발생되는 정적(static) 또는 동적(dynamic) 특성의 변화율을 의미한다. 즉, 구조물의 반응(response)에 대한 설계변수의 미분값으로 정의된다. 민감도 해석(sensitivity analysis)은 이러한 구조물의 부분적인 변경이 구조물의 각 부분에서 어떠한 영향을 미치는지 미리 확인하는 방법이라 할 수 있다. 구조변경 전의 고유 진동수나 진동모드를 가장 효율적으로 변화시킬 수 있는 개선조건을 찾거나 질량감소, 형상변경 및 재질변경 등과 같은 다양한 변화에 따른 구조물의 진동특성 변화현상을 해석하는 방법이다.

따라서 민감도 해석은 차체의 비틀림 강성이나 굽힘 강성 등과 같이 주요 진동모드별로 차체의 두께변화에 대한 고유 진동수의 변화와 이에 따른 설계민감도를 분석하는 단계이다. 민감도 해석 결과를 기초로 하여 구조변경의 가장 효과적인 부위나 적용방법을 찾을 수 있으며, 이러한 방법을 응용한 구조물 동특성 변경법(SDM, structural dynamic modification)은 기존 구조물에 대한 구조적인 변경을 실시할 경우에 발생되는 구조응답을 예측하는 기법이다.

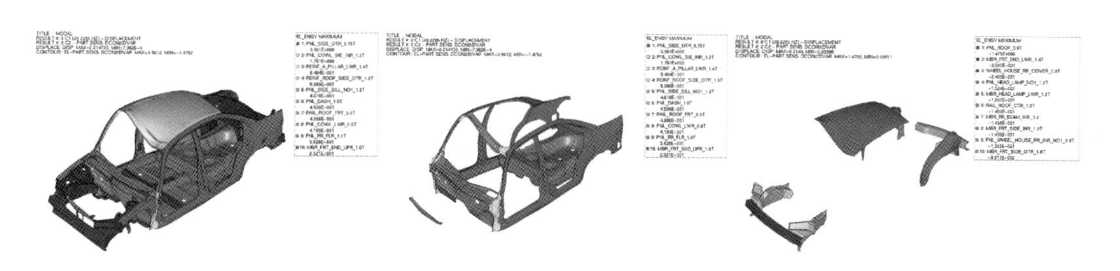

그림 10.20 **차체 비틀림 모드에 대한 설계민감도 해석 결과와 부재별 민감도의 순위**

10.4.7 입력점의 강성해석

입력점의 강성해석(point inertance analysis)은 동력기관의 흔들림이나 노면특성에 따른 진동현상이 섀시 부품들을 통해서 차체로 유입되는 전달경로라 할 수 있는 섀시와 차체의 결합부위에 단위 가진력을 부가하고 동일한 위치에서 응답을 측정하여 입력점의 국부 강성을 평가하는 해석방법이다. 입력점의 강성해석은 해석 부위를 상세하게 모델링하고 기본 차체(BIW)는 0 ~ 600 Hz의 진동수 영역에서, 트림보디는 도로소음의 평가범위인 0~500 Hz의 진동수 영역에서 단위 가진력을 x, y, z축으로 각각 작용시켜서 응답특성을 평가하게 된다. 이때에는 각각의 섀시 장착부위들에 대한 목표값을 설정하고 차체가 충분한 국부강성을 갖도록 개선작업을 수행한다. 일반적으로 입력점은 부시(bush)의 강성에 비해 5~10배 이상의 강성을 갖도록 하여 시스템 간의 연성(coupling)을 피하고 진동절연율을 높이도록 관리하며, 구조적으로 강성확보가 어려운 부위에서는 경쟁차의 강성 수준을 고려하여 설계한다. 부가적으로 입력점 국부의 전체적인 강성, 즉 전 주파수영역을 포함하는 단일 강성값을 평가하기 위해서는 강체운

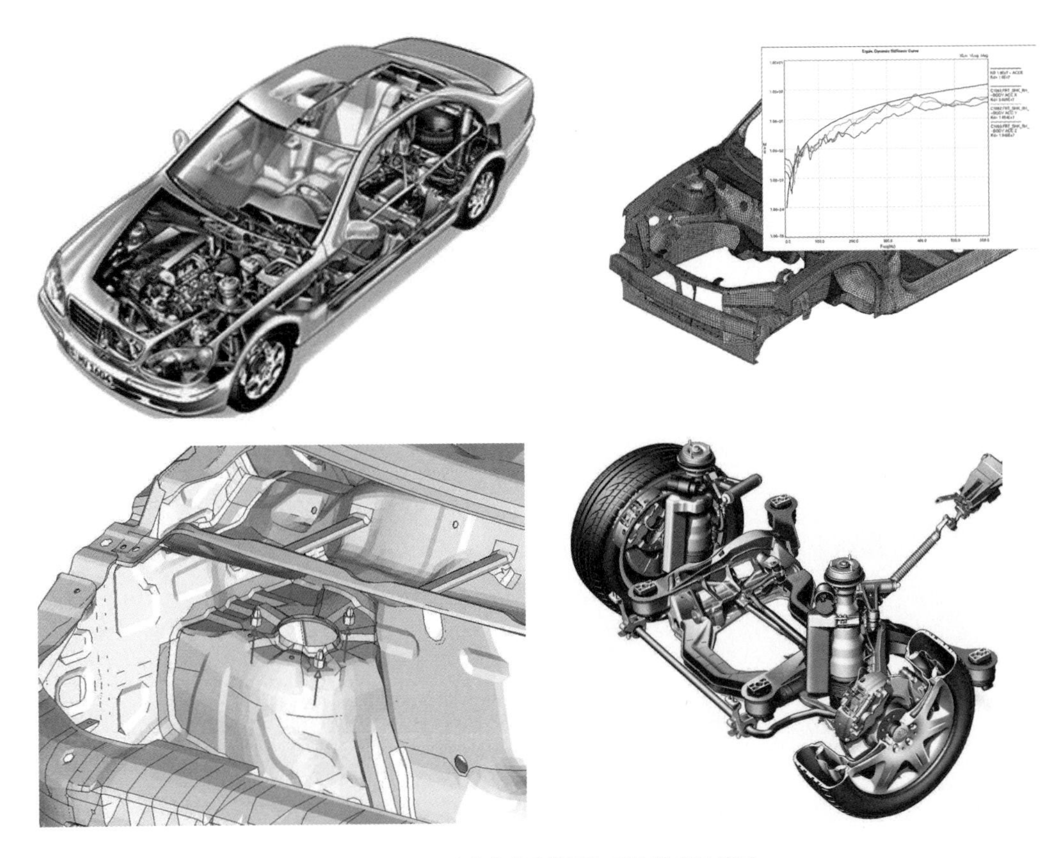

그림 10.21 **입력점의 강성해석 모델 및 해석 결과**

동이 일어날 수 있는 자유단 상태의 경계조건에서 Inertia Relief 방법(구조물의 inertia mass에 가속도가 가해져 외부에서 가해진 하중과 평형을 이루는 정적평형상태)을 적용한 정적해석을 수행하여 입력점 강성결과와 함께 국부강성을 종합적으로 평가한다.

10.4.8 유리창이 고려된 차체해석

기본 차체인 BIW에 앞유리창(windshield)과 뒷유리창을 부착하게 되면 기본 차체의 비틀림 및 굽힘강성에 적지 않은 변화가 발생하게 된다. 이러한 변화를 파악하면, 트림보디의 골격강성을 분석할 때 기초 자료로 활용할 수 있으므로, 전후면의 유리창을 고려한 진동모드해석을 수행하여 차체의 동적 강성을 평가한다. 차량의 크기와 종류에 따라 다소 차이는 있으나, 일반적으로 승용차의 경우 유리창의 부착으로 비틀림 강성은 기본차체에 비해 약 10 Hz 정도 증가하며, 굽힘강성은 유사한 수준을 보이거나 다소 낮아진다.

셸요소에 유리의 두께와 재료의 물성값(material property)을 넣고, 밀폐재료(sealant)의 강성값을 국부좌표계의 스프링 요소로 처리하거나, 또는 솔리드 요소로 직접 밀폐재료를 모델링하여 구성한다. 해석결과의 신뢰성을 높이기 위해서는 다각도의 모드시험을 통한 일치화 작업으로 유리창과 밀폐재료에 대한 특성값을 정확히 해석모델에 반영하여야 한다.

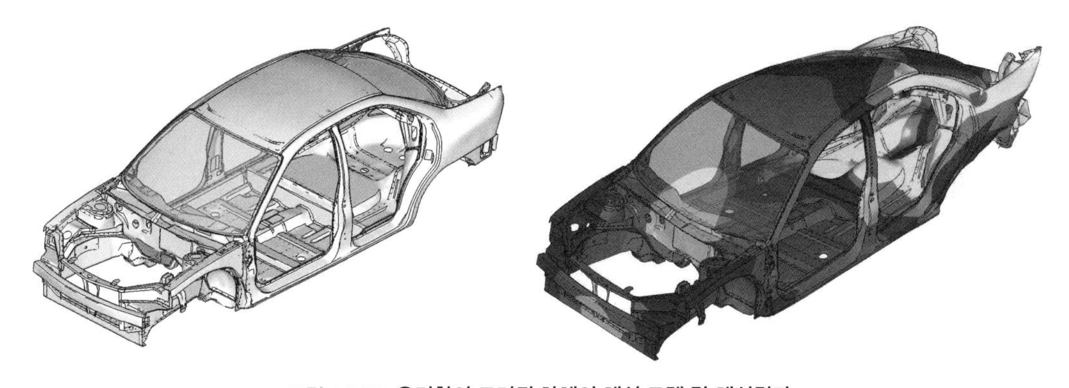

그림 10.22 **유리창이 고려된 차체의 해석 모델 및 해석결과**

10.4.9 트림보디의 진동해석

완성된 차량상태에서 차체의 진동모드는 트림보디(trimmed body)의 진동모드특성과 매우 유사하며, 여러 부재들의 진동특성이 복합적으로 연성되어 나타나기 때문에 각 부품 및 부재별로 모델상태에 따른 정확한 진동모드특성을 파악하는 것이 중요하다.

트림보디의 모델은 설계에 의한 질량자료 및 CAD 데이터를 이용해서 개폐구조(moving

part), 시트, 조향계, 냉난방장치(HVAC, heating, ventilation & air conditioning), 엔진의 부대장치, 전장품 등과 같이 차체에 장착되는 모든 부품들을 질량 관성모멘트가 포함된 집중질량 또는 상세 유한요소로 구성하고, 외관 및 내장재(exterior/interior trim), 페인트 도료, 제진재(anti-vibration pad), 카펫 등은 재료의 밀도조정 또는 비구조물 질량(nonstructural mass), 집중질량(lumped mass)의 분포로 무게를 보정하여 진동소음 해석을 수행한다.

트림보디 상태가 되면 기본 차체에 장착된 여러 시스템의 모드특성이 차체의 특성과 연성되어 나타나기 때문에 비틀림 강성이나 굽힘강성을 찾는 데 어려움이 있을 수 있다. 이때에는 시스템별로 그룹으로 묶어 변형에너지 분포를 분석하여 찾아내거나, 상세 유한요소로 구성된 시스템을 집중질량 모델로 단순화시켜 해석하여 차체의 주요 골격강성을 파악할 수도 있다. 트림보디 상태가 되면 차체의 주요 골격모드와 국부모드가 혼재되어 나타나게 되므로 해석이나 시험결과의 모드특성 파악이 어렵고, 일치화 작업에 많은 시간과 경험이 요구되며 주파수 범위도 매우 제한적이다.

이렇게 복잡한 트림보디를 좀 더 정밀도 높게 특성을 파악하고 분석하기 위해서는 기본 차체에 장착되는 각각의 시스템에 대한 모드특성 일치화 작업을 선행하여 검증된 시스템 모델로 구성해야 하고, 각 시스템과 기본 차체 장착부의 결합특성에 대한 검증된 모델링 기법을 적용하여 트림보디를 구성하여야 한다.

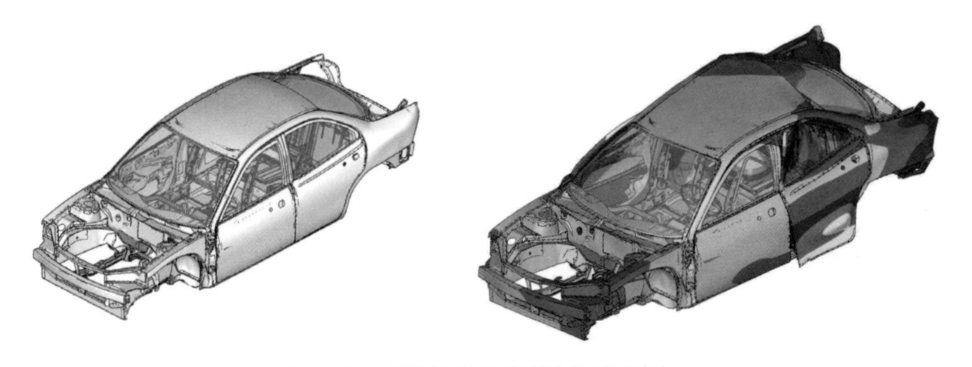

그림 10.23 **트림보디의 해석 모델 및 해석결과**

10.4.10 완성차량의 강체차체 진동해석

차량의 개발단계에서는 차체개발에 앞서 플랫폼(platform) 개발이 진행되는데, 구동계 및 섀시 시스템의 진동특성을 평가 · 검증하기 위하여 유사 차종의 트림보디에 대한 질량 및 무게중심, 질량 관성 모멘트 등을 구하여 집중질량과 RBE2 요소로 처리하여 강체차체(rigid body)로 해석모델을 구성한다. 섀시 부품의 모델은 설계자료를 중심으로 콘트롤 암(control arm), 너클(knuckle), 휠(wheel), 스태빌라이저 바(stabilizer bar), 스프링, 충격흡수기(shock absorber) 등으로 구성하며, 서브 프레임과 배기계, 조향계, 동력기관 등을 결합하여 현가장치를 비롯한 섀시 부품 전반에 걸친 진동특성을 파악한다.

각 부품과 완성 차량상태에서 각 진동 모드별로 스프링 요소의 운동에너지(kinetic energy)를 구하고, 특성(property) ID나 시스템 그룹별로 변형에너지(strain energy)를 파악하여 시스템 간의 모드 연성(modal coupling) 정도를 분석하며, 순위(ranking)에 따른 강체진동의 기여도 분석을 통해 진동특성 개선안을 종합적으로 파악한다.

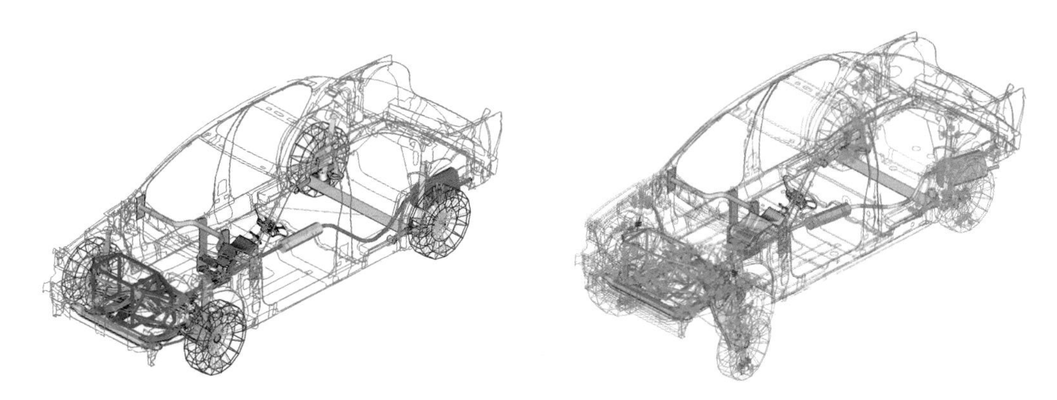

그림 10.24 **강체차체의 해석 모델 및 해석 결과**

10.4.11 완성차량의 해석 모델 구성

신뢰성이 높은 완성차량(total vehicle) 상태의 해석 결과를 얻기 위해서는 개별적으로 해석 결과가 검증된 각각의 부품 및 시스템을 트림보디에 정확하게 결합하여 완성차량을 구성하게 된다. 여러 시스템들이 복잡하게 결합되는 완성차량의 해석모델 과정에서 흔하게 발생할 수 있는 실수를 제거하고 완성된 모델을 검증하기 위해서, 각 자동차 회사별로 표준화된 모델링 규칙을 정하고 모델링 프로그램을 구축하여 활용하고 있다. 시스템별로 사용할 수 있는 요소와 절점(node)의 번호(label)를 정하고, 결합부에 대한 번호관리를 통해 해석자가 부분 부품

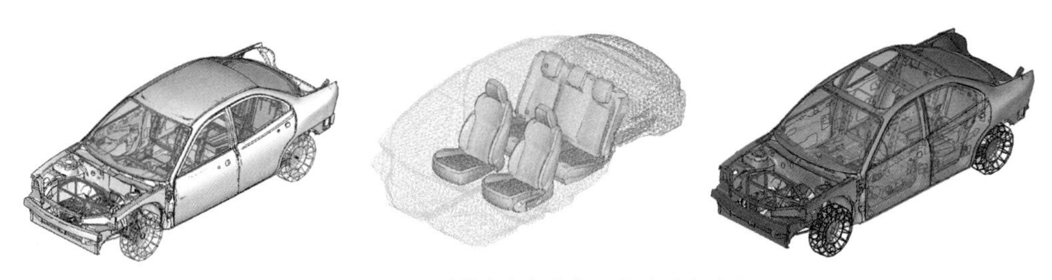

그림 10.25 **완성차량의 해석 모델 및 해석 결과**

(sub-system)들을 결합하여 완성차량을 구성한다.

완성차량의 모델 및 분석과정에서 가장 빠르고 정확한 방법은 해석자가 전-후처리기를 통하여 모델의 결합상태를 직접 확인하고 해석 결과를 분석하는 것이라 할 수 있다.

10.4.12 공회전 진동과 셰이크 진동의 해석

엔진구동과정에서 발생하는 주요 진동성분을 이론 수식이나 상용 엔진개발 프로그램에 의해 구한 후, 동력기관의 모델을 가진시켜서 스티어링 휠의 상단부와 시트장착부위, 발 위치(foot rest) 등에서 나타나는 진동레벨을 평가한다. 엔진의 공회전 영역을 포함하여 상용 회전구간과 최고 회전영역까지 엔진진동에 의한 차량의 진동응답특성과 진동전달특성을 파악한다.

휠의 진동특성을 평가하기 위해서는 타이어의 림(rim)부위에 집중질량을 부가하여 휠 질량의 불균일 분포에 따른 회전력이 차축(spindle)에 가해지도록 모델을 구성한다. 타이어의 불평형에 의한 가진 조건으로 전후방에 동위상(in phase)과 역위상(out of phase)의 경우에 대한 완성차량의 주파수 응답함수인 FRF(frequency response function)해석을 수행한다. 가진 진동수 영역은 약 0 ~ 25 Hz로 차량의 주행속도와 타이어의 크기에 의해 결정되고, 진동 절연장치들을 포함한 각 섀시부품들의 감쇠특성과 함께 스티어링 휠과 시트 장착 위치에서 진동레벨을 평가한다.

셰이크(shake) 진동의 입력은 일정한 속도로 정속 주행 시 각 타이어의 차축 위치에서 3축 가속도계로 측정한 PSD(power spectral density)값을 이용하고, 구조전달소음이 지배적인 20~200Hz의 진동수 영역에서는 차축 간의 거리인 축거(wheel base)에 의한 시간지연(time delay)을 고려하여 각 차축을 가진시켜서 그 때의 진동레벨을 평가한다.

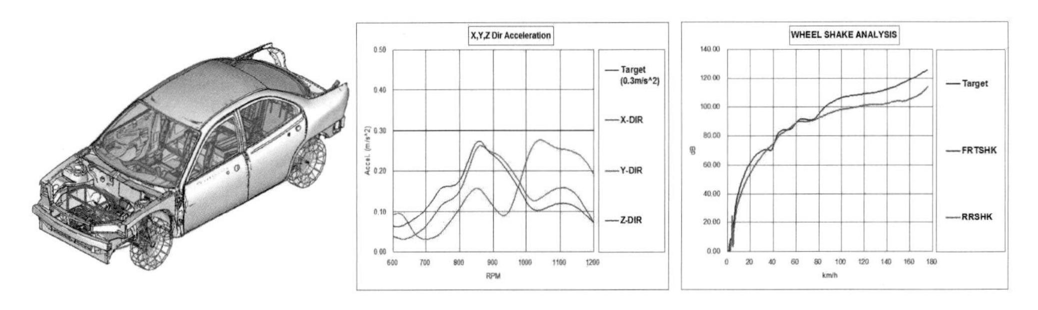

그림 10.26 **완성차량의 공회전 진동과 휠 셰이크의 진동해석 모델 및 해석결과**

10.4.13 실내 음향해석

차체는 강체 및 탄성재료로 이루어진 여러 종류의 패널과 내부 의장부품 등으로 구성되어서 종합적인 음향특성을 갖는다. 차체의 실내는 하나의 공동(cavity)으로 이루어진 공간에서 공명현상이 발생할 수 있는 음향모드(acoustic mode)의 주파수와 모드형상(mode shape)을 갖는다.

공명현상의 간단한 예로는 큰북이나 장구 또는 꽹과리 등과 같은 전통악기 등을 들 수 있다. 이들 악기에서 소리를 내는 방법은 외부 타격에 의한 동일한 방식이지만, 발생되는 음색은 각 악기의 공명현상에 따라서 전혀 다르기 마련이다. 그 이유는 각 악기가 가지고 있는 고유한 음향모드의 주파수에 영향을 받기 때문이다. 자동차의 경우도 마찬가지로 차체 실내의 고유 음향모드가 존재하며, 외부의 가진력에 의한 공명현상으로 발생하여 부밍소음 등이 발생하게 된다.

실내 음향해석(acoustic analysis)은 해석방법에 따라 경계요소법(BEM, boundary element method)과 유한요소법(FEM, finite element method)으로 구분된다. 경계요소법은 외곽 경계면만을 모델링하기 때문에 모델구성이 용이하여 방사소음의 해석에 널리 이용되지만, 해석시간이 오래 걸리는 단점이 있다. 유한요소법은 솔리드(solid) 요소로 내부 구조를 모두 모델링해야 하기 때문에 해석모델을 구성하기는 어렵지만, 해석시간이 짧아서 완성차량의 진동소

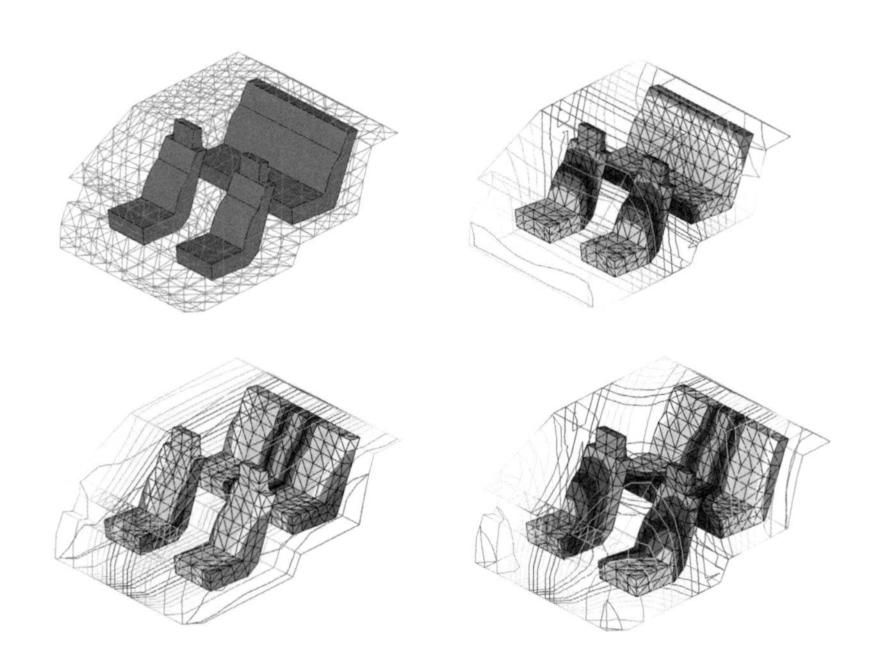

그림 10.27 **차량의 고유 음향모드 해석 모델과 해석 결과**

음 연성해석에 많이 이용되고 있다.

유한요소법의 실내 음향 모델은 기본 차체인 BIW의 경계면인 지붕(roof), 바닥(floor), 앞유리창(windshield), 개폐구조(moving parts) 등과 같은 내부 부품들의 표면을 이용하여 공기의 밀도를 갖는 솔리드 요소로 채우고, 공기의 밀도를 달리하여 시트 표면을 솔리드 요소로 구성하여 고유 음향모드와 그 때의 주파수를 계산한다.

경계요소법은 동력기관의 진동과 노면 가진에 의해 차체 패널에서 발생한 진동변위가 음장 경계면의 속도경계(velocity boundary)로 작용하여 진동소음 간에 연성해석을 수행할 수 있도록 모델을 구성한다. 이러한 실내 음향해석은 차량의 진동현상에 의한 실내의 소음특성을 평가하고 소음저감을 위한 설계 개선안을 마련하는 데 이용한다.

10.4.14 음향 감도해석

트림보디의 음향 감도해석(noise transfer function analysis)은 구동계와 섀시계가 트림보디에 장착되는 부위에 대해 각 축별로 단위 가진력을 주어 0~500 Hz의 주파수 영역에서 운전자와 승객석 귀 위치의 음향감도를 평가하는 해석으로 입력점 강성과 함께 평가한다. 해석결과를 통해 트림보디 입력점 부위의 국부강성과 소음 전달특성 간의 상관성을 파악할 수 있고, 주파수 영역별로 입력점의 위치와 축에 대한 음향감도를 종합 분석할 수 있다.

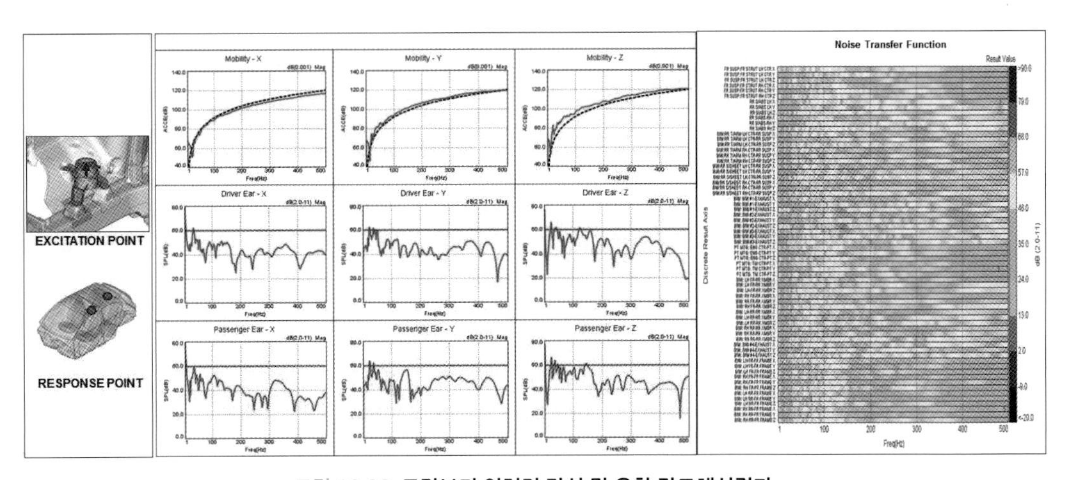

그림 10.28 **트림보디 입력점 강성 및 음향 감도해석결과**

10.4.15 소음의 전달경로해석

전달경로해석(transfer path analysis)은 소음의 전달경로를 파악하기 위한 해석방법으로, 벡터해석법(vector analysis)이라고도 한다. 문제되는 소음의 원인과 전달경로를 추적하여 근원적인 해결책을 얻는 데 용이하게 이용된다. 특히, 구조물에 의한 구조전달소음(structure borne noise)의 전달경로를 파악하는 데 사용되는 기법을 소음전달경로해석(noise path analysis)이라고 하며, 동력기관과 현가장치 등의 차체 연결부위와 관련된 실내소음과의 특성(음향감도, acoustic sensitivity)을 고려하여 문제되는 소음의 전달요소를 파악할 수 있다.

기본적인 원리는 엔진 마운트 등에 전달되는 힘을 먼저 계산하는데, 엔진 마운트의 상대적인 변위(엔진과 차체 간의 변위)와 엔진 마운트의 강성(stiffness)정보를 이용한다. 전달된 힘에 의한 실내소음의 영향 및 기여도는 음향 감도시험을 통한 데이터와 접목시켜 산출하게 된다. 이때 가변적인 엔진 회전수나 차량속도에 따른 가진력을 각각의 전달력 입력점들에 대해서 정확하게 산출하는 것이 중요한 포인트가 된다고 할 수 있다. 그림 10.29는 음향감도 해석 결과 및 대표적인 전달경로해석의 고려항목들을 보여준다.

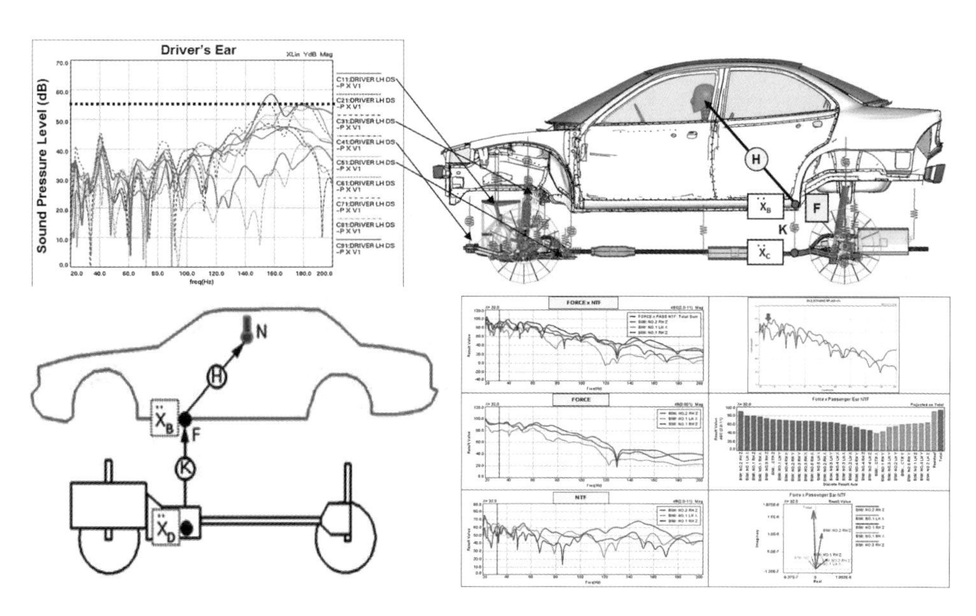

그림 10.29 **음향감도 및 전달경로해석**

10.4.16 엔진소음과 도로소음의 해석

엔진소음의 해석은 엔진구동 시 발생하는 주요 가진 성분을 이론 수식으로 구하고, 주파수별로 엔진을 가진시켜서 운전석과 승객석 귀 위치에서의 소음레벨을 평가한다. 엔진의 공회전 영역을 포함하여 상용 회전구간에서 엔진 진동에 따른 차량의 소음레벨을 평가하게 된다. 도로소음은 타이어의 강성에 영향을 받으며, 노면특성에 의한 가진력이 현가장치를 거쳐 차체로 전달되고, 이로 인해 차체 및 차량 실내의 패널이 공진하여 소음을 발생시킨다.

복합재료와 고무의 다층구조로 복잡하게 구성된 타이어의 진동특성을 고려하기 위하여 모드시험을 통해 구한 모달 타이어(modal tire)를 해석에 적용하고, 완성차 하이브리드 모델을 구성하여 노면가진(road profile)에 대한 해석을 진행한다.

일반적인 도로소음의 해석에 사용되는 가진력은 정속 주행시험에서 측정된 가속도값을 사용하는데, 노면의 거칠기와 종류, 차량속도에 따라 크기가 다양하게 변하므로 유의해야 한다. 도로소음의 입력은 정속 주행 시 모달 타이어의 패치에 직접 노면가진을 주어 타이어 모달특성이 반영되어 차축에 힘이 가해지도록 하여 도로소음을 해석하는 방법을 사용하거나, 또는 각 바퀴의 차축(spindle) 위치에서 3축 가속도계로 측정한 PSD값을 직접 가하는 방법을 이용하며, 진동소음의 연성해석을 20 ~ 500 Hz의 주파수영역에서 수행한다. 축거(wheel base)에 의한 시간지연을 고려하여 각 차축을 가진하여 운전석과 승객석 귀 위치에서의 소음레벨을 평가하고 성능향상을 위한 설계 개선안을 마련한다.

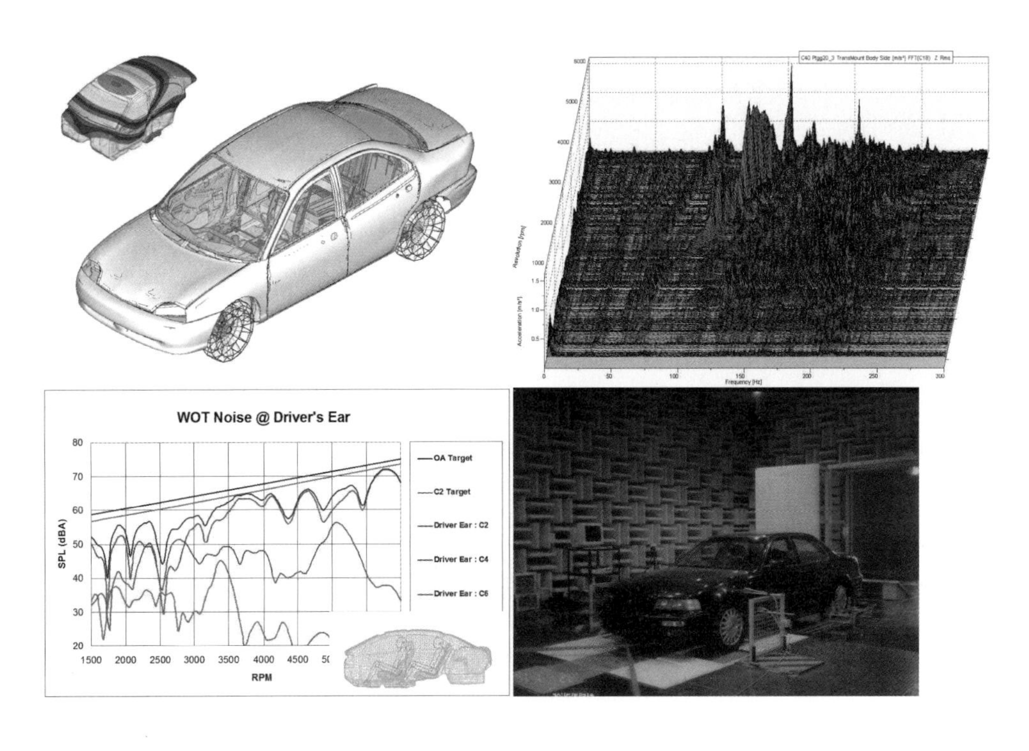

그림 10.30 **완성차량의 해석모델을 통한 구조진동/소음 연성해석 및 시험 결과**

10.4.17 패널 기여도해석

엔진 및 노면 가진력에 의한 구조전달소음은 차체 내부의 음향공간을 둘러싸고 있는 루프, 플로어, 대시, 윈도우, 패키지트레이(package tray), 도어 등과 같은 패널 및 트림류의 진동현상이 마치 스피커처럼 작용하여 운전자나 승객석 귀 위치에서 음압변동으로 나타나게 된다.

음향공간을 둘러싼 각 패널을 그룹으로 분류하고 소음레벨이 높은 주파수에 대해 패널 기여도해석(panel contribution analysis)을 수행하면 그룹별 기여도를 벡터플롯(vector plot) 또는 바 차트(bar chart) 형태로 나타낼 수 있고, 크기와 위상을 고려하여 분석할 수 있다. 문제되는 주파수의 소음레벨을 낮추기 위해서 진동이 높은 패널에 대해 구조보강이 이루어지더라도 소음레벨이 개선되지 않는 경우가 발생하는데, 이는 전체 소음에 대한 기여도는 클 수 있지만 반대 위상을 갖는 경우 기여도가 낮아져서 나타나는 현상이다.

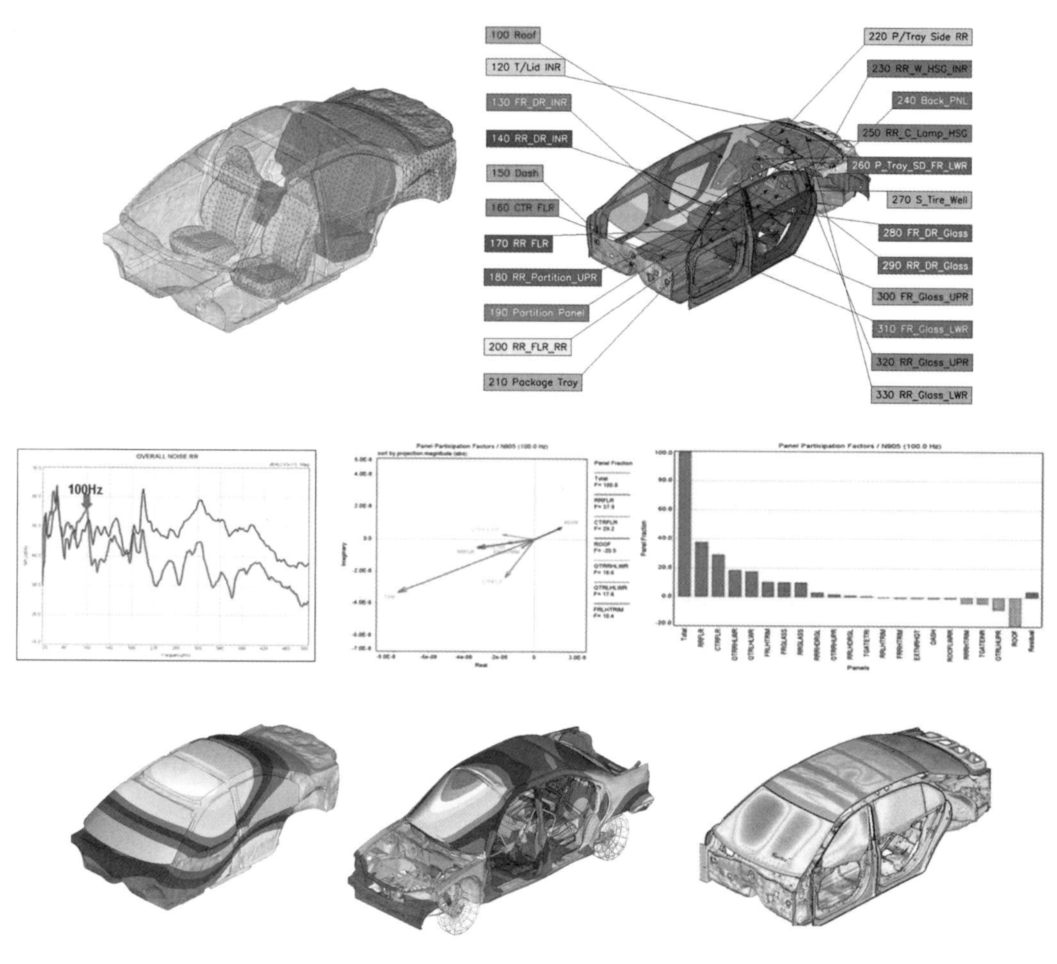

그림 10.31 **패널 기여도 해석모델 및 기여도해석 결과**

10.4.18 BSR 소음해석

BSR(buzz squeak rattle)소음은 인스트루먼트 패널이나 콘솔(console), 도어트림 등의 내장재 및 시트와 같은 차량 실내 모듈에서 발생하는 소음이라 할 수 있다. 즉, 인접한 파트(부품) 간의 고주파 진동에 의해 발생하는 버즈(buzz), 파트 간의 수직 접촉에 의해 발생하는 래틀(rattle), 파트 간의 수평 마찰 및 마찰력 변화에 의해 발생하는 스퀵(squeak) 소음으로 정의된다. NVH 기술의 발전으로 차량의 엔진 및 노면가진에 따른 소음레벨이 크게 낮아짐에 따라 플라스틱 파트나 내장재의 BSR 소음이 최근 부각되고 있다.

그중에서도 소음레벨이 크고 발생빈도가 높은 수직 접촉의 래틀소음에 대한 해석검증 및 개선작업이 차량개발에 적극 활용되고 있으며, 수평 마찰에 의한 스퀵소음은 수평변위 및 접촉 부재의 물성치 특성을 고려하여 발생관계 등을 평가하고 데이터베이스를 구축해가면서 연구하는 단계이다.

차량의 래틀소음은 부품 간의 간격 등에서 발생하는 이음으로 공진주파수를 회피하는 접근방식만으로는 해결하기가 어렵고, 부품 간의 단차를 고려한 공차설계기법과 엔진 및 노면

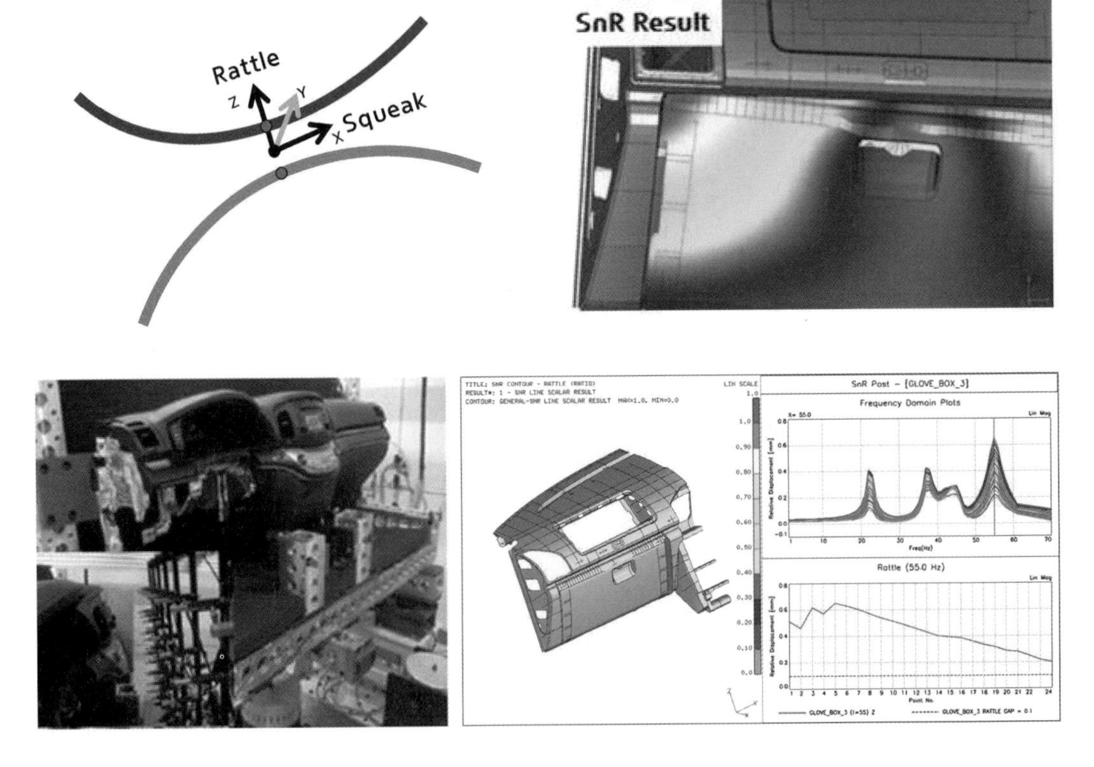

그림 10.32 BSR 해석모델 및 결과

가진에 의해 발생하는 인접파트 간의 수직 상대변위에 대한 연구를 통해서 문제부위를 예측하고, 이에 따른 설계 개선안을 마련하여 상품성을 높이는 데 활용하고 있다.

이상과 같은 여러 가지 해석기법의 적용에 있어서 자동차의 설계 및 시험을 수행하는 엔지니어들은 차량의 동특성 해석결과를 기초로 하여 종합적인 분석능력을 갖추고 있어야 하며, 개선안 적용에 따른 제반 영향 정도에 대해서도 예측 및 설명할 수 있는 능력을 갖추는 것이 필요하다. 따라서 엔지니어는 수많은 해석 및 시험결과들을 근거로 하여 차량 개발의 기술축적과 함께 설계과정의 총괄적인 관리능력을 배양하는 것이 요구된다.

기타 부품 11장

11-1 동흡진기

자동차뿐만 아니라 가전제품을 비롯하여 각종 산업기계에서 발생하는 다양한 진동현상을 억제시키기 위해서는 기계 부품의 지지부위나 타 물체와의 연결(접촉)부위와 같은 진동전달 경로에 스프링이나 방진고무 등의 진동 절연물질(장치)을 적용하게 된다. 이는 진동현상의 전달경로에 대한 방진대책으로 비교적 효과적인 결과를 얻을 수 있지만, 자동차와 같은 수송기계에서는 목표하는 수준만큼의 진동절연 효과를 얻지 못하는 경우가 많다. 자동차의 주요 부품 중에서 진동현상이 매우 심하거나 기본적인 진동 절연대책으로도 진동현상을 효과적으로 제어하기 힘든 경우에는 동흡진기[動吸振器, dynamic vibration absorber, 진동 흡진기, 작업현

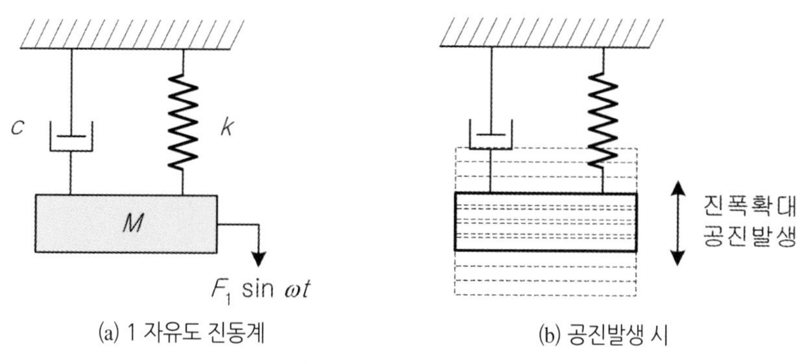

(a) 1 자유도 진동계 (b) 공진발생 시

그림 11.1 자유도 진동계

장에서는 흔히 댐퍼(damper)라고도 한다]를 적용하게 된다.

동흡진기의 개념은 그림 11.1과 같이 질량, 스프링 및 감쇠장치로 구성된 1 자유도 진동계를 예로 들어서 설명한다.

1 자유도 진동계의 질량에 외력($F_1 \sin \omega t$)이 작용하면서, 외력의 가진 진동수(ω)가 진동계의 고유 진동수(ω_n)에 서서히 접근하면서 일치하게 된다면 그림 11.1(b)와 같이 큰 진폭의 공진현상이 발생하게 된다. 이때에는 1 자유도 진동계에서 질량의 증감, 스프링의 강성조절, 감쇠장치의 감쇠계수 조절 등을 통해서 공진현상을 억제시키는 방안을 강구해야만 한다.

하지만 실제 기계장치나 자동차와 같은 수송기계에서는 여러 제한조건이나 설계 고려사항 등으로 기본적인 진동절연방안의 적용이 곤란한 경우가 수시로 발생할 수 있다. 이럴 때에는 그림 11.2와 같이 기존의 진동계(이를 주 진동계, main vibration system이라 한다)에 추가로 질량, 스프링 및 감쇠장치로 구성된 보조 진동계를 적용시킬 수 있다.

이는 매우 큰 진동현상이 발생하는 주 진동계의 운동을 억제시키기 위해서 별도의 진동계(보조 진동계)를 추가시키는 개념이다. 이렇게 주 진동계에 추가된 보조 진동계를 동흡진기라 하며, 보조 진동계는 기존의 문제되던 주 진동계의 고유 진동수와 동일한 고유 진동수를 갖는다. 그림 11.2의 하첨자 T는 동흡진기의 경우를 나타내며, M은 주 질량(기존의 진동하던 부품)을, M_T는 동흡진기의 질량(보조질량)을 뜻한다.

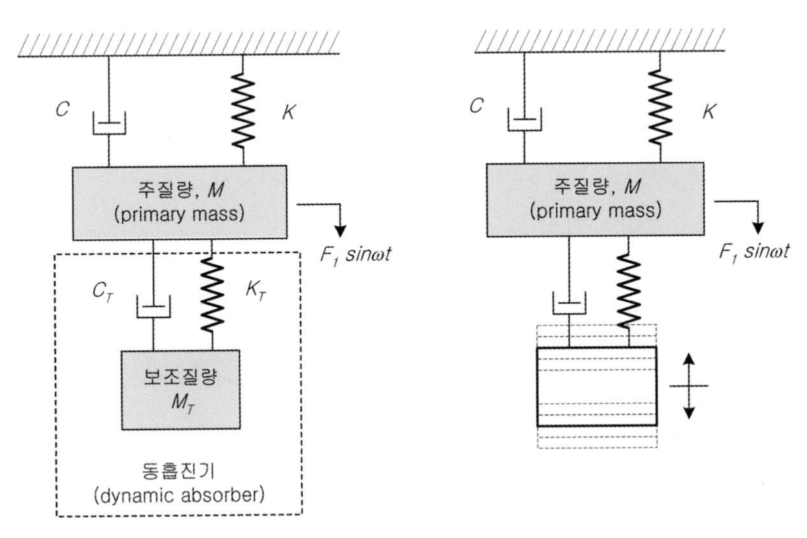

그림 11.2 **동흡진기의 모델링**

그림 11.2와 같이 주 진동계의 질량에 작용하는 외력에 의해서 공진하던 현상을 보조 진동계가 흡수함으로써 주 진동계의 질량에서는 진동변위가 없도록 개선시키는 것이 동흡진기의

작동개념이라 할 수 있다. 이론적으로는 주 진동계의 질량에 작용하는 외력($F_1 \sin \omega t$)과는 크기가 같고, 반대방향으로 보조 진동계가 동시에 진동함으로써 외력의 작용에도 불구하고 주 진동계의 질량은 흔들리지 않도록 해준다. 이와 같이 1 자유도의 주 진동계에 보조 진동계를 추가함으로써 전체적인 진동계는 2 자유도를 갖게 되는 셈이다.

동흡진기는 진동원 자체뿐만 아니라, 진동의 전달경로에도 직접적인 적용이 가능하기 때문에 짧은 개발시간과 적은 투자비용으로도 양호한 진동억제 효과를 얻을 수 있다. 하지만 동흡진기는 진동억제를 목표로 하는 좁은 진동수 영역에서만 유효하기 때문에 그 응용에는 많은 제약이 있었지만, 최근에는 이러한 단점을 개선하기 위해 고무와 같은 점탄성(visco-elastic) 재질을 사용하여 유효 진동수 영역을 확장하고 있다.

차량을 구성하는 각종 부품들의 심각한 진동현상을 억제하기 위해서 동흡진기를 적용할 경우 반드시 고려해야 할 항목은 다음과 같다.

1) 문제되는 주파수 영역의 진동소음현상이 공기전달이 아닌 구조적인 원인(구조전달소음)에 의한 것임을 확인해야 한다.
2) 차량을 구성하고 있는 차체, 섀시 및 엔진 구조물들의 공진 진동수, 진동모드와 전달함수 등을 종합적으로 검토하여 적용대상과 적절한 부착장소를 선정해야 한다.
3) 부착장소의 기계적인 진동특성(특히 mobility)을 참조하여 동흡진기의 종류와 동특성 변수 등을 결정해야 한다. 이때, 주 진동계의 진동억제를 위한 동흡진기의 진동특성으로 인하여 동흡진기의 질량(보조 진동계의 질량개념)은 매우 큰 진동레벨을 갖게 된다. 따라서 동흡진기 자체의 내구특성을 반드시 확인해야 한다.

대표적인 적용사례는 엔진의 풀리(pulley), 구동축(drive shaft), 리어액슬(rear axle) 등의 진동흡수, 배기관의 진동억제 및 스티어링 휠의 진동제어용 동흡진기 등이 있다.

11.1.1 동흡진기의 적용

자동차에 적용되는 동흡진기는 진동이 심한 부품 자체뿐만 아니라, 진동의 전달경로에도 직접 부착시켜서 진동현상을 흡수할 수 있기 때문에 널리 응용되고 있다. 특히, 연비효율을 높이기 위한 차량의 경량화 추세로 인해서 각종 회전부품의 고유 진동수는 낮아지는 경향을 가지는데, 이는 필연적으로 회전체의 공진현상이 발생하는 임계속도(critical speed)의 저하현상을 수반하기 마련이다. 한 예로 승용차의 부품 공용화 및 경량화 추세로 구동축의 직경이 감소되

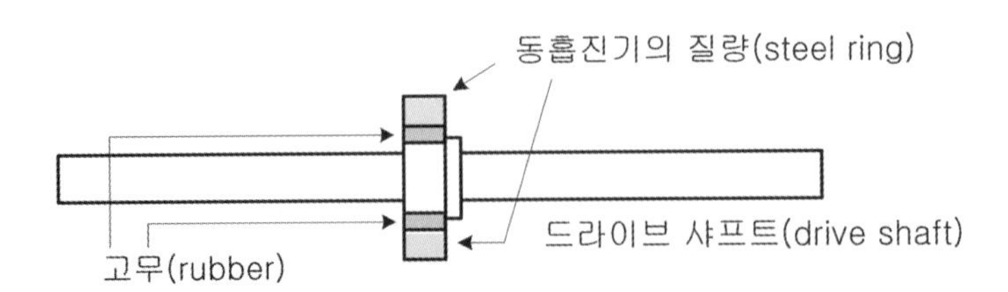

그림 11.3 **구동축의 동흡진기 적용사례**

었으며, 이에 따른 구동축의 굽힘진동이 쉽게 발생할 수 있다. 전륜구동차량의 구동축에서는 굽힘현상을 억제시키기 위해서 그림 11.3과 같은 동흡진기가 적용되고 있다. 여기서 임계속도는 회전부품의 고유 진동수와 일치되는 회전수(속도)를 의미하며, 이때에는 일반 진동계와 마찬가지로 진폭이 크게 증대하는 공진현상이 발생한다.

또한 스포츠 다목적 차량(SUV, sports utility vehicle)이나 4륜구동차량에서는 동력기관에 추가로 동력분배장치(transfer case)가 적용되므로, 동력기관이 매우 길어지는 경향을 갖는다. 따라서 다른 차종에 비해서 비교적 낮은 진동수 영역에서도 동력기관의 굽힘진동이 쉽게 발생하면서 구동계통에 심각한 진동현상을 유발할 수 있다. 이를 방지하기 위해서 그림 11.4(a), (b)와 같이 동흡진기를 동력분배장치나 후륜 차동기어(differential gear) 위치에 적용시키게 된다.

그림 11.4(c)는 SUV 차량의 동력분배장치에 적용된 동흡진기로 인한 동력기관의 진동 저감효과를 확인할 수 있다. 동흡진기의 적용으로 말미암아 2,600 rpm 내외에서 크게 발생하던 상하 방향의 진폭(진동레벨)이 크게 감소되었음을 확인할 수 있다. 물론, 동력기관을 1 자유도 진동계라 하기에는 다소 무리가 있겠으나, 상하 방향의 진동현상만을 주목해서 살펴본다면, 동흡진기의 적용으로 인하여 2,600 rpm 영역에서 하나의 피크값이 마치 2 자유도 진동계처럼 두 개로 피크값이 나누어지면서 크게 저감되었음을 알 수 있다.

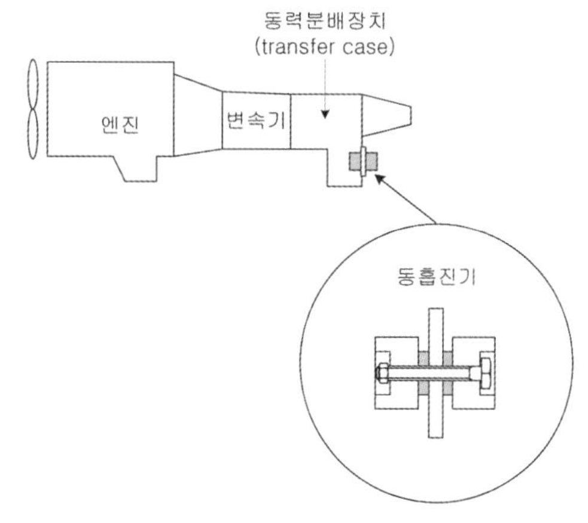

(a) SUV 차량에 적용되는 동흡진기의 기본 구조 및 장착위치

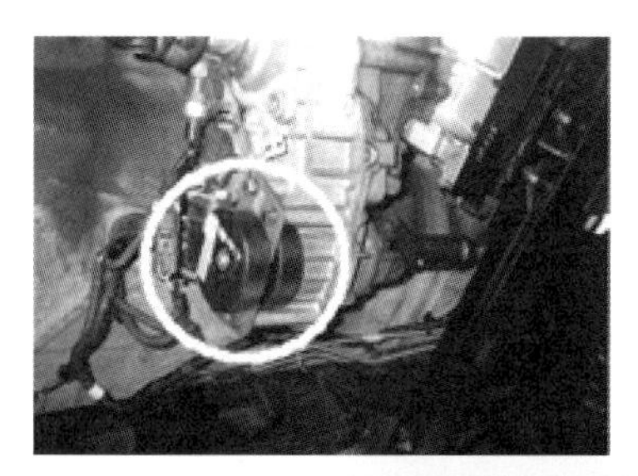

(b) 동흡진기의 장착 사례

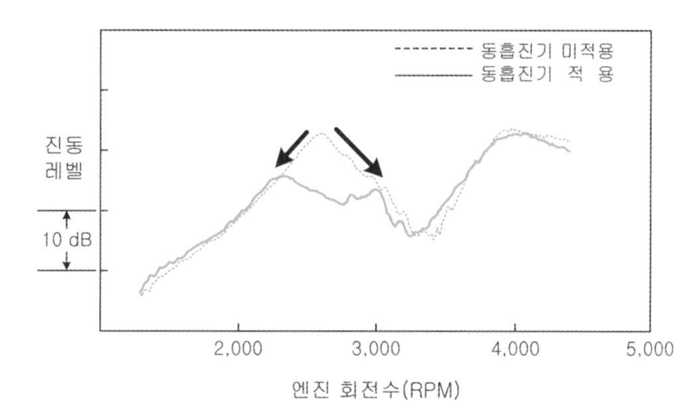

(c) 동흡진기의 적용 효과

그림 11.4 **SUV 차량의 동흡진기 장착사례**

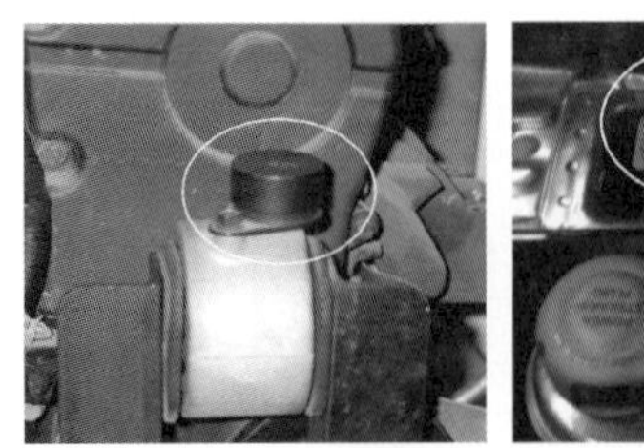

(a) 승용차량용 엔진 마운트

(b) 굽힘 진동과 비틀림 진동억제용 동흡진기 장착(우측)사례

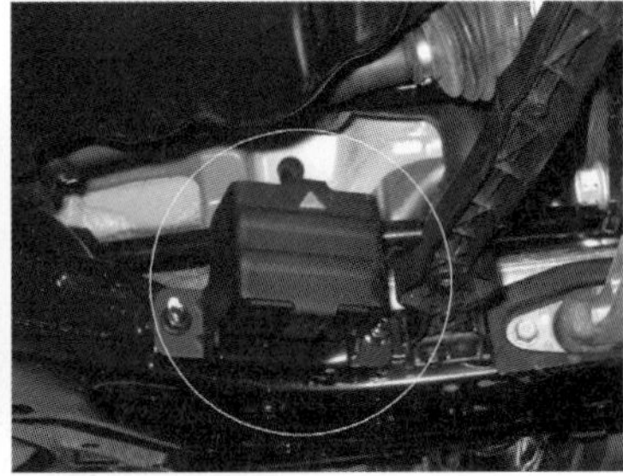

(c) 서브 프레임에 적용된 동흡진기

그림 11.5 **동흡진기의 장착사례**

일반 승용차량에서도 엔진 마운트 부위의 진동현상을 억제할 목적으로 그림 11.5(a)와 같이 작은 크기의 동흡진기가 장착되는 경우를 흔히 볼 수 있다. 또 동흡진기는 엔진과 변속장치로 구성된 동력기관의 비틀림 진동을 흡수하는 데도 사용되는데, 대표적인 사례가 크랭크샤프트의 풀리 댐퍼(pulley damper, 그림 7.54 참조)이다. 그림 11.5(b)와 같이 SUV 차량의 동력분배장치에서 발생할 수 있는 굽힘과 비틀림 진동억제를 위한 두 개의 동흡진기가 함께 장착되기도 한다. 그림 11.5(c)는 승용차량에 장착되는 서브 프레임(sub frame)의 진동을 억제하기 위해 적용된 동흡진기를 나타낸다.

11-2 타이어

인류의 역사에 있어서 불(火)과 바퀴(회전운동)의 발견은 생활수준의 향상과 함께 기술발전에 있어서도 큰 공헌을 했다고 말할 수 있다. 특히, 바퀴는 미끄럼 마찰을 구름마찰로 변화시켜서 물체를 이동시킬 때 발생하는 저항을 줄여 주는 역할을 한다. 자동차 역시 타이어의 회전운동에 의해서 주행이 가능해진다. 인간은 신발이 없으면 맨발이라도 걷거나 뛸 수 있지만, 자동차에서는 타이어 한 개만 없더라도 전혀 이동이 불가능할 정도로 중요한 타이어는 자동차의 진동소음현상에도 상당한 영향을 끼치기 마련이다.

최초의 실용적인 타이어는 1888년 영국의 던롭(Dunlop)에 의해서 개발되었으며, 1895년 프랑스의 미슐랭(Michelin) 형제에 의해서 자동차 전용 타이어가 세상에 나오게 되었다. 타이어는 차체와 지면 사이에서 차량의 구동력을 전달하고, 동시에 거친 노면에 의한 충격을 흡수하는 완충역할을 한다. 최근에는 타이어와 휠(wheel)의 디자인에 대한 소비자의 관심과 선호도가 매우 높아져서 차량선택의 주요 요소로 자리매김하고 있다. 따라서 광폭 타이어의 장착이 늘고 있으며, 림(rim)의 직경을 늘리는 소위 'inch-up'이 유행되고 있다. 더불어 타이어의 회전저항(RR, rolling resistance)을 감소시켜서 차량의 연비를 향상시키고 있는데, 회전저항을 10% 향상시키면 연비는 약 2% 내외의 개선효과를 갖는 것으로 알려져 있다.

소형이나 대형차량 모두 저속주행에서는 타이어에서 발생하는 소음은 거의 문제되지 않으나, 고속주행에서는 급격히 증대되면서 엔진소음이나 배기소음보다 훨씬 큰 소음원이 된다. 따라서 타이어 소음은 자동차의 전반적인 소음감소 측면에서 넘어야 할 최종적인 장벽이라고 말할 수 있겠다. 더불어 전기자동차를 비롯한 하이브리드(hybrid) 전기자동차, 연료전지(fuel cell) 자동차로 발전될수록 기존 동력기관에서 발생하던 소음이 크게 줄어들기 때문에 타이어 소음의 비중은 점차 증대될 수밖에 없다. 타이어 소음은 타이어 자체의 진동에 의한 소음과 타이어 패턴(pattern)에 의한 공기역학적인 소음 등이 혼합되어 발생하게 된다.

11.2.1 타이어의 기능

타이어는 자동차의 한 부품으로 외관은 매우 간단하게 보이지만, 다른 부품들과는 달리 다음과 같은 다양한 기능을 기본적으로 갖추고 있어야 한다.

① 차체와 승객 및 화물의 모든 하중을 담당하면서 동시에 노면의 거친 표면이나 돌출물 등의 접촉에 의해서 발생되는 충격력을 흡수해야 한다.
② 도로의 다양한 주행조건에서도 양호한 승차감과 조종 안정성을 유지해야 한다.
③ 동력기관의 구동력과 브레이크에 의한 제동력을 노면에 전달시켜서 차량의 이동 및 안전한 속도조절이 이루어져야 한다.
④ 주행 시 노면의 저항이나 회전저항을 감소시킬 수 있는 구조여야 한다.

11.2.2 타이어의 진동현상

자동차의 소음 저감기술이 발달하고, 도로의 노면조건이 향상되어 고속주행이 일상화되면서 타이어와 휠(wheel)에 관련된 진동현상이 점차 중요한 사항으로 대두되고 있다. 따라서 자동차 제작회사뿐만 아니라 타이어 회사에서도 차량진동과 관련된 타이어와 휠의 품질관리 및 평가에 세밀한 관심과 주의를 기울이고 있는 실정이다. 타이어와 관련된 진동현상은 크게 두 가지 원인으로 구분할 수 있다.

1) 노면의 돌기(돌출물)에 의한 타이어의 충격력
2) 타이어의 불균일(nonuniformity) 특성에 의한 진동

(1) 노면의 돌기(돌출물)에 의한 타이어의 충격력

타이어가 노면의 돌기나 돌출물을 통과할 때 발생되는 타이어의 충격력이 차체로 전달되어 진동소음현상을 발생시킬 수 있다. 이러한 현상은 타이어의 엔벨로프(envelope)특성, 진동전달률(transmissibility) 및 타이어의 감쇠특성 등에 크게 영향을 받는다. 노면특성에 따른 타이어의 충격력은 주로 하시니스 특성으로 탑승객에게 느껴지게 된다. 결국 타이어의 설계 및 제작방식에 따라서 차체로 전달되는 진동소음의 특성이 달라질 수 있으므로, 타이어와 현가장치를 비롯한 차체 간의 결합(matching)특성을 파악하여 진동소음현상을 조절할 수 있다.

(2) 타이어의 불균일 특성에 의한 진동

아직도 주요 공정이 작업자의 손에 의해서 직접 제조되는 타이어나 휠은 제조공정상의 고유 문제들로 인하여 불균일 특성을 가질 수밖에 없다. 자동차용 타이어의 개발과 기술발전이 이미 백여 년을 넘어서고 있는 시점에서도, 타이어의 정확한 평형(balance)을 맞추기 위한 별도의 점검항목은 지금까지도 빼놓을 수 없는 실정이다. 그림 11.6은 타이어의 불균일 특성을

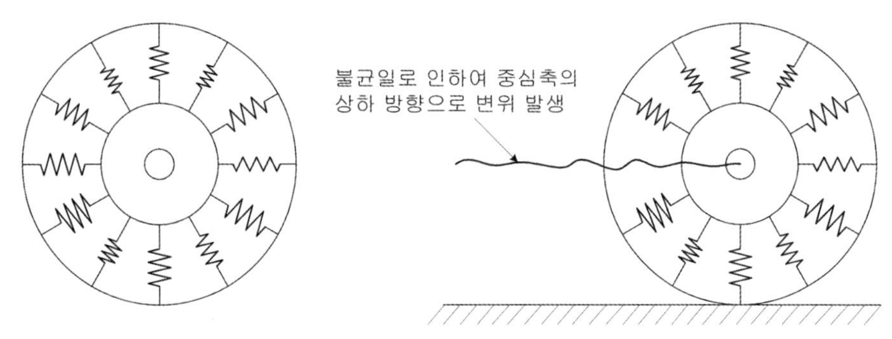

그림 11.6 **타이어의 불균일 특성 사례**

자전거의 바퀴처럼 몇 개의 스프링을 예로 들어서 나타낸 것이다. 매우 평탄한 노면을 주행하더라도 타이어의 불균일로 인하여 타이어 중심축은 상하 방향의 흔들림이 발생함을 알 수 있다. 타이어와 휠이 회전할 때마다 불균일한 가진력을 유발하게 된다면, 이는 차륜(타이어와 휠을 통칭한다)을 차체와 연결시켜 주는 현가장치에 반복적인 진동을 유발시켜서 차체로 전달된다.

차체에서는 스티어링 휠의 진동현상인 셰이크(shake) 및 시미(shimmy) 진동현상으로 운전자에게 느껴지며, 차체 전체의 진동현상으로 탑승자들에게도 인식될 수 있다. 이와 같이 타이어의 반경 방향 힘의 변화(RFV, radial force variation)가 발생한다면 타이어의 회전수가 증가할수록 타이어에 의한 가진 진동수가 차량 특정 부품들의 고유 진동수에 접근하거나 일치하게 될 경우에는 공진현상으로 인하여 과도한 셰이크 및 시미 진동현상을 유발시키게 된다. 그림 11.7은 자동차의 운동형태 및 타이어에 작용하는 각종 힘과 하중을 나타낸다.

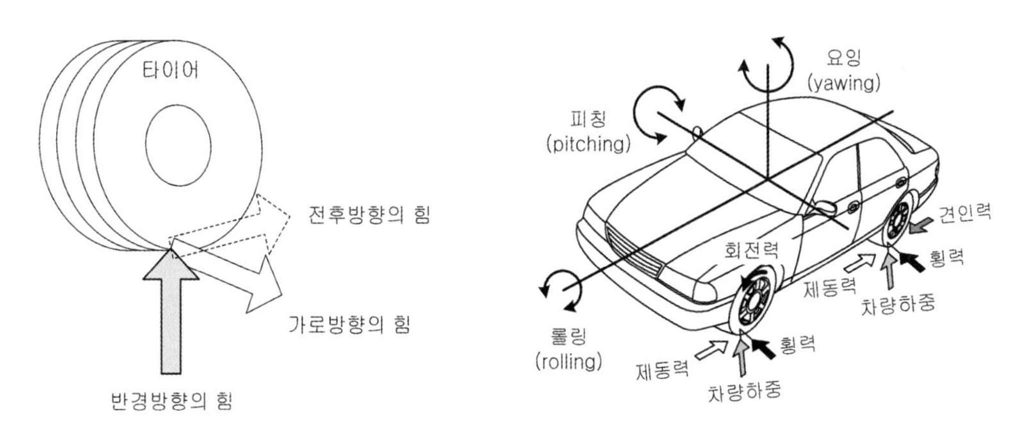

그림 11.7 **자동차의 운동형태 및 타이어에 작용하는 각종 힘과 하중**

11.2.3 타이어의 소음현상

(1) 타이어의 공기펌프소음에 의한 패턴소음

타이어의 공기펌프소음은 제5장 제6절에서 설명한 바와 같이 타이어 접지면의 패턴에 따른 그루브(groove)들 사이에 갇혀서 압축된 공기가 순간적으로 팽창되면서 발생하는 소음을 뜻한다. 세부내용은 제5장 제5절과 그림 5.41을 참고하기 바란다.

(2) 타이어의 탄성진동에 의한 패턴소음

타이어가 회전할 때 지면과 접촉하는 접지면에서는 차체의 하중뿐만 아니라 주행속도에 따라서 트레드 패턴(tread pattern)에 변형이 발생하게 된다. 이러한 트레드 패턴의 변형으로 인하여 타이어의 트레드나 측면(side wall)의 진동현상으로 발생하는 소음을 패턴소음(pattern noise)이라 한다. 자동차가 주행하고 있을 때에는 타이어의 트레드 부위가 충격적으로 노면에 부딪히게 되고, 이 충격력에 의해 타이어의 측면이 진동하여 타이어 주변으로 방사된다. 그림 11.8은 타이어의 평면 진동현상을 나타낸다.

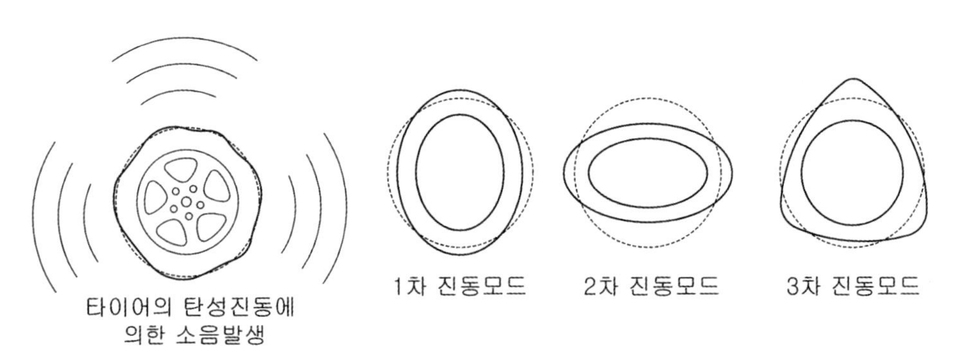

그림 11.8 **타이어의 평면 진동모드**

(3) 타이어의 피치소음

타이어의 피치소음(pitch noise)은 원주방향으로 배열된 타이어의 패턴 그루브들이 노면과 충돌하면서 발생되는 충격음으로, 음향파워는 타이어의 재료특성, 패턴모양, 노면의 형상(profile) 및 지반구조 등에 의해서 결정된다. 이러한 피치소음은 일반적으로 60 km/h 이상의 속도에서 공기펌프소음(air pumping noise)과 공명을 일으켜서 약 1 kHz 내외의 주파수 영역에서 최댓값을 갖는 특성을 나타낸다.

이와 같이 타이어 소음을 줄이기 위하여 현재까지 자동차 제작사뿐만 아니라 타이어 회사에서 많은 연구가 이루어지고 있지만, 패턴소음은 본질적으로 트레드의 고유 패턴에 의해 거의 결정되기 때문에 현재 고속 주행용 승용차, 상용차용 타이어에서는 피치변화(pitch variation) 방법이 소음저감대책으로 주로 채택되고 있다. 이러한 방법은 패턴을 구성하는 최소단위인 피치의 길이를 2개 이상의 크기로 나누어서 적절하게 타이어의 원주상에 배열하는 것으로, 일정한 피치로 배열하였을 때 발생하는 하나의 큰 피크를 여러 개의 피크로 분산시킬 수 있다. 그림 11.9는 타이어에서 발생하는 주요 진동과 소음현상의 원인을 분류한 것이다.

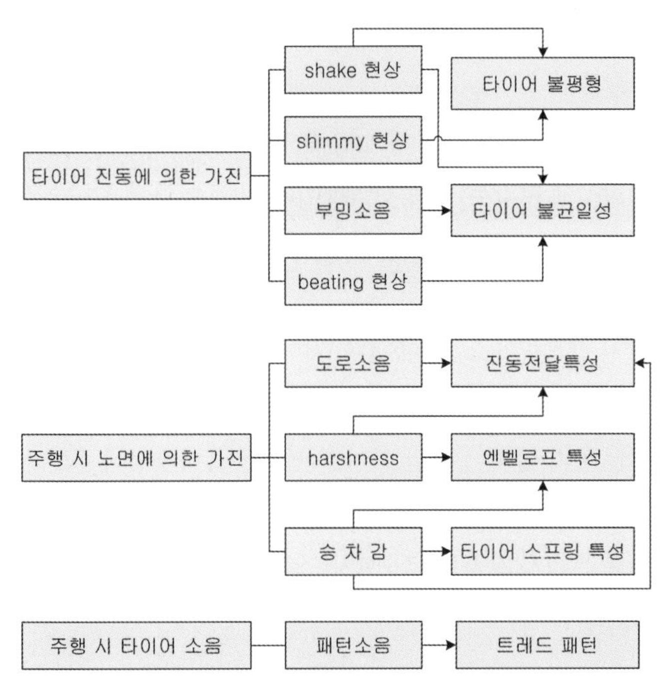

그림 11.9 **타이어의 진동소음 원인 및 분류**

(4) 타이어의 런아웃

타이어는 주행 시 회전에 따른 자체 가진력이 발생하지 않아야 하지만, 타이어의 불균일 현상으로 인하여 회전할 때마다 특정한 가진력이 현가장치를 통해서 차체로 전달될 수 있다. 이러한 현상의 가장 큰 요인은 타이어의 런아웃(runout)에 의한 것이라 할 수 있다. 타이어의 런아웃은 타이어 단면의 크기가 부분적으로 차이가 있을 때나, 트레드 두께가 일정하지 않을 경우, 림(rim)의 회전중심이 편심되어 있는 경우에 주로 발생한다. 즉, 타이어의 불균일 특성(nonuniformity)이 나타낼 때, 타이어가 진원에서 벗어난 정도를 런아웃으로 표현한다. 이러한 타이어의 불균일 특성에 의해서 대략 500 Hz 이하의 진동수 영역에서 자려진동(self-excited vibration)이 발생할 수 있다. 여기서 자려진동이란 외부로부터의 가진(加振)이 없는 경우나, 진동수를 가지고 있지 않은 외력의 작용에도 스스로 진동이 유발되는 진동현상을 뜻한다. 예를 들면, 바람에 의해서 상하 방향으로 진동하는 현수막의 움직임을 자려진동이라 할 수 있다.

11-3 와이퍼 모터

엔진을 비롯한 동력기관뿐만 아니라 차체 전반에 대한 진동소음 제어기술의 발달로 자동차의 실내소음이 크게 저감됨에 따라서, 그 동안 엔진소음의 그늘 속에 감추어져 있던 여타 소음들이 점차 문제되기 시작하였다. 와이퍼 모터(wiper motor)에 의한 작동소음도 이렇게 새롭게 대두되는 항목이라 할 수 있다.

와이퍼 모터는 우천 시 앞유리창(windshield)의 시야를 확보해주는 장치로서, 안전운행에 있어서 필수적인 부품이다. 1916년에 최초로 수동식 윈도 브러시(window brush)가 차량에 채택되었으며, 1930년대에는 공기 압력(정확한 의미로는 엔진 흡입과정에서 발생하는 부압)로 작동되는 방식으로 변경되었고, 1950년대 이후로 현재와 같은 모터 구동방식으로 발전되었다. 와이퍼 모터가 달린 윈도 브러시 장치는 현재까지도 자동차뿐만 아니라 전투기를 제외한 대부분의 항공기에 사용되고 있을 정도이다.

와이퍼 모터의 소음특성은 공기전달경로를 통한 소음(공기전달소음)도 있지만, 거의 대부분(대략 90% 이상)의 소음은 구조전달소음의 특성을 갖는 특징이 있다. 와이퍼 모터는 그림 11.10과 같이 차량의 엔진룸 안쪽(cowl 부위)에 장착되며, 동력을 생성시키는 모터부품과 웜(worm) 기어, 2개의 카운터 기어(counter gear) 및 스퍼 기어(spur gear) 등으로 구성된 기어부품들로 구성된다.

비가 오거나 안개가 낀 날씨에서 시야확보를 위해 와이퍼를 작동시킨다면, 와이퍼 모터에서 발생된 진동현상이 모터와 차체 간의 체결(mounting)부위를 통해서 차량의 실내로 전달되면서 소음을 유발시킬 수 있다. 또 와이퍼 모터와 연결된 기어작동에 의한 진동현상은 체결부위 및 링크(link) 연결부위를 통해서 실내로 전달되어 소음을 발생시킨다. 와이퍼 모터의 작동과정에서는 약 150, 250, 750 Hz 내외의 주파수 영역이 실내소음에 많은 영향을 미치는 것으로 파악되고 있다.

또한 와이퍼 모터 자체뿐만 아니라, 와이퍼 링크 부위와 차체를 연결하는 고무의 특성이 실

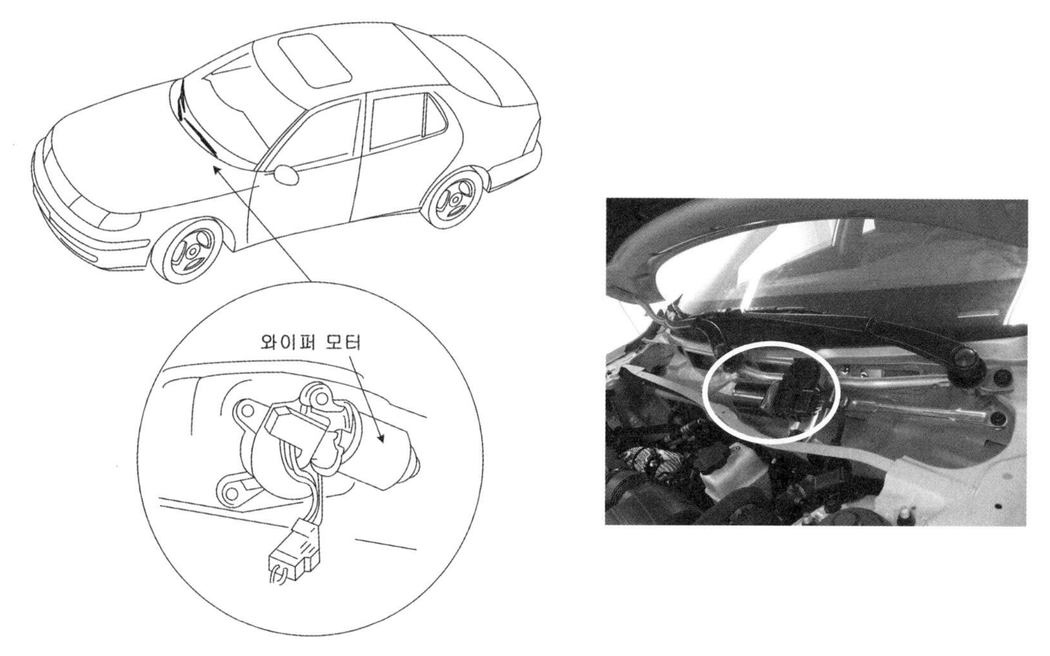

그림 11.10 와이퍼 모터의 장착위치

내소음에 매우 지배적인 영향을 끼친다. 따라서 와이퍼 링크와 연결부위의 유효적절한 강성조절이 필요하며, 와이퍼 모터가 장착되는 차체(대시 패널의 벌크헤드 부위)의 강성보강이 필요하다. 와이퍼 모터의 체결부위에 장착되는 고무 마운트의 진동 절연 효과를 증대시킬 수 있다면, 와이퍼 모터에 의한 실내소음의 저감 효과를 얻을 수 있다. 최근 국산 고급차량에서는 와이퍼 모터와 링크(link)를 그림 11.11과 같이 강건한 프레임에 통합하여 모듈(module)화함으로써 와이퍼 작동에 의한 구조전달소음을 최소화시킨 사례도 있다.

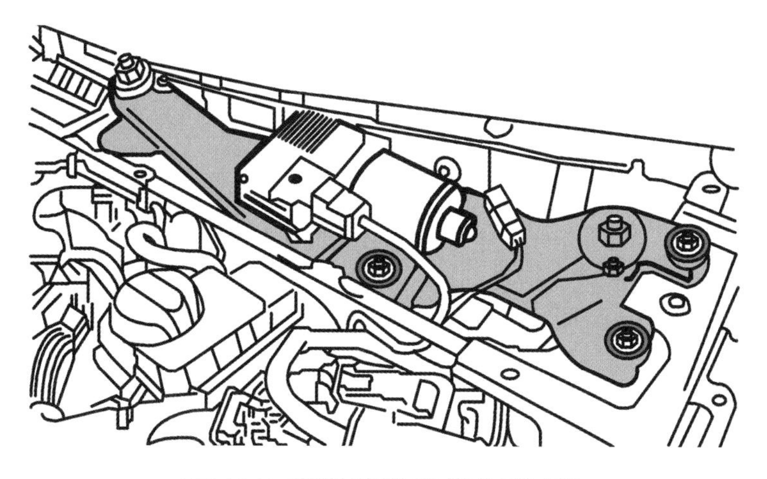

그림 11.11 와이퍼 모터와 링크의 모듈화 사례

11-4 동력조향장치

운전의 편의성을 위해서 소형 승용차량에서도 동력조향장치(power steering system)가 필수적으로 채택되고 있다. 승용차량에서 동력조향장치는 고속의 주행과정보다는 주차과정이나 저속주행과 같이 빈번한 핸들조향이 필요할 경우에 운전자에게 손쉬운 핸들링(handling)을 제공하기 위함이다. 따라서 엔진의 회전수는 거의 공회전에 가깝고 도로로부터의 외부 입력이나 바람소리 등의 영향도 거의 없는 상태이기 때문에, 동력조향장치의 펌프(power steering pump)에서 발생하는 소음은 운전자와 탑승자에게 쉽게 인식될 수 있다.

동력조향장치에서 발생되는 소음문제는 그림 11.12와 같이 대부분 릴리프(relief) 밸브소음이며, 조향 휠(steering wheel)이 최대로 회전(full turn)했을 때 주로 발생한다. 이때에는 조향 랙(rack)의 스트로크 이동이 더 이상 진전되지 않으므로, 펌프의 토출유량에 의해서 유압이 최대로 상승하게 된다. 따라서 펌프 내의 제어밸브(control valve)에 의해 바이패스(by-pass) 유로를 통해서 유압상승을 저감시키게 되는데, 바이패스 유로를 통해서 높은 압력의 유체가 빠른 속도로 이동함으로써 소음이 발생하게 된다.

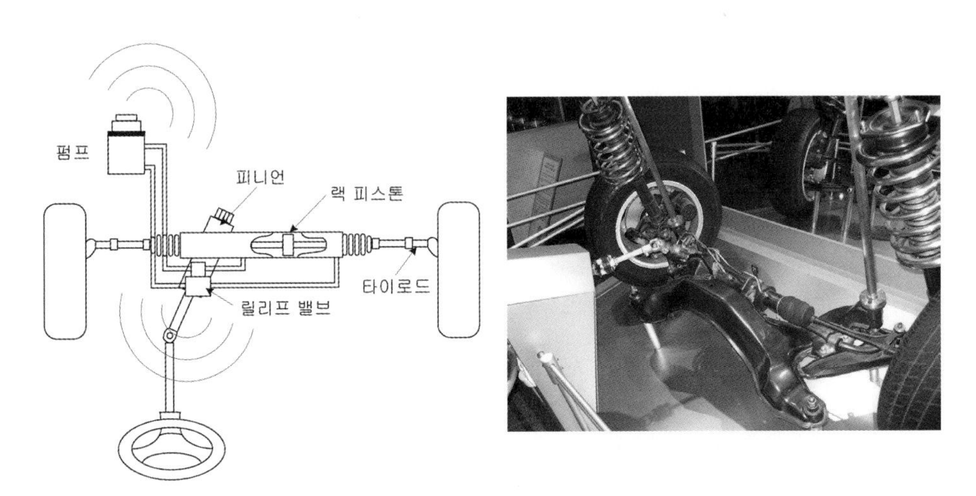

그림 11.12 **동력조향장치의 구조 및 소음발생 부위**

동력조향장치에서 발생되는 릴리프 밸브소음의 저감을 위해서는 제어밸브의 개선과 바이패스 통로의 소음저감방안이 강구될 수 있겠지만 유압펌프를 동력원으로 사용하는 한, 근원적인 해결책이라 할 수는 없다. 최근에는 배기가스의 저감, 연료절감 및 대체연료의 수단으로 전기자동차(electric vehicle), 혼합형 전기자동차(hybrid electric vehicle) 및 연료전지자동차(fuel cell electric vehicle)의 개발이 가속화되고 있는 추세이다. 이러한 자동차에서는 엔진의 공회전(idle) 자체가 아예 없기 때문에, 유압펌프를 이용한 동력조향은 소멸될 처지라 할 수 있다. 따라서 국내에서도 그림 11.13과 같이 전기모터를 이용한 조향장치(EPS, electric power steering)가 장착된 차량이 시판되고 있다. 이를 일부 회사에서는 MDPS(motor driven power steering)라고도 하며, 유압방식의 부품삭제로 경량화(3~4 kg 내외)와 엔진의 부하저감(3~5% 내외)으로 인한 연비향상을 꾀하고 있다.

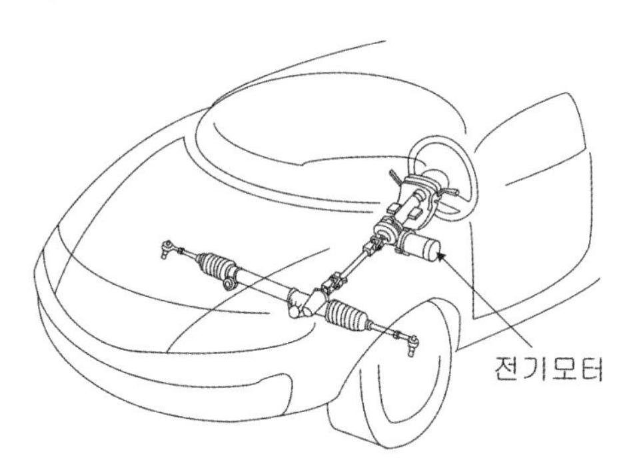

그림 11.13 **전기동력조향장치**

대형 승용차량에서는 MDPS의 이질적인 조향감으로 인하여 유압펌프를 엔진동력이 아닌 전용 전기모터로 구동시키는 차량도 시판되고 있다. 이를 EHPS(electric hydraulic power steering)이라 하며, 차량속도와 조향각에 따라서 모터의 회전이 변화된다. 최근에는 연비향상과 자동주차보조를 위한 옵션사양의 증대로 인하여 유압장치의 삭제 및 빠른 응답성을 위해서 점차 모터구동에 의한 동력조향[대형 승용차량에서는 랙(rack)에 모터를 장착]장치로 전환되고 있는 추세이다. 또한 주행조건에 따라 조향력을 운전자의 선택에 의해서 가볍게 또는 무겁게 변화시키는 소위 'flex steer' 기능도 추가되고 있다.

이러한 경향만 보더라도 동력조향장치는 엔진의 동력으로 구동되는 유압펌프에서 탈피하여 이제는 모터 구동에 의한 동력조향장치로 전환되는 과정이라 할 수 있다. 따라서 전기자동차가 실용화될 시점에서는 릴리프 밸브소음은 근원적으로 자동차 진동소음분야에서 더 이상 고려대상이 되지 않을 것으로 예상된다. 하지만 운전자와 매우 가까운 위치의 조향축(steering column shaft)에 모터가 장착됨으로 인하여 모터의 구동소음이 운전자나 탑승자에게 불만의 소지가 될 우려도 있다.

11-5 연료 공급장치

연료 공급장치는 연료탱크(fuel tank)와 그 내부에 장착되는 연료펌프(fuel pump), 연료레일(fuel rail) 및 증발가스 포집장치(canister) 등으로 구성된다. 연료로 채워진 연료탱크 내부에 위치한 연료펌프의 작동과정에서 유발되는 높은 주파수의 소음이 탑승객(특히 뒷좌석에서)에게 인지되어 불만사항이 될 수 있다.

이는 과거 엔진소음이나 실내소음에 의해 차폐(masking)되었던 연료 공급장치의 소음이 최

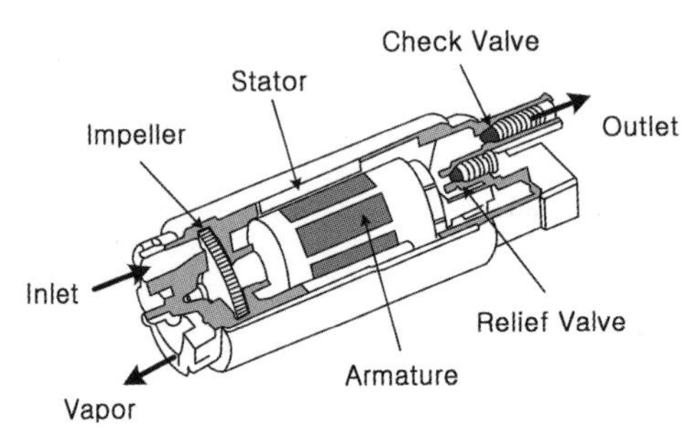

(a) 연료펌프의 주요 부품

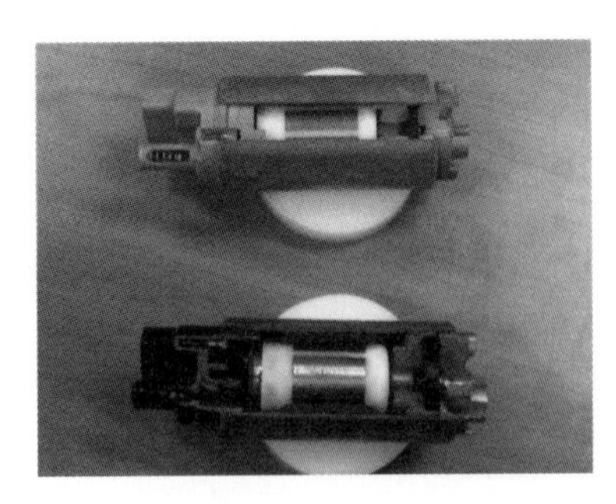

(b) 연료펌프의 내부구조

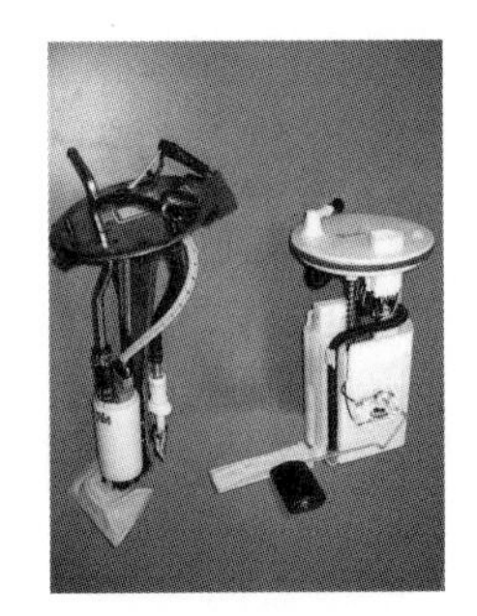

(c) 연료펌프 모듈

그림 11.14 **연료펌프의 내부구조와 연료펌프 모듈**

근 차량의 정숙성이 크게 향상되면서 새롭게 부각된다고 볼 수 있겠다. 여기서는 연료 공급장치 중에서 가장 지배적인 영향을 끼치는 연료펌프와 연료탱크를 중심으로 알아본다.

연료펌프는 전자제어 분사방식의 가솔린 엔진에서 분사장치(injector)에 공급되는 연료를 유효한 압력으로 송출하는 부품으로, 그림 11.14(a), (b)와 같이 전기 모터에 의해 구동되는 터빈방식의 임펠러(impeller)가 내부에 장착되어 있다. 연료펌프는 그림 11.14(c)와 같이 압력조절기, 센더 게이지(sender gauge), 연료필터 등과 함께 모듈(module)방식으로 제작되어 연료탱크 내부에 장착된다. 연료펌프의 회전수가 대략 7,200 rpm을 상회하고 연료를 가압시키는 임펠러의 날개 깃(blade)이 50개 내외이므로, 연료펌프 작동과정에서 6~7,000 Hz의 높은 주파수 영역에서 작지만 날카로운 소음이 쉽게 발생할 수 있다.

연료펌프가 그림 11.15와 같이 연료탱크 내부에 위치하므로, 연료탱크에 채워진 연료량에 따라서 연료탱크 외부로 방사되는 소음레벨과 주파수 특성이 변화될 수 있다. 특히 연료탱크는 그림 11.16과 같이 뒷좌석 승객의 시트 아랫부분에 위치하므로, 뒷좌석에 앉은 승객이 높은 주파수의 소음으로 인식할 수 있다.

그림 11.15 **연료탱크 및 내부에 장착되는 연료펌프 모듈**

연료 공급장치의 소음을 억제하기 위해서는 연료펌프의 임펠러를 부등(不等) 피치 방식으로 개선시키고, 펌프의 회전수를 높이는 방안이 효과적이지만, 연료송출의 맥동이 발생할 우려가 있다. 또 연료탱크 내부의 연료유동에 의한 소음(sloshing noise)에 대해서도 그림 11.17과 같이 적절한 중간 막(baffle)을 고려한 대책안이 강구되어야 한다.

그림 11.16 **연료탱크의 장착위치**

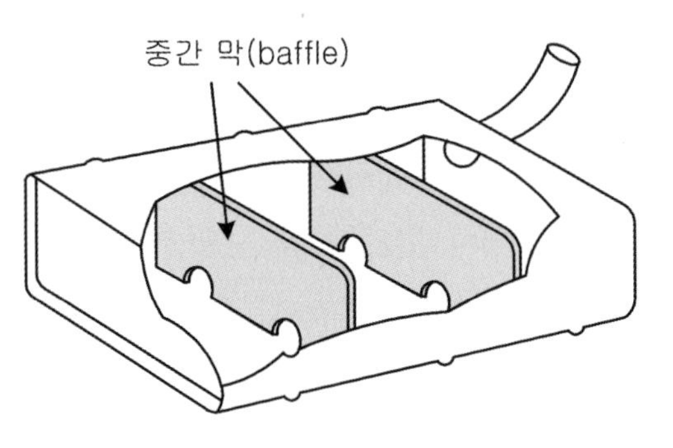

그림 11.17 **연료탱크 내부의 중간 막 적용사례**

자동차 진동소음의 정비 12장

12-1 자동차 진동소음의 정비개념

자동차를 운전하거나 탑승한 대부분의 사람들은 주행과정에서 발생하는 사소한 진동소음 현상에 대해서도 매우 민감하게 반응하기 마련이다. 특히, 평상시와 달리 약간의 비정상적인 소음이라도 발생하게 된다면 주행 중에 갑자기 차량이 해체된다거나, 타이어나 엔진과 같은 주요 부품이 이탈되는 것과 같은 대형 사고의 불안감까지 표출하는 경우도 있다.

하지만 자동차에 탑승한 상태에서 미세하게 감지되는 진동소음현상은 차량의 안전운행에 있어서 크게 문제되거나 위험한 경우는 거의 없다고 말할 수 있다. 그 이유는 실제 안전과 직결되는 부품들의 기능이상이나 마모 또는 정비불량으로 발생되는 진동소음현상은 소비자들의 상상을 초월하는 엄청난 진동과 소음현상(인체가 인내할 수 없을 정도의)이 발생하기 때문이다.

하지만 사소하다 할 정도의 진동과 소음현상에 누적된 불만을 가진 운전자들이 정비공장이나 서비스 업체에 토로하는 내용은 매우 심각한 수준까지 도달하는 경우가 자주 발생한다. 이러한 상황을 결코 피해갈 수 없는 정비관련 종사자들의 입장을 기준으로 필히 점검해야 할 항목들을 간단히 알아본다.

진동소음현상이 발생하는 자동차를 수리하거나 정비하는 단계에서 가장 중요한 점은 정확하게 원인을 규명하여 적절한 해결방안을 강구하는 데 있다고 볼 수 있다. 진동이나 소음현상

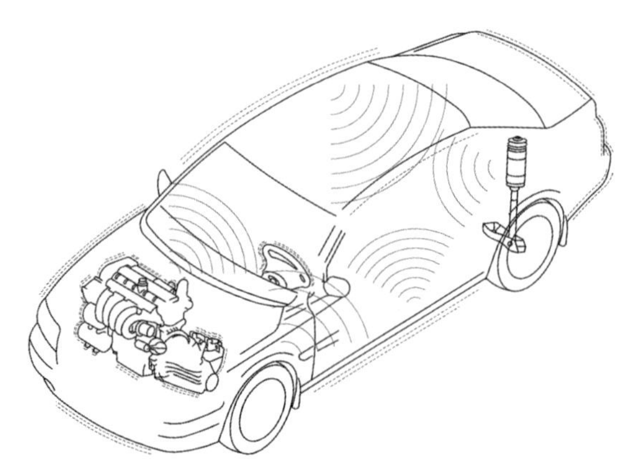

그림 12.1 **자동차의 진동 및 소음현상**

을 확인하거나, 그것을 수리하는 과정에서 자칫하면 '준비되는 대로', '임기응변식으로'인 방식으로 강행하거나, '이것 아니면 저것이다' 하는 불안한 외줄타기와 같은 방법으로 해결방안에 접근하는 경향이 많기 때문이다.

그 결과, 처음 생각과는 달리 여러 부품을 건드리면서 많은 시간을 허비하였음에도 불구하고 결국은 '불가능하다', '알 수 없다'라는 우를 범하는 경우가 적지 않다. 설혹, 위와 같은 방법으로 진동소음의 문제를 해결했다고 하더라도 그것은 단순히 운이 좋았을 따름이지, 다음에도 똑같은 현상의 문제를 쉽게 고친다고 장담할 수도 없는 실정이다. 따라서 정확하면서도 효율적으로 문제되는 진동소음현상의 원인을 탐구하는 것이 필요하며, 이를 위해서는 정비담당자 역시 진동소음현상의 체험, 진동소음현상의 발생원인을 스스로 파악할 수 있는 능력이 무엇보다도 중요하다.

이러한 진동소음현상의 파악 및 개선방안을 빠르게 찾기 위해서는 상당한 경험과 함께 깊이 있는 내용파악과 기술적인 지식까지 요구되며, 차종마다 특이한 다양성을 가지고 있기 때문에 상당한 어려움이 존재한다. 여기서는 정비관련 종사자들의 입장에서 진동소음현상의 문제해결에 필요한 기본적인 개념만을 간단히 기술한다.

12.1.1 진동소음현상의 체험

자동차에서 발생하는 진동소음현상을 정비현장에서 효과적으로 해결하기 위해서는 실제로 다양한 조건에서 나타나는 진동소음현상을 직접 체험하여 그 감각을 습득하는 것이 중요하다. 예를 들면, '셰이크 현상은 특정 속도에서 차체나 스티어링 휠이 상하방향으로 심하게 진동하는 것'이나, '바람소리는 고속주행 시 차량 외부에서 발생하는 것'이라고 정비요원이 막연하게 알 수는 있다. 하지만 어떠한 주행조건이나 연관부품들로 인하여 스티어링 휠이 최종적으로 진동하고 어떠한 경로로 바람소리가 전달되는 현상인지 제대로 체험하거나 파악하지 못했다면 정확한 해결방안을 도출할 수 없기 마련이다. 실제로 차량에 탑승하여 즉각적으로 '셰이크 현상이다' 또는 '바람소리가 심하다'라는 판단을 내릴 수 없다면, 올바른 점검이나 수리는 기대하기가 힘들다.

더불어, 근래에는 자동차 사용자들이 차량의 진동소음현상에 대한 과잉품질을 요구하는 경우도 적지 않다. 즉 노후된 차량이나 소형차량을 운행하면서도 대형 고급차량과 같은 진동소음 수준을 요구하는 경우가 많기 때문이다. 이러한 고객에게는 어떠한 개선방안이나 정비대책을 강구한다 하더라도 애시당초 고객을 만족시키기란 거의 불가능에 가깝다. 그 이유는 차체의 크기나 무게, 엔진의 실린더 수와 배기량, 흡 · 차음재료의 적용부위만 보더라도 소형에서 중형, 대형 차량별로 진동소음 특성에서 뚜렷한 성능 차이가 존재하기 때문이다. 그렇다고 해서 차량의 진동과 소음이 심해서 정비공장을 찾아갔는데 '이 차는 원래 이렇습니다'라고 고객을 향하여 무책임하게 말해서도 안 된다. 자칫 잘못했다가는 그림 12.2와 같은 문구의 말을 듣기가 쉽기 때문이다.

그림 12.2 **올바른 정비문화를 위한 광고내용(스피드메이트 홈페이지에서 인용)**

이러한 경우에는 고객과 함께 차량에 탑승하여 문제가 제기되는(불만이 있는) 현상에 대해서 충분하게 공학적인(때로는 전문용어를 일부러 사용한다) 설명을 하고, 운행 시의 유의사항 등을 친절하게 조언하는 것이 오히려 효과적이라고 판단된다.

진동소음현상에 대한 많은 체험을 기초로 하여 운전자나 탑승객에게 불만사항이 될 수 있는 진동소음현상이 실제 운전조건이나 주행거리 누적에 따라서 어떠한 원인과 전달과정을 거쳐서 발생되는가를 정확하게 판단할 수 있어야만 제대로 된 진동소음의 정비대책을 강구할 수 있는 것이다.

12.1.2 진동소음현상의 발생원인

진동이나 소음이 심한 자동차를 맡게 되어 제대로 된 정비방안을 찾기 위해서는 여러 종류의 진동소음 발생현상 및 원인들을 알고 있어야 한다. 예를 들면 셰이크와 시미 진동은 어떤 조건에서 스티어링 휠이 여러 방향으로 진동하는 현상을 나타나는지 차종별로 특성을 파악하고 있어야 한다. 이러한 진동현상들은 대부분 타이어의 불평형(unbalance), 조향이나 현가장치들이 주요 발생 원인이지만, 사용자가 느끼는 현상은 주로 차량 실내이므로 진동원은 비교적 먼 위치라 할 수 있다.

셰이크 진동의 경우에는 현가장치, 엔진, 차체를 거쳐서 전해지는 진동현상을 느끼며, 시미 진동은 주로 조향링크(steering linkage), 스티어링 기어박스(steering gear box)를 거쳐서 스티어링 휠에 전해지는 진동현상을 느끼게 된다. 따라서 이러한 발생원인을 정확하게 알지 못한다면, 비록 시험주행에서 셰이크 및 시미 진동현상을 파악했다고 하더라도 정확한 해결방안을 얻을 수 없다.

또한 자동차에는 진동과 소음현상을 방지하기 위하여 각종 부시(bush)나 절연장치(insulator) 등의 부품들이 여러 부위에 결합되어 있다. 이러한 부품들이 주행거리 누적에 따라 노후되면서 기능이 저하된다면 진동소음의 악화원인이 되기도 한다.

예를 들면, 부시가 노후되면 진동전달을 차단하던 기능이 저하되어 충분히 감쇠되지 못한 진동이 주변에 연결된 각 부품들로 전달된다. 이러한 진동소음의 절연역할을 담당하는 부품들이 어디에 장착되어 있으며, 어떠한 작동원리로 기능을 발휘하고 있는가를 제대로 알지 못한다면, 진동소음현상의 효율적인 해결방안을 찾기가 불가능할 수 있다.

자동차 내부의 시스템별 구조나 진동소음현상의 발생원인에 대한 구체적인 지식이 있다면 원인탐구와 수리업무를 효율적으로 실시할 수 있기 마련이다. 따라서 제3편 자동차 진동소음의 발생현상 및 제4편 자동차 주요 부품별 진동소음현상의 내용을 이해하고 그 지식을 기초로 문제되는 진동소음현상의 원인을 파악하여 응용할 수 있다면, 효과적인 해결방안을 찾는 데 매우 유익할 것이다.

12-2 진동소음현상의 정비순서

자동차 정비현장에서 접할 수 있는 진동소음현상의 문제해결을 위해서는 다음과 같은 점검이 필요하다.

① 진동소음의 현상확인과 재현성을 파악한다.
② 부품들의 단순 고장 여부를 판정한다.
③ 고장현상의 종류를 구분한다.
④ 진동소음현상의 원인탐구와 지금까지의 정비이력을 확인한다.
⑤ 재발방지를 위한 대책을 강구한다.

위와 같은 각 항목에 대한 세부적인 사항들을 알아본다.

12.2.1 진동소음의 현상확인과 재현성 파악

진동소음현상의 해결을 위해서는 우선적으로 사용자가 어떤 형태의 진동소음현상에 대한 불만을 가지고 있는가를 정확하게 파악하는 것이 중요하다. 하지만 사용자와의 문답이나 의사소통만으로는 문제점이 어디에 있는지 정확하게 파악하기조차 어려운 경우가 대부분이다. 자동차에서 발생되는 진동소음현상을 정비요원에게 표현하는 데 있어서도 동일한 소리(소음)에 대해서 사람마다 각기 다른 의성어나 전혀 예상치 못한 표현문구를 주관적으로 사용하기 때문에 정확한 문제파악이 쉽지 않다. 직접 사용자와 차량에 동승하여 고충이 되거나 불만이 야기되는 현상을 재현시키면서 문제점과 현상을 정확하게 파악하는 것이 중요하다.

표 12.1은 자동차의 진동소음현상을 호소하는 고객에 대한 조사내용 사례이다. 진동부위, 느낌, 주행조건, 노면조건, 발생시기 등을 꼼꼼하게 기록하게 한 뒤, 이를 토대로 직접 문제되는 사항을 점검하는 것이 효과적인 정비대책을 세우는 데 도움이 되리라 예상된다.

진동소음 현상확인의 요점

1. 고객의 불만사항이나 진동소음 발생현상에 대한 설명을 신중히 청취한다(표 12.1 참조).
2. 문제차량의 진동소음현상을 직접 체험한다.
3. 진동소음현상의 발생정도 및 사용자의 요구수준을 파악한다.
4. 발생부위를 파악하고 재현성을 검토한다.

표 12.1 **자동차 진동소음현상에 대한 고객 조사내용 사례**

1. 진동부위 및 진동방향

① 차체 전체(앞, 뒤, 좌우, 기타) ② 차체 일부(앞부분, 운전석, 뒷부분, 바닥, 기타)
③ 실내(계기판, 도어, 시트, 천장, 기타) ④ 핸들(상하방향, 회전방향, 앞뒤방향, 기타)
⑤ 그 외

2. 소음의 느낌

① 상당히 큰 소음(대화 가능, 대화 불가능, 오디오 청취 가능 여부)
② 확실히 느낄 수 있는 소음(엔진 회전수 : rpm, 또는 속도 : km/h)
③ 간헐적인 소음(발생 조건: 예를 들면 시동 직후, 또는 3단 변속 직후 등)
④ 금속성의 날카로운 소음(발생조건 :)
⑤ 미약하나마 느낄 수 있는 소음(엔진 회전수 : rpm, 또는 속도 : km/h)
⑥ 소음이 발생하는 것 같은 부위(엔진, 변속기, 실내, 차량 하체, 기타)
⑦ 소음을 표현한다면? : 끼-끽끽, 두-둥둥, 깔깔, 달가닥, 삐-이익, 쿵쿵, 쉬-쉬, 덜덜, 그르렁 그르렁, 우-웅, 부-웅, 뚝뚝, 샤-아, 쉬-이, 꺽꺽, 찍찍, 찌그륵 찌그륵, 챙챙, 기타

3. 진동 및 소음현상이 발생하는 주행조건

① 정지(시동, 공회전, 엔진이 정상온도에 이르기 전 또는 후, 에어컨 작동 시, 기타)
② 출발(클러치 페달 밟기 전, 후, 중간, 기타)
③ 가속(급격한 가속, 완만한 가속, 고갯길 가속, 기타)
④ 정속 주행(평지, 고갯길, 내리막길, 기타, 속도 : km/h)
⑤ 감속(급격한 감속, 완만한 감속, 차량이 완전히 멈추기 직전, 브레이크 페달을 밟을 때, 기타)
⑥ 그 외 ( )

4. 진동 및 소음현상이 발생하는 노면조건(관계가 있음, 없음)

① 일반 도로(아스팔트 포장, 시멘트 포장, 도로가 젖어 있을 경우, 교량의 이음새 통과 시, 기타)
② 거친 도로(비포장도로, 요철로, 기타) ③ 그 외 ( )

5. 가장 거슬리는 진동 및 소음현상이 발생하는 조건

① 차량속도 : km/h ② 엔진 회전수 : rpm
③ 기어위치 : 수동 1 2 3 4 5 6 7 R단, 자동 P R N D 3 2 1(수동 겸용 여부)
④ 부하조건 : 에어컨 작동(유, 무), 주차를 위해 핸들을 돌릴 경우, 전기사용이 많을 경우, 기타
⑤ 탑승조건 : 운전자만 탑승, 2인 탑승, 3인 이상 탑승, 기타
⑥ 적재조건 : 상관없음, 적재물이 많을 경우, 적재물이 적을 경우, 기타

6. 진동 및 소음현상이 발생한 시기

① 새 차를 인수한 직후부터 ② 주행거리 km 이후부터
③ 정비 또는 부품교환(타이어, 휠 등)을 한 이후부터
④ 비포장도로를 주행한 이후부터 ⑤ 기타(사고 여부 및 주행이력)

7. 기 타

12.2.2 부품들의 단순 고장 여부 판정

진동소음현상은 운전자나 탑승객에 의해서 감각적으로 파악되기 때문에, 사용자가 느끼는 폭은 매우 다양하고 정비공장에 오게 된 사연이나 이유도 여러 가지인 경우가 많다. 따라서 해당 차종의 현상이 부품들의 단순한 고장인지, 아니면 자동차가 가지고 있는 원래의 고유 특성인지를 판단할 필요가 있다. 이는 사용자의 요구조건이 해당 자동차의 고유 특성을 넘어서는 과잉품질을 요구하는 수준이라면, 쓸데없는 오해를 야기할 수 있는 매우 민감한 사안이 될 수도 있기 때문이다.

따라서 사용자가 토로하는 진동소음현상이 차량의 정상상태에서 발생하는 것인지, 아니면 몇몇 부품의 기능이상 여부에 의한 것인지에 대한 올바른 판단은 매우 중요하다고 할 수 있다. 이러한 판단을 위해서는 평소에 다양한 차종에 대해서도 정상적인 차량의 주행감각을 익힐뿐만 아니라, 진동소음현상의 발생 정도를 충분히 숙지하여 정확한 기준을 가지고 있는 것이 중요하다.

12.2.3 고장현상의 종류 구분

실제로 자동차에서 발생하는 진동이나 소음이 어떤 현상으로 나타나는가를 분류하는 것을 '고장현상의 종류 구분'이라 말한다. 고객의 표현을 기초로 하여 주행테스트와 그 결과를 분석하여 차량에서 발생하고 있는 진동소음이 어떤 현상에 해당하는지를 정확하게 구분하는 것이 해결책 강구에 있어서 매우 중요하다. 진동소음현상들은 특정한 주행조건(차량의 주행속도, 가감속 시, 제동 시, 노면상태 등)과 원인에 의해서 주로 발생하기 때문에 정확한 판단으로 발생현상과 조건을 구분할 수 있는 능력을 키워야 한다.

12.2.4 진동소음현상의 원인탐구와 정비이력 확인

하나의 진동소음현상에 대해서도 연관된 부품들이 여러 가지일 경우가 많다. 고객의 불만을 야기하는 진동소음현상에는 각 부품들의 역할이 다양할 수 있으므로, 진동 강제력, 공진계, 전달계, 응답계로 구분하여 문제점을 파악하는 것이 필요하다. 실제 정비현장에서는 문제해결을 위해서 주요 부품들의 진동소음 특성이나 기여도를 파악하는 것이 중요하지만, 이미 설계단계에서 충분히 검토되어 있기 마련이다.

따라서 정비현장에서는 주요 부품들이 조립완료 후 출고될 당시의 기능이나 성능수준으로 회복시키는 것이 정비의 가장 중요한 목표라고 말할 수 있다. 함부로 특성이 다른 부품을 적용하거나 또는 상위 차종이나 타 차량의 방진 · 방음재료를 사용한다면, 예상하지 못했거나 전혀 관련이 없다고 생각되었던 다른 부품에서 성능이 저하되는 어리석음을 범하게 되고, 때로는 또 다른 진동소음현상을 발생시킬 우려도 있다.

결국 지금까지의 정비이력을 참조하여 각 부품을 하나하나 확실하게 점검하여 불량 여부를 정확히 판단한 뒤, 그 해결단계마다 주행테스트 등을 통하여 진동소음 개선 여부를 확인한 후, 다음 단계로 작업을 진행시켜야 한다.

12.2.5 재발방지

정비자의 올바른 판단과 적절한 해결방안에 의해서 만족스러운 정비가 이루어져서 진동소음현상이 해소되었다고 하더라도, 얼마 지나지 않아 동일한 현상이 재발하는 경우에는 완전하게 문제점을 해결하였다고 볼 수 없다. 정비한 내용이나 적용한 부품들이 어떠한 이유로 문제가 재발되었고, 기능을 제대로 발휘하지 못한 정확한 원인을 파악할 필요가 있다. 원인파악과 더불어서 한 걸음 더 나아간 재발방지 방안을 생각하지 않는다면, 참된 해결방안이라고 말할 수 없기 때문이다. 다음과 같은 의문점을 기초로 원인파악에 대한 고려가 필수적이다.

① 문제되는 부품에서만 단독으로 발생한 것인가, 아니면 다른 부품들로 인하여 복합적으로 발생한 것인가?
② 부품들의 내구수명에 의한 것인가?
③ 단순한 정비(또는 조립) 불량에 의한 것인가?
④ 사용자의 취급 부주의이거나 부적절한 운전방법에 의한 것인가?
⑤ 사용조건의 부적합에 의한 것인가?

12.2.6 진동소음 업무담당자의 연령분포

인간이 가장 민감한 청력을 갖는 나이는 20대 초반이고, 소음을 평가하고 개선작업을 수행하는 자동차 연구부서의 실무 엔지니어들은 우리나라의 경우 대략 20대 후반에서 40대 중반 이전의 연령층에 속한다. 마찬가지로 자동차 정비업무를 직접 담당하는 사람들도 대개 20대 초반에서 40대 중반의 연령층이지만, 정작 자동차 구매력이 가장 왕성한 나이는 30대 중반에서 50대 후반인 점은 많은 것을 시사해 준다.

그림 12.3과 같이 해당 연령층별로 소음에 대한 청취능력이나 반응이 서로 상이한 경우에서 오는 근소한 차이점을 의외로 극복하기가 쉽지 않은 경우가 많다. 이를 연령별 세대 차이로 오인할 소지도 많다. 이미 국내에서도 자동차의 신규 구매자보다는 기존 차량을 대체하는 구매자가 더욱 많은 실정이기 때문에, 자동차 구매자들도 이제는 차량의 진동소음현상에 대한 구체적인 경험이나 풍부한 지식을 갖고 있는 경우가 많다. 따라서 진동소음 문제로 인한 정비업무에 있어서 고객의 연령별 요구특성과 만족수준 등을 나름대로 파악하는 것이 유리하다고 생각된다.

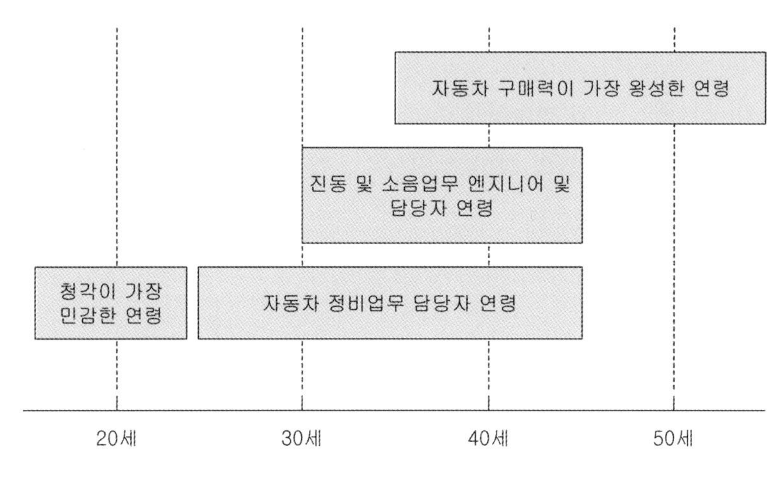

그림 12.3 **진동소음 업무 담당자 및 자동차 구매자들의 연령분포**

12-3 진동소음현상의 원인탐구

진동소음현상의 첫 번째 해결방안은 진동소음 발생원인을 규명한 뒤, 그 원인 자체를 제거하거나 또는 크게 저감시키는 것이다. 그러나 자동차에는 진동소음원이 되는 부품이 다양하고, 다른 부품들과도 서로 영향을 끼치기 때문에 정확한 진동소음 발생원인을 찾기 곤란한 경우가 많다.

따라서 자동차의 구조뿐만 아니라 진동소음현상의 지식과 나름대로의 경험을 토대로, 예상할 수 있는 다양한 진동소음의 원인 중에서 서서히 대상을 좁혀 나가면서 문제되는 진동소음원을 확인할 수 있어야 한다. 다음에 설명하는 두 가지 방법을 상황에 따라서 융통성 있게 적용한다면 진동소음원을 효율적으로 규명하는 것이 가능하다고 볼 수 있다.

① 문제가 된다고 생각되는 진동소음현상의 원인을 하나씩 선정하여 제거해 본다.

② 문제되는 진동소음현상이 느껴지는 진동수(소음원인 경우에는 주파수)를 근거로 진동소음의 원인을 추정한다.

12.3.1 진동원을 선정하여 제거하는 경우

만약 여러분의 책상에 똑같은 모양의 전화기 3대가 놓여져 있는데, 전화벨이 동시에 울리고 있다면 우리는 각각의 수화기를 하나씩 들어보면서 어느 전화기가 울리고 있는지를 찾아낼 수 있을 것이다. 자동차의 진동소음현상에서도 마찬가지로 문제가 된다고 의심되는 진동소음원을 하나씩 제거했을 때의 변화여부를 점검함으로써 진동소음현상의 원인을 파악할 수 있다. 하지만 현실적으로 자동차의 다양한 진동소음원을 효과적으로 하나씩 제거하는 것은 거의 불가능에 가까울 경우도 있다.

따라서 다음과 같은 방법으로 의심되는 사항(범위)을 좁혀 나갈 필요가 있다.

① 엔진의 회전수 증가만으로도 진동소음현상의 변화가 있는가?

② 타행주행(coast down) 시에는 어떠한가?

③ 클러치를 단속(페달을 밟는 경우)하거나, 자동변속기에서 N → R, N → D 변경 시 어떻게 변하는가?

④ 급격한 가속이나 감속조건에서 어떻게 변하는가?

⑤ 에어컨 작동 여부에 따라 어떻게 변화하는가?

이러한 의문에 대한 차량 점검과정에서 진동소음현상의 미소한 변화나 발생조건들을 근거로 혐의가 있다고 의심되는 부품을 찾아나가야 한다. 물론, 의심되는 진동원을 간단히 제거할 수만 있다면 더할 나위가 없겠다. 추가로 다음과 같은 방법도 안전에 유의하면서 응용할 수 있겠다.

① 차량을 리프트(lift)에 올리고서 타이어를 떼어낸 후 구동계를 회전시키면 어떠할지 생각해 본다.

② 배기관(exhaust pipe)의 지지부위(hanger rubber)를 제거하면 어떠한 결과(실내소음이나 진동현상의 변화 유무)가 나오는지를 확인해 본다.

③ 차량검사 시 구동바퀴만을 회전시켜보는 방법 등이다.

12.3.2 진동수(주파수)를 근거로 진동소음원을 추정하는 경우

문제가 되는 진동소음현상의 진동수나 주파수를 근거로 하여 프로펠러 샤프트의 회전 진동수, 타이어의 회전 진동수 및 불평형(unbalance) 등의 원인을 파악하는 방법이다. 이러한 방법을 적용하기 위해서는 문제되는 진동소음현상에 대한 구체적인 특성(진동수나 주파수, 회전속도 등)을 정확하게 파악하고 있어야 한다. 하지만 실제 정비현장에서 별도의 측정장비가 없을 경우에는 정확한 원인 파악이 여의치 않은 경우가 대부분이다. 그렇지만 소형 진동계나 주파수 분석기를 사용할 수 있다면 더욱 효과적인 정비가 이루어지고, 고객들의 신뢰도 높아지리라 생각된다.

12-4 자동차 진동소음현상의 정비사례

지금까지 알아본 자동차의 진동소음현상과 연관되는 정비사례를 몇 가지 소개한다. 현장 정비경험이 있는 사람이라면 익히 알고 있겠지만, 소음이나 진동문제로 말미암아 정비공장에 오는 차량은 단순한 부품의 고장이나 사소한 원인이 아닌, 복합적인 문제를 가진 경우가 대부분이다. 한편 자동차 엔지니어들이 수행하는 진동소음현상의 개선업무와 실제 정비현장에서의 업무 사이에는 많은 차이점이 있기 마련이다. 그것은 새로운 차를 개발하는 과정에서는, 개발일정에 맞추어서 진동소음현상에 대한 일정한 기준을 충족시키는 문제해결이 엔지니어의 주된 관심 사항이라 할 수 있다. 그러나 차량의 개발이 완료되어 고객에게 인도된 이후에는 운전자 개개인의 다양한 운전습관과 주행조건, 관리여부 등에 따라 자동차에서 발생되는 진동소음현상과 이에 따른 고객의 반응이 무척이나 다양하기 때문이다.

정비현장에서 경험하게 되는 자동차 진동소음현상의 해결방안도 정비작업을 시작하는 단계에서 예상했던 방향과는 전혀 다른 부품이나 위치(특정 부위)에서 찾게 되는 경우도 많다. 이 책에서는 누구나 쉽게 수리할 수 있는 단순한 부품의 기능저하, 부품교환 등으로 해결되는 진동소음현상의 정비사례는 생략하고, 특이한 정비사례 몇 가지만 간단하게 설명한다. 국내외에서 제작되거나 수입된 차량들의 실제 정비사례이므로, 차량의 세부사항(차명, 모델명, 엔진타입, 주행거리, 주요 부품명 등)은 밝히지 않는다.

12.4.1 조향핸들의 진동소음현상

진동소음현상과 관련된 고객들의 주요 불만사항 중에는 조향핸들[정식 명칭은 스티어링 휠(steering wheel)이다]과 연관된 정비사례가 상당수를 차지한다. 물론 섀시부품에서 발생되는 진동소음현상도 많이 존재하지만, 운전자가 핸들을 조작할 때마다 지속적이거나 때로는 간헐적으로 뚝뚝거리는 듯한 소음과 함께 핸들 자체의 거친 진동현상이 발생하게 된다면 운전자는 상당한 불안감을 가지기 때문이다.

(1) 차량운행 시 조향핸들과 차체의 진동뿐만 아니라 실내 부밍소음까지 발생한 차량

이 차량은 공회전뿐만 아니라 가속과정, 엔진의 특정 회전수에서 조향핸들의 진동, 차체의 떨림과 함께 부밍소음이 심하게 발생하고 있었다. 값비싼 차량의 명성과는 달리 정상적인 운전이 어려울 정도로 심각한 상태였으나, 엔진과 변속기를 비롯하여 엔진 지지부품인 엔진 마운트, 섀시부품들의 특별한 이상은 발견되지 않았다. 차량의 전용 진단장비(현장에서 흔히 스캐너 등으로 불린다)에서도 특별한 이상이나 펄스(pulse)코드가 생성되지 않았다. 하지만 핸들을 조작할 때마다 진동소음현상이 조금씩 변화된다는 현상을 파악하여 그림 12.4의 동력조향펌프(power steering pump)를 점검하게 된다.

그림 12.4 **동력조향펌프**

이 차량의 동력조향펌프는 조향력 증대를 위한 유압 생성이라는 기본적인 기능 외에, 차체의 자세를 제어하는 장치(전자제어 현가장치라 할 수 있다)를 위한 유압 공급의 부수적인 기능을 겸비하고 있다. 특히, 현가장치제어를 위한 유압은 200기압이 넘는 높은 압력을 필요로 하므로 압력제어밸브와 함께 그림 12.5와 같이 맥동(脈動, pulsation motion)을 제어하는 충격

그림 12.5 **유압라인의 맥동억제를 위한 어큐뮬레이터**

완화장치인 어큐뮬레이터(accumulator)가 장착된다. 문제되는 차량의 과도한 진동소음현상은 바로 어큐뮬레이터의 기능이상으로 말미암아 고압의 유압라인에서 맥동으로 인한 진동현상이 차체로 전달되었던 것이다. 이 차량의 정비사례에서 시사하는 점은 정비초기에 단순한 동력조향펌프의 기능이상으로 판단하여 고가의 펌프를 수입하여 교환했어도 개선효과를 전혀 얻지 못하는 낭패에 빠질 수 있었다는 점이다.

(2) 핸들조작 시 소음이 발생하는 차량

이 차량은 직진주행에서는 아무런 문제가 없으나, 스티어링 휠(핸들)을 조작할 때마다 미세한 진동과 함께 적지만 날카로운 소음이 발생하고 있었다. 일반적인 주행과정에서는 오디오를 켜서 음악이나 라디오를 듣게 된다면 크게 문제될 현상은 아니라고 판단할 정도였다. 하지만 고급차량의 소유자는 핸들조작 시 발생하는 진동소음현상에만 온 관심이 집중되어 극심한(?) 고통을 호소하고 있었다.

차량의 점검과정에서 엔진의 회전수 상승에 따라 핸들의 조작력이 증대되어야(고속주행에서는 운전자가 핸들을 돌리는 힘이 더 들게 되는데, 이를 핸들이 무거워진다고도 표현한다) 하나, 이 차량의 점검결과 주행과정에서도 공회전 상태와 별다른 변화가 없거나 오히려 핸들이 가벼워지는(쉽게 돌릴 수 있는) 경우도 있었다. 또한 핸들을 급격하게 조작할 때에도 핸들과 차체에 진동현상이 발생함을 확인하였다. 이 차량의 진동소음현상은 동력조향펌프의 내부에 있는 릴리프 밸브(relief valve)의 기능이상으로 말미암은 것이었다. 그림 12.6과 같이 릴리프 밸브(현장에서는 가변밸브라고도 한다)의 교환으로 해결한 사례이다. 동력조향장치의 릴리프 밸브소음에 대한 세부적인 내용은 제11장 제4절을 참고하기 바란다.

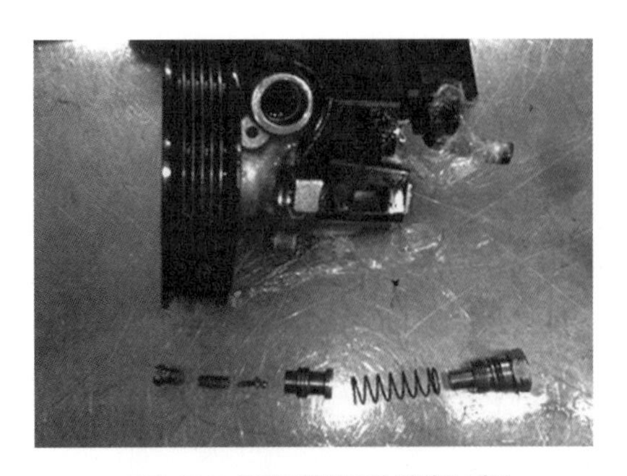

그림 12.6 **동력조향펌프의 릴리프 밸브**

3) 험로주행이 잦았던 차량의 위험사례

이 차량은 SUV(sports utility vehicle)로 차량 소유자의 직업특성상 험로주행이 대부분이고, 차량의 진동소음현상에 매우 둔감한(?) 운전자인 것으로 판단되었다. 차체의 극심한 진동과 함께 스티어링 휠의 격렬한 셰이크 진동과 시미 진동현상에도 불구하고, 그저 바쁘다는 핑계로 비포장도로를 빠른 속도로 질주했으리라 짐작된다. 차량의 진동소음현상이 점차 악화되어 도저히 인간이 버틸 수 있는 인내의 한계를 넘어서야 비로소 정비공장을 찾았는데, 놀랍게도 현가장치 로어 암(lower arm)의 연결부위가 그림 12.7과 같이 부러져 있었다. 이 차량의 정비사례는 차량의 사소한 진동소음현상에 지나치게 예민한 사람들도 있지만, 안전에 위배될 정도로 둔감한 사람도 있다는 점을 시사한다.

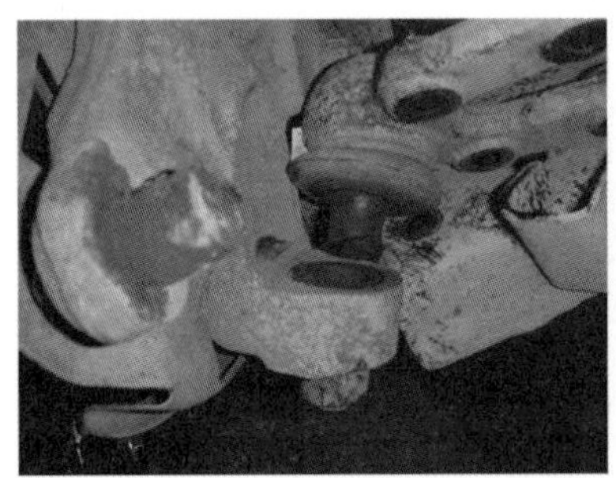

그림 12.7 **현가장치 로어 암 연결부위의 파손사례**

12.4.2 섀시부품으로 인한 진동소음현상

섀시부품으로 인한 진동소음현상의 특징은 도로표면이 거친 요철로를 주행할 때나 과속방지턱 등을 넘는 경우에 주로 발생하는 경향을 갖는다. 때로는 양호한 노면의 포장도로라 하더라도 고속보다는 저속주행에서 많은 불만을 야기하는 특징이 있다.

(1) 차량 하부에서 간헐적인 소음(이음)이 발생하는 차량

이 차량은 과속방지턱을 통과하는 경우나 요철로를 저속으로 주행할 때 차량 하부에서 금속음이 간헐적으로 발생하고 있었다. 현가장치의 부시(bush)를 비롯한 여러 링크 및 고무부품을 점검하여도 특별한 이상여부를 발견할 수 없었다. 차량 바퀴의 상하방향 움직임이 큰 경우에 간헐적인 금속음이 발생한다는 운전자의 설명에 근거하여 현가장치의 스프링을 탈거하여 점검한 결과, 그림 12.8과 같이 코일 스프링 상부 시트(seat)가 부분적으로 파손되어 있음을 확인하였다. 이는 코일스프링의 반복적인 충격력 누적과 함께 상부 시트 자체의 불량으로 인하여 요철로나 과속방지턱과 같이 바퀴의 상하방향 움직임이 커지는 경우 차체와 접촉하여 소음을 발생시킨 사례이다. 이와 같이 현가장치 스프링의 장착부위에서 소음이나 이음이 간헐적으로 발생하는 사례가 많으나, 의외로 쉽게 간과되는 경우가 있음을 유의해야 한다.

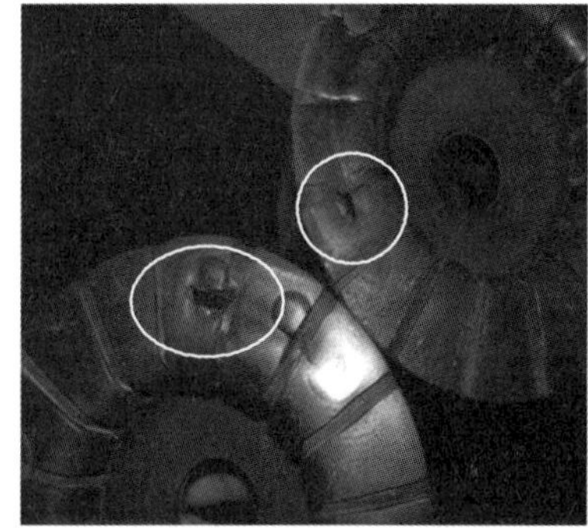

그림 12.8 **현가장치 스프링 상부 시트의 부분 파손 사례**

(2) 주요 부품의 간섭현상으로 인한 진동소음현상

이 차량은 정상적인 주행에서는 문제가 없다가 급가속이나 급선회와 같은 과격한 운전 시 차량 하부에서 날카로운 금속음이 발생하고 있었다. 또 비포장도로를 저속으로 주행할 때에도 간헐적인 소음이 발생한다고 호소하였다. 따라서 조향장치와 현가장치 전반을 점검하였으나 별다른 이상은 발견되지 않았다. 그러다가 너클(knuckle)과 등속조인트 부위를 세밀히 관찰하던 중에 촉매장치와 서브 프레임의 간극이 매우 적음을 확인하여 배기계를 탈거해본 결과 그림 12.9의 우측 사진과 같이 촉매장치와 서브 프레임 간의 접촉흔적을 발견하였다. 급가속, 급선회, 비포장도로의 주행과 같이 동력기관의 흔들림이 커질 경우, 주요 부품들 간의 접촉으로 인하여 상당한 소음이 유발될 수 있음을 시사한다.

그림 12.9 **주요 부품의 간섭현상 사례**

(3) 프레임도 변형될 수 있는 것인가?

SUV 중에는 프레임(frame)이 있는 차량과 모노코크(monocoque) 차체로 구성된 차량으로 구분할 수 있다. 무거운 적재물을 싣는 트럭과 같이 하중을 많이 받는 차량은 대부분 프레임에 동력기관과 현가장치가 장착되며, 이 위에 차체(body)가 얹히게 된다. 해당 차량은 심한 진동소음현상을 호소하는 바, 엔진을 비롯한 동력기관과 섀시장치 전반의 점검으로도 특별한 이상여부를 발견할 수 없었다. 바퀴의 정열상태(wheel alignment)를 점검하던 중에 우측 앞바퀴의 위치가 허용오차를 크게 벗어나 있음을 발견하였다. 다시 한번 운전자와 해당 차량의 과거 정비이력과 사고여부를 문의한 결과, 정비소 입고 한 달여 전에 주행과정에서 우측 타이어와 휠이 파손될 정도의 큰 충격을 받은 사실을 알게 되었다.

프레임의 정밀 측정결과, 우측 현가장치가 체결되는 프레임에 변형이 있음을 확인하게 되었다. 충돌사고가 없었다고 해도 험악한 운전을 일삼는 경우에는 도로에 의한 심한 충격으로도 프레임이 변형될 수 있음을 보여준다. 따라서 운전자의 막연한 정비 요구사항뿐만 아니라 과거의 정비이력과 함께 최근의 충격여부 등과 같은 충분한 의견교환이 효과적인 정비작업에 있어서 매우 중요함을 알 수 있다.

12.4.3 차체 문제로 인한 진동소음현상

자동차의 진동소음현상에 대한 고객의 불만사항 중에는 주요 부품들의 기능이상으로 발생하는 경우가 대부분이지만, 의외로 차체(body)의 용접불량이나 간극 미비 등의 원인으로 소음(주로 이음이나 잡음이라 할 수 있다)이 발생하곤 한다.

 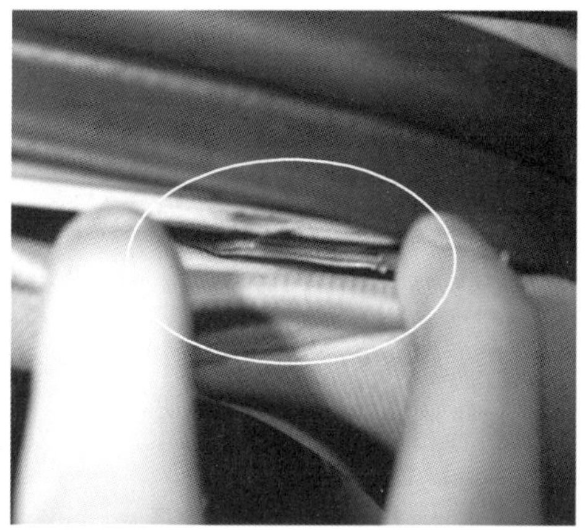

그림 12.10 SUV **차체 패널의 접촉으로 인한 소음발생 사례**

그림 12.10은 SUV의 뒷좌석에서 철판이 떨리는 듯한 소음이 발생한 사례이다. 섀시부품의 전체적인 점검과정에서도 문제점을 전혀 해결하지 못하여 많은 어려움을 겪다가, 주요 소음원이 후방 트렁크 부위의 천장위치(테일 게이트가 장착되는 상부)임에 주목하였다. 용접부위 및 볼트 체결부위를 점검한 결과, 그림 12.10의 우측 사진과 같이 차체 패널들의 상호 접촉으로 요철로 주행이나 과속방지턱 통과 시 소음이 발생하였던 것이다.

 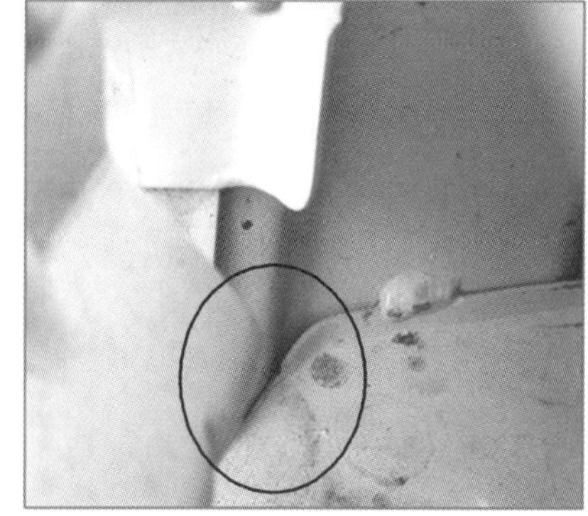

그림 12.11 **승용차량의 용접불량 사례**

그림 12.11은 승용차량의 좌측 카울(cowl)과 펜더(fender) 부위의 용접불량으로 인한 소음발생 사례이다. 이 차량은 요철로 주행뿐만 아니라 가속과 감속(브레이크 작동)과정에서 좌측 앞쪽에서 미세한 금속 마찰음이 단속적으로 발생하였다. 또 그림 12.12는 승용차량의 앞유리창[이를 윈드실드(wind shield)라 한다] 접착부위와 차체(A-필라) 간의 간섭으로 소음이 발생된 사례를 보여준다.

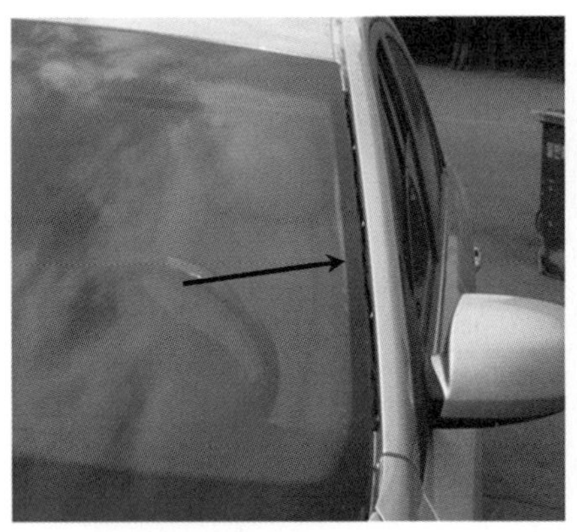
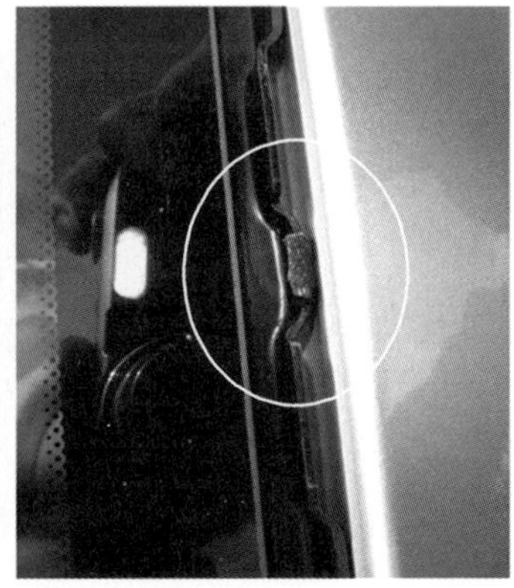

그림 12.12 **승용차량 윈드실드 접착부위와 차체의 간섭사례**

이러한 차체의 용접불량이나 간극미비로 인해 발생되는 진동소음현상을 정비현장에서 정확하게 진단하기란 매우 힘든 일이 아닐 수 없다. 일반 운전자가 생각하는 것과는 달리 차체는 주행과정에서 도로 노면의 충격력으로 말미암아 쉽게 변형(변위)이 발생할 수 있다. 요철로와 같은 저속 주행조건에서도 차체의 미세한 간극이나 용접불량 부위에서 간섭이나 미세한 충돌현상이 발생하여 소음으로 전달되기 마련이다. 이러한 차량들은 대부분 차량 소유자가 문제해결을 위해서 정비사업소를 수차례 방문하여 개선작업을 시도해도 뚜렷한 효과를 보지 못했던 경우가 대부분이다.

자동차 생산라인에서의 사소한 실수나 작업미비로 인해 차체의 진동소음문제가 차량이 판매된 이후에 발생된다면, 이를 개선하기 위해 투자되는 시간과 비용이 상당할 수밖에 없다. 그 이유는 기본적인 점검부터 시작하여 근원적인 문제점을 찾기 위해서 공업용 청진기나 심지어 공업용 내시경 장비까지 동원하는 경우도 있기 때문이다. 더불어서 고객의 단순한 불만 수준을 넘어서 회사 브랜드의 이미지에도 상당한 악영향을 끼칠 수 있다.

12.4.4 엔진문제로 인한 진동소음현상

엔진의 작동이상으로 발생되는 진동소음문제는 대부분 전용 진단장비를 이용해서 주요 부품의 기능이상을 즉각 확인할 수 있다. 또 엔진과 변속장치를 차체와 연결시켜주는 엔진 마운트 고무, 흡기계와 배기계, 기타 고무 호스와 각종 케이블 등의 점검을 통해 비교적 쉽게 원인을 파악할 수도 있다. 하지만 기본적인 부품의 사소한 기능이상이나 관리소홀로 인해서도 진동소음현상이 쉽게 발생할 수 있다. 그림 12.13과 같이 타이밍 체인의 장력을 유지시켜주는 텐셔너(tensioner)의 기능이상으로 말미암아 체인과 볼트가 직접 접촉하게 되면 상당한 소음

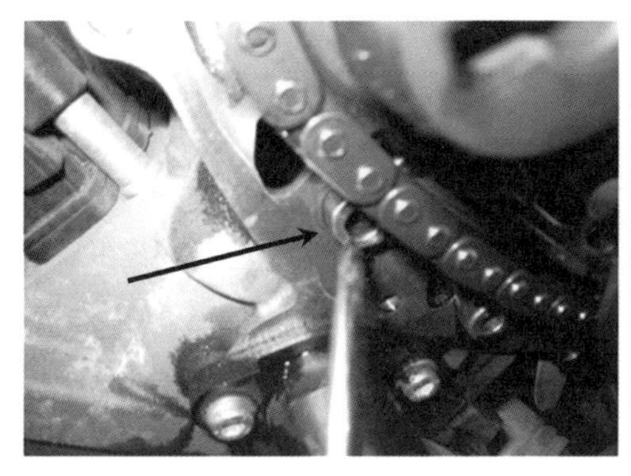
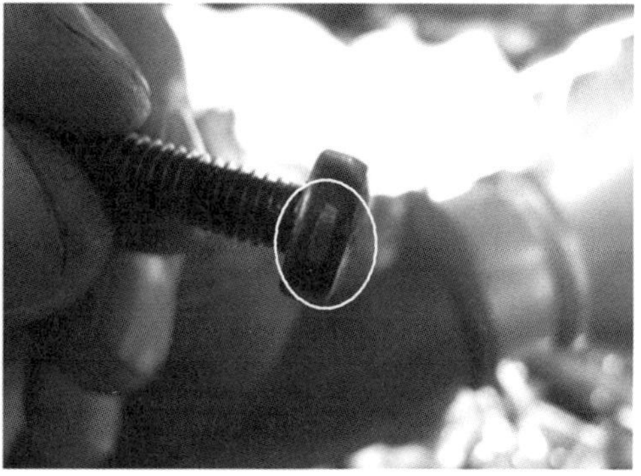

그림 12.13 **타이밍 체인의 텐셔너 기능이상으로 인한 볼트 접촉사례**

이 발생하였다.

또한 운전자의 무심한 차량관리(엔진 오일의 교환주기 망각)로 인하여 엔진 내부의 커넥팅 로드와 크랭크샤프트의 베어링이 그림 12.14와 같이 이상 마모되거나 부분 파손되는 경우에도 엔진의 정상적인 작동소음과는 비교도 할 수 없을 정도의 큰 충격음이 발생한다.

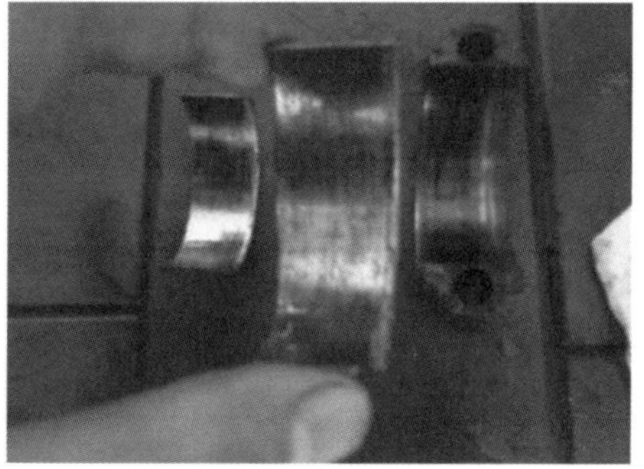

그림 12.14 **관리소홀로 인한 커넥팅 로드와 크랭크샤프트의 베어링 이상마모 사례**

12.4.5 기타 부품들로 인한 진동소음현상

자동차 주요 부품들의 기능이상으로 발생되는 진동소음문제뿐만 아니라, 스피커에 의한 진동소음현상을 호소하는 경우도 자주 발생한다고 볼 수 있다. 특히 도어에 부착되는 스피커에 의한 공진현상이 문제될 때가 있다. 그림 12.15의 좌측사진과 같이 스피커가 체결되는 도어 내부 지지철판의 진동현상으로 소음이 유발될 수 있는데, 이때에는 지지철판에 제진재 및 완충재를 적용시키고 배선의 흔들림을 억제시키면 쉽게 해결할 수 있다.

하지만 매우 큰 볼륨으로 음악을 청취하는 일부 젊은 운전자들의 취향을 간과할 경우, 스피커의 이상소음(공명음 등)을 해결하기란 때로는 무척 힘들기만 하다. 그림 12.15의 우측사

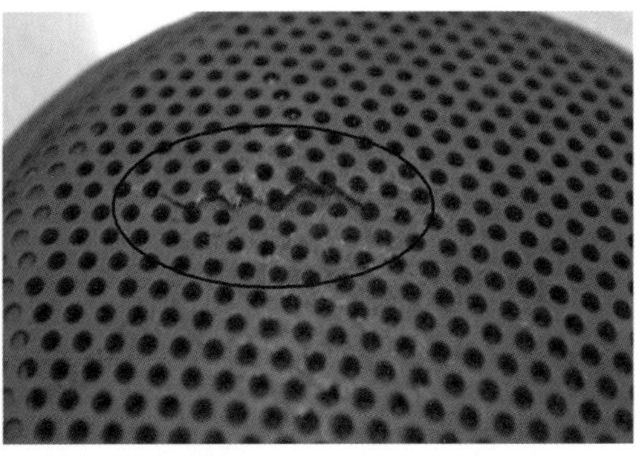

그림 12.15 **스피커에 의한 진동소음문제도 종종 발생한다.**

진은 스피커 커버의 미세한 파손으로 말미암은 스피커의 공명음을 여러 번의 시도 끝에 해결한 정비사례라 할 수 있다. 정비공장의 시끄러운 주변 환경도 원인이라 할 수 있겠으며, 타 작업에 방해가 될까 염려하여 최대 볼륨의 스피커 점검을 하지 않은 것도 정비지연의 주요 원인이라 판단된다. 고급 수입차를 소유한 젊은 운전자의 특이한 취향까지도 고려해야만 올바른 정비가 이루어지는 것인지 생각되는 바가 많음을 고백한다.

지금까지 언급된 정비사례 중에서 그림 12.8~12.12는 http://www.globalserviceway.com에서 인용하였음을 밝힌다.

| 참고문헌 |

1. 기계진동 · 소음공학, 김광식 외, 교학사.
2. 기계진동-이론과 응용, Thomson, 사이텍미디어.
3. 기계진동론, J. P. Den Hartog, 대한교과서.
4. 소음진동학, 정일록, 신광출판사.
5. 소음진동학, 박상규 외, 동화기술.
6. 소음 · 진동 편람, 한국소음진동공학회.
7. 소음진동의 기초이론, B&K.
8. 음향학 I, II, 이병호, 민음사.
9. 소음과 진동 I, II, 김광준 외, 반도출판사.
10. 방송음향총론, 강성훈, 기전연구사.
11. 진동제어(방진) 시스템 기초 및 실무, 고등기술연구원.
12. 소음제어기술: 음향학의 기본 개념 및 응용사례, KAIST 소음 및 진동제어 연구센터.
13. 알기 쉬운 생활 속의 소음진동, 사종성 · 강태원, 청문각.
14. 소음 · 진동 편람, 한국 소음진동공학회.
15. 2002 신기술 동향조사 보고서(자동차 소음진동 저감기술), 특허청.
16. 소음진동공학회지, 소음진동공학회 논문집, 한국소음진동공학회.
17. 자동차 기술 핸드북, 한국자동차공학회, 1996년.
18. 자동차의 진동소음저감기술, 高波克治, 조창서점.
19. 운전도 하고 자동차도 안다, 사종성, 청문각.
20. 알기 쉬운 자동차개발공학 이야기, 사종성 · 정남훈, 청문각.
21. Noise Control in Internal Combustion Engines, Donald E. Baxa, John Wiley & Sons.
22. Transportation Noise Reference Book, P. M. Nelson, Butterworths.
23. Noise and Vibration Data, Trade & Technical Press Ltd.
24. Industrial Noise and Vibration Control, J. D. Irwin, Prentice-Hall.
25. The Science of Sound, Thomas D. Rossing, Addison Wesley.
26. Noise and Vibration Control, Leo, L. Beranek, Institute of Noise Control Engineering.

| 찾아보기 |

ㄱ

ㄴ

ㄷ

ㅁ

ㅂ

ㅇ

기타

| 저자 소개 |

사종성(史宗誠)

흔하지 않은 사(史)씨 성을 물려받으면서 1960년 가을 서울 종로구에서 출생하였다. 문과(文科) 집안의 분위기와는 달리 어려서부터 기계부품의 분해와 조립을 좋아하던 취향이 그대로 이어져서 한양대학교 정밀기계공학과와 동 대학원을 졸업한 뒤, 쌍용자동차 기술연구소 진동소음팀의 엔지니어로 근무하면서 자동차와 깊은 인연을 갖게 되었다. 자동차의 진동과 소음분야로 공학박사 학위를 취득한 후에도, 계속해서 엔지니어의 경험을 축적하면서 소음진동 기술사와 차량 기술사 자격을 취득한 특이한 경력을 가지고 있다.

자동차에서 발생하는 진동과 소음현상의 시험(試驗)업무를 주로 진행하면서 백발(白髮)을 휘날릴 때까지 자동차회사의 현장 엔지니어로 근무하고 싶었던 저자는, 현재 서울 중랑구에 위치한 서일대학교 스마트기계자동차과의 교수로 재직 중이다. 저서로는 《알기 쉬운 생활 속의 소음진동》, 《운전도 하고 자동차도 안다》, 《알기 쉬운 자동차 개발공학이야기》가 있다.

김한길(金漢吉)

1966년 초에 인천에서 태어나서 한양대학교 기계공학과와 동 대학원을 졸업한 후, 쌍용자동차와 대우자동차 기술연구소의 차량해석팀에 근무하면서 십여 년간 자동차 해석업무에 종사하였다. 회사 근무 중에 소음진동 기술사 자격을 취득함은 물론, 진동소음관련 해석 및 시험분야의 다양한 경험을 축적하였다. 대표적인 개발차량은 쌍용자동차의 무쏘, 체어맨, 렉스턴부터 티볼리까지, 그리고 현대기아자동차의 신규 차량 개발에 최근 10여 년간 참여하고 있다.

국내에서도 자동차분야의 독자적인 기술력을 개발하고, 다양하게 공유할 수 있다는 소명감을 갖고서 21세기가 시작하던 봄에 SVD 주식회사를 창업하여 CAE 전-후 처리기인 FEGate를 개발하여 상용화시켰다. 국내 유수의 자동차회사와 해석업무를 공동 수행하면서 FEGate는 자동차 연구소의 많은 엔지니어들에게 호평을 받고 있으며, 국내 자동차 및 조선산업의 진동소음 해석분야에 널리 활용함으로써 세계 유수의 제품들을 대체하고 있다.

양철호(梁哲豪)

1969년 제주에서 태어나 한양대학교 기계공학과와 동 대학원을 졸업한 후, 기아자동차 연구소에서 크레도스, 세피아, 리오 등 여러 차량의 설계와 성능개발을 담당하였다. 신차 개발업무를 수행하면서 한국을 비롯하여 미국, 유럽, 일본 등 여러 나라로부터 자동차 구조에 대한 상당수의 특허를 취득하였다. 한국 IBM으로 옮긴 후 현장에서 얻은 설계경험을 바탕으로 현대 및 기아자동차의 신차 설계 프로젝트 엔지니어링 컨설턴트로 활약하였다. 미국 Purdue University에서 공학박사 학위를 취득한 후, 현지 자동차 업체에서 진동소음관련 시험과 개발업무를 담당하였다. 현재 Oklahoma State University 교수로 재직 중이며, 탁월한 공학적인 감각과 능력을 가진 후학을 양성하는 데 평생을 바치는 것이 삶의 목표이다. 저서로는 《Mechanical System Identification-Experimental Sensitivity Analysis》가 있다.

자동차 진동소음의 이해

2016년 03월 07일 제1판 1쇄 인쇄 | 2017년 07월 20일 제1판 2쇄 펴냄
지은이 사종성 · 김한길 · 양철호 | 펴낸이 류원식 | 펴낸곳 **청문각출판**

편집부장 김경수 | 제작 김선형 | 홍보 김은주 | 영업 함승형 · 박현수 · 이훈섭
주소 (10881) 경기도 파주시 문발로 116(문발동 536-2) | 전화 1644-0965(대표)
팩스 070-8650-0965 | 등록 2015. 01. 08. 제406-2015-000005호
홈페이지 www.cmgpg.co.kr | E-mail cmg@cmgpg.co.kr
ISBN 978-89-6364-271-0 (93550) | 값 25,000원

* 잘못된 책은 바꿔 드립니다.